U0748598

新一代 变电站
集中监控系统建设及站端接入指南

国家电网有限公司设备管理部 组编

中国电力出版社
CHINA ELECTRIC POWER PRESS

内 容 提 要

为指导集中监控系统建设工作，国家电网有限公司设备管理部组编《新一代变电站集中监控系统建设及站端接入指南》。全书共七章，包括集控系统概述、集控系统主站建设、远程智能巡视集中监控、主站机房、调度数据网改造、通信数据网改造和变电站接入改造等内容，从项目勘察、可研、初设到实施、验收、维护等方面对集中监控系统建设进行了细致说明。

本书可为从事集中监控系统建设的工程技术人员、管理人员提供实际应用参考，也可供系统制造商生产、设计人员及高等院校相关师生参考学习。

图书在版编目（CIP）数据

新一代变电站集中监控系统建设及站端接入指南／国家电网有限公司设备管理部组编 . —北京：中国电力出版社，2023.11（2025.7 重印）

ISBN 978-7-5198-7504-6

Ⅰ .①新… Ⅱ .①国… Ⅲ .①变电所－监控系统－指南 Ⅳ .① TM63-62

中国国家版本馆 CIP 数据核字（2023）第 131351 号

出版发行：中国电力出版社
地　　址：北京市东城区北京站西街 19 号（邮政编码 100005）
网　　址：http://www.cepp.sgcc.com.cn
责任编辑：肖　敏（010-63412363）
责任校对：黄　蓓　王海南　王小鹏
装帧设计：张俊霞
责任印制：石　雷

印　　刷：固安县铭成印刷有限公司
版　　次：2023 年 11 月第一版
印　　次：2025 年 7 月北京第三次印刷
开　　本：889 毫米 ×1194 毫米　16 开本
印　　张：35.25
字　　数：864 千字
定　　价：225.00 元

版 权 专 有　侵 权 必 究

本书如有印装质量问题，我社营销中心负责退换

《新一代变电站集中监控系统建设及站端接入指南》
编委会

主　任　陈　刚

委　员　程　逍　孙　杨　王坚俊

主　编　孙　杨

副主编　李　岩　钱　平　俞一峰　王　浩　闫培丽

参　编　季　剑　秦剑华　郝宝欣　范　青　韩　柳　吴聪颖

　　　　丁　敬　胡浔惠　常　骏　朱轶伦　洪功义　纪　陵

　　　　梁华俊　戴哲仁　潘建亚　陈　锴　赖柏竹　张　乐

　　　　徐晓峰　朱　宇　袁啸峰　黄　莹　周宝成　董　明

　　　　徐曙光　张洪伟　王兆生　杨俊威　陈　朋　周　快

　　　　焦　岩　杨　鑫　王一博　邵　飞　何成宝　高　杉

　　　　王　辉　冯　腾　刘文轩　薛炳磊　季晓力　邱燕军

　　　　姚　高　陈　龙　宁福军　孙成群　孙喜民　左　靖

　　　　张　帆　檀庭方　刘　戈　钱　进　陈文通　虞明智

　　　　李梦源　薛凯文　赫志远　汤益飞　朱润泽　郭　斌

　　　　江　帆　汪　涛　熊星星　崔俊杰　马国鹏　秦　玮

　　　　彭　畅　牟　黎

序

国家电网有限公司按照"宁可让电等发展，不能让发展等电"的要求，加快建设现代能源体系，全力以赴保障能源安全，为高质量发展、高品质生活、高效能治理提供坚强能源保障。经过多年发展，我国变电设备规模及质量均已迈入世界先进行列，设备管理模式与时俱进，不断探索与当前资源、环境相适应的设备运维管理模式。

从20世纪80年代起至2012年，变电设备运维管理模式是变电站"有人值守"模式。进入21世纪，国家电网进入以特高压交直流输电为骨干网架，区域电网互联，各级电压、电网协调发展的坚强智能电网时代，设备可靠性大幅提升。国家电网有限公司统筹考虑电网调度和设备运行资源等问题，将变电站监控业务划归调度管理，实行"无人值守、远程监控、调控一体"的变电设备运维管理模式。2020年，为适应变电设备规模高速增长，变电站站/人比不断提升的趋势，提升变电设备精益化管理水平，国家电网有限公司决定以集控站作为变电运维管理的基本业务单元，变电站监控业务划归至集控站，实行"无人值守＋集中监控"的集控站运维管理模式。

新一代变电站集中监控系统是为集控站运维模式设计、开发、建设的自动化、信息化、数字化系统，是实现变电站主辅设备一体化全面监控，保障设备管理精细化、信息化、智能化的关键。近两年，浙江、江苏、河北3省的4家地市供电公司开展了集控系统试点建设，并逐步进入实用化运转阶段，具备了完整的项目勘察、可研、初设到实施、验收、维护等的实践经验。

在集中监控系统变电设备运维管理领域，在"无人值守＋集中监控"和"设备主人＋全科医生"的变电运维新模式下所取得的创新性、实践性成果，进一步推进了变电设备运维管理模式转型升级。

本书是国内新一代变电站集中监控系统开发和应用领域的著作。全书以新一代变电站集中监控系统应用的设备和技术为主线，介绍了系统硬件架构、软件架构、关键技术、应用功能、配套工程、安装建设情况、运行维护情况等内容，突出了新设备、新技术的实践规范和标准。本书可为从事集中监控系统建设的工程技术人员、管理人员提供实际应用参考，也可供系统制造商、设计人员及高等院校相关师生参考学习，还能满足对变电设备技术感兴趣的非电力专业人士的阅读需求。

前　言

随着电网技术飞速发展，变电设备规模持续增长，变电站一、二次设备的运行维护从最初的"有人值守"模式转变到"少人值守""无人值守、远程监控""调控一体"，再到如今的变电站主、辅、消设备集控值班模式。每一步的前行，都是为了更好地实现对变电设备的精益管理。

2020年，国家电网有限公司以公司战略为统领，提出了以集控站作为变电运维管理的基本业务单元，建立"无人值守＋集中监控"和"设备主人＋全科医生"的变电运维新模式，开展"全景监控、协同操作、辅助决策、应用融合、自主可控"的新一代变电站集中监控系统建设。浙江、江苏、河北等省电力公司作为首批集中监控系统建设试点单位，结合《变电站监控系统顶层设计工作方案》《新一代集控站设备监控系统系列技术规范》《自主可控的新一代变电站二次系统总体方案》等文件要求，在浙江杭州、浙江宁波、江苏徐州、河北雄安4家地市公司开展了新一代变电站集中监控系统建设。

经过将近几年的建设，首批试点建设的集中监控系统均已进入试运行阶段。在国家电网有限公司组织下，国网浙江省电力有限公司总结自身集控站现场建设成效，并综合其他网省电力公司实践经验，牵头国网江苏省电力有限公司、国网经济技术研究院有限公司、国网杭州供电公司及国电南瑞科技股份有限公司、南京南瑞信息通信科技有限公司、浙江华云信息科技有限公司等相关单位编写本书。依据集中监控系统建设组成部分，全书共分为六章，分别为集控系统概述、项目管理、集控系统基础平台、集控系统应用功能、配套工程和集控系统信息接入等内容，从项目勘察、可研、初设到实施、验收、维护等方面对集中监控系统建设进行了细致说明，为后续集中监控系统的建设提供了全面的指导。

本书依据现行的相关标准和制度编写，是后续集中监控系统建设的参考资料，各单位在具体开展集中监控系统建设工作时，应当依据国家电网有限公司或各级管理单位下发的最新要求执行。

由于作者经验和理论水平所限，内容难免出现疏漏和不妥之处，敬请广大读者批评指正。

编　者

2023.7

目录

第一章 集控系统概述

20世纪八九十年代，受技术水平限制，变电站设备的维护效率不高、难度较大，变电站采用"有人值守"值班模式，值班人员驻守在变电站现场，进行一、二次设备巡视、倒闸操作、异常及事故处理等运行工作。

2012年以来，国家电网有限公司（简称"国网公司"）全面推进"三集五大"体系建设，统筹考虑电网调度和设备运行资源，将变电站监控业务划归调度管理，即将变电设备运行信息纳入调控平台统一管理，实行"远程监控、调控一体"的运行管理模式，实现了电网负荷、潮流与设备运行状况一体化监控，提高了资源管理能力和电网运行效率。但随着国家经济快速发展，社会用电量急剧增加，国网公司变电设备规模正飞速增长。截至2019年底，公司变电站数量较2012年增加了30.5%，人均运维工作量由0.37站/人增加至0.64站/人，设备的快速增长与现有的运维管理模式难以满足变电站精益化管理要求：①设备监控信息细度不够，变电站消防、安全防卫、辅助设备等实时信息未纳入实时监控系统，未达到站内设备监控全覆盖；②信息化程度不高，现场确认、就地操作、人工抄录等传统的运维模式使得运维工作效率较低，质量难以保证；③智能化支撑力度不足，"调度终端延伸+辅助设备集中监控系统（简称'辅控系统'）"模式难以支撑数字化技术的发展，无法实现监控系统的高级应用。

2020年，国网公司进一步落实设备主人制，因地制宜优化变电站属地运维模式，实施变电集中监控。国网设备管理部以公司战略为统领，以强化电网设备安全保障为目标，着力打造现代设备管理系统，提出了以集控站作为变电运维管理的基本业务单元，建设"全景监控、协同操作、辅助决策、应用融合、自主可控"的新一代变电站集中监控系统（简称"集控系统"），以实现主辅设备一体化全面监控，解决设备监控强度不足、设备管理细度不足、生产信息化程度不足、智能化支撑力度不足等问题，全面支撑"无人值守+集中监控"和"设备主人+全科医生"变电运维新模式，增强集控站"设备主人"的状态感知能力、缺陷发现能力、设备管控能力、主动预警能力、应急处置能力。

集控系统的建设应充分继承现有调度技术支持系统（简称"调度系统"）、辅控系统等建设经验和成果，坚持"问题导向、需求导向、目标导向"，研发主辅一体集控系统，通过"一体监控、全景展示、数据穿透、顺序控制（简称'顺控'）任务调用、程序化操作、综合防误、智能告警、自动验收、事件化应用"等关键技术，满足安全性、可靠性、实时性、开放性、综合性、统一性要求，并遵循以下原则：

1. 安全可靠，实时高效

遵循"安全分区、网络专用、横向隔离、纵向认证"的总体要求，从操作系统安全、数据库安全、监视安全、操作控制安全、身份认证、安全授权等方面建立全面的通用和业务安全机制，构建系统纵深安全防御体系，提高系统安全防护水平；采用直采直送的数据传输方式，满足设备监控信息实时性要求；采用服务化触发传输方式，满足集控站模式下变电站远程运维、分析决策等业务数据获取需求。

2. 统一平台，规范接口

系统依据DL/T 860、DL/T 890标准，构建高可靠、高安全、高性能的基础平台，为各类应用的开发、运行和集成提供统一的通信服务、数据存储、模型管理、图形服务等技术支撑手段，满足系统各项生产管理应用业务的实时和准实时需求。制订标准统一的接口和服务，实现数据接口设计标准化和规范化、功能应用快速构建和"即插即用"，业务系统功能调用灵活便捷。

3. 安全可控，灵活开放

遵循安全可控原则。硬件设备包括网络设备、工作站、服务器以及相关外部设备均采用安全可控的产品；操作系统、数据库、中间件等自主研发集控系统基础平台及应用采用安全可控的软件。服务开发框架，支持界面、功能、流程等开发灵活，支持数据模型、应用服务、应用功能的可扩展，满足设备监控业务应用需求。

4. 全面监视，综合展示

将主辅设备信息全部纳入集控站监控范围，实现变电站设备信息的全面监视，基于基础平台人机界面工具，将主辅设备应用展示功能组件化，按设备监控业务流程进行场景化集成，实现主辅设备跨区、跨系统的综合联动展示。

5. 统一模型，便捷运维

以变电站设备模型为源头，完善模型配置流程和版本管理机制，建立纵向贯通、源端维护、无缝转换的统一模型维护体系。遵循标准化的系统接口，实现集控系统与调度系统、省级中台以及变电站之间的模型、数据交互。通过数据断面自动核对、系统工况智能诊断等自动化手段，提高系统运维的便捷性。

6. 交互便捷，融会贯通

制订系统与电力生产管理系统（PMS3.0）、统一视频平台等信息管理大区（安全Ⅳ区）业务系统数据交互接口规范，采用标准的CIM/E、XML、消息队列等通用的规范格式，打破业务壁垒，实现各系统间的信息融通和协同处置。

集控系统建设包括集控系统主站、远程智能巡视集中监控模块、机房辅助设施、配套调度数据网设备、配套系统通信设备、变电站接入改造等六项内容。

第一节　集控系统主站

作为实现变电站设备集中监控、设备运维管理的重要手段，集控系统为提升运维监控强度、设备管理细度、生产信息化程度和队伍建设力度提供技术支撑。集控系统一般包括硬件、基础平台、功能应用等部分：系统硬件包括服务器、工作站、交换机、防火墙等，为系统软件提供硬件运行环境；基础平台包括系统管理、总线类服务等，为集控应用功能提供平台环境支撑；系统应用功能包括运行监视、操作与控制、监控助手、业务管理等模块，实现主辅设备一体化全面监控及智能巡视功能。本节重点介绍集控系统软硬件架构、功能应用及关键技术。

一、总体架构

（一）系统架构

集控系统总体架构如图1-1所示。

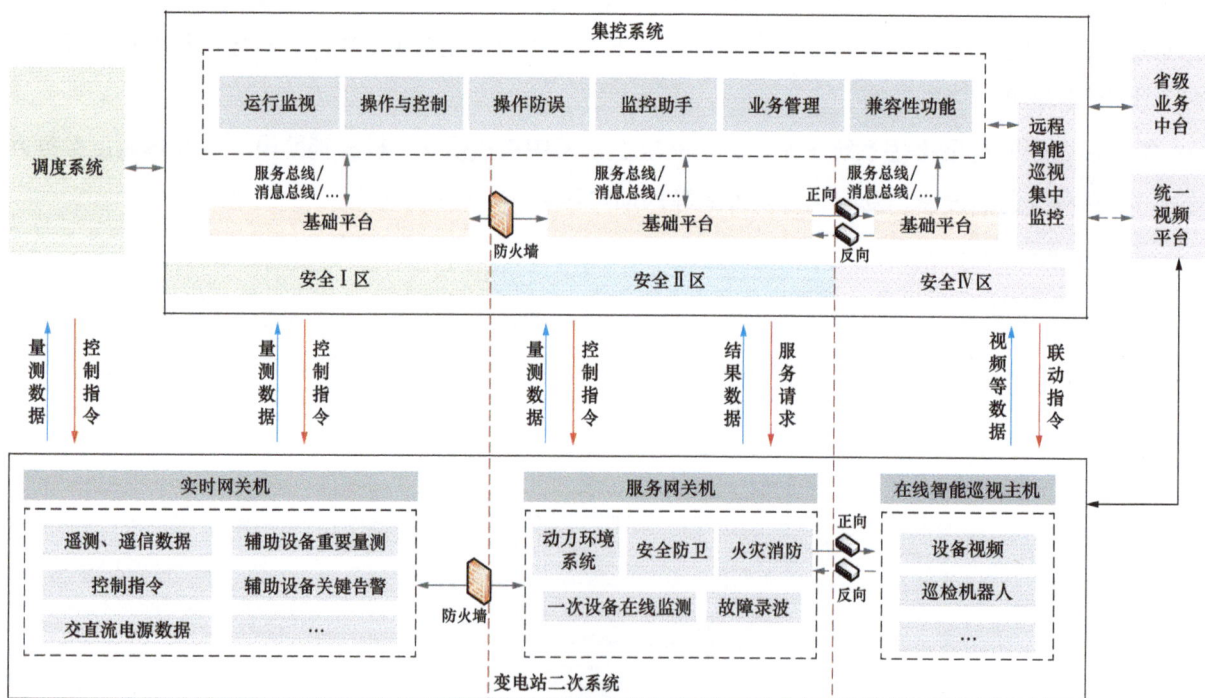

图1-1　集控系统总体架构图

集控系统基于基础平台，在安全Ⅰ、Ⅱ、Ⅳ区建设部署集控相关应用功能。根据安全防护要求，安全Ⅰ、Ⅱ区间配置防火墙，安全Ⅰ、Ⅱ区分别与安全Ⅳ区间配置正/反向物理隔离。集控系统基于基础平台提供的服务总线、消息总线、公共服务等组件实现应用功能与平台之间的信息交互，基于基础平台提供人机界面工具实现安全Ⅰ、Ⅱ区主辅设备信息一体化展示。

集控系统通过安全Ⅰ区从变电站通信网关机实时接入主设备数据以及辅助设备重要量测数据和关键告警数据、下发设备控制指令，通过直采，接入变电站防误设备量测；通过安全Ⅱ区从变电站服务网关机按需获取辅助设备及运维诊断等信息，下发辅助设备操作指令等信息；通过安全Ⅳ区主要实现统计分析、监控业务管理等功能，通过远程智能巡视集中监控模块接入变电站远程智能巡视主机的视频、告警、巡检报告等数据，下发视频、巡检机器人的控制指令，实现设备的远程智能巡视。

集控系统考虑了安全接入区数据接入能力，根据业务需求在安全Ⅰ、Ⅱ区的业务系统及其终端的纵向连接中使用无线通信网、电力企业其他数据网（非电力调度数据网）或者外部公用数据网的虚拟专用网络方式（VPN）等进行通信。

（二）硬件架构

集控系统硬件架构如图1-2所示。集控系统硬件架构由部署在安全Ⅰ、Ⅱ区和安全Ⅳ区的磁盘阵列、服务器、工作站、网络安全防卫等设备构成。为了提高系统的安全性，关键设备均采用冗余配置。根据业务部署特点，在安全Ⅰ、Ⅱ区分别部署数据采集及应用服务器，完成集控系统与变电站间的信息交互、运维班终端延伸，部署监控业务应用。在安全Ⅳ区部署镜像数据服务器，作为安全Ⅰ、Ⅱ区数据的镜像，发布及应用服务器实现信息发布、与中台的数据交互、监控业务管理等业务应用。在安全Ⅳ区还部署远程智能巡视集中监控模块，实现巡视任务管理、实时监控、与远程智能巡视主机的数据交互、与业务中台的数据交互、与算法管理平台的数据交互、与发布服务器的数据交互等业务应用。根据集控站、运维班的建设及业务需求配置相应的工作站。

系统支持硬件设备的弹性伸缩及应用功能部署的模块化组合，可以根据不同应用的业务特性情况进行调整。针对原有的未改造存量变电站（简称"存量站"）的实际情况进行兼容性设计。

以集控系统典型配置为例，主要硬件、软件配置如下。

1. 安全Ⅰ区常规硬件配置

（1）磁盘阵列1台，通过2台光纤交换机连接数据库服务器的HBA卡（主机总线适配器），用于统一存储主辅设备数据。

（2）数据库服务器2台，互为冗余，通过HBA卡连接磁盘阵列（光纤交换机），运行基础平台服务及数据库应用，响应历史数据库操作请求，如模型保存及修改、历史数据采样及查询、告警信息存储及查询等。

（3）应用服务器2台，互为冗余，运行基础平台服务及各项应用功能，包括主设备数据及重要辅助设备数据处理、主辅设备运行监视、主设备操作与控制等。

（4）数据采集服务器2台，互为冗余，用于与变电站主设备数据及关键辅助设备信息采集与交互、数据验收及正确性核对、与外部其他系统的信息交互等。

（5）监控工作站3台，用于监控员开展主辅设备监控业务。

（6）维护工作站1台，用于集控系统运行维护，如图模维护、点表维护、系统状态监视等。

（7）主网交换机2台，互为冗余，用于安全Ⅰ区各硬件设备后台网互联，与安全Ⅱ区后台网互联。

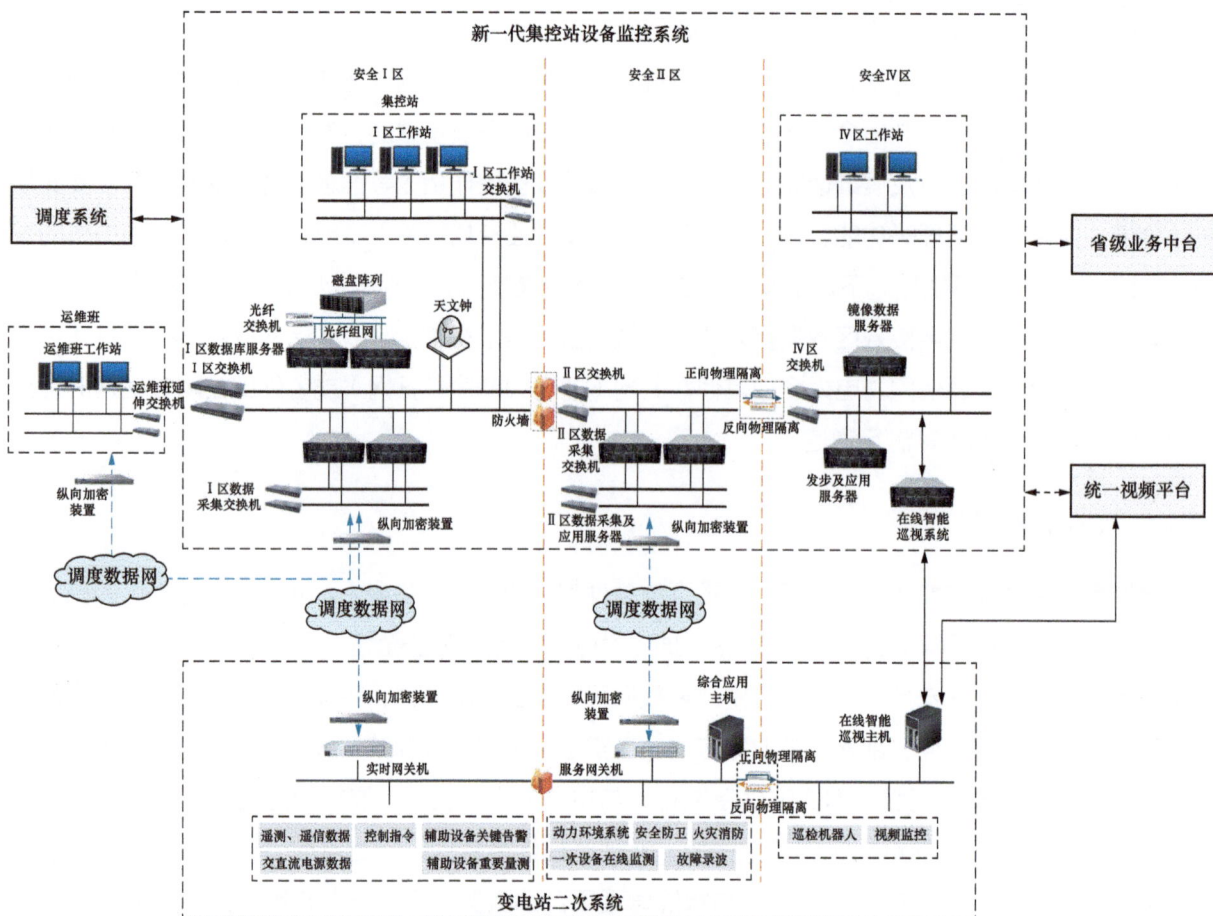

图1-2 集控系统硬件架构图

（8）采集交换机2台，互为冗余，用于采集服务器与调度数据网互连。

（9）天文时钟1台，采用北斗卫星导航系统（简称"北斗"）、全球定位系统（GPS）双模，用于集控系统授时。

2.安全Ⅱ区常规硬件配置

（1）应用服务器2台，互为冗余，运行基础平台服务及各项应用功能，包括辅助设备数据处理、辅助设备运行监视、辅助设备操作与控制等。

（2）数据采集服务器2台，互为冗余，用于变电站辅助设备信息交互、数据验收及正确性核对、与外部其他系统的信息交互等功能。

（3）主网交换机2台，互为冗余，用于安全Ⅱ区各硬件设备后台网互联，与安全Ⅰ区后台网互联。

（4）采集交换机2台，互为冗余，用于采集服务器与调度数据网互联。

3.安全Ⅳ区常规硬件配置

（1）镜像磁盘阵列1台，通过2台光纤交换机连接镜像数据库服务器的HBA卡，用于安全Ⅰ区历史数据库镜像。

（2）镜像数据库服务器2台，互为冗余，通过HBA卡连接镜像磁盘阵列（光纤交换机），运行基础平台服务及数据库应用，执行安全Ⅰ区历史数据库同步操作，包括模型保存及修改、历史数据采样、告警信息等。

（3）发布及应用服务器2台，互为冗余，运行基础平台服务、监控助手、监控业务管理等业务应用，实现Web访问服务、信息发布、与中台的数据交互等功能。

（4）变电设备智能管理工作站3台，主要用于安全Ⅳ区功能和业务展示。

（5）安全Ⅳ区主网交换机2台，互为冗余，用于安全Ⅳ区各硬件设备后台网互联。

（6）主备服务器2台、切换服务器1台，用于远程智能巡视集中监控模块，其通过切换服务实现巡视服务主备访问，实现巡视任务管理、告警联动等功能。

4. 二次安全防卫硬件

（1）防火墙3台，其中2台部署于安全Ⅰ、Ⅱ区之间，1台部署于管理信息大区边界上，用于及时发现并处理集控系统运行时可能存在的安全风险、数据传输等问题，同时可对系统运行过程中安全相关的各项操作实时记录与检测相关信息上送调度系统。

（2）正/反向隔离装置各2台，部署于安全Ⅰ、Ⅱ区和安全Ⅳ区之间，用于隔离生产控制大区和管理信息大区，实现非网络方式的安全的数据交换、双向身份认证、数据加密和访问控制。

（3）网络安全监测装置1台，部署于安全Ⅱ区，用于采集集控站、所辖变电站的安全事件信息，并进行统一的解析、告警及一体化展示，实现对网络安全事件的本地监视和管理，同时上送至调度系统的网络安全管理平台。

（4）入侵检测装置3台，分别部署于安全Ⅰ、Ⅱ区和安全Ⅳ区，具备入侵检测的功能，设置合理检测规则，及时捕获网络异常行为、分析潜在威胁、进行安全审计，相关信息上送调度系统。

（5）安全审计系统1套，部署于安全Ⅱ区，具备运维审计功能，实现运维操作可审计、可追溯，提升运维人员操作的规范性，相关信息上送调度系统。

（6）恶意代码防护1套，部署于安全Ⅱ区，具备恶意代码监测、管理、分析和恶意代码流量监测的功能，实现系统中重要节点的恶意代码监测，相关信息上送调度网络安全系统。

5. 其他配件及支撑软件

（1）机柜8面，用于安装服务器、磁盘阵列、交换机、二次安全防卫硬件等上架设备。

（2）自动信号验收装置1台，与集控系统自动验收软件模块，用于变电站接入时信号自动对点。

（3）安全操作系统20套，安装于除安全Ⅳ区变电设备智能管理工作站外所有服务器及工作站节点。

（4）agent探针软件10套，安装于安全Ⅰ、Ⅱ区所有服务器及工作站节点，用于收集节点状态。

（5）关系数据库（阵列版）2套，安全Ⅰ区和安全Ⅳ区磁盘阵列各安装1套，用于存储历史数据。

（6）集群软件（HA）2套，配合关系数据库使用，安全Ⅰ区和安全Ⅳ区各2台历史数据服务器组成的集群各安装1套，实现集群的高可用性，保证业务连续性。

（7）多路径软件2套，配合关系数据库使用，安全Ⅰ区和安全Ⅳ区各2台历史数据服务器组成的集群各安装1套，实现集群节点与存储系统的路径选择，保障数据传输的高可靠性、故障恢复和负载均衡功能。

（三）软件架构

1. 监控部分

集控系统软件架构（监控部分）如图1-3所示，包括基础平台公共组件、基础平台支撑应用和功能应用。

（1）基础平台公共组件为各类功能应用的开发、运行和管理提供通用的技术支撑，提供统一的系统管理、模型管理、数据服务、公共服务、告警服务、人机服务，满足系统各项实时、准实时和生产管理业务的需求；同时，提供统一的系统安全体系及系统备份与恢复，保证系统整体安全可靠。

（2）基础平台支撑应用提供基于CIM/G标准的编辑、展示框架和开放的图形画面结构标准，开放集成框架下的人机界面开发，支持第三方应用界面集成，实现主辅关键信息一体化展示、控制和管理。人机工具具体分为图元仓库、画面编辑器、画面浏览器、监控告警窗、告警查询工具、数据采集与交换、数据处理等，满足应用各类业务需求。

（3）功能应用基于基础平台，实现运行监视、操作与控制、监控助手以及业务管理等四大类应用，并可根据需要选配操作防误校核和兼容性功能两类应用，根据业务流程及需求可进行场景化集成。

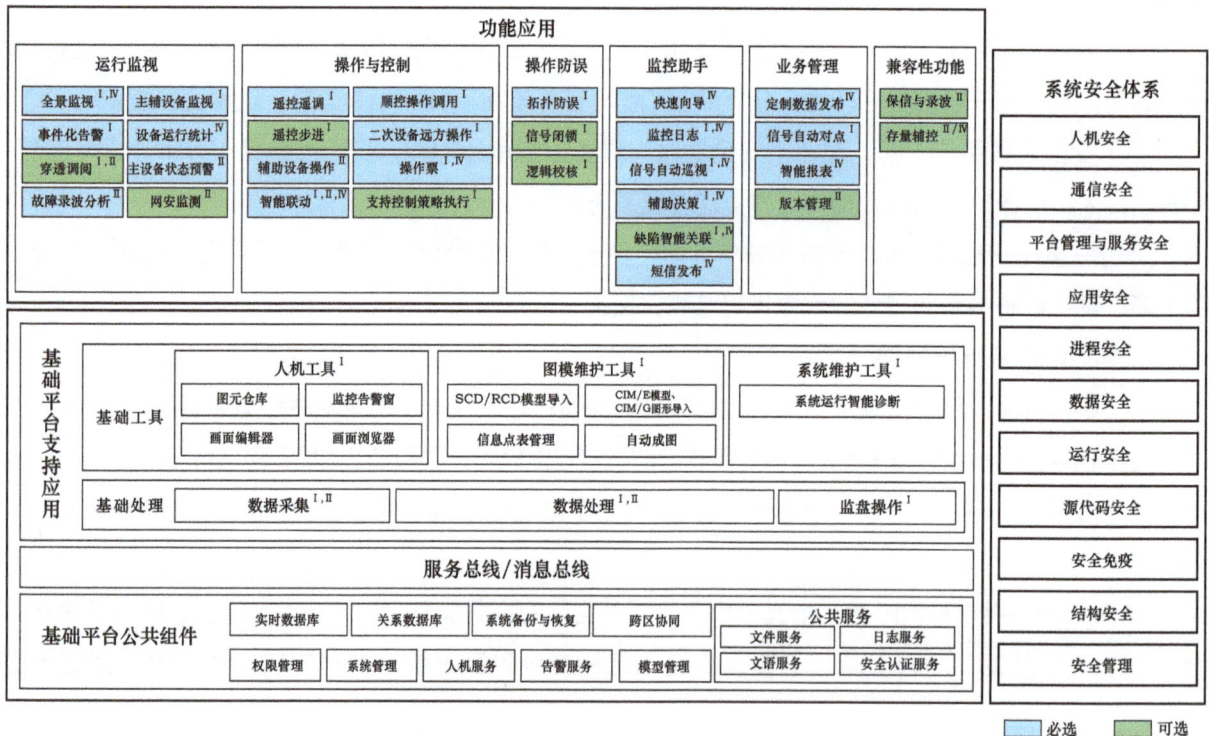

图1-3　集控系统软件架构（监控部分）图

2. 巡视部分

集控系统软件架构（巡视部分）如图1-4所示，包括公共组件层和功能应用。

（1）公共组件层为应用的开发、运行和管理提供通用的技术支撑，提供权限管理、数据服务、文件服务、告警服务、模型管理等,满足系统各项业务的需求;同时,提供系统安全体系,保证系统整体安全可靠。

（2）功能应用基于公共组件层,实现查询统计、智能巡视、智能联动、立体巡视、设备运维应用,根据业务流程及需求可进行场景化集成。

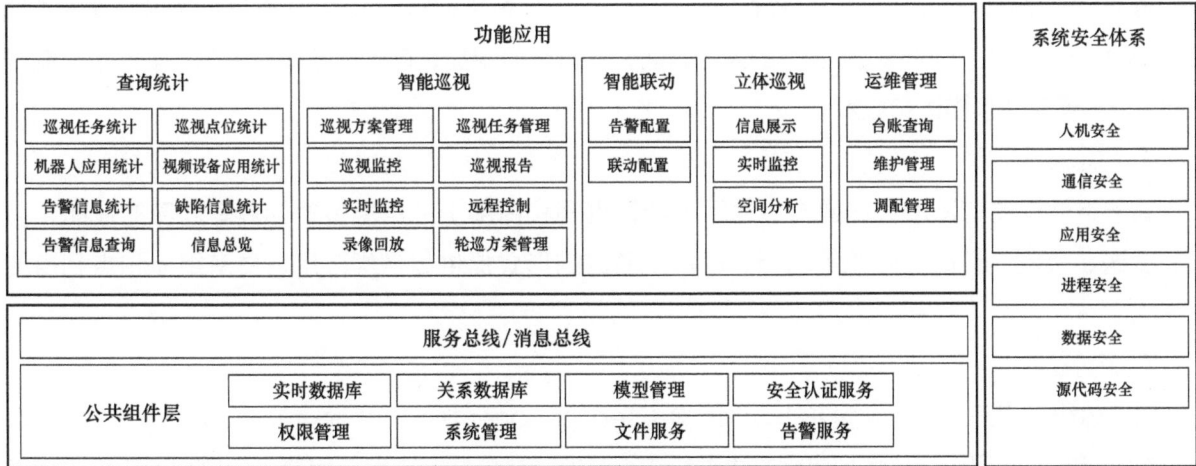

功能应用					系统安全体系
查询统计	智能巡视	智能联动	立体巡视	运维管理	人机安全
巡视任务统计　巡视点位统计	巡视方案管理　巡视任务管理	告警配置	信息展示	台账查询	通信安全
机器人应用统计　视频设备应用统计	巡视监控　巡视报告	联动配置	实时监控	维护管理	应用安全
告警信息统计　缺陷信息统计	实时监控　远程控制		空间分析	调配管理	进程安全
告警信息查询　信息总览	录像回放　轮巡方案管理				数据安全
服务总线/消息总线					源代码安全
公共组件层　实时数据库　关系数据库　模型管理　安全认证服务					
权限管理　系统管理　文件服务　告警服务					

图 1-4　集控系统软件架构（巡视部分）图

二、基础平台

系统基础平台应为各类应用的开发、运行和管理提供通用的技术支撑,提供统一的数据服务、模型管理、数据管理、图形管理,满足系统各项实时、准实时和生产管理业务的需求;具有良好的开放性、扩展性,提供标准的应用程序接口（API）和服务化接口,支持第三方应用的集成;可以为应用提供公共模型与运行数据,负责模型和数据的跨安全区、跨层级传输与同步;可以为应用提供多样化的数据存储,包括实时数据库、历史数据库、日志数据存储;可以为应用提供全面的数据通信手段,包括服务总线、消息总线和业务流程,可通过平台实现横向、纵向的应用数据传输与共享;可以为应用提供统一的人机交互界面,具备嵌入应用定制界面的功能。

（一）公共组件

1. 系统管理

系统管理负责系统资源的监视、调度和优化,实现对整个系统中设备、应用功能的分布式管理。系统管理主要包括节点管理、应用管理、进程管理、网络管理、资源监视、时钟管理、备份/恢复管理等功能。

2. 关系数据管理

系统支持多种关系数据库产品。关系数据库是指第三方的商用数据库,主要用来保存变电站设备、参数、静态拓扑连接、系统配置、告警和事件记录、历史统计信息等一切需要永久保存的数据。

3. 模型管理

模型管理为系统提供全流程的模型管理服务,包括模型校验、模型变化通知、模型维护、模型同步等内容。

4. 权限管理

作为向集控系统各类应用提供使用和维护权限的控制手段，权限管理是应用和数据实现安全访问管理的重要工具。该功能与变电站监控管理应用的组织机构管理功能实现关联。

5. 实时数据库

基于实时数据库的数据存储与管理支持实时数据的快速存储和访问。实时数据库提供高速的本地访问接口、远方服务访问接口和友好的人机界面，具有数据定义、存储、验证、浏览、访问和复制等功能，支持设备关系描述和检索。

6. 消息总线

基于事件驱动的消息总线提供进程间（计算机间和内部）的信息传输，具有消息的注册、撤销、发送、接收、订阅、发布等功能，以接口函数的形式提供给各类应用；具有组播和点到点传输形式。

7. 服务总线

服务总线采用开放的面向服务的体系架构（service-oriented architecture，SOA），能够对数据交换时所需的底层通信技术和应用方式进行统一处理，从传输上支持应用请求信息和响应结果信息的传输。

服务总线支持请求/响应和发布/订阅两种服务模式，能以接口函数的形式为应用提供服务的注册、发布、订阅、请求、响应、确认等信息交互机制；提供服务的描述方法、服务代理和服务管理的功能，满足应用功能对服务的查询、监控、定位和在广域范围的服务访问和共享。

8. 公共服务

公共服务是基础平台为应用开发和集成提供的一组通用的服务，公共服务至少包括文件服务、日志服务等。这些服务具有位置透明性，客户端不需要关心服务的位置就能够使用这些服务。

（1）文件服务是对网络范围内的文件实行统一管理的公用服务，提供远程访问目录和文件的功能，包括文件传输、文件管理、目录管理和文件加锁，可进行文件的创建、更新、删除、读写等操作。除常规的操作功能外，还提供文件版本的比对、同步更新功能。

（2）日志服务能统一进行日志信息的存储管理，具有日志写入功能，可根据配置要求确定日志信息的处理方式。

（3）安全认证服务为业务应用提供安全认证和数据加解密功能，其中操作控制服务必须使用安全认证服务。

（4）文语服务提供文字转成语音文件功能。

（5）操作与控制服务为主辅设备遥控操作及控制校验、子站读取和下发文件、RPC（远程过程调用）模型和数据调阅、下发远方操作定值修改及召唤命令、二次设备操作、顺控操作及校验等提供服务。

9. 告警服务

告警服务是一种实时服务，能统一处理集控系统的主设备或辅助设备报警事件，并根据配置的告警方式发出告警。告警服务提供主辅设备事件和报警的定义、处理以及具体告警信息的管理功能。

10. 安全管理

安全管理为集控系统各类应用提供安全保障和手段，包括用户管理、角色管理、权限管理和审计管理等功能。

11. 人机服务

人机服务是人机界面数据刷新服务，采用订阅/发布服务模式按画面刷新周期返回变化数据。支持并发处理，可同时响应多个用户调用画面的请求；可同时响应多个工作站上同一画面动态刷新请求，可有效避免数据库的重复访问。

12. 跨区协同

跨区协同功能为系统内部安全Ⅰ区与安全Ⅳ区的运行监控与业务应用提供跨区协同的通用处理，包括模型数据同步、实时数据同步、实时告警同步、文件双向同步、商用数据库数据同步等功能。

13. 系统备份与恢复

系统备份与恢复功能为系统内部工作站和服务器上的文件及数据提供快速便捷的备份/恢复处理手段，包括文件备份/恢复、数据备份/恢复等功能。

（二）支撑应用

1. 人机工具

人机工具提供显示框架和开放的图形画面结构标准，提供开放集成框架下的人机界面开发支持，提供对第三方应用的界面集成支持，实现主辅关键信息一体化展示、控制和管理。人机工具包括图元仓库、画面编辑器、画面浏览器、告警定义、监控告警窗、告警查询等工具。

（1）图元仓库。图元仓库提供基于CIM/G标准的统一图元库，包括基本图元、电力系统设备图元、插件图元、综合类图元等，同时支持应用自定义扩展图元。

（2）画面编辑器。平台提供基本的画面编辑器，实现基本的绘图框架，可绘制基础接线图、间隔图等图形，画面类型可自定义扩充。画面编辑器支持业务插件扩展，业务第三方应用可通过业务插件方式实现业务功能扩展；支持集成第三方应用程序，第三方应用程序可通过外部命令调用等方式，融入系统中，编辑器保存的图形满足CIM/G规范。

（3）画面浏览器。平台提供通用的画面浏览器，提供基本的图形展示、数据刷新功能，实现基本的人机展示框架。

（4）告警定义工具。平台提供告警定义工具，可以进行告警类型定义，可新增告警类型，并指定告警登录表；支持告警方式定义，可对指定告警类型、告警状态定义指定的告警行为；支持告警行为定义，可对告警行为定义要执行的告警动作，支持的告警动作包括但不限于推画面、上告警窗、存历史数据库等。

（5）监控告警框。平台提供监控告警窗，可实时展示主辅设备告警信息并支持对告警进行相关操作。

（6）告警查询工具。平台提供告警查询工具，具备多种历史记录过滤方式，包括但不限于责任区、运维班、变电站、电压等级、时间段、告警级别、确认状态、告警内容模糊查询等条件组合过滤；

具备将告警筛选条件组合保存成自定义告警模板的功能；具备对告警记录进行多表综合查询和单表查询的功能；查询结果支持以CSV文件格式导出。

2. 图、模维护工具

集控系统的图模遵循"源端维护，全网共享"的原则，利用变电站的全站系统配置文件（SCD）模型与CIM/G图形，完成一次设备、二次设备、辅助模型以及图形的导入，同时利用站端提供的远动配置描述文件（RCD）文件，完成转发点表在集控系统的导入，实现图、模、转发点表关联。

（1）SCD/RCD模型导入。具备解析SCD模型功能，并能够提取一次设备、二次设备、辅助设备模型以及测点信息；具备一、二次设备以及拓扑关系导入功能，测点信息能与一次设备、二次设备、辅助设备正确关联，并且能与RCD文件建立映射关系；具备SCD/RCD增量比对导入功能，能够显示出新增、修改、删除记录，并增量入库；具备对导入的站端原始SCD/RCD文件的版本管理功能，版本为集控内部文件管理版本；具备对导入的站端原始SCD/RCD文件的查询、删除功能；能提供其他应用获取模型文件的接口。

（2）CIM/E模型、CIM/G图形导入。提供模型导入工具，能够导入调度系统提供的存量站设备模型，支持一次设备模型、前置模型导入；支持电网拓扑关系模型导入；设备命名满足《电网设备通用模型数据命名规范》（GB/T 33601—2017），模型文件应满足《电网通用模型描述规范》（GB/T 30149—2019），并在CIM/E模型描述基础上扩充遥测、遥信、遥控（简称"三遥"）信息；支持增量导入；支持CIM/G图形文件导入功能，并能将图元关联到模型，图形文件应满足《电力系统图形描述规范》（DL/T 1230—2016）的相关要求。

（3）信息点表管理。可根据变电站的RCD文件挑选生成集控系统信息点表；支持信息点的告警等级、告警方式、信号延时、取反等信号属性配置功能，并支持将信息点表及信息属性按需将全表或指定列导入、导出的功能；生成信息点表后形成的RCD文件可下发给通信网关机，经由网关机现场确认后激活生效；提供集控系统与变电站信息点表的校核功能，通过与变电站RCD文件进行比对，实现信息点表的相互校核，并展示比对结果；与变电站交互点表应通过独立的管理通道实现。

（4）自动成图。自动识别设备、间隔与母线的连接关系，实现变电站一次接线图、间隔图、辅助监视图的自动生成；可根据变电站一次设备模型及主接线模板自动生成主接线图，也可根据主接线图生成间隔分图。

3. 数据采集

数据采集管理功能实现集控系统与变电站各类数据的采集，具备通信链路管理、规约处理和数据转发等功能。采用多机冗余和负载均衡技术，满足高吞吐量和高可靠性的要求。

4. 数据处理

处理《新一代集控站设备监控系统系列规范 第2部分：数据规范（试行）》（设备监控〔2022〕83号）中规定的所有采集数据。数据处理实现模拟量处理、状态量处理、非实测数据处理、多源数据处理、数据质量码、旁路代替、对端代替、事件顺序记录（SOE）、动态拓扑分析和着色、计算、责任区与信息分流等功能。

5. 监盘操作

根据设备监控业务需求，通过人工操作实现对设备、信号对象进行置数、闭锁和解锁、标识牌操作等，包括人工封锁、禁止控制和允许控制、告警抑制和解除、标识牌操作等功能。

6. 系统维护工具

具备自动系统资源诊断、数据库状态诊断、进程状态诊断、数据一致性诊断功能，并能对诊断结果形成诊断报告；支持通道数据一致性诊断，能对通道数据偏差百分比进行设置，并按照设置条件进行数据一致性对比。

三、功能应用

集控系统功能应用分为运行监视、操作与控制、操作防误、监控助手、业务管理等，实现变电站主辅设备的全面监控，为提升运维监控强度、设备管理细度、生产信息化程度和队伍建设力度提供技术支撑。

（一）运行监视

运行监视实现变电站一、二次设备和辅助设备的实时监视与告警，主要功能包括全景运行监视、一次设备监视、二次设备监视、辅助设备监视、在线监测、消防监视、故障录波分析、智能事件化告警、穿透调阅等；实现设备运行状态和趋势的分析、面向设备的告警分析，主要功能包括全景运维监视、设备状态告警、设备运行数据统计分析。

1. 全景监视

通过可视化展现方式，以示意图、图表、文字标注等方式向运维人员展示集控站及各变电站设备的总体运行情况、运维情况、统计数据等信息，按照运维计划安排、特殊巡视、节假日、保电任务提供断面监视等功能，实现一体化监视、数据穿透的功能。在安全Ⅰ区主要实现设备状态监视功能，在安全Ⅳ区实现运维业务监视功能。

2. 主辅设备监视

主设备监视包括一、二次设备监视，辅助设备监视包括安全防卫、动力环境系统、火灾消防等监视。一次设备在线监测的重要信息由站端主动上送，集控系统可通过定期调阅方式获得完整的监测数据和站端分析报告；二次设备在线监测数据采用远程调阅方式实现监视，变电站站端发现监测数据异常时，主动上送异常事件通知；能以光字牌的形式显示变电站主辅助设备发生的事故或异常信号，并能便捷地按照不同等级、不同颜色对光字牌进行分类显示。

3. 事件化告警

基于监控主辅设备信息标准化模型，对集控系统信息进行标准化、对象化映射；基于事件化知识库事件发生机理，通过标准化、对象化的实时监控信息输入，考虑信息发生时序关系以及信息模型空间范围等约束条件，输出并展示综合性的事件结果，提升电网设备监控运行实时感知度，提高设备故障异常分析和预警能力，保障电网安全可靠运行。

4. 主设备状态预警

对主设备温度、油色谱等状态监测信息进行分析，对同一设备不同时间的监测数据进行比较，从而对监测数据变化趋势进行预测及预警；结合主设备负荷、量测信息等多源数据进行设备状态综合评估、异常诊断分析。

5. 穿透调阅

通过服务网关机实现主辅一体化监控主机、综合应用主机的历史数据调阅，最终实现站端的实时数据、画面、历史告警以及故障报告的"全网共享"。

6. 网络安全监测

网络安全监测提供变电站网络安全事件、集控系统网络安全事件数据采集与展示。

变电站网络安全事件数据采集支持接收并解析变电站紧急、重要告警级别的安全事件与监控总信号，按站合成网络安全总信号。集控系统网络安全检测模块通过沙箱、容器等方式保证安全隔离，支持采集监视集控站、集控系统自身网络安全事件并上送调度网络安全平台；支持接受网络安全平台下发的控制操作指令，实现基线核查、版本管控、参数设置、历史调阅等功能。

7. 故障录波分析

对故障录波器、保护装置的故障录波报告进行分析，包括波形分析、故障测距、录波分析和测距结论生成简报等功能。

（二）操作与控制

实现对变电站主辅设备的常规操作、应急操作、顺序操作以及安全防误、设备故障异常等状态的应急策略智能推送，主要功能包括一、二次设备遥控与遥调操作、顺控操作调用、遥控步进等。

1. 遥控与遥调操作

遥控与遥调操作通过集控系统下发操作指令，经过变电站实时网关机、间隔层、过程层等设备实现操作指令的执行与信息反馈。

2. 顺控操作调用

基于变电站经过审核验证的顺控操作票库内对应操作票，集控系统依据设备状态变化生成操作指令，对操作指令完成审核后，通过调用变电站的一键顺控服务，结合主站全网拓扑防误与变电站五防[防止误分、误合断路器，防止带负荷拉、合隔离开关或手车触头，防止带电挂（合）接地线（接地开关），防止带接地线（接地开关）合断路器（隔离开关），防止误入带电间隔]校验，完成顺控操作票调用。

3. 遥控步进操作

遥控步进操作采用逻辑规则集控站校核模式，是在主站端进行一系列连续的遥控操作，操作形式为手动单步执行。

4. 二次设备远方操作

实现变电站继电保护装置及安全自动装置、测控装置的功能软压板投/退；以遥调设点的方式进行变电站继电保护及安全自动装置的定值区切换操作；召唤、修改继电保护和安全自动装置各定值区的保护定值；二次设备的信号复归等。

5. 设备运行统计

实现对正常设备、故障设备、异常设备、设备运行状态总览等信息的自动统计和界面展示功能，同时提供对设备运行统计历史信息分电压等级、分类别、分时段等分类查询导出功能。

6. 辅助设备操作

辅助设备操作主要包括一次设备在线监测、安全防卫（电子围栏、红外对射、门禁、智能锁控）、动力环境系统（空调、风机、除湿机、水泵、照明、SF_6）、火灾消防应急控制。辅助设备控制原则上以站端自动模式下的自动策略控制为主，若自动模式控制失效或在手动模式时支持远程控制，设备故障时应禁止控制。

7. 支持控制策略执行

调度控制策略的执行可通过集控系统来实现。集控系统能接收调度提供的自动电压控制（automatic voltage control，AVC）执行策略（分合无功调节设备断路器、调节变压器挡位等）、批量拉负荷执行策略，结合设备运行状态进行校验与执行。

集控系统中的受控设备信息发生变化，上送调度系统，以便调度系统制定策略；调度系统制定好AVC策略、批量拉负荷策略，将相应的策略下发给集控系统，集控系统进行校验执行，针对执行失败的指令进行汇总上送至调度系统。

8. 操作票

提供对调度系统指令票的接收及对象化解析，提供图形开票、智能开票、人工写票等成票方式，支持常规遥控、顺控操作模式，对操作票的编辑、审核、预演、执行、回填、归档等操作流程进行控制，并将执行结果回复调度，具备将操作票归档至省级中台等功能。

9. 智能联动

实现主设备运行状态联动展示功能，可展示设备投切，保护动作，断路器、隔离开关变位等状态变化信息联动对应实时视频。支持主设备监控系统异常告警联动展示功能，主设备接地短路、突发事故等异常告警信号，可联动对应视频预置位，召唤在线监测数据。

（三）操作防误

操作防误由逻辑规范防误、拓扑防误、信号闭锁防误功能组成。逻辑规范防误包括逻辑规则变电站校核、逻辑规则集控站校核两种模式：逻辑规则变电站校核由变电站监控主机内置防误逻辑和独立智能防误主机实现，为隔离开关遥控、顺控操作调用提供防误双校核；逻辑规则集控站校核功能为隔离开关遥控、遥控步进操作提供集控主站侧防误校核。拓扑防误为隔离开关、断路器、接地开关等设备操作时提供拓扑逻辑防误校核。信号闭锁防误为电气设备操作时提供与其相关联的一、二次设备信号的校核功能。

（四）监控助手

监控助手从设备运维、设备缺陷、在线巡视、日常监控等角度为运维监控人员提供丰富的管理手段，主要包括监控信号自动巡视、快速向导、辅助决策、监控日志、缺陷智能关联、短信发布等功能。

1. 信号自动巡视

信号自动巡视通过人工触发或预设周期，按巡视项目、巡视范围自动实现对监控信号的巡视，并生成巡视报告，支持对巡视结果与上一轮巡视结果进行对比分析，以便运维监控人员掌握监控信号运行情况。

2. 快速向导

快速向导为运维监控人员便捷、准确地值班提供支撑支持集中展示监控待办事件任务信息，能够查询事件详情；基于事件化的辅助决策结果，应能提供处置向导，辅助运维监控人员完成任务处置，支持与缺陷系统、日志系统等系统间交互，便捷地完成缺陷填报、日志填写。

3. 辅助决策

辅助决策结合故障及异常事件处置流程，构建处置规则库，并与事件化规则进行关联配置。故障发生后依据规则自动生成处置待办任务及流程，并收集事件相关信息，辅助运维监控人员快速处置。

4. 监控日志

根据事故、异常、越限类事件等信息自动生成监控值班日志，支持人工修改，生成的监控日志经确认后推送至业务中台，以便运维监控人员快速完成监控日志管理。

5. 缺陷智能关联

基于缺陷提取规则进行缺陷信息自动提取，通过告警窗、设备间隔图人工提取缺陷，自动关联设备并打包带入多个遥信、遥测等关联信号；支持添加备注，经过审核后手动推送至PMS系统缺陷录入环节；允许缺陷手动闭环，方便运维人员开展日常缺陷管理。

6. 短信发布

提供对短信接收人员信息的录入，支持对不同短信信息的分类录入、展示，提供灵活的配置方式，支持接收人订阅不同类型的短信；支持人工定义、修改短信信息，具备发布短信功能。

（五）远程智能巡视集中监控

作为集控系统的重要组成部分，远程智能巡视集中监控采用独立服务器方式部署在集控站侧和信息管理大区（安全Ⅳ区），为变电站远程智能巡视系统对应的主站端，实现对辖区内机器人、无人机、摄像机、远程智能巡视主机等设备以及巡视业务的统一管理。

远程智能巡视集中监控模块基础应用采取模块化、服务化设计，系统功能包括信息总览、查询统计、智能巡视、视频监控、智能联动、立体巡视及设备运维管理模块。其中智能巡视实现巡视过程的实时画面查看、巡视分析结果查看、告警确认、巡视报告等全方面管控，统一规范管控范围内的变电站的巡检业务流程；视频监控实现视频设备的远程控制、实时监控及录像回放等功能。通过与集控系统接入主辅基础信息、告警信息等数据，实现对主辅设备的异常信息进行视频监控和联动。

在与外部其他系统交互方面，巡视集控模块与三维数据中心交互变电站三维模型数据；与省级电网资源业务中台间交互电网业务数据、设备台账等信息；支撑统一视频平台完成变电站设备视频调阅；与集控系统进行主辅助设备及告警信息等数据的交互；与变电站远程智能巡视系统进行信令下达、数据上报及视频调阅等数据交互。变电站远程智能巡视系统总体架构如图1-5所示。

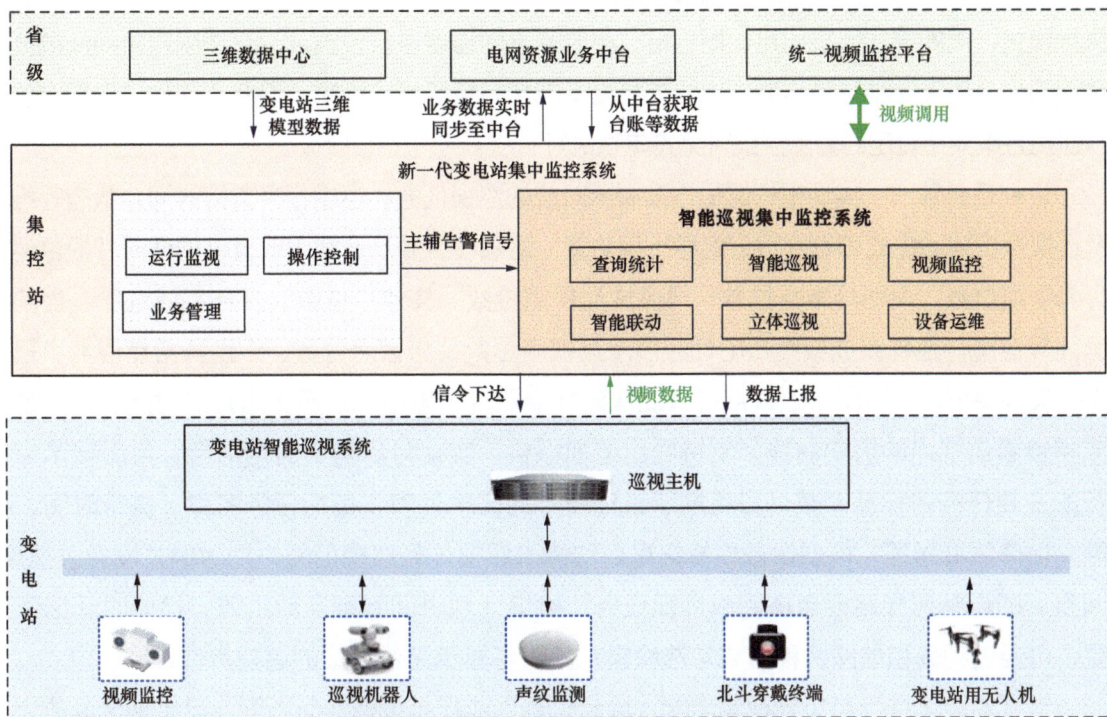

图1-5 变电站远程智能巡视系统总体架构图

1. 信息总览

对集控站辖区内变电站的巡视任务情况、机器人应用情况、视频设备应用情况、告警数据、缺陷数据等信息进行统计，并采用图形、图表等多种展现方式、不同维度对统计结果进行可视化展示。

（1）地图模式。地图模式直观展示辖区内已接入的变电站分布情况、机器人接入数量、巡视任务执行情况等信息，可通过页面穿透功能查询详细信息。

（2）图表方式。图表方式展示辖区内接入的机器人工况信息，可查看各变电站处于空闲、巡视、充电、检修等多种状态的机器人数量；辖区内已接入的各类视频设备的数量，已接入的视频设备的在线、离线数等信息的统计结果，可通过页面穿透功能查询详细信息。指定时间范围内不同等级的缺陷信息统计结果、巡视类型统计结果、巡视状态统计结果、不同等级的告警信息统计结果，可通过页面穿透功能查询详细信息。

2. 查询统计

实现对巡视任务、巡视点位、机器人、视频设备、告警及缺陷信息的查询统计。对于巡视任务和结果，支持巡视任务类型、状态、设备名称、所属变电站等多个维度及时间范围内的数据统计。对于机器人及视频设备，支持运行状态、工况、类型等维度进行数据统计。对于告警及缺陷信息，支持告警等级、缺陷等级、状态、设备分类等维度指定时间范围进行统计分析及图表形式展示。

3. 智能巡视

（1）巡视方案配置。实现例行巡视、熄灯巡视、特殊巡视、专项巡视、自定义巡视等类型方案的新建、修改、删除功能及方案名称的自定义，支持对方案进行停用、启用、立即执行等控制。实现巡视方案的查询和导出，支持变电站、巡视方案类型、巡视方案名称、巡视方案状态等，支持设置巡视任务执行模式，周期模式可按照月、周、日、小时等不同维度进行设置，也可按固定时间间隔循环执行，时间间隔分为天、小时等维度。点位支持设备电压等级区域、间隔、设备、部件、巡视点位树形选择；巡视方案支持设定红外测温或可见光单独执行。

（2）巡视任务管理。实现根据巡视方案展示对应的巡视任务，巡视任务支持时间、状态等维度查询以及巡视报告自动生成和巡视报告的导出等功能。巡视任务展示巡视中或暂停的任务并提供巡视点总数、告警点位数、识别异常点位数、已完成巡视点位数、失败点位数、任务完成进度、当前巡视实时画面等信息；巡视完成或终止的任务展示巡视点总数、告警点位数、识别异常点位数、已完成巡视点、失败点位数，对单个巡视点提供此次巡视点照片和该巡视点历史照片的对比，对数值型巡视点支持查看巡视点的历史曲线，支持导出巡视报告。实现月历与日历相结合，月历展示每日计划执行的主要任务名称及个数；日历展示当日任务的信息列表，包括任务名称、执行时间、任务状态等。检修区域管理，根据设备检修信息自动修改巡视任务巡视范围，剔除相关设备巡视点位，根据调整后的设备巡视路径自主完成巡视任务，检修计划时间到则自动生效，检修时间结束则自动恢复，可通过列表和地图两种方式勾选设备，同时可显示无法完成的巡视点位。

（3）巡视监控。展示可见光视频功能，展示机器人或视频设备实时画面，可单图全屏放大或恢复；支持单点截图、短视频录制功能；展示红外视频功能，机器人或视频设备的红外图像及温度，可单图全屏放大或恢复；支持巡视报文实时显示功能，巡视报文实现分类显示事件报文功能，分实时信息、巡视告警信息。实时信息显示，包括显示点位正常、异常的结果信息，展示机器人或视频设备的动态巡视情况；具备声音告警或闪烁提醒等功能。告警信息可每条确认，有新告警信息上传时，用不同颜色提示告警等级；巡视告警信息，显示巡视过程中发现的告警信息，按一般告警、严重告警、危急告警进行分类提示，可对该点告警信息进行即时确认。巡视路线展示，支持地图方式显示机器人当前状态、位置和巡视路线，以不同颜色区分已巡视和未巡视路线（已巡视路线用绿色显示、未巡视路线用灰色显示），并可在地图中显示被巡视设备的巡视结果数据。当鼠标光标移动到机器人图标上，可查询显示出当前巡视任务名称、巡视点位信息等，并显示当前巡视场所的温度、风速等气象信息。

（4）巡视结果确认。实现巡检设备上送巡视结果后，需人工进行巡视结果的确认，包括识别异常和识别正常所有的识别结果；巡视点位确认功能，可展示每个巡视点当前巡视结果，用户对采集信息做出包括"识别正常""识别异常"两项的结论，默认"识别正常"；选择"识别异常"时可填入实际情况，实现对原始值的修正。识别正常是指巡视任务完成后，用户对巡视结果进行人工确认，若人工识别结果与巡视设备分析结果一致，则认为识别正常；识别异常是指巡视任务完成后，用户对巡视结果进行人工确认，若人工识别结果与巡视设备分析结果不一致，则认为识别异常；若巡视装置无法对图片、图谱、音频识别，则认为识别异常。对反复出现的异常识别，支持加入白名单、移除白名单功能，当用户完成缺陷识别库的升级后，可以从白名单移除。缺陷确认填报功能，根据告警信息和人工结论，确认设备是否存在缺陷并支持将确认后的缺陷自动或手动上报电网资源业务中台。

（5）巡视报告。任务巡视完毕后，自动生成巡视报告：支持以文件格式导出巡视报告，巡视报告导出时支持选择是否包含告警点位、识别异常点位、正常点位，支持选择是否导出告警点位图片、识别异常点位图片；巡视报告中包含的图片支持批量导出功能，并自动对导出的文件及文件夹以一定规则命名。

（6）巡视信息查询。针对任务巡视过程中的信息，可按照变电站、巡视类型、任务状态、任务开始时间等查询条件对全部任务进行查询，查询结果主要包括任务名称、变电站、巡视类型、任务状态、巡视点位数、告警点位数、识别异常点位数、巡视失败点位、任务开始时间、任务结束时间、确认状态，所有查询结果具备导出表格功能；通过巡视任务可进行巡视报告查看，只有当此次任务中的全部告警信息经人工确认后，才可进行巡视报告查看。

4. 视频监控

（1）实时监视。通过实时监控功能实现实时视频的查看，支持以两种树形方式显示本单位资源信息，层级节点至少包含：变电站—点位—预置位、变电站—摄像机—预置位，不同用户根据权限显示不同资源信息，同时支持以不同图标表示机器人、视频设备以及预置位信息，并以不同的图标或颜色区分表示设备在线、离线等状态；支持对资源树中按关键字、设备在离线状态进行智能搜索的功能；支持对摄像机、点位进行添加、取消关注功能，并可支持按"关注"对资源树进行过滤；可按照1/4/9/16/全屏等多种方式显示视频画面，并提供关闭单个画面和关闭所有画面等功能；在视频画面上用鼠标配合能控制摄像机上下左右转动及视频画面的放大缩小，可实现在任何分屏模式下对某个画面全屏显示或退出全屏显示，调阅实时视频时手动抓图或手动录像本地监控终端；实现视频的实时转发、分发功能，满足大量用户同时访问同一视频监控点的需求，可按变电设备打开所有该设备关联摄像头的实时画面，且摄像头应根据配置转到对应的预置位，视频画面显示数量根据摄像头数据自动调整；当设置了轮巡方案时，支持按照轮巡方案播放轮巡视频，轮巡视频支持1/4/9/16/全屏方式显示，同时支持暂停轮巡。

（2）远程控制。对远程变电站中巡检设备进行云台控制，实现云台的上、下、左、右转动以及预置位设置及调用功能，支持云台转动速度的设置，针对带有辅助灯光的摄像头，具备灯光开启、关闭功能；支持守望位的设置和自动调用，支持镜头的变倍、调焦、光圈控制，支持单个视频设备的多预置位控制，可以进行手动切换预置位；支持配置不同优先级，同时系统具备一定优先级仲裁机制，高优先级任务可抢夺低优先级任务权限。

（3）录像回放。对生成的巡视过程历史录像文件，可根据时间、设备等信息查询、播放和下载；支持同一路视频不同的时间点同时回放，以方便用户快速检索；多路图像可同时回放，回放时可进行快放、慢放、拖拽、暂停等回放控制及抓图等操作，在进行多路回放时，回放控制同时适用多路操作。

5. 智能联动

（1）告警信息配置。实现接收集控系统的告警信息及站端远程智能巡视主机推送的告警信息，当接收到告警信息后可进行相应联动，包括但不限于视频弹窗、声光报警等；告警联动业务应用场景仅限于充油/充气设备油面温度与绕组温度异常、轻瓦斯动作、SF$_6$压力低、油位异常、消防告警、乙炔突增告警、压力释放动作告警、开关变位；告警联动动作包括服务端自动抓拍图像、指定用户或客户端IP地址（互联网协议地址）的设备自动弹出视频画面、指定用户或客户端IP地址的设备启动声音提示等，最多仅弹出一个视频告警浮动窗口，视频窗口中叠加对应的告警信息（当告警需要弹出画面且画面正在显示其他告警信息时），支持视频缩放及云台控制功能；告警声音从获取告警信息开始，直至告警确认停止声音提示。

（2）告警信息集中展示。所有告警信息可以逐条显示，支持切换告警视频弹窗所显示的视频，当告警信息存在多个视频画面时进行相应提示，由操作人员选择显示具体视频画面信息；支持告警信息人工确认，确认后相同的告警信息不再进行任何联动动作；对于多条重复告警信息自动合并，重复告警仅执行一次告警联动动作；可联动查看报警设备历史告警信息以及相应历史数据。

（3）联动策略配置。支持选择一个或多个视频设备，可根据告警等级进行颜色区分，一般告警时显示为黄色，严重告警时显示为橙色，危急告警时显示为红色；同时，可配置告警确认后指定时间内产生相同告警是否再次提示。

6. 立体巡视

（1）综合信息展示。通过三维立体展示变电站宏观场景，实现对变电站设备、巡视点位与设备台账、告警信息的查看；可对三维场景的加载、浏览、视野旋转和缩放，按巡视点位名称、设备名称进行模糊搜索和场景定位，并进行设备台账信息显示；实现主辅设备告警信号关联三维场景设备模型，并以不同颜色的告警等级图标悬浮在设备模型上方展示，一般告警为黄色图标、严重告警为橙色图标、危急告警为红色图标；通过列表浮窗显示告警详细信息。

（2）实时监控。

1）实现巡视任务执行过程中巡视任务进度、巡视结果实时报文、巡视视频画面、巡视过程的三维交互等；可展示当日巡视任务执行状态以及当前巡视任务的详细信息，包括巡视点总数、识别异常点数、一般告警数、严重告警数、危急告警数、已完成巡视点数、任务完成进度；巡视结果实时报文以列表展示，包括巡视任务名称、时间、数据来源设备、设备点位名称、识别类型、巡视结果和告警等级等信息，可按告警等级进行展示。

2）实现实时展示视频画面，摄像机进行实时画面展示，支持视频画面的放大展示；实现在场景中展示巡视过程中摄像机的实时视频画面、机器人实时位置与巡视路线信息、识别结果实时关联场景巡视点位。巡视结果详细信息展示，详细信息包括识别结果照片、点位名称、检测时间、数据来源设备、识别类型、巡视结果和告警等级，提供该点位关联摄像机的实时视频查看以及对实时视频画面缩放、视角操作功能。机器人场景定位和场景图层管理，可快速在场景中查找机器人位置、筛选展示不同告警等级的巡视点位结果、摄像机图层、视野已覆盖点位和未覆盖点位等。

（3）空间分析。通过点选三维场景中指定设备或巡视点位等目标对象，自动匹配站内视频监控资源，推送实时视频画面；实现对视频的视野覆盖范围分析，通过选中场景中的摄像机展示其视野覆盖的巡视点位；通过对三维场景的视角旋转、缩放，实现对所辖变电站内各处空间距离、面积、角度的精确1∶1远程工勘测量。

7. 设备运维

（1）设备台账查询。可从变电站远程智能巡视系统获取机器人、视频设备信息，并与变电站远程智能巡视系统保持台账信息的一致性；实现机器人、视频设备台账信息的查询，并可按照生产厂家、设备类型、设备型号、设备来源、使用类型、运行状态等维度进行数据检索。

（2）设备维护管理。实现对机器人、摄像机等设备维护计划设置功能，可编辑设备的维护信息，包括巡视设备、维护时间、维护内容等；实现机器人、摄像机等巡视设备的维护记录登记、查询功能，可对设备名称、维护时间、维护内容、维护单位、维护人员、消缺状态等信息进行编辑，其中维护内容应含设备故障类型、故障级别等信息。

（3）机器人调配管理。实现机器人调配计划配置功能；实现转运机器人信息、计划转运起止站及经过变电站的顺序、转运过程起止时间、转运过程是否正常等信息的录入功能；实现机器人实际转运情况录入、修改、查询功能，同时具备文件导出功能。

（六）业务管理

业务管理为系统建设和运行维护提供方便、快捷、安全的智能化管理手段，主要包括智能报表、版本管理、定制数据发布、信号自动对点等功能。

1. 智能报表

提供运维、缺陷管理、在线巡视对应的报表模板设置、报表生成时间和计划设置、报表查看和版本切换、报表内容导出等实用功能。

2. 版本管理

支持变电站服务网关机对二次设备版本文件进行处理和上送，集控系统对上送的版本文件进行解析处理和集中管理。在发生版本变化时，按照时间基线列出最新的版本信息，详细展示版本变更内容，包括版本创建时间、定值参数变更内容、版本程序变更信息等。

3. 定制数据发布

支持以网页形式发布集控系统的主辅设备监视画面、设备实时和历史运行数据，可对专业检修班组发布定制的监视画面，支持短信形式发布故障信息。

4. 信号自动对点

实现监控信息的全回路验证，支持遥测、遥信、遥控、遥调（简称"四遥"）监控信息自动验收，不能确定的遥控、遥调操作要进行实传操作。为运维人员提供实用、有效的变电站信息快速接入技术支撑手段，降低人工核对中信息遗漏、核对出错的风险。大大提高信号验收效率，缩短变电站接入时间。

（七）兼容性功能

1. 存量继电保护信息管理与录波调阅

基于变电站直接获取存量站各保护装置运行状态、定值信息、保护动作信息、自检信息、故障测距等信息，实现继电保护运行监视、定值查询与核对、故障分析与统计、录波调阅等功能，为监控人员提供继电保护信息管理与故障分析手段。

2. 存量辅助设备集中监控

通过松耦合的方式与存量辅控系统集成，采集辅助设备实时运行数据，实现辅助设备监视与控制，交互主辅设备联动信息，实现主辅设备智能联动。

四、关键技术

（一）标准模型数据

1. 统一模型架构

以变电站设备模型为基础，采用统一建模理念，综合考虑电网调控、变电设备监控和设备资产管理等需求，建立统一的模型术语和信息索引，涵盖变电站、调度、集控、业务中台模型中与设备相关部分的信息。在变电站站端、集控站端内部扩展实物身份标识（ID）属性作为资产模型的索引标识，并基于变电站设备模型实现统一建模，实现变电站与集控站的模型和数据按需访问。在集控系统与PMS系统模型交互中增加实物ID属性，用作集控模型与PMS资产模型的关联匹配。在调度系统与变电站监控系统间使用通信点号和调度命名实现测点唯一关联。集控系统统一模型架构如图1-6所示。

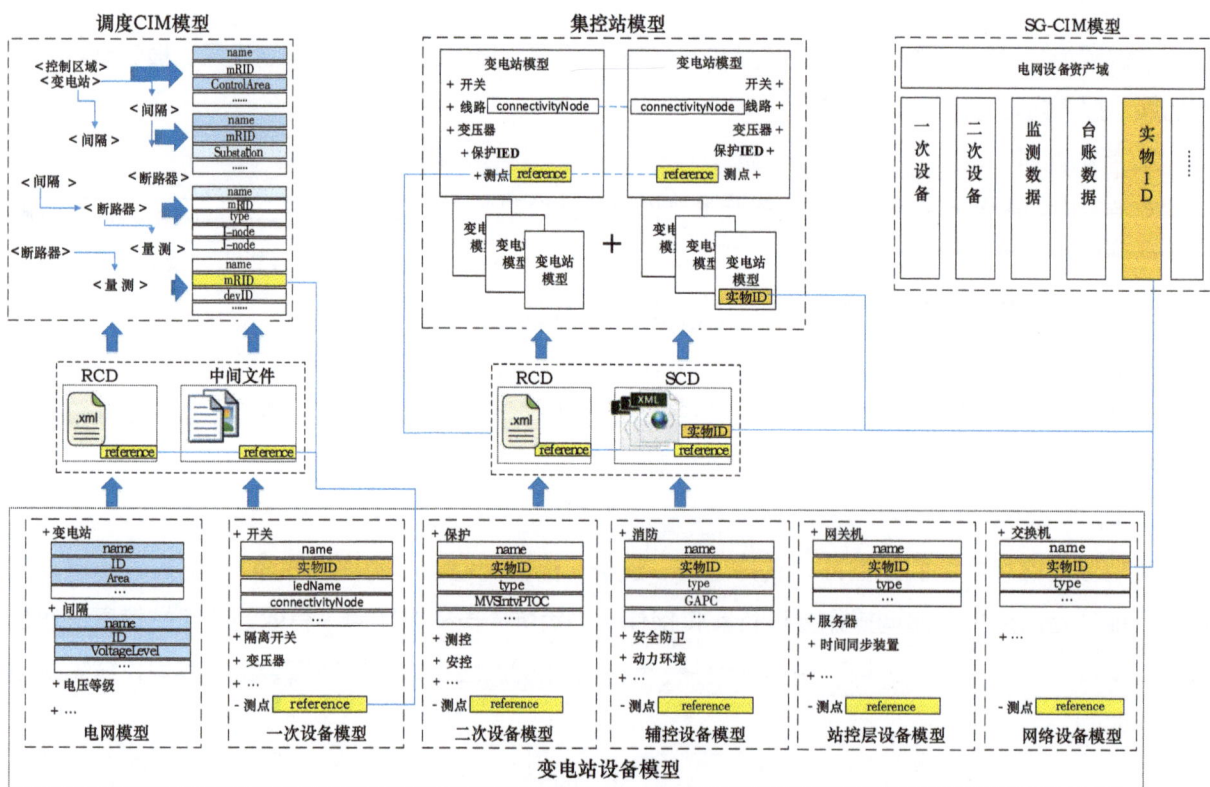

图 1-6　集控系统统一模型架构图

2. 统筹规划数据

遵循"数据分层分布式存储、分级处理"的数据管理原则。变电站汇聚并存储所有量测和告警，少部分关键数据直接上送，大量运行和诊断数据远程按需调用；集控站接收设备运行相关数据用于监盘，经统计分析后与省级中台的设备台账结合。

主辅设备数据遵循"分类、分流上送"的原则。实时网关机负责上送电网实时运行信息、主辅设备运行状态和关键告警信息；服务网关机负责按需上送辅助设备运行和告警，一、二次设备在线监测数据，SCD、CIM/E、CIM/G 格式文件等；远程智能巡视主机负责传输视频、巡检机器人巡检和状态信息等。集控系统统筹规划数据结构如图 1-7 所示。

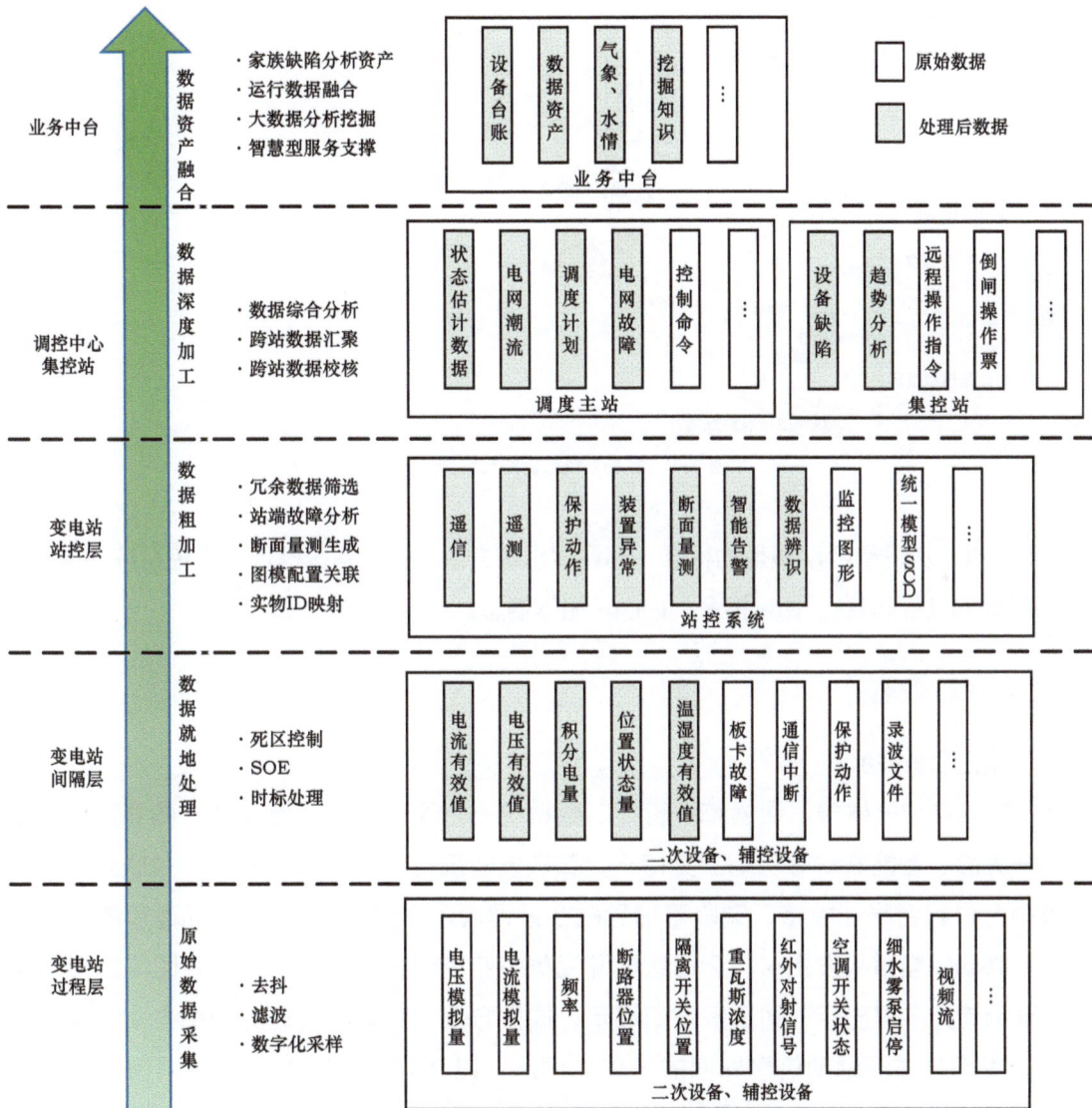

图 1-7　集控系统统筹规划数据结构示意图

3. 规范数据交互

以实物 ID 为关键字，与省级中台数据交互，支撑电网资源中心、实时量测中心、作业管理中心三大业务模块。支持安全 I、II 区和安全 IV 区与各业务系统交互，支持模型、图形同源，支持异构与同构系统数据交互。集控系统数据交互结构如图 1-8 所示。

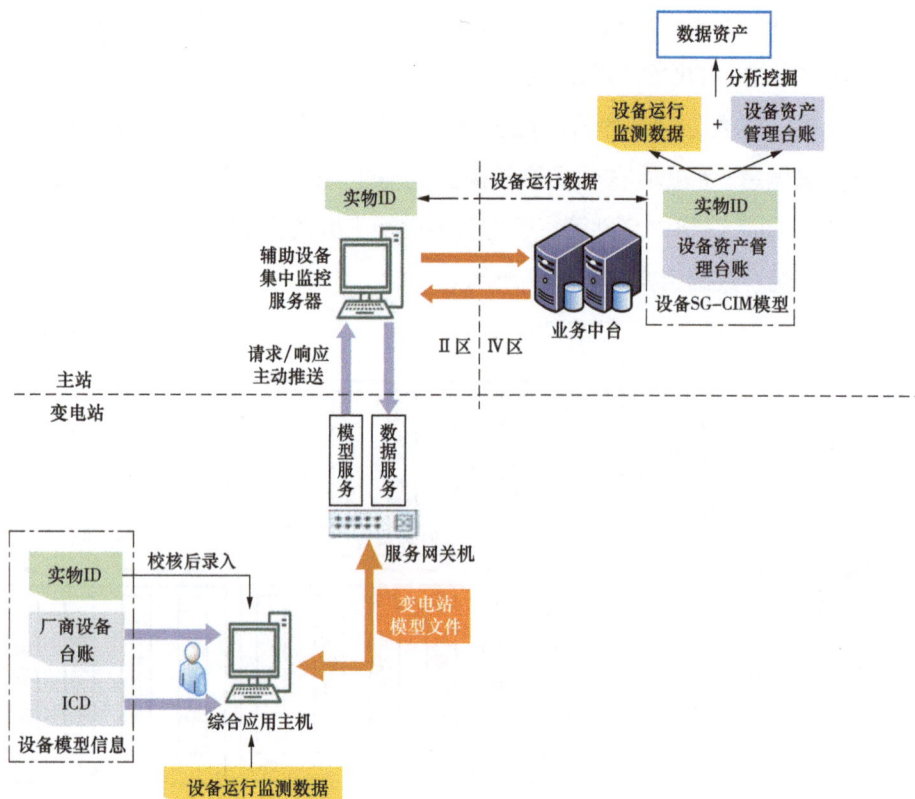

图1-8 集控系统数据交互结构示意图

集控系统以一次设备CIM模型为标准，与调度系统交互。调度系统提供给集控系统的信息主要包含电网设备模型、操作信息、调度指令、控制策略等信息。

（二）全景设备监控

1. 一体监控全景展示

支持主辅设备统一建模、通道统一管理、数据统一处理、主辅信息关联、画面自动生成、操作控制统一界面、智能联动等功能。支持一、二次设备统一建模、统一采集、关联综合展示；支持与省级中台进行台账、检修、缺陷等信息融合处理展示；通过实物ID与远程智能巡视集中监控模块进行联动，当事故发生时，远程智能巡视集中监控模块支持自动巡检并回传巡视结果。

融合展示支持多屏显示、图形多窗口展示，提供方便、直观和快速的调图方式，实现主辅设备实时监控界面与详细辅助信息界面的一体化展示，以及与远程智能巡视集中监控模块的联动展示。

支持典型画面（包括集控站层监控界面、变电站层监控界面及间隔层间隔界面等）的绘制，制定集控系统各类监控界面图元、着色及布局标准规范。集控系统一体化全景监控展示界面如图1-9所示。

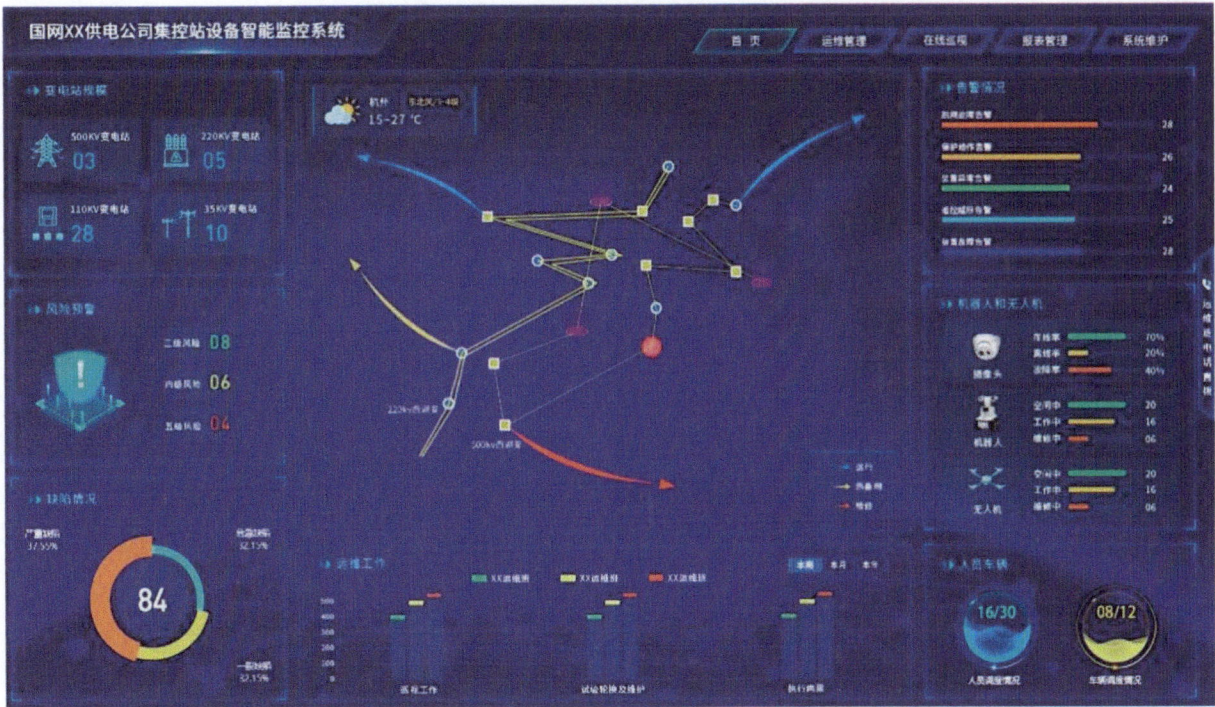

（a）

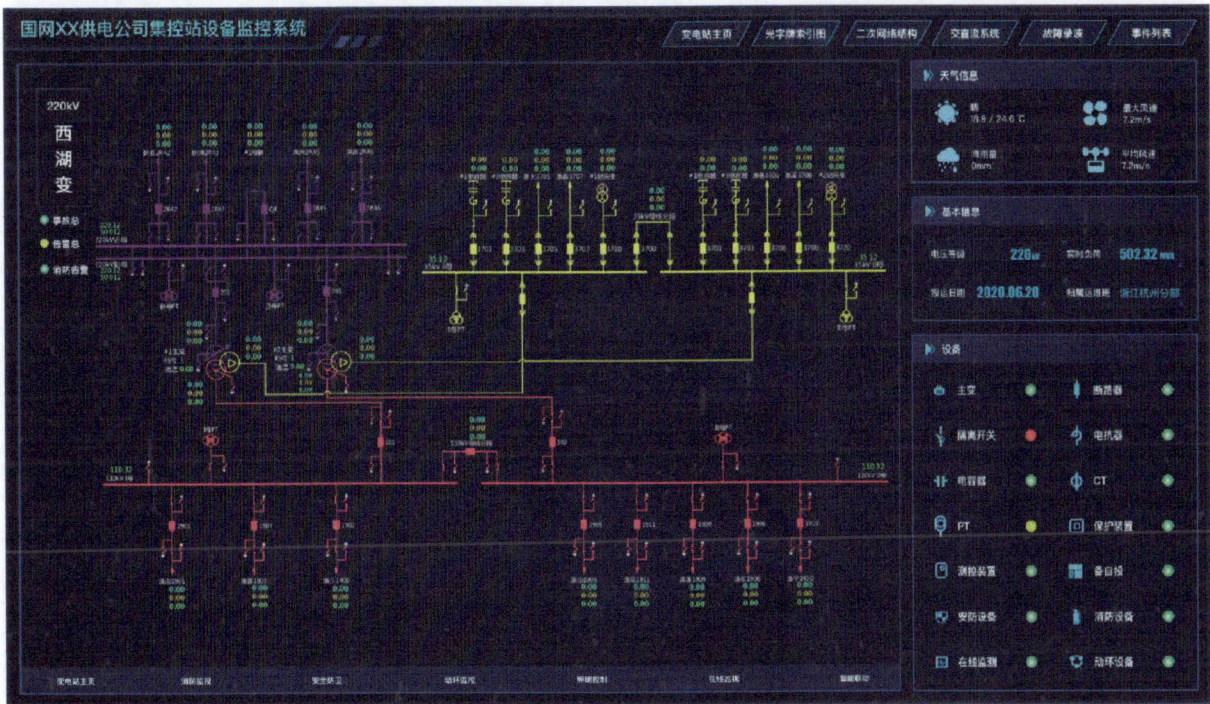

（b）

图 1-9　集控系统一体化全景监控界面

（a）监控界面首页；（b）变电站一次接线图

2. 纵向数据穿透调阅

变电站主辅设备信息上送采用关键信息主动上送、详细信息按需召唤查询方式。

变电站提供历史数据调阅服务，集控系统通过标准化的《电力自动化通信网络和系统　第7-1部分：基本通信结构原理和模型》（DL/T 860.71—2014）协议进行交互，实现各个变电站主辅设备历史数据的召唤，包括历史变位、操作记录查询、故障简报等信息，同时在调阅历史数据的基础上实现筛选。集控系统纵向数据穿透调阅界面如图1-10所示。

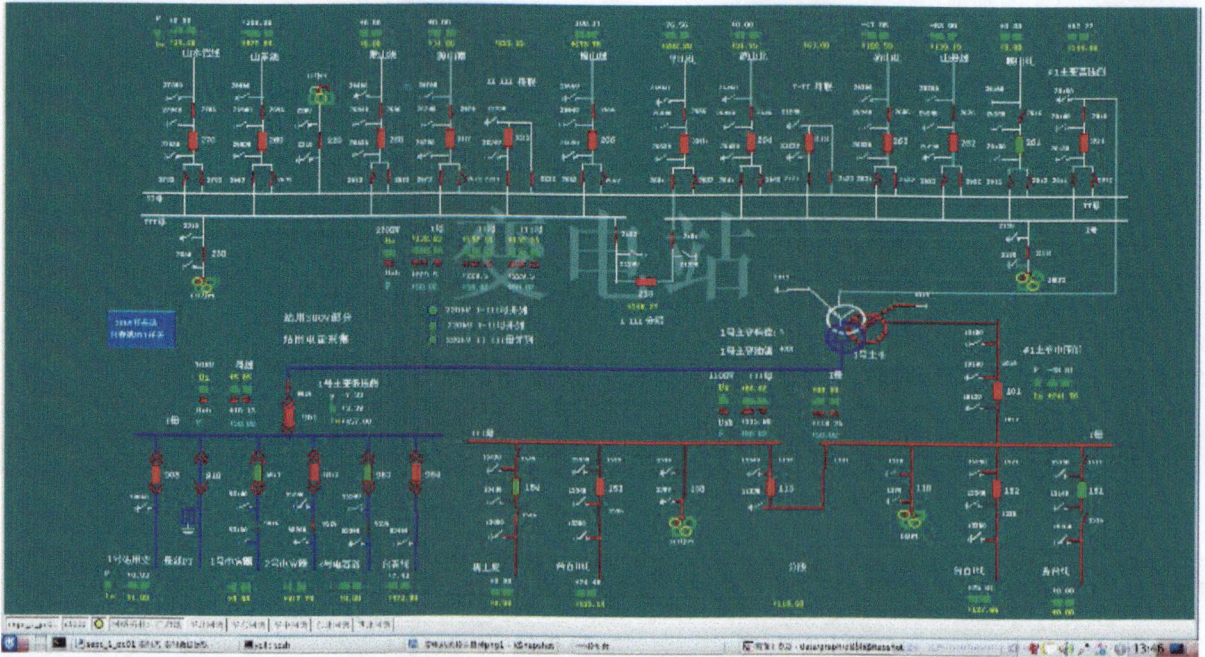

（a）

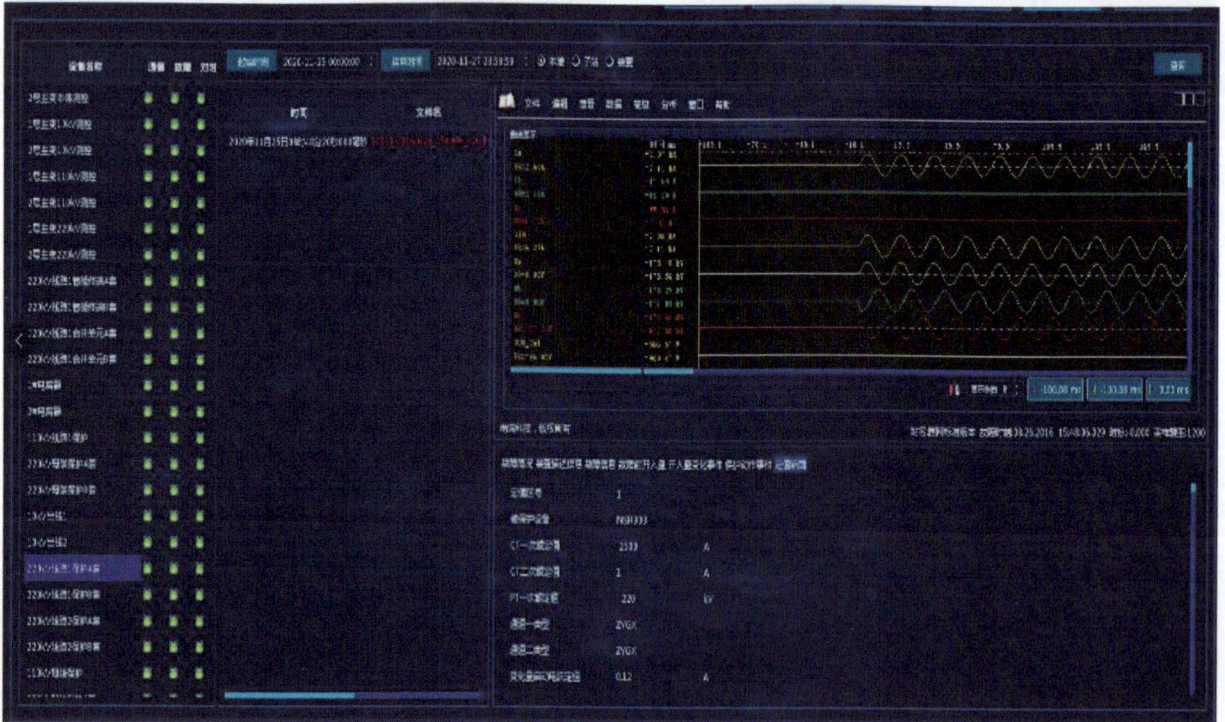

（b）

图1-10　集控系统纵向数据穿透调阅界面
（a）站端接线图；（b）站端故障信息

（三）协同操作控制

1. 顺控操作调用

基于变电站一键顺控服务以及已验证过的典型操作票，通过间隔或设备的源态与目标态组合字符串，形成控制对象，召唤变电站对应的典型操作票；操作过程中进行严格的过程管控与交互确认，结合异常重发机制，完成操作预演与执行，保障操作过程的安全性、可控性及流畅性。集控系统顺控操作调用典型界面及逻辑结构如图 1-11 所示。

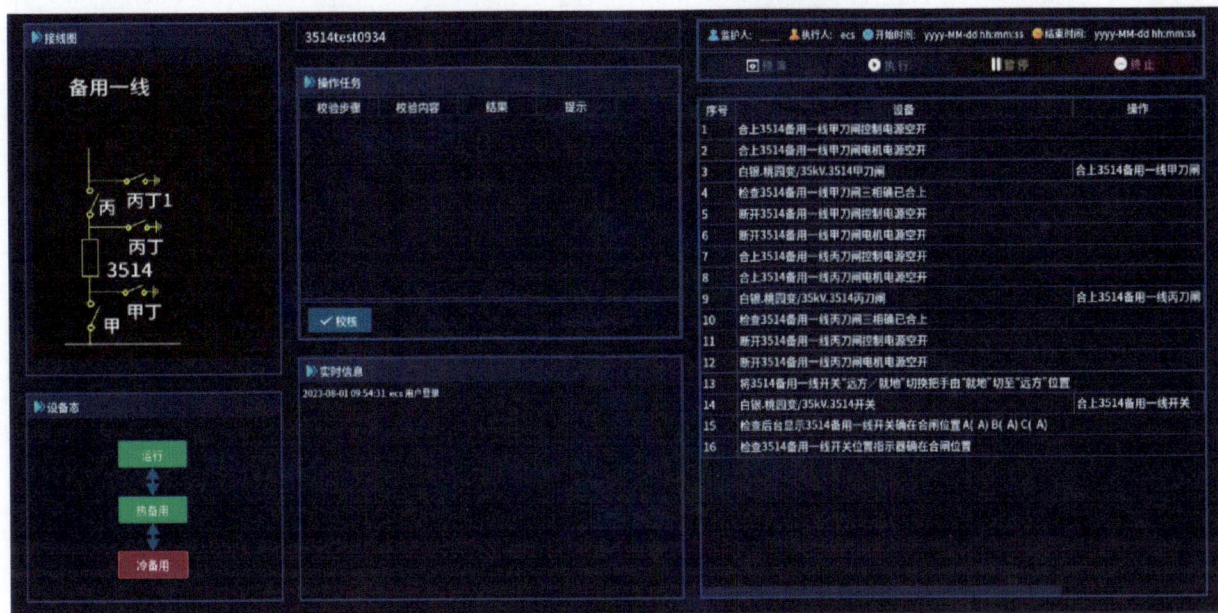

（a）

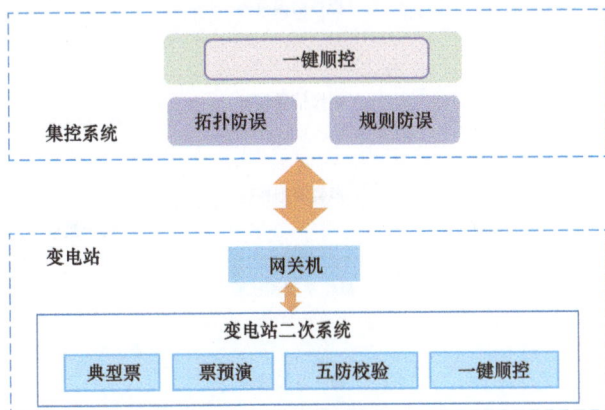

（b）

图 1-11 集控系统顺控操作调用典型界面及逻辑结构
（a）顺控操作调用典型界面；（b）顺控操作调用逻辑结构图

2. 联合防误

根据集控系统与变电站之间的防误原理、侧重点以及范围的不同，结合数据信息颗粒度和实时性差异，集控站联合防误功能包括操作互斥、挂牌闭锁、拓扑防误、操作票闭锁、信号闭锁，变电站防误技术手段包括逻辑规则防误、电气闭锁、机械闭锁和防误锁具闭锁等，在变电站与集控系统间形成"与"门联合防误体系,提升设备远方操作的安全性。集控系统联合防误典型界面及逻辑结构如图1-12所示。

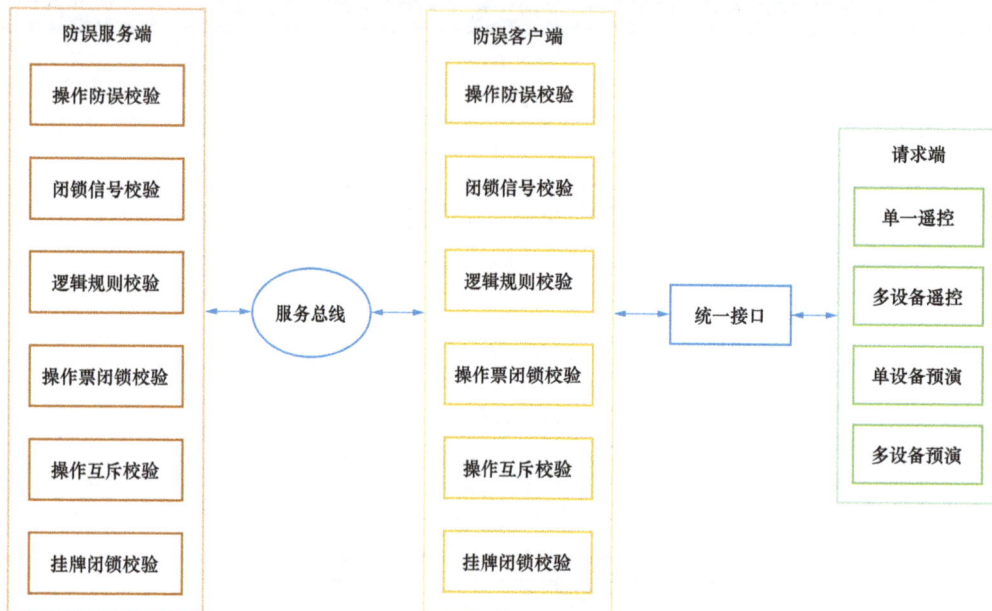

（a）

（b）

图1-12 集控系统联合防误典型界面及逻辑结构示意图
（a）防误闭锁预览典型界面；（b）联合防误逻辑结构示意图

（四）智能辅助决策

1. 智能告警

通过事件化告警实现对监控信号的序列化分析，满足3min故障信息上送调度要求；通过智能告警结合大数据、人工智能分析技术，研判事件发生时的缺失信号，解决伴随信号多导致缺陷识别不准确等问题。

（1）事件化告警。对监控主辅设备标准化模型信息进行归纳分类、抽象提取，按信息电气功能属性进行提炼，结合系统平台告警信号进行扩充，构建事件化规则原子对象库。通过分析主辅设备故障和异常事件信息发生的关联关系，以"时间逻辑""空间逻辑""或与非逻辑"等判断条件共同构成事件化规则库，生成综合性的事件分析结果。

（2）智能告警。基于变电站设备模型、监控信息时空耦合关系，构建变电站设备静态知识图谱，结合人工事件规则经验知识、历史告警样本数据发生规律，通过机器学习方法，构建事件发生知识图谱，基于知识图谱规则挖掘算法实现监控信息事件推理。

集控系统智能告警逻辑结构如图1-13所示。

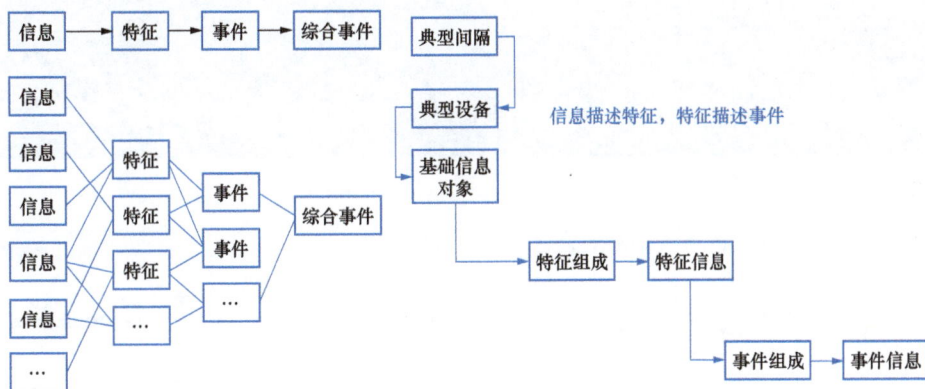

图 1-13　集控系统智能告警逻辑结构示意图

2. 监控助手

通过分析设备监控人员日常监控过程需要关心的设备、数据、状态以及要完成的事务，基于事件驱动，结合监控业务及应用功能特性，将重复监视、分析和判断的行为经验转化为标准化思维模式，主动发现问题并进行追溯，通过标准化数据输出形式及展现方式，减轻监控人员的工作负荷，实现"黑屏监控"，分层分级告警推送，提高对设备"健康"信息全面掌握和管理的水平。集控系统监控助手典型界面如图1-14所示。

（五）跨区业务融合

1. 数据融合贯通

通过关联的设备模型和省级中台模型，实现监控系统与省级中台数据的融合贯通，支撑设备全寿命周期管理。集控系统与业务中台数据融合贯通如图1-15所示。

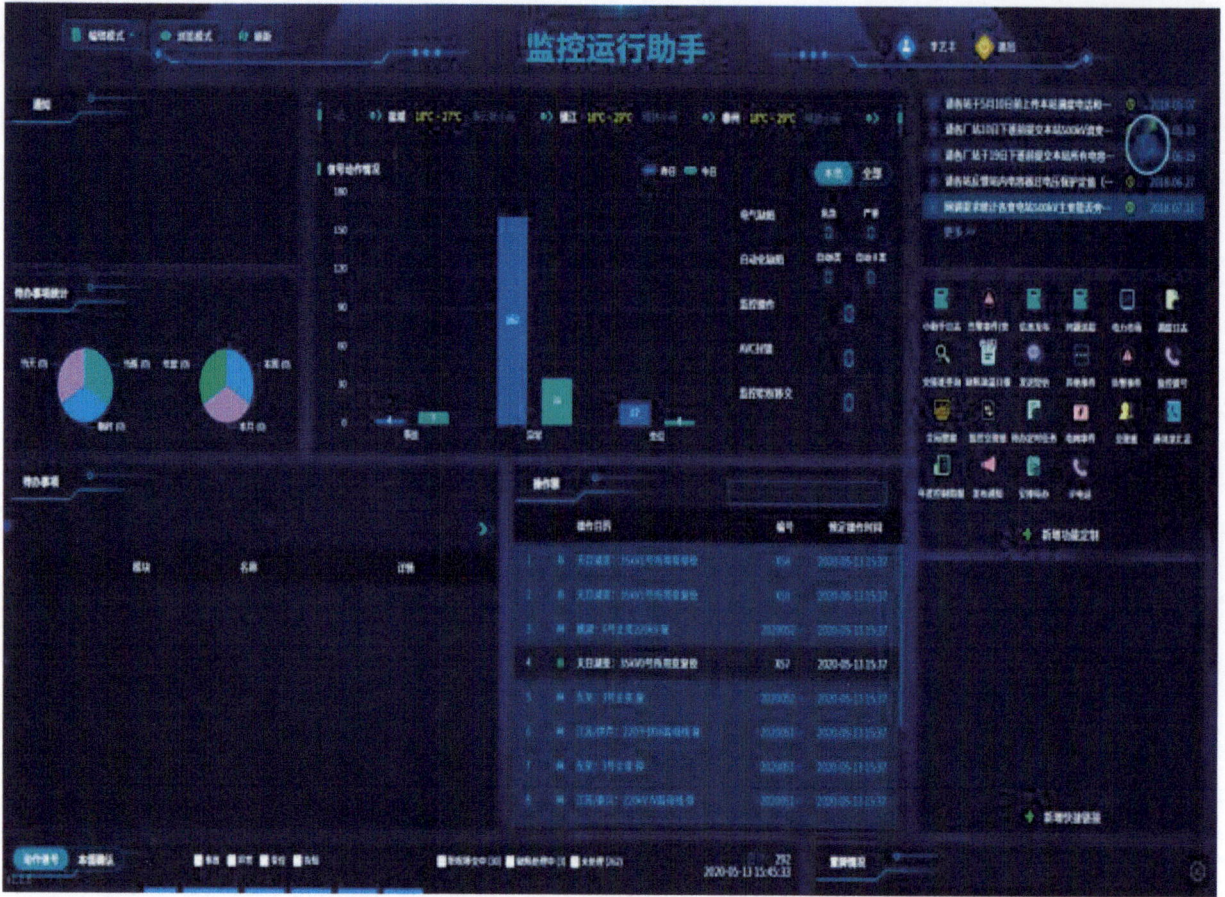

（a）

（b）

图 1-14 集控系统监控助手典型界面
（a）监控助手首页；（b）黑屏监控

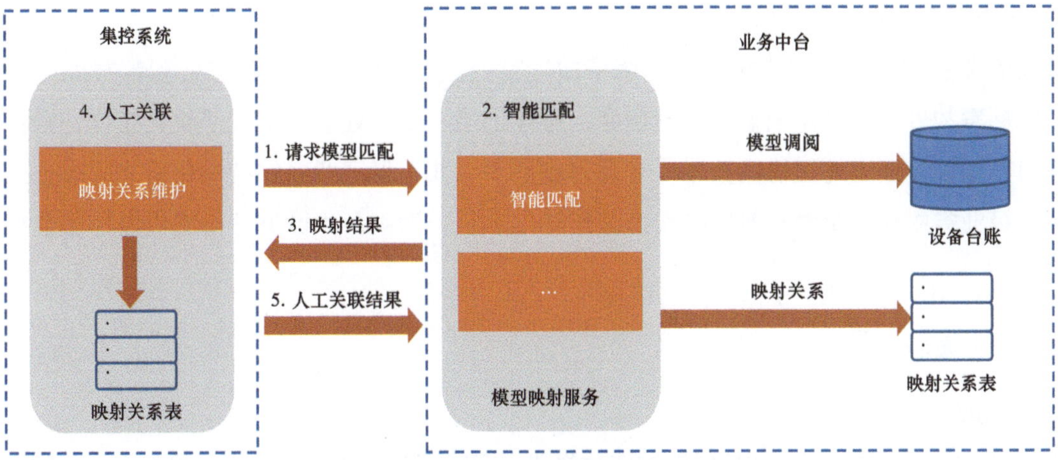

图 1-15　集控系统与业务中台数据实现融合贯通示意图

2. 缺陷识别推送

可人工提取实时发生的告警、事件、遥信、遥测，并定义为缺陷信息，遥控超时失败信息，综合分析设备缺陷，一键生成缺陷记录，包括缺陷关联实物 ID，推送至省级业务中台缺陷录入环节，同时向相关运维班人员推送缺陷信息。集控系统缺陷识别推送典型界面及逻辑结构如图 1-16 所示。

（a）

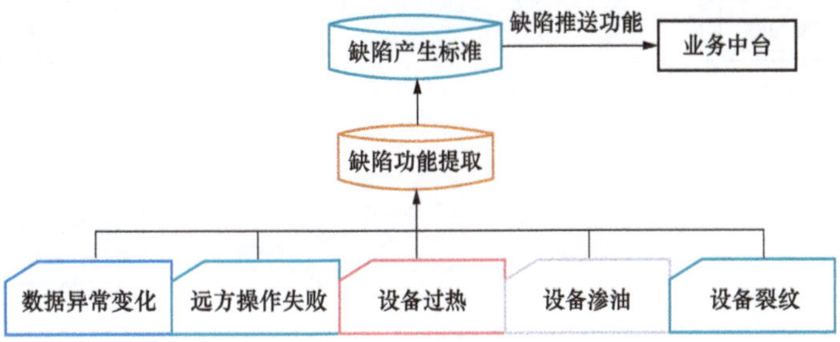

（b）

图 1-16　集控系统缺陷识别推送典型界面及逻辑结构
（a）缺陷识别推送典型界面；（b）缺陷识别推送逻辑结构图

3. 多源日志汇总

全面梳理监控员日常工作场景，围绕事故异常处置、监盘操作、缺陷处置等方面构建日志数据源，包括事故处置、异常告警、越限告警、操作记录、缺陷处置、监视记录、工作记录在内的多种值班日志类型。通过跨区协同技术，实现对安全Ⅰ、Ⅱ、Ⅳ区业务的结构化日志同步记录，支持推送至省级业务中台，全面提升监控员办公自动化水平，为中台大数据分析提供监控员监盘行为数据支撑。

（六）便捷系统运维

1. 自动成图技术

自动成图技术主要包括一次接线图的自动生成、间隔图自动生成以及辅助设备自动成图。集控系统自动成图技术如图1-17所示。

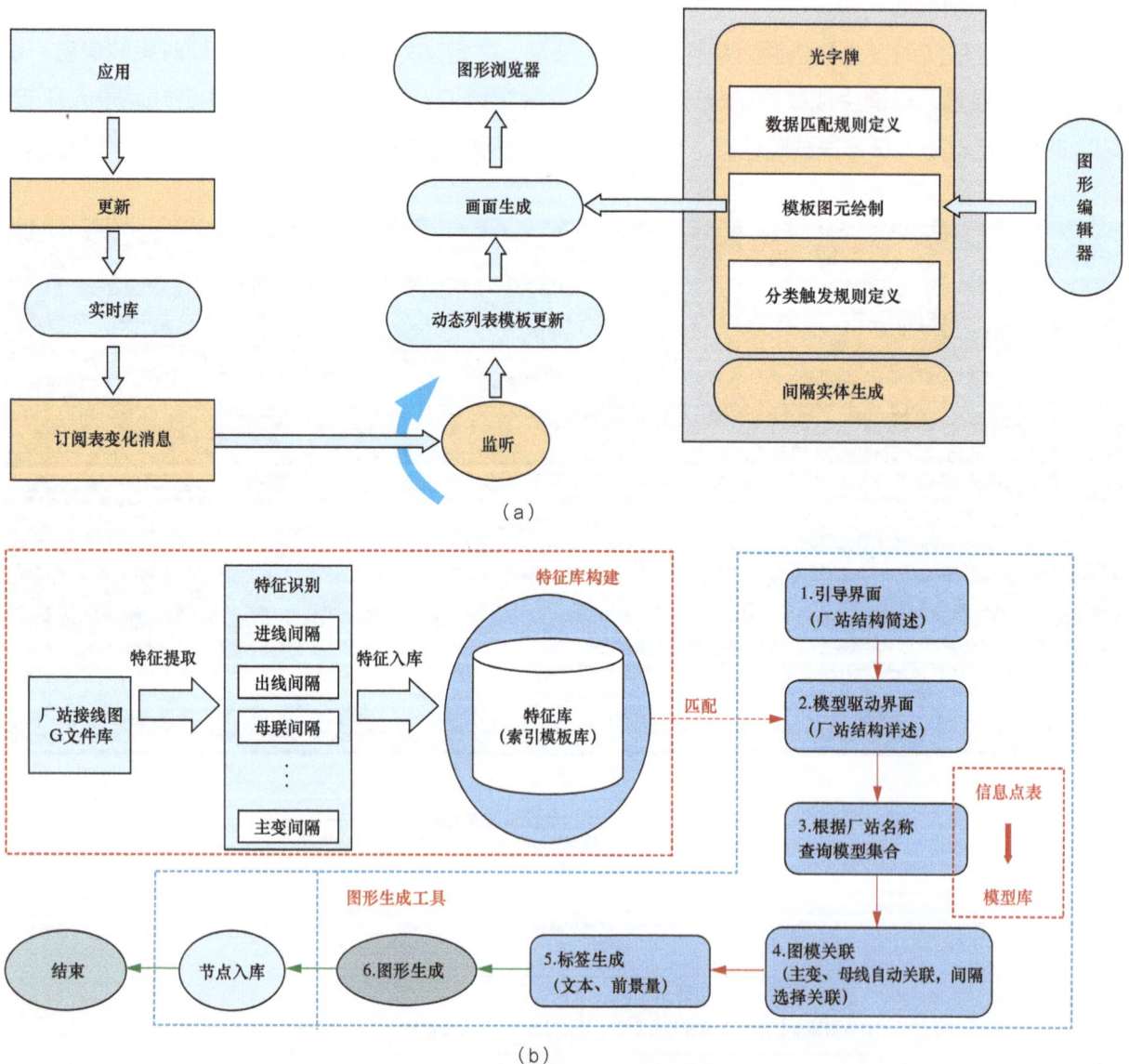

（a）

（b）

图 1-17　集控系统自动成图技术示意图
（a）工作逻辑结构图；（b）工作流程图

（1）一次接线图自动生成技术。深度分析设备拓扑连接关系、用户绘图习惯，建立用户图形特征库，利用集控系统典型信息表，基于规则策略自动识别设备、间隔与母线的连接关系，辅以极少的人工审核工作，实现图形自动绘制。基于信息表完成模型入库及图模关联，保证图模数的一致性和准确性。

（2）间隔图自动生成技术。分析归纳集控系统管辖变电站间隔典型接线方式，按需定制通用展示模板，兼顾特殊接线方式及个性化的展示需求，根据一次接线图的拓扑关系，自动生成间隔接线实体图。结合预定义的光字牌展示规则，实时获取、动态生成间隔光字牌图，保证图库的一致性和实时性，有效减少图形维护工作量。

2. 自动验收技术

采用数据缓存、自动排序、智能校核等技术，实现集控系统采集信息表的静态参数校核、实时网关机信号自动触发、集控系统信号自动验证，减少人工核对中信息遗漏、核对出错的风险，提升验收效率。集控系统自动验收界面如图1-18所示。

（a）

图1-18　集控系统自动验收界面（一）

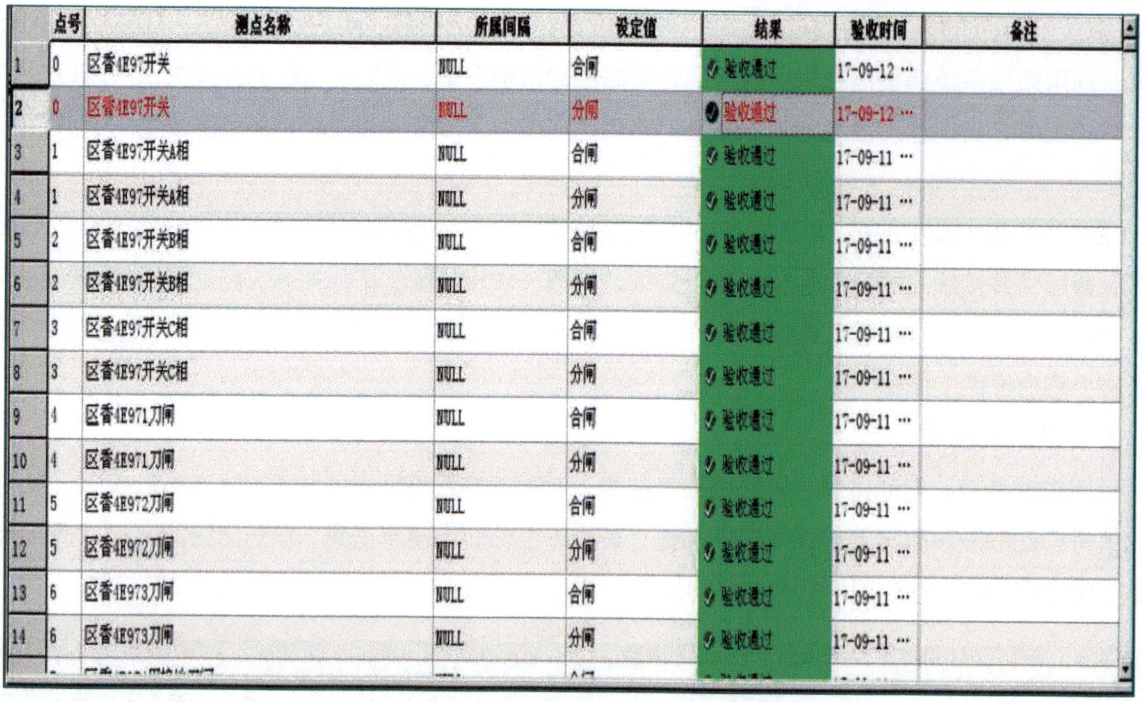

	点号	测点名称	所属间隔	设定值	结果	验收时间	备注
1	0	区香4E97开关	NULL	合闸	验收通过	17-09-12 …	
2	0	区香4E97开关	NULL	分闸	验收通过	17-09-12 …	
3	1	区香4E97开关A相	NULL	合闸	验收通过	17-09-11 …	
4	1	区香4E97开关A相	NULL	分闸	验收通过	17-09-11 …	
5	2	区香4E97开关B相	NULL	合闸	验收通过	17-09-11 …	
6	2	区香4E97开关B相	NULL	分闸	验收通过	17-09-11 …	
7	3	区香4E97开关C相	NULL	合闸	验收通过	17-09-11 …	
8	3	区香4E97开关C相	NULL	分闸	验收通过	17-09-11 …	
9	4	区香4E971刀闸	NULL	合闸	验收通过	17-09-11 …	
10	4	区香4E971刀闸	NULL	分闸	验收通过	17-09-11 …	
11	5	区香4E972刀闸	NULL	合闸	验收通过	17-09-11 …	
12	5	区香4E972刀闸	NULL	分闸	验收通过	17-09-11 …	
13	6	区香4E973刀闸	NULL	合闸	验收通过	17-09-11 …	
14	6	区香4E973刀闸	NULL	分闸	验收通过	17-09-11 …	

（b）

图 1-18　集控系统自动验收界面（二）

（a）变电站自动验收信号触发界面；（b）变电站信号自动验收结果界面

（七）全面接口体系

1. API接口

提供全面的、成体系的、跨语言的标准化API接口。在"平台+应用"的建设模式下，对系统管理、实时数据库、关系数据库、公共服务等传统接口进行补充和完善。安全认证服务、操作控制服务接口保障控制类应用安全执行；人机扩展、告警窗右键菜单扩展接口为应用人机集成提供必要支撑。清晰描述各类接口的使用方法，明确接口原型、参数列表、接口返回值、接口示例等内容，降低应用集成复杂度。

2. 服务化接口

提供服务化接口，接口遵循远程过程调用的通信模型，支持同步和异步调用方式，接口参数采用可自描述、易于扩展的数据格式。服务化接口定义了应用注册/注销、服务同步请求、服务异步请求等接口。通过对接口参数的交互定义来扩展不同的服务功能。服务化接口提供统一的数据交换接入点，实现平台对应用进行统一的安全认证、接口授权、流量统计、限流熔断等功能，提升平台的安全性。服务化接口采用服务调用方式，降低平台和应用的耦合度，提升应用部署的灵活性，支持弹性扩展。

（八）安全防护

1. 安全监测

采用面向设备基于事件的设备自身感知技术，实现集控站内各类资产的网络安全事件采集，依托安全监测应用，汇总安全事件并形成站内网络安全告警，提升集控站发现网络安全风险能力。集控系统安全监测典型界面如图1-19所示。

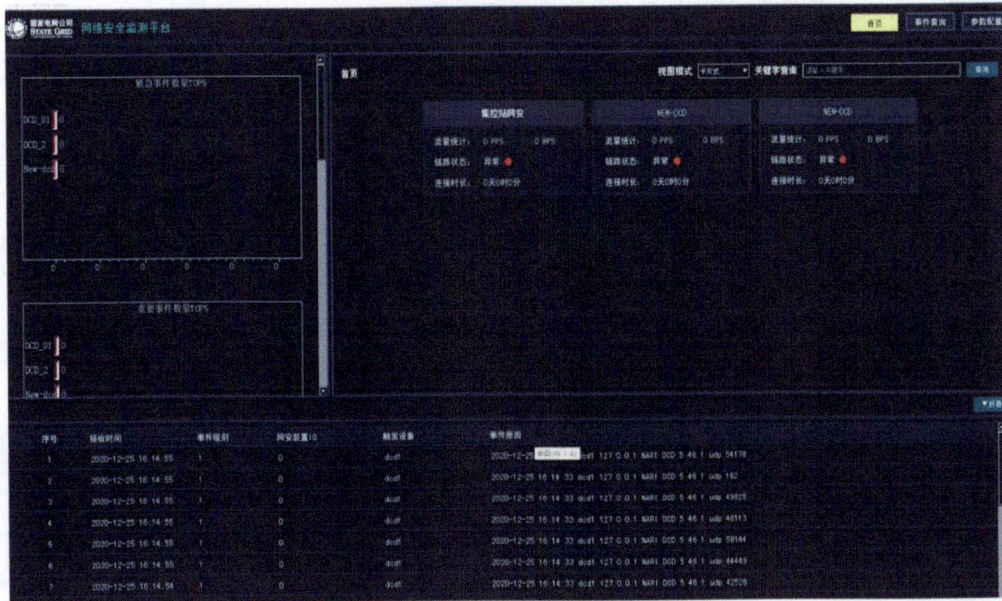

图 1-19　集控系统安全监测典型界面

2. 安全服务

集成安全认证服务，提供基于国密（国家商用密码）算法的软件认证和通信加密接口，实现消息传输安全和服务访问安全。

（九）巡视协同

1. 多维巡视

对变电站内的巡视设备，包括机器人、摄像头、声纹监测装置、北斗穿戴设备、无人机等，通过统一的接口下发巡视命令；结合巡视点位的特点，统一调度多种设备联合巡视，采集包括原图、分析图、视频、音频等信息形成巡视结果；并且支持多数据源的采集配置，提升巡视工作的准确性，统一上送至巡视集控模块。多维巡视典型界面如图 1-20 所示。

图 1-20　多维巡视典型界面

2. 智能联动

通过分析集控系统发送的告警信息，结合集控站联动任务配置和站端联动配置信息，自动实现多种联动方式，包括弹窗、抓图、声音等方式；支持配置指定用户或IP的设备上实现联动，确保告警提醒精确到指定人的效果，提升告警接收的准确性和及时性。智能联动典型界面如图1-21所示。

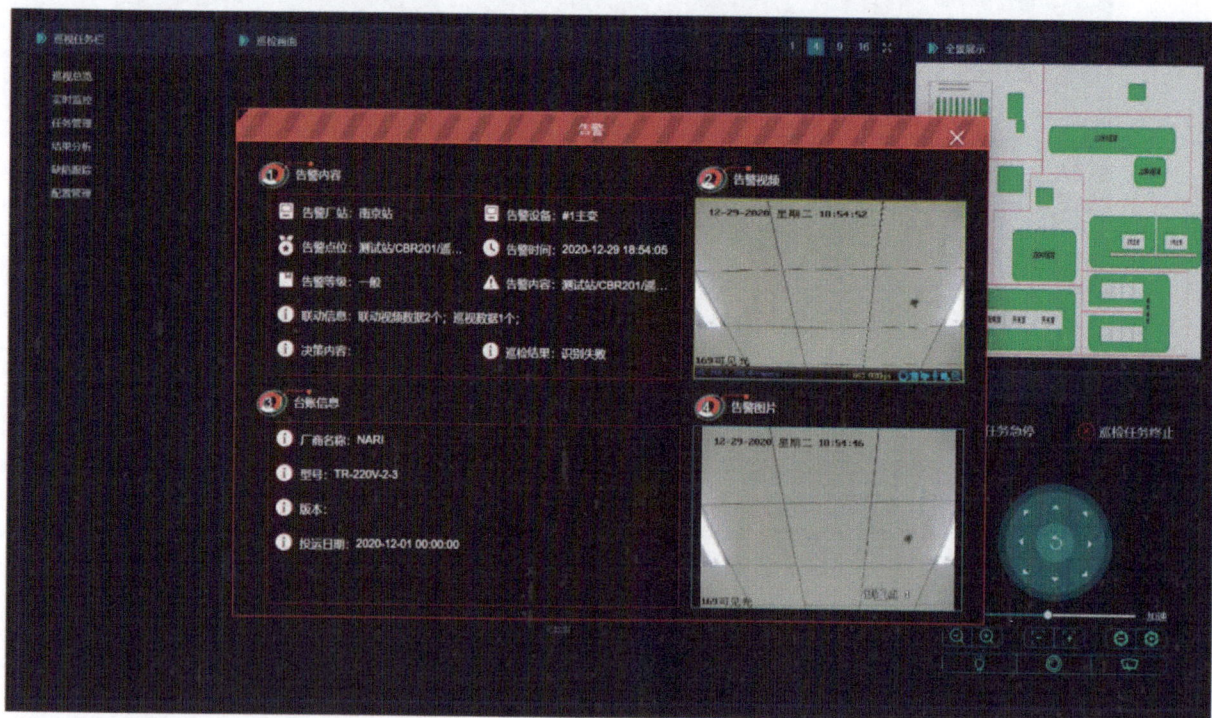

图 1-21　智能联动典型界面

第二节　配套工程

一、信息机房及辅助设施

（一）机房分级

机房划分为A、B、C、D四级；设计时，应根据所承载的信息系统的使用性质、管理要求及其在经济和社会中的重要性确定所属级别。

（1）符合下列情况之一的信息机房应为A级：

1）机房承载受政府严格监管的、纳入国家关键信息系统设施的、对生产经营活动有重大影响的业务，且业务中断造成全网范围内该服务中断的。

2）机房承载服务于国网公司特定用户的、服务于国网公司全体员工的、对生产经营活动有一定影响的、直接影响国网公司经营运作的业务，且业务中断造成全网区域范围内该服务中断的。

（2）符合下列情况之一的信息机房应为B级：承载受政府一般监管、服务于国网公司重要用户、服务于国网公司省级区域全体员工、对省级区域生产经营活动有一定影响、直接影响省级电力公司经营运作的业务，且业务中断造成省网区域范围内该服务中断。

（3）符合下列情况之一的信息机房应为C级：承载服务于市供电公司特定用户、服务于国网公司市级区域全体员工、对市级区域生产经营活动有一定影响，直接影响市级供电公司经营运作的业务，且业务中断造成国网公司直属单位或地市供电公司区域范围内服务中断。

（4）不属于A、B级或C级的信息机房应为D级。

A、B级信息机房可在同城或异地建立备份机房，设计时应与主用机房等级相同。信息机房基础设施各组成部分宜按照相同等级的技术要求进行设计，也可按照不同等级的技术要求进行设计；当各组成部分按照不同等级进行设计时，信息机房的等级按照其中最低等级部分确定。

（二）机房性能要求

（1）A级信息机房内的基础设施应按容错系统配置。在系统运行期间，基础设施不应因操作失误、设备故障、电源中断、维护和检修而导致电子信息系统运行中断。

（2）B级信息机房的基础设施应按冗余要求配置。在电子信息系统运行期间，基础设施在冗余能力范围内，不应因设备故障而导致电子信息系统运行中断。

（3）C级信息机房的基础设施中重要设施如电源、空调等核心设备宜按冗余要求配置。在电子信息系统运行期间，基础设施在冗余能力范围内，不应因设备故障而导致电子信息系统运行中断。

（4）D级信息机房的基础设施应按基本需求配置。在基础设施正常运行情况下，应保证电子信息系统运行不中断。当两个或两个以上地处不同区域的信息机房同时建设、互为备份，且数据实时传输、业务满足连续性要求时，信息机房的基础设施宜按容错系统配置，也可按冗余系统配置。

（三）机房位置与组成

1. 机房选址规定

（1）电力供电应稳定可靠，交通、通信便捷，满足《数据中心设计规范》（GB 50174—2017）的要求。

（2）应远离粉尘、油烟、有害气体以及生产或贮存具有腐蚀性、易燃易爆物品的场所；应远离水灾、地震等自然灾害隐患区域；应远离强震源和强噪声源，避开强电磁干扰。当无法避开强干扰源、强震源或保障信息通信设备安全运行，应采取有效的屏蔽措施。

（3）机房所在的建筑物应满足防火、防爆等各项安全标准，且经消防机构验收合格。机房所在的建筑物应配置反恐设备，应有良好的控制装置阻止非授权人员出入。

（4）机房应避免设在建筑物高层、地下室以及用水设备的下方，机房与监控大厅或集控系统维护室宜在同一建筑物内且在相近楼层。

（5）机房所在大楼应具备两条及以上完全独立且不同路由的电缆沟（竖井）。

2. 机房的组成

机房的组成应根据系统设备的运行特点及具体要求确定，宜由主机房、电源室等功能区组成。

3. 使用面积

主机房的使用面积应根据信息设备的数量、外形尺寸和布置方式确定，并应预留今后业务发展需要的使用面积。主机房的使用面积可按下式确定（参数引自GB 50174）：

$$A=SN \qquad\qquad (1-1)$$

式中：A 为主机房使用面积（m²）；S 为单台机柜（架）、大型电子信息设备和列头柜等设备占用面积（m²/台），可取2.0～4.0m²/台；N 为主机房内所有机柜（架）、大型电子信息设备和列头柜等设备的总台数（台）。

辅助区和支持区的面积之和宜为主机房面积的1.5～2.5倍。

用户工作室的使用面积可按4～5m²/人计算；硬件及软件人员办公室等有人长期工作的房间面积，使用面积可按5～7m²/人计算。

（四）设备布置

（1）A、B级主机房设备宜采用分区布置，一般可分为服务器区、网络设备区、存储区等。具体划分可根据系统配置及实际情况而定，但应遵循下列原则：

1）主机房运行设备与设备监控操作室不宜连在一起。

2）需要经常监视或操作的设备布置应尽量靠近方便出入的位置。

3）易产生尘埃及废物的设备应远离对尘埃敏感的设备，并集中布置在靠近机房的回风口处。

（2）C、D级信息机房的分区或设备布置可根据系统设备实际情况而定；对信息机房分区布置有特殊要求的，参照电力行业信息系统安全等级保护基本要求执行。

（3）主机房内通道与设备间的距离应符合下列规定：

1）两相对机柜正面之间的距离不应小于1.2m。

2）机柜侧面距墙不应小于0.5m；当需要维修测试时，距墙不应小于1.2m。

3）用于设备搬运的走道净宽不应小于1.5m。

4）成行排列的机柜，其长度超过6m时，两端应设有出口通道；当两个出口通道之间的距离超过15m时，在两个出口通道之间还应增加出口通道；出口通道的宽度不宜小于1m，局部可为0.8m。

5）两排机柜之间的距离不应小于1.2m。

6）容错系统中相互备用的设备应布置在不同的物理隔间内，相互备用的管线宜沿不同路径敷设。

（五）建设内容

1. 机房基础设施建设

机房基础设施建设主要包括机房室内装饰、机房出入通道改造、机房室内照明改造、机房布局及机柜的布置、防雷接地、施工防尘及静电防护等内容，为机房内其他设备设施的安全运行打好基础。

2. 机房不间断电源（UPS）系统

根据新一代集控站功率负载的需求计算，配置两台容量至少为40kVA的UPS，具体UPS容量计算方法见附录B4。拟建设的UPS系统采用"1+1"双机运行模式，共配置40kVA UPS主机2台、蓄电池2组、UPS总输入配电柜2台、UPS总输出配电柜2台。UPS系统分2个独立单元进行配置，每个单元由1台UPS主机和1组蓄电池组成，2台主机均分负载，当1台主机发生故障时，另1台主机可承担所有负载，"1+1"双机运行的UPS系统向机房区域自动化设备双回路供电。考虑到UPS主机因设备故障、蓄电池组放电保护等原因而引起UPS停机，建议为UPS主机设置交叉旁路，保证在上述情况发生时，能自动切换到交叉旁路，保障负载供电不会发生任何间断。

3. 机房环境系统

机房环境系统建设主要包括空调系统、新风系统以及排风系统的建设，为机房内集控系统设备的稳定运行提供适宜的气流环境。集控系统机房和电源室内的温度、相对湿度应满足设备的使用要求，温度控制在夏季22℃±1℃、冬季23℃±1℃，相对湿度控制在40%～55%。

4. 综合布线

综合布线系统包括机房内涉及的所有强弱电综合布线，包括以机房网络机柜为中心的数据结构化布线，满足机房内部各机柜之间、机房与外部专业系统之间的信息传输需求的弱电布线，以及机房的配电系统的强电布线。机房的配电系统是一个综合性系统，是主机房计算机通信系统、网络通信设备、机房空调动力设备、照明及应急照明设备的动力来源。

5. 机房监控及安全防护

机房监控及安全防护建设包括机房内的门禁系统、视频监控系统、动力环境监控系统以及防小动物措施。

6. 消防安全

集控站消防系统主要涉及主机房内的消防监控及电池间消防监控两大内容，需要在主机房配置至少两套七氟丙烷气体灭火系统，在电池间配置两套七氟丙烷气体灭火系统，以满足机房消防规范；配置容量依据实际面积确定。

机房内气体灭火信号通过动合报警触点接入大楼原消防报警主机，同时由大楼原报警主机上传至远方消防集控主站。

监控平台预留相应接口，将所收集到的站端消防设备报警信号（动合报警触点）转发至集中监控系统。

二、调度数据网

（一）组网原则

根据网络规模和传输链路实际情况，电力调度数据网接入网可采用BGP/MPLS VPN网络结构。在网络规模较小、传输链路资源不受限制的情况下，接入网核心层节点直接与厂站接入层节点相连。

在网络规模较大或传输链路资源受限制的情况下，可在接入网核心层节点与厂站接入层节点间增加一层汇聚节点，汇聚节点原则上设在通信传输骨干网上的枢纽节点。集控系统可作为调度数据网汇聚层节点。

原则上，电力调度数据网接入网汇聚层都设置成双汇聚结构。

（二）承载业务

根据电力调度数据网的特点，划分为生产控制大区。生产控制大区分为控制区（安全Ⅰ区）和非控制区（安全Ⅱ区），安全Ⅰ区也称实时业务，安全Ⅱ区也称非实时业务。

（1）安全Ⅰ区：主要承载远程终端单元（RTU）、同步相量测量装置（PMU）等业务。

集控系统所在地（集控站）安全Ⅰ区与调度系统通信采用双平面调度数据网通道，单路接入通道带宽应不小于10M，用于存量调度模型、图形、点表导入和存量数据的比对；与变电站通信采用双平面调度数据网通道，用于主设备实时数据以及辅助设备重要量测和关键告警数据、下发设备控制指令，初期不考虑变电站带宽改造。

（2）安全Ⅱ区：主要承载电能量采集（ERTU）、继电保护及故障信息（简称"保信"）系统（故障录波、保信子站、保护管理机）、反事故演习（DTS）、网络安全监测装置、防恶意代码等业务。

集控站安全Ⅱ区与调度系统通信采用双平面调度数据网通道，单路接入通道带宽应不小于20M，用于集控站网络安全事件信息上送调度网络安全平台，保信子站和故障录波文件发送集控站；与变电站通信宜采用双平面调度数据网通道，用于采集变电站网络安全防卫重要事件，按需获取辅助设备及运维诊断等信息，下发辅助设备操作指令等信息，初期不考虑变电站带宽改造。

三、通信数据网

（一）组网原则

1. 基本要求

电力通信数据网络工程设计应遵循"统一规划设计、统一技术体制、统一路由策略、统一组织实施"的建设方针，适应"统一调度、分级管理"的管理模式，满足"先进性、经济性、开放性、统一性、可靠性、可扩展性及可管理性"的技术原则。

2. 网络结构

电力通信数据网络承载的应用业务以纵向为主，需要穿越网络拓扑的核心层、骨干/汇聚层和接入层，网络直径可能会比较大。为缩短网络直径（有助于缩小网络延迟，加快网络收敛，提高网络性能），同时兼顾网络可靠性的要求，网络拓扑结构应综合采用星形、环形和网状结构，并在不同的网络分层中有所侧重。

（1）作为网络拓扑结构分层的最高层，核心、骨干层应充分考虑网络的可靠性和灵活性等因素，以及尽量减轻对中心节点的负荷率和某一具体传输链路的依赖度，所以核心、骨干层拓扑宜采用完全或部分网状结构。

（2）作为网络拓扑结构分层的中间层，汇聚层应最大限度地兼顾全网网络直径、底层传输链路、节点设备处理能力、网络可靠性、网络灵活性等方面因素，所以汇聚层拓扑宜采用"环形＋星形"的混合型结构。

（3）作为网络拓扑结构分层的底层，接入层的拓扑结构宜采用星形拓扑。路由策略上，接入层可直接设置静态直达路由，通过星形拓扑双归接入相应的汇聚层。传输链路上，接入层节点应尽可能采用不同的传输链路接入两个汇聚层（或核心、骨干层）节点。

3. 传输通道

目前传输通道以以太网通道为主，要求应在电力通信传输网络上安排并组织电力通信数据网络的核心层、骨干/汇聚层、接入层的传输电路和接口方式，满足核心层、骨干/汇聚层中继带宽的需求以及接入层接入带宽的需求。

（二）承载业务

电力通信数据网络主要承载安全Ⅳ区业务，各类业务信息的传输优先级、传输频度、传输实时性、传输可靠性等要求各不相同。电力通信数据传输特性参见表1-1。

表1-1　　　　　　　　　　　　　**电力通信数据传输特性**

业务种类	优先级	频度	实时性	可靠性
安全Ⅳ区业务（网络通道）	高	秒级	实时	高

目前，电力通信数据网络均双点接入，计划带宽约68M。

第三节　变电站接入改造

一、接入范围

集控系统接入信息按设备类型分为主设备监控数据和辅助设备监控数据两类。

（1）主设备一般包含线路、母线、电容器、电抗器、变压器、断路器、隔离开关、手车等一次设备，以及测控、保护、故障录波等二次设备，主要采集相关装置的运行量测信息、位置状态信息、动作信息、告警信息、诊断维护信息和控制命令类信息。

（2）辅助设备一般包含智能锁控、安全防卫、消防、在线监测、环境监测、SF_6监测、照明监视、红外热成像、机器人监控等系统和设备，主要采集各子业务系统的运行数据、动作信息、告警信息、诊断维护信息和控制命令类信息。

二、接入方式

变电站主辅设备信息接入集控系统主要分为存量站（常规变电站、智能变电站）以及新一代自主可控变电站（简称"新建站"）等几种模式。主设备数据接入一般通过站端通信网关机升级、改造等方式实现接入集控系统；按照站内辅控建设情况，辅助设备主要由通信网关机、辅控系统转发等几种方式实现接入集控系统。主要接入协议要求如下：

（1）集控系统安全 I 区采集变电站主设备运行数据信息以及辅助设备重要量测及告警数据，下发主设备控制操作指令。变电站与集控系统之间的安全 I 区数据传输遵循《远动设备及系统 第5-104部分：传输规约 采用标准传输协议集的 IEC 60870-5-101 网络访问》（DL/T 634.5104—2009）等标准技术要求。

（2）集控系统安全 II 区采集变电站辅助设备量测及告警数据，下发辅助设备控制操作指令；按需获取模型、图形、故障录波等数据。变电站与集控系统之间的安全 II 区数据传输遵循 DL/T 860《电力自动化通信网络和系统》系列标准通信报文规范要求，支持保信及录波上送的《远动设备及系统 第5部分：传输规约 第103篇：继电保护设备信息接口配套标准》（DL/T 667—1999）、《远动设备及系统 第5-104部分：传输规约 采用标准传输协议集的 IEC 60870-5-101 网络访问》（DL/T 634.5104—2009）及 DL/T 860《电力自动化通信网络和系统》系列标准等要求。

（3）集控系统安全 IV 区按需下发台账、控制、巡视任务等指令给变电站，按需获取站内视频、巡视机器人巡视和状态信息以及红外测温信息，应符合《电网视频监控系统及接口 第1部分：技术要求》（Q/GDW 1517.1—2014）接口B协议。

第二章 项目管理

项目管理包括项目前期以及项目执行两个阶段：

（1）项目前期包括项目立项、需求分析及评审、可行性研究（简称"可研"）编制及评审、初步设计（简称"初设"）编制及评审、技术规范书编制及项目采购等。

（2）项目执行包括设计联络、系统厂内集成及调试、到货及现场安装调试等。

项目前期流程如图2-1所示。

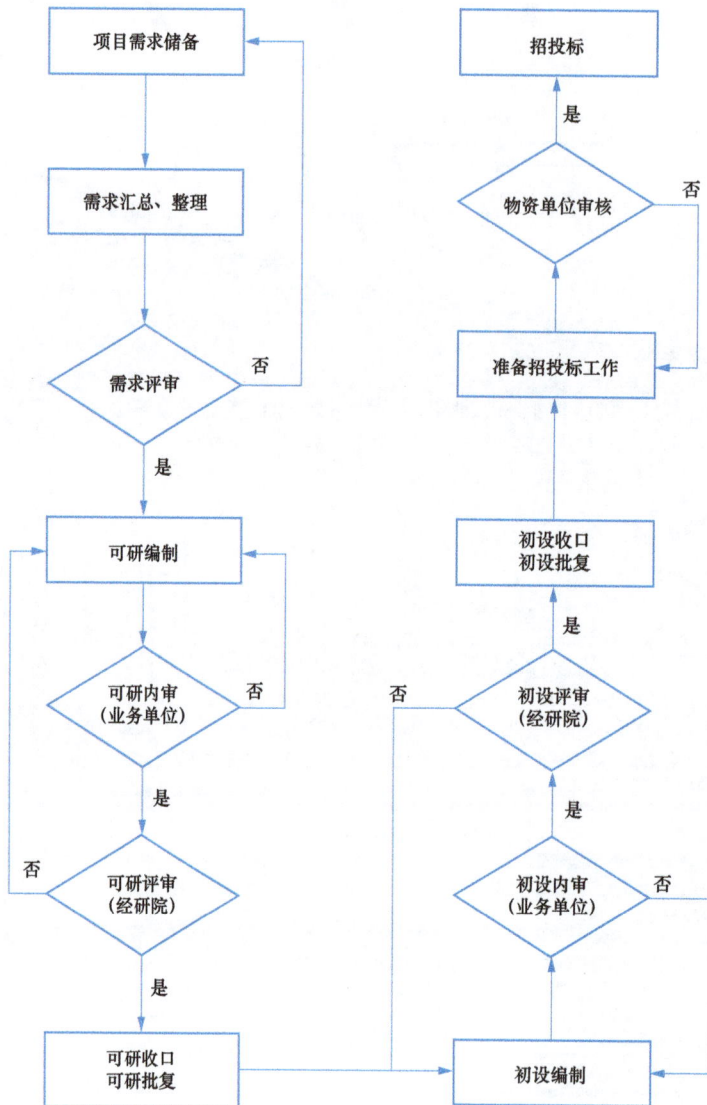

图2-1　项目前期流程图

第一节 项目立项

一、总体原则

依据国家标准、电力行业标准及相关业务管理规定开展系统设计。

项目所建系统应符合电力部门监控相关系统的安全可靠、先进实用、开放与可扩展、可管理与易维护及自主创新等建设原则要求，其技术体系相关的输入/输出接口规范符合电力软件相关标准。

充分继承现有调度主站、变电站及相关系统建设经验和成果，综合运用成熟适用的先进技术，满足安全性、可靠性、实时性、开放性、综合性、统一性要求。

二、建设依据

（1）《国家电网有限公司关于加快推进变电运维模式优化和集控站建设工作的通知》（国家电网设备〔2021〕104号）。

（2）《国网设备部关于印发新一代集控站设备监控系统系列规范（2022版）（试行）的通知》（设备监控〔2022〕83号），包含的附件如下：

1）《新一代集控站设备监控系统系列规范　第1部分：总体设计（试行）》；

2）《新一代集控站设备监控系统系列规范　第2部分：数据规范（试行）》；

3）《新一代集控站设备监控系统系列规范　第3部分：模型规范（试行）》；

4）《新一代集控站设备监控系统系列规范　第4部分：基础平台（试行）》；

5）《新一代集控站设备监控系统系列规范　第5部分：功能应用（试行）》；

6）《新一代集控站设备监控系统系列规范　第6部分：人机界面（试行）》；

7）《新一代集控站设备监控系统系列规范　第7部分：检测规范（试行）》；

8）《新一代集控站设备监控系统系列规范　第8部分：远程智能巡视集中监控系统（试行）》；

9）《新一代集控站设备监控系统系列规范　第9部分：电网资源业务中台交互（试行）》；

10）《新一代集控站设备监控系统系列规范　第10部分：设计规范（试行）》。

（3）《国网设备部关于印发变电站站端设备监控信息接入集控系统技术规范（试行）的通知》（设备监控〔2022〕71号），包含的附件如下：

1）《变电站站端设备监控信息接入集控系统技术规范（试行）　第1部分：总则》；

2）《变电站站端设备监控信息接入集控系统技术规范（试行）　第2部分：站用交直流电源系统》；

3）《变电站站端设备监控信息接入集控系统技术规范（试行）　第3部分：防误系统》；

4）《变电站站端设备监控信息接入集控系统技术规范（试行）　第4部分：消防系统》；

5）《变电站站端设备监控信息接入集控系统技术规范（试行）　第5部分：安全防卫系统》；

6）《变电站站端设备监控信息接入集控系统技术规范（试行）　第6部分：状态监测系统》；

7）《变电站站端设备监控信息接入集控系统技术规范（试行） 第7部分：动力环境系统》；

8）《变电站站端设备监控信息接入集控系统技术规范（试行） 第8部分：锁控系统》。

三、建设规模

依据国网公司相关要求，地市单位将所辖变电站分别按照不同电压等级折算成35kV变电站数量，具体折算系数见表2-1。折算后，80～200座宜选择标配，200～400座宜选择高配，项目包含硬件、软件、集控系统延伸终端、兼容性功能、与外部系统接口等。

表2-1 变电站数量折算系数

电压等级（kV）	35	110/66	220	330	500
折算系数	1	1.5	2.5	4.16	7.08

四、建设内容

项目建设内容包括集控系统、远程智能巡视集中监控模块、基础设施及辅助系统项目、配套调度数据网设备、配套系统通信设备、变电站接入改造六个子项：

（1）集控系统建设项目建设范围主要包括集控系统安全Ⅰ、Ⅱ区及部分安全Ⅳ区软硬件设备、集控系统延伸终端（集控站）软硬件设备、兼容性要求、其他主站接口等内容。

（2）远程智能巡视集中监控模块项目建设范围包含安全Ⅳ区远程智能巡视系统软硬件设备、其他主站接口等内容。

（3）基础设施及辅助系统项目包含UPS、火灾消防、空调、综合布线、动力环境监控系统，但项目中不应包含办公和生活用品、监控大屏、电池室土建加固、装饰装修等。

（4）配套调度数据网设备仅包含在集控系统、集控站建设的调度数据网设备，以及对侧调度数据网设备的扩容板卡。

（5）配套系统通信设备仅包含在集控站、运维班、集控系统建设的系统通信设备，以及对侧通信设备的扩容板卡。

（6）变电站接入改造项目包含变电站安全Ⅰ区网关机改造、辅助系统接入、保信、故障录波接入等内容。

五、现场勘察

在立项前，要委托设计单位进行必要的现场勘测工作。勘测内容主要包括地区电网规模、现有相关系统建设情况、集控系统建设站址条件等，进行比较论证，推荐可能建设的站址、规模和集控站建设顺序，为项目立项提供支撑。集控系统建设站址条件主要包括机房基础设施条件、数据网条件、通信条件等，其中机房基础设施条件又主要包括机房布置、前端电源容量，消防设施等内容。

（一）系统站址选择

集控站规划布点应综合考虑近远期所辖变电站数量、运维效率等因素，宜按照运维管理范围分区域设置，集控站与监控班同址建设。

集控系统选址宜综合考虑场所基础设施、通信网络、地理环境、综合造价和运维管理等因素，站址宜选择在通信网络接入条件较好处，建议为汇聚或核心节点处。集控站宜与其他生产用房合建，也可独立建设。

当集控系统单独选址设置时，其站址选择应符合《35kV ～110kV变电站设计规范》（GB 50059—2011）和《220kV～750kV变电站设计技术规程》（DL/T 5218—2012）的有关规定，也可参考《电力系统数字微波通信工程设计技术规程》（DL/T 5025—2005）的有关规定执行。

（二）主站现场勘察

1. 系统机房

（1）新建机房：高配面积须满足不少于12面机柜（机柜建议尺寸为2000mm×600mm×1000mm或2260mm×600mm×1000mm，机柜深度须不小于1000mm）的安放位置，标配不少于8面；安放于夹层时，不宜采用2260mm高机柜；靠墙布置时，需预留机柜后部散热及后开门操作空间；相对布置时，须预留前开门操作空间；同时，配套新增精密空调、动力环境系统、综合布线、火灾消防、配电系统等辅助系统。

（2）老旧机房：高配预留屏位不少于12面（标配不少于8面）。需勘测已有精密空调、动力环境系统、综合布线、火灾消防、配电等系统的现状，重点关注精密空调制冷量是否需要扩容，动力环境系统监测探头数量是否需要增加，综合布线系统是否可以利用，火灾消防传感器、喷淋头等装置是否需要增加，配电系统容量和回路是否需要扩容等情况。

2. UPS室和蓄电池室

（1）新建UPS室和蓄电池室：UPS室与蓄电池室建议分开布置，需考虑房间大小及承重。新增UPS系统容量须满足集控系统远景负荷要求，蓄电池容量满载备用时间不小于2h，蓄电池室须设置防爆灯、防爆空调和抽排风系统。

（2）利旧UPS室和蓄电池室：须勘测已有UPS和蓄电池的现状，重点关注UPS功率是否满足集控系统负荷需求，以及蓄电池容量是否满足2h备用时间。对模块化UPS可以采用扩容的方式达到集控系统设计要求，同时需要增加蓄电池节数；对普通UPS建议更换主机，蓄电池复用并扩充。

3. 监控室

（1）根据各地区实际需求确定监控席位数量。

（2）考虑监控工作站安放位置，可根据实际情况选择就地部署（监控台下放置工作站主机）或集中部署（放于机柜统一管理）。采用集中部署方式，需考虑网络延伸和KVM（键盘、显示设备及鼠标）延伸，如放置于监控室还需考虑放置空间。

4. 数据网及传输网

须勘测集控系统、集控站站址所在地数据网及传输设备现状。集控系统应为网络核心或汇聚节点，集控系统应具备相应数量调度数据网设备，接入相应调度接入网。集控系统主站应具备2套SDH（同步数字体系）光传输设备，终端延伸应至少具备1套SDH光传输设备，传输容量及接口板配置应满足集控系统业务接入要求。

（三）厂站现场勘察

1. 现场勘察组织

由施工单位、综合自动化系统厂商、运维单位、检修单位联合开展现场勘察，勘察内容包括：

（1）核实网关机备份是否为最新版本，是否具备扩展链路条件。

（2）对于不满足增加链路要求的网关机，应进行更换。

（3）测控装置是否具备查看预置对象功能。

（4）确定网关机功能，与自动验收仪配合验收遥信、遥测方式。

（5）根据现场运行方式，确定可实做遥控点、通过预置验收的遥控点、通过测量点位验收的遥控点。

（6）确定现场安全措施（简称"安措"），包括需拆除的线缆、需退出的压板、需断开的电源等。

（7）核实二平面接入业务范围，包括远动网关机、电量、保信、故障录波、消防、路由器、交换机、纵向加密、安全监测装置、三道防线等；核实设备厂家，提前联系，做好现场调试准备。

2. 现场勘察内容

（1）综合自动化系统厂家负责明确远动装置、网关机、测控装置等设备型号、功能，将勘察结果填入远动、测控装置统计表中，并发送施工和运检单位。远动、测控装置统计表格式见附录E2。

（2）施工单位与运维单位共同确认具备遥控操作隔离开关（小车）勘察，明确非开关类设备遥控点号需求。由施工单位将勘察结果填入变电站远动隔离开关统计表中，具体格式见附录E3。

（3）施工单位负责统计各间隔遥控压板、远方/就地把手、逻辑闭锁、隔离开关操作电源和电机电源配置情况，并将勘察结果和安措布置方法填入全站验收安措执行表和单间隔验收安措执行表中，具体格式见附录E4。

（4）针对不同方式进行遥控验收的间隔，填入设备遥控验收方式表中，具体格式见附录E5。设备可通过实做验收的，由监控班负责与调度、供指等部门确认。

（5）无法通过实际出口或预置方式验收的间隔，由施工单位与检修单位共同确认需拆除线缆间隔编号和线缆编号，并将勘察结果填入线路遥控出口二次线拆接表中，具体格式见附录E6。

（6）综合自动化系统厂家配合施工单位核实需要调整业务地址的设备，填入二平面调试设备表，具体格式见附录E7。

（四）地区电网规模

充分了解本地区电网情况，并确定接入集控系统的数据规模。

（五）现有相关系统建设情况

充分了解本地区与集控系统存在数据交互的变电站站端系统、保信及故障录波、辅控主站系统、调度自动化系统、电网资源业务中台等现有系统的建设情况。

（六）资料汇总及整理

勘察和调研结束后，系统性的分类整理收资结果，并给出初步结论，工作内容见附录A1。

第二节　可研初设

一、项目可研需求分析及评审

按照各地区现状结合项目需求开展可研报告编写，可研编写前需要进行需求分析、需求评审等工作。

（一）需求分析

分析地区系统现状，了解集控系统建设需求和目标。项目需求内容包括建设规模、集控系统主站软件功能、远程智能巡视系统软件功能、与外部系统的接口改造、调度数据网改造、机房辅助设施建设、通信数据网改造、站端接入改造等。

1. 二次安全防卫方面

须与本单位网络安全归口管理部门对接商定，按照《信息安全技术网络安全等级保护基本要求》（GB/T 22239—2019）网络安全等级保护三级标准配置。

集控系统功能按安全分区部署在安全Ⅰ、Ⅱ、Ⅳ区：安全Ⅰ、Ⅱ区间采用防火墙隔离，安全Ⅱ、Ⅳ区之间采用正反向隔离装置，安全Ⅰ、Ⅱ区对外通信配置纵向加密装置。系统按安全区分别配置Ⅱ型网络安全监测装置、入侵检测装置、安全审计、防恶意代码（含管理中心和客户端）。

针对个性化需求，按照"谁主张、谁落实"的原则，开展个性化需求落地实施。

通过在集控系统安全Ⅰ、Ⅱ区节点部署agent软件，利用网络安全监测装置，接入调度内网安全监控平台，向调度报送集控系统设备运行状态及安全事件；也可以通过选装"网络安全数据采集管理"功能实现集控系统设备运行状态和安全事件在集控系统内的监视。

2. 辅助设备接入方面

辅助设备接入应根据本单位辅控系统建设情况，遵循资源复用、不重复投资的原则，选择适合的存量辅控系统集成方式。辅助设备接入方式可分为浅度交互（弱内聚松耦合集成）、深度交互（强内聚松耦合集成）、一体化集成、站端直接接入。

（1）浅度交互。对于无法与集控系统模型贯通的存量安全Ⅱ、Ⅳ区辅控系统，宜采用弱内聚松耦合集成方式。集控系统、辅控系统各自独立运行，仅交互少量主辅联动信息。通过终端延伸方式，将原辅控系统延伸至集控站（监控班）、运维班，实现辅助设备全面监控。弱内聚松耦合集成方式可参照《新一代集控站设备监控系统系列规范　第1部分：总体设计（试行）》（设备监控〔2022〕83号）中的13.4.1条浅度集成方式进行辅助设备接入。与辅控系统浅度交互集成方式系统结构如图2-2所示。

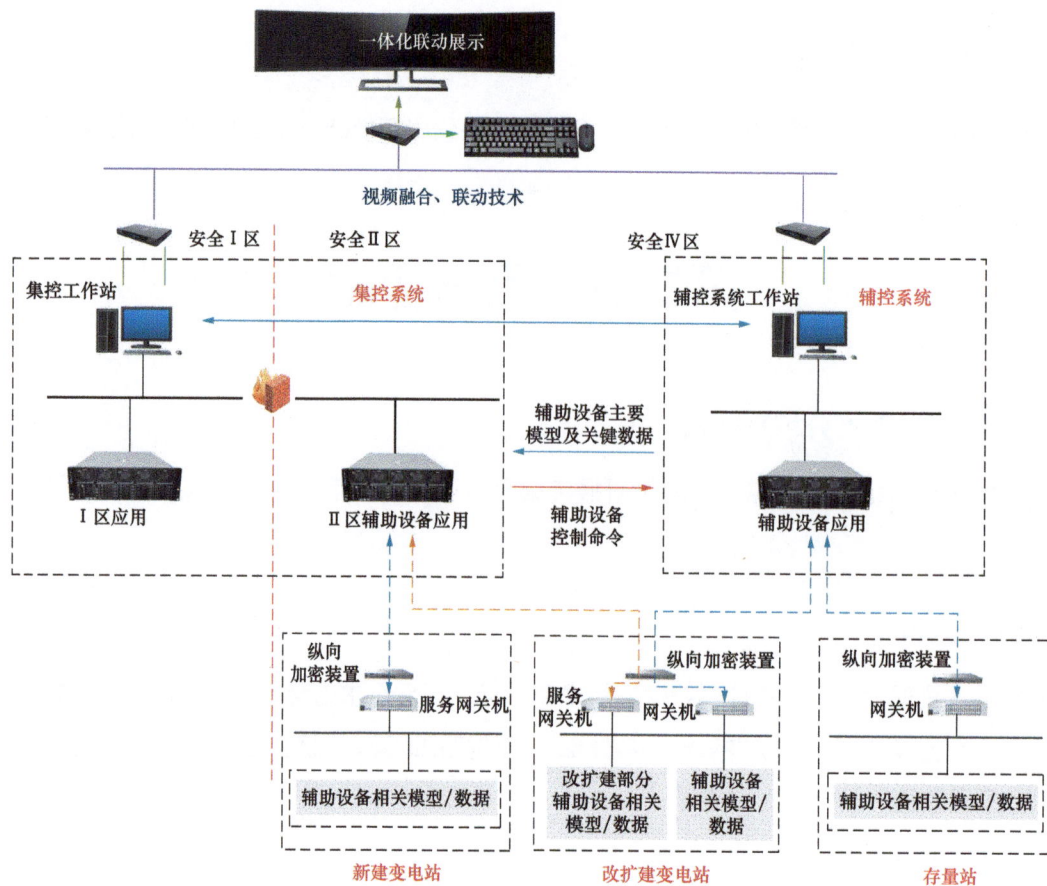

图 2-2　与辅控系统浅度交互集成方式系统结构示意图

1）主辅模型：在集控系统建立原辅控系统重要辅助设备模型，以及主设备和重要辅助设备关联关系，实现主辅设备一体化展示联动。

2）数据转发：转发原辅控系统重要数据至集控系统。

3）辅控功能：原辅控系统保持现有存量站辅助设备数据的采集与处理等业务功能；集控系统中建立辅助设备应用功能。

4）过渡方案：存量站的重要辅助设备控制指令通过集控系统转发至原辅控系统，通过原数据通道完成控制指令交互，其余辅助设备控制指令通过原辅控系统下发；新建变电站的辅助设备模型和数据直接接入集控系统，不再接入辅控系统。

（2）深度交互。对于具备与集控系统模型贯通条件的存量安全Ⅱ区辅控系统，宜采用强内聚松耦合集成方式，将辅助设备全数据转发至集控系统，通过集控系统实现主辅设备信息一体化展示、联动、控制。强内聚松耦合集成方式可参照《新一代集控站设备监控系统系列规范　第1部分：总体设计（试行）》（设备监控〔2022〕83号）中的13.4.2条深度集成方式进行辅助设备接入。与辅控系统深度交互集成方式系统结构如图2-3所示。

1）主辅模型：在集控系统建立原辅控系统全部辅助设备模型，以及主辅设备关联关系，实现主辅设备一体化展示联动。

2）数据转发：转发原辅控系统全数据至集控系统。

3）辅控功能：原辅控系统保持现有存量站辅助设备数据的采集与处理等业务功能；集控系统中建立辅助设备应用功能。

4）过渡方案：存量站的辅助设备控制指令通过集控系统转发至原辅控系统，通过原数据通道完成控制指令交互；新建变电站的辅助设备模型和数据直接接入集控系统，不再接入辅控系统。

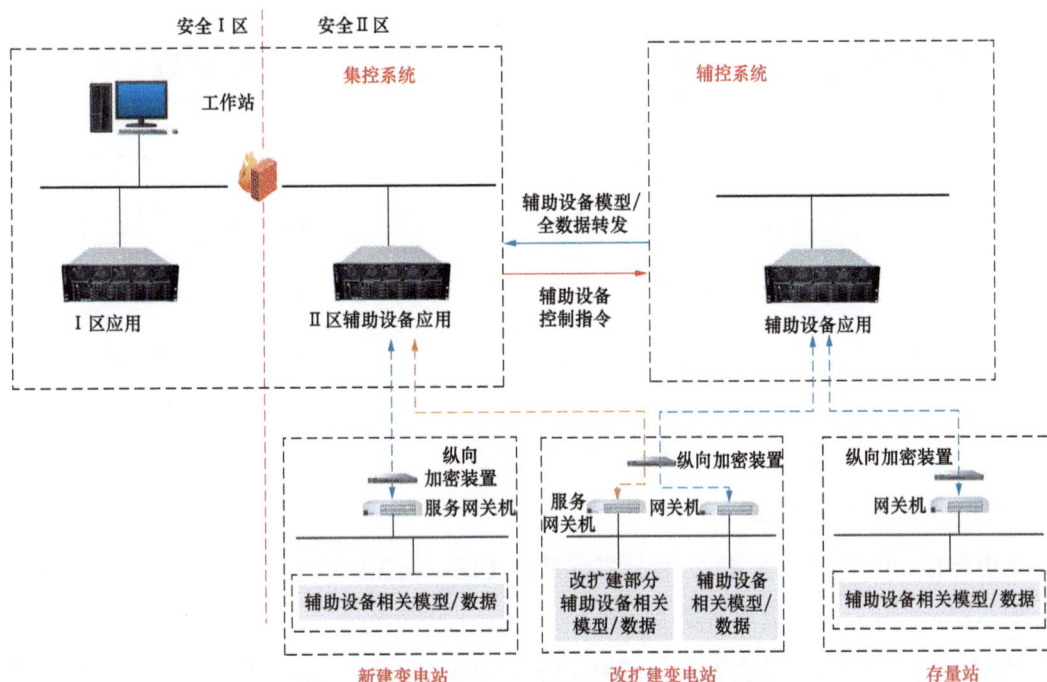

图 2-3　与辅控系统深度交互集成方式系统结构示意图

（3）一体化集成。对于已建设辅控系统但接入变电站数量较少或项目尚处起步阶段的情况，宜采用一体化集成，不再保留独立辅控主站，并将辅控主站硬件并入集控系统开展一体化建设。一体化集成方式可参照《新一代集控站设备监控系统系列规范　第 1 部分：总体设计（试行）》（设备监控〔2022〕83 号）中的 13.4.3 条一体化集成方式进行辅助设备接入。一体化集成方式系统结构如图 2-4 所示。

原辅控系统完全融合到集控系统，硬件资源重复利用，存量的站端辅控设备信息转移接入新建集控系统。

已接入辅控系统的变电站模型、数据导入到集控系统，将辅控系统的服务器等硬件资源加入集控系统建设。已接入辅控系统的变电站，重新接入集控系统，建设主辅设备应用功能，实现主辅设备一体化联动展示。

（4）站端直接接入。对于未建设辅控系统的情况，采用站端直接接入方式，通过集控系统实现主辅设备信息一体化展示、联动、控制。在变电站部署辅助设备站端监控主机、正向隔离装置、网络安全监测装置、防火墙、服务网关机、规约转换装置、消防信息传输控制单元等，通过安全Ⅱ区网通道与集控系统相连。辅助设备重要量测及关键告警数据可通过安全Ⅰ区实时网关机接入集控系统。站端直接接入方式可参照《变电站站端设备监控信息接入集控系统技术规范（试行）》相关要求。

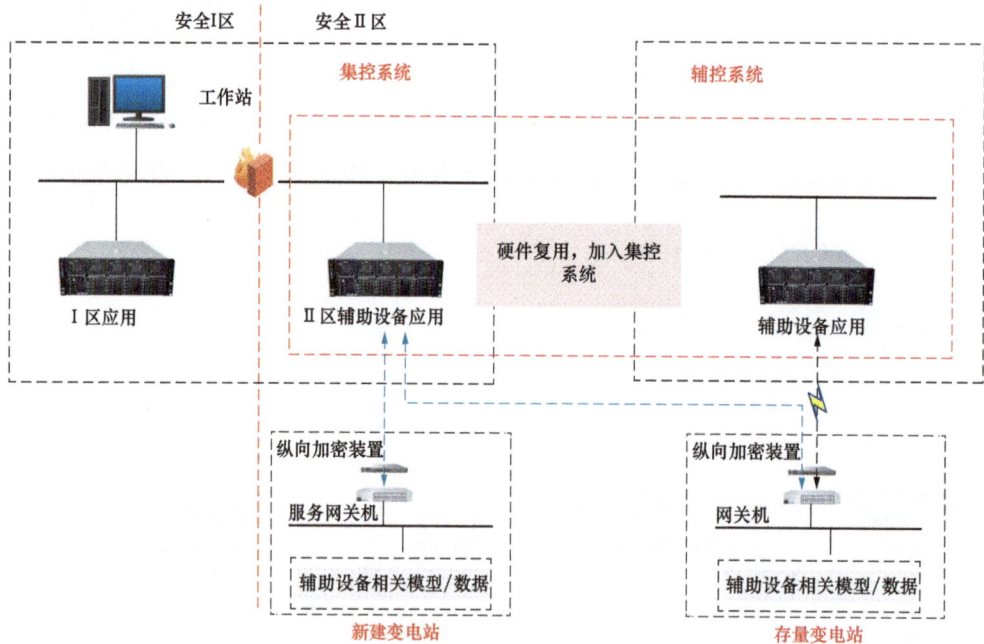

图 2-4　一体化集成方式系统结构示意图

3. 与外部系统接口改造方面

确定需进行接口的外部系统情况，包括地区调度主站、省级调度主站、故障录波及保信系统、业务中台、网络安全监测及其他具备需要接口的外部系统。

（1）调度主站。通过文件服务方式与调度系统交互设备模型、图形等信息；以消息或服务的方式发送调度指令等信息。根据需要，集控系统通过文件服务向调度系统提供控制操作信息；具备实时断面和模型自动比对功能。

（2）录波调阅。实现故障录波调阅共有三种方式：①调度录波主站已在安全Ⅲ区以Web方式发布录波信息，集控站可在安全Ⅳ区管理工作站以Web浏览方式调阅；②集控站配置安全Ⅱ区录波延伸工作站；③利用集控系统安全Ⅱ区采集服务器接收相关信息，调度端需进行软件开发等工作。

方式①是直接在安全Ⅳ区管理工作站调阅，无需配置设备；方式②对应配置"录波系统延伸工作站"；方式③对应配置软件模块"继电保护信息管理与录波调阅"。以上方式三选一。

（3）保信接入。实现保护信息接入集控系统共有三种方式：①集控站配置保信延伸工作站；②利用集控系统安全Ⅰ区或安全Ⅱ区采集服务器接收相关信息，调度端需进行软件开发等工作；③保信子站改造后逐步接入集控系统。

方式①对应配置"保信系统延伸工作站"；方式②对应配置软件模块"继电保护信息管理与录波调阅"；方式③是改造现有保信子站后直接接入集控系统，在集控系统中实现继电保护运行监视、定值查询与核对等功能。以上方式三选一。

（4）业务中台。集控系统提供给业务中台的信息主要有相关实物ID、三遥操作、设备告警、设备缺陷、故障信息、操作票等信息；业务中台提供给集控系统的信息主要有相关实物ID、设备台账信息等信息。可采用Kafka、REST等接口传输标准化文件。

服务交互遵循国网公司企业中台与国网云平台架构的总体要求；符合集控系统建设的总体要求；实时采集类数据存储技术选项采用合理的存储介质；电网资源业务中台提供变电一次、二次、辅控设备资源台账查询服务能力；集控系统与电网资源业务中台应用基于模型映射工具实现设备资源台账映射，模型映射工具对外提供统一双侧系统设备资源台账映射服务；实时量测类数据交互满足电网资源业务中台的数据要求，实时量测数据接入电网资源业务中台前须完成设备资源台账映射；实时量测类数据交互范围包括周期性遥测数据和突变性遥信数据，遥测数据周期一般为15、30、60min，突变性遥信实时交互；监控作业类数据交互满足双侧系统的数据要求，交互应建立在集控系统与电网资源业务中台设备资源台账映射的基础上；监控作业类数据交互范围包括但不限于巡视、缺陷、工作票、操作票等内容。

（5）网络安全监测。网络安全监测平台由调度管理，集控系统的设备可通过Ⅱ型网络安全监测装置或部署的网络安全监测模块接入网络安全监视平台，上传集控系统出现的安全事件等。集控系统与网络安全监测平台业务流程如图2-5所示。

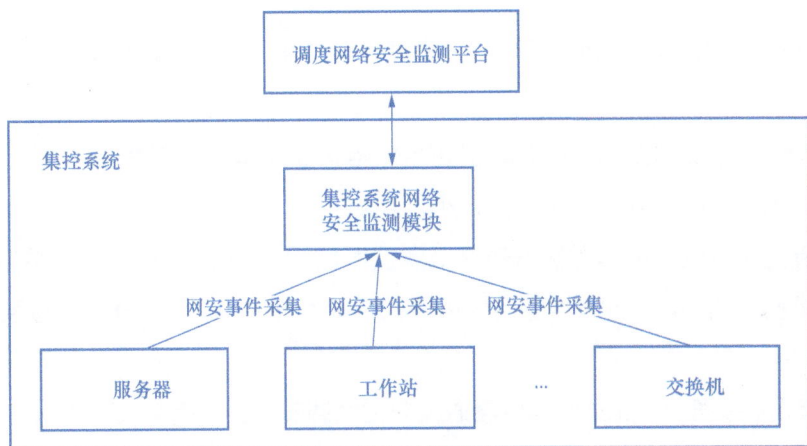

图2-5　集控系统与网络安全监测平台业务流程图

4. 调度数据网改造方面

应与调度数据网管理归口部门共同商定改造方案。应根据集控系统主站、终端延伸、变电站接入调度数据网带宽需求分析，结合调度数据网络建设情况，根据《新一代集控站设备监控系统系列规范第1部分：总体设计（试行）》（设备监控〔2022〕83号）要求进行设计。

（1）系统网络改造原则和内容。集控系统应为网络核心或汇聚节点，集控系统应具备2套或3套调度数据网设备，接入相应调度接入网。每套调度数据网设备应配置1台核心/汇聚路由器、2台千兆纵向加密装置、2台千兆交换机。

（2）延伸终端网络改造原则和内容。当延伸终端位于调度数据网接入节点时，场所建议具备高端接入节点环境，配置2台高端接入路由器（至少2个155Mbit/s POS口，8个FE口）、2台千兆纵向加密装置（安全Ⅰ区）、2台千兆交换机（安全Ⅰ区）。

5. 通信数据网改造方面

应与通信管理归口部门共同商定改造方案。根据集控系统主站、终端延伸、变电站接入通信网络带宽需求分析，结合通信网络建设情况，根据《新一代集控站设备监控系统系列规范 第1部分：总体设计（试行）》（设备监控〔2022〕83号）要求进行设计。典型建设内容如下：

（1）光传输设备改造。集控系统主站具备2套SDH光传输设备，终端延伸至少具备1套SDH光传输设备，传输容量及接口板配置应满足集控系统业务接入要求。

（2）通信网设备改造。集控系统主站、终端延伸配置1套数据通信网设备，出口带宽不低于2×100Mbit/s，建议采用终端路由器。

（3）电源系统改造。集控系统主站、终端延伸建议配套2套−48V直流电源系统用于通信设备供电，蓄电池后备时间宜不小于4h。

6. 机房辅助设施方面

机房辅助设施设计范围包括集控系统的机房及组柜布置、交流UPS系统、空气调节系统、动力环境监控系统、综合布线、接地防雷、消防及配套机房环境改造等内容。

（1）集控系统建议设置单独机房，并单独设置蓄电池室。机房及蓄电池室的承重能力应满足设备的载荷要求。

（2）设备布置满足系统运行、运行管理、人员操作和安全、设备和物料运输、设备散热、安装和维护的要求。

（3）集控系统应采用独立的、冗余配置的UPS供电，UPS单机负荷率应不高于40%。在外供交流电消失后，UPS电池满载供电时间应不小于2h。

（4）动力环境监控系统必须具备机房各区域温湿度监视、漏水检测、视频监控、门禁控制等功能，提供UPS、精密空调、蓄电池等设备自身运行状态接入的接口。动力环境监控系统须具有本地和远程报警功能。

（5）机房空调设计须符合《工业建筑供暖通风与空气调节设计规范》（GB 50019—2015）、《电力调度通信中心工程设计规范》（GB/T 50980—2014）、《国家电网有限公司关于印发十八项电网重大反事故措施（修订版）的通知》（国家电网设备〔2018〕979号）的相关规定，空调数量宜按"$N+1$"冗余配置，机房温湿度应满足设备运行要求。

（6）消防设计须满足《建筑设计防火规范》（GB 50016—2014）、《火力发电厂与变电站设计防火标准》（GB 50229—2019）、《气体灭火系统设计规范》（GB 50370—2005）的相关规定。

（7）室内装修设计选用材料的燃烧性能须符合《建筑内部装修设计防火规范》（GB 50222—2017）、《火力发电厂与变电站设计防火标准》（GB 50229—2019）、《建筑设计防火规范》（GB 50016—2014）的相关规定。

（8）机房布线须遵循强弱电分离原则，强弱电桥架须独立铺设。

7. 站端接入方面

对所辖变电站进行现场勘察，摸清站端网关机配置情况，协调相关综合自动化厂家，制定详细的站端接入方案。按实际站端情况，可分为更换网关机改造和原网关机扩链路改造两类。若存量站网关机具备满足扩展集控链路需求，则通过网关机扩展链路至集控系统，向集控系统上送设备信息；若网关机不满足扩展链路需求，须进行更换网关机改造。

（二）需求评审

以项目前期需求调研和分析结果为基础，结合其间形成的资料，对需求进行分类整理和汇总，初步形成支撑可研内容的材料。

完成需求收集、分析和资料整理后，即可组织相关单位和人员开展需求评审工作；评审通过后，即可开展下一阶段的可研编制工作。如果评审时存在意见或者问题，则需要进行修改，并重新组织需求评审工作，直到通过为止。

完成需求评审后，发送项目需求清单和委托函给设计院，开展后续设计工作。

二、可研编制

（一）可研内容

对项目建设内容调研、分析完成后，可以开始进行可研材料编写，可研由专业设计单位负责，所需时间约50天。

典型的项目可研包含但不限于项目概述，项目建设必要性和可行性，项目技术方案，项目拟拆除设备及主要材料处置，工程类别，资料及投资构成，项目实施安排，特别事项说明，附录等内容。项目可研目录示例如图2-6所示。

可研格式可参考集控系统建设可研模板，见附录A2.1。

图2-6 项目可研目录示例

（二）注意事项

可研阶段，应会同各专业归口部门共同开展方案拟订与完善。涉及网络安全防卫专业的设计方案，需自动化专业进行评审和确认；涉及调度数据网络通信改造的设计方案，需通信专业和自动化专业进行评审和确认；涉及硬件设备选型、配置、参数等存在问题的，需自动化专业提出意见和建议；涉及保信、故障录波的设计方案，需保护和自动化专业进行评审和确认。

根据国网公司要求，集控系统项目分为主站系统、配套项目、变电站接入三类；每类项目根据国调〔2021〕39号文的相关要求进行分类设计，编制可研、初设、施工图、竣工图。取费依据参考"××地区配套项目Excel的编制说明及原则"。设计、施工、安装费依据，根据《电网技术改造工程预算编制与计算规定（2020版）》（国能发电力〔2021〕21号）计算。

三、可研评审

（一）可研内审及完善

可研初步完成后，业务单位可组织相关部门及人员开展内部审查工作，针对审查中提出的意见进行修改和完善。内部评审完成后，即可申请可研评审工作。

（二）可研评审内容

可研评审内容包括项目建设的必要性、项目建设规模和主要技术方案、拟拆除设备处置意见、投资估算及资金来源、工程进度和安排等。

（三）可研评审组织

集控系统可研审查由所属管辖单位选派或推荐相关专业技术人员参与；参加人员应为技术专责或在本专业工作满5年及以上的人员。

（四）可研评审要求

集控系统可研初设审查验收需由专业技术人员提前对可研报告等文件进行审查，并提出相关意见；可研审查阶段主要对集控系统选型涉及的系统功能、硬件参数、机房环境、通信网络等进行审查、验收；审查时应审核集控系统功能是否满足主辅设备集中监控、远程智能巡视等各项要求。审查时参考可研初设审查作业卡（见附录A3）要求执行，做好评审记录并存档。

四、初设编制

可研评审结束并收口后，即可开展初设编制工作，编制依据是最终可研收口材料和可研批复。初设初步完成后，业务单位可组织相关单位和人员对初设材料进行内部审核；审核完成后提交主管部门进入初设评审阶段，确认初设无误后，初设收口，主管单位下达初设批复，至此项目前期初设阶段工作完成。

（一）初设内容

对项目建设内容调研、分析完成后，可以开始进行初设材料编写，初设由专业设计单位负责，所需时间约50天。

典型的项目初设包含但不限于项目概述、项目现状及背景、改造方案、主要设备配置等内容。项目初设目录示例如图2-7所示。

图 2-7　项目初设目录示例

初设格式可参考集控系统建设初设模板，见附录A2.2。

（二）注意事项

初设阶段，应会同各专业归口部门共同开展方案拟订与完善。涉及网络安全防卫专业的设计方案，需自动化专业进行评审和确认；涉及调度数据网络通信改造的设计方案，需通信专业和自动化专业进行评审和确认；涉及硬件设备选型、配置、参数等存在问题的，需自动化专业提出意见和建议；涉及保信、故障录波的设计方案，需保护和自动化专业进行评审和确认。

五、初设评审

（一）初设内审及完善

初设初步完成后，业务单位可组织相关部门及人员开展内部审查工作，针对审查中提出的意见进行修改和完善。内部评审完成后，即可申请初设评审工作。

（二）初设评审内容

初设评审的内容包括项目建设的必要性、项目建设规模和主要技术方案、拟拆除设备处置意见、投资估算及资金来源、工程进度和安排等。

（三）初设评审组织

集控系统初设审查由所属管辖单位选派或推荐相关专业技术人员参与；参加人员应为技术专责或在本专业工作满5年及以上的人员。

（四）初设评审要求

集控系统初设审查验收需由专业技术人员提前对初设资料等文件进行审查，并提出相关意见；初设审查阶段主要对集控系统选型涉及的系统功能、硬件参数、机房环境、通信网络等进行审查、验收；审查时应审核集控系统功能是否满足主辅设备集中监控、远程智能巡视等各项要求。审查时参考可研初设审查作业卡（见附录A3）要求执行，做好评审记录并存档。

第三节　项目采购

一、技术规范书编制与评审

（一）技术规范书编制

在发布招标公告前，须完成当次招标的通用技术规范书及专用技术规范书的编制和审核工作。通常，通用技术规范书无须修改，专用技术规范书须严格按照前期评审通过的可研初设的内容进行修改，修改的内容包括工程概况、项目货物需求及组件材料配置表；对严格按照标准典型建设方案设计的项目，组件材料配置表原则上只涉及数量修改；对基于标准典型建设方案按照地区实际需求设计的项目，可以按照可研收口资料对新项目进行增加，也可以对"型号、规格、性能参数"内容进行修改。

通用及专用技术规范书应按照国网公司统一下发的最新技术规范书模板编制，编制前须仔细阅读填写说明，严格按照要求填写相关内容。专用技术规范书中的货物需求一览表示例见表2-2。

表2-2　　　　　　　　　货物需求一览表（高配/有延伸终端/无兼容性需求）

序号	名称	单位	配置编码	招标人要求（套）
1	集控系统硬件（高配）	套	A1	1
2	集控系统硬件（标配）	套	A2	0
3	集控系统平台软件	套	B1	1
4	集控系统应用功能软件	套	B2	1
5	集控系统延伸终端（软硬件）	套	C	1
6	兼容性需求	套	D	0

注　A1：集控系统选型为高配时对应的成套设备；
　　A2：集控系统选型为标配时对应的成套设备；
　　B1：集控系统基础平台软件，高配与标配基础平台配置相同；
　　B2：集控系统功能应用软件，高配与标配功能应用配置相同；
　　C：集控系统有延伸终端需求时对应的软硬件；
　　D：集控系统过渡阶段，有与存量辅控系统和保信录波系统交互需求对应的软硬件。

填写注意事项如下：

（1）集控系统接入35kV变电站数量（折算后）在200～400座时，其硬件可按照A1模式（高配）进行选择。如果折算后35kV变电站超过400座时，可在A1模式的基础上适当增加服务器的数量。

（2）集控系统接入35kV变电站数量（折算后）在200座以下时，其硬件可按照A2模式（标配）进行选择。

（3）C项目为集控系统延伸终端部署在运维班，或与集控系统异地建设的集控站（监控班）中。

（4）高配包含A1、B、C、D项，标配包含A2、B、C、D项，组件材料配置表中的设备数量仅供参考，应根据实际工程需要填写。相互备用的核心网络设备及服务器宜布置在不同的机柜内。

（5）组件材料配置表中备注为"选配"的设备，数量默认为"0"，若选配该选项，则数量填写为"1"，并删除备注中"选配"字样。

（二）技术规范书评审

技术规范书初稿完成后，由项目单位组织相关部门和人员进行评审工作。设计单位根据与会专家提出的意见对技术规范书进行修改，完成评审工作，最终的技术规范书提交项目单位。

二、采购组织

采购组织流程应包括上报物资计划、发布招标信息、投标人应答投标、组织评审、结果公示、签订合同。

（一）上报项目物资

项目单位上报项目物资（含技术规范书）、施工招标需要工程量清单和最高限价（以相关项目初设批复地概算为依据编制清单和限价，注意限价不超概算）。

上报招标组织单位后，须留意各审批环节的流转结果，如出现退回的情况，须及时沟通，纠正问题后重新提交，确保按照规定时间完成审批。

（二）发布招标信息

物资单位审批通过后，即可发布招标信息。招标方式包括公开招标、邀请招标、竞争性谈判（磋商）、租赁等方式。

（三）投标人应答投标

投标人接收招标文件，按照招标文件要求进行商务、技术、价格等文件应答，形成投标文件进行投标工作。

（四）组织评审

招标人组织相关专家、评委等对各投标人投标文件进行评审，包括资质评审、商务评审、技术评审、价格评审等，最终得出投标人投标分数及排名。

（五）结果公示

招标人通过相应渠道对招标结果进行公示，公示期一般不得少于3天。公示结束如无异议即可确定中标人。

（六）签订合同

招标结果公示结束后，在中标通知书发出之日起30天内，按照项目单位管理要求，与项目供应商签订合同。如有需要，双方可共同拟定项目技术规范书作为合同附件。

第四节　设计联络会

一、会议组织原则

（一）会议组织

完成合同签订后，以项目进度计划为依据，与成套设备、基础平台和功能应用供应商协商，确定召开设计联络会的时间、地点；参与人员为项目建设单位相关人员与各承建单位项目组成员。

成套设备厂家、基础平台厂家和功能应用厂家至少须提前一周提供相关会议资料，包括但不限于培训计划、项目实施计划、项目建设方案等。项目建设单位须根据本单位项目实际情况对提供的资料进行确认，存在疑问或有异议的可以进行记录，在会议上提出并进行讨论完善。

（二）会议基本议程

会议议程包括但不限于软硬件清单确认固化、项目进度计划调整和确认、培训课程安排等内容。

会议结束后，须出具设计联络会会议纪要，对可能存在变更的软硬件情况须逐条详细记录，最终的软硬件设备清单、项目实施计划、培训计划等资料作为附件。会议纪要须参会人员签字，并作为工程资料的一部分存档。

二、会议要点

（一）会议需明确事项

1. 固化硬件配置

与成套设备厂家一起确认供货设备的品牌、型号及性能参数等。

2. 确认项目建设方案

与成套设备厂家、基础平台厂家和功能应用厂家一起确认主站建设方案、网络接入方案、变电站信息接入方案等。

3. 审定工程设计图纸

与成套设备厂家一起确认系统组屏方案、屏内设备布置图、系统网络拓扑图等。

4. 明确项目实施计划

与成套设备厂家、基础平台厂家和功能应用厂家一起确认项目实施计划，包含工厂调试、厂内验收、设备发货及到货、系统现场部署调试、变电站信息接入、横向系统接口调试、系统加固和上线评测、系统试运行、系统现场验收等关键环节对应的时间节点。

5. 系统功能确认

项目建设单位宜根据地区运维习惯和项目实际情况，提出功能完善优化要求，与功能应用厂家沟通确定功能研发和部署计划。

（二）供应商职责

集控系统采用"平台＋功能应用"的建设模式，可能存在一套集控系统成套设备、平台、功能应用由不同厂商承建的情况，具体分工如下。

1. 成套设备厂商

（1）参与设计联络会确认硬件清单。

（2）参与项目工作计划和职责的制定。

（3）合同所规定的设备采购。

（4）负责设备运输至平台卖方工厂并进行安装部署和联调。

（5）负责对买方进行相关培训。

（6）参与系统内部测试和工厂测试。

（7）对买方、平台卖方、功能应用卖方反馈的设备相关问题进行响应和整改。

（8）负责设备从平台卖方工厂打包并发运到用户指定的地点。

（9）参与现场到货交付验收。

（10）负责现场硬件环境的构建并确保设备正常运行。

（11）参与现场测试和验收。

（12）参与系统调试和运行过程中的故障排查和定位。

（13）负责质保期内成套设备的售后保障。

2. 平台厂商

（1）提供调试场地并确保可用。

（2）参与设计联络会。

（3）参与项目工作计划和职责的制定。

（4）负责对买方进行相关培训。

（5）负责在成套设备卖方搭建的系统环境上部署集控系统平台功能。

（6）参与系统内部测试和工厂测试。

（7）对买方、功能应用卖方反馈的相关问题进行响应和整改。

（8）负责现场集控系统平台环境的正常运行，并与功能应用卖方进行联调。

（9）负责配合买方开展集控系统变电站接入工作。

（10）参与现场测试和验收。

（11）参与系统运行过程中的故障排查和定位。

（12）负责质保期内平台功能的售后保障。

3. 功能应用厂商

（1）参与设计联络会。

（2）参与项目工作计划和职责的制定。

（3）负责对买方进行相关培训。

（4）负责在平台卖方搭建的系统环境上部署集控系统功能应用。

（5）参与系统内部测试和工厂测试。

（6）对买方、平台卖方反馈的相关问题进行响应和整改。

（7）负责现场集控系统功能应用的正常运行，并与平台卖方进行功能联调。

（8）参与现场测试和验收。

（9）参与系统运行过程中的故障排查和定位。

（10）负责质保期内功能应用的售后保障。

第五节　系统厂内集成及调试

项目厂内集成及调试阶段包含系统集成及工厂验收测试两部分：系统集成包括项目工厂生成资料准备、系统培训、系统工厂环境构建及生成等；工厂验收测试包括测试组织、测试内容、测试验收等。工厂阶段的典型工作内容见附录A4项目工厂阶段标准作业卡。

一、工作组织

由成套设备、平台、功能应用承建厂商三方共同商定，确定项目工厂阶段的牵头和组织厂商，主要负责工厂阶段协调和沟通工作，提供系统集成场地和设施、组织开展培训、组织工厂测试和验收等。

二、系统集成

（一）资料准备

1. 项目软硬件清单

项目设备基本信息包括合同号、项目经理、项目工期、IP地址、机器名、硬盘分区、磁盘阵列划分要求、现场是否已建辅控系统、辅控厂家及对系统建设的特殊需求。由各承建厂商对项目设备基本信息进行分析和处理：与硬件相关的如机器名、IP地址设置、硬盘分区等工作由成套设备厂商承担；与外部系统接口交互相关功能由平台厂家承担；与功能优化完善需求相关的由功能应用厂家承担。项目设备基本信息示例见表2-3，表中设备命名hostname、IP地址等参数以项目现场实际规划内容为准。

表2-3　　　　　　　　　　　　　项目设备基本信息表

序号	主机/hostname	网卡名/IP地址	机器型号/序列号	备注
Ⅰ区服务器工作站地址分配				
1	Ⅰ区数据库服务器1/ycjk1his1	eth0→192.10.10.1		
		eth2→192.10.10.1		
		eth1→100.0.0.1		
		eth3→100.0.0.1		
2	Ⅰ区应用服务器1/ycjk1app1	eth0→192.10.16.3		
		eth0: 1→192.10.10.3		
		eth1→192.10.17.3		
		eth1: 1→192.10.11.3		

序号	主机 /hostname	网卡名 /IP 地址	机器型号 /序列号	备注
3	Ⅰ区数据采集及应用服务器 1/ycjk1fes1	eth0→192.10.16.5		
		eth0：1→192.10.10.5		
		eth1→192.10.17.5		
		eth1：1→192.10.11.5		
		eth2→192.10.12.5		
		eth3→192.10.13.5		
4	Ⅰ区监控工作站 1/ycjk1jk1	eth0→192.10.16.21		
		eth0：1→192.10.10.21		
		eth1→192.10.17.21		
		eth1：1→192.10.11.21		
5	Ⅰ区维护工作站 /ycjk1wh2	eth0→192.10.16.28		
		eth0：1→192.10.10.28		
		eth1→192.10.17.28		
		eth1：1→192.10.11.28		
6	Ⅰ区维护工作站 /ycjk1wh3	eth0→192.10.16.29		
		eth0：1→192.10.10.29		
		eth1→192.10.17.29		
		eth1：1→192.10.11.29		
7	天文钟 1	192.10.12.101		
		192.10.13.101		
8	打印机 1	192.10.10.111		
9	Ⅱ区防火墙 1	192.10.10.250		
		192.10.11.250		

2. 主网模型资料

符合要求的主网模型资料由平台厂家导入系统；如主网模型文件不符合要求，由建设单位协调调度系统厂商提供符合要求的主网模型资料。如调度为南瑞系统，可导出数据库转存文件（需协调数据库厂家如达梦进行"抽取－转换－加载"数据迁移），如选择单厂站 CIM/E 模型，须按照标准 CIM/E 导出。主网模型 CIM/E 文件格式示例如图 2-8 所示。

3. 主网图形资料

符合要求 G 语言文件格式由平台厂家导入系统；如文件不符合 G 语言文件的要求，由建设单位协调调度系统厂商提供符合要求的 G 语言文件。如调度为南瑞系统，可提供文件服务器整个 Graph 目录（图形、图元、贴片）。如后续对导入图形有进一步完善需求，则由功能应用厂商配合建设单位开展相关工作。主网图形 G 语言文件格式示例如图 2-9 所示。

```
<!Entity=江苏 type=电网模型 time='2020-11-07_15:14:15' !>
<ACLineDot::江苏>
@Num    mRID    name    pathName    ACLineSegment    Substation    I_node    BaseVoltage    VoltageLevel    Bay P    Q    I
//序号  标识    中文原名    标准带路径全名    交流线段标识    厂站标识    物理连接节点    基准电压标识    电压等级标识    所属间隔标识    有功量测    无功量测
#  1  116812117012644057  NULL  江苏.双闸变/110kV.双黄#1线723  116530642035933293  113997366104686943  32000351008084  112871465677750280  1131529411745
#  2  116812117012644058  NULL  南京.黄山路变/110kV.双黄#1线723  116530642035933293  113997367245538090  100000810008058  112871465677750280  1131529423154
#  3  116812117012644059  NULL  江苏.双闸变/110kV.双黄#2线724  116530642035933294  113997366104686943  32000351008082  112871465677750280  1131529411745
#  4  116812117012644060  NULL  南京.黄山路变/110kV.双黄#2线724  116530642035933294  113997367245538090  100000810008062  112871465677750280  1131529423154
#  5  116812117012645973  NULL  南京.黄山路变/110kV.奥黄#1线71A  116530642035934270  113997367245538090  100000810008054  112871465677750280  1131529423154
#  6  116812117012645974  NULL  南京.奥体变/110kV.奥黄#1线71A  116530642035934270  113997367245537282  100000002008050  112871465677750280  1131529423154
#  7  116812117012645975  NULL  南京.黄山路变/110kV.奥黄#2线72A  116530642035934271  113997367245538090  100000810008066  112871465677750280  1131529423154
#  8  116812117012645976  NULL  南京.奥体变/110kV.奥黄#2线72A  116530642035934271  113997367245537282  100000002008047  112871465677750280  1131529423154
</ACLineDot::江苏>
<ACLineSegment::江苏>
@Num    mRID    name    pathName    StartSt EndSt    ratedMW ratedCurrent    BaseVoltage r    x    bch r0    x0    b0ch    eqflag
//序号  标识    中文原名    标准带路径全名    首端厂站标识    末端厂站标识    功率限制    允许载流量    所属基准电压    正序电阻有名值    正序电抗有名值    正序电纳有名值
#  1  116530642035933293  NULL  南京.双黄#1线723  113997366104686943  113997367245538090  0.000000  633.000000  112871465677750280  0.00  0.00  0
#  2  116530642035933294  NULL  南京.双黄#2线724  113997366104686943  113997367245538090  0.000000  633.000000  112871465677750280  0.00  0.00  0
#  3  116530642035934270  NULL  南京.奥黄#1线71A  113997367245538090  113997367245537282  0.000000  633.000000  112871465677750280  0.00  0.00  0
#  4  116530642035934271  NULL  南京.奥黄#2线72A  113997367245538090  113997367245537282  0.000000  633.000000  112871465677750280  0.00  0.00  0
</ACLineSegment::江苏>
<Analog::江苏>
@Num    mRID    name    pathName    devName devID    type
//序号  标识    中文原名    标准带路径全名    设备类名    设备类标识    量测类型
#  1  114560531947346400  NULL  南京.黄山路变/10kV.1号主变低压侧101A/有功值 Breaker 114560317198981600  有功
#  2  114560531947346401  NULL  南京.黄山路变/10kV.1号主变低压侧101B/有功值 Breaker 114560317198981601  有功
#  3  114560531947346403  NULL  南京.黄山路变/10kV.2号主变低压侧102A/有功值 Breaker 114560317198981603  有功
#  4  114560531947346404  NULL  南京.黄山路变/10kV.2号主变低压侧102B/有功值 Breaker 114560317198981604  有功
#  5  114560531947346441  NULL  南京.黄山路变/10kV.10kVⅠ、Ⅳ母分段110/有功值 Breaker 114560317198981641  有功
#  6  114560531947346442  NULL  南京.黄山路变/10kV.10kVⅡ、Ⅲ母分段120/有功值 Breaker 114560317198981642  有功
#  7  114560574897019360  NULL  南京.黄山路变/10kV.1号主变低压侧101A/无功值 Breaker 114560317198981600  无功
#  8  114560574897019361  NULL  南京.黄山路变/10kV.1号主变低压侧101B/无功值 Breaker 114560317198981601  无功
#  9  114560574897019363  NULL  南京.黄山路变/10kV.2号主变低压侧102A/无功值 Breaker 114560317198981603  无功
#  10  114560574897019364  NULL  南京.黄山路变/10kV.2号主变低压侧102B/无功值 Breaker 114560317198981604  无功
#  11  114560574897019401  NULL  南京.黄山路变/10kV.10kVⅠ、Ⅳ母分段110/无功值 Breaker 114560317198981641  无功
#  12  114560574897019402  NULL  南京.黄山路变/10kV.10kVⅡ、Ⅲ母分段120/无功值 Breaker 114560317198981642  无功
#  13  114560617846692320  NULL  南京.黄山路变/10kV.1号主变低压侧101A/电流值 Breaker 114560317198981600  电流
#  14  114560617846692321  NULL  南京.黄山路变/10kV.1号主变低压侧101B/电流值 Breaker 114560317198981601  电流
#  15  114560617846692323  NULL  南京.黄山路变/10kV.2号主变低压侧102A/电流值 Breaker 114560317198981603  电流
```


图 2-8　主网模型 CIM/E 文件格式


```
?xml version="1.0" encoding="GBK"?>
G w="725" h="2000" bgiw="0" InitAppID="100000" InitAppAvailable="0" bgc="0,0,0" tags="" bgf="0" VerNo="10" bgi="0">
  <Layer name="第0平面" show="1">
    <Bus fm="0" id="30000000" LevelStart="0" StartArrowType="0" x1="16" x2="712" node_area="0,0,34000035;0,1,34000009" StartArrowSize="4" keyid="115404742212978664" domain=""
    <Bus fm="0" id="30000001" LevelStart="0" StartArrowType="0" x1="13" x2="707" node_area="0,1,34000088;0,1,34000069" StartArrowSize="4" keyid="115404742212978665" domain=""
    <Transformer2 fm="0" keyid1="117375281798317345" id="102000002" keyid2="117375281798317346" LevelStart="0" x="239" node_area="0,1,34000052;1,0,34000053" y="576" domain=""
    <CBreaker fm="0" id="100000003" LevelStart="0" x="248" node_area="0,1,34000024;1,0,34000031" y="199" keyid="114560489081548597" domain="" p_AssFlag="128" lc="0,0,255" p_S
    <Disconnector fm="0" id="101000004" LevelStart="0" x="254" node_area="0,1,34000015;1,0,34000023" y="148" keyid="114841921108587059" domain="" p_AssFlag="128" lc="0,0,255"
    <Disconnector fm="0" id="101000005" LevelStart="0" x="255" node_area="0,1,34000032;1,0,34000009" y="273" keyid="114841921108587058" domain="" p_AssFlag="128" lc="0,0,255"
    <ConnectLine fm="0" id="34000009" LevelStart="0" StartArrowType="0" StartArrowSize="4" p_AssFlag="128" lc="0,0,255" EndArrowSize="4" p_ShowModeMask="3" p_SelfDefString=""
    <ACLineEnd fm="0" id="36000010" LevelStart="0" StartArrowType="0" node_area="0,0,34000014" StartArrowSize="4" keyid="116812244183941127" domain="" p_AssFlag="128" lc="0,0
    <ConnectLine fm="0" id="34000013" LevelStart="0" StartArrowType="0" StartArrowSize="4" p_AssFlag="128" lc="0,0,255" EndArrowSize="4" p_ShowModeMask="3" p_SelfDefString=""
    <ConnectLine fm="0" id="34000014" LevelStart="0" StartArrowType="0" StartArrowSize="4" p_AssFlag="128" lc="0,0,255" EndArrowSize="4" p_ShowModeMask="3" p_SelfDefString=""
    <ConnectLine fm="0" id="34000015" LevelStart="0" StartArrowType="0" StartArrowSize="4" p_AssFlag="128" lc="0,0,255" EndArrowSize="4" p_ShowModeMask="3" p_SelfDefString=""
    <ConnectLine fm="0" id="34000023" LevelStart="0" StartArrowType="0" StartArrowSize="4" p_AssFlag="128" lc="0,0,255" EndArrowSize="4" p_ShowModeMask="3" p_SelfDefString=""
    <ConnectLine fm="0" id="34000024" LevelStart="0" StartArrowType="0" StartArrowSize="4" p_AssFlag="128" lc="0,0,255" EndArrowSize="4" p_ShowModeMask="3" p_SelfDefString=""
    <GroundDisconnector fm="0" id="111000025" LevelStart="0" x="204" node_area="0,0,34000013" y="185" keyid="0" p_AssFlag="128" lc="0,0,255" p_ShowModeMask="3" p_SelfDefStrir
    <GroundDisconnector fm="0" id="111000027" LevelStart="0" x="304" node_area="0,0,34000028" y="146" keyid="115123396085292428" domain="" p_AssFlag="128" lc="0,0,255" p_Show
    <ConnectLine fm="0" id="34000028" LevelStart="0" StartArrowType="0" StartArrowSize="4" p_AssFlag="128" lc="0,0,255" EndArrowSize="4" p_ShowModeMask="3" p_SelfDefString=""
    <GroundDisconnector fm="0" id="111000029" LevelStart="0" x="304" node_area="0,0,34000030" y="307" keyid="115123396085292433" domain="" p_AssFlag="128" lc="0,0,255" p_Show
    <ConnectLine fm="0" id="34000030" LevelStart="0" StartArrowType="0" StartArrowSize="4" p_AssFlag="128" lc="0,0,255" EndArrowSize="4" p_ShowModeMask="3" p_SelfDefString=""
    <ConnectLine fm="0" id="34000031" LevelStart="0" StartArrowType="0" StartArrowSize="4" p_AssFlag="128" lc="0,0,255" EndArrowSize="4" p_ShowModeMask="3" p_SelfDefString=""
    <ConnectLine fm="0" id="34000032" LevelStart="0" StartArrowType="0" StartArrowSize="4" p_AssFlag="128" lc="0,0,255" EndArrowSize="4" p_ShowModeMask="3" p_SelfDefString=""
    <CBreaker fm="0" id="100000043" LevelStart="0" x="249" node_area="0,1,34000038;1,0,34000041" y="439" keyid="114560489081548598" domain="" p_AssFlag="128" lc="0,0,255" p_S
    <Disconnector fm="0" id="101000044" LevelStart="0" x="255" node_area="0,1,34000036;1,0,34000037" y="388" keyid="114841921108587061" domain="" p_AssFlag="128" lc="0,0,255"
    <Disconnector fm="0" id="101000045" LevelStart="0" x="256" node_area="0,1,34000042;1,0,34000051" y="513" keyid="114841921108587060" domain="" p_AssFlag="128" lc="0,0,255"
    <ConnectLine fm="0" id="34000035" LevelStart="0" StartArrowType="0" StartArrowSize="4" p_AssFlag="128" lc="0,0,255" EndArrowSize="4" p_ShowModeMask="3" p_SelfDefString=""
    <ConnectLine fm="0" id="34000036" LevelStart="0" StartArrowType="0" StartArrowSize="4" p_AssFlag="128" lc="0,0,255" EndArrowSize="4" p_ShowModeMask="3" p_SelfDefString=""
    <ConnectLine fm="0" id="34000037" LevelStart="0" StartArrowType="0" StartArrowSize="4" p_AssFlag="128" lc="0,0,255" EndArrowSize="4" p_ShowModeMask="3" p_SelfDefString=""
    <ConnectLine fm="0" id="34000038" LevelStart="0" StartArrowType="0" StartArrowSize="4" p_AssFlag="128" lc="0,0,255" EndArrowSize="4" p_ShowModeMask="3" p_SelfDefString=""
    <GroundDisconnector fm="0" id="111000047" LevelStart="0" x="305" node_area="0,0,34000039" y="386" keyid="115123396085292431" domain="" p_AssFlag="128" lc="0,0,255" p_Show
    <ConnectLine fm="0" id="34000039" LevelStart="0" StartArrowType="0" StartArrowSize="4" p_AssFlag="128" lc="0,0,255" EndArrowSize="4" p_ShowModeMask="3" p_SelfDefString=""
    <GroundDisconnector fm="0" id="111000048" LevelStart="0" x="305" node_area="0,0,34000040" y="547" keyid="115123396085292430" domain="" p_AssFlag="128" lc="0,0,255" p_Show
    <ConnectLine fm="0" id="34000040" LevelStart="0" StartArrowType="0" StartArrowSize="4" p_AssFlag="128" lc="0,0,255" EndArrowSize="4" p_ShowModeMask="3" p_SelfDefString=""
    <ConnectLine fm="0" id="34000041" LevelStart="0" StartArrowType="0" StartArrowSize="4" p_AssFlag="128" lc="0,0,255" EndArrowSize="4" p_ShowModeMask="3" p_SelfDefString=""
    <ConnectLine fm="0" id="34000042" LevelStart="0" StartArrowType="0" StartArrowSize="4" p_AssFlag="128" lc="0,0,255" EndArrowSize="4" p_ShowModeMask="3" p_SelfDefString=""
    <GroundDisconnector fm="0" id="111000049" LevelStart="0" x="202" node_area="0,0,34000050" y="507" keyid="115123396085292432" domain="" p_AssFlag="128" lc="0,0,255" p_Show
    <ConnectLine fm="0" id="34000050" LevelStart="0" StartArrowType="0" StartArrowSize="4" p_AssFlag="128" lc="0,0,255" EndArrowSize="4" p_ShowModeMask="3" p_SelfDefString=""
    <ConnectLine fm="0" id="34000051" LevelStart="0" StartArrowType="0" StartArrowSize="4" p_AssFlag="128" lc="0,0,255" EndArrowSize="4" p_ShowModeMask="3" p_SelfDefString=""
    <ConnectLine fm="0" id="34000052" LevelStart="0" StartArrowType="0" StartArrowSize="4" p_AssFlag="128" lc="0,0,255" EndArrowSize="4" p_ShowModeMask="3" p_SelfDefString=""
```


图 2-9　主网图形 G 语言文件格式

4. 变电站地理位置分布情况

提供图形文件由平台厂家进行处理导入系统，标明地区变电站地理位置分布情况。如后续对导入

图形有进一步完善需求，则由功能应用厂商配合建设单位开展相关工作。变电站地理位置分布示例如图2-10所示。

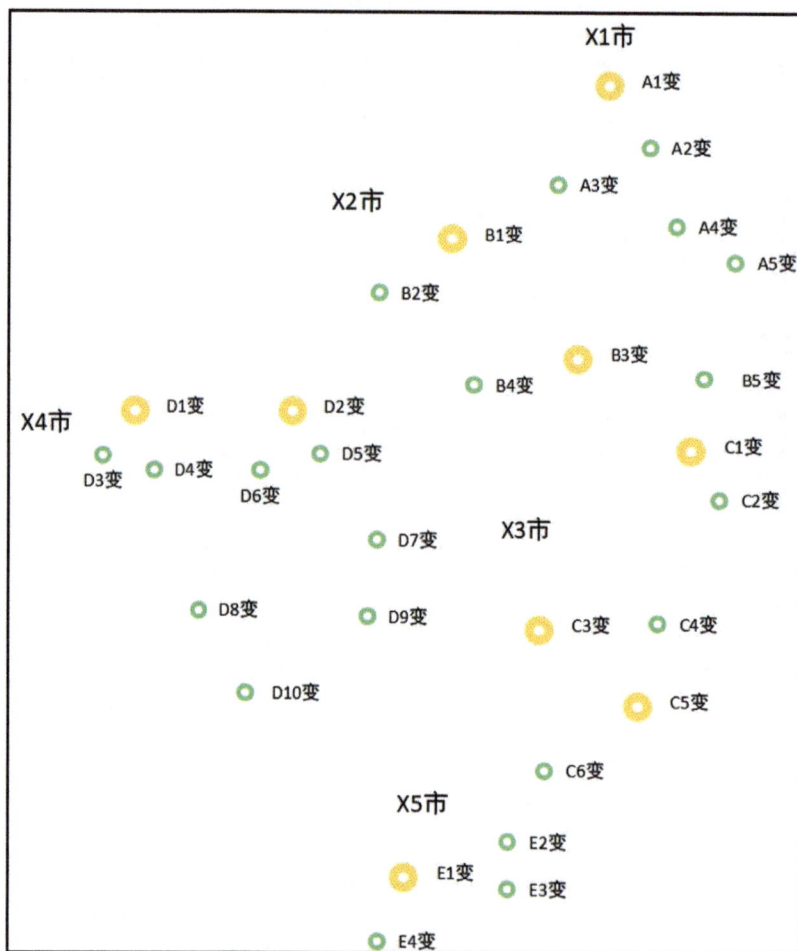

图2-10 变电站地理位置分布示意图

5. 运维班相关信息

运维班信息包括名称及相应管辖变电站清单等，由功能应用厂家指导建设单位在系统中进行配置。运维班信息示例见表2-4。

表2-4 　　　　　　　　　　　　　　　运维班信息表

序号	变电站名	所属片区	电压等级（kV）
1	220kV××变电站	变电运维一班	220
2	220kV××变电站	变电运维一班	220
3	220kV××变电站	变电运维一班	220
4	110kV××变电站	变电运维一班	110
5	110kV××变电站	变电运维一班	110

续表

序号	变电站名	所属片区	电压等级（kV）
6	110kV××变电站	变电运维一班	110
7	110kV××变电站	变电运维一班	110
8	110kV××变电站	变电运维一班	110
9	220kV××变电站	变电运维二班	220
10	220kV××变电站	变电运维二班	220
11	220kV××变电站	变电运维二班	220

6. 辅控模型资料

提供SCD文件，文件应满足《自主可控新一代变电站二次系统技术规范　通用系列规范8　变电站设备信息模型》（调技〔2021〕20号）要求，文件中必须带有系统规格文件（SSD）信息；也可以提供相应点表文件，由平台厂家进行处理后导入。辅控模型SCD文件格式示例见表2-5。

表2-5　　　　　　　　　　　　　　　　辅控模型SCD文件格式

序号	名称	类型	点号	数据类型	所属设备	是否遥控	遥控点号	是否遥调	遥调点号
1	水浸监测-2号水浸	遥信	0	动力环境	水浸监测	否	NULL	否	NULL
2	红外对射监测-东墙南门对射	遥信	1	安全防卫	红外对射监测	否	NULL	否	NULL
3	2号主变铁心接地电流在线监测-铁心接地电流1	遥测	0	在线监测	2号主变铁心接地电流在线监测	否	NULL	否	NULL

注　NULL——无效；主变——主变压器。

7. 辅控相关示意图、位置图

提供辅控设备相关的示意图、位置图等，由功能应用厂商指导系统生成人员在系统中进行编辑完善。辅控设备展示界面如图2-11所示。

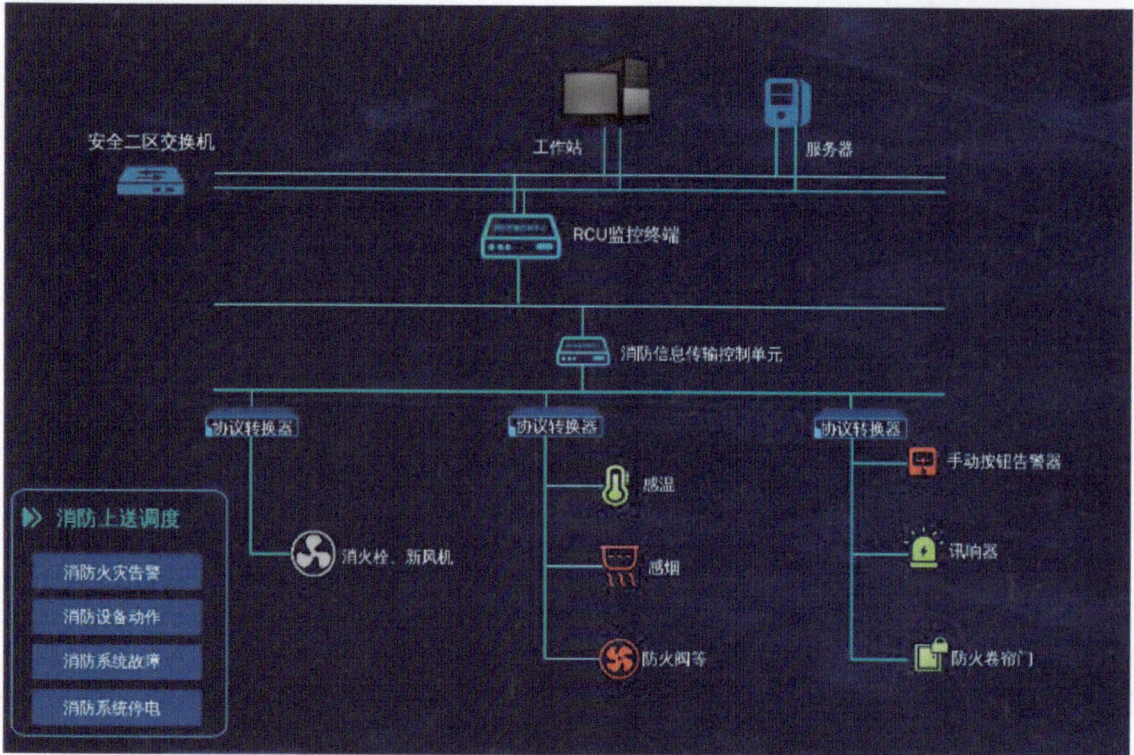

（a）

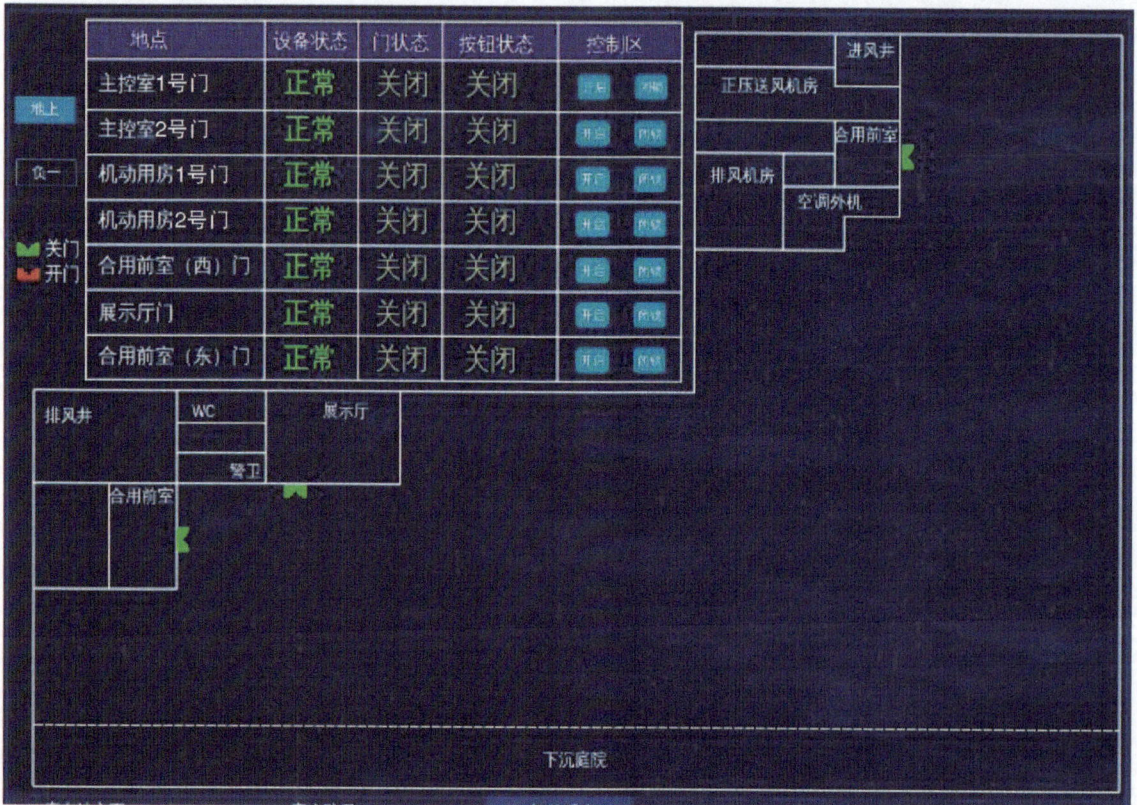

（b）

图 2-11 辅控设备展示界面
（a）站端消防布置展示界面；（b）动力环境门禁布置展示界面

8. 完整交直流图模信息

提供站端完整的交直流图形和模型信息、需要接入信号的点表信息等，由功能应用厂家指导建设单位在系统中进行录入和编辑。站端交直流系统展示界面如图2-12所示。

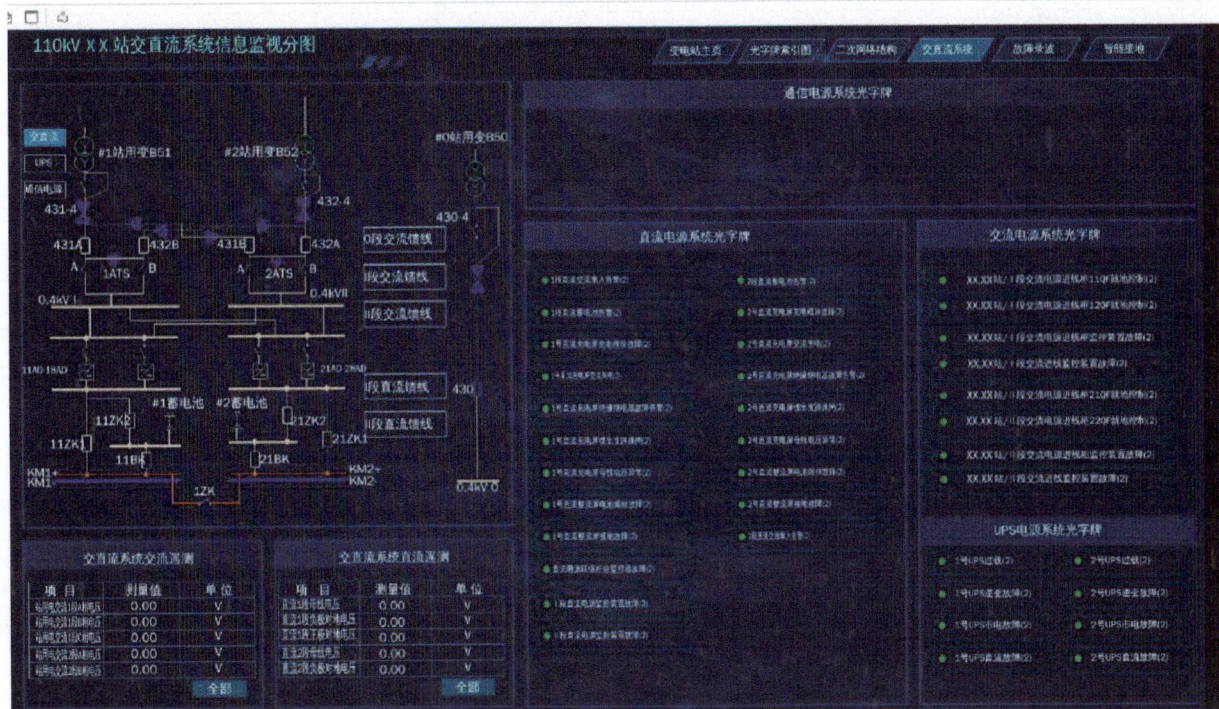

图 2-12　站端交直流系统展示界面

（二）系统培训

1. 培训目标

了解集控系统总体结构及软硬件架构；熟悉集控系统各项软件功能的内容、硬件及支撑软件的配置；熟悉集控系统环节构建方法和流程；熟悉集控系统各项应用功能操作、使用；了解智能电网调度控制系统的运行维护方法和步骤，熟悉系统运行指标要求，掌握系统启停操作、日常巡视检查、新建厂站接入等操作技能；熟悉自动化通道的配置方法，熟悉自动化主站端和厂站端系统之间的数据传输流程，掌握遥信、遥测和遥控信息的调试技能。

2. 培训组织

汇总各承建厂商的培训计划，按照建设单位要求沟通、完善并最终确定培训计划，确定培训时间、组织培训考核、进行培训评估。

3. 培训计划

与各承建厂商保持对接，确定系统主要硬件到达系统工厂生成地点时间，培训宜安排在此时间前10天左右，培训时间通常情况下不少于7天。

4. 培训内容

培训内容包括但不限于系统硬件及支撑软件、系统架构、平台及应用模块、工程化、运行维护等。培训结束后，硬件到货，项目单位的维护人员可与各承建厂商人员一起安装搭建系统，了解和熟悉集控系统环境的构建方法和过程。

按照项目建设要求和实际情况,项目建设单位审核由各承建厂商拟定的培训课程表;也可由项目建设单位与各承建厂商共同制定培训课程表,以达到最佳培训效果。培训课程表示例见表2-6,可根据相应的项目情况对内容进行有针对性的修改。

表2-6　　　　　　　　　　　　　　　培训课程表

时间	授课内容	类型	授课人
	操作系统	成套设备	
	商用数据库系统	成套设备	
	网络安全监测	成套设备/功能应用	
	集控系统功能总体介绍	基础平台/功能应用	
	辅助设备监控功能(含辅助设备操作功能、智能联动功能介绍)	功能应用	
	二次保护(包括在线监测、远方操作、信息子站管理)、故障录波	功能应用	
	操作防误、操作票、一键顺控	功能应用	
	在线智能集中巡视	功能应用	
	设备状态告警	功能应用	
	源端维护、自动成图、点表管理	基础平台	
	运维全景监视、智能报表	功能应用	

5. 使用的培训设施

培训工作通常安排在系统集成所在地进行,集成场所归属承建厂商有义务提供培训设施,包括培训场所、使用的教具、理论培训材料、仿真实操环境等。培训设施及环境示例如图2-13所示。

图2-13　培训设施及环境

6. 培训的材料及文件

针对培训内容，提供的培训课程文档、PPT、视频、文字、图像等。

7. 受训人员的构成

项目单位相关人员，包括但不限于监控班组人员、运维班组人员、系统运行维护人员等。

8. 授课人员要求

项目建设单位可以对开展集控系统培训的授课人员提出专业要求，如具有五年及以上的培训经验，善于沟通和交流，教学风格活泼，语言富有感染力；调度系统或者监控系统专业知识丰富，具备丰富的工程经验和扎实的理论基础，熟悉设备监控业务和流程等。

9. 培训考核和评估

课程结束后，可对受训人员进行考核，以书面考核方式为主，考核内容由各承建厂商共同提供。承担培训组织的承建厂商将考核内容汇总后组织考核，并在培训和考核结束后开展培训评估。

（三）系统工厂环境构建及生成

集控系统工厂生成阶段需要完成的工作主要有软硬件工厂环境的集成、存量站模型图形的生成和校对、平台及应用软件功能的调试和验证、具备工厂调试条件的外部系统联调等。具体分工：成套设备厂家负责软硬件工厂环境的集成；平台厂家负责集控系统平台的安装和搭建及存量站模型图形生成；功能应用厂家在平台的基础上进行功能应用部署、调试和验证，负责配合建设单位使用平台提供的人机工具进行系统图元、图形的绘制、完善和优化，以及系统权限、责任区配置等工作。

1. 软硬件工厂环境集成

承建各方应事先商定系统集成地点，合同规定的设备由成套设备厂商发往系统集成地点，系统集成地点归属承建厂商负责提供场地和运行条件，成套设备厂商安排工程师进行安装调试。系统工厂搭建在培训结束后开展，建议项目单位安排相关专业人员与成套设备厂商一同开展系统搭建工作，以进一步实践培训内容，对系统硬件架构、网络连接、软件安装及配置、搭建步骤等有基本认识，为后续现场建设和维护工作奠定基础。

系统工厂环境集成工作由成套设备厂商负责，包括：硬件拆箱及外观、型号、数量核对；服务器及磁盘阵列上架；工作站就位；电源及网络线连接；安装支撑软件，包括操作系统、操作系统探针（agent）、高可用集群（HA）、多路径及关系数据库软件；建设单位可指定专人和成套设备厂商一起检查硬件及支撑软件配置和数量与技术协议的一致性；硬件环境构建完成后，由平台厂商从版本库领取最新的集控系统基础平台软件，安装和调试平台环境，修改配置文件等，确保平台正常运行，导入存量站模型和图形数据；完成后，由功能应用厂家在基础平台上安装和部署应用功能软件并确认各功能正常运行；开始工厂调试，包括根据资料核对图模数据正确性并逐步完善、平台和应用功能与技术规范书的一致性、外部接口的调试等。

项目工厂调试环境示例如图2-14所示。

（a）

（b）

图 2-14　项目工厂调试环境
（a）服务器及网络机柜中心机房；（b）项目人机终端调试大厅

2. 存量站模型图形生成和校对

此项工作由平台厂家配合建设单位开展。对于调度自动化系统为 D5000（OPEN-3000）的，可预先导出设备模型、测点文件和图形文件，在集控系统主站中生成存量站主设备模型、图形、点表，保证数据准确性，提高工厂阶段的效率，降低项目实施工作量。

对于调度自动化系统非 D5000（OPEN-3000）的，需严格按照集控系统建设要求，以《CIM-E 电网物理模型描述与交换规范（试行）》中规定的 CIM/E 格式导出模型文件，以 G 语言格式导出图形文件，确保导出点表等文件内容不存在缺失，以保证可在集控系统中自动生成主设备模型、图形、点表。

3. 平台及应用软件功能的调试和验证

系统工厂生成的同时，与平台厂商和功能应用厂家保持紧密沟通，对平台和应用功能进行互操作验证，对各项功能进行互调用测试；选取典型接口类型的应用进行平台 API 接口适配，选取典型接口类型的应用进行平台服务化接口适配，确保功能完整性和正确性，以便后续工厂验收测试顺利开展。

4. 具备工厂调试条件的外部系统联调

在工厂生成阶段，平台厂商对具备工厂联调条件的技术规范书中规定的外部系统接口可以同时进行调试工作；例如远程智能巡视系统可以在工厂阶段构建环境，与集控系统联调，调试和验证数据交互接口的可用性、正确性，提高后续现场阶段调试的效率。

三、系统漏洞扫描和加固

内部测试前，应采用漏洞扫描装置对系统进行扫描。针对扫描结果，须分别对操作系统及数据库、平台及应用功能进行漏洞扫描，对发现的系统漏洞进行整改加固。

四、内部自测及闭环反馈

图形和模型完善并校核、各项软件功能调试完毕后，系统具备内部测试条件，平台和功能应用应分别根据各自内部测试大纲由专业人员开展内部自测试工作。对测试反馈结果，按照要求进行整改并复测，通过后可进入工厂验收测试阶段。

五、工厂验收测试（FAT）

（一）测试组织

完成工厂阶段后，系统具备工厂验收测试条件，可以开展工厂验收测试工作，验收测试内容可参考厂内验收作业卡，见附录A5。

1. 参加人员

工厂验收测试由项目单位和承建单位共同组织，参与人员包括集控系统项目单位选派相关专业技术人员、承建厂商专业测试人员及项目组成员；所有验收人员应为技术专责或在本专业工作满3年以上的人员。

2. 工厂验收测试大纲

结合本地区集控系统实际需求，以典型技术规范书为基础，与各承建厂商一起拟定工厂验收测试大纲，并严格依照大纲开展工厂验收测试工作。

（二）测试内容

工厂验收测试目的是为保证系统能够满足技术规范书的功能要求，需各承建厂商配合进行。工厂验收测试包括72h不间断运行、工厂验收测试分组测试及工厂验收测试结论会议等三个部分，时间约7天。

1. 硬件及支撑软件验收

成套硬件厂商需配合项目建设单位对照最终硬件设备、支撑软件清单（如设计联络会有改动则以会议纪要为准，如无改动则以技术规范书为准），对硬件型号、配置、数量等，支撑软件的数量、介质（如有）进行验收和核查。对可能因为设备变更或外部环境造成的暂未到货的非主要硬件，可安排在到货阶段进行补充验收。

2. 功能试验

功能试验的目的是严格考验所有系统功能，包括单体和集成系统，并核查所有软件的性能。该试验包括下列内容：

（1）现场通信试验，核查所有数据采集、监控是否操作正确，包括不同类型的子站接入规约测试，以及不同类型设备之间交互的通信协议测试；

（2）核查所有基础平台功能；

（3）核查所有系统安全防护功能；

（4）核查技术规范书中要求的所有系统的接口功能；

（5）核查系统异常状况时是否能正确处理；

（6）核查系统的任务作业进程管理功能，包括冗余和故障切换方案；

（7）核查所有要求的软件开发工具、软件库、诊断程序、实用程序、调试工具和安装工具是否已包括在系统中；

（8）最终测试内容以工厂验收测试大纲为准。

3. 稳定性试验

为了考验系统运行与操作的稳定性、可靠性，要进行连续72h的稳定性试验，要求如下：

（1）在该性能试验的72h内，不得对外部设备进行硬件和软件调整，除非经过项目单位许可；

（2）试验期间，设备或部件出现故障应由备件替换，以保证试验不间断进行；

（3）允许由于软件和硬件故障而进行切换，失效部分应尽快修复；

（4）若因严重故障而中断试验（不包括人工故障转换），则应重新进行72h稳定性试验；

（5）试验期间，用户在任何阶段都可对系统提供的各种功能进行正常操作和信息转储；

（6）试验期间，应测试记录中央处理器（CPU）负荷、局域网（LAN）负荷、系统可用率等，核定是否满足指标要求。

（三）测试验收

1. 工厂验收测试会议

完成工厂验收测试后，在系统集成所在地组织和安排验收工作会议，给出工厂验收测试结论。会上，可根据项目机房建设、站端改造、数据网改造等配套工作进展情况，进一步明确后续工作计划；同时对工厂测试验收阶段出现问题的功能或者需要完善的功能，制定后续处理计划；对本阶段未到货的非主要硬件到货时间进行确认；所有会议上提出并被双方认可的内容，均应记录在工厂验收测试会议纪要并由参会各方签字存档。

2. 异常处理

工厂验收测试过程中，如集控系统出现不影响结论的问题，可在总结会上制定消缺计划；如出现影响结论的问题，应责令相关承建厂商限期整改后重启动工厂验收测试流程。

第六节　到货及现场安装调试

一、实施方案

（一）方案制定原则

实施方案应由各承建厂商结合集控系统顶层设计和相关规范性文件进行编写。集控系统主站和远程智能巡视集中监控模块建设平台厂家与功能应用厂家参考典型方案实施；兼容性和接口功能部分，平台厂商与对应接口厂商在项目建设前期应明确外部系统的建设情况并确定外部系统与集控系统的交互原则，结合集控系统顶层设计和相关规范性文件，制定符合本地区实际情况的实施方案。

（二）方案基本内容

除主站建设内容外，平台厂商在实施方案中还应明确图模生成、调度接口、辅控接入方式、厂站接入、信号验收、功能实现、系统联调及其他与集控系统的接口，内容包括但不限于数据交互对象、数据交互范围、数据交互方式等。

（1）数据交互对象：包括地区调度主站、省级及以上调度主站、故障录波及保信系统、存量辅控主站、远程智能巡视集中监控模块、业务中台、其他需要交互信息的外部系统等。

（2）数据交互范围：包括一、二次设备模型信息、保护实时运行信息、保护运行事件信息、故障录波文件数据、设备资源模型、设备版本信息、操作票信息、辅控信息、视频信息等。

（3）数据交互方式：包括变电站通信协议（IEC 104）、安全文件传输协议（SFTP）、电网物理模型描述与交换规范（CIM/E）、数据总线服务（DataHub）、分布式发布订阅消息系统（Kafka）等。

二、发货及到货

工厂验收测试结束后，按照工作计划由系统厂家在工厂进行货物打包发货。

（一）设备发货

1. 发货流程

集控系统发货流程如图 2-15 所示。

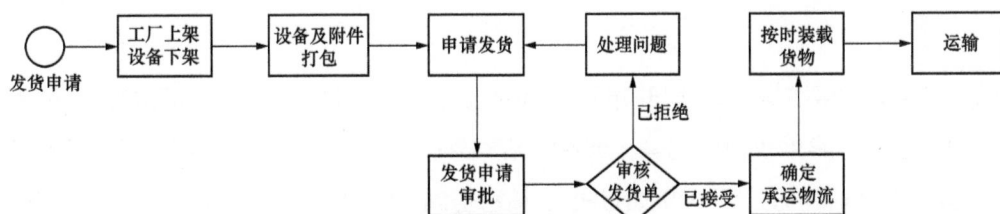

图 2-15　集控系统发货流程图

2. 发货要求

（1）发货前机柜检查：在承建厂商机柜制作加工完成后或发货前，项目建设单位须对机柜的外观、颜色、尺寸、开门方式、柜内布置等对照最终配屏图纸规定的内容进行检查和确认。

（2）设备包装：采用原箱包装，防震泡沫及塑料薄膜须安装到位，对应的设备附件及资料（电源线、说明书、质保卡、合格证等）应放于包装内，包装稳固、牢靠；服务器、工作站、磁盘阵列及交换机等主要设备不随机柜运输，须单独打包；电源分配单元（PDU）、配线架、理线架、设备导轨等附件无须拆下，可随机柜整体运输；机柜、维护终端等相对精密设备须用木箱装运。

（3）箱贴标识：须标明项目名称、项目号、设备名称、数量等关键信息，并贴于显眼位置。

（4）装箱清单：承建厂商会将发货单在货物运输前发送给项目单位，同时随车携带一份。

（5）发货时间：以双方事先商定为准。

（6）运输方式：采用陆运方式运输；对不采用厢式货车运输的，须做好防雨防水措施，确保运输途中设备不进水。

（7）到货地点：双方事先商定的到货地点；如与合同中的地点不符合，项目单位须与物资部门做好协调沟通工作，以免影响项目后续结算工作；如只能运送到合同地点，则需要安排泊载工作。

3. 多次发货

对因为设备在第一次发货前未到货的，可安排多次发货。如果是小件设备，则安排快递进行发送。因为多次发货造成无法一次性完成到货验收的，可在后续竣工验收阶段进行统一验收。

（二）到货验收

卸货时，双方可以约定时间，根据发货单，由项目单位项目组成员和承建厂商相关人员共同逐项检查包装外观及包装数量；待设备就位并加电运行后，对硬件设备的外观和可用性进行检查。到货验收具体内容见附录A6到货验收作业卡。

异常处置方法：对到货验收时发现的问题（由运输导致的外观损坏、设备进水等），可由项目单位的项目组人员进行现场拍照取证后，按照承建厂商相关流程进行索赔；对数量缺失、型号错误的问题，由项目单位的项目组人员核实后整改；对加电后无法正常开机或开机后存在问题的设备，由项目单位的项目组人员联系原厂商进行处理。

三、现场安装

项目到货验收后，即可开展现场安装工作，具体工作内容可参考附录A7现场阶段标准作业卡。

（一）安装准备

到货前，应会同调度数据网管理归口部门提前完成网络拓扑规划工作，确保调度数据网路由已配置、带宽资源已划分、IP地址已分配等，与变电站、监控班通信正常，确保综合数据网资源已划分，与运维班通信正常；确保机房辅助设施如UPS、精密空调、配电系统、网络列头柜、综合布线等已完成测试，可正常运行。

（二）安装实施

设备拆箱后，根据工程设计图纸，进行设备上架、电源及网络连接，确认内部网络及调度数据网通畅，启动主站系统运行环境及延伸终端，检查确认工厂生成阶段的模型、图形、平台及应用软件功能正常，具备站端接入和信号验收条件。本阶段时长约2天左右。

1. 调试通信环境

按照网络规划配置和调试数据网环境，确认与变电站间的通信正常、与外部系统（如调度系统、辅控系统）等通信正常。

2. 电源运行情况检查

确认UPS双路供电正常，负载实验和模拟故障实验已做，配电柜断路器及指示灯无异常，信息机柜PDU双路输出正常。对于单电源设备，还要检查自动电源切换装置（STS）的可用性。

3. 辅助设备设施运行情况检查

检查动力环境系统、消防系统、空调系统、综合布线等，确保技术规范书规定的相关功能正常运行。

4. 机柜布置

机柜布置到位，已固定到槽钢上，PDU双路交流电源已接入，网络线缆已入柜，柜内配线架及跳线（如有）连接正常且畅通；屏柜布置原则遵循按照设备主备关系分开布置、按照安全区分开布置。典型机柜布置图如图2-16所示。

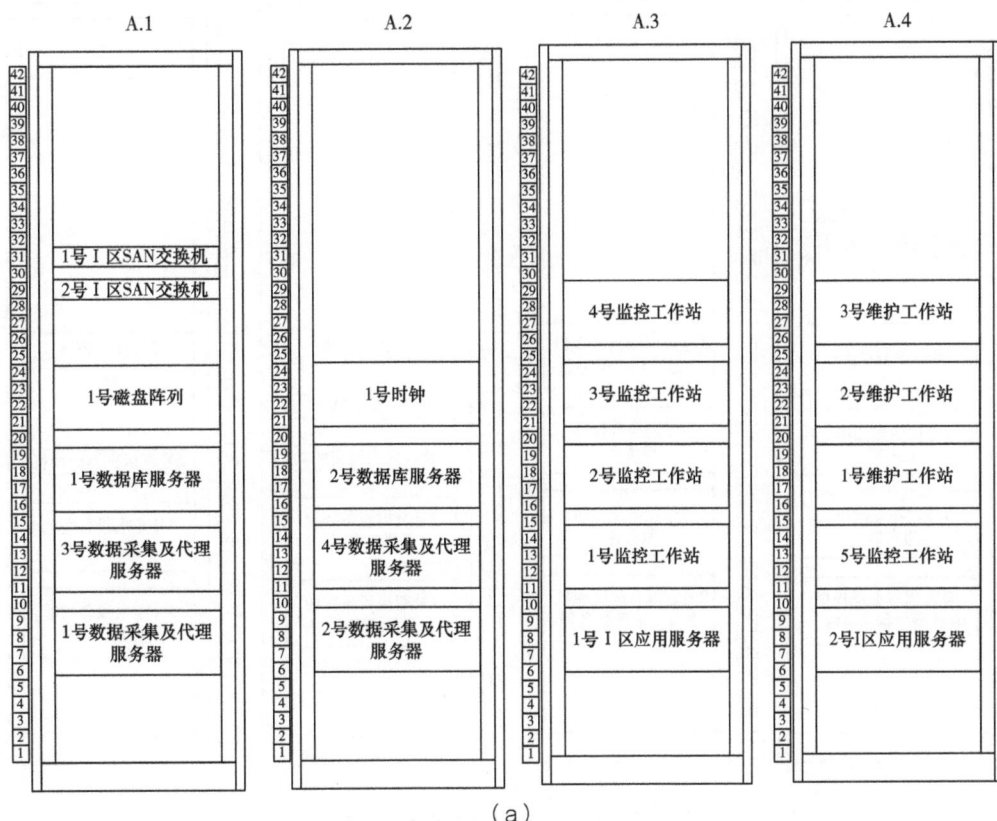

（a）

图2-16 集控系统典型机柜布置图（一）

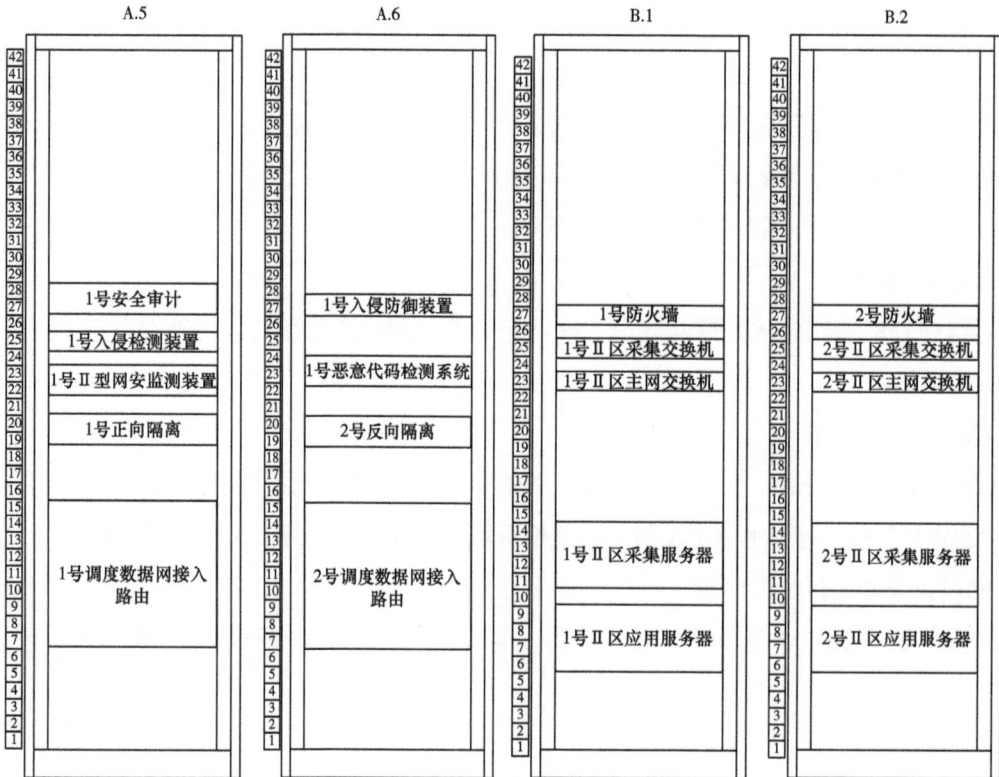

（b）

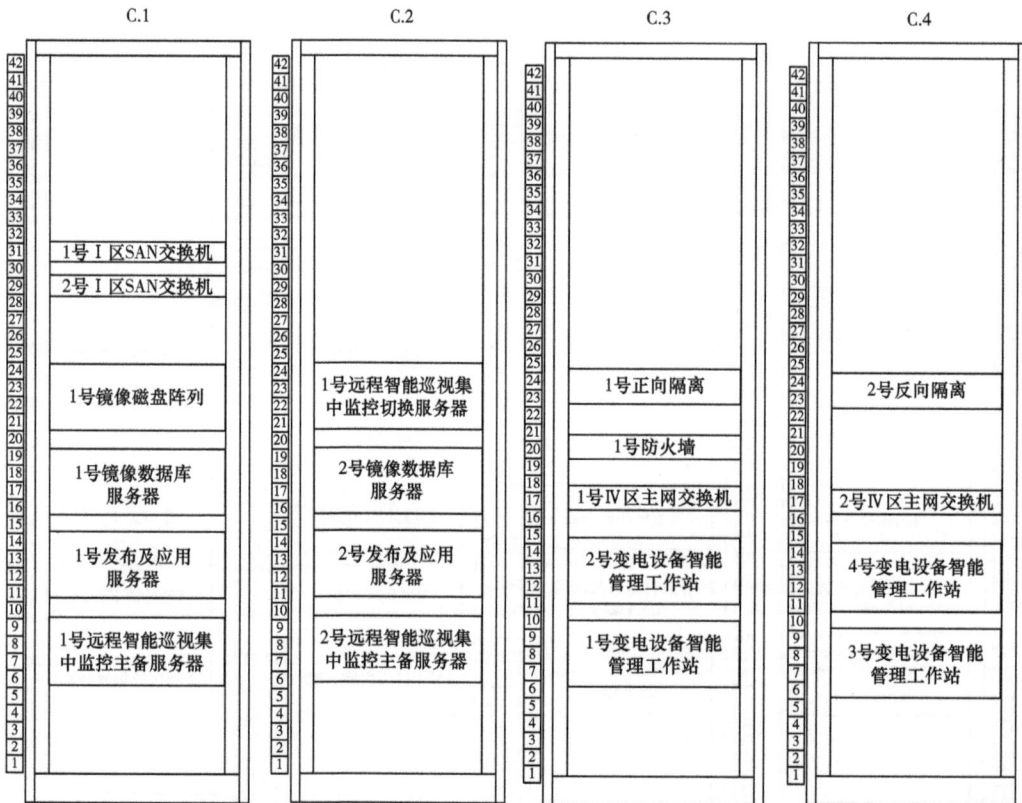

（c）

图2-16 集控系统典型机柜布置图（二）
（a）典型屏柜布置图1；（b）典型屏柜布置图2；（c）典型屏柜布置图3

5. 电源及网络连接

严格按照综合布线系统标明的线上标识进行连接。按照电源线上的标识，确保对应双电源设备的电源模块-A接入PDU-A，确保对应双电源设备的电源模块-B接入PDU-B；按照网络电缆上的标识，确保对应双网设备的网络接口（简称"网口"）A接入交换机A，确保对应双网设备的网口B接入交换机B。机柜设备典型接线如图2-17所示。

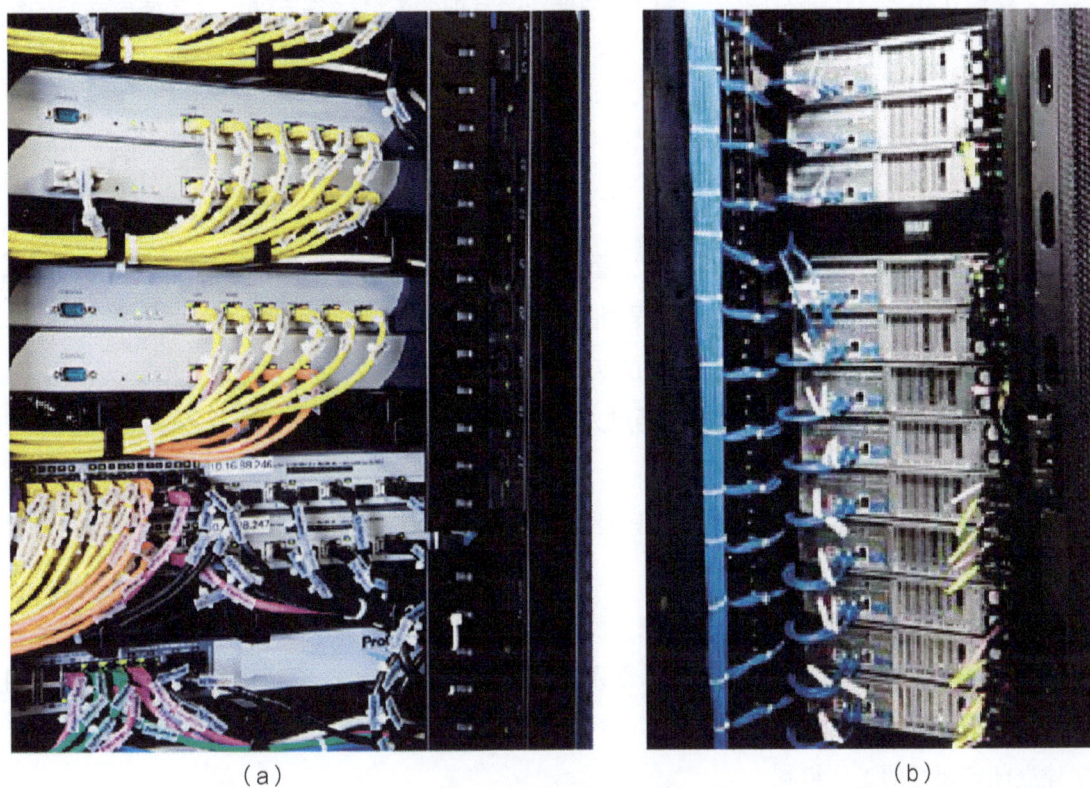

图2-17 机柜设备接线图
（a）典型接线1；（b）典型接线2

6. 启动系统设备

顺序启动交换机、磁盘阵列，服务器、二次安全防卫设备、工作站等，确认硬件环境正常运行；确认局域网及调度数据网环境连通，网络延时正常、状态良好不丢包。

7. 启动应用环境

启动集控系统应用环境，启动过程中应无系统告警、无中断，确认系统启动正常。

8. 检查模型、图形正确性和可用性

打开集控系统首页，检查主辅设备图形（包括一次接线图、间隔图、辅控监视图等）应能正常打开，图元无缺失，着色正常，对应的设备参数可以正常调出且正确。

打开实时数据库界面，查看设备表、参数配置表是否可以正常显示并正确。

9. 确认集控系统环境正常

确认各应用运行正常、主备机运行正常、告警框无系统告警信息、设备状态监视图中设备无异常状态。

四、系统试运行

（一）试运行目的

系统试运行时，可与调度延伸终端对照使用，在此阶段由监控人员和运维人员进一步验证系统界面实用性、数据正确性、功能可用性、接口稳定性，对发现的问题进行反馈，各承建厂商对问题进行整改完善。

（二）试运行期间系统完善

1. 系统试运行关注重点

在试运行阶段进行系统各项功能的使用，重点关注监控人员的使用，主要体现在以下几方面。

（1）系统界面实用性：关注集控系统界面的合理性和便捷性，界面的配色、文字的字体及大小、界面切换和跳转等是否符合本地区监控专业的实际需求和监控人员的使用习惯。

（2）数据正确性：在试运行过程中，通过人工和自动的方式进一步对集控系统的各类数据进行验证，确保数据的正确性。

（3）功能可用性：在试运行过程中，进一步验证技术规范书中各项软件功能是否达到了设计目标和要求。

（4）接口稳定性：在试运行过程中，进一步验证技术规范书中需要与外部系统进行数据交互的接口功能的稳定性和正确性，确保集控侧与外部系统侧数据完整且一致，接口程序运行正常，占用资源合理，未出现无故退出的情况。

2. 建立闭环反馈的工作机制

为了更好、更迅速地解决试运行过程中发现的问题，项目建设单位和承建厂商双方可以建立闭环反馈的工作机制，按照问题反馈记录滚动表，见表2-7。

表2-7　　　　　　　　　　　　　　问题反馈记录滚动表

序号	日期	问题描述	问题类型	提出人	当前状态	解决人	解决时间	确认人	确认时间

对试运行过程中发现的问题，分门别类进行登记，例如：对画面、点表和界面友好程度等方面的问题和需求，主要由集控系统运维人员进行响应及处理，承建厂商进行配合；对基础平台、功能应用需求和系统缺陷等方面问题，应及时反馈给承建厂商，双方确认问题后，由后者负责解决；对研发类需求，承建厂商应拟定工作计划并给出完成时间，项目建设单位认可后，按照计划执行并按时反馈结果。

对已经确认的问题进行记录，给出责任人及解决时间和确认人及确认时间，同时还可以建立定期对表格中遗留问题进行梳理、讨论和研究的工作会商流程，由项目建设单位和承建厂商相关人员参加，共同推进问题解决。

（三）数据对比校验方案

1. 人工校验

通过监控人员试用集控系统时与调度延伸终端遥信遥测数据的核对，同时对一些公式的计算结果等做验证工作。

2. 监控数据一致性自动校验

系统运行过程中，集控系统可基于模型映射关系与调度系统遥测、遥信断面数据按需触发比对、告警信息比对、通道数据比对；同时，比对结果可查询、统计、分析、导出及保存。根据比对结果，验证集控系统持续运行时模型及监控数据的正确性。

基于调度数据网，通过调度系统与集控系统间的远程代理服务，实现两个系统间的模型及数据校核比对，主要包括以下几个方面：①模型及静态信息比对，实现调度与集控间一次设备、二次设备、保护信号及测点模型、三遥采集信息点表、测点限值参数等信息的一致性校核比对；②数据断面比对，实现调度与集控系统间在同一时间断面下数据一致性校核比对；③历史数据比对，实现调度与集控间遥信动作记录、量测变化情况的一致性比对。

通过调度D5000系统平台接口分别获取调度和集控系统的模型数据，通过集控系统中设备模型表中的rdf_id，将集控系统的模型数据与调度系统的模型数据形成映射关系，比较模型表中对应的模型数据的相关属性是否一致；通过调度D5000（或OPEN-3000）系统平台接口分别获取调度和集控系统同一时刻的遥信、遥测实时数据，根据实时数据的点号，比较调度和集控系统的同一数据点的值和质量码是否一致，将不一致的数据用颜色标记出来。比对的结果可以保存为Excel文件进行进一步分析。监控数据一致性自动校验如图2-18所示。

对调度系统非D5000，可采用离线导出两者监控数据断面的方式，使用集控系统提供的校核工具进行自动比对，并在输出结果中将比对不一致的信息进行提示。

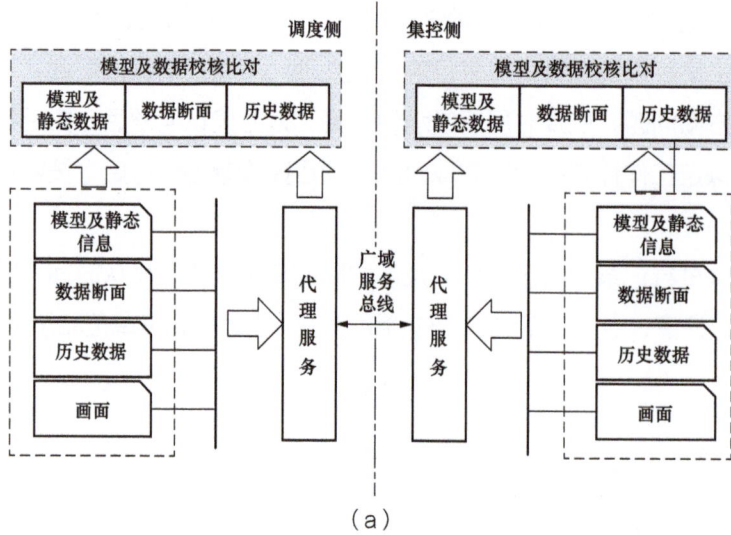

（a）

（b）

图 2-18 监控数据一致性自动校验
（a）通过广域服务总线自动校核；（b）与调度 D5000 系统比对结果

第七节 系统实用化

一、系统竣工验收

试运行结束后，可按照《国网设备部关于加快推进新一代变电站集中监控系统建设及实用化工作的通知》（设备监控〔2023〕26号）集控系统验收竣工验收部分进行现场验收工作。

（一）验收组织

集控系统竣工（预）验收由所属管辖单位选派相关专业技术人员参与，负责人员应为技术专责或在本专业工作满5年以上的人员；承建厂商项目组人员参加。

（二）验收资料

验收资料包括但不限于软硬件说明书、合格证（如有）、质保证明（如有）、本项目集控系统技术规范书、本项目建设实施方案、竣工验收大纲。

（三）验收要求

对集控系统硬件外观、安装工艺进行检查；对集控系统平台及各项应用功能进行功能验证。竣工（预）验收应检查集控系统相关的文件资料是否齐全，是否符合验收规范、技术规范等要求，验收内容参考附录A8执行。

（四）异常处置

在验收过程中发现质量问题时，验收人员应及时告知项目管理单位、承建单位，提出整改意见，填入竣工（预）验收及整改记录（见附录A8），竣工验收记录存档。

二、实用化验收

集控系统应具有连续运行6个月及以上完整记录，方可开展现场运行验收，验收通过后才能投入使用。同时，应按照实用化标准进行自查；自查内容包括各项功能是否正常、各类指标是否满足实用化标准，对照实用化标准和验收办法，分析现状、查找差距，推进系统功能完善，提高各项功能指标。

自查通过后，向上级机构提交验收申请，并提供相应的自查调试大纲、自查调试记录及报告等资料。经上级机构批准，确认系统实用化考核周期；在考核周期内，实用化工作通过日常维护、专业管理、人员协作等多种手段不断总结、不断完善，推进系统实用化水平。在注重技术先进性的同时，强调功能的实用性、建设的规范性和管理的高效性，相互促进，共同开展实用化工作。上级机构组织专家组对项目进行验收，验收合格后，系统进入正式运行状态。实用化作为常态工作持续开展，为设备监控提供更为实用和先进的技术支撑。

（一）实用化验收的必备条件

系统实用化验收至少满足五个前提条件：①申请验收的系统必须具备所有基本功能，且通过现场竣工验收；②系统已投入使用，具有连续运行6个月及以上的完整记录；③系统投入使用以来，未发生过重大故障，如主站系统全停、主服务器双机全停、系统主要功能丧失等；④系统运维保障机制已经建立，人员配备满足运行维护要求；⑤验收资料完整、真实。

（二）验收组织

地区集控系统实用化验收由各单位提出申请，由上级主管部门组织开展，具备互备的集控系统应同时申请、同时开展实用化验收工作。应成立验收工作组，并下设系统调试小组和资料审查小组；工作组成员应以运维单位、电科院等有实践经验的专业人员为主，由设备监控、设备运维、自动化人员组成，人数宜为6~9人。实用化验收流程如图2-19所示。

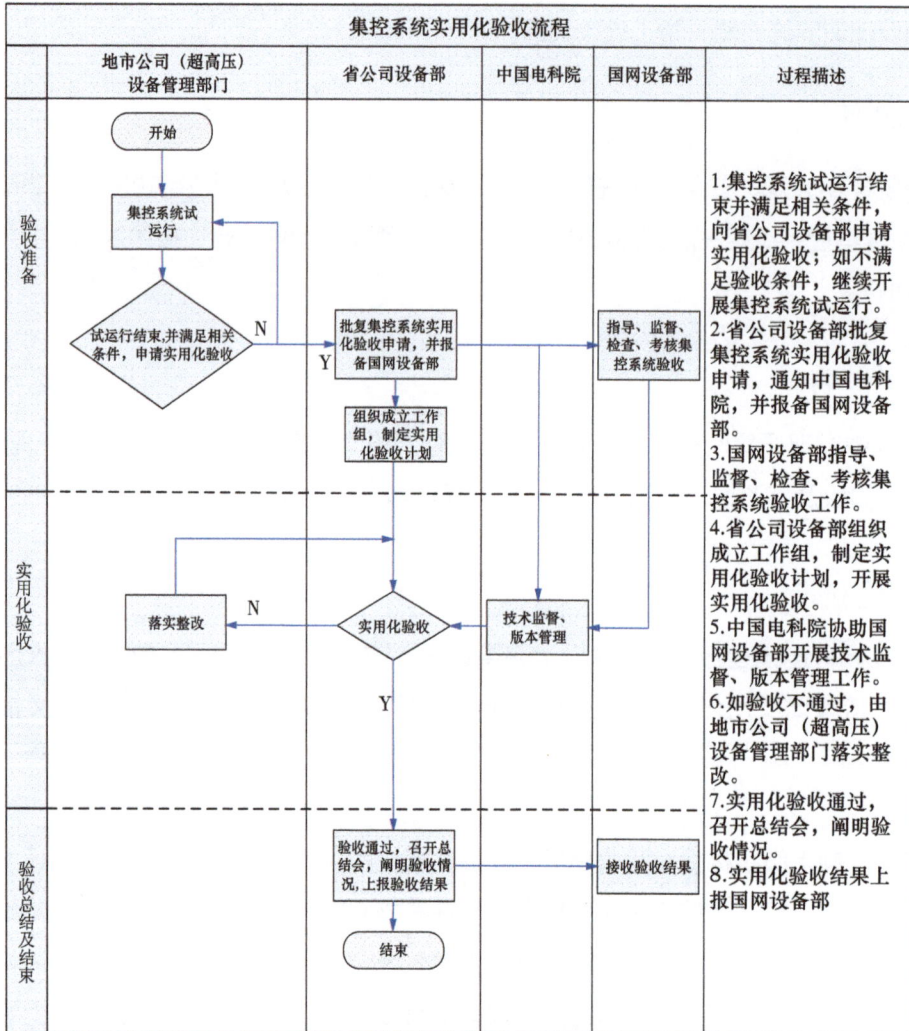

图2-19　实用化验收流程图

（三）验收工作要求

（1）在进行具体调试和审查工作前，验收工作组应听取各单位集控系统软硬件配置及其运行情况、各项应用功能自查情况的介绍，并根据所提供的投运设备清单逐一进行核实。

（2）严格按照《新一代集控站设备监控系统系列规范（试行）》（设备监控〔2022〕83号）的规定对被验系统的功能进行测试，对运行资料进行核查，并对关键技术指标进行现场验证。

（3）验收人员采取现场演示方式考核监控、自动化运维、变电运维等系统使用人员掌握及使用实用化功能的情况;采取座谈会或现场问询方式向监控、自动化运维、变电运维等相关人员了解系统实际应用情况;同时了解被验收单位为系统实用化所采取的措施、制度建设与执行情况。

(4)为保证验收工作的严谨性和精细度,验收时间不少于3天。

(5)验收工作组在完成演示、核查工作后,应阐明被验收单位实用化功能的实用情况。

(6)为保证验收演示的顺利进行,被验收单位应配合提供相关调试仪器和工具。

(7)被验收单位应为验收工作组提供有关实用化标准及验收办法的相关各种规程与规定等,验收时参考使用。

(8)各单位或个人应本着科学、严谨、求实的精神,按照本工作要求做好实用化验收工作。

(四)验收准备资料

(1)本地区集控系统相关管理规定。

(2)集控系统相关运行记录,包括但不限于如下内容。

1)集控系统运行值班记录。

2)集控系统历史故障记录。

3)投入运行后,变电站事故遥信动作记录、监控员操作记录。

4)存量站接入集控系统验收记录,新建、改扩建间隔接入集控系统验收记录等。

(3)集控系统实用化报告包括但不限于如下内容。

1)工作报告:对系统实用化工作的全过程和结果进行描述。

2)技术报告:对系统功能、特色和实现方式进行阐述。

3)自查报告:对照实用化验收细则进行逐项自查的记录。应有基础数据量测覆盖率统计指标、系统运行逐月指标完成情况和详细的自查调试记录。

4)用户报告:各类用户应对系统各项功能运行使用情况进行分析,并对功能、可靠性和实用性做出评价。

(4)各项功能介绍、使用与维护手册和现场评价资料。相关系统运行监视内容见附录A10和附录A11。

(5)系统正式投运文件。

(五)验收内容

集控系统实用化验收包括但不限于以下内容。

(1)技术体系评价内容:终端工况、信息交互、安全防护、性能调试。

(2)运维体系评价内容:管理规定、人员配置、系统运维人员的考核。

(3)实用程度评价内容:监控人员使用程度、人机交互友好度。

(4)验收资料评价内容:运行记录、实用化报告、系统使用维护手册、其他相关资料。

(六)实用化验收评价

实用化验收可采用评分考核方式,并设置通过标准。实用化验收评价表参考附录A9。

（七）验收结论

验收工作结束后，验收工作组应给出系统是否可以通过实用化验收的意见：如验收结论为通过，则系统进入实用化阶段，对验收过程中出现的问题，拟订计划进行整改，整改完成后组织复查；如验收结论为不通过，则需要针对不通过原因进行排查和整改，具备验收条件后，再重新启动实用化验收申请流程。

第三章

集控系统基础平台

第一节　基础平台功能介绍

一、总体介绍

（一）平台功能介绍

集控系统基础平台应为各类应用的开发、运行和管理提供通用的技术支撑，提供统一的数据服务、模型管理、数据管理、图形管理，满足系统各项实时、准实时和生产管理业务的需求。基础平台应遵循DL/T 890标准，且满足以下技术要求：

（1）应提供对整个系统中应用的统一管理和协同工作，包括系统节点及应用管理、进程管理、系统管理交互界面、时钟管理等；

（2）应具有良好的开放性、扩展性，提供标准的API接口和服务化接口，支持第三方应用的集成，消息总线和服务总线接口应满足《智能电网调度控制系统　第3-1部分：基础平台　消息总线和服务总线》（Q/GDW 1680.31—2014）要求；

（3）为应用提供公共模型与运行数据，负责模型和数据的跨安全区、跨层级传输与同步；

（4）为应用提供多样化的数据存储，包括实时数据库、历史数据库、日志数据存储等；

（5）为应用提供全面的数据通信手段，包括服务总线、消息总线和业务流程等，可通过平台实现横向、纵向的应用数据传输与共享；

（6）为应用提供统一的人机交互界面，具备嵌入应用定制界面的功能；

（7）具备转发数据和原始报文功能。

（二）软件架构

集控系统软件架构由基础平台、功能应用和系统安全体系三部分组成，如图3-1所示。其中，基础平台包括基础平台公共组件、基础平台支撑应用两部分：基础平台公共组件包括实时数据库、关系数据库、系统管理、模型管理、权限管理、告警服务、公共服务、跨区协同、系统备份与恢复、人机服务；基础平台支撑应用包括人机工具、图模维护工具和系统维护工具。系统安全体系参见《新一代集控站设备监控系统系列规范　第1部分：总体设计（试行）》（设备监控〔2022〕83号）。

二、基础平台公共组件功能

（一）系统管理

1. 系统节点及应用管理
系统节点及应用管理应具备但不限于以下功能：

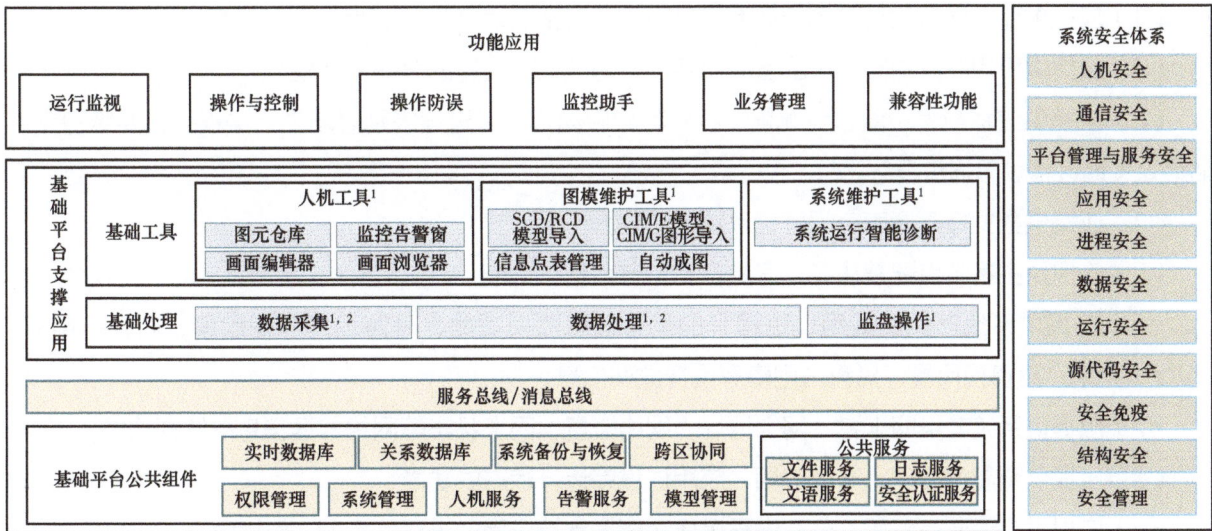

图3-1　集控系统基础平台架构

（1）系统任何单一故障，如单一节点、单一网络、单一应用故障，都不会导致系统主要功能的丧失或使系统性能低于要求的水平；

（2）当应用主机出现故障时，能自动将主机切换到正常的备用服务器，若正常的备用服务器存在两台或两台以上，应用状态在各服务器间保持同步，主机故障后备机中能够自动产生新的主机；

（3）可查询应用工作状态，可通过系统管理交互界面工具监视节点及应用的状态，并可进行主/备切换及启动/停止操作；

（4）应提供节点及应用运行风险告警功能，可以进行节点机磁盘、CPU、内存等异常风险告警；

（5）应提供节点及应用运行数据汇总与存储功能；

（6）宜支持冷备功能，当某个应用的在线运行节点数量少于2个时，可以自动在预先配置的节点启动应用形成热备用，否则自动停止该应用，处于冷备用状态。

2. 进程管理

进程管理应具备但不限于以下功能：

（1）应提供系统管理交互界面工具，可对服务器、工作站上运行的每个进程（平台进程、应用进程）进行监视和管理，能详细列出进程信息；

（2）当系统进程发生异常退出时，系统能够对其进行自恢复，并发出报警通知；

（3）应提供进程运行风险告警功能，可以进行进程CPU、内存等异常风险告警；

（4）应提供进程运行数据汇总与存储功能。

3. 系统管理交互界面

系统管理交互界面为系统管理功能的统一入口，是对系统中节点、应用、进程等进行配置的工具，提供配置节点属性、应用运行方式、进程相关参数等功能，同时提供应用、进程、CPU、内存等状态的监视功能，并支持对应用、进程等进行操作，具体包括但不限于以下功能：

（1）应提供节点配置功能，可配置系统各节点，包括节点名称、节点类型等属性；

（2）应提供应用配置功能，可配置应用名称、功能以及应用的分布等属性；

（3）应提供进程配置功能，可配置进程名称、启动方式、进程级别等属性，进程按重要级别支持配置为关键进程、普通进程等；

（4）应提供数据库存储表空间等信息监视功能；

（5）应提供主备节点配置功能，宜具备冷备节点配置功能；

（6）应提供系统节点、应用、进程等的运行信息监视功能，可监视内存使用量、内存占用率、CPU占用率、磁盘使用量、磁盘占用率等运行数据信息；

（7）应提供系统节点网卡名、网卡地址、网络流量、网卡状态等网络数据信息的监视功能；

（8）应提供查看各节点、节点应用、应用进程等运行状态的功能；

（9）应提供启停节点应用、节点进程操作功能，支持应用、进程的启动/停止等操作。

4. 时钟管理

时钟管理应具备以下功能：

（1）系统能够接收时间同步装置的标准时间，时间同步装置能够选择北斗、GPS作为时钟源；系统的各个工作站通过NTP协议和标准时间自动同步，保持系统的各个硬件设备的时间一致，同时能够避免闰秒的影响。

（2）对接收的时间信号的正确性应具有安全保护措施；当时钟源时间与本地时间偏差超过3600s后，系统暂停对时，并产生告警。

5. 多态多应用管理

（1）具备多态、多应用管理能力，一个态可以包含多个应用，应用下包含若干进程。

（2）系统中支持的态不少于4个（如实时态、预演态、测试态、反演态）。

（3）一个节点上可以运行多个不同的态。

（4）每个不同的态下可以单独配置不同的应用。

（5）可以配置进程在不同的态下运行。

（6）提供自定义扩展应用的配置功能。

（二）关系数据库管理

1. 基本要求

关系数据是指存放在第三方商用数据库中的数据，主要用来保存变电站设备、参数、静态拓扑连接、系统配置、告警和事件记录、历史统计信息等。关系数据管理的历史数据包括但不限于事件记录及各级各类告警信息、统计数据、设备运行数据、事件顺序记录数据、带时标数据。

2. 历史数据管理

（1）历史数据管理具有按时间对历史数据的导入/导出功能、根据数据库存储空间裕度发出告警的功能以及基于时间范围的数据筛选功能。

（2）界面要求：提供商用数据库的导入/导出界面工具。

3. 历史数据存储

历史数据存储具有以下功能：

（1）应支持秒级和分钟级周期的遥测采样，周期包括 1s、5s、1min、5min、10min、15min、30min；

（2）提供四遥、数据库操作、挂牌信息等事件记录存储功能；

（3）提供历史数据统计功能，包括最大/最小值及发生时间、平均值、负荷率等数据；

（4）统计类数据可按年、月、日等时段以及最大、最小等方式进行查询；

（5）提供商用数据库异常时历史数据缓存功能，提供商用数据库恢复后历史数据补存功能以及重新统计功能；

（6）提供历史数据新增、修改、删除功能。

4. 历史数据查询

（1）平台提供通用历史数据查询功能，具体包括但不限于遥测、遥信、告警事件等原始数据与统计分析数据的查询。人机客户端类应用禁止直接访问商用数据库。

（2）界面要求：

1）具备在二维坐标系中展示数据变化曲线的功能；

2）多条曲线能根据画面设置使用不同颜色展示；

3）具备展示曲线图例功能，并且点击图例时可对曲线进行显隐；

4）曲线坐标系能根据曲线数据自动变化Y轴范围，且Y轴刻度在自动变化时自动规整；

5）具备按照画面设置展示不同采样周期曲线的功能。

（三）模型管理

1. 功能要求

模型管理为系统提供全流程的模型管理服务，包括模型校验、模型变化通知、模型维护、模型同步等内容，应具备以下功能。

（1）模型维护功能：支持模型的新增、修改、删除、查询操作，包括一次设备、二次设备、辅助设备模型等数据的新增、修改、删除、查询操作，插入操作时进行统一编码。唯一编码：规范各类型设备、各类型量测编码规则，各功能按照规则通过编码获取设备类型、量测类型。

（2）新增、修改、删除模型后，通过消息总线发送模型修改消息，消息包含操作类型和变化模型ID，关注的功能可订阅获取模型修改消息。

（3）模型数据同步数据库、实时数据库，应保证实时数据库与关系数据库的一致性。

（4）模型跨区同步，满足安全Ⅳ区模型访问需求。

（5）模型表的结构维护功能，支持一次设备数据结构、二次设备数据结构及辅助设备数据结构查询。

（6）模型表结构的导入和导出功能。

（7）模型数据管理通过设立通用数据校验规则，包括唯一性检验、约束关系、引用等，保证进入数据库的数据都是有效的，任何无效的数据将不被允许进入数据库。

2. 界面要求

模型管理需要提供模型浏览、表结构修改、数据导入导出界面工具，应具备以下功能：查看各应用表中的数据、过滤数据，展示指定数据、修改、删除数据、导入、导出模型数据。

（四）安全管理

1. 用户管理

（1）功能要求：

1）应具备用户的新增、修改、删除功能；

2）应支持密码、智能卡或生物识别（指纹识别）等多种手段在内的用户认证；

3）应支持设置用户口令策略，可对用户口令的长度、复杂度、有效期进行设置；

4）应具备登录失败一定次数后锁定用户的功能，登录失败次数、锁定时间可设置；

5）应具备给用户授予角色功能；

6）应支持用户与权限的绑定，不同用户应按照工作范围、职责分工分配相应的访问控制权限；

7）应提供权限添加、权限修改、权限删除等功能；

8）应具备对用户进行唯一标识，且提供独立的身份验证模块，能够对所有用户进行多重身份鉴别；

9）应具备用户口令规范性校验功能；

10）应支持对用户登录时间信息的存储。

（2）界面要求：

1）提供统一的用户管理操作界面，包含用户的增加、删除、修改、查询功能；

2）提供系统安全管理策略配置界面，包含口令策略、登录失败策略等。

2. 角色管理

（1）功能要求：

1）应具备角色的新增、修改、删除功能。

2）应支持角色与权限的绑定，不同角色人员应按照工作范围、职责分工分配相应的访问控制权限。

3）应提供基于角色的权限添加、权限删除等功能。

4）应提供系统管理员、审计员、业务操作员三种基本角色：系统管理员角色应仅具有用户管理、角色管理、权限管理等系统管理权限；审计员角色应仅具有审计数据的管理、监视的权限；业务操作员角色为系统的最终业务用户，不具有任何管理权限。

（2）界面要求。提供统一的角色管理界面，满足以下要求：

1）包含角色的新增、修改、删除、查询功能；

2）包含角色与权限的绑定配置；

3）包含角色与用户的绑定；

4）包含修改角色权限可继承给角色下的用户。

3. 权限管理

（1）功能要求。权限验证和控制应具备以下功能：

1）将用户需要的对象授权给用户，实现基于对象的验证和控制；

2）通过用户、用户组和物理位置的关联，实现基于物理位置的权限控制；

3）通过角色继承的方法，实现基于角色的权限控制；

4）应支持从表域、表、数据库等多种数据粒度的权限验证；

5）应具备对远方操作权限的校验功能；

6）应保证系统管理员、审计员、业务操作员角色之间权限互斥，系统中不得存在超级管理员角色；

7）应具备系统软件授权策略满足权限最小化原则，且满足权限互斥原则；

8）应具备访问控制能力，依据安全策略控制主体对客体的访问。

（2）界面要求：

1）提供统一的登录及权限验证窗口界面，登录界面包含用户名、口令、双因子验证、登录时长设置，登录时长支持多个可选择项；

2）提供统一的权限管理界面，满足权限管理功能要求。

4. 审计管理

（1）功能要求：

1）应具备审计查阅、审计分析、审计报表等功能；

2）应保证无法删除、修改或覆盖审计记录。

（2）界面要求：提供审计日志调阅工具，支持对审计记录的搜索、查询、分类、排序等调阅审计操作。

（五）实时数据库

1. 功能要求

实时数据库应具有以下功能：

（1）应支持主辅设备模型按表等方式创建，保证主辅设备模型初始化与数据库一致；

（2）主辅设备模型维护时，应保证主辅设备模型变化与数据库一致；

（3）提供图形化的实时数据维护界面，能对主辅设备模型和实时数据在线浏览、编辑；

（4）提供支持多应用的本地和网络访问接口进行实时数据库表记录的新增、修改、删除、查询操作；

（5）提供主备机实时数据库间的数据同步功能，保证数据一致性；

（6）支持按照应用部署情况和配置策略，自动下装某应用对应节点的实时数据库数据；

（7）应具备主备机实时数据库负载均衡，在主备实时数据库间能够进行负载均衡；

（8）具备数据分片功能，数据库表可按ID分段等方式拆分成多个分片存储；

（9）支持主辅设备模型维护时，实时数据库数据变化通知功能；

（10）支持断面备份、恢复；

（11）支持的基本数据类型应包括但不限于长整型、整型、短整型、浮点型、长浮点型、逻辑型、无符号字符、字符串型、时间型。

2. 界面要求

提供图形化的实时数据维护界面，具备以下功能：

（1）对主辅设备模型和实时数据在线浏览与编辑；

（2）支持以多种过滤方式查看数据；

（3）符合相关安全规范要求，支持用户登录及权限验证，具备审计功能。

（六）消息总线

1. 功能要求

消息总线提供进程间（计算机间和内部）的信息传输支持，用于支持遥测、遥信等各类实时数据和事件的快速传递。消息总线应具有以下功能：

（1）具有注册/撤销、发送、接收、订阅、发布等功能，支持消息总线上一对一、一对多的消息传递；

（2）跨主机之间和主机内部进程间的消息传递；

（3）应保证消息的唯一性；

（4）应支持多个应用订阅相同的消息，应用间相互独立；

（5）提供消息总线监视功能，包括根据设定时间周期对收发消息数的统计，对消息总线数据阻塞等异常状态的监视，对已注册进程的正常运行、故障、退出等状态的监视，对事件集的订阅信息的查询等。

2. 接口要求

消息总线应提供的接口类型包括但不限于消息初始化、消息订阅、取消订阅、消息接收、消息发送、消息退出。

（七）服务总线

1. 功能要求

服务总线是面向服务系统架构的基础，提供服务的接入、访问、查询等功能，实现了服务的灵活部署和即插即用。服务总线屏蔽网络传输、链路管理等细节，提供标准、开放的开发和集成环境，满足系统可扩展性、伸缩性的需求。服务总线应具有以下功能：

（1）定义面向服务的应用程序开发框架；

（2）提供服务的注册、定位、查询等功能；

（3）具备请求服务访问功能，支持应用请求/响应模式的局域/广域服务访问的功能；

（4）具备订阅服务访问功能，支持应用订阅/发布模式的局域/广域服务访问的功能；

（5）提供服务连接数、服务所在节点和服务端口等监视功能。

2. 接口要求

服务总线应提供的接口类型包括但不限于服务初始化、注册服务、服务定位、请求服务、响应服务、订阅服务、发布服务。

3. 服务代理

服务代理实现广域范围的服务访问，服务代理应满足如下要求：

（1）配置形成广域范围的区域信息；

（2）代理之间应能实现负载均衡；

（3）实现本地和远程请求/响应、订阅/发布信息的交互；

（4）提供服务代理处理广域服务访问网络流量、频次和服务调用记录等监视功能。

（八）公共服务

1. 文件服务

（1）功能要求。文件服务应提供以下文件管理功能和文件同步功能：

1）支持创建、修改、查询、删除画面文件、点表文件等；

2）支持画面文件、点表文件等文件版本功能，提供提交版本、按版本访问功能；

3）支持画面文件、点表文件等文件列表查询功能；

4）支持画面文件、点表文件等文件加锁功能，支持画面文件、点表文件等修改时的互斥操作；

5）支持一主多备的文件安全存储和透明访问；

6）支持目录的创建、复制、查询、删除等目录管理功能；

7）具备安全Ⅰ区到安全Ⅳ区的画面文件等正向文件同步功能；

8）具备画面文件等广域传输功能；

9）具备目录级文件过滤同步功能。

（2）接口要求。应提供C++的标准API接口：

1）文件管理接口，包括创建、修改、查询、删除，版本管理，存储，本地访问、远程访问；

2）支持单一进程内部对接口API的并发调用。

2. 日志服务

（1）功能要求。日志服务应对各种应用产生的日志信息进行统一管理，应具有日志写入功能，可根据配置要求确定日志信息的处理方式。日志服务应提供以下功能：

1）生成的日志文件存储在统一目录，且文件名由日志服务自动生成，同时支持多个进程对日志文件的并发访问；

2）按文件大小滚动存储日志文件，且文件转储的大小上限可配置；

3）记录的日志消息具有统一格式，并以优先级区分日志的紧要程度。

（2）接口要求。应提供C语言的标准API接口：

1）日志存储接口；

2）支持单一进程内部对 API 的并发调用。

3. 安全认证服务

安全认证服务应为业务应用提供安全认证和数据加解密功能，其中操作控制服务必须使用安全认证服务，具体流程参见《新一代集控站设备监控系统系列规范　第 1 部分：总体设计（试行）》（设备监控〔2022〕83 号）附录 C。

（1）功能要求。安全认证服务应具备以下功能：

1）应支持安全认证功能，支持对不同厂家提供的功能模块和服务的认证；

2）应支持数据加解密功能，支持国密 SM4 算法的加解密；

3）应支持防重放及防篡改功能，支持国密 SM2 算法的签名验签；

4）应支持基于消息总线框架的安全消息传输；

5）应支持基于服务总线框架的安全服务调用。

（2）接口要求。安全认证服务提供的接口类型包括但不限于配置初始化、安全认证、服务请求加密、服务请求解密、读取密钥、数据加密、数据解密。

4. 文语服务（可选）

（1）功能要求：应具备提供文字转成语音文件功能。

（2）接口要求：应提供语音合成接口。

（九）告警服务

1. 告警信息管理

告警服务应统一管理应用产生告警的存储以及输出配置规则，应满足但不限于以下要求：

（1）统一告警类型，支持自定义扩展告警分类，在系统默认配置的告警类型基础上，支持自定义扩展告警类型，包括必要的告警主类型、子类型等；

（2）统一告警信息数据结构，支持自定义扩展告警信息数据结构；

（3）按对电网和设备影响的轻重缓急程度，告警信息分为事故、异常、越限、变位和告知五类；

（4）支持对每类告警可定义不同的告警状态（如断路器的分和合、保护信号的动作和复归）；

（5）支持描述告警不同的处理方式，包括但不限于是否告警、是否上告警窗、是否音响/语音报警、是否推画面、是否存历史告警库等；

（6）具备对不同等级的告警定义不同的告警处理方式的功能；

（7）对于同一告警类型的不同告警状态和不同发生对象（遥测/遥信），可支持不同告警处理方式。

2. 告警接收

（1）告警服务应提供统一的告警接收处理，统一接收应用发送的各级别告警信息，汇集基础平台自身告警及上层业务应用的告警。

（2）告警服务应具备统一的告警信息发送接口，应用可调用接口向平台发送告警信息。告警信息应满足规范的内容格式，告警对象包括但不限于告警级别、告警内容、告警时间等。

3. 告警处理

（1）告警服务收到应用发送的告警信息时，应根据预设的告警策略进行处理，根据告警管理配置规则，完成告警信息的实时输出。告警实时输出的属性内容包括应用发送告警原始属性、告警显示颜色、告警等级、告警分类、告警语音、告警推图等。

（2）告警服务应提供统一的告警处理功能，包括但不限于对告警的确认操作。

4. 告警存储

（1）告警服务应提供统一的告警存储功能，对各基本告警、自定义扩展告警（类型及结构）统一存储到历史数据库。

（2）告警历史存储的属性内容包括应用告警发送告警原始属性、告警确认状态/时间/用户、告警复归状态/时间、告警定制分类等，告警信息应分类存储到历史数据库中。

5. 告警订阅

告警服务提供全量实时告警的订阅发布功能，为订阅的各界面工具及应用服务主动推送实时告警。

（十）人机服务

人机服务是指人机界面数据刷新服务，应提供以下功能：

（1）刷新画面保证实时数据的正确性和及时性；

（2）具备浏览画面的数据刷新功能，支持自定义刷新周期，并根据刷新周期定时返回数据；

（3）画面数据刷新服务在响应客户端的请求时，组织与画面相关的实时数据，将数据推送到画面上；

（4）画面动态刷新功能采用订阅/发布的服务模式，按画面刷新周期返回变化数据；

（5）画面服务具有并发处理功能，可同时响应多个用户调用画面的并发请求；

（6）有缓存画面实时数据集的功能，能同时响应多个人机工作站上同一画面动态数据的刷新请求，避免数据库的重复访问。

（十一）跨区协同

跨区协同应为系统内部安全Ⅰ区与安全Ⅳ区的运行监控与业务应用提供跨区协同的通用处理，包括但不限于以下功能。

（1）模型数据同步功能：安全Ⅰ区维护的模型数据自动同步至安全Ⅳ区。

（2）实时数据同步功能：安全Ⅰ区实时数据变化后实时同步至安全Ⅳ区。

（3）实时告警同步功能：安全Ⅰ区实时告警数据实时同步至安全Ⅳ区，告警事件时标一致。

（4）文件双向同步功能：

1）安全Ⅰ区向安全Ⅳ区可跨正向隔离发送指定文件；

2）安全Ⅳ区向安全Ⅰ区可跨反向隔离发送符合标准格式的E文件。

（5）商用数据库数据表同步：安全Ⅰ、Ⅳ区业务应用分析生成的历史数据存储在本区商用数据库中，安全Ⅰ区历史数据可跨区同步至安全Ⅳ区商用数据库。

（6）支持网页形式发布集控系统的厂站图、间隔图。

（十二）系统备份与恢复

1. 文件备份与恢复

文件备份与恢复管理功能应满足以下要求：

（1）工作站与服务器的文件备份/恢复提供可视化的界面工具；

（2）工作站与服务器的文件备份/恢复的对象可配置；

（3）工作站与服务器的文件备份/恢复提供增量与全量备份/恢复功能；

（4）备份、恢复任务执行结果有日志记录。

2. 数据备份与恢复

数据备份与恢复管理功能应满足以下要求：

（1）备份与恢复提供图形化管理；

（2）支持电网设备模型和历史数据备份；

（3）备份、恢复任务执行结果有日志记录；

（4）支持按模型表选择备份与恢复；

（5）对于历史数据，可提供基于天的备份与恢复功能。

三、基础支撑应用功能

（一）人机工具

人机工具应提供基于CIM/G标准的统一的编辑、展示框架和开放的图形画面结构，开放集成框架下的人机界面开发，支持第三方应用界面集成，实现主辅关键信息一体化展示、控制和管理。人机工具分为图元仓库、画面编辑器、画面浏览器等。

1. 图元仓库

（1）功能要求：图元仓库提供基于CIM/G标准的统一图元库，包括基本图元、电力系统设备图元、综合类图元等，同时支持应用自定义扩展图元。

1）基本图元。基本图元可直接用于绘制画面，包括以下内容。

a.线：直线、弧线、折线、自由线等。

b.基本形状：圆形、椭圆形、矩形、三角形、多边形等。

c.文本。

d.外部图片文件。

e.动态数据。

2）电力系统设备图元。电力系统设备图元应满足《新一代集控站设备监控系统系列规范 第6部分：人机界面（试行）》（设备监控〔2022〕83号）要求。

3）综合类图元。综合类图元包括表格组件、曲线组件、棒图组件、饼图组件、仪表组件等，具体要求如下：

a. 表格组件为将数据库（包括实时数据库和关系数据库）中的数据以列表方式展示的图元组件，编辑时应支持关联实时数据库或关系数据库数据源、定义数据排序等功能，浏览时支持显示多种数据类型数据、记录查询、过滤、导出等功能；

b. 曲线组件应支持实时曲线、历史曲线，编辑时具备修改X/Y轴刻度参数、查询时间范围等功能，浏览时具备翻页（前一日、后一日）、查看曲线数据列表、修改曲线数据等功能；

c. 棒图组件应能通过圆柱长度来表达数值大小，可分为多段，适合表达关联数据的相对关系；

d. 饼图组件应能分为多份，显示部分对整体的比例，适合用来表达百分比类型的电力系统数据，饼图上应能显示百分比、每部分能配置不同的颜色；

e. 仪表组件应能通过指针式仪表显示当前值和不同区段的限值信息，通过指针角度反映数值变化。

4）图元编辑：

a. 图元应基于矢量技术，支持平滑缩放；

b. 图元支持坐标、旋转、拉伸、镜像等属性设置；

c. 提供图元编辑功能，支持电力设备图元的创建、编辑等操作；

d. 支持多状态图元编辑。

（2）界面要求：

1）电力系统设备图元编辑器应具备图元的创建、修改、存储功能；

2）图元编辑器应提供基于基本图元的编辑功能，包括放大、缩小、复制、粘贴、移动等操作，可为组件配置属性参数，支持对多状态图元的编辑和存储，存储格式应为CIM/G格式。

2. 画面编辑器

（1）功能要求。平台提供基本的画面编辑工具，实现基本的绘图框架，可绘制基础接线图、间隔图等图形，画面类型可自定义扩充。画面编辑器应支持业务插件扩展，业务第三方应用可通过业务插件方式实现业务功能扩展；画面编辑器应支持集成第三方应用程序，第三方应用程序可通过外部命令调用等方式，融入系统中，编辑器保存的图形满足CIM/G规范。

画面编辑器主要包括但不限于以下功能。

1）文件操作：

a. 支持创建、编辑、保存各类型画面文件；

b. 支持画面文件依据集控站区域和图形类型保存在不同目录下；

c. 支持所编辑画面文件在客户端与服务器同步保存；

d. 支持所编辑画面文件的锁定与解锁。

2）布局显示：

a. 支持画面放大、缩小、拖拽移动等缩放移动操作；

b. 支持画面宽、高、背景等画面属性编辑与显示；

c. 宜支持画面裁剪自动调整画布大小；

d. 支持多个图元的上、下、左、右等对齐操作；

e. 支持多个图元之间的间距调整操作。

3）图元使用：

a. 支持添加使用电力设备图元，可对其属性进行编辑，通过拖拽方式建立图模关联；

b. 支持图元属性的显示与编辑，如坐标、缩放、颜色等；

c. 支持批量修改多个同类图元属性；

d. 支持单个或者多个图元的移动，并且能够识别移动为平行或垂直移动；

e. 支持图元鼠标悬浮窗口提示功能；

f. 支持图元的批量选择功能，如按图元类型等；

g. 支持图元间连接线校正功能；

h. 支持图元的移动、旋转、拉伸、镜像、对齐等尺寸调整、置顶/置底等操作；

i. 电力系统设备图元应支持多状态显示，支持使用饼图、棒图、曲线、表格等常用综合图形；

j. 支持多个图元组合，并能对组合后的图元进行移动、复制等操作。

4）图形管理：画面维护网络保存后，应具备及时通知画面更新的能力。

5）其他功能：

a. 支持功能快捷键，如保存、打开文件、复制粘贴、撤销回退等；

b. 支持本图或者跨图的单个或者多个图元的复制粘贴、带状态粘贴；

c. 支持编辑状态下的画面着色功能；

d. 支持定制设备所附带量测，并且附带量测随设备移动，生成设备模型信息的同时自动维护画面量测信息；

e. 支持在画面中编辑母线、断路器、变压器等设备图元时，通过输入必填信息生成数据库模型记录；

f. 支持以列表方式显示图元必填信息并支持编辑；

g. 支持将常用电气元件的组合一起添加到画布，支持通过提前维护好这些元件之间的关联关系实现对电气元件组的统一维护；

h. 支持在画面中修改母线、断路器、变压器等模型记录；

i. 支持在画面中通过图形连接关系维护模型拓扑节点编号；

j. 支持对画面设备图模关联、连接点空挂等信息校验；

k. 支持通过格式刷快速记录、设置图元的部分公共属性；

l. 支持图形缩放比例与图层的联动，在不同的缩放比例时显示不同的图层；

m. 支持第三方应用插件集成。

（2）界面要求。提供绘图界面，可绘制各类基础图形。

3. 画面浏览器工具

（1）功能要求。平台提供通用的画面浏览工具（简称"浏览器"），应提供基本的图形展示、数据刷新功能，实现基本的人机展示框架。

1）应具备良好的交互能力，应用可接收浏览器的各种操作事件；

2）应提供右键菜单扩展功能，并支持业务触发扩展的右键菜单等条目时通知各业务，扩展接口；

3）应支持应用以业务插件方式扩展人机业务功能，浏览器加载应用插件，插件可嵌入到已有视图（图形画面中设定部分区域嵌入插件）；

4）支持集成第三方应用程序，第三方应用程序可通过外部命令调用等方式集成到系统中；

5）浏览器还应包括但不限于以下功能：

a.支持解析并显示CIM/G格式的图形文件功能；

b.支持读取远端系统的图形及数据功能；

c.支持画面动态数据点的自动刷新功能；

d.支持网络拓扑着色功能；

e.支持多种应用在不同态下的画面显示功能，并可任意切换；

f.提供打开画面选择功能，可以自由选择需要浏览的画面；

g.支持锁定应用功能，切换画面时需要保持指定的应用状态；

h.支持画面导出图片、打印功能；

i.支持自由定义快捷键功能；

j.提供循环调图功能；

k.支持设备根据设备状态显示或隐藏功能；

l.提供展示登录用户信息、登录节点信息、登录时间功能；

m.支持画面框选缩放、滚轮缩放、全屏展示等功能；

n.支持显示水印功能；

o.支持展示曲线、表格、饼图、棒图等复合图元功能；

p.支持画面文件快速检索打开画面功能；

q.支持菜单、工具栏的自由定义与显示；

r.支持右键点击图元时弹出菜单功能；

s.满足点击菜单选项可以执行相应的动作功能；

t.支持鼠标悬浮在图元上方时，弹出设备信息提示；

u.能同时显示多个窗口，支持窗口层叠、平铺，窗口大小可任意缩放；

v.窗口显示区域可扩展到多个显示器，支持窗口跨显示器的拖动；

w.支持窗口在多个桌面同时显示；在多显示器环境中，窗口可打开于指定的任一显示器上；

x.画面网络保存成功后，浏览器应具备及时接收并提示画面更新的能力；

y.支持应用打开指定画面、定位画面对象等。

（2）界面要求：提供人机主菜单及工具栏的配置界面，参见《新一代集控站设备监控系统系列规范 第6部分：人机界面（试行）》（设备监控〔2022〕83号）界面要求。

4. 告警定义工具

（1）功能要求。告警定义工具应提供以下功能。

1）告警类型定义：可新增告警类型，并指定告警存储表。

2）告警方式定义：可对指定告警类型、告警状态定义指定的告警行为（告警动作的集合）。

3）告警行为定义：可对告警行为定义要执行的告警动作，支持的告警动作包括但不限于推画面、上告警窗、存历史数据库等。

（2）界面要求：

1）应提供界面，展示所有的告警类型、告警行为、告警动作信息；

2）应提供新增/修改告警类型界面；

3）应提供新增/修改告警行为界面；

4）应提供新增/修改告警动作界面。

5. 监控告警窗

（1）功能要求：监控告警窗实时展示主辅设备告警信息并支持对告警进行相关操作。

1）监控告警窗应包含但不限于以下基本功能：

a. 告警信号展示遵循信号分类规范，分别显示事故、异常、越限、变位、告知等信号，显示内容可进行个性化配置；

b. 支持单条告警确认、批量告警确认；

c. 支持告警窗锁定与恢复功能；

d. 支持对全部告警、未确认告警、未复归告警的分类显示，支持告警确认后的颜色配置；

e. 支持基于责任区的信息分流，告警窗上只展示登录用户责任区范围内的告警；

f. 支持通过告警记录直接查看告警所属变电站主接线图或间隔图；

g. 应具备自定义告警展示窗口功能，根据自定义条件从告警窗中抽取符合条件告警信息在自定义窗口中展示，原窗口内容不变；

h. 应具备按条件及关键字过滤检索功能；

i. 支持视图保存功能，根据监视需求自定义布局视图并保存，支持视图一键切换；

j. 告警窗信息应具备信息压缩功能，同一信息频发时只显示最新一次动作记录及动作次数；

k. 支持设置告警缓存数量或缓存周期。

2）监控告警窗应包含但不限于以下自定义扩展功能：宜支持告警事项操作菜单扩展功能，可以按需扩展菜单项。

（2）界面要求：参见《新一代集控站设备监控系统系列规范　第6部分：人机界面（试行）》（设备监控〔2022〕83号）6.4告警窗界面要求。

6. 告警查询工具

（1）功能要求。告警查询工具应具备以下功能：

1）应具备多种历史记录过滤方式，包括但不限于责任区、运维班、变电站、电压等级、时间段、告警级别、确认状态、告警内容模糊查询等条件组合过滤；

2）应具备将告警筛选条件组合保存成自定义告警模板的功能；

3）应具备对告警记录进行多表综合查询和单表查询的功能；

4）查询结果支持以CSV文件格式导出。

（2）界面要求：

1）查询时间选择；

2）运维班、变电站、电压等级等过滤条件选择；

3）查询结果展示。

（二）图模维护工具

应具备从服务网关机获取变电站SCD/RCD文件的功能，支持传输至安全Ⅳ区管理系统。应提供SCD/RCD模型导入、CIM/E模型和CIM/G图形导入、信息点表管理、自动成图等功能。变电一次设备模型应保持与调度系统一致，或与调度系统模型建立完整的关联关系。

1. SCD/RCD模型导入

（1）功能要求。SCD/RCD模型管理功能要求如下：

1）应具备解析SCD模型功能，并能够提取一次设备、二次设备、辅助设备模型以及测点信息；

2）应具备一次设备、二次设备以及拓扑关系导入功能，测点信息能与一次设备、二次设备、辅助设备正确关联，并且能与RCD文件建立映射关系；

3）应具备SCD/RCD增量比对导入功能，能够显示出新增、修改、删除记录，并增量入库；

4）应具备对导入的站端原始SCD/RCD文件的版本管理功能，版本为集控内部文件管理版本；

5）应具备对导入的站端原始SCD/RCD文件的查询、删除功能；

6）应能提供其他应用获取模型文件的接口。

（2）界面要求。SCD/RCD模型管理界面应该具备以下功能：

1）选中指定文件，文件解析后内容展示；

2）文件查询、删除；

3）文件版本信息的查询、浏览；

4）比较展示新增、修改、删除信息。

2. CIM/E模型和CIM/G图形导入

（1）功能要求。应提供模型导入工具，能够导入调度系统提供的存量站设备模型，并满足如下功能要求：

1）支持一次设备模型、前置模型导入；

2）支持电网拓扑关系模型导入；

3）设备命名应满足《电网设备通用模型数据命名规范》（GB/T 33601—2017），模型文件应满足《电网通用模型描述规范》（GB/T 30149—2019），并在CIM/E模型描述基础上扩充三遥信息；

4）支持增量导入；

5）应支持CIM/G图形文件导入功能，并能将图元关联到模型，图形文件应满足《电力系统图形描述规范》（DL/T 1230—2016）的相关要求。

（2）界面要求：

1）选择导入的模型文件；

2）比较展示新增、修改、删除信息。

3. 信息点表管理

（1）功能要求：

1）变电站应提供符合《新一代集控站设备监控系统系列规范　第2部分：数据规范（试行）》（设备监控〔2022〕83号）的RCD文件，信息点名称应与变电站SCD文件中的装置模型测点名称保持一致；

2）集控系统可根据变电站的RCD文件挑选生成集控系统信息点表；

3）集控系统应支持信息点的告警等级、告警方式、信号延时、取反等信号属性配置功能，并支持将信息点表及信息属性按需将全表或指定列的导入、导出功能；

4）生成信息点表后形成的RCD文件可下发给通信网关机，经由网关机现场确认后激活生效，文件交互方式参见《变电站二次系统站控系统技术规范　第4部分：数据通信网关机技术规范》（调技〔2021〕20号）附录H；

5）应提供集控系统与变电站信息点表的校核功能，通过与变电站RCD文件进行比对，实现信息点表的相互校核，并展示比对结果；

6）与变电站交互点表应通过独立的管理通道实现。

（2）界面要求：

1）信息点表管理应提供友好的人机界面，提供对变电站RCD点表文件进行召唤、解析、校核、定制、保存、下发等功能；

2）具备增量信息对比展示界面。

4. 自动成图

自动成图宜满足如下功能要求。

（1）宜根据变电站一次设备模型及主接线模板自动生成主接线图：

1）保持自动生成的接线图风格一致；

2）根据设备模型和拓扑关系自动构建变电站内部设备连接关系，并识别出间隔组成；

3）能提供配置化方式设置变电站主接线图内间隔布局距离；

4）能根据变电站内部设备连接关系自动绘制变电站主接线图；

5）自动生成的变电站主接线图应能自动绑定设备模型；

6）自动生成的变电站主接线图应支持人工编辑。

（2）宜根据主接线图生成间隔分图：

1）能根据变电站间隔典型接线方式，按需定制通用展示模板；

2）能根据一次接线方式拓扑生成间隔实体图；

3）自动生成的间隔分图应支持人工编辑；

4）能根据模板中预定义的保护信息展示规则，实时获取、动态生成光字牌、压板图。

（三）数据采集

1. 数据采集功能要求

（1）支持对变电站一次设备、二次设备以及辅助设备等数据的采集和处理。

（2）支持下发对变电站的远方控制、调节和参数设置等命令，在正常数据召唤和传送时，如有控制命令需要传送，优先处理控制命令；支持选控（选择控制）、直控（直接控制）两种不同的控制模式。

（3）支持二进制或BCD码模拟量的采集，支持系数及偏移量的处理。

（4）支持从安全Ⅰ区实时网关机接收数据、下发控制操作指令。

（5）支持从安全Ⅱ区服务网关机订阅数据、召唤文件、下发控制操作指令。

（6）支持DL/T 634.5104、DL/T 476通信报文协议，应支持客户端/服务器的角色。

（7）支持DL/T 860通信报文协议，应支持客户端角色。

（8）能通过多种/多个远动通道采集同一变电站的数据，支持进行通道优先级设置和数据处理。

（9）支持前置服务器多分组模式，支持运行系统在线动态扩容前置服务器和前置分组。

（10）支持集控站对厂站的时间同步监视功能，异常时发送系统告警。

（11）支持转发变电站上送的DL/T 634.5101、DL/T 634.5104、DL/T 476规约原始报文。

（12）支持通过DL/T 634.5104、DL/T 476规约以整厂或信息点表方式转发实时数据。

（13）支持采集变电站网关机或网络安全装置上送的网络安全事件，并发送给应用。

（14）应根据应用所需，为应用召唤变电站侧信息提供功能支撑，包括但不限于接收应用操作命令，完成变电站数据总召命令、顺控操作票召唤、录波文件召唤、画面调阅、设备运行状态调阅、历史数据调阅、一次/二次设备在线监测数据调阅等。

（15）应根据应用所需，在接收到变电站相应信息后，主动通知应用，包括但不限于接收顺控操作票、接收录波文件、接收SCD/RCD模型文件、接收二次设备版本信息等。

（16）宜采用《变电站二次系统通用技术规范　第7部分：电气操作防误技术规范》（调技〔2021〕20号）支持防误数据采集功能，包括但不限于防误接地线运行状态、网门运行状态、防误逻辑公式信息等。

2. 数据采集管理

（1）功能要求。

1）监视通信链路的运行情况，包括主/备通道的运行状态、误码率、停运时间、收发数据字节统计等。

2）可自动统计各通信链路的运行情况，包括通信链路运行时间、运行率等信息。

3）当数据通信异常时应发出告警，包括通信链路中断、数据传输中断、数据质量异常等情况。

4）当告警产生后，根据应用要求、通信协议特点和用户配置，可采取手动或自动复位链路重新连接、切换采集主备机、切换链接等措施。

5）支持选择当前值班通信链路功能，支持根据通道优先级、通道运行状态等，自动切换值班通信链路；支持手动切换值班通信链路功能。

6）可自动保存及人工定义条件保存通信链路收发报文，对于控制类重要报文可单独自动保存。

7）保存的报文应带接收报文时的时标。

8）保存的报文应可实现滚动存储且周期可调。

（2）界面要求。数据采集功能应提供丰富、友好的人机界面，供运行和维护人员对数据通信进行监视和控制，至少包括以下画面或界面：

1）实时链路状态监视，如实时数据、通道链路状态等画面；

2）应提供通信链路管理操作界面，可在界面上对通信链路实施启动、停止、主备通道切换操作；

3）可维护通信链路的各项配置参数，根据不同的通信协议应提供详细、完整、友好的配置界面；

4）可在线监视报文，应提供友好的界面工具。

（四）数据处理

1. 模拟量处理

对模拟量的处理应实现以下功能：

（1）应提供数据合理性检查和数据过滤；

（2）应能进行零漂处理，且模拟量的零漂参数可以设置；

（3）应能进行限值检查，每个测量值可具有多组限值对，用户可以自行定义限值对的等级，不同的限值对可以根据不同的时段进行定义，可以定义限值死区；

（4）应能进行数据不变化、数据跳变的检查并给出告警；

（5）应支持质量码处于人工封锁数据状态的数据处理，用人工输入值代替采集数据，展示并写入数据库；

（6）所有人工设置的模拟量应能自动列表显示，并能根据该模拟量所属变电站调出相应接线图；

（7）应将模拟量的处理结果通过消息总线的方式发送给应用。

2. 状态量处理

对状态量的处理应完成以下功能：

（1）单点状态量用1位二进制数表示，1表示合闸（动作/投入），0表示分闸（复归/退出）；

（2）一次设备状态量应支持双位遥信处理，主、辅遥信变位的时延在一定范围（可定义）之内时状态正常，指定时延范围内只有一个变位则判定状态量可疑并告警，当另一个遥信上送之后可判定状态量由错误状态恢复正常；

（3）应支持质量码处于人工封锁数据状态的数据处理，用人工输入值代替采集数据展示并写入数据库；

（4）应将变化量的处理结果通过消息总线的方式发送应用。

3. 非实测数据处理

非实测数据可由人工输入也可由计算得到，以质量码标注，并与实测数据具备相同的数据处理功能。

4. 数据质量码

应对所有模拟量和状态量配置数据质量码，以反映数据的质量状况。图形界面应能根据数据质量码以相应的颜色显示数据。数据质量码至少应包括以下类别。

（1）未初始化数据：前置通信未上送过实时数据。

（2）计算数据：公式或其他计算结果数据。

（3）非实测数据：量测在前置通信未定义点号或通道号定义不完整。

（4）采集中断数据：前置通信与站端通信中断。

（5）人工封锁数据：量测值被封锁，收到前置通信实时数据后不会更新。

（6）可疑数据：量测数据出现此状态表示遥测遥信不匹配，计算数据出现此状态表示公式计算中有分量的状态异常。

（7）控制闭锁数据：量测不允许控制操作。

（8）旁路代数据：量测数据被旁路替代。

（9）对端代数据：量测数据被对端替代。

（10）不刷新数据：在定义的时间周期内前置通信未收到量测报文的数据。

（11）越限数据：量测超过定义的限值。

（12）越合理值数据：数据超过合理值。

（13）告警抑制：禁止告警标记。

（14）三相不一致：三相开关位置状态不一致。

5. 旁路代替

应提供以下旁路代替功能：

（1）旁路代替应能根据网络拓扑以旁路支路的量测值代替被代支路的量测值，作为该点的最终值进行显示，并以数据质量码标示旁路代替状态；

（2）提供自动和手动两种旁路代替方式；

（3）提供旁路代替结果一览表，可按区域、变电站、量测类型等条件分类显示。

6. 对端代替

应提供以下对端代替功能：

（1）具备对端代替功能，当线路一端量测值无效时能以线路另一端的量测值代替，作为该点最终值进行显示，并以数据质量码标示对端代替状态；

（2）具备多端线路量测值汇总计算替代功能，如T接线；

（3）提供自动和手动两种对端代替方式；

（4）提供对端代替结果一览表，可按区域、变电站、量测类型等条件分类显示。

7. 事件顺序记录

事件顺序记录满足以下功能要求：

（1）以毫秒级精度记录一次设备状态、二次设备状态、辅助设备状态的动作顺序及动作时间，并形成事件顺序表；

（2）事件顺序记录应包括记录时间、动作时间、变电站名、事件内容和设备名；

（3）能根据类型、变电站、设备、动作时间和接收时间等条件对事件顺序记录分类检索和显示。

8. 动态拓扑分析和着色

（1）网络拓扑着色功能应能根据实时拓扑，确定系统中各种电气设备的带电、停电、接地等状态，并能够将结果在人机界面上用不同的颜色表示出来，包括：

1）不带电的元件统一用一种颜色表示；

2）接地元件统一用一种颜色表示；

3）正常带电的元件可根据其不同的电压等级分别用不同的颜色表示；

4）当元件部分带电时，能正确进行拓扑着色。

（2）动态拓扑着色应能由事件启动，即当设备的运行状态发生改变，导致一部分电气元件和电气设备不带电或恢复带电时，可实时分析各设备的带电状态；

（3）应能根据各类规则校验实时数据的正确性，辨识可疑量测，如遥测有值遥信为分、遥测无值遥信为合、PQI（有功功率、无功功率、电流）不一致等。

9. 公式计算

（1）功能要求。

1）宜支持可自定义计算公式，并可从功能界面上以拖拽方式定义计算操作数。

2）支持加、减、乘、除、三角、对数、逻辑和条件判断等计算，支持的数据类型、运算符、标准函数和语句如下：

a.支持整型、实型、字符等数据类型的公式计算；

b.支持算术运算、逻辑运算、关系运算、选择运算等其他运算；

c.支持指数、对数、三角、反三角、绝对值等标准函数运算；

d.支持的表达式语句包括循环语句、条件判断语句等复合语句。

3）可周期启动或触发启动公式计算，启动周期可调，缺省值为5s。

4）支持不少于50个操作数。

5）公式相互引用时能自动调整各个公式的计算次序，确保计算结果的正确性。

6）能检测公式中存在的语法错误及直接或间接循环引用，并给出提示。

7）支持历史重算功能，并支持单个分量修改后相关公式结果自动计算功能。

8）应提供常用的计算库，支持以下常用计算：

a.负荷率计算；

b.变压器挡位计算；

c.功率因数计算；

d.变电站总有功、总无功计算；

e.其他自定义的公式计算。

（2）界面要求：

1）公式分类目录树展示；

2）公式信息编辑，包括公式基本信息、公式串、公式操作数等。

10. 责任区与信息分流

（1）功能要求。每台工作站应能分配责任区，该工作站应只负责处理所辖责任区内的信息，功能包括：

1）实时告警信息窗应只显示本责任区范围内的告警信息，无关的告警信息不出现在该工作站；

2）应只能查询到本责任区范围内的历史告警；

3）遥控、封锁、挂牌等人工操作应只对本责任区范围内的对象有效，禁止操作无关对象；

4）限值修改等数据维护只能对本责任区范围内的对象有效。

（2）界面要求：

1）提供统一的责任区管理操作界面，包含责任区的增加、删除、修改、查询功能；

2）包含配置责任区的厂站、电压等级、设备等功能；

3）包含配置责任区与角色、责任区与用户的绑定关系功能。

（五）系统维护工具

系统运行智能诊断应具备自动系统资源诊断、数据库状态诊断、进程状态诊断、数据一致性诊断功能，并能对诊断结果形成诊断报告。

（1）系统资源诊断应能监视集控系统CPU负荷率、内存使用率、网卡中断及速率、磁盘空间使用率。

（2）数据库状态诊断应能监视集控系统数据库连接状态。

（3）进程状态诊断应能监视集控系统关键进程频繁投退情况、CPU占用率状态。

（4）数据一致性诊断应支持通道数据一致性诊断，能对通道数据偏差百分比进行设置，并按照设置条件进行数据一致性对比。

（六）监盘操作

1. 人工封锁

应提供以下人工封锁功能：

（1）人工输入的数据包括状态量、模拟量及计算量；

（2）对人工输入数据进行有效性检查。

2. 禁止控制和允许控制

应提供以下禁止控制和允许控制功能：

（1）禁止控制功能用于禁止对所选对象进行处理，即遥控操作。

（2）禁止控制/允许控制能支持设备、间隔、站级操作，且在相应等级一次图中有明显禁控标识。

（3）禁止控制功能和允许控制功能成对提供，当前对象必须在当前对象、所有上级对象都允许控制后方可控制，即设备仅在设备、间隔、站端各侧都允许控制后才进行遥控操作。以间隔与站端为例，间隔禁止及场站禁止逻辑：站端禁止、对应下级间隔禁止，站端解除禁止后，对应下级间隔解除，有禁止操作记录的间隔除外，需另在间隔解除。

（4）对所有的禁止控制和允许控制操作进行存档记录。

3. 告警抑制和解除

应提供以下告警抑制和解除功能：

（1）告警抑制功能用于抑制所选对象的告警上告警窗；

（2）告警抑制和解除功能应成对提供；

（3）告警抑制和解除应支持信号、设备、间隔、厂站级操作；

（4）所有操作记录应进行存档。

4. 标识牌操作

应提供以下标识牌操作功能。

（1）支持常用的标识牌。

1）检修：可配置告警抑制属性，对具有该标识牌的设备可进行试验操作，这期间产生的告警不上监控告警窗。

2）禁止分闸/禁止合闸：禁止对具有该标识牌的设备进行分闸/合闸操作，挂"禁止分闸/禁止合闸"牌后无法执行操作。

3）警告：对具有该标识牌的设备遥控操作时提供相关提示。

4）接地线：对于不具备接地开关的点挂接地线时，应设置该标识牌，并在操作时检查该标识牌。

5）故障：禁止对故障隔离设备进行合闸操作。

6）常亮：对长期点亮的光字牌可挂此牌，将不纳入光字牌合并计算。

7）保电：挂牌时可填写保电时段、保电任务，设置保电设备量测限值；挂牌后实时监测保电设备，越限时主动告警，并显示保电时间段、保电任务等相关信息。

8）注释：对变电站、设备可以直接输入注释文字，以此标示当前变电站、设备的描述信息。

9）调试：支持对在改造传动的设备、间隔、变电站设置该标识牌，相关告警信号进入调试区单独显示。

10）缺陷：设备本身存在缺陷，或设备本身无缺陷、但其他设备故障原因引起的本设备异常。

（2）提供自定义标识牌功能，仅做名称标识。

（3）能通过人机界面对一个对象设置标识牌或清除标识牌。

（4）支持在远方控制操作时自动检查提示操作对象的标识牌功能。

（5）单个对象能设置多个不同类型标识牌。

（6）支持对多个设备批量挂牌功能。

（7）标识牌操作保存到标识牌一览表中，包括时间、变电站、设备名、标识牌类型、操作员身份和注释等内容，并存档记录。

（8）支持当光标放置在注释标识牌上时，自动弹出提示框来展现挂牌时填写的注释信息。

（七）控制校验

集控系统针对系统中每一个遥控操作指令都需进行操作校验，具体功能应满足如下要求：

（1）应能校验设备投退、闭锁等信息，包括设备在控等进行操作校验；

（2）应能校验设备的操作挂牌信息，包括设备检修、禁止遥控等进行操作校验；

（3）应支持同一时间、同一厂站只有一个主设备可执行遥控操作；

（4）应支持返回错误校验码以及错误原因。

四、系统运行要求

（一）性能要求

1. 总体要求

（1）正常状态下：在任意5min内，服务器CPU的平均负荷率不大于15%，人机工作站CPU的平均负荷率不大于20%，主站局域网的平均负荷率不大于20%。

（2）事故状态下：在任意30s内，服务器CPU的平均负荷率不大于30%，人机工作站CPU的平均负荷率不大于40%，主站局域网的平均负荷率不大于30%。

（3）历史数据存储时间跨度不小于3年。

2. 主要性能指标

（1）实时数据到达集控系统数据采集设备后至实时数据库时间不大于1s。

（2）遥信变化信息到达集控系统数据采集设备后至告警信息推出时间不大于1s。

（3）遥调、遥控量从选中到命令送出系统时间不大于1s。

（4）事故判定后自动推画面时间不大于3s。

（5）画面调用响应时间：主设备相关画面不大于3s，辅助设备相关画面不大于5s。

（6）系统节点及应用管理：

1）系统中支持监视的信息个数不小于200个；

2）接口调用响应迅速，在不大于500ms时间内完成。

（7）进程管理：

1）单节点进程管理支持监视的进程数量不小于500个；

2）接口调用响应迅速，在不大于500ms时间内完成。

（8）系统管理交互界面性能要求：采集数据变化到界面工具展示时间不大于5s。

（9）时钟管理性能要求：各节点机对时误差小于10ms。

（10）多态多应用性能要求：系统中支持的态不少于4个。

（11）历史数据存储：单表存储上限不小于1000万条。

（12）历史数据查询：在100万条记录规模下，日曲线查询服务平均不超过1s。

（13）模型管理：

1）10000条记录的表，浏览界面打开时间要求不大于3s；

2）10000条记录的查询不大于1s，不含触发器、10000条记录的表，新增、修改、删除1条记录不大于1s。

（14）实时数据库：

1）支持单表存储上限记录数大于1000万条、支持单表存储空间大于4G；

2）在记录数300万的规模下，查询率（QPS）不小于100000次/s；

3）单个实例并发访问数量不低于200个。

（15）消息总线：

1）千兆带宽下，消息总线发送1kB消息不低于10000个/s；

2）消息总线应保证不丢包；

3）任意节点故障不影响其他节点之间的通信。

（16）服务总线。

1）基本功能：

a.服务总线应保证不丢包；

b.服务总线支持服务端并发数，最少1000个。

2）服务代理：

a.服务代理转发数据应保证不丢包；

b.服务代理支持广域服务访问并发数，最少1000个。

（17）公共服务。

1）文件服务：千兆带宽下，文件服务应满足读取文件速度不小于50MB/s，写文件速度不小于40MB/s。

2）文语服务：支持多个应用并发处理且生成语音文件延时不大于1s（第三方语音服务指标）。

（18）人机服务。

1）数据刷新服务：最快支持1s的刷新周期。

2）支持不小于300个人机并发访问。

（19）人机工具。

1）画面编辑器：启动画面编辑界面时间不超过15s。

2）画面浏览器：启动画面浏览界面时间不超过15s；画面显示响应时间，90%的画面不超过2s，其他画面不超过4s；右键菜单弹出时间不超过1s；缩放响应时间不大于1s。

3）监控告警窗：支持并发处理，支持大数量处理，满足压力测试指标。

（20）图、模维护：

1）SCD文件解析加载后，与数据库增量比较时间不超过180s，RCD文件增量比较不超过120s；

2）单厂站CIM/E模型导入时间不超过300s，单个CIM/G图形导入不超过60s。

（21）数据采集。

1）数据采集功能基本容量指标应满足以下要求：遥测量不低于200000个；遥信量不低于800000个；遥控量不低于100000个；遥调量不低于10000个；并发遥控数不低于200个；厂站接入数不低于400个，通道接入数不低于2048个。

2）遥控命令传送时间：从人机工作站发出控制指令到数据采集服务器端口不大于1s。

3）操作控制界面：链路启停、切换生效不大于2s。

（22）数据处理：

1）主设备模拟量处理不小于20000个/s；

2）主设备状态量处理不小于16000个/s。

（23）系统安全体系。

1）用户管理：支持系统并发登录人员不低于30人。

2）权限管理：千兆带宽环境下，身份鉴别、权限认证应该在100ms内验证完成。

3）审计管理：审计日志存储时间跨度不低于6个月。

3. 系统备用性能指标

（1）人机工作站切换时间不大于5s。

（2）备用全年可用率不小于99.5%。

（二）可靠性要求

（1）系统全年可用率不低于99.9%。

（2）应用故障切换时间不大于5s。

（3）系统时间与标准时间的误差小于10ms。

（4）关键设备平均故障间隔时间（MTBF）大于20000h。

（5）由于偶发性故障而发生自动热启动的平均次数小于1次/2400h。

第二节　平台功能调试

一、工作要求

（一）工作目标

现场调试环境构建完成，集控系统正常运行后即可开展基础平台调试工作，平台功能调试包括公共组件调试及基础支撑功能调试，确保基础平台可靠性与正确性。

（二）工作流程

平台功能调试人员包括项目建设单位相关人员和平台厂商。平台厂商提供系统使用手册，建设单位调试人员参照系统使用手册及调试内容进行功能调试，对调试结果进行记录，整理不符合预期结果的项目内容，反馈给平台厂家；平台厂家进行问题初步判断，如不是平台软件问题，进行重新调试，如确定问题存在则进行问题整改并重新测试，直至调试通过。平台功能调试工作流程如图3-2所示。

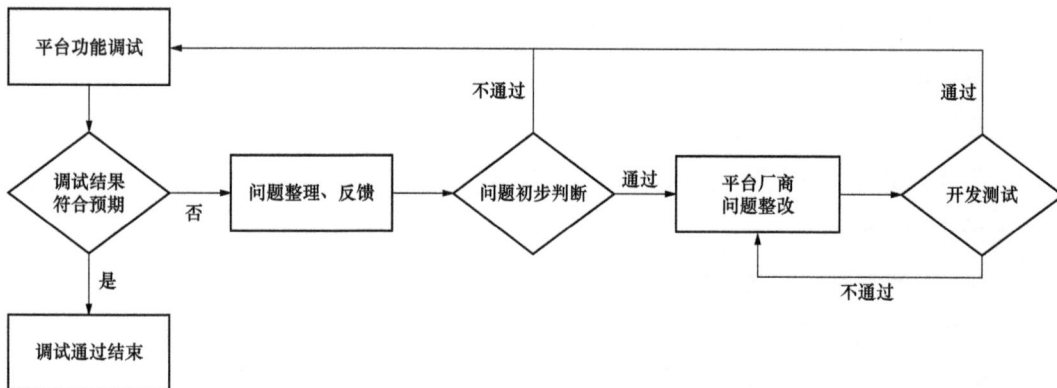

图 3-2　平台功能调试工作流程图

二、公共组件调试

（一）系统管理

1. 节点与应用管理

提供节点和应用配置管理工具，可以在线搜索和配置系统各节点及应用的部署和运行方式，包括应用功能的设置、应用的分布、节点名称及网址、节点的数量等。系统任何单一故障，如单一节点、单一网络、单一应用故障，都不会导致系统主要功能的丧失或使系统性能低于要求的水平；当应用主机出现故障时，系统能自动将主机切换到正常的备用服务器。若正常的备用服务器存在两台或两台以上，服务器之间实时同步，应用的备服务器按照预设策略竞争主机；系统的应用工作状态可查询，可通过可视化的界面工具和命令行工具监视节点及应用的状态，并可进行切换操作。

（1）应用状态。

1）调试方法：

a. 在服务器或工作站的命令窗口输入系统应用管理命令；

b. 观察界面展示工具，点击"应用状态"Tab页，确认应用信息、主机、备机、优先级、时间是否正确。

2）预期结果：能够查看到应用信息并且状态正确。

（2）系统启停。

1）调试方法：

a. 打开系统管理工具，使用系统管理工具启动系统；

b. 打开系统管理工具，使用系统管理工具停止系统。

2）预期结果：

a. 工作站和服务器均能启动成功；

b. 工作站和服务器均能正确停止，标题栏显示"系统未运行"。

（3）状态刷新。

1）调试方法：

a. 按下"自动刷新"按钮，查看节点或网络状态是否按照自动刷新时间间隔刷新；

b.手动刷新，设置节点或者网络状态变化，点击"刷新"按钮，查看是否能够手动刷新节点或者网络变化状态。

2）预期结果：

a.在自动刷新周期内，网络或者节点状态发生变化，到刷新周期后，自动改变状态；

b.可以设置为手动刷新，点击"刷新"按钮，手动更新节点或者网络状态。

（4）命令行工具。

1）调试方法：在服务器或工作站的命令窗口输入showservice命令。

2）预期结果：命令行界面能够展示应用信息。

（5）应用人工切换。

1）调试方法：

a.在命令窗口输入显示服务状态命令，观察各应用的主备机状态；

b.输入应用命令，可以实现主备机的切换；

c.再输入显示服务状态命令，观察该应用的主备机状态是否改变。

2）预期结果：应用主备状态发生改变。

2. 进程管理

提供进程管理工具，可对服务器、工作站上运行的每个进程进行监视和管理，能详细列出进程信息；当系统进程发生异常时，系统能够对其进行自恢复，并发出报警通知。

（1）进程信息展示。

1）调试方法：在服务器或工作站的命令窗口输入查看进程命令，确认是否能查看到所有的进程信息。

2）预期结果：在服务器或工作站能够看到所有的进程信息。

（2）进程异常恢复。

1）调试方法：

a.在服务器或工作站的命令窗口输入查看进程命令，选择一个状态是RUNNING的进程，查看其启动命令cmd和进程号pid；

b.通过ps-ef|grep pid命令查看该进程在运行；

c.使用kill-9 pid命令中止该进程；

d.通过ps-ef|grep cmd命令能够查看该进程是否被重新启动。

2）预期结果：被中止的进程重新恢复运行状态。

3. 系统资源监视

监视和记录系统中各种资源，包括计算机的CPU负荷、内存使用情况、磁盘空间占用、数据库空间占用、网络负载情况等；具备越限报警功能，对于资源占用超过规定门槛值（比如磁盘剩余空间不足）发出报警信息。

（1）CPU资源监视。

1）调试方法：

a.在服务器或工作站的命令窗口输入系统管理命令；

b.观察弹出的界面展示工具，点击"节点状态"Tab页，在"节点状态"下选择点击某个节点，确认右侧是否能够查看节点的CPU信息。

2）预期结果：能够观察到CPU信息。

（2）内存资源监视。

1）调试方法：

a.在服务器或工作站的命令窗口输入系统管理命令；

b.观察弹出的界面展示工具，点击"节点状态"Tab页，在"节点状态"下选择点击某个节点，确认右侧是否能够查看节点的内存信息。

2）预期结果：能够观察到节点的内存信息。

（3）磁盘资源监视。

1）调试方法：

a.在服务器或工作站的命令窗口输入系统管理命令；

b.观察弹出的界面展示工具，点击"节点状态"Tab页，在"节点状态"下选择点击某个节点，确认右侧是否能够查看节点的磁盘信息。

2）预期结果：能够观察到节点的磁盘资源信息。

（4）网络资源监视。

1）调试方法：

a.在服务器或工作站的命令窗口输入系统管理命令；

b.观察弹出的界面展示工具，点击"网络状态"Tab页，确认是否能够查看节点的网络信息。

2）预期结果：能够观察到节点的网络信息。

（5）CPU越限告警。

1）调试方法：

a.在实时数据库工具中将CPU及内存负荷表中某节点的CPU告警极限修改为小于当前CPU负荷；

b.告警客户端应显示越限告警信息；

c.打开告警查询工具界面，查看相应CPU越限的告警信息。

2）预期结果：

a.告警窗可以展示CPU越限告警信息；

b.告警查询可以查看CPU越限告警信息。

（6）磁盘使用率越限告警。

1）调试方法：

a.在人机维护界面（dbi）上将磁盘监视信息表（177号表）某节点一个磁盘分区使用率告警极限修改为小于当前使用率；

b.告警客户端应显示越限告警信息；

c.打开告警查询工具，查看相应自动化系统/系统资源信息类下的磁盘分区越限告警信息。

2）预期结果：

a.告警客户端报告硬盘分区越限告警；

b.告警查询能够查看磁盘分区越限告警信息。

4. 时钟管理

系统能够接收时间同步装置的标准时间，时间同步装置能够选择GPS、北斗作为时钟源，系统的各个工作站通过NTP协议和标准时间自动同步，保持系统的各个硬件设备的时间一致；对接收的时钟信号的正确性应具有安全保护措施，当系统时钟不一致时，可以人工设置时钟。

（1）前置与时钟装置对时。

1）调试方法：

a.在超级用户下用date命令手工将前置时间调整到与时钟装置时间差10min左右，1h后查看前置与时钟装置的时间差。

b.在超级用户下用date命令手工将前置时间调整到与时钟装置时间差70min左右，1h后查看前置与时钟装置的时间差。

2）预期结果：

a.当时间差小于60min时，前置会将本机时间逐渐逼近时钟装置的时间，二者的时间差缩小；

b.当时间差大于60min时，前置会将所接收到时钟装置的时间丢弃，二者的时间差不变。

（2）系统机器节点对时。

1）调试方法：检查系统内所有机器节点，查看工作站和服务器之间时间是否一致。

2）预期结果：系统所有节点时间一致。

（二）关系数据库管理

关系数据库提供对商用数据库访问各种接口函数和存储过程，满足不同应用的需要；历史数据库应能够按照时间导入、导出；系统能自动根据存储空间发出历史数据整理提醒，保证系统的正常运行；提供对存储数据的校正功能，可按类型或时间访问已存储的数据并展示；提供基于时间范围的数据筛选功能；能对历史数据进行进一步的统计、分析和累计等处理；可按照用户要求处理带质量标志的典型数据和各时段相应数据的最大/最小值及发生时间、平均值等。

1. 历史数据库按照时间导出

（1）调试方法：关系数据库管理工具提供图形界面供用户备份和恢复关系（商用）数据库。

1）在左侧配置树上左键选中"采样数据"节点，在右侧的全部采样数据列表中选择要备份类型和应用的采样数据，选择备份数据的时段，不选时段将备份所有数据，点击"开始备份"进行采样数据备份；

2）等待备份完成，备份完成后是否弹出成功完成提示，检查备份文件的生成；

3）点击"保存成模板"，输入模板名保存，观察左侧树形结构的模型数据下是否新增所存模板；

4）点击所存模板，观察右侧窗口显示是否自动选择模板所选备份表。

（2）预期结果：

1）能成功进行采样备份，结果对话框提示备份结果，保存过程无任何异常提示，备份文件生成正常；

2）模板保存成功，树形结构中添加成功该模板；

3）点击所存模板，可正确显示其选择内容。

2. 历史数据整理提醒

系统应能自动根据存储空间发出历史数据整理提醒，保证系统的正常运行。

（1）调试方法：

1）数据库表空间信息表中更改告警阈值，使其低于当前使用值；

2）等待一段时间（默认每隔2h检查，重启数据库应用主机上的数据库告警服务进程可以立刻检查），检查是否发出告警。

（2）预期结果：

1）告警窗中信息显示正确；

2）通过告警查询，可查到相关告警记录（自动化系统→数据库资源→数据库容量越限）。

3. 数据库切换（双数据库）

（1）调试方法：

1）两个单机数据库或者两个实例的情况下，停止主数据库或实例，查看数据库状态显示是否正确；

2）做实时数据库工具查询、新建、删除操作，查看数据库连接是否正确；

3）数据库恢复启动，查看数据库状态是否正确；

4）查看是否有数据库退出、切换等相关告警。

（2）预期结果：

1）通过数据库状态工具查看数据库状态正确，通过数据库命令查看主库为运行正常的数据库；

2）数据库切换后，连接正确，对数据库操作正常；

3）数据库恢复后，数据库状态显示正确；

4）有数据库相关告警且显示正确。

4. 数据库监视

（1）调试方法：

1）在数据库应用服务器数据库正常启动时，执行相关命令查看数据库状态是否正确；

2）关闭数据库，查看相关命令监视数据库状态是否正确；

3）查看数据库相关告警。

（2）预期结果：

1）数据库状态监视正确，在线；

2）数据库状态监视正确，离线；

3）有数据库告警，且显示正确。

（三）实时数据库

支持主辅设备模型表创建，保证主辅设备模型初始化与关系数据库一致；提供图形化的实时数据维护界面，对主辅设备模型和实时数据在线浏览、编辑；提供支持多应用的本地和网络访问接口进行实时数据库新增、修改、删除、查询操作；提供主备机实时数据库间的数据同步功能，保证结构和数据一致性；支持按照应用部署情况和配置策略，自动下装某应用对应节点的实时数据库数据。

1. 调试主备机实时数据库同步功能

（1）调试方法：实时数据库工具中使用主机寻找模式，切换主备机修改实时数据库数据，观察数据同步情况。

（2）预期结果：修改应用主机或备机表数据，备机或主机数据同步更新。

2. 应用切换

（1）调试方法：

1）安全 I 区，打开实时数据库工具，打开任意一张表，点击"应用切换"下拉框，切换至不同应用，查看是否可以正确切换；

2）安全 II 区，打开实时数据库工具，打开任意一张表，点击"应用切换"下拉框，切换至不同应用，查看是否可以正确切换。

（2）预期结果：可以正确切换。

3. 态切换

（1）调试方法：

1）打开实时数据库工具，默认为实时态下打开任意一张设备表，查看是否可以正常打开；

2）切换为调试态、反演态、研究态、培训态，查看表是否可以打开。

（2）预期结果：

1）可以正常打开实时态下的表；

2）可以打开其他态下的表。

（四）告警服务

告警服务包括监控告警窗和告警查询功能：监控告警窗实时展示主辅设备告警信息并支持对告警进行相关操作；告警查询具备多种历史记录过滤方式，可以将告警筛选条件组合保存成自定义告警模板，对告警记录进行多表综合查询和单表查询。

1. 监控告警框

（1）告警信号按照信号分类规范显示。

1）调试方法：

a. 启动告警窗，查看告警窗是否按照事故、异常、越限、变位、告知五类告警信号规范分类展示；

b. 通过告警定义配置工具增加自定义分类显示告警窗口，重启告警窗；

c. 点击告警窗工具栏设置按钮，选择自定义告警显示内容，配置需要显示的内容。

2）预期结果：

a. 按照监控规范可以分类展示五类告警信号；

b.支持告警窗口自定义及窗口显示内容自定义。

（2）告警窗按照全部告警、未确认告警、未复归告警分类显示。

1）调试方法：

a.启动告警窗，窗口按照上下视图布局，上面窗口为未复归窗口、下面窗口为全部告警窗口；

b.通过工具栏点击"显示未确认"按钮，窗口只显示未确认告警。

2）预期结果：告警窗支持将主辅设备告警信息以全部告警、未确认告警、未复归告警三个类别进行分类显示。

（3）告警窗按责任区显示告警信号。

1）调试方法：

a.通过系统总控台工具登录，输入用户名密码后，选择调试责任区；

b.观察告警窗是否只显示本调试责任区信号，非本责任区的信号不展示；

c.分别模拟本责任区和非本责任区的实时告警，观察告警窗显示结果。

2）预期结果：

a.通过总控台登录系统后，告警窗显示本责任区信号，非本责任区的信号不展示；

b.模拟实时告警，告警窗只展示本责任区信号，非本责任区的信号不展示。

（4）告警窗厂站图和间隔图跳转。

1）调试方法：

a.点击告警信号，右键选择弹出菜单"查看厂站图形"；

b.点击告警信号，右键选择弹出菜单"调阅间隔分图"。

2）预期结果：

a.告警窗通过告警信号右键选择"查看厂站图形"后跳转至厂站接线；

b.告警窗通过告警信号右键选择"调阅间隔分图"后跳转至间隔分图。

（5）告警窗配置告警信号色彩。

1）调试方法：

a.打开告警定义工具，配置事故、异常、越限、变位、告知等五类窗口显示颜色；

b.根据告警类型自定义各告警类型的上窗动作行为；

c.通过仿真工具模拟告警信号，观察告警窗告警信号的显示颜色是否与配置一致。

2）预期结果：

a.系统支持按照告警级别、告警类型等配置告警色彩；

b.模拟实时告警信号，告警窗信号按照配置的色彩进行展示。

（6）告警窗自定义事件展示窗口功能。

1）调试方法：

a.打开告警定义工具，添加事件展示窗告警动作定义；

b.根据事件告警类型配置事件上事件窗；

c.重启告警窗，模拟事件告警，观察事件上告警窗。

2）预期结果：

a. 系统支持自定义事件窗口添加并展示；

b. 模拟事件告警发生，事件告警只显示在事件窗，其他告警窗无此事件。

（7）告警窗查看事件详情功能。

1）调试方法：选中事件窗口中的事件，事件按照发生事件排序，右键点击事件记录，选择查看"事件详情"。

2）预期结果：能根据事件的时间查找事件，通过右键点击事件便捷查看事件详情。

（8）告警窗按条件及关键字过滤检索功能。

1）调试方法：

a. 点击告警窗工具栏中的检索窗口，输入需要检索的告警关键字，点击"检索"，告警窗按照检索信息展示；

b. 告警窗工具栏可按时间、厂站、运维班、电压等条件进行检索，并展示检索内容。

2）预期结果：告警窗口具备对告警信息的条件及关键字过滤检索并显示。

（9）告警窗自定义视图功能。

1）调试方法：

a. 点击告警窗工具栏视图按钮，点击下拉菜单中"新增视图"；

b. 在弹出窗口中添加视图名称，通过鼠标拖拽方式移动各窗口，按照需要的显示视图进行布局；

c. 布局完成后，点击工具栏视图下的"保存"按钮保存当前视图；

d. 告警窗工具栏视图切换窗口可选择切换该视图显示，也可切换至其他视图显示。

2）预期结果：

a. 系统能根据需求自定义多个不同的布局视图并保存；

b. 告警窗支持多个自定义视图之间一键切换。

（10）告警窗信息压缩功能。

1）调试方法：

a. 修改配置，添加需要压缩显示的告警类型并重启告警窗；

b. 模拟该告警类型信号连续多次告警，观察告警窗是否只显示该告警最后发的记录；

c. 统计该告警的发生次数是否和模拟的次数一致。

2）预期结果：

a. 模拟相同告警信号多次告警，告警窗中只显示该告警的最后一次告警记录信息；

b. 告警窗统计显示的告警次数与模拟的次数一致。

2. 告警查询

（1）综合查询功能。

1）调试方法：

a. 点击左侧"综合查询"Tab 页面；

b. 选择需要查询的告警类型，在所选类型前面的方框中勾选；

c.如需要过滤查询，可在检索条件设置区域输入所需的检索条件（时间段、内容、厂站ID等，不同告警类型检索域名不同）；

d.点击"告警查询"按钮；

e.观察是否查询成功、查询内容是否正确。

2）预期结果：

a.左下侧信息反馈显示区提示查询成功，同时显示结果条目数；

b.查询结果区域显示内容与查询条件相符。

（2）单表查询功能。

1）调试方法：

a.点击左侧"单表查询"Tab页面；

b.选择需要查询的告警类型，在所选类型前面的圆框中勾选；

c.如需要过滤查询，可在选择所需过滤的告警查询域后，在查询条件区域输入所需的检索条件；

d.点击"开始查询"按钮；

e.观察是否查询成功、查询内容是否正确。

2）预期结果：

a.左下侧信息反馈显示区提示查询成功，同时显示结果条目数；

b.查询结果区域显示内容与查询条件相符。

（3）模糊查询功能。

1）调试方法：

a.在工具栏模糊查询输入区域输入要查询的字符串，同时勾选"包含"后小方框；

b.按常规查询步骤选择告警类型及条件，点击"开始查询"按钮；

c.观察查询告警结果是否包含输入的字符串。

2）预期结果：

查询结果在满足查询条件的同时也包含输入的字符串。

（4）模糊查询支持多关键字查询。

1）调试方法：

a.在工具栏模糊查询输入区域输入要查询的多个字符串，同时勾选"包含"后小方框；

b.如果查询结果需要包含其中任一字符串即可，则将字符串之间用"‖"隔开，如果查询结果需要同时包含所有字符串，则将字符串之间用"&&"隔开；

c.按常规查询步骤选择告警类型及条件，点击"开始查询"按钮；

d.观察查询告警结果是否包含输入的字符串，其包含内容是否与输入字符串要求一致。

2）预期结果：

a.查询结果在满足查询条件的同时也包含输入的字符串；

b.如果输入字符串是以"‖"隔开，则查询结果包含其中任一字符串，如果输入字符串之间用"&&"隔开，则查询结果同时包含所有字符串。

（5）模板定制查询功能。

1）调试方法：

a.在综合查询或单表查询的Tab页面中，通过双击左边的模板树便可选中临时模板，添加新的模板；

b.修改需要保存成模板的告警类型和查询条件后，点击"保存模板"按钮，输入模板名并确定，观察模板是否成功保存、树形结构中是否自动刷新显示；

c.直接点击保存的模板进行查询，观察查询结果是否正确。

2）预期结果：

a.告警模板定义正确、保存正确，无出错提示，模板树形显示能自动刷新显示新增模板名；

b.点击已保存的模板，查询结果正确。

（6）责任区过滤查询功能。

1）调试方法：

a.总控台选择责任区登录告警查询；

b.按时间段查询变位信息，观察是否只能观察到本责任区的告警；

c.点击工具栏"查询"按钮去掉勾选"是否使用本机责任区条件查询"，点击"查询"，观察查询到的告警信息。

2）预期结果：

a.默认只能查询当前总控台责任区的告警；

b.通过改变勾选条件，可以临时查看全责任区告警。

（7）查询最近N条记录功能。

1）调试方法：打开告警查询工具，选择任意告警类型，勾选"查看最近记录"，设置需要查询的最新告警记录数值，点击"查询"，查看是否可以查询成功。

2）预期结果：可以成功查询最近N条记录。

（五）权限管理

权限服务应向应用提供包括用户名/密码、数字签名文件、生物识别（指纹识别、人脸认证）等多种手段在内的用户识别功能，密码满足强口令要求。

1. 登录权限管理工具

（1）调试方法：使用系统管理员账号登录权限管理工具，查看是否可以正确登录。

（2）预期结果：可以正确登录权限管理工具。

2. 创建组

（1）调试方法：选择组，右键选择"添加新的组"，填写组名、机器节点，点击"确定"，查看是否正确添加组。

（2）预期结果：可以正确添加组。

3. 添加角色

（1）调试方法：登录权限管理工具，选择角色中的"应用管理"，右键选择"添加新的角色"，输入角色名称，点击"确定"按钮，查看角色是否成功添加。

（2）预期结果：可以正确添加角色。

4. 添加用户

（1）调试方法：登录权限管理工具，选中组，右键选择"添加新的组"，输入组名、工作节点，点击"确定"按钮，查看组是否创建成功。

（2）预期结果：可以正确添加新的组。

5. 角色增加功能

（1）调试方法：使用管理员账号登录权限管理工具，选择新增的角色，添加功能，点击"应用"，查看角色是否正确添加功能。

（2）预期结果：可以正确为角色配置功能。

6. 用户配置角色和功能

（1）调试方法：

1）选择组中的新用户，配置角色，点击"应用"，查看角色是否配置成功；

2）选择组中的用户，切换至配置功能页面，查看配置的角色功能是否被正确赋予用户；

3）选择组中的用户，切换至配置功能页面，设置功能单独增加和单独减去，使用此用户，调试功能单独增加和减去是否正确。

（2）预期结果：

1）用户可以正确配置角色；

2）角色的功能可以正确赋予用户；

3）用户可以单独增加和减去功能。

7. 用户配置可切换责任区

（1）调试方法：选择用户，切换至配置可切换责任区，查看责任区是否配置成功。

（2）预期结果：可以使用此用户切换至其可以切换的责任区。

8. 配置特殊属性

（1）调试方法：使用管理员配置表的域的特殊属性。

（2）预期结果：特殊属性配置正确。

9. 删除用户

（1）调试方法：除管理员和sysadm外，选择任意一个用户，查看是否可以使用sysadm用户删除。

（2）预期结果：可以删除除了管理员和sysadm以外的用户。

10. 删除组

（1）调试方法：选择任意一个没有用户的组，点击"删除"，查看是否可以删除成功。

（2）预期结果：可以删除组。

11. 删除角色

（1）调试方法：选择任意一个未赋予用户的角色，点击"删除"，查看是否可以正确删除。

（2）预期结果：可以正确删除任意一个未赋予用户的角色。

12. 配置特殊属性

（1）调试方法：使用 prIVadm 配置表的域的特殊属性。

（2）预期结果：特殊属性配置正确。

（六）模型管理

模型管理为系统提供全流程的模型管理服务，包括模型维护、模型变化消息订阅、实时数据库与商用数据库一致性、模型跨区同步等内容。

1. 模型维护

（1）调试方法：

1）打开模型管理工具，分别打开一次设备表、二次设备表和辅助设备表，进行新增、修改、删除操作，通过商用数据库查看模型是否变化；

2）通过新增设备的 ID 号，查看 ID 号中是否包括保护表号、记录号信息，量测 ID 是否包括设备号、域号信息。

（2）预期结果：

1）商用数据库、实时数据库同步更新；

2）新增设备可以生成唯一编码（唯一编码：规范各类型设备、各类型量测编码规则，各功能按照规则通过编码获取设备类型、量测类型）。

2. 模型变化消息订阅

（1）调试方法：

1）启动测试程序，监听指定通道信息；

2）打开模型管理工具，选择一次设备表，分别新建、删除、修改一条设备；

3）查看测试程序打印，是否收到新增模型消息。

（2）预期结果：测试程序可以收到操作类型以及新增、删除修改、模型 ID。

3. 实时数据库与商用数据库一致性

（1）调试方法：通过消息订阅新增、模型变化消息。

（2）预期结果：实时数据库与商用数据库同步更新。

4. 模型跨区同步

（1）调试方法：打开模型管理工具，打开一次设备表，新增、删除、修改一条设备，查看安全Ⅳ区商用数据库记录数是否与安全Ⅰ区一致。

（2）预期结果：安全Ⅰ区修改模型，自动同步到安全Ⅳ区商用数据库。

5. 模型表结构维护

（1）调试方法：

1）打开表结构维护工具，打开测试表结构，通过工具新增一个域；

2）在测试表结构中修改一个域的信息；

3）在测试表结构中删除一个域；

4）下装测试表；

5）在模型管理工具中查看表结构是否变化。

（2）预期结果：通过表结构维护工具可以维护表结构。

6. 模型表结构导出 / 导入

（1）调试方法：

1）打开表结构维护工具，选择需要导出的表，在指定目录查看表文件是否生成；

2）在表结构维护工具中将测试表删除；

3）在表结构维护工具中选择之前导出的表结构文件，点击"导入"，查看表结构是否导入。

（2）预期结果：

1）通过表结构维护工具可以导出表结构文件；

2）通过表结构维护工具可以导入表结构文件。

7. 模型数据通用校验规则

（1）调试方法：

1）打开模型管理工具，打开一次设备表，新建一条记录，不填写设备名称，保存验证非空约束规则；

2）打开模型管理工具，打开一次设备表，新建一条记录，设备名称与另外一条记录重名，保存验证唯一性约束规则；

3）打开模型管理工具，新建一条记录，不填写所属厂站信息，保存验证引用约束规则。

（2）预期结果：模型管理工具具备通用校验规则。

8. 模型管理工具–查看各应用表中的数据

（1）调试方法：打开模型管理界面，分别选择一次设备应用和二次设备应用，显示该应用下的模型表。

（2）预期结果：可以显示不同应用下的模型数据。

9. 模型管理工具–过滤数据，展示指定数据

（1）调试方法：

1）打开模型管理界面，打开母线表，在工具选择厂站过滤条件，显示指定厂站数据；

2）打开模型管理界面，打开母线表，在工具上选择间隔过滤条件，显示指定间隔数据。

（2）预期结果：具备根据过滤条件显示数据。

10. 模型管理工具–修改、删除数据

（1）调试方法：

1）打开模型管理界面，打开一张设备表，修改设备名称并保存，查看商用数据库是否修改成功；

2）打开模型管理界面，打开一张设备表，删除一条记录并保存，查看商用数据库记录数是否变化。

（2）预期结果：具备维护模型功能。

11. 模型管理工具-导入/导出模型数据

（1）调试方法：

1）打开模型导出界面，选择导出厂站，导出模型，在指定目录查看CIM/E文件是否生成；

2）打开模型导入界面，选择CIM/E模型文件，导入模型，通过模型管理工具查看是否导入。

（2）预期结果：具备CIM/E模型导出/导入功能。

（七）安全管理

安全管理为集控系统各类应用提供安全保障和手段，包括用户管理、角色管理、权限管理和审计管理等功能。

1. 用户管理功能

（1）用户管理功能-用户的新增功能。

1）调试方法：

a.使用系统管理员账号登录系统，打开权限管理工具；

b.点击"新建用户"，填入用户名，测试用户、口令、角色、失效日期等信息，然后点击"确定"保存；

c.刷新权限管理界面，查看新建的用户，测试用户是否新建成功。

2）预期结果：支持修改用户描述等信息。

（2）用户管理功能-用户的修改功能。

1）调试方法：

a.使用系统管理员账号登录系统，打开权限管理工具；

b.选择用户，测试用户，修改用户别名、描述等信息，然后点击"确定"保存；

c.刷新权限管理界面，查看用户，测试用户的信息是否修改成功。

2）预期结果：支持修改用户描述等信息。

（3）用户管理功能-用户的删除功能。

1）调试方法：

a.使用系统管理员账号登录系统，打开权限管理工具；

b.选择测试用户，进行删除操作，然后点击"确定"保存；

c.刷新权限管理界面，查看测试用户的信息是否删除成功。

2）预期结果：支持删除用户。

（4）用户管理功能-密码、智能卡或生物识别（指纹识别）等多种手段在内的用户认证。

1）调试方法：

a.打开系统登录窗口；

b.在用户名密码模式下，填写用户名密码进行登录认证，检查是否成功认证；

c.在指纹模式下，录入指纹进行登录认证，检查是否成功认证。

2）预期结果：认证成功。

（5）用户管理功能–设置用户口令策略，可对用户口令的长度、复杂度、有效期进行设置。

1）调试方法：

a.使用系统管理员账号登录系统，打开权限管理工具，新建测试用户；

b.设置测试用户口令长度小于8位，检查是否拒绝设置并进行提示；

c.设置测试用户口令为字母、数字、特殊字符中一种或任意两种的组合，检查是否拒绝设置并进行提示；

d.设置测试用户口令与用户名相同或包含用户名，检查是否拒绝设置并进行提示；

e.设置测试用户口令长度为8~20位，同时包含字母、数字、特殊字符，且不与用户名相同或包含用户名，检查是否允许设置；

f.设置测试用户口令失效日期为三个月范围内，检查是否允许设置。

2）预期结果：支持用户口令策略验证。

（6）用户管理功能–登录失败一定次数后锁定用户账号的功能。

1）调试方法：

a.使用系统管理员账号登录系统，打开权限管理工具；

b.设置登录失败次数、锁定时间，点击"确定"保存，检查设置是否成功；

c.使用测试用户账号登录系统，输入密码错误次数达到设定值后，检查测试用户账号是否被锁定登录；

d.在测试用户账号被锁定且未达到锁定时间限制时，使用正确密码或错误密码尝试登录，检查测试用户账号是否仍被系统拒绝登录；

e.在测试用户账号锁定时长超过锁定时间限制后，使用正确密码进行登录操作，检查是否允许登录。

2）预期结果：具备登录失败一定次数后锁定用户账号的功能，登录失败次数、锁定时间可设置。

（7）用户管理功能–给用户授予角色功能。

1）调试方法：

a.使用系统管理员账号登录系统，打开权限管理工具；

b.选择测试用户，设置用户角色，检查用户角色设置是否成功。

2）预期结果：支持对用户授予角色。

（8）用户管理功能–支持用户与权限的绑定，不同用户访问控制权限控制。

1）调试方法：

a.使用系统管理员账号登录系统，打开权限管理工具；

b.在权限管理工具选择测试用户，设置用户对应权限，点击"确定"保存，刷新界面后检查权限是否绑定成功；使用测试用户账号登录系统，通过操作验证具备对应权限；

c.在权限管理工具选择测试用户，取消设置用户对应权限，点击"确定"保存，刷新界面后检查权限是否取消绑定成功；使用测试用户账号登录系统，通过操作验证不具备对应权限。

2）预期结果：支持用户与权限的绑定。

（9）用户管理功能－提供权限添加、权限修改、权限删除等功能。

1）调试方法：

a.使用系统管理员登录系统，打开权限管理工具；

b.选择测试用户，分别增加、修改、删除用户对应权限，然后点击"确定"保存；

c.刷新界面，选择测试用户，分别检查用户对应权限是否增加、修改、删除成功。

2）预期结果：可以增加、修改、删除用户权限。

（10）用户管理功能－具备对用户进行唯一标识，且提供独立的身份验证模块，能够对所有用户进行多重身份鉴别。

1）调试方法：

a.使用系统管理员账号登录系统，打开权限管理工具；

b.点击"新建用户"，输入已存在的用户名进行新建，检查是否无法新建用户并进行提示；

c.打开系统登录窗口，使用用户名密码和指纹等两种认证方式进行登录验证，检查是否验证成功。

2）预期结果：具备用户唯一标识，身份验证模块提供对所有用户进行多重身份鉴别。

（11）用户管理功能－具备用户口令规范性校验功能。

1）调试方法：

a.使用系统管理员账号登录系统，打开权限管理工具，新建测试用户；

b.设置测试用户口令长度小于8位，检查是否拒绝设置并进行提示；

c.设置测试用户口令为字母、数字、特殊字符中一种或任意两种的组合，检查是否拒绝设置并进行提示；

d.设置测试用户口令与用户名相同或包含用户名，检查是否拒绝设置并进行提示；

e.设置测试用户口令长度为8～20位，同时包含字母、数字、特殊字符，且不与用户名相同或包含用户名，检查是否允许设置。

2）预期结果：具备用户口令规范性校验功能。

（12）用户管理功能－支持对用户登录时间信息存储。

1）调试方法：使用审计员账号登录系统，打开审计管理工具，检查用户登录时间是否显示。

2）预期结果：支持查看用户登录时间信息。

（13）用户管理界面－统一的用户管理操作界面。

1）调试方法。

a.新增用户：

a）使用系统管理员账号登录系统，打开权限管理工具；

b）点击"新建用户"，填入用户名，测试用户、口令、角色、失效日期等信息，然后点击"确定"保存；

c）刷新权限管理界面，查看新建的用户，测试用户是否新建成功。

b.修改用户描述等信息：

a）使用系统管理员登录系统，打开权限管理工具；

b）选择用户，测试用户，修改用户别名、描述等信息，然后点击"确定"保存；

c）刷新权限管理界面，查看用户，测试用户的信息是否修改成功。

c.删除用户：

a）使用系统管理员登录系统，打开权限管理工具；

b）选择用户，测试用户，进行删除操作，然后点击"确定"保存；

c）刷新权限管理界面，查看用户，测试用户是否删除成功。

d.查看用户：

a）使用系统管理员登录系统，打开权限管理工具，检查是否支持对全部用户查看；

b）选择某个用户，检查是否正常显示该用户相关信息。

2）预期结果：支持新增用户、修改用户描述等信息、删除用户、查看用户。

（14）用户管理界面－系统安全管理策略配置界面。

1）调试方法：

a.使用系统管理员账号登录系统，打开权限管理工具；

b.打开策略配置界面，检查是否提供了口令策略配置和登录策略配置。

2）预期结果：提供了安全管理策略配置界面，包含口令策略配置、登录策略配置。

2. 角色管理功能

（1）角色的新增、修改、删除功能。

1）调试方法。

a.角色的新增：

a）使用系统管理员登录系统，打开权限管理工具；

b）点击"新建角色"，输入角色名称，操作员测试角色，选择角色权限信息等，然后点击"确定"保存，检查角色是否新建成功。

b.角色的修改：

a）使用系统管理员账号登录系统，打开权限管理工具；

b）选择角色，操作员测试角色，修改角色描述、权限信息等，然后点击"确定"保存，检查角色信息是否修改成功。

c.角色的删除：

a）使用系统管理员账号登录系统，打开权限管理工具；

b）选择角色，操作员测试角色，进行删除操作，然后点击"确定"保存，检查角色是否删除成功。

2）预期结果：可以正常新增、修改、删除角色。

（2）角色管理功能－角色与权限的绑定。

1）调试方法：

a.使用系统管理员账号登录系统，打开权限管理工具；

b.在权限管理工具选择测试角色，设置角色对应权限，点击"确定"保存，刷新界面后检查权限是否绑定成功；

c.在权限管理工具选择测试角色，取消设置角色对应权限，点击"确定"保存，刷新界面后检查权限是否取消绑定成功。

2）预期结果：支持角色与权限的绑定。

（3）角色管理功能–基于角色的权限添加、权限删除等功能。

1）调试方法。

a.权限添加：

a）使用系统管理员账号登录系统，打开权限管理工具；

b）选择测试角色，勾选"添加权限"，然后点击"确定"保存；

c）刷新权限管理界面，检查测试角色添加权限是否成功。

b.权限删除：

a）使用系统管理员账号登录系统，打开权限管理工具；

b）选择测试角色，删除角色权限，然后点击"确定"保存；

c）刷新权限管理界面，检查测试角色删除权限是否成功。

2）预期结果：可以正常为角色添加、删除权限。

（4）角色管理功能–系统管理员、审计员、业务操作员三种基本角色。

1）调试方法：使用系统管理员账号登录系统，打开权限管理工具，检查是否提供到了系统管理员、审计员、操作员三种角色。

2）预期结果：系统提供了系统管理员、审计员、操作员三种基本角色。

（5）角色管理功能–系统管理员角色仅具有用户管理、角色管理、权限管理等系统管理权限。

1）调试方法：

a.使用系统管理员账号登录系统；

b.打开权限管理工具，检查是否可以正常打开界面；

c.打开其他非管理界面（告警窗、告警查询等），检查是否禁止打开界面。

2）预期结果：系统管理员仅具有权限管理等系统管理权限。

（6）角色管理功能–审计员角色仅具有审计数据的管理、监视的权限。

1）调试方法：

a.使用审计员账号登录系统；

b.打开审计数据查询工具，检查是否可以正常打开界面，并可以进行审计数据查询；

c.打开其他非审计数据界面（告警窗、告警查询等），检查是否禁止打开界面。

2）预期结果：审计员仅具有审计数据查询权限。

（7）角色管理功能–操作员具有业务操作权限，不具备权限管理和审计数据查询权限。

1）调试方法：

a.使用操作员账号登录系统；

b.打开该操作员已配置权限的业务操作界面，检查是否可以正常打开界面；

c.打开权限管理、审计数据查询界面，检查是否禁止打开界面。

2）预期结果：操作员具有业务操作权限，不具备权限管理和审计数据查询权限。

（8）角色管理界面-具有角色的新增、修改、删除、查看功能。

1）调试方法

a.角色新增：

a）使用系统管理员账号登录系统，打开权限管理工具；

b）点击"新建角色"，输入角色名称，操作员测试角色，选择角色权限信息等，然后点击"确定"保存，检查角色是否新建成功。

b.角色修改：

a）使用系统管理员账号登录系统，打开权限管理工具；

b）选择角色，操作员测试角色，修改角色描述、权限信息等，然后点击"确定"保存，检查角色信息是否修改成功。

c.角色删除：

a）使用系统管理员账号登录系统，打开权限管理工具；

b）选择角色，操作员测试角色，进行删除操作，然后点击"确定"保存，检查角色是否删除成功。

d.角色查看：

a）使用系统管理员账号登录系统，打开权限管理工具，检查是否支持对全部角色查看；

b）选择某个角色，检查是否正常显示该角色相关信息。

2）预期结果：支持角色新增、修改、删除、查看功能。

（9）角色管理界面-具有角色与权限的绑定配置功能。

1）调试方法：

a.使用系统管理员账号登录系统，打开权限管理工具；

b.在权限管理工具选择测试角色，给角色绑定相关权限，然后点击"确定"保存；

c.刷新界面，查看角色与权限的绑定是否成功。

2）预期结果：支持角色与权限的绑定配置。

（10）角色管理界面-具有角色与用户的绑定功能。

1）调试方法：

a.使用系统管理员账号登录系统，打开权限管理工具；

b.在权限管理工具选择测试用户，给用户绑定测试角色，然后点击"确定"保存；

c.刷新界面，查看角色与用户的绑定是否成功。

2）预期结果：支持角色与用户的绑定配置。

（12）角色管理界面-修改角色权限可继承给角色下的用户。

1）调试方法：

a.使用系统管理员账号登录系统，打开权限管理工具；

b.在权限管理工具选择测试角色，在该角色下新建测试用户；

c.刷新界面，查看新建的测试用户是否成功继承了角色的权限。

2）预期结果：支持角色权限继承给角色下的用户。

3. 权限管理功能

（1）将用户需要的对象授权给用户，实现基于对象的验证和控制。

1）调试方法：

a.使用系统管理员账号登录系统，打开权限管理工具；

b.在权限管理工具选择测试用户，给用户授予相关权限，然后点击"确定"保存；

c.刷新界面，查看对用户的权限授权是否成功。

2）预期结果：可以正常对用户授予相关权限。

（2）权限管理功能-通过用户、用户组和物理位置的关联，实现基于物理位置的权限控制。

1）调试方法：

a.使用系统管理员账号登录系统，打开权限管理工具；

b.在权限管理工具选择测试用户，给用户设置对应节点组，然后点击"确定"保存；

c.使用测试用户账号登录对应节点，检查是否允许该用户登录。

2）预期结果：支持用户对登录节点的权限控制。

（3）权限管理功能-通过角色继承的方法，实现基于角色的权限控制。

1）调试方法：

a.使用系统管理员账号登录系统，打开权限管理工具；

b.在权限管理工具选择测试角色，在该角色下新建测试用户；

c.刷新界面，查看新建的测试用户是否成功继承了角色的权限；

d.使用测试用户账号登录系统，通过操作验证是否具备相应权限。

2）预期结果：支持通过角色继承的权限控制。

（4）权限管理功能-支持从表域、表、数据库等多种数据粒度的权限验证。

1）调试方法：

a.使用系统管理员账号登录系统，打开权限管理工具；

b.选择测试用户，对该用户设置对应表或表域的禁止查看、允许查看等权限，然后点击"确定"保存；

c.打开实时数据库管理工具，通过测试用户登录，检查对应表或表域的权限设置是否成功。

2）预期结果：支持表、域等多种数据粒度的权限验证。

（5）权限管理功能-具备对远方操作权限的校验功能。

1）调试方法：

a.使用系统管理员账号登录系统，打开权限管理工具；

b.选择测试用户，对该用户设置操作权限，然后点击"确定"保存，检查是否需要对当前操作的管理员进行输入密码的身份验证。

2）预期结果：具备对操作权限的授权验证功能。

（6）权限管理功能－保证系统管理员、审计员、操作员角色之间权限互斥，系统中不得存在超级管理员角色。

1）调试方法：

a.使用系统管理员账号登录系统，打开权限管理工具；

b.选择系统管理员、审计员、操作员角色，检查是否存在重叠的权限；

c.查看角色列表，检查是否存在具备所有权限的角色。

2）预期结果：系统管理员、审计员、操作员角色之间的权限互斥，不存在超级管理员角色。

（7）权限管理功能－系统软件授权策略满足权限最小化原则，且满足权限互斥原则。

1）调试方法：

a.使用系统管理员账号登录系统，打开权限管理工具；

b.选择系统管理员、审计员、操作员角色，检查是否存在重叠的权限。

2）预期结果：系统软件授权策略满足权限最小化原则，且满足权限互斥原则。

（8）权限管理功能－具备访问控制能力，依据安全策略控制主体对客体的访问。

1）调试方法：

a.使用系统管理员账号登录系统，打开权限管理工具；

b.在权限管理工具选择测试用户，设置用户对应权限，点击"确定"保存，刷新界面后检查权限是否绑定成功；使用测试用户账号登录系统，通过操作验证具备对应权限；

c.在权限管理工具选择测试用户，取消设置用户对应权限，点击"确定"保存，刷新界面后检查权限是否取消绑定成功；使用测试用户账号登录系统，通过操作验证不具备对应权限。

2）预期结果：具备用户对功能权限的访问控制能力。

（9）权限界面功能－提供统一的登录及权限验证窗口界面，登录界面包含用户名、口令、双因子验证、登录时长设置，登录时长支持多个可选择项。

1）调试方法：

a.打开系统登录窗口；

b.检查是否提供了用户名密码、指纹等验证的登录界面；

c.检查是否提供了多个登录时长的选项设置。

2）预期结果：提供了统一的登录验证窗口界面，包含用户名密码、指纹等验证及登录时长设置。

（10）权限界面功能－提供统一的权限管理界面，满足权限管理功能要求。

1）调试方法：

a.使用系统管理员账号登录系统，打开权限管理工具；

b.检查权限管理界面是否提供了对角色、用户权限的配置、查看等功能。

2）预期结果：具备统一的权限管理界面，满足权限管理功能要求。

4. 审计管理功能

（1）审计管理功能－只有拥有审计日志权限的用户可以登录审计管理界面。

1）调试方法：登录审计界面，检查是否只有拥有审计日志权限的用户可以登录。

2）预期结果：只有拥有审计日志权限的用户可以登录审计管理界面。

（2）审计管理功能–具备审计记录查询的功能。

1）调试方法：打开审计界面，通过设置查询条件进行查询，检查审计工具是否具备查询功能。

2）预期结果：具备审计记录查询的功能。

（3）审计管理功能–审计日志包含但不限于远方控制、关键模型的新增、修改、删除、用户登录注销等操作，审计日志不可以删除、修改和覆盖。

1）调试方法：打开审计界面，通过设置查询条件进行查询，检查查询内容是否正确，检查审计工具是否具备删除、修改和覆盖审计日志的功能。

2）预期结果：查询内容正确；不具备删除、修改和覆盖审计日志的功能。

（4）审计管理功能–具备审计记录分类检索、排序的功能。

1）调试方法：打开审计界面，通过设置查询条件（分类、排序）进行查询，检查查询内容是否符合查询条件。

2）预期结果：具备审计记录分类检索、排序的功能。

（5）审计管理功能–具备审计日志导出报表的功能。

1）调试方法：打开审计界面，执行审计日志查询，将查询结果导出报表。

2）预期结果：具备审计日志导出报表的功能。

（6）审计管理功能–具备通过接口发送记录审计日志的功能。

1）调试方法：模拟记录发送审计日志，查看是否能够生成审计日志记录。

2）预期结果：审计管理界面可以查询模拟发送的日志。

（八）人机服务

人机服务是人机界面数据刷新服务，采用订阅/发布服务模式按画面刷新周期返回变化数据。支持并发处理，可同时响应多个用户调用画面的请求；可同时响应多个工作站上同一画面动态刷新请求，可有效避免数据库的重复访问。

1. 正确及时地将数据推送到客户端

（1）调试方法：

1）利用数据刷新服务模拟客户端程序订阅实时数据或利用人机浏览器打开实时数据画面；

2）查看数据刷新服务是否推送正确的数据；

3）修改订阅的实时数据值，查看数据刷新服务是否推送正确的数据。

（2）预期结果：

1）数据推送正确；

2）数据修改后能够正确推送修改后的值。

2. 数据刷新服务能自定义刷新周期

（1）调试方法：

1）利用数据刷新服务模拟客户端程序订阅实时数据或利用人机浏览器打开实时数据画面；

2）设置自定义刷新周期；

3）查看数据刷新服务是否按照指定周期推送正确的数据。

（2）预期结果：数据按照指定周期正确推送。

3. 支持客户端并发访问

（1）调试方法。

1）同样的订阅数据：

a.利用多个数据刷新服务模拟客户端程序订阅同样的实时数据或利用多个人机浏览器打开同样的实时数据画面；

b.查看数据刷新服务是否推送正确的数据到所有客户端。

2）不同的订阅数据：

a.利用多个数据刷新服务模拟客户端程序订阅不同的实时数据或利用多个人机浏览器打开不同的实时数据画面；

b.查看数据刷新服务是否推送正确的数据到所有客户端。

（2）预期结果：

1）同样的订阅数据能正确推送到所有客户端；

2）不同的订阅数据能正确推送到所有客户端。

4. 数据刷新服务的输入、输出满足规范要求

（1）调试方法：

1）利用数据刷新服务模拟客户端程序订阅实时数据或利用人机浏览器打开实时数据画面；

2）查看客户端的输入、客户端接收到的服务端输出是否符合规范。

（2）预期结果：输入、输出符合规范。

（九）跨区协同

跨区协同功能为系统内部安全Ⅰ区与安全Ⅳ区的运行监控与业务应用提供跨区协同的通用处理，包括模型数据同步、实时数据同步、实时告警同步、文件双向同步、商用数据库数据同步、网页形式发布等功能。

1. 模型数据同步

（1）调试方法：验证模型数据是否具备同步功能，安全Ⅰ区对模型数据进行新增、修改、删除操作，通过商用数据库查看界面检查操作结果是否同步至安全Ⅳ区商用数据库。

（2）预期结果：安全Ⅳ区商用数据库能够接收模型数据。

2. 实时数据同步

（1）调试方法：验证实时数据是否具备同步功能，配置实时数据从安全Ⅰ区向安全Ⅳ区同步，查看安全Ⅰ区变化数据是否同步到安全Ⅳ区。

（2）预期结果：安全Ⅳ区实时数据库能够接收实时变化数据。

3. 实时告警同步

（1）调试方法：验证实时告警数据是否具备同步功能，在安全Ⅰ区模拟遥信变位告警，查看安全Ⅳ区关系数据库中的告警表是否新增模拟的告警数据，时标是否与安全Ⅰ区一致。

（2）预期结果：安全Ⅳ区商用数据库能实时接收实时告警数据。

4. 文件双向同步

（1）调试方法：

1）在安全Ⅰ区使用文件传输工具发送指定文件到安全Ⅳ区，在安全Ⅳ区使用文件查看工具查看文件是否接收成功；

2）在安全Ⅳ区使用文件传输工具发送指定文件到安全Ⅰ区，在安全Ⅰ区使用文件查看工具查看文件是否接收成功。

（2）预期结果：安全Ⅳ区能够接收到安全Ⅰ区的同步文件，安全Ⅰ区能够接收到Ⅳ区的同步文件。

5. 商用数据库数据同步

（1）调试方法：验证商用数据库是否具备从安全Ⅰ区同步至安全Ⅳ区的功能，使用商用数据库数据表同步工具，配置安全Ⅰ区指定业务应用分析生成的历史数据表同步至安全Ⅳ区，在安全Ⅳ区商用数据库中查看数据是否同步成功。

（2）预期结果：安全Ⅳ区商用数据库能实时接收安全Ⅰ区数据。

6. 网页形式发布

（1）调试方法：验证是否支持网页形式发布集控系统的厂站图、间隔图；在安全Ⅳ区网页输入链接后，能够展示集控系统的厂站图与间隔图，画面内容与安全Ⅰ区一致。

（2）预期结果：安全Ⅳ区通过浏览区网页能够查看厂站图、间隔图。

（十）系统备份与恢复

系统备份与恢复功能为系统内部工作站和服务器上的文件及数据提供快速便捷的备份/恢复处理手段，包括文件备份/恢复、数据备份/恢复等功能。

1. 系统支持文件备份和恢复工具

（1）调试方法：打开备份和恢复工具，可以看到备份和恢复Tab页。

（2）预期结果：可以看到备份和恢复Tab页。

2. 文件备份和恢复目录对象可通过配置文件配置

（1）调试方法：在配置文件中添加测试目录，打开系统备份和恢复工具，可看到文件备份/恢复的对象。

（2）预期结果：打开系统备份和恢复工具，可看到工作站与服务器的文件备份/恢复的对象。

3. 文件备份和恢复工具支持备份和恢复功能

（1）调试方法：

1）备份界面中备份可选目录下选择测试目录，单击创建全备份；

2）查看在树形结构"最近备份点"下新增备份名称；

3）在测试机本地系统备份恢复特定目录下看到新创建的备份；

4）恢复界面中，本地备份点下选择测试目录，单击恢复备份。

（2）预期结果：所选目录备份成功；恢复到临时目录下成功。

4. 备份恢复支持日志记录

（1）调试方法：打开日志文件目录，可查看到备份恢复日志文件。

（2）预期结果：在日志文件中可查看到备份恢复日志。

5. 具备图形化管理工具

（1）调试方法：

1）运行命令启动系统商用数据库备份工具；

2）查看点击左边功能树；

3）具备参数配置、备份类型和商用数据库恢复等功能。

（2）预期结果：工具正常启动。

6. 提供备份电网设备模型和历史数据功能

（1）调试方法：

1）电网设备模型备份：

a.启动系统商用数据库备份工具；

b.点击左侧"备份类型"和"模型数据"；

c.在右边的模型数据列表中选择备份的电网设备模型；

d.点击"开始备份"按钮，选择保存目录，备份电网设备模型。

2）历史数据备份：

a.启动系统商用数据库备份工具；

b.点击左侧"备份类型"和"采样数据"；

c.在右边的采样数据列表中选择"主动周期性采样"中的"SCADA应用"；

d.点击"开始备份"按钮，选择保存目录，开始备份。

（2）预期结果：能够正确备份电网设备模型、历史数据。

7. 查看备份和恢复任务结果日志

（1）调试方法：

1）登录应用主机，进入备份存储目录；

2）分别查看备份和恢复任务结果日志。

（2）预期结果：日志正确记录信息。

8. 备份和恢复模型表

（1）调试方法。

1）备份模型表：

a.启动系统商用数据库备份工具；

b. 点击左侧"备份类型"和"模型数据";

c. 在右边的模型数据列表中选择备份的模型表;

d. 点击"开始备份"按钮,选择保存目录,备份电网设备模型。

2)恢复模型表:

a. 启动系统商用数据库备份工具;

b. 界面左边选择"商用数据库恢复";

c. 右边界面点击"打开描述文件"按钮,选择恢复的描述文件,点击"打开"按钮;

d. 点击"开始数据恢复"按钮,恢复模型表。

(2)预期结果:备份和恢复模型表成功。

9. 基于日备份和恢复历史数据

(1)调试方法。

1)备份历史数据:

a. 启动系统商用数据库备份工具;

b. 点击左侧"备份类型"和"采样数据";

c. 在右边的"采样数据列表",选择"主动周期性采样"中的"SCADA应用";

d. 选择"时段选择"按钮,输入时间;

e. 点击"开始备份"按钮,选择保存目录,开始备份。

2)恢复历史数据:

a. 启动系统商用数据库备份工具;

b. 界面左边选择"商用数据库恢复";

c. 右边界面点击"打开描述文件"按钮,选择恢复的历史数据的描述文件,点击"打开"按钮;

d. 点击"开始数据恢复"按钮,恢复历史数据。

(2)预期结果:基于日备份和恢复历史数据成功。

(十一)公共服务

1. 文件服务

文件服务是对网络范围内的文件实行统一管理的公用服务,提供远程访问目录和文件的功能,包括文件传输、文件管理、目录管理和文件加锁,可进行文件的创建、更新、删除、读写等操作。除常规的操作功能外,还应提供文件版本的比对、同步更新功能。

(1)文件管理。

1)调试方法:

a. 客户端访问文件服务,创建新文件;

b. 客户端访问文件服务,修改保存文件;

c. 客户端访问文件服务,查看原始文件、版本文件的文件信息,如文件大小、文件版本号等;

d. 客户端访问文件服务,删除原始文件、版本文件。

2）预期结果：可以达到预期效果。

（2）文件版本。

1）调试方法：

a.客户端访问文件服务，修改保存文件的同时，提交版本，将本次修改另提交保存为版本文件；

b.客户端访问文件服务，获取原始文件及版本文件的文件内容。

2）预期结果：可以达到预期效果。

（3）文件加锁。

1）调试方法：

a.客户端访问文件服务，对文件进行加解锁；

b.客户端访问文件服务，在文件修改时利用文件锁实现互斥操作。

2）预期结果：可以达到预期效果。

（4）文件存储及访问。

1）调试方法：

a.文件支持一主多备的安全存储；

b.客户端无须关心文件服务运行节点就可以访问文件服务，体现透明性访问。

2）预期结果：可以达到预期效果。

（5）目录管理。

1）调试方法：

a.客户端访问文件服务，创建新目录；

b.客户端访问文件服务，复制已存在目录；

c.客户端访问文件服务，查询目录内子文件及一级子目录信息；

d.客户端访问文件服务，删除空目录；

2）预期结果：可以达到预期效果。

（6）文件广域传输。

1）调试方法：客户端访问文件服务，将画面等文件由安全Ⅰ区传输至安全Ⅱ区。

2）预期结果：可以达到预期效果。

（7）正向文件同步功能。

1）调试方法：支持安全Ⅰ区到安全Ⅳ区画面文件的正向同步。

2）预期结果：可在安全Ⅳ区看到安全Ⅰ区传输的画面文件。

（8）目录级文件过滤同步功能。

1）调试方法：安全Ⅰ区到安全Ⅳ区画面文件的正向同步中，支持配置同步目录，只同步配置的目录，过滤其他未配置的目录。

2）预期结果：未配置的目录未被传送到安全Ⅳ区。

2. 日志服务

日志服务能统一进行日志信息的存储管理，具有日志写入功能，可根据配置要求确定日志信息的处理方式。

（1）日志存储与访问。

1）调试方法：

a.查看生成的日志文件是否存储在统一目录，文件名是否由日志服务自动生成；

b.多个进程并发记录日志。

2）预期结果：

a.生成的日志文件存储在统一目录，文件名由日志服务自动生成；

b.支持多个进程对日志文件的并发访问。

（2）日志按大小转储。

1）调试方法：查看日志文件转储的大小上限的配置，日志文件是否按配置大小自动滚动存储日志。

2）预期结果：文件大小滚动存储日志文件，且文件转储的大小上限可配置。

（3）日志格式管理。

1）调试方法：

a.查看记录的日志是否具有统一格式；

b.查看记录的日志是否具有日志等级，是否可根据日志等级区分日志的紧要程度。

2）预期结果：记录的日志消息具有统一格式，记录的日志消息具有日志等级。

3. 安全认证服务

安全认证服务为业务应用提供安全认证和数据加/解密功能，其中操作控制服务必须使用安全认证服务。

（1）模块和服务的安全认证。

1）调试方法：

a.使用测试工具尝试连接安全认证服务，观察终端输出结果；

b.选择一项功能模块或服务调用安全认证接口，检查是否具备安全认证功能。

2）预期结果：能正常连接安全认证服务，并且终端输出"认证成功"。

（2）数据加/解密。

1）调试方法：

a.使用测试工具模拟发送一条不加密的请求，观察终端输出结果，检查是否可以看到请求明文信息；

b.使用测试工具模拟发送一条加密的请求，观察终端输出结果，检查是否可以看到加密请求信息。

2）预期结果：

a.终端输出结果可以显示请求明文信息；

b.终端输出结果可以显示加密请求信息。

（3）防重放功能。

1）调试方法：使用测试工具抓取数据包，在30s之内重新发送该条数据包，检查是否能够识别通信数据合法性，检查是否能够拒绝响应。

2）预期结果：终端输出"nonce已存在"，并且服务端能够识别通信数据合法性，能够拒绝响应。

（4）防篡改功能。

1）调试方法：使用测试工具将抓取数据包，更改数据包中的请求报文内容，重新发送该条数据包，检查是否能够识别通信数据合法性，是否能够拒绝响应。

2）预期结果：终端输出"安全报文签名验签失败"，并且服务端能够识别通信数据合法性，能够拒绝响应。

（5）安全消息传输。

1）调试方法：使用消息类业务认证加密接口启动消息总线，客户端模拟发送一个数据加密请求，检查消息代理是否可以正常进行加密。

2）预期结果：消息代理能够接收到加密请求，并对信息正确加密。

（6）安全服务调用。

1）调试方法：使用服务类业务认证加密接口启动服务总线，客户端模拟发送一个服务加密请求，检查服务端是否可以正常收到服务响应，并进行解密。

2）预期结果：服务端能够接收到加密请求，并对信息正确解密。

4. 文语服务

提供文字转成语音文件功能。

（1）文字转语音功能。

1）调试方法：进入监控告警窗，打开语音告警播放功能，使用模拟工具发送一条模拟分闸告警，查看系统是否将告警内容转换为语音播报。

2）预期结果：语音播报成功，支持文字转语音文件功能。

（2）文语服务接口。

1）调试方法：进入文语服务测试工具，在工具界面测试合成语音文件，在工作站对应目录下找到语音文件并播放，查看能否播放成功。

2）预期结果：语音文件合成成功，支持语音合成接口。

三、基础支撑功能调试

（一）数据采集与交换

1. 数据采集功能

支持对变电站一次设备、二次设备以及辅助设备等数据的采集和处理；支持下发对变电站的远方控制、调节和参数设置等命令，在正常数据召唤和传送时，如有控制命令需要传送，优先处理控制命令；支持二进制或BCD码模拟量的采集，支持系数及偏移量的处理；支持同时召唤同一变电站不同通道数据；支持从安全 I 区实时网关机接收数据、下发控制操作指令；支持从安全 II 区服务网关机订阅数据、召唤文件、下发控制操作指令；支持DL/T 634.5104、DL/T

860通信报文协议；对于所实现的通信协议，同时支持客户端/服务器的角色；对于每一类数据和通信协议，最大支持8个目的地址的配置，最大支持8条链路并行转发；能通过多种/多个远动通道采集同一变电站的数据，支持进行优先级设置和数据处理；支持与时间同步装置的对时功能。

（1）变化遥测。

1）调试方法：

a.在RTU上设置一个遥测值，观察前置通信界面上数据是否一致；

b.使遥测值发生变化，观察相应遥测值是否也发生变化。

2）预期结果：RTU发送的遥测值与实时量测查看工具中显示的遥测值一致。

（2）遥信变位。

1）调试方法：

a.在RTU上设置一个遥信值，观察前置通信界面上数据是否一致；

b.使遥信值发生变化，观察相应遥信值是否也发生变化。

2）预期结果：RTU发送的遥信值与实时量测查看工具中显示的遥信值一致。

（3）遥信参数处理。

1）调试方法：

a.实时数据库工具修改前置遥信定义表的"极性"；

b.通过实时量测查看工具观察遥信值的变化。

2）预期结果：

a.极性设置为"正极性"时，遥信值与RTU上送值相同；

b.极性设置为"反极性"时，遥信值与RTU上送值相反。

（4）总召唤（非DL/T 860规约）。

1）调试方法：

a.前置通信厂站表中设置"总召唤周期"；

b.观察是否按时总召唤；

c.打开前置报文显示界面工具，选择通信正常的通道，点击"召唤数据"下的"全数据"，观察前置有没有下发"总召唤"命令。

2）预期结果：

a.系统按照设置的总召唤周期，定时间隔发送总召；

b.通过前置报文显示能够手工召唤RTU全数据。

（5）遥测系数处理。

1）调试方法：

a.通道表遥测类型域选择"计算量"；

b.前置遥测定义表中设置一个遥测量的"系数"和"基值"；

c.在RTU上模拟该遥测量的值，通过实时量测查看工具观察该遥测值变化是否正确。

2）预期结果：遥测值变化正确。

注：遥测值＝接收遥测值 × 遥测系数 + 基值。

（6）遥测归零值处理。

1）调试方法：

a.前置遥测定义表中设置一个遥测量的"归零值"；

b.在RTU上设置该遥测量的值，大小在归零值范围内，观察该遥测量的值变化是否正确；

c.在RTU上设置该遥测量的值，大小在归零值范围之外，观察该遥测量的变化是否正确。

2）预期结果：

a.当RTU上送遥测在归零值范围内，遥测值显示为零；

b.当RTU上送遥测在归零值范围外，遥测值显示与上送值相同。

（7）死区处理。

1）调试方法：

a.前置遥测定义表中，设置一个遥测量的"死区值"；

b.在RTU上模拟该遥测量的值，使新的遥测值与上一帧的遥测值的差的绝对值小于"死区值"，观察画面数据是否变化；

c.模拟遥测量，使新的遥测值与上一帧的遥测值的差的绝对值大于"死区值"，观察画面数据是否变化。

2）预期结果：

a.新的遥测值与上一帧的遥测值的差的绝对值小于死区值，前置不向SCADA（数据采集与监控系统）发送新的变化数据，SCADA遥测值不发生变化；

b.新的遥测值与上一帧的遥测值的差的绝对值大于死区值，前置向SCADA发送新的变化数据。

（8）过滤突变百分比。

1）调试方法：

a.设置前置遥测定义表中一个遥测量的"突变百分比"（如需要设置为20%，则输入20）；

b.在RTU上模拟该遥测量的值，使该值与上一帧数据的突变百分比超出设定的"突变百分比"；

突变百分比的计算方法：│变化差值/上一帧的数据│ × 100%。

c.通过实时量测查看工具观察前置数据是否变化。

2）预期结果：前置收到超过设置的"突变百分比"的突变值，不往SCADA发送，SCADA数值不变（前置会缓存突变值，当计算下一帧数据的突变百分比时，该突变值作为上一帧的数据）。

（9）遥测参数处理。

1）调试方法：

a.实时数据库工具修改前置遥测定义表的"极性"；

b.通过实时量测查看工具观察遥测值的变化。

2）预期结果：

a.极性设置为"正极性"时，遥测值与RTU上送值相同；

b.极性设置为"反极性"时，遥测值与RTU上送值相反；

c.极性设置为"绝对值"时，遥测值取绝对值。

（10）可控性判定。

1）调试方法：

a.前置通信厂站表，是否允许遥控置为"否"，选择断路器操作，查看是否允许遥控；

b.选择一工况退出厂站，查看是否允许遥控。

2）预期结果：

a.通信厂站表中"是否允许遥控"为"否"时，该厂站设备不允许遥控；

b.通信厂站"工况退出"时，不允许调控。

（11）普通遥控。

1）调试方法：画面点击遥控操作，遥控类型为"普通遥控"的设备执行控制操作流程。

2）预期结果：

a.能够按照普通遥控流程（遥控预置—返校成功—遥控执行）顺利完成操作，无出错提示；

b.画面控制位置更新正确。

（12）设点、遥调。

1）调试方法：画面点击支持设点、遥调设备操作。

2）预期结果：

a.点击"设点"后，设点成功，站端上送设点值；

b.点击"遥调"后，遥调成功，按照遥调预期，值发生变化。

（13）直接遥控。

1）调试方法：画面点击遥控操作类型为直接遥控的设备，执行遥控操作。

2）预期结果：点击"遥控执行"后，自动下发遥控执行。

（14）召唤厂站下辖通道数据（非DL/T 860规约）。

1）调试方法：使用前置报文浏览工具，开多个人机，选择同一厂站下多个通道，点击"总召唤命令"。

2）预期结果：下辖通道，响应总召唤命令，发出总召唤命令。

（15）订阅数据、召唤文件、下发控制操作指令（DL/T 860规约）。

1）调试方法：安全Ⅱ区前置报文查看工具，通道类型选择"IEC 61850客户端"，通道类型为"网络"，端口号按实际填写；根据后台各应用请求操作，控制操作、召唤文件。

2）预期结果：可从860通道解析数据，发送给后台应用展示。

（16）规约数据多向性。

1）调试方法：选择同一规约的不同类型，以IEC 104规约为例。选择IEC 104规约和IEC 104转发规约，观察数据通信情况。

2）预期结果：

a. IEC 104规约可以接收站端数据；

b. IEC 104 转发规约向外系统发送数据。

（17）多目的IP地址。

1）调试方法：通道表中网络描述一～八填写不同IP地址，可以使通道一～八都正常通信，接着使通道一～八对应IP地址不能正常通信。

2）预期结果：寻找可以通信的IP地址进行通信。

（18）多链路转发。

1）调试方法：可以新建8个转发厂，下辖通道选择实际可正常通信地址；转发数据表中准备模型，将同一数据复制8份，每份记录选择1个转发厂。（是否按通道转发应结合各自现场情况。）

2）预期结果：数据可以通过8个转发厂同时转发至外系统。

（19）接入多种规约数据。

1）调试方法：通道表中规约选择调试规约，通过配置通道优先级调试数据处理。

2）预期结果：多通道配置相同除通道优先级不同，优先级越小，通道值班。

（20）时间同步。

1）调试方法：将前置机与授时装置之间时间差设置相差几分钟（最大时差不能超1h，每对上1s的时间需花费较长时间，注意效率）。

2）预期结果：接收授时的机器与授时机器时间保持一致。

2. 数据交换功能

支持备用系统之间、集控系统与其他系统之间的横向与纵向数据交互；数据交换功能支持跨平台、跨安全区；自动记录与数据交换有关的运行信息；具备主备冗余机制。

（1）文件传输任务管理。

1）调试方法：通过实时数据库工具打开SCADA应用文件传输OSB任务表，进行任务维护管理。

2）预期结果：

a. 支持对符合 Web Service 服务总线规范的文件传输任务记录新增、修改、删除维护；

b. 支持任务标识、运行方式（推送文件客户端/接收文件服务端）、扫描目录、接收服务URL（网络地址）、存储目录、文件名特征值、任务间隔等任务属性配置。

（2）文件接收。

1）调试方法：在文件传输任务表新增文件接收任务并指定任务名称，设置WS方式为服务端，配置和文件推送客户端接口约定的动词（created）、名词（apptaskdesc）；设置服务运行端口（如12905）、本任务接收文件的存储目录等。

2）预期结果：

a. 通过 netstat -na|grep 12905 命令查看该文件接收任务服务是否正常自动启动；

b. 支持文件推送客户端正常请求；

c. 支持任意业务数据文件正确存储到设置的本地存储目录下；

d. 打开文件验证文件内容是否正确。

（3）文件推送。

1）调试方法：文件传输任务表新增文件发送任务并指定任务名称，设置WS方式为客户端，配置和文件接收服务端接口约定的动词（created）、名词（apptaskdesc）；设置访问对方服务端的URL（如http://127.0.0.1:12905）、本任务扫描目录、文件名特征值等。

2）预期结果：

a.支持自动启动文件推送任务客户端并能正常访问文件接收服务；

b.支持将设置扫描目录下任意业务数据文件读取并推送到文件接收服务；

c.支持根据文件名特征值过滤文件进行发送。

（4）传输任务运行日志。

1）调试方法：在系统指定文件目录下查看当日运行日志文件。

2）预期结果：

a.支持数据交换通用文件传输的任务运行信息记录；

b.日志具备客户端类型任务运行状况记录；

c.日志具备服务端类型任务运行状况记录。

3. 数据采集管理

提供数据采集通道及通信链路的监视功能和维护功能。

（1）实时工具。

1）通过厂站号查找厂站，通过通道号查找通道。

a.调试方法：

a）输入厂站号进行快速定位厂站；

b）输入通道号进行快速定位通道。

b.预期结果：能够快速、准确定位所要查找的厂站和通道。

2）通过厂站名查找厂站，通过通道名查找通道。

a.调试方法：输入厂站名或通道名快速定位厂站或通道。

b.预期结果：能够快速、准确定位所要查找的厂站和通道。

3）上、下行切换显示。

a.调试方法：

a）点击界面上行选项，观察报文情况；

b）点击界面下行选项，发送全数据，观察报文情况；

c）点击界面上下行选项，观察报文情况。

b.预期结果：报文可分上、下行显示，或者同时上、下行显示。

4）报文暂停。

a.调试方法：

a）点击界面"暂停报文显示"按钮；

b）点击界面"恢复报文显示"按钮。

b.预期结果：

a）点击"报文暂停显示"按钮报文暂停，工具底部报文显示状态为"暂停显示"，且字体颜色为红色；

b）点击"报文恢复显示"按钮，可恢复报文显示，工具底部报文显示状态为"连续显示"，字体颜色为白色。

5）报文存文件。

a.调试方法：

a）点击界面"报文保存"按钮；

b）设置报文保存时间范围；

c）取消保存。

b.预期结果：

a）系统指定目录下有保存的报文文件；

b）工具底部报文保存状态为"保存中"，且字体颜色为红色；

c）取消保存后，工具底部报文保存状态为"未保存"，字体颜色为白色。

6）报文翻译。

a.调试方法：点击界面"翻译报文"按钮，观察是否正确。

b.预期结果：正确翻译报文。

7）清屏。

a.调试方法：点击界面"清屏"按钮。

b.预期结果：报文显示区域的报文被清除。

8）分类显示。

a.调试方法：点击界面"分类显示"下拉菜单，观察是否正确。

b.预期结果：报文按照所选择的类别正确显示。

9）召唤数据。

a.调试方法：点击界面"召唤数据"按钮进行分类召唤。

b.预期结果：正确分类召唤数据。

10）查找报文。

a.调试方法：

a）输入查找报文；

b）取消查找报文。

b.预期结果：

a）查找到所输入的报文，且红色标记；

b）工具底部报文查找状态为"查找中"，且字体自动刷新为红色；

c）取消查找后，报文查找状态为"未查找"，字体自动刷新为白色。

11）通道状态实时显示。

a.调试方法：观察变化。

b.预期结果：图标红色表示退出、绿色表示投入，能够正确显示厂站和通道的状态变化。

12）显示当前日期、时间。

a.调试方法：查看底部当前时间，与打开此工具的本机时间、日期比较是否一致。

b.预期结果：显示的日期、时间与本机节点一致。

（2）通道工况告警（非DL/T 860规约）。

1）值班通道的选择。

a.调试方法：

a）模拟一个厂站接入两个通道，正常情况时，观察同一厂站通道的值班、备用情况；

b）人工修改备用通道的日运行率，查看两条通道的值班备用情况；

c）当日运行率相同的情况下，人工修改备用通道的中断次数，查看两条通道的值班备用情况；

d）人工退出某一厂站的值班通道，观察备用通道是否转值班；

e）观察告警。

b.预期结果：

a）正常情况下，前置根据通道的优先级和质量码进行值班通道的选择；

b）人工修改日运行率，日运行率高的通道切换为值班通道；

c）在日运行率相同的情况下，人工修改通道的中断次数，中断次数少的通道值班；

d）值班通道退出，备用通道转为值班；

e）告警窗有通道状态改变的告警信息；

f）告警查询有通道状态改变的告警记录。

2）厂站投退。

a.调试方法：

a）停掉一个厂站的所有通道，观察厂站投退情况；

b）投入一个通道，观察厂站的工况；

c）观察告警。

b.预期结果：

a）停掉厂站所有通道，通信厂站退出；

b）投入一个通道，通信厂站投入；

c）告警窗有通信厂站投入、退出告警；

d）告警查询能查询到厂站通道工况改变的告警记录。

3）通道优先级的处理监视。

a.调试方法：

a）选择一运行正常的多通道厂站，改变通道的优先级，观察通道值班/备用是否切换；

b）观察告警记录。

b.预期结果：

a）运行正常的通道，优先级高（1级最高）的作为值班通道；

b）告警窗有通道切换的相关告警；

c）能查询到通道状态切换的告警记录。

（3）前置机状态的告警。

a.调试方法：

a）停掉一个重要进程，模拟前置机故障，观察机器状态；

b）观察告警记录。

b.预期结果：

a）告警窗有进程退出和前置机状态改变的告警记录；

b）前置机状态转为故障，能够查询到告警记录。

（4）数据同步。

1）数据库同步。

a.调试方法：

a）观察各前置节点上各通道的遥测数据及其数据状态是否一致；

b）观察各个前置节点上各通道的遥信状态及其数据状态是否一致。

b.预期结果：所有前置节点上各通道数据一致。

2）变化数据的同步。

a.调试方法：

a）模拟站端发送遥信变位，观察所有前置服务器上的数据是否同步；

b）模拟站端发送变化遥测，观察所有前置服务器上的数据是否同步。

b.预期结果：各台前置服务器接收的变化数据同步。

（5）工作状态统一。

1）机器状态的统一。

a.调试方法：

a）观察正常情况下各机器上的状态是否一致；

b）改变一台机器状态，观察各机器上的状态是否一致。

b.预期结果：各台前置服务器上前置状态正确同步。

2）通道状态的统一。

a.调试方法：

a）观察正常情况下各机器上的通道状态是否一致；

b）改变一个通道状态，观察各机器上的反应是否一致。

b.预期结果：各台前置服务器监视的通道状态正确同步。

3）厂站状态的统一。

a.调试方法：

a）观察正常情况下各机器上的厂站状态是否一致；

b）改变一个厂站状态，观察各机器上的反应是否一致。（注：不要通过对通信厂站人工封锁的方式改变厂站状态。）

b.预期结果：各台前置服务器的厂站状态正确、同步。

4）同步响应人工设置状态。

a.调试方法：

a）在前置画面上人工封锁值班或备用一个通道，观察各机器上的状态是否同步；

b）在前置画面上解除封锁，观察各机器上的状态是否同步；

c）在前置画面上优先连接A机或者其他前置机，观察通道是否连接前置机与设置一致，观察各机器上的状态是否同步（此功能仅支持IEC 104规约）。

b.预期结果：各台前置服务器的通道状态正确同步。

（6）维护工具（非DL/T 860规约）。

1）查找厂号（通道号）。

a.调试方法：

a）手工启动实时量测查看工具界面；

b）输入厂号，能够找到所要查找的厂站；

c）输入通道号，能够找到所要查找的通道。

b.预期结果：正确定位所要查找的厂站和通道。

2）查找厂名。

a.调试方法：

a）输入厂名（拼音简称），能够找到所要查找的厂站；

b）输入通道名（拼音简称），能够找到所要查找的通道。

b.预期结果：正确定位所要查找的厂站和通道。

3）通道状态实时显示。

a.调试方法：

a）观察界面中通道状态是否正确；

b）改变通道状态，观察界面中通道状态的变化。

b.预期结果：界面正确显示通道状态的改变。

4）按照点号排序。

a.调试方法：

a）打开实时量测查看工具，点击左侧任意厂站名称；

b）点击遥测或者遥信"通道/点号"这一列的表头；

c）查看遥测或者遥信量是否按照点号排序。

b.预期结果：按照点号排序正确。

5）参数重载。

a.调试方法：

a）在前置遥测遥信定义表中修改某一条记录的相关参数；

b）打开实时量测查看工具，点击界面上"参数重载"，查看是否正确更改。

b.预期结果：实时量测查看工具正确重载修改的参数。

6）差异。

a.调试方法：

a）在实时量测查看工具界面上选中一个有多通道的通信厂站，输入差别百分比值；

b）观察遥测和遥信是否显示差异。

b.预期结果：

a）大于差别百分比的遥测量（两个通道同一记录遥测值的差值/前一个通道遥测值），以红色显示差异；

b）状态不一致的遥信量，以红色显示差异。

7）实时数据保存。

a.调试方法：点击实时量测查看工具界面上的"实时数据保存"按钮。

b.预期结果：实时数据保存到系统指定目录下。

（7）右键菜单操作。

1）调试方法：选择任意前置图形，前置厂站工况图元、前置通道工况图元、空白处点击右键，查看右键菜单项是否可以正确使用。

2）预期结果：前置图右键菜单均可以正常使用。

（二）数据处理

1. 模拟量处理

数据处理可实现对模拟量的处理功能，处理对象包括主设备模拟量和辅助设备模拟量。

（1）主设备模拟量处理。

1）数据合理性检查和数据过滤。

a.调试方法：

a）通过实时数据库工具在遥测表定义某个遥测的合理值上、下限为非0；

b）模拟发送该遥测合理范围内（包括合理性上限和合理性下限）的数据，观察画面该遥测值是否更新；

c）模拟发送该遥测合理范围外的数据，观察画面该遥测值是否更新；

d）将系统相关参数设为1，查看数据不合理时，告警窗是否有告警。

b.预期结果：

a）当合理值上、下限为零时，不进行合理性判断；

b）在合理性范围之内（包括合理性上限和合理性下限）的数据，遥测值正确更新；

c）在合理性范围之外的数据，丢弃该数据，实时数据库保留上帧数据，遥测质量码显示"越合理范围"；

d）当参数为1时，告警窗会进行"数据不合理"的告警，告警查询"其他事件/不合理数据"可查询到历史告警。

2）零漂处理。

a.调试方法：

a）选取某个遥测，通过dbi工具在遥测表中设定该遥测的归零值；

b）该遥测所属设备为正常情况下，模拟发送绝对值在归零值范围内数据，观察是否进行零漂处理；

c）该遥测所属设备为充电或退出运行状态下，模拟发送绝对值在归零值范围内数据，观察是否进行零漂处理。

b.预期结果：

a）当所属设备在退出运行和充电状态下，当遥测在设定的归零值范围内（不包括归零值），会进行零漂（清零）处理；

b）当遥测取自断路器表，断路器状态为"分"时，当遥测在设定的归零值范围内（不包括归零值），会进行零漂（清零）处理；

c）当所属设备为正常状态，或断路器量测对应断路器为"合"时，该遥测不进行零漂处理。

3）限值处理—根据限值表的定义判断越限。

a.调试方法：

a）选择已定义限值的遥测量；

b）从模拟站端分别发送该遥测的正常数据、越高限数据、越低限数据；

c）通过告警窗观察越限告警是否正确；

d）通过图形浏览器观察数据颜色显示是否正确；

e）通过图形浏览器观察质量码是否正确；

f）告警查询查看是否登录告警库。

b.预期结果。

a）越限告警：①当高限$n <$数值≤高限$n+1$（$n=1$，2，3），则进行"越上限n"告警；②当数值>高限4，则进行"越上限4"告警；③当低限$n+1$≤数值<低限n，（$n=1$，2，3），则进行"越下限n"告警；④当低限数值<低限4，则进行"越下限4"告警。

b）恢复正常处理（判越限恢复死区）：①遥测当前处于越上限状态时，当低限1≤数值≤（高限1减越限恢复死区值），则恢复"正常"；②遥测当前处于越下限状态时，当（低限1加越限恢复死区值）≤数值≤高限1，则恢复"正常"。

c）告警窗能进行相应级别的告警。

d）画面遥测状态刷新正确，设备颜色状态与色彩配置相符。

e）告警查询电力系统/遥测越限信息，能查询到相关记录。

4）限值处理—支持时段曲线限值。

a.调试方法：

a）选择已定义限值的遥测量，限值表中限值类型选为"时段限值"；

b）在时段限值定义表中，定义各时段的限值/事故限值；

c）打开时段表，确定当前时间所处的时段；

d）观察限值表中高限1和低限1是否为时段限值表中对应时段的上、下限值；

e）观察限值表中高限2和低限2是否为时段限值表中对应时段的事故上、下限值；

f）查看是否能够按照本节遥测越限基本处理调试用例进行处理。

b.预期结果：

a）当限值类型为时段限值时，会实时从时段限值定义表中获取当前时段的上限和下限，并放置在限值表的"高限1"和"低限1"中，还会获取当前时段的事故上限和事故下限，并放置在限值表的"高限2"和"低限2"中；

b）其他处理预期结果同本节遥测越限基本处理限值组数为1时的预期结果一致。

5）限值处理－具备越限延时告警功能。

a.调试方法。

a）选择定义好限值的遥测量，在dbi限值表中，设定"越上限范围""越下限范围""延时时间"（延时时间大于0生效）。

b）将参数limit_delay_type设置为0、1、2，从模拟站端分别模拟该遥测量的数值，使其分别满足：①上限～上限加越上限范围之间，下限减越下限范围～下限之间；②大于上限加越上限范围，小于下限减越下限范围。

越上限后，在延时时间内模拟遥测量使其分别满足：①在上限减越上限范围～上限之间；②下限～上限减越上限范围之间。

越下限后，模拟遥测量使其分别满足：①在下限～下限加越下限范围之间；②下限加越下限范围～上限之间。

c）通过告警窗观察越限告警情况。

d）通过图形浏览器观察数据颜色显示以及质量码是否正确。

e）告警查询查看是否登录告警库。

b.预期结果。

a）采用延时算法，遥测处于正常状态时。当参数limit_delay_type为0或1：①当遥测值在各组上限～各组上限加越上限范围之间，需要等延时时间，如果延时过后，仍然大于各组上限，则马上告警；如果未等到延时时间数据就恢复，则不报越限。②如果遥测值＞各组上限加越上限范围，则立刻进行越限告警。越下限时，同样处理方法。

b）如果遥测已经处于越限状态：①当参数limit_delay_type为1时，恢复正常时不做延时处理；②当参数limit_delay_type为0或2时，恢复正常时需做延时处理。

如遥测处于越上限状态：①如果遥测值≤高限1减越限恢复死区值且在越高限1～越高限1减越上限范围之间，需要等延时时间，如果延时过后，仍然在越高限1～越高限1减越上限范围之间，则马上进行恢复正常告警；如在延时时间之内，遥测值＞越上限1，则不进行恢复正常处理。②如果遥测值≤高限1减越限恢复死区值，且在越低限1～越高限1减越上限范围之间，则马上进行恢复告警处理。越下限时恢复正常，同样处理方法。

c）画面遥测状态刷新正确，设备颜色状态与色彩配置相符。

d）告警查询/电力系统/遥测越限，能查询到相关记录。

6）限值处理－调试系统是否支持遥测越限的事故告警。

a.调试方法：

a）在实时数据库工具限值表中选择一遥测，将其"是否事故"置为"是"；

b）从模拟站端发送数据，使该遥测处于越限状态；

c）查看告警窗告警是否有"事故越限"告警；

d）告警查询查看是否登录告警库；

e）查看是否启动事故追忆。

b.预期结果：

a）系统对于限值表中"是否事故"置为"是"的遥测，一旦越限会按照事故越限进行事故告警；

b）告警查询/电力系统/事故，能查询到相关记录；

c）启动事故追忆。

7）遥测不变化告警。

a.调试方法：

a）模拟器模拟实测量不变化，观察画面遥测量的状态；

b）模拟器模拟实测量为0，打开前置实时量测查看工具观察状态是否为"不变化"，画面遥测量的状态；

c）模拟器模拟数据，使计算量不变化，观察画面遥测量的状态，观察告警窗是否有告警。

b.预期结果：

a）当实测的遥测量在设定的时间（前置通信厂站表"遥测不变化时间"定义，默认180s）不变化，画面遥测会显示"不变化"状态；

b）当0值参与不变化告警标识为1时，0值不参与不变化的处理；

c）当计算量不变化时间超过系统参数最大不变化时间标识设定时间（默认50s），则进行"不变化"告警，同时画面该遥测状态显示为"不变化"；

d）告警查询电力系统/其他事件，能查询到"不变化"告警记录。

8）遥测跳变告警。

a.调试方法：

a）模拟已定义了跳变监视的遥测数据，按变化值判定方式形成跳变的情况；

b）通过告警窗观察跳变告警是否正确；

c）通过图形浏览器观察数据颜色显示以及质量码是否正确；

d）通过告警查询界面查看告警记录。

b.预期结果：

a）对在进行遥测跳变监视的量测，其数值处于在合理上限和合理下限之间，或者合理上限和合理下限为0，进行跳变监视；

b）在跳变时间门槛时间内，任意前后两帧数据之差的绝对值大于变化值门槛，且在保持时间门槛一直保持大于变化值门槛，则进行数据跳变告警，否则不进行跳变告警；

c）遥测判为跳变后，参数检索显示"跳变"状态，超过告警时限恢复正常；

d）告警查询电力系统/其他事件会有跳变告警记录。

9）遥测跳变事故告警。

a.调试方法：

a）将事故跳变定义表中某一量测的"是否事故"置为"是"；

b）模拟该量测，形成跳变；

c）观察告警窗是否形成"事故跳变"告警；

d）通过告警查询界面查看事故告警记录。

b.预期结果：

a）对于"是否事故"为"是"的跳变量测，一旦跳变后，告警窗进行"事故跳变"告警；

b）画面遥测显示为"跳变"状态；

c）告警查询电力系统/事故会有事故跳变告警记录。

10）遥测封锁/解除封锁。

a.调试方法：

a）画面右键操作；

b）模拟变化数据，查看画面数据是否刷新；

c）解除封锁，查看数据是否刷新；

d）告警查询电力系统/遥测操作，是否有相关操作记录；

e）通过采样查询界面查询历史数据，历史保存的数据应为人工封锁值，状态为"封锁"。

b.预期结果：

a）对遥测量封锁后，画面上遥测量显示封锁的数值；

b）封锁后量测不会再刷新，解除封锁后，遥测量刷新为实际数值；

c）告警查询电力系统/遥测操作，有相关操作记录；

d）历史保存的数据为人工封锁值，状态为"封锁"。

11）封锁信息列表显示。

a.调试方法：

a）对遥测量封锁后，可以查看遥测封锁信息列表；

b）能根据该模拟量所属变电站调出相应接线图。

b.预期结果：

a）查看运行监视页面中的封锁信息列表，列表中可以显示各变电站封锁量测数量；

b）选择某一变电站，可以详细显示遥测封锁的信息，如封锁值、操作用户、封锁时间等；

c）在封锁信息列表中点击右键可正确调用对应的变电站接线图。

12）数据质量标识。

a.调试方法：

a）对遥测值进行封锁操作，查看画面中遥测数据显示；

b）模拟线路对端代，查看画面中线路量测数据显示；

c）模拟遥测值越限，查看画面中遥测数据显示；

d）查看未定义点号或通道号定义不完整的遥测数据显示。

b.预期结果：

a）被人工封锁的遥测，画面中遥测数据显示状态为"封锁"；

b）被对端代的遥测，画面中量测数据显示状态为"人工对端代"或"自动对端代"；

c）处于越限状态的遥测，画面中遥测数据显示状态为"越上限x/越下限x"；

d）未定义点号或通道号定义不完整的遥测数据，画面中显示状态为"非实测"。

13）数据存储。

a.调试方法：

a）在采样定义界面中定义遥测数据的采样周期；

b）在大于间隔时间范围下，模拟遥测数据变化；

c）检查历史数据存储周期、历史值是否正确。

b.预期结果：在采样查询界面中查询历史数据，数据存储周期与设置的采样周期一致，采样值与模拟的实时值一致。

（2）辅助设备模拟量处理。

1）数据合理性检查和数据过滤。

a.调试方法：

a）通过实时数据库工具在辅助遥测表或辅助遥测在线监测表定义某个遥测的合理值上、下限为非0；

b）模拟发送该遥测合理范围内（包括合理性上限和合理性下限）的数据，观察画面该遥测值是否更新；

c）模拟发送该遥测合理范围外的数据，观察画面该遥测值是否更新；

d）将相关系统参数设为1，查看数据不合理时，告警窗是否有告警；

e）模拟发送质量码为采集有问题或采集异常的数据，观察画面该遥测值是否更新。

b.预期结果：

a）当合理值上、下限为0时，不进行合理性判断。

b）在合理性范围之内（包括合理性上限和合理性下限）的数据，遥测值正确更新。

c）当相关系统参数设为1时，在合理性范围之外的数据，丢弃该数据，实时数据库保留上帧数据，遥测质量码显示"越合理范围"；当相关系统参数设为0时，刷新遥测值和质量码。

d）当相关系统参数设为0时，坏数据丢弃，不更新遥测值和质量码；当相关系统参数设为1时，坏数据处理，更新遥测值和质量码；当相关系统参数设为2时，不更新遥测值，只更新质量码。

e）当相关系统参数设为1时，告警窗会进行"数据不合理"的告警；告警查询其他事件/不合理数据可查询到历史告警。

2）零漂处理。

a.调试方法：

a）选取某个遥测，通过实时数据库工具在辅助遥测表中或辅助遥测在线监测表中设定该遥测的归零范围；

b）模拟发送绝对值在归零范围内数据，观察是否进行零漂处理；

b.预期结果：当遥测在设定的归零值范围内（不包括归零值），会进行零漂（清零）处理。

3）限值处理－根据限值表定义判断越限。

a.调试方法：

a）选取某个遥测，通过实时数据库工具在辅助遥测表中或辅助遥测在线监测表中设置该遥测的上限预警值、上限告警值、下限预警值和下限告警值（设置0表示不启用）；

b）从模拟站端分别发送该遥测的正常数据、上限预警值数据、下限预警值数据、上限告警值数据、下限告警值数据；

c）通过告警窗观察越限告警是否正确；

d）通过图形浏览器观察数据颜色显示是否正确；

e）通过图形浏览器观察质量码是否正确；

f）告警查询查看是否登录告警库。

b.预期结果。

a）当启用越限判断标识为0时，不启用越限判断；当启用越限判断标识为1时，启动越限判断。

b）越限告警：①当上限预警值＜数值≤上限告警值，则进行"越预警上限"告警；②当数值＞上限告警值，则进行"越告警上限"告警；③当下限告警值≤数值＜下限预警值，则进行"越预警下限"告警；④当低限数值＜下限告警值，则进行"越告警下限"告警。

c）恢复正常处理：当下限告警值≤数值≤上限告警值，则恢复"正常"。

d）当遥测封锁时不判别越限标识为1时，遥测封锁时不判别越限；当遥测封锁时不判别越限为0时，遥测封锁时判别越限。

e）告警窗能进行相应级别的告警。

f）画面遥测状态刷新正确，设备颜色状态与色彩配置相符。

g）告警查询电力系统/遥测越限信息，能查询到相关记录。

4）限值处理－越限延时告警。

a.调试方法：

a）选取某个遥测，在实时数据库辅助遥测表中或辅助遥测在线监测表中设定判越限延时（延时时间大于0生效）；

b）模拟遥测数据越限通过告警窗观察越限告警情况；

c）通过图形浏览器观察数据颜色显示以及质量码是否正确；

d）告警查询查看是否登录告警库。

b.预期结果:

a）当设置有遥测越限延时时，辅助设备遥测在越限时不会立即报警，等待延时时间过后再告警，如果在等待期间遥测越限恢复，则不告警；

b）当设置有遥测越限延时时，辅助设备遥测在越限恢复时不会立即报警，等待延时时间过后再告警，如果在等待期间遥测再次发生越限，则不告警；

c）画面遥测状态刷新正确，设备颜色状态与色彩配置相符；

d）告警查询/电力系统/遥测越限，能查询到相关记录。

5）遥测封锁/解除封锁。

a.调试方法:

a）画面右键操作；

b）模拟变化数据，查看画面数据是否刷新；

c）解除封锁，查看数据是否刷新；

d）告警查询电力系统/遥测操作，是否有相关操作记录；

e）通过采样查询界面查询历史数据，历史保存的数据应为人工封锁值，状态为"封锁"。

b.预期结果:

a）对遥测量封锁后，画面上遥测量显示封锁的数值；

b）封锁后量测不会再刷新，解除封锁后，遥测量刷新为实际数值；

c）告警查询电力系统/遥测操作，有相关操作记录；

d）历史保存的数据为人工封锁值，状态为"封锁"。

6）封锁信息列表显示。

a.调试方法:

a）对遥测量封锁后，可以查看遥测封锁信息列表；

b）能根据该模拟量所属变电站调出相应接线图。

b.预期结果:

a）查看运行监视页面中的封锁信息列表，列表中可以显示各变电站封锁量测数量；

b）选择某一变电站，可以详细显示遥测封锁的信息，如封锁值、操作用户、封锁时间等；

c）封锁信息列表中右键可正确调用对应的变电站接线图。

7）数据质量标识。

a.调试方法:

a）对遥测值进行封锁操作，查看画面中遥测数据显示；

b）模拟线路对端代，查看画面中线路量测数据显示；

c）模拟遥测值越限，查看画面中遥测数据显示；

d）查看未定义点号或通道号定义不完整的遥测数据显示。

b.预期结果:

a）被人工封锁的遥测，画面中遥测数据显示状态为"封锁"；

b）被对端代的遥测，画面中量测数据显示状态为"人工对端代"或"自动对端代"；

c）处于越限状态的遥测，画面中遥测数据显示状态为"越上限x/越下限x"；

d）未定义点号或通道号定义不完整的遥测数据，画面中显示状态为"非实测"。

8）数据存储。

a.调试方法：

a）在采样定义界面中定义遥测数据的采样周期；

b）在大于间隔时间范围下，模拟遥测数据变化；

c）检查历史数据存储周期、历史值是否正确。

b.预期结果：在采样查询界面中查询历史数据，数据存储周期与设置的采样周期一致，采样值与模拟的实时值一致。

2. 状态量处理

数据处理可实现对状态量的处理功能，处理对象包括主设备状态量和辅助设备状态量。

（1）主设备状态量处理。

1）遥信变位。

a.调试方法：

a）由模拟站端模拟变位遥信；

b）通过告警窗观察变位告警是否正确；

c）观察画面的遥信状态是否正确；

d）查看是否登录告警库。

b.预期结果：

a）画面遥信状态刷新正确，设备颜色状态与色彩配置相符；

b）告警窗口有遥信变位记录；

c）告警查询电力系统/遥信变位，记录准确、完整。

2）双位遥信－系统对双位遥信正常变位的处理。

a.调试方法：

a）选择一双位开关，在延迟时间内模拟发送双位遥信的双位置信号，遥信值不同；

b）观察变位告警是否正确；

c）观察画面遥信状态以及遥信质量码是否正确。

b.预期结果：在延迟时间（设备表的"双位延时时间"设置）内收到主辅两个触点的变化信号，且一个信号为合、一个信号为分，系统做正常变位告警处理，画面开关显示主遥信值的状态。

3）双位遥信－系统能否正确处理双位遥信仅收到单位置变位的情况，系统相关参数为1时进行双位错告警处理。

a.调试方法：

a）选择一双位开关，在延迟时间内模拟发送主触点遥信或辅触点遥信的变化数据；

b）观察变位告警是否正确；

c）观察画面遥信状态以及遥信质量码是否正确。

b.预期结果：

a）在延迟时间（设备表的"双位延时时间"设置）内值仅收到主触点或辅触点的变化信号，系统做异常变位处理告警处理，告警窗显示开关合位或开关分位的变位告警；

b）如果变位后造成两个位置信号状态相同，画面遥信状态显示为"双位错"，如果系统参数进行双位错告警处理为1，告警窗进行双位错告警；

c）告警查询电力系统/遥信变位、其他事件，有相应告警记录。

4）双位遥信-系统能否正确处理双位遥信双位错的情况。

a.调试方法：

a）选择一双位开关，在延迟时间模拟发送双位遥信的双位置信号，遥信值相同；

b）观察变位告警是否正确；

c）观察画面遥信状态以及遥信质量码是否正确。

b.预期结果：

a）在延迟时间（设备表的"双位延时时间"设置）内值同时收到主触点和辅触点的变化信号，且遥信值相同，系统做遥信双位错处理，告警窗显示遥信"双位错"的告警；

b）画面开关显示"双位错"状态；

c）告警查询电力系统/其他事件有双位错记录。

5）挂检修牌/停电/封锁设备的变位。

a.调试方法：

a）将SCADA参数分别设置为1和0；

b）分别对断路器在挂牌、停电、封锁状态下进行遥信变位操作，查看告警窗告警和告警查询遥信变位，观察与普通遥信变位告警的区别；

c）修改设备极性，观察告警窗与普通遥信变位告警的区别。

b.预期结果：

a）检修参数设置为1时，对设置了检修牌的设备，告警窗和告警查询遥信变位带（检修）标志（当设备处于封锁状态，不加"检修"标志）；为0时，和普通变位一样，不加（检修）标志。

b）停电参数设置为1时，对于停电设备模拟变位遥信，告警窗和告警查询遥信变位带（停电）标志（当设备处于封锁或挂牌状态，不加"停电"标志）；为0时，和普通变位一样，不加（停电）标志。

c）封锁参数设置为1时，对断路器封锁后，模拟变位遥信，告警窗和告警查询遥信变位带（封锁）标志；为0时，对断路器封锁后，变位遥信丢弃，告警窗无变位告警，告警查询不会进行告警记录。

d）极性参数设置为1时，修改设备极性引起的变位加（参数修改）标志；为0时，不加（参数修改）标志。

e）补报参数设置为1时，SCADA实时数据库状态与前置机上送的全数据比较，状态不同则补报遥信变位，告警信息追加"后台补"。

f）计算参数设置为1时，计算遥信量结果变化，遥信变位告警信息加"计算"。

6）遥信封锁/解除封锁。

a.调试方法：

a）画面右键操作；

b）模拟状态量变位，查看画面数据是否刷新；

c）解除封锁，查看数据是否刷新；

d）告警查询电力系统/遥信操作，是否有相关操作记录；

e）模拟状态量值与封锁值一致，查看系统告警。

b.预期结果：

a）对遥信量封锁后，画面上遥信量显示封锁值；

b）封锁后状态量不会再刷新，解除封锁后，状态量刷新为实际数值；

c）告警查询电力系统/遥信操作，有相关操作记录；

d）当模拟值与封锁值一致时，能给出"量测值与封锁值一致"的提示告警。

7）封锁信息列表显示。

a.调试方法：

a）对状态量封锁后，可以查看状态量封锁信息列表；

b）能根据该状态量所属变电站调出相应接线图。

b.预期结果：

a）查看运行监视页面中的封锁信息列表，列表中可以显示各变电站封锁信息数量（遥测、遥信封锁总数量）；

b）选择某一变电站，可以详细显示状态量封锁的信息，如封锁值、操作用户、封锁时间等；

c）封锁信息列表中右键可正确调用对应的变电站接线图。

8）延时告警。

a.调试方法：

a）将保护信息在保护信号表中的"告警延时时间"（单位s）设置为大于0且小于参数最大信号延时时间设定的数值；

b）从模拟站端发送该信号的动作信号，观察告警窗告警情况；

c）从模拟站端发送该信号的动作信号，在告警延时时间内发送该保护信息的复归信号，观察告警窗是否告警；

d）查看是否登录告警库。

b.预期结果。在系统参数相关参数设置为1后，对于保护信号表中设置了告警延时时间的保护信息：

a）在保护信息动作后，在告警延迟时间内没有收到该保护信息的复归信号，延时时间过后告警窗再进行告警；

b）如果在告警延迟时间内收到了该保护信息的复归信号，则这两条告警信息均不上告警窗，但会进行告警记录；

c）告警查询电力系统/遥信变位，记录准确、完整。

9）三相遥信－调试系统对三相遥信正常变位的处理。

a.调试方法：

a）模拟站端在延迟时间发送三相开关的三相信号，遥信值相同；

b）观察变位告警是否正确；

c）观察画面遥信状态以及遥信质量码是否正确。

b.预期结果：在三相延迟时间内同时收到三相开关的三相位置信号，且遥信值相同，系统做正常变位告警处理。

10）三相遥信－处理三相开关仅收到单相变位的情况。

a.调试方法：

a）模拟站端在延迟时间内发送三相开关的单相变位信号；

b）观察变位告警是否正确；

c）观察画面遥信状态以及遥信质量码是否正确。

b.预期结果：

a）在三相延迟时间（缺省值为3s）未全部收到三相开关的三个单相变位信号，告警窗显示收到的单相信号变位告警；

b）如果变位后造成三个位置信号状态不一致，画面遥信状态显示为"三相不一致"；

c）告警查询电力系统/遥信变位有相应告警记录。

11）三相遥信－处理三相开关三相不一致的情况。

a.调试方法：

a）模拟站端在延迟时间发送三相开关的三相信号，遥信值不同；

b）观察变位告警是否正确；

c）观察画面遥信状态以及遥信质量码是否正确。

b.预期结果：

a）在三相延迟时间内同时收到三相开关的三相位置信号，且遥信值不同，告警窗做"三相不一致"告警处理；

b）画面开关显示"三相不一致"状态；

c）告警查询电力系统/其他事件有三相不一致记录。

12）保护信号动作超时告警。

a.调试方法：

a）将保护信息在保护信号表中的"计时时间"（单位s）设置为大于0；

b）从模拟站端发送该信号的动作信号，观察告警窗告警情况；

c）观察经过计时时间以后，观察告警窗是否有该信号的"时段超时"告警；

ｄ）查看是否登录告警库。

b.预期结果：

ａ）在相关系统参数设置为1后，对于保护信号表中设置了告警计时时间的保护信息，在保护信息动作后，在告警计时时间内没有收到该保护信息的复归信号，则计时时间过后告警窗再进行"时段超时"告警；

ｂ）告警查询电力系统/其他事件，记录准确、完整。

13）保护信号动作频繁告警。

a.调试方法：

ａ）设置保护信息在保护信号表中的"计次时间"（单位ｓ）和"计次限值"为大于0；

ｂ）在计次时间内从模拟站端反复发送该信号的变位信号（分合计为一次），发送次数不小于计次限值，观察告警窗告警情况；

ｃ）观察经过计次时间以后，观察告警窗是否有该信号的"时段超次"告警；

ｄ）查看是否登录告警库。

b.预期结果：

ａ）在系统参数设置为1后，对于保护信号表中设置了告警计次时间和计次限值的保护信息，在告警计次时间内收到该保护信息的变位信号，且变化次数超过计次限值，则告警窗进行"时段超次"告警（分合计为一次，如计次限值为3，则收到010101或10101均会进行"时段超次"告警）；

ｂ）告警查询电力系统/其他事件，记录准确、完整。

（2）辅助设备状态量处理。

1）遥信变位。

a.调试方法：

ａ）由模拟站端模拟变位遥信；

ｂ）通过告警窗观察变位告警是否正确；

ｃ）观察画面的遥信状态是否正确；

ｄ）查看是否登录告警库。

b.预期结果：

ａ）画面遥信状态刷新正确，设备颜色状态与色彩配置相符；

ｂ）告警窗口有遥信变位记录；

ｃ）告警查询电力系统/辅助设备遥信变位，记录准确、完整。

2）挂检修牌/封锁设备的变位。

a.调试方法：

ａ）将SCADA相关参数分别设置为1和0；

ｂ）分别对辅助设备在挂牌、封锁状态下进行遥信变位操作，查看告警窗告警和告警查询遥信变位，观察与普通遥信变位告警的区别；

c）修改设备极性，观察告警窗与普通遥信变位告警的区别。

b.预期结果：

a）对设置了检修牌的设备，告警窗和告警查询辅助遥信变位带（检修）标志（当设备处于封锁状态，不加"检修"标志）。

b）封锁参数设置为1时，对辅助设备封锁后，模拟变位遥信，告警窗和告警查询辅助遥信变位带（封锁）标志；为0时，对辅助设备封锁后，变位遥信丢弃，告警窗无变位告警，告警查询不会进行告警记录。

c）补报参数设置为1时，SCADA实时数据库状态与前置机上送的全数据比较，状态不同则补报遥信变位，告警信息追加"后台补"。

d）计算参数设置为1时，计算遥信量结果变化，辅助遥信变位告警信息加"计算"。

3）遥信封锁/解除封锁。

a.调试方法：

a）画面右键操作；

b）模拟状态量变位，查看画面数据是否刷新；

c）解除封锁，查看数据是否刷新；

d）告警查询电力系统/遥信操作，是否有相关操作记录；

e）模拟状态量值与封锁值一致，查看系统告警。

b.预期结果：

a）对遥信量封锁后，画面上遥信量显示封锁值；

b）封锁后状态量不会再刷新，解除封锁后，状态量刷新为实际数值；

c）告警查询电力系统/遥信操作，有相关操作记录；

d）当模拟值与封锁值一致时，能给出"量测值与封锁值一致"的提示告警。

4）封锁信息列表显示。

a.调试方法：对状态量封锁后，可以查看状态量封锁信息列表。

b.预期结果：

a）查看运行监视页面中的封锁信息列表，列表中可以显示各变电站封锁信息数量（遥测、遥信封锁总数量）；

b）选择某一变电站，可以详细显示状态量封锁的信息，如封锁值、操作用户、封锁时间等。

5）延时告警。

a.调试方法：

a）将遥信信息在辅助设备遥信表中的"告警延时时间"设置为大于0；

b）从模拟站端发送该信号的动作信号，观察告警窗告警情况；

c）从模拟站端发送该信号的动作信号，在告警延时时间内发送该保护信息的复归信号，观察告警窗是否告警；

d）查看是否登录告警库。

b.预期结果：

a）在保护信息动作后，在告警延迟时间内没有收到该保护信息的复归信号，延时时间过后告警窗再进行告警；

b）延时时间内光字牌状态更新，但不闪烁，延时时间过后闪烁；

c）如果在告警延迟时间内收到了该遥信信息的复归信号，则这两条告警信息均不上告警窗，但会进行告警记录；

d）复归之前光字牌状态更新，但不闪烁；

e）告警查询电力系统/辅助遥信变位，记录准确、完整。

6）保护信号动作超时告警。

a.调试方法：

a）将遥信信息在辅助设备遥信表中的"计时时间"（单位s）设置为大于0；

b）从模拟站端发送该信号的动作信号，观察告警窗告警情况；

c）观察经过计时时间以后，观察告警窗是否有该信号的"时段超时"告警；

d）查看是否登录告警库。

b.预期结果：

a）对于辅助设备遥信表中设置了告警计时时间的遥信信息，在保护信息动作后，若在告警计时时间内没有收到该保护信息的复归信号，则计时时间过后告警窗再进行"时段超时"告警；

b）告警查询电力系统/辅助设备其他事件，记录准确、完整。

7）保护信号动作频繁告警。

a.调试方法：

a）设置遥信信息在辅助设备遥信表中的"计次时间"（单位s）和"计次限值"为大于0；

b）在计次时间内从模拟站端反复发送该信号的变位信号（分合计为一次），发送次数不小于计次限值，观察告警窗告警情况；

c）观察经过计次时间以后，观察告警窗是否有该信号的"时段超次"告警；

d）查看是否登录告警库。

b.预期结果：

a）对于辅助设备遥信表中设置了告警计次时间和计次限值的保护信息，在告警计次时间内收到该保护信息的变位信号，且变化次数超过计次限值，则告警窗进行"时段超次"告警（分合计为一次，如计次限值为3，则收到010101或10101均会进行"时段超次"的告警）；

b）告警查询电力系统/辅助设备其他事件，记录准确、完整。

3. 非实测数据处理

非实测数据可由人工输入也可由计算得到，以质量码标注，并与实测数据具备相同的数据处理功能。

（1）调试方法：

1）模拟非实测遥测数据越限，查看数据处理是否正确；

2）系统计算参数设置为1，模拟计算遥信数据变位，查看变位处理是否正确。

（2）预期结果：

1）非实测/计算量可以正确进行越限判断，处理结果与实测数据相同；

2）计算遥信量结果变化，遥信变位告警信息加"计算"标志。

4. 数据质量码

对所有模拟量和状态量配置数据质量码，以反映数据的质量状况。图形界面应能根据数据质量码以相应的颜色显示数据。

（1）调试方法：

1）模拟系统中模拟量、状态量的数据状态，查看画面中数据显示；

2）对模拟量、状态量进行显示颜色的配置，查看画面中遥测数据的颜色是否根据设置正常显示。

（2）预期结果：

1）画面中遥测、遥信数据根据不同状态显示；

2）画面中遥测、遥信数据颜色可以根据色彩配置中设置的颜色正确显示。

5. 旁路替代

能根据网络拓扑以旁路支路的量测值代替被代支路的量测值，作为该点的最终值进行显示，并以数据质量码标示旁路代替状态；提供自动和手动两种旁路代替方式；提供旁路代替结果一览表，可按区域、变电站、量测类型等条件分类显示。

（1）自动旁路代处理。

1）调试方法：

a.选择一个具备旁路母线的厂站，确认图、模、库均正确，前置数据采集正常；

b.在厂站接线图人工设置断路器、隔离开关，形成正常旁路代的接线方式；

c.查看代路量测状态及质量码；

d.查看旁路代结果表，旁代信息是否正确；

e.查看告警窗是否有旁路代告警；

f.告警查询电力系统/旁路代告警，是否有相关告警记录。

2）预期结果：

a.满足正常旁路代条件后，系统能自动将代路量测替换为旁路量测；

b.代路量测质量码为"被旁路代"；

c.旁路代信息写入实时数据库旁路代结果表；

d.告警窗有旁路代告警；

e.告警查询电力系统/旁路代告警，有相关告警记录。

（2）异常旁路代。

1）调试方法：

a.选择一有旁母的厂站，确认图、模、库均正确，前置数据采集正常；

b.在厂站接线图人工设置断路器、隔离开关，形成异常旁路代的接线方式；

c.查看代路量测的状态及质量码；

d.查看旁路代结果表，观察旁代信息是否正确；

e.查看告警窗是否有旁路代异常告警；

f.告警查询电力系统/旁路代告警，是否有相关告警记录。

2）预期结果：

a.在异常旁路代情况下（如有两条线的旁路隔离开关同时合上），代路量测刷新后，代路量测质量码显示为"异常旁路代"，不再进行量测的替代；

b.异常旁路代信息写入实时数据库旁路代结果表；

c.告警窗有旁路代异常告警；

d.告警查询电力系统/旁路代告警，有旁路代异常告警记录。

（3）人工旁路代。

1）调试方法：

a.画面右键对线路设备的遥测值进行人工旁路代操作；

b.查看代路量测状态及质量码；

c.查看旁路代结果表，旁代信息是否正确；

d.查看告警窗是否有旁路代告警；

e.告警查询电力系统/旁路代告警，是否有相关告警记录。

2）预期结果：

a.人工设置旁路代后，系统能自动将代路量测替换为旁路量测；

b.代路量测质量码为"被旁路代"；

c.旁路代信息写入实时数据库旁路代结果表；

d.告警窗有旁路代告警；

e.告警查询电力系统/旁路代告警，有相关告警记录。

（4）旁路代替结果一览表。

1）调试方法：

a.查看运行监视画面中的替代信息界面，查看旁路代替结果一览表；

b.旁路代替结果可按区域、变电站、量测类型等条件分类显示。

2）预期结果：

a.在替代信息界面中可以查看旁路代替结果信息；

b.旁路代替结果按区域、变电站、量测类型等条件分类显示。

6. 对端替代

当线路一端量测值无效时，能以线路另一端的量测值代替，作为该点最终值进行显示，并以数据质量码标示对端代替状态；具备多端线路量测值汇总计算替代功能；提供自动和手动两种对端代替方式；提供对端代替结果一览表，可按区域、变电站、量测类型等条件分类显示。

（1）自动对端代处理。

1）调试方法：

a.选择某一线路，确认两端厂站的前置数据采集均正常；

b.通过前置模拟端中断其中的一个厂站，形成线路一端厂站数据采集异常的情况；

c.通过画面显示观察线路异常端的遥测是否被正常端遥测替代；

d.通过前置模拟端恢复刚才中断的厂站；

e.通过画面显示观察刚才被代的遥测是否恢复，且遥测的质量码是否为"正常"；

f.查看实时数据库对端代结果表内容是否正确；

g.观察告警窗是否有自动对端代告警；

h.告警查询电力系统/其他事件，是否有相应告警记录。

2）预期结果：

a.线路一侧厂站工况退出后，该侧线路量测由线路对端正常的遥测数据替代，替代同时有功功率、无功功率符号取反替代；

b.被代路量测量质量码为"被对侧代"；

c.实时数据库对端代结果表中有自动对端代的记录；

d.告警窗有自动对端代/自动对端代解除告警；

e.告警查询电力系统/其他事件，有相应告警记录。

（2）手动对端代处理。

1）调试方法：

a.在厂站接线图上选择某条线端的有功功率或者无功功率；

b.点选右键菜单"人工对端代"；

c.通过画面显示观察该遥测值是否被对端遥测替代，且遥测的质量码是否为"被对侧代"；

d.点选右键菜单"解除对端代"；

e.通过画面显示观察该遥测是否恢复，且遥测的质量码是否为"正常"；

f.查看对端代结果表对端代信息是否正确；

g.查看告警窗是否有人工对端代或对端代解除告警；

h.告警查询电力系统/其他事件，是否有人工对端代相关记录。

2）预期结果：

a.线路一侧的遥测数据在手动对端代后，被另一侧正常的遥测数据替代；

b.遥测质量码为"被对侧代"；

c.实时数据库对端代结果表中有"人工对端代"的记录；

d.告警窗有人工对端代或对端代解除告警；

e.告警查询电力系统/其他事件，有人工对端代相关记录。

（3）对端代替结果一览表。

1）调试方法：

a.查看运行监视画面中的替代信息界面，查看对端代替结果一览表；

b.查看对端代替结果是否可按区域、变电站、量测类型等条件分类显示。

2）预期结果：

a.在"替代信息"界面中，可以查看对端代替结果信息；

b.对端代替结果按区域、变电站、量测类型等条件分类显示。

7.事件顺序记录

（1）调试方法：

1）模拟发送一、二次设备、辅助设备的事件顺序记录报文；

2）观察告警是否有相应的事件顺序记录，记录应包括记录时间、动作时间、厂站名、事件内容和设备名（毫秒级）；

3）告警查询电力系统/事件顺序记录，是否有告警记录；

4）查询界面能根据类型、变电站、设备、动作时间和接收时间等条件对事件顺序记录分类检索和显示。

（2）预期结果：

1）能正确接收一、二次设备、辅助设备的事件顺序记录报文，记录其动作时间、接收时间、设备名称、事件内容并在告警窗进行告警；

2）告警查询电力系统/事件顺序记录，有对应的事件顺序记录告警记录；

3）查询界面能根据类型、变电站、设备、动作时间和接收时间等条件对事件顺序记录分类检索和显示。

8.动态拓扑分析和着色

网络拓扑着色功能应能根据实时拓扑，确定系统中各种电气设备的带电、停电、接地等状态，并能够将结果在人机界面上用不同的颜色表示出来；还可以由事件启动，即当设备的运行状态发生改变，导致一部分电气元件和电气设备不带电或恢复带电时，可实时分析各设备的带电状态。

（1）动态拓扑着色。

1）调试方法：

a.通过画面浏览器观察不带电的元件用一种颜色表示；

b.通过画面浏览器观察正常带电的元件根据其不同的电压等级分别用不同的颜色表示；

c.在画面人工设置断路器隔离开关，观察拓扑着色是否相应变化。

2）预期结果：设备可以根据拓扑分析的结果，按照色彩配置表电气岛的颜色进行动态着色。

（2）接地开关拓扑着色策略。

1）调试方法：

a.接地开关的拓扑着色方式分别设置为不同值，如0、1、2；

b.观察接地开关的拓扑着色情况。

2）预期结果：

a.接地开关的拓扑着色方式为0时，接地开关与其所在电气岛保持拓扑着色一致；

b.接地开关的拓扑着色方式为1时，接地开关始终为停电色；

c.接地开关的拓扑着色方式为2时，接地开关闭合且所属电气岛为接地岛或可疑接地岛时，接地开关与所属电气岛着色相同，其他状态时接地开关拓扑着色始终为停电色。

（3）可疑量测辨识。

1）调试方法：

a.选择一条线路，模拟该线路开关为分，线路有功功率为正常值；

b.通过画面浏览器打开可疑量测列表观察结果；

c.选择一条线路，模拟该线路开关为合，线路有功功率为0；

d.通过画面浏览器打开可疑量测列表观察结果；

e.选择一条平衡的线路，且两端的母线也平衡，人工设置线路某侧有功功率为不平衡量；

f.通过画面浏览器打开可疑量测列表观察结果；

g.选择一条平衡的线路，且两端的母线也平衡，人工断开线路某一侧所有开关设备；

h.通过画面浏览器打开可疑量测列表观察结果；

i.选择一线路，模拟PQI不一致的情况；

j.通过画面浏览器打开可疑量测列表观察结果。

2）预期结果：对于系统中的可疑量测（仅判断有功功率），量测检查结果表中会有记录。

9. 计算

支持可自定义计算公式，并可从画面上以拖拽方式定义计算操作数；支持加、减、乘、除、三角、对数、逻辑和条件判断等计算，提供常用的计算库，支持如负荷率、变压器挡位、功率因数等常用公式计算。

（1）公式计算。

1）调试方法。

a.公式定义界面定义计算公式，可从画面上以拖拽方式定义计算操作数。

b.定义的公式分别包含以下类型操作数和计算逻辑。

a）整型、实型、字符等数据类型的公式计算。

b）算术运算、逻辑运算、关系运算、选择运算等其他运算。

c）指数、对数、三角、反三角运算、绝对值等标准函数运算。

d）公式运算支持的表达式语句包括循环语句、条件判断语句等复合语句：语句有错误时，公式保存能给出提示；公式中存在直接或间接循环引用关系时，公式保存能给出提示；观察计算结果是否正确；修改公式的计算周期，观察计算结果刷新时间是否正确；定义多级引用关系，查看公式计算结果是否正确。

2）预期结果：

a.系统能根据自定义的公式正确计算，得出计算结果并及时刷新；

b.语句有错误时，公式保存能给出提示；

c.公式中存在直接或间接循环引用关系时，公式保存能给出提示；

d.修改公式的计算周期后，计算结果按照设置的周期进行计算及刷新。

（2）历史数据重算－自动。

1）调试方法：

a. 选择某一参加公式计算的分量，通过采样查询或遥测右键菜单今日曲线，修改采样数据；

b. 查看是否有重新计算的窗口弹出；

c. 选择重新计算后，查看修改时刻的公式结果是否重新计算；

d. 当计算结果超出遥测表中定义的合理性上下限时，查看计算结果是否更新；

e. 告警查询自动化系统/历史数据修改，是否有告警记录。

注：公式结果不能被封锁，封锁后不会进行重新计算；修改的数据和原数值的差≥门槛值/1000才会重新计算，否则不重算。

2）预期结果：

a. 参与计算的公式分量历史采样值修改后，可以选择重新计算，选择后，修改时刻的公式会重新计算，并将公式计算结果写到修改时刻的商用数据库中；

b. 当计算结果超出遥测表中定义的合理性上下限时，计算结果不更新。

（3）历史数据重算－人工。

1）调试方法：

a. 定义公式A，对其所有分量进行分钟级采样（或更高频率的采样）；

b. 通过采样查询修改整分钟的历史数据；

c. 在SCADA服务器上使用命令对公式进行重算。

2）预期结果：

a. 公式结果能够按照指定时间段、指定的间隔和指定的公式进行重算；

b. 不带参数则对所有公式在指定时间内重算，间隔为300s。

10. 责任区与信息分流

支持以设备粒度、变电站粒度、变电站和不同电压等级设备的各种组合关系等将变电设备划分为不同的责任区域，每台工作站能够分配一个或多个已定义的责任区，该工作站应只负责处理所辖责任区内的信息，对每个运维班划分不同的责任区。

（1）切换责任区。

1）调试方法：

a. 在总控台上用具有切换责任区权限的用户登录；

b. 点击责任区选择按钮；

c. 在弹出的对话框中选择责任区；

d. 查看是否切换为所选的责任区；

e. 在总控台上用不具有切换责任区权限的用户登录；

f. 查看登录结果。

2）预期结果：

a. 具有责任区切换功能的用户，可以在总控台上切换所属责任区；

b. 不具有责任区切换功能的用户，无法登录总控台。

（2）信息分流。

1）调试方法：

a.在总控台上选择某个责任区；

b.模拟该责任区内的某个开关/辅助设备遥信变位，查看告警窗是否有相应的告警信息；

c.模拟该责任区外的某个开关/辅助设备遥信变位，查看告警窗是否有相应的告警信息；

d.选择该责任区内的某个开关/辅助设备遥信进行操控、置数、挂牌操作，查看操作是否能够正确执行；

e.选择该责任区外的某个开关/辅助设备遥信进行操控、置数、挂牌操作，查看操作是否能够执行；

f.分别模拟本责任区和其他责任区的主设备/辅助设备计算点越限，查看告警窗是否有相应的告警。

2）预期结果：在总控台上选择责任区后，画面上不能操作不属于本责任区的设备，不属于本责任区的设备告警信息不上该节点告警窗。

（三）图、模维护工具

1. SCD/RCD模型导入

SCD/RCD模型管理功能具备解析SCD模型的功能，并能够提取一次设备、二次设备、辅助设备模型以及测点信息；具备一次设备、二次设备以及拓扑关系导入功能，测点信息能与一次设备、二次设备、辅助设备正确关联，并且能与RCD文件建立映射关系；具备对SCD/RCD文件的版本管理功能；具备对SCD/RCD文件的查询、删除功能；提供其他应用获取模型文件的接口。

（1）SCD模型解析。

1）调试方法：启动导入工具，首先选择建模厂站，然后选择导入的SCD模型。

2）预期结果：

a.界面上可以正确显示一次设备、二次设备、辅助设备解析结果；

b.界面上可以显示装置下的测点信息。

（2）模型导入。

1）调试方法：通过界面上的按钮，首先生成转换后的CIM/E模型，然后通过导入界面完成CIM/E模型导入。

2）预期结果：

a.一次设备、二次设备、辅助设备模型正确导入；

b.一次设备拓扑关系自动生成；

c.根据RCD文件完成所需测点模型导入。

2. 信息点表管理

可根据变电站的RCD文件挑选生成集控系统信息点表；支持信息点的告警等级、告警方式、信号延时、取反等信号属性配置功能，并支持将信息点表及信息属性按需对全表或指定列的导入、导出功能。

（1）生成集控站点表。

1）调试方法：点击"保存点表"按钮。

2）预期结果：

a.点击"保存点表"按钮可以修改前置遥测定义表、前置遥信定义表、下行遥控定义表和下行遥调定义表中对应测点的点号、信号延时、取反；可以修改遥信表中对应测点的告警等级；

b.可以在系统指定路径下生成需要下发给通信网关机的RCD文件。

（2）导出信息点表。

1）调试方法：点击"导出点表"按钮。

2）预期结果：点击"导出点表"按钮可以在系统指定目录下导出显示的信息点表。

（3）导入信息点表。

1）调试方法：点击"导入信息点表"按钮。

2）预期结果：

a.点击"导入信息点表"按钮可以导入原先导出的信息点表；

b.显示信息点表的内容。

3.CIM/E模型导入

提供模型导入工具，能够导入调度系统提供的存量站设备模型，支持一次设备模型、前置模型导入；支持电网拓扑关系模型导入。

（1）CIM/E模型解析。

1）调试方法：启动模型导入工具，选择需要导入的单厂站模型。

2）预期结果：

a.模型正确解析；

b.比较界面可以显示设备个数。

（2）CIM/E模型导入。

1）调试方法：导入设备模型、前置模型、拓扑模型。

2）预期结果：

a.导入模型数量正确；

b.生成相应拓扑关系。

4.图形导入

支持SVG图形导入、二进制文件导入、G格式文件导入，图形文件满足《电力系统图形描述规范》（DL/T 1230—2016）的相关要求。

（1）SVG图形导入。

1）调试方法：将SVG图形文件放到指定目录，打开导入工具，程序启动后，选择待导入SVG文件，点击"导入"，即开始图形导入。

2）预期结果：

a.SVG图形文件能够全部导入；

b.在本地图形目录下生成G格式文件，可以用图形浏览器打开G格式文件；

c.如果模型已经导入，图形中的设备应是已联库。

（2）二进制文件导入。

1）调试方法：将二进制图形和图元文件放到指定目录，执行G格式转换程序。

2）预期结果：

a.图形文件和图元都转换成功；

b.在本地图形目录下生成G格式文件，可以用图形浏览器打开G格式文件；

c.如果模型已经导入，图形中的设备应是已联库。

（3）G格式文件导入。

1）调试方法：将G格式图形文件放到指定目录，执行G格式转换程序，程序启动后，选择待导入G格式文件，点击"确定"，即开始图形导入。

2）预期结果：

a.G格式文件能够全部导入；

b.在本地图形目录下生成新的G格式文件；可以用图形浏览器打开G格式文件；

c.如果模型已经导入，图形中的设备应是已联库。

5. 自动成图

根据变电站一次设备模型及主接线模板自动生成主接线图，根据主接线图生成间隔分图。

（1）生成厂站图特征库（如条件具备）。

1）调试方法：控制台执行G格式文件特征提取程序。

2）预期结果：提取结束，系统指定目录下存在特征文件。

（2）生成厂站图（如条件具备）。

1）调试方法：

a.通过信息表处理工具抽取厂站模型数据，人工调整/编辑后保存；

b.运行自动成图程序，点击"信息表"选择信息表目录；

c.点击"成图"按钮，显示预览结果；

d.如果布局显示混乱，调整母线、间隔等参数后，点击"刷新"按钮预览效果（本步骤可执行多次）；

e.点击"画图"，生成厂站图文件。

2）预期结果：

a.生成预览所示的G格式文件；

b.设备模型绑定正确。

（3）根据主接线图生成间隔分图－根据变电站间隔典型接线方式，按需定制通用展示模板。

1）调试方法：根据变电站间隔典型接线方式分别制作模板图，如线路间隔模板图、主变间隔模板图、母线间隔模板图。

2）预期结果：可以定制多种间隔模板图。

（4）根据主接线图生成间隔分图 – 根据一次接线方式拓扑生成间隔实体图。

1）调试方法：启动图形编辑器，打开一次接线图，右键点击"设备"，选择菜单中的"创建间隔图"选项生成间隔实体图。

2）预期结果：

a.可以生成间隔实体图；

b.间隔实体图中设备属性关联正确。

（5）根据主接线图生成间隔分图 – 自动生成的间隔分图应支持人工编辑。

1）调试方法：使用图形编辑器打开间隔实体图文件，检查该文件是否支持人工编辑。

2）预期结果：

a.通过图形编辑器打开的间隔实体图支持人工编辑维护；

b.编辑维护后的内容可进行保存。

（6）根据主接线图生成间隔分图 – 根据模板中预定义的保护信息展示规则，实时获取、动态生成光字牌、压板图。

1）调试方法：启动图形浏览器，打开维护好的间隔实体图，检查光字牌、压板是否根据预定义规则动态生成，数据是否实时获取。

2）预期结果：

a.画面中的光字牌或压板可以根据规则动态生成；

b.动态生成的光字牌图元或压板可以实时展示对应模型的信号及状态。

（四）系统运行智能诊断

系统运行智能诊断应具备自动系统资源诊断、数据库状态诊断、进程状态诊断、数据一致性诊断功能，并能对诊断结果形成诊断报告。系统运行智能诊断包括系统资源诊断（CPU 使用率检测、内存使用率检测、网卡中断及速率检测）、数据库状态诊断、进程状态诊断、通道数据一致性诊断。

1. CPU 使用率检测

（1）调试方法：

1）设置 CPU 使用率阈值小于当前负荷值；

2）启动系统诊断工具，对系统进行诊断，查看 CPU 检测结果。

（2）预期结果：系统诊断工具将所有 CPU 使用率越限的节点在诊断报告中显示。

2. 内存使用率检测

（1）调试方法：

1）设置内存使用率阈值小于当前内存使用率；

2）启动系统诊断工具，对系统进行诊断，查看内存使用率检测结果。

（2）预期结果：系统诊断工具将所有内存使用率越限的节点在报告中显示。

3. 网卡中断及速率检测

（1）调试方法：

1）将被检测节点中的其中一个网口用ifconfig ethX down命令进行关闭；

2）修改网口速率阈值，检测被测节点不满足设置的阈值的网口速率；

3）启动系统诊断工具。

（2）预期结果：

1）系统诊断工具将被关闭网口的节点在诊断报告中显示；

2）传输速率未达到设置阈值节点在报告中显示。

4. 数据库状态诊断

（1）调试方法：

1）将被测数据库挂起或断开数据库连接；

2）启动系统诊断工具。

（2）预期结果：启动系统诊断工具将挂起或断开连接的数据库展示出来。

5. 进程状态诊断

（1）调试方法：

1）在系统中查找进程信息表中正在运行的进程，将进程关闭后，将进程重启，在进程状态中选择操作的时间段，点击"查询"按钮，观察进程启动退出次数是否增加；

2）修改CPU使用率阈值，使其小于当前部分进程CPU使用率，查询CPU使用率越限信息；

3）修改内存使用率阈值，使其小于当前部分进程内存使用率，查询内存使用率越限信息；

4）重新启动系统管理进程。

（2）预期结果：

1）程序运行次数界面能够正确显示节点名、应用名、程序名称和投退次数；

2）CPU使用率越限界面能够正确显示节点名、应用名、程序名称和越限次数；

3）内存越限界面能够正确显示节点名、应用名、程序名和内存越限次数。

6. 通道数据一致性诊断

（1）调试方法：

1）选择某一厂站，将主备通道投入，在主通道上将某一遥测或遥信值修改，备通道同一测点值修改为和主通道相差大于设定的差值范围；

2）打开通道数据一致性对比工具，选择对应厂站，选择查询方式为偏差百分比或偏差绝对值，填入设定的偏差范围和结果保存路径后，进行查询操作。

（2）预期结果：查询结果中能够将主备通道数据大于查询的差值范围的记录显示出来，并能够显示各个通道的实时值。

（五）集控系统监盘操作

集控系统监盘操作包括人工封锁、闭锁/解闭锁操作、标识牌操作功能。

1. 人工封锁

人工输入的数据包括状态量、模拟量及计算量；对人工输入数据进行有效性检查。

（1）遥测封锁/解除封锁。

1）调试方法：

a.画面右键操作；

b.模拟变化数据，查看画面数据是否刷新；

c.查看图形操作信息表，辅助设备操作信息表是否有该量测的记录；

d.解除封锁，查看数据是否刷新；

e.告警查询电力系统/遥测操作，是否有相关操作记录；

f.对遥测量设置合理值，封锁操作输入合理值外的数据。

2）预期结果：

a.对遥测量封锁后，画面上遥测量显示封锁的数值；

b.封锁后量测不会再刷新，解除封锁后，遥测量刷新为实际数值；

c.被封锁的遥测量会记录在实时数据库操作信息表、辅助设备操作信息表中，并可在图形中显示；

d.告警查询电力系统/遥测操作（辅助设备遥测操作），有相关操作记录；

e.对遥测量设置合理值，封锁操作输入合理值外的数据能给出提示禁止操作。

（2）遥信封锁/解除封锁。

1）调试方法：

a.画面右键点击"遥信封锁"操作；

b.查看画面遥信状态；

c.查看操作信息表、辅助设备操作信息表是否有该量测的遥信封锁记录；

d.模拟变位遥信，查看遥信状态是否刷新；

e.告警查询电力系统/遥信操作，是否有相关操作记录。

2）预期结果：

a.设置遥信封锁时弹出备注框的参数时，点击"遥信封锁"弹出备注窗口，输入备注信息后，记录在操作信息表的"备注"域；

b.对遥信量进行封锁操作后，画面遥信显示为封锁的状态，且遥信状态不再刷新；

c.被封锁的遥信量会记录在实时数据库操作信息表、辅助设备操作信息表中；

d.解除封锁后，遥信量刷新为实际状态；

e.告警查询电力系统/遥信操作（辅助设备遥信操作），有相关操作记录。

（3）计算量封锁/解除封锁。

1）调试方法：

a.画面右键点击"调试点"，选择"遥测封锁"；

b.模拟公式分量数据，查看计算值是否变化；

c.查看实时数据库操作信息表是否有该计算量的遥测封锁记录；

d.右键点击"调试点"，选择"解除封锁"，查看计算值是否刷新；

e.告警查询电力系统/遥测操作，是否有相关操作记录。

2）预期结果：

a.对计算量封锁后，画面上计算量显示封锁的数值；

b.封锁后计算值不会再刷新，解除封锁后，计算量刷新为最新计算结果；

c.被封锁的计算量会记录在实时数据库操作信息表中；

d.告警查询电力系统/遥测操作，有相关操作记录。

（4）厂站全遥信封锁。

1）试调方法：

a.厂站图上右键菜单点击"厂站遥信封锁"；

b.在弹出的登录窗口中重新登录；

c.查看该厂站所有断路器、隔离开关、接地开关是否全部为"封锁"状态；

d.查看操作信息表中是否有全厂站遥信封锁的记录；

e.查看告警窗和告警查询电力系统/遥信操作，是否有"厂站遥信封锁"的记录。

2）预期结果：

a.厂站遥信封锁，会将本厂站全部断路器、隔离开关、接地开关全部置为"封锁"状态（设备分合状态不变）；

b.操作信息表中有厂站遥信封锁的记录；

c.告警窗和告警查询电力系统/遥信操作，有"厂站遥信封锁"告警记录。

（5）厂站全遥信解封锁。

1）调试方法：

a.在厂站图上封锁几个遥信（包括断路器、隔离开关、接地开关、光字牌）；

b.在通用菜单上点击"厂站全遥信解封锁"；

c.在弹出的登录窗口中重新登录；

d.查看厂站图上所有遥信量是否全部解除封锁；

e.告警查询电力系统/遥信操作，是否有"厂站遥信解封锁"告警记录。

2）预期结果：

a.厂站全遥信解封锁，会将本厂站全部断路器、隔离开关、接地开关、光字牌解除封锁；

b.告警窗和告警查询电力系统/遥信操作，会有"厂站遥信解封锁"告警记录。

（6）厂站全遥测封锁。

1）调试方法：

a.在厂站图上右键菜单点击"厂站遥测封锁"；

b.在弹出的登录窗口中重新登录；

c.查看该厂站下所有遥测是否在封锁状态；

d.查看信息表中是否有该厂站全厂站遥测封锁的记录；

e.查看告警窗或通过告警查询电力系统中的遥测操作，查看是否有"厂站遥测封锁"的记录。

2）预期结果：

a."厂站遥测封锁"操作，所有设备表中域特殊属性选择为遥测或计算的遥测值状态打上封锁标记（遥测值不变）；

b.操作信息表中有全厂站遥测封锁的记录；

c.告警窗和告警查询电力系统/遥测操作，有"厂站遥测封锁"告警记录。

（7）厂站全遥测解封锁。

1）调试方法：

a.在厂站图上封锁几个遥测量；

b.在通用菜单上点击"厂站全遥测解封锁"；

c.在弹出的登录窗口中重新登录；

d.查看厂站图上，所有遥测量是否全部解除封锁；

e.查看告警窗是否有"厂站遥测解封锁"告警；

f.告警查询电力系统/遥信操作，是否有"厂站遥测解封锁"告警记录。

2）预期结果：

a.厂站全遥测解封锁，会将本厂站的全部遥测量解除封锁；

b.告警窗和告警查询电力系统/遥测操作，会有"厂站遥测解封锁"告警记录。

2. 闭锁/解锁

闭锁功能用于禁止对所选对象进行特定的处理，包括数据更新、告警处理和远方操作等；闭锁功能和解锁功能成对提供；告警闭锁/解锁能支持间隔、站级操作；对所有的闭锁和解锁操作进行存档记录。

（1）遥测抑制告警/恢复告警。

1）调试方法：

a.画面右键操作，对定义了限值的遥测进行告警抑制；

b.模拟该遥测，使其处于越限状态；

c.查看告警窗有没有该遥测的越限告警信息；

d.查看实时数据库操作信息表、辅助设备操作信息表是否有该量测的记录；

e.告警查询电力系统/遥测操作，是否有相关操作记录。

2）预期结果：

a.系统设置为"抑制告警操作需要确认"参数时，右键选择"告警抑制"，提示"是否确认该遥测告警抑制"，点击"OK"抑制告警，点击"NO"则无操作；

b.遥测量抑制告警后，越限告警信息不再登录告警窗；

c.被抑制告警的遥测量会记录在实时数据库操作信息表、辅助设备操作信息表中；

d.告警查询电力系统/遥测越限（辅助设备遥测越限），会有相应越限记录；

e.告警查询电力系统/遥测操作（辅助设备遥测操作），会有相应操作记录。

（2）遥信抑制告警/恢复告警。

1）调试方法：

a.画面右键点击"遥信调试点"，选择"告警抑制"操作菜单；

b.查看画面遥信状态；

c.模拟该遥信的变位，查看画面遥信状态是否刷新，查看告警窗是否有变位告警；

d.查看实时数据库操作记录表、辅助设备操作信息表是否有该遥信的记录；

e.画面右键点击"恢复告警"；

f.选择某一进行了间隔抑制告警的遥信，右键进行"恢复告警"操作，查看是否允许操作；

g.模拟该遥信的变位，观察告警窗是否有对应记录；

h.告警查询电力系统/遥信操作（辅助设备遥信操作），是否有相关操作记录。

2）预期结果：

a.系统设置"抑制告警操作需要确认"参数时，右键选择"告警抑制"，提示"是否确认该遥信告警抑制"，点击"OK"抑制告警，点击"NO"则无操作；

b.系统设置为"抑制告警操作需要确认"参数时，弹出备注窗口，可以增加备注，备注内容记录在操作记录表的"备注"域；

c.遥信量被抑制告警后，质量码有"告警抑制"状态，画面状态正常刷新，遥信的告警信息不再上告警窗；

d.被抑制告警的遥信量会记录在实时数据库操作信息表、辅助设备操作信息表中；

e.如果遥信量所对应的间隔处于"告警抑制"的状态，则该遥信量不允许进行"告警恢复"操作；

f.告警查询电力系统/遥信变位（辅助设备遥信变位），有相关变位记录；

g.告警查询电力系统/遥信操作（辅助设备遥信操作），有相关操作记录。

（3）间隔抑制告警/恢复告警。

1）调试方法：

a.画面右键选择某个间隔内的开关；

b.点击"间隔抑制告警"菜单项；

c.通过间隔参数检索，查看该间隔以及间隔内设备是否均处于"告警抑制"的状态；

d.观察间隔内的光字牌是否处于"告警抑制"的状态；

e.模拟发送该间隔内的遥信变位，观察画面上设备状态是否刷新，观察告警窗是否有相应的记录；

f.查看操作信息表是否有该间隔的抑制告警操作记录；

g.告警查询，电力系统/遥信变位是否有变位记录；

h.点击"间隔恢复告警"菜单项；

i.通过间隔参数检索，查看该间隔以及间隔内设备是否均解除"告警抑制"的状态；

j.观察间隔内的光字牌是否解除"告警抑制"的状态；

k.模拟发送该间隔内的遥信变位，观察告警窗是否有相应的记录；

l.告警查询，电力系统/设备操作是否有间隔操作的记录。

2）预期结果：

a.间隔被抑制告警时，图形间隔以及间隔内设备被置上"告警抑制"状态，颜色改变；

b.间隔内的光字牌状态，也同时被置上"告警抑制"状态；

c.抑制告警期间，间隔遥信变位不上告警客户端，图形上间隔内遥信设备状态变化正常；

d.操作信息表有该间隔的抑制告警操作记录；

e.告警查询电力系统/遥信变位，会有变位记录；

f.告警查询电力系统/设备操作，会有相应操作记录；

g.间隔抑制告警恢复后，间隔以及间隔内设备以及光字牌状态会解除"告警抑制"的状态，告警客户端信息显示正常。

（4）厂站抑制告警/恢复告警。

1）调试方法：

a.点击通用菜单中的"告警抑制"；

b.模拟该厂站遥信的变位信息，观察图形和告警窗；

c.查看实时数据库操作信息表是否有该厂站的抑制告警的操作记录；

d.告警查询电力系统/遥信变位，应该有该厂站遥信的变位记录；

e.点击通用菜单中的"恢复告警"；

f.模拟该厂站的变位信息，观察告警窗。

2）预期结果：

a.对厂站告警抑制后，该厂站实时数据正常刷新；

b.变位、越限等告警信息不再上告警窗，也不会进行推画面、语音处理，但会登录告警库；

c.实时数据库操作信息表中有该厂站的抑制告警操作记录；

d.告警查询/电力系统，能查询到相应告警记录；

e.恢复告警后，告警窗恢复该厂站告警；

f.告警查询电力系统/遥信操作，会有相应"厂站抑制告警"操作记录。

（5）遥控闭锁/解闭锁。

1）调试方法：

a.画面右键操作，选择"遥控闭锁"；

b.查看画面遥信状态；

c.右键进行遥控操作，查看能否进行遥控操作；

d.画面右键操作，选择"遥控解闭锁"；

e.右键进行遥控操作，查看能否进行遥控操作；

f.告警查询电力系统/控制操作（辅助设备控制操作），是否有相关操作记录。

2）预期结果：

a.遥信遥控闭锁后，不允许进行遥控操作；

b.告警查询电力系统/控制操作（辅助设备控制操作），有遥控闭锁/遥控解闭锁的操作记录。

3. 标识牌操作

常用及自定义标识牌功能；能通过人机界面对一个对象设置标识牌或清除标识牌；支持在远方控制操作时自动检查提示操作对象的标识牌功能；单个对象能设置多个不同类型标识牌；支持对多个设备批量挂牌功能；标识牌操作保存到标识牌一览表中，包括时间、变电站、设备名、标识牌类型、操作员身份和注释等内容，并存档记录；支持计划性定时自动挂牌、摘牌功能。

（1）设置标识牌。

1）调试方法：

a.画面右键选择某个设备或右键点击厂站图空白处；

b.点击"标识牌"菜单项，进行挂牌操作；

c.观察挂牌是否成功；

d.观察告警是否有相应的操作记录；

e.查看实时数据库标识牌信息表/辅助设备标识牌信息表中是否有挂牌记录；

f.告警查询电力系统/置牌操作（辅助设备置牌操作），是否有相应操作记录。

2）预期结果：

a.对设备挂牌后，标识牌显示在设备的有效显示区域内；

b.所挂设备显示挂牌状态；

c.挂牌信息会增加在实时数据库标识牌信息表/辅助设备标识牌信息表中；

d.告警查询电力系统/置牌操作（辅助设备置牌操作），会有相应操作记录。

（2）删除标识牌。

1）调试方法：

a.画面右键选择已挂标识牌，弹出标识牌操作选择菜单；

b.点击"删除"菜单项；

c.观察标识牌是否成功删除；

d.观察告警是否有相应的操作记录；

e.告警查询电力系统/置牌操作（辅助设备置牌操作），是否有相应操作记录。

2）预期结果：

a.对所挂标识牌删除后，标识牌从画面上删除；

b.告警查询电力系统/置牌操作（辅助设备置牌操作），会有相应操作记录。

（3）移动标识牌。

1）调试方法：

a.画面右键选择某个标识牌，弹出标识牌操作选择菜单；

b.点击"移动"，执行移动操作；

c.观察移动是否成功；

d.观察告警是否有相应的操作记录；

e.告警查询电力系统/置牌操作（辅助设备置牌操作），是否有相应操作记录。

2）预期结果：

a.对所挂标识牌移动操作，可以在该设备的相对区域内移动该牌；

b.对厂站设置的标识牌，可以在厂站图范围内移动；

c.告警查询电力系统/置牌操作（辅助设备置牌操作），会有相应操作记录。

（4）标识牌注释。

1）调试方法：

a.画面右键选择某个标识牌，弹出标识牌操作选择菜单；

b.点击"注释"菜单项，输入注释；

c.观察操作是否成功；

d.观察告警是否有相应的操作记录；

e.告警查询电力系统/置牌操作（辅助设备置牌操作），是否有相应操作记录。

2）预期结果：

a.对所挂标识牌注释操作，可以在该牌的注释窗口输入信息，确定后信息会保存；

b.告警查询电力系统/置牌操作（辅助设备置牌操作），会有相应操作记录。

（5）带电挂牌判断。

1）调试方法：

a.选择带电设备右键选择挂牌定义表中"是否带电置牌"为"否"的标识牌；

b.观察挂牌是否成功。

2）预期结果：对于标识牌定义表中设置了带电设备禁止挂牌的标识牌，在设备带电情况下，不允许挂牌，并弹出提示窗口。

（6）单端挂牌。

1）调试方法：

a.在厂站图上选择线端，右键选择"挂牌"；

b.标识牌操作类型选择"单端"；

c.查看能否正确挂牌；

d.查看标识牌信息表中是否有挂牌记录；

e.告警查询电力系统/置牌操作，是否有相应操作记录。

2）预期结果：

a.对线路的单端挂牌，仅在本侧厂站线路上挂牌；

b.挂牌信息会增加在标识牌信息表中；

c.告警查询电力系统/置牌操作会有相应操作记录。

（7）多端挂牌。

1）调试方法：

a.在厂站图上选择有对端的线路，右键选择"挂牌"；

b.标识牌操作类型选择"多端";

c.查看本侧厂站和对端厂站同一线路上能否同时正确挂牌;

d.查看标识牌信息表中是否有双端厂站的挂牌记录;

e.告警查询电力系统/置牌操作,是否有相应操作记录。

2)预期结果:

a.对线路的多端挂牌,能够同时在本侧厂站和对端厂站线路上挂牌;

b.双端厂站的挂牌信息会增加在标识牌信息表中;

c.告警查询电力系统/置牌操作,会有相应操作记录。

(8)挂牌操作重登录。

1)调试方法:

a.系统设置"挂牌操作需要重新用户登录"参数时,重启图形浏览工具,进行标识牌操作;

b.查看是否弹出用户登录窗口,进行重新登录。

2)预期结果:系统设置"挂牌操作需要重新用户登录"参数时,设置和删除标识牌操作需要用户重新登录。

(9)标识牌列表。

1)调试方法:打开运行监视的"置牌信息"画面,看列表显示是否正确。

2)预期结果:能够在画面上通过列表显示实时数据库标识牌信息表的内容。

(10)厂站标识牌责任区判断。

1)调试方法:

a.总控台登录选择责任区(非全系统责任区);

b.画面操作选择一个属于另外责任区的厂站,点击右键查看能否设置标识牌;

c.画面操作选择一个未定义任一责任区的厂站,点击右键查看能否设置标识牌;

d.对已定义责任区的厂站设置厂站标识牌后,总控台重登录,选择不包含该厂站的责任区,查看该标识牌右键菜单是否灰显示;

e.总控台重登录,选择"全系统责任区",查看能否对任意厂站设置厂站标识牌,对于已设置的任意厂站标识牌能否进行产出、移动、修改操作。

2)预期结果:

a.总控台登录选择责任区(非全系统责任区)后,只能对本责任区或未定义责任区的厂站设置厂站标识牌,或对已设置的标识牌进行删除、移动、修改操作;

b.总控台登录选择全系统责任区后,可以对任意厂站设置厂站标识牌,对于已设置的任意厂站标识牌可以进行删除、移动、修改操作。

(11)标识牌提示功能。

1)调试方法:

a.在系统中增加"开启标志提示功能"参数;

b.分别对断路器、母线、变压器、电容器进行挂牌操作,查看标识牌界面的显示情况;

c.对含有电容器的间隔进行间隔挂牌，查看标识牌界面的显示情况。

2）预期结果：

a.系统未设置"开启标志提示功能"参数，无此功能，否则功能生效；

b.针对所有设备，读取该标识牌在标识牌定义表中的相关属性，并进行文字提示，相关属性包括"遥控闭锁/告警抑制/相关遥测抑制告警/量测封锁/关联设备联动/拓扑抑制/遥控禁止合/遥控禁止分"；

c.针对电容器、主变、母线，增加是否"自动电压控制：闭锁AVC自动控制"的提示；

d.进行间隔挂牌时，判断间隔内是否电容器，包含则有"自动电压控制：闭锁AVC自动控制"的提示。

（12）重复挂牌。

1）调试方法：

a.在厂站图上选择挂牌设备，对同一设备重复挂相同的标识牌，查看所挂标识牌是否显示；

b.删除其中一个标识牌，查看该设备上其他标识牌是否正常显示；

c.告警查询电力系统/置牌操作，是否有相应操作记录。

2）预期结果：

a.当系统设置"允许重复挂牌"参数时，当标识牌修改设备状态的属性为"空"时，同一设备允许重复挂相同的牌；

b.当系统未设置"允许重复挂牌"参数时或者当标识牌修改设备状态的属性不为"空"时，同一设备不允许重复挂相同的牌；

c.删除标识牌时，该设备的其他标识牌不会被删除；

d.告警查询电力系统/置牌操作，应该有所有操作记录。

（13）自动挂牌。

1）调试方法：

a.打开图形，进入厂站接线图，选择非开关、线路点击"自动挂牌"，观察提示；

b.选择开关或者线路点击"自动挂牌"，查看是否能弹出标识牌设置界面，选择牌、起止时间等信息后，点击"确认"；

c.起效时间过后，观察设备上是否挂上指定标识牌；

d.观察操作信息表中是否出现标识牌操作记录；

e.拆牌时间过后，观察设备上是否自动移除该牌；

f.观察操作信息表中该标识牌操作记录是否自动删除；

g.告警查询电力系统/置牌操作，查看信息是否完整。

2）预期结果：

a.选择非开关、线路点击"自动挂牌"，提示不可对该设备自动挂、拆牌；

b.开关、线路设备可进行自动挂牌设置；

c.起效时间过后，设备上自动挂上指定标识牌，操作信息表会有该设备标识牌操作记录；

d.拆牌时间过后，设备上的指定标识牌自动移除；

e. 操作信息表中标识牌操作记录消失；

f. 告警查询电力系统/置牌操作信息完整。

（14）文字牌功能。

1）调试方法：

a. 在厂站图上选择设备进行挂牌操作，选择标识牌类型为文字注释牌的标识牌；

b. 在标识牌操作界面的标签窗口输入文字，点击"确定"；

c. 查看设备上是否设置了标识牌，标识牌显示的文字是否为标签窗口输入的文字；

d. 查看标识牌信息表中是否有挂牌记录。

2）预期结果：

a. 设备设置文字牌后，显示的文字牌为标签窗口输入的文字；

b. 标识牌信息表中有挂牌记录。

（15）传动牌功能－设置传动牌时，同步检查是否具备同名责任区。

1）调试方法：

a. 在画面厂站接线图上选择设备，右键菜单设置传动牌；

b. 查看是否允许设置。

2）预期结果：设置传动牌时，系统会自动检查责任定义中是否具备与传动牌同名的责任区，如果不具备同名责任区，会给出"找不到对用责任区，传动牌定义不完整"的错误提示。

（16）传动牌功能－针对单个设备，设置传动牌的正确性。

1）调试方法：

a. 在画面厂站接线图上选择设备，右键菜单设置标识牌，选择传动牌；

b. 查看画面传动牌是否设置成功；

c. 参数检索查看设备是否具备"传动中"的状态；

d. 模拟该设备的遥信变位；

e. 查看告警窗是否有该设备的告警信息；

f. 切换到传动责任区；

g. 模拟该设备的遥信变位；

h. 查看告警窗是否有该设备的告警信息；

i. 查看能否操作没有设置传动牌的设备；

j. 删除传动牌，参数检索查看设备是否解除"传动中"状态；

k. 选择光字牌，右键设置传动牌；

l. 查看是否允许设置。

2）预期结果：

a. 设备成功设置传动牌后，参数检索会显示"传动中"；

b. 正常责任区的告警窗不显示设置了传动牌的设备的告警信息，画面不能操作设置了传动牌的设备；

c. 全系统责任区告警窗显示设置了传动牌的设备的告警信息，画面可以操作设置了传动牌的设备；

d.切换到传动责任区后，告警窗只显示设置了传动牌的设备的告警信息，画面只能操作设置了传动牌的设备；

e.只有切换到传动责任区或全系统责任区，才允许删除传动牌，删除传动牌后，该设备解除"传动中"状态。

（17）传动牌功能－调试针对单个间隔，设置传动牌的正确性。

1）调试方法：

a.在画面厂站接线图上选择设备，右键菜单间隔挂牌，选择传动牌；

b.查看画面传动牌是否设置成功；

c.传动牌设置成功后，间隔参数检索查看该间隔以及间隔内设备是否具备"传动中"的状态；

d.模拟该间隔内设备的遥信变位，查看告警窗是否告警；

e.切换到传动责任区；

f.模拟该间隔内设备的遥信变位，查看告警窗是否告警；

g.删除传动牌，间隔参数检索查看该间隔以及间隔内设备是否解除"传动中"状态。

2）预期结果：

a.间隔传动牌设置成功后，该间隔以及间隔内设备具备"传动中"状态；

b.该间隔内光字牌状态不具备"传动中"状态；

c.正常责任区的告警窗不显示设置了传动牌的间隔设备的告警信息，画面不能操作设置了传动牌的设备；

d.切换到传动责任区后，告警窗只显示设置了传动牌的间隔设备（包括间隔内光字牌）的告警信息，画面只能操作设置了传动牌的设备以及设置了间隔传动牌的设备（包括光字牌）；

e.全系统责任区告警窗显示设置了传动牌的间隔设备的告警信息，画面可以操作设置了传动牌的间隔设备；

f.只有切换到传动责任区或全系统责任区，才允许删除传动牌，删除传动牌后，该间隔以及间隔内设备解除"传动中"状态。

（18）传动牌功能－针对厂站设置传动牌的正确性。

1）调试方法：

a.在画面厂站光字牌右键菜单设置标识牌，选择传动牌；

b.查看厂站光字牌传动牌是否设置成功；

c.传动牌设置成功后，查看厂站状态是否具备"传动中"状态；

d.模拟该厂站任意遥信变位，查看告警窗是否有告警；

e.总控台切换为传动责任区；

f.模拟该厂站任意遥信变位，查看告警窗是否有告警；

g.删除厂站传动牌，查看厂站状态是否解除"传动中"状态。

2）预期结果：

a.厂站传动牌设置成功后，厂站状态处于"传动中"的状态；

b.正常责任区的告警窗不显示设置了厂站传动牌的厂站的告警信息，画面不能操作设置了厂站传动牌的厂站设备；

c.切换到传动责任区后，告警窗会只显示设置了厂站传动牌的厂站的告警信息，画面可以操作设置了厂站传动牌的厂站设备；

d.切换到全系统责任区后，可以监视设置了厂站传动牌的厂站的告警信息，画面可以操作设置了厂站传动牌的厂站设备；

e.只有切换到传动责任区或全系统责任区，才允许删除厂站传动牌，删除传动牌后，厂站状态解除"传动中"状态。

（19）传动牌功能–设置传动牌时，同步检查是否具备同名责任区。

1）调试方法：

a.在画面厂站接线图上选择设备，右键菜单设置传动牌；

b.查看是否允许设置。

2）预期结果：设置传动牌时，系统会自动检查责任定义中是否具备与传动牌同名的责任区；如果不具备同名责任区，会给出"找不到对应责任区，传动牌定义不完整"的错误提示。

（20）保电牌功能–在设备上增加保电标识牌功能的正确性。

1）调试方法：

a.画面右键选择某个设备；

b.点击"标识牌"菜单项，进行挂牌操作；

c.设置多个不同保电牌，观察挂牌是否成功；

d.观察保电牌下标的变化；

e.查看是否有多个保电牌的信息；

f.观察告警是否有相应的操作记录；

g.查看实时数据库标识牌信息表中是否有挂牌记录；

h.告警查询电力系统/置牌操作，是否有相应操作记录。

2）预期结果：

a.对设备挂单个保电牌后，保电标识牌显示在设备的有效显示区域内；

b.对设备挂多个保电牌后，只显示一个保电标识牌，同时保电牌下标上标识当前保电牌个数；

c.所挂设备显示挂牌状态；

d.能查看到多个保电牌信息；

e.挂牌信息会增加在实时数据库标识牌信息表中；

f.告警查询电力系统/置牌操作，会有相应操作记录。

（21）保电牌功能–删除设备保电标识牌功能的正确性。

1）调试方法：

a.画面右键选择已挂标识牌，弹出标识牌操作选择菜单；

b.点击"删除"菜单项，弹出标识牌显示界面；

c.选择对应保电牌，点击"删除"，观察标识牌是否成功删除；

d.观察告警是否有相应的操作记录；

e.告警查询电力系统/置牌操作，是否有相应操作记录。

2）预期结果：

a.对所挂保电标识牌删除后，如还存在保电标识牌，则画面上仍显示对应保电牌，下标个数自动减1；

b.如果不存在保电标识牌，则保电标识牌从画面上删除；

c.告警查询电力系统/置牌操作，会有相应操作记录。

（22）保电牌功能－在画面上移动保电标识牌功能的正确性。

1）调试方法：

a.画面右键选择某个保电标识牌，弹出标识牌操作选择菜单；

b.点击"移动"，执行移动操作；

c.观察移动是否成功；

d.观察告警是否有相应的操作记录；

e.告警查询电力系统/置牌操作，是否有相应操作记录。

2）预期结果：

a.对所挂保电标识牌移动操作，可以在该设备的相对区域内移动该牌；

b.告警查询电力系统/置牌操作，会有相应操作记录。

（23）保电牌功能－对画面上的保电标识牌设置注释信息。

1）调试方法：

a.画面右键选择某个保单标识牌，弹出标识牌操作选择菜单；

b.点击"注释"菜单项，弹出标识牌显示界面；

c.选中具体要修改注释的保电牌，输入注释，点击"修改注释"；

d.观察操作是否成功；

e.系统再设置同一保电牌，观察注释是否继承；

f.观察告警是否有相应的操作记录；

g.告警查询电力系统/置牌操作，是否有相应操作记录。

2）预期结果：

a.对所挂保电标识牌注释操作，可以在该牌的注释窗口输入信息，确定后信息会保存；

b.系统在设置同一保电牌时，具有相同的注释（在挂牌信息表有该牌存在时）；

c.告警查询电力系统/置牌操作，会有相应操作记录。

第三节　平台性能调试

一、工作要求

（一）工作目标

平台功能调试结束后，可以进行平台性能调试，验证平台数据处理性能、服务性能、支撑性能等。

（二）工作流程

平台性能调试人员包括项目建设单位相关人员和平台厂商。平台厂商提供系统使用手册及性能调试工具，建设单位调试人员参照系统使用手册使用调试工具进行性能调试，对调试结果进行记录，整理不符合技术要求的项目内容，反馈给平台厂家；平台厂家进行问题初步判断，如不是平台软件问题，进行重新调试，如确定问题存在则进行问题整改并重新测试，直至调试通过。平台性能调试工作流程如图3-3所示。

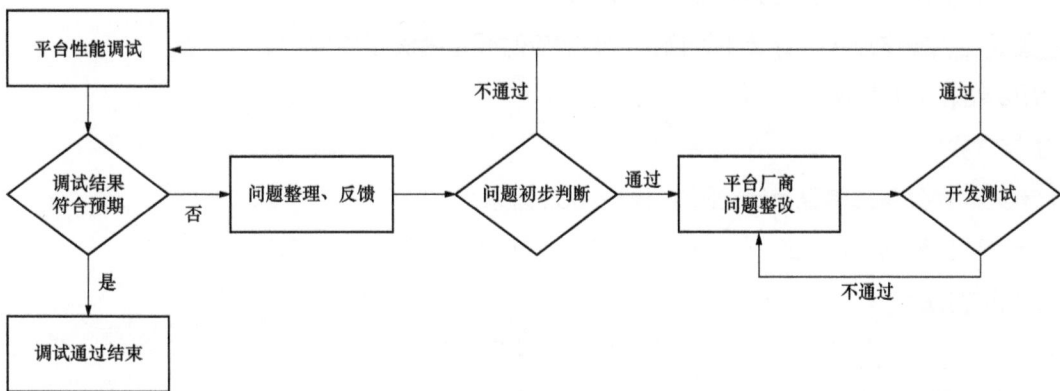

图3-3　平台性能调试工作流程图

二、基础平台性能调试

（一）基础平台性能检测

1. 系统节点及应用管理
（1）技术要求：
1）系统中支持监视的信息个数不小于200个；
2）接口调用响应时间不大于500ms。
（2）测试方法：
1）配置200个系统节点及应用；

2）检测是否能正确监视各节点及应用的运行状态；

3）检测是否能正确监视各节点的CPU、内存、磁盘占用率；

4）调用节点及应用管理接口，返回数据的时间不大于500ms。

2. 进程管理

（1）技术要求：

1）单节点进程管理支持监视的进程数量不小于500个；

2）接口调用响应时间不大于500ms。

（2）测试方法：

1）模拟产生500个注册进程，在同一个节点上启动；

2）验证是否能正确监视该节点上的所有进程运行状态；

3）调用进程管理接口，返回数据的时间不大于500ms。

3. 系统管理交互界面性能

（1）技术要求：采集数据变化到界面工具展示时间不大于5s。

（2）测试方法：

1）分别模拟发出一条数字量、模拟量变化数据，记录发出时间点；

2）记录信息在监控画面显示的时间点；

3）计算得到采集数据变化到界面工具展示时间；

4）重复上述操作三次，计算平均值，判断响应时间是否满足要求。

4. 历史数据存储查询

（1）技术要求：

1）历史数据存储，单表存储上限不小于1000万条；

2）历史数据查询，在100万条记录规模下，日曲线查询服务平均不超过1s。

（2）测试方法：

1）查看历史数据存储表中是否能超过1000万条记录；

2）在100万条历史记录条件下，查询日曲线，记录查询时间是否不超过1s。

5. 模型管理

（1）技术要求：

1）10000条记录的表，浏览界面打开时间要求不大于3s；

2）10000条记录的查询时间不大于1s，不含触发器、10000条记录的表，新增、修改、删除1条记录的时间不大于1s。

（2）测试方法：

1）打开包含10000条记录的表，记录浏览界面打开时间是否不大于3s；

2）打开包含10000条记录的表，进行查询操作，记录查询时间是否不大于1s；

3）打开包含10000条记录并且不包含触发器的表，增加一条记录、删除一条记录、修改一条记录，记录新增、修改、删除的保存时间是否不大于1s。

6. 实时数据库

（1）技术要求：

1）支持单表存储上限记录数大于1000万条、支持单表存储空间大于4G；

2）在记录数300万的规模下，每秒查询率（QPS）不小于100000次/s；

3）单个实例并发访问数量不低于200个。

（2）测试方法：

1）打开实时数据库，查看实时数据库中记录个数；

2）选择记录数超1000万条的表进行新增、修改、删除、查询操作，选择单表文件大于4G的表进行新增、修改、删除、查询操作，确认操作是否正常；

3）记录查询100000次花费的时间；

4）200个客户端并发访问实时数据库，查看访问情况。

7. 消息总线

（1）技术要求：

1）千兆带宽下消息总线发送1kB消息不低于10000个/s；

2）消息总线应保证不丢包；

3）任意节点故障，不影响其他节点之间的通信。

（2）测试方法：

1）发送1kB消息10000个，记录花费时间，不能大于1s；

2）持续发送消息5min，记录发送消息个数和接收消息个数，发送和接收的个数要一致；

3）停调一个节点，其他节点收发消息正常。

8. 服务总线

（1）技术要求：

1）服务总线应保证不丢包；

2）服务总线支持服务端并发数最少1000个；

3）服务代理转发数据应保证不丢包；

4）服务代理支持广域服务访问并发数最少1000个。

（2）测试方法：

1）持续请求服务总线5min，记录请求个数和响应个数一致；

2）并行开启1000个服务请求，请求响应正常；

3）持续请求跨域服务总线5min，记录请求个数和响应个数一致；

4）并行开启1000个跨域服务请求，请求响应正常。

9. 公共服务

（1）技术要求。

1）文件服务：千兆带宽下，文件服务应满足读取文件速度不小于50MB/s，写文件速度不小于40MB/s；

2）文语服务：支持多个应用并发处理且生成语音文件延时不大于1s（第三方语音服务指标）。

（2）测试方法：

1）读取500M文件和写入500M文件，分别记录传输时间；

2）模拟5个应用，记录生产语音文件时间，应不大于1s。

10. 人机服务

（1）技术要求：

1）数据刷新服务，最快支持1s的刷新周期；

2）支持不小于300个人机并发访问。

（2）测试方法：

1）人机的刷新周期设置为1s，验证刷新是否正常；

2）模拟300个人机并发访问，验证是否正常。

11. 人机工具

（1）技术要求。

1）画面编辑器：启动画面编辑界面时间不超过15s。

2）画面浏览器：启动画面浏览界面时间不超过15s；画面显示响应时间，90%的画面不超过2s，其他画面不超过4s；右键菜单弹出时间不超过1s；缩放响应时间不大于1s。

3）监控告警窗：支持并发处理、支持大数量处理，满足压力测试指标。

（2）测试方法：

1）启动画面编辑器，记录从开始启动到画面显示正常的时间，验证是否不超过15s；

2）启动画面浏览工具，记录从开始启动到画面显示正常的时间，验证是否不超过15s；

3）切换画面，记录各个画面响应时间，验证是否满足90%的画面不超过2s、其他画面不超过4s；

4）画面上单击右键，记录从右键点击到右键菜单显示的时间，验证是否不超过1s；

5）进行监控画面缩放操作，验证响应时间是否不超过1s；

6）使用模拟工具设置10s发送50000条告警，检查告警窗能否正常操作，不卡顿、不丢告警。

12. 图、模维护

（1）技术要求：

1）SCD、RCD文件解析加载后，与数据库增量比较时间不超过300s；

2）单厂站CIM/E模型导入时间不超过300s，单个CIM/G图形导入时间不超过60s。

（2）测试方法：

1）现存站重新导入SCD、RCD文件，SCD、RCD模型与数据库中增量比较时间不超过300s；

2）导入单厂站的CIM/E模型，记录导入时间，验证是否不超过300s；

3）导入单个的CIM/G图形，记录导入时间，验证是否不超过60s。

13. 数据采集

（1）技术要求。

1）数据采集功能基本容量指标应满足以下要求：遥测量不低于200000个；遥信量不低于

800000个；遥控量不低于100000个；遥调量不低于10000个；并发遥控数不低于200个；厂站接入数不低于400个，通道接入数不低于2048个。

2）遥控命令传送时间：从人机工作站发出控制指令到数据采集服务器端口不大于1s。

3）操作控制界面，链路启停、切换生效不大于2s。

（2）测试方法：

1）接入400个厂站、2048个通道、模拟量不小于200000个、遥信量不小于800000个、遥控量不小于100000个、遥调量不小于10000个；使用仿真工具或测试网关机对被测系统施加信号；验证被测系统能否正确接入数据。

2）检测被测系统主辅设备监视、操作控制、系统维护等各项功能是否正常运行。

3）记录从人机工作站发出控制指令到数据采集服务器端口，时间不大于1s。

4）通过操作控制界面进行链路启停、链路切换操作，验证链路生效时间是否不大于2s。

14. 数据处理

（1）技术要求：

1）主设备模拟量处理不小于20000个/s；

2）主设备状态量处理不小于16000个/s。

（2）测试方法：

1）400个厂站，每个厂站发送变化数据为50个模拟量/s、40个状态量/s；

2）验证系统是否能对这些数据正常处理。

15. 系统公共体系

（1）技术要求。

1）用户管理：支持系统并发登录人员不低于30人。

2）权限管理：千兆带宽环境下，身份鉴别、权限认证应该在100ms内验证完成。

3）审计管理：审计日志存储时间跨度不低于6个月。

（2）测试方法：

1）模拟30个用户并发登录系统，验证是否能正常登录系统；

2）千兆带宽环境下，在任一节点进行用户登录，验证身份鉴别、权限认证是否可以在100ms内验证完成；

3）检查审计管理界面能否查询时间跨度在6个月以上的审计日志。

16. 系统备用性指标

（1）技术要求：人机工作站切换时间不大于5s。

（2）测试方法：采用退出人机工作站监控系统应用程序、拔出人机工作站网线、关闭人机工作站方式，验证是否可在其他人机工作站正常监盘操作，切换时间不大于5s。

17. CPU及网络负荷率

（1）技术要求：

1）正常状态下，在任意5min内，服务器CPU的平均负荷率不大于15%，人机工作站CPU的平均负荷率不大于20%，主站局域网的平均负荷率不大于20%；

2）事故状态下，在任意30s内，服务器CPU的平均负荷率不大于30%，人机工作站CPU的平均负荷率不大于40%，主站局域网的平均负荷率不大于30%。

（2）测试方法：

1）使用仿真工具模拟信号变位，每秒发生100个变位、100个事件顺序记录，各设备按照心跳频率召唤和发送数据，检测系统服务器的负荷率、工作站的负荷率，检测网络平均负荷率；

2）使用仿真工具模拟信号变位，每秒发生6000个变位、6000个事件顺序记录，增加网络流量，检测系统中服务器和工作站CPU负荷率，检测网络平均负荷率；

3）重复上述操作三次，计算平均值，记录最大值，判断实时数据各阶段负荷是否满足要求。

18. 操作系统性能

（1）技术要求：集控系统操作系统性能应能满足集控系统功能应用需求。

（2）测试方法：使用unixbench性能测试工具，分别测试系统单任务性能和多任务性能，主要测试项包含系统调用、读写、进程、管道等系统基准性能，记录各性能指标。

网络性能测试操作系统网络在规定配置条件下的响应时间和传输速度，主要包括TCP/UDP（传输控制协议/用户数据报协议）的吞吐率和请求/响应的速率和吞吐率。使用netperf仿真网络客户端进行服务器负载性能测试。

使用netperf工具测试并记录如下性能指标：

1）基于TCP或UDP传输的网络可用性；

2）基于TCP或UDP传输的网络响应时间；

3）基于TCP或UDP传输的网络利用率；

4）基于TCP或UDP传输的网络吞吐量；

5）基于TCP或UDP传输的网络带宽容量。

19. 时间同步精度

（1）技术要求：系统时间与标准时间的误差小于10ms。

（2）测试方法：

1）在系统对时方式为自动模式下进行时间准确性测试；

2）使用时间同步装置对系统进行对时；

3）检查系统与时间同步装置时间差；

4）重复上述操作三次，计算平均值，记录最大值，判断系统时间精度是否满足要求。

20. 实时数据采集及响应性能

（1）技术要求：

1）实时数据到达集控系统数据采集设备后至实时数据库时间不大于1s；

2）遥信变化信息到达集控系统数据采集设备后至告警信息推出时间不大于1s。

（2）测试方法：

1）使用仿真工具模拟信号变位及全遥信上送，记录前置接收时间、实时数据库更新时间；

2）使用仿真工具模拟量测突变及全遥测上送，记录前置接收时间和实时数据库更新时间；

3）重复1）、2）操作三次，计算平均值，判断实时数据到达集控系统数据采集设备后至实时数据库时间是否满足要求；

4）使用仿真工具模拟信号变位及全遥信上送，记录前置接收时间、告警窗信息推出时间；

5）重复4）操作三次，计算平均值，判断遥信变化信息到达集控系统数据采集设备后至告警信息推出时间是否满足要求。

21. 控制响应性能

（1）技术要求：遥控、遥调操作从选点完成到报文下发时间不大于1s。

（2）测试方法：

1）从系统发出一条控制指令，记录控制指令发出时间戳；

2）分别记录控制指令到网络交换机、网关机、站控层设备、间隔层设备的时间戳；

3）重复上述操作三次，计算平均值，判断控制指令响应时间是否满足要求。

22. 实时画面调出响应时间

（1）技术要求：

1）事故判定后，自动推画面时间不大于3s；

2）画面调用响应时间，主设备相关画面不大于3s，辅助设备相关画面不大于5s。

（2）测试方法：

1）模拟发出一条告警信息，记录发出时间点；

2）记录实时告警监视画面中该条告警显示的时间点；

3）计算得到实时告警监视画面调出响应时间；

4）重复上述操作三次，计算平均值，判断实时告警监视画面调出响应时间是否满足要求。

23. 自动成图成功率

（1）技术要求：应能根据变电站设备模型自动生成对应的主接线图、间隔分图。

（2）测试方法：

1）给定统一的测试主接线和信息模型，检测被测系统自动成图成功率，如果拓扑关系正确、布局合理、数据显示正确即为成功；

2）统计自动生成各变电站主接线图自动成图成功率；

3）统计自动生成变电站间隔分图自动成图成功率。

24. 历史数据存储时间跨度

（1）技术要求：支持历史数据存储时间跨度不小于3年。

（2）测试方法：

1）检查跨年度数据保存是否正确；

2）根据数据量和磁盘空间推算历史数据存储时间。

25. 接入变电站规模

（1）技术要求：支持接入80～150个等价35kV变电站。

（2）测试方法：

1）集控系统创建150个变电站信息，每个变电站创建6000个遥信、6000个遥测，使用仿真工具或测试网关机对被测系统施加信号，检查被测系统是否可以正确接入以上数据；

2）检测被测系统主辅设备监视、操作控制、巡视管理、系统维护等各项功能是否正常运行。

26. 网络压力测试

（1）技术要求：在正常网络方式下，系统内其他设备异常，造成输入接口收到异常流量报文时，能够保持功能正常，并且满足正常的性能指标要求。

（2）测试方法：

1）在正常网络方式下，使用网络测试仪对被测系统进行承受的网络压力性能指标测试；

2）施加无效广播报文，分别按照线速10%、30%、50%、80%、100%的施加流量，检测流量冲击情况下被测系统是否死机、重启、误发信息，对数据报文响应的正确响应率（100%）、控制成功率（100%）、画面显示及响应速度是否满足要求；

3）施加无效的TCP报文，分别按照线速10%、30%、50%、80%、100%的施加流量，检测流量冲击情况下被测系统是否死机、重启、误发信息，检查被测系统对数据报文响应的正确响应率、控制成功率、画面显示及响应速度是否满足要求；

4）在施加网络流量的同时以及撤销后，检测被测系统主辅设备监视、操作控制、巡视管理、系统维护等各项功能是否正常运行。

27. 雪崩测试

（1）技术要求。在正常网络方式下，系统在短时间内接收到大量遥信，集控系统应能正确处理，遥控操作能正常执行，调图操作满足以下要求：

1）事故判定后，自动推画面时间不大于3s；

2）画面调用响应时间，主设备相关画面不大于3s，辅助设备相关画面不大于5s。

（2）测试方法：

1）使用仿真工具或测试网关机对被测系统施加信号，每0.5s随机变位8000次，持续1min（8000×120=96万次变位+96万次事件顺序记录），检测集控系统是否能正确处理；

2）雪崩状态下，检查遥控操作是否正常执行；

3）雪崩状态下，检查系统调图功能是否正常执行；

4）雪崩测试结束后，检查告警历史数据库记录是否正确、完整，检查事项是否存在丢失、重复的情况。

28. 系统总线消息时序和完整性测试

（1）技术要求：在正常网络方式下，系统应能正确发送总线消息和接收消息，且消息内容完整。

（2）测试方法。使用测试工具，模拟发送总线消息：

1）发送方连续发送若干条消息，接收方应能收到顺序和内容完全相同的信息；

2）被测系统设置总线连续发送若干条消息，接收方或测试工具应能收到顺序和内容完全相同的信息。

（二）基础平台性能检测考察项

1. 基础平台接口性能

（1）技术要求：

1）进程管理接口，从应用请求注册/取消注册到生效的时间不大于1s；

2）实时数据服务接口，从应用请求获取表内容到结果返回的时间，本地请求不大于0.5s，网络请求不大于1s；

3）实时数据服务接口，从应用请求按关键字获取表内容到结果返回的时间，本地请求不大于0.2s，网络请求不大于0.5s；

4）实时数据服务接口，从应用请求增加/删除/修改表内容到操作结果返回的时间，本地请求不大于0.2s，网络请求不大于0.5s；

5）实时数据服务接口，从应用请求条件查询表数据到结果返回的时间，本地请求不大于0.5s，网络请求不大于1s；

6）实时数据服务接口，从应用请求结构化查询语言（SQL）方式获取表内容到结果返回的时间，本地请求不大于0.5s，网络请求不大于1s；

7）历史数据服务接口，从应用请求获取曲线数据到结果返回的时间不大于0.5s；

8）商用数据库服务接口，从应用请求数据修改到操作结果返回的时间不大于1s；

9）商用数据库服务接口，应用请求批量修改数据到应用返回结果的时间，每200条SQL语句不大于1s（200条不超过1s，400条不超过2s）；

10）消息总线接口，应用A发送消息，应用B接收消息，发送到接收的时间不大于0.2s；

11）消息总线接口，应用A订阅某消息，应用B发送该类消息，发送到订阅接收的时间不大于0.2s；

12）服务总线接口，客户端调用同步请求到服务响应的时间，局域请求不大于0.2s，广域请求不大于1s；

13）服务总线并发数不低于1000个；

14）文件服务接口，从应用请求创建文件/保存文件/修改文件/创建目录等操作到操作结果返回时间不大于1s；

15）文件服务接口，从应用请求删除文件/删除目录到操作结果返回的时间不大于0.5s；

16）安全认证服务接口，从应用请求数据加密/数据解密到操作完成的时间不大于1s；

17）安全认证服务接口，从应用调用服务请求加密/服务请求解密到操作完成的时间不大于1s；

18）告警服务接口，应用A发送告警，应用B接收该类型告警，从发送到接收的时间不大于0.2s；

19）告警服务接口，从应用请求发送告警到历史事项完成存储的时间不大于1s；

20）模型修改服务接口，从应用请求模型变动到实时数据库更新相关变化的时间不大于5s；

21）操作控制服务接口，从应用请求操作到前置命令下发的时间不大于0.5s；

22）操作控制服务接口，从站端上送数据报文到前置返回给应用结果的时间不大于0.5s；

23）安全Ⅳ区JAVA接口，从网页应用请求实时数据库增加/删除/修改/查询到结果返回的时间不大于1s；

24）安全Ⅳ区JAVA接口，从网页应用请求数据库SQL查询到结果返回的时间不大于1.5s；

25）应用注册接口，从应用请求注册到操作结果返回的时间不大于0.5s；

26）实时数据库服务接口，从应用请求存储实时数据到操作结果返回的时间不大于0.5s；

27）文件服务接口，从应用请求文件数据/存储文件数据到操作结果返回的时间不大于1s；

28）告警服务接口，从应用发送告警到操作结果返回的时间不大于0.5s；

29）告警服务接口，从应用请求历史告警到结果返回的时间不大于1s；

30）审计服务接口，从应用请求存储审计日志到操作结果返回的时间不大于0.5s；

31）日志服务接口，从应用请求生成日志到日志生成的时间不大于1s。

（2）测试方法：

1）验证进程管理接口，检查确认应用请求注册/取消注册到生效的时间不大于1s；

2）验证实时数据服务接口，检查确认应用请求获取表内容到结果返回的时间，本地请求不大于0.5s，网络请求不大于1s；

3）验证实时数据服务接口，检查确认应用请求按关键字获取表内容到结果返回的时间，本地请求不大于0.2s，网络请求不大于0.5s；

4）验证实时数据服务接口，检查确认应用请求增加/删除/修改表内容到操作结果返回的时间，本地请求不大于0.2s，网络请求不大于0.5s；

5）验证实时数据服务接口，检查确认应用请求条件查询表数据到结果返回的时间，本地请求不大于0.5s，网络请求不大于1s；

6）验证实时数据服务接口，检查确认应用请求SQL方式获取表内容到结果返回的时间，本地请求不大于0.5s，网络请求不大于1s；

7）验证历史数据服务接口，检查确认应用请求获取曲线数据到结果返回的时间不大于0.5s；

8）验证商用数据库服务接口，检查确认应用请求数据修改到操作结果返回的时间不大于1s；

9）验证商用数据库服务接口，测试1000条SQL语句，应用请求批量修改数据到应用返回结果的时间不大于5s；

10）验证消息总线接口，应用A发送消息，应用B接收消息，检查确认发送到接收的时间不大于0.2s；

11）验证消息总线接口，应用A订阅某消息，应用B发送该类消息，检查确认发送到订阅接收的时间不大于0.2s；

12）验证服务总线接口，客户端调用同步请求到服务响应的时间，检查确认局域请求不大于0.2s，广域请求不大于1s；

13）模拟启动服务总线的服务程序，再启动测试程序，模拟1000个客户端线程，客户端同时向服务端发送同步请求，每个客户端每次发送请求的数据量为10M，每分钟发送5次（1024个字节为1M，模拟大数据量，如域信息表数据量可能达到10M），每次发送数据量总计10M×1000约等于

10G，服务端返回数据量为 1000×10M 响应，每个响应对应一个客户端，检查确认网络满足正常状态下平均负荷率；

14）验证文件服务接口，检查确认应用请求创建文件/保存文件/修改文件/创建目录等操作到操作结果返回的时间不大于 1s；

15）验证文件服务接口，检查确认应用请求删除文件/删除目录到操作结果返回的时间不大于 0.5s；

16）验证安全认证服务接口，检查确认应用请求数据加密/数据解密到操作完成的时间不大于 1s；

17）验证安全认证服务接口，检查确认应用调用服务请求加密/服务请求解密到操作完成的时间不大于 1s；

18）验证告警服务接口，应用 A 发送告警，应用 B 接收该类型告警，检查确认发送到接收的时间不大于 0.2s；

19）验证告警服务接口，检查确认应用请求发送告警到历史事项完成存储的时间不大于 1s；

20）验证模型修改服务接口，检查确认应用请求模型变动到实时数据库更新相关变化的时间不大于 5s；

21）验证操作控制服务接口，检查确认应用请求操作到前置命令下发的时间不大于 0.5s；

22）验证操作控制服务接口，检查确认站端上送数据报文到前置返回给应用结果的时间不大于 0.5s；

23）验证安全Ⅳ区 JAVA 接口，检查确认网页应用请求实时数据库增加/删除/修改/查询到结果返回的时间不大于 1s；

24）验证安全Ⅳ区 JAVA 接口，检查确认网页应用请求数据库 SQL 查询到结果返回的时间不大于 1.5s；

25）验证《新一代集控站设备监控系统系列规范 第 4 部分：基础平台（试行）》（设备监控〔2022〕83 号）附录 B 前置交互类操作，检查确认应用请求到前置命令下发的时间不大于 0.5s；

26）验证应用注册接口，检查确认应用请求注册到操作结果返回的时间不大于 0.5s；

27）验证实时数据库服务接口，检查确认应用请求存储实时数据到操作结果返回的时间不大于 0.5s；

28）验证文件服务接口，检查确认应用请求文件数据/存储文件数据到操作结果返回的时间不大于 1s；

29）验证告警服务接口，检查确认应用发送告警到操作结果返回的时间不大于 0.5s；

30）验证告警服务接口，检查确认应用请求历史告警到结果返回的时间不大于 1s；

31）验证审计服务接口，检查确认应用请求存储审计日志到操作结果返回的时间不大于 0.5s；

32）验证日志服务接口，检查确认应用请求生成日志到操作结果返回的时间不大于 1s。

2. 基础平台性能（考察项）

（1）技术要求：

1）各应用主/备服务器切换时间不大于 3s，服务器主/备切换过程中，数据不丢失；

2）SCD文件解析加载后，与数据库增量比较的时间不超过180s，RCD文件增量比较的时间不超过120s。

（2）测试方法：

1）切换SCADA、前置、应用主服务器，检查确认切换时间不大于3s，服务器切换过程中，前置采集数据不丢失；

2）SCD文件解析加载后，检查确认与数据库增量比较的时间不超过180s，RCD文件增量比较的时间不超过120s。

第四节 平台接口调试

一、工作要求

（一）工作目标

平台接口调试工作目标：测试纵向数据接口（包括与辅控主站系统、保信及故障录波等系统），确保相关数据接入准确性及遥控指令交互正确性；测试横向数据接口（包括与业务中台交互），确保相关模型、数据交互准确性。

（二）工作流程

平台接口调试人员包括项目建设单位相关人员、平台厂家和相关接口系统厂家。平台厂家、接口系统厂家提供系统使用手册及调试手册，相关厂商人员指导建设单位调试人员参照系统使用手册及调试手册进行接口调试。对调试结果进行记录，整理不符合技术要求的项目内容，反馈给平台与相关接口系统厂家；各厂家进行问题初步判断，如不是软件问题，进行重新调试，如确定问题存在则进行问题整改并重新测试，直至调试通过。平台接口调试工作流程如图3-4所示。

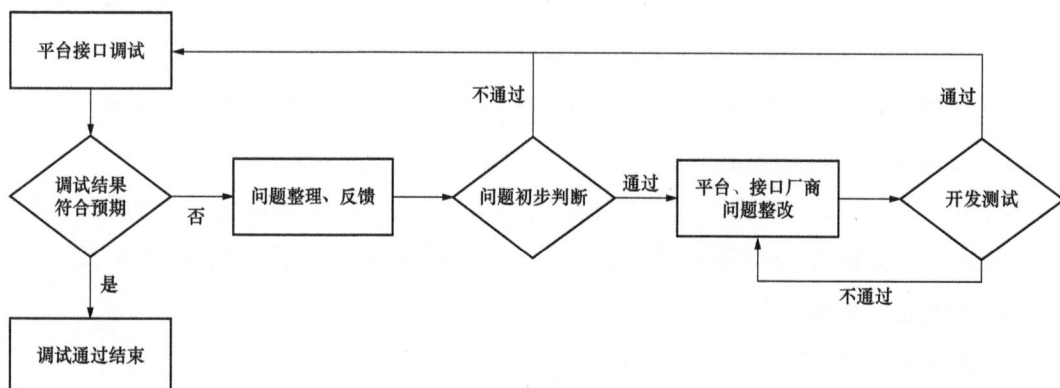

图3-4 平台接口调试工作流程图

二、纵向数据接口调试

（一）集控主站系统

1. 一体化集成方式建设

集控系统从安全Ⅱ区服务网关机接入辅助设备信息。

（1）确认集控系统主站与服务网关机通信正常。

（2）确认集控系统主站中服务网关机通信链路的IP地址、端口、规约等参数设置准确，辅助设备模型、点表等参数已完善且正确。

（3）调试辅助设备信息接入，通过自动验收或人工方式对遥测遥信进行校核。

（4）观察图形上的数据刷新且正确，实时数据界面信息刷新且正确。

2. 深度集成方式建设

对于可与集控系统模型贯通的现有安全Ⅱ区辅控主站，将辅助设备全数据转发至集控系统，通过集控系统统一人机界面实现一体化展示联动，不需延伸工作站。

（1）确认集控系统主站与安全Ⅱ区辅控主站通信正常。

（2）确认集控系统主站中辅控主站通信链路的IP地址、端口、规约等参数设置准确，确认集控系统主站中辅助设备模型、点表等参数与辅控系统保持一致。

（3）调试辅控主站信息接入，核对集控系统主站中收到的辅助设备信息与辅控主站的一致性。

（4）观察图形上的数据刷新且正确，实时数据界面信息刷新且正确。

3. 浅度集成方式

与集控系统模型无法贯通的现有安全Ⅳ区或安全Ⅱ区辅控主站，宜与集控系统各自独立运行，仅交互少量主辅联动信息，集控站和运维班配置辅控系统延伸工作站。

（1）确认集控系统主站与辅控系统通信正常，辅控系统延伸工作站功能正常。

（2）确认集控系统主站实现主辅联动所需基本信息的正确性和完整性。

（3）集控系统主站操作时，确认辅控延伸工作站上的辅助设备是否产生联动。

（二）保信及录波系统

1. 录波接入

（1）如采用Web浏览方式，集控系统安全Ⅳ区和调度系统安全Ⅲ区通过综合数据网连通，集控站可在安全Ⅳ区管理工作站通过Web浏览器式正常调阅发布的录波信息。

（2）集控站配置安全Ⅱ区录波延伸工作站，确保延伸工作站与录波系统通信正常，可显示录波系统相关信息，调用响应正常，数据及画面刷新正常。

（3）利用集控系统安全Ⅱ区采集服务器接收相关信息，调度端需进行软件开发等工作，集控系统中可以通过"继电保护信息管理与录波调阅"接收和处理调度发送的信息，在集控系统发送中进行显示。

在建设过渡阶段，可暂时采用模式（1）浏览录波信息；条件具备时推荐采用模式（3）接入并调阅录波信息。

2. 保信接入

基于不改变变电站现场基本网络构架和不影响调度自动化系统采集业务的原则，通过增加设备的上送逻辑链路，实现集控系统的接入。

保信子站使用继电保护设备信息接口配套标准（IEC 870-5-103）规约，通过调度数据网安全Ⅰ区或安全Ⅱ区与调度自动化系统、集控系统互联，实现保信子站信息的上送和保信定值的设定。

集控系统主站的保信功能模块可以和各自安全区中的其他前置业务共用物理服务器，但不可以跨区共用物理服务器。

（1）厂站部分。存量站中，可维持保信子站所在安全区业务现状不变；将原单平面上传的业务增加双平面上送，实现集控系统的双平面接入。现场涉及敷设设备与调度数据网交换机之间的网线、修改业务系统设备IP地址、增加业务转发表等保信子站和故障录波设备上的工作。同时，需要调度自动化专业协助修改集控系统主站和变电站纵向加密策略、开放交换机端口等工作。

（2）主站部分。涉及厂站保信子站和故障录波调整安全区和增加双平面通道工作的，调度自动化系统也要做相应的业务调整。集控主站接入，需要做好通道调试、业务参数配置、信号核对等工作。集控系统独立部署保信主站和故障录波主站程序，召唤厂站业务数据，为集控系统其他功能提供数据展示和分析。

三、横向数据接口调试

（一）业务中台

集控系统与电网资源业务中台交互重点围绕电网资源（设备）、量测、作业三部分开展数据交互。集控系统与业务中台交互架构如图3-5所示。

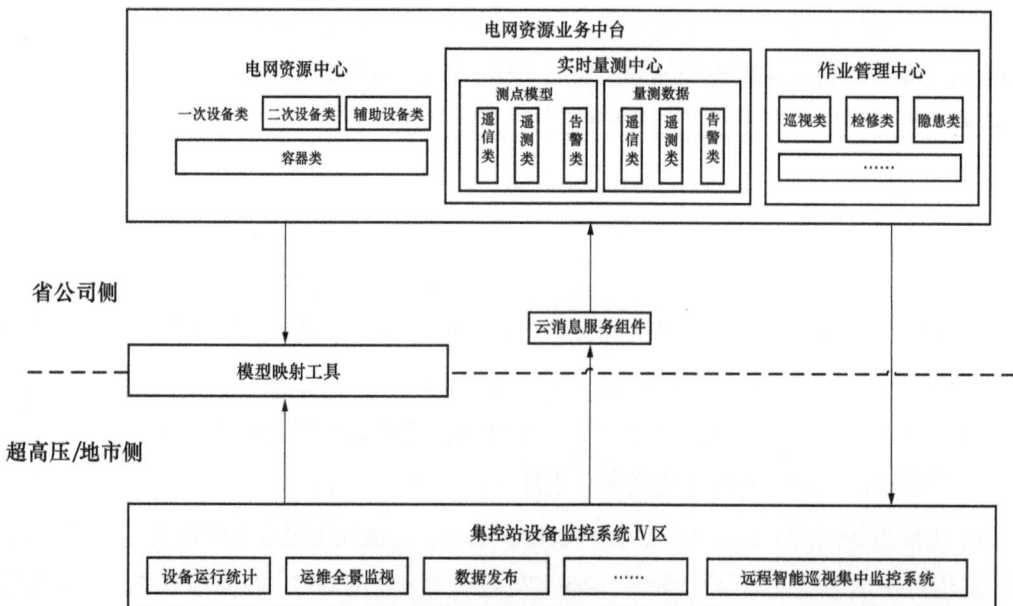

图 3-5　集控系统与业务中台交互架构图

电网设备资源类数据交互分别从存量数据治理和增量数据关联两方面开展数据模型映射，集控系统和电网资源业务中台通过模型映射工具将一次、二次、辅助设备类资源模型进行映射后存储。

1. 存量数据治理

以电网资源业务中台与集控系统设备台账为基础，构建电网资源业务中台设备台账与集控系统设备台账映射关系，实现两侧系统存量数据台账映射，完成存量数据治理工作。存量数据治理工作流程如图3-6所示。

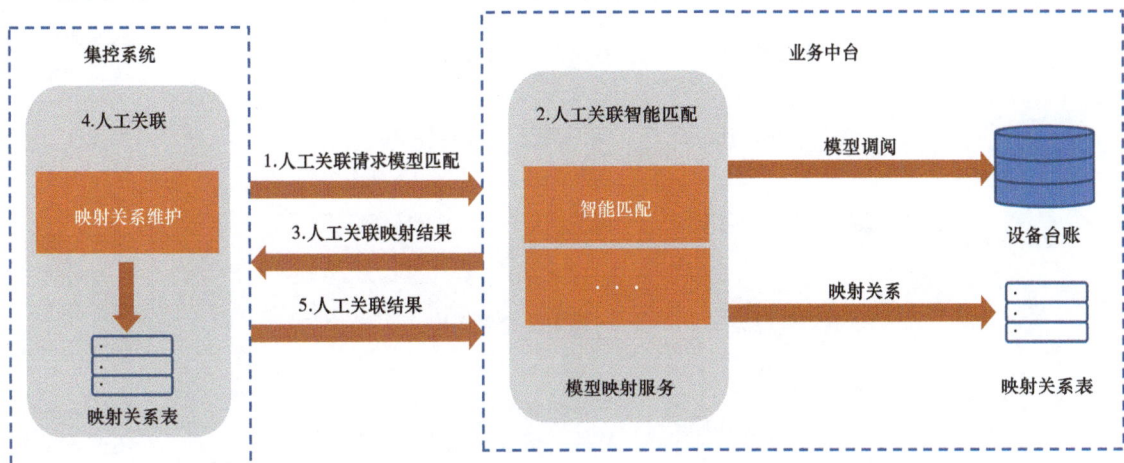

图3-6 存量数据治理工作流程图

2. 增量数据治理

以信息管理系统信息接入主流程，创建电网资源业务中台同源维护和集控系统双侧并行维护子流程，实现两侧系统增量设备台账自动映射，对未能自动映射的模型进行人工治理。增量数据治理工作流程如图3-7所示。

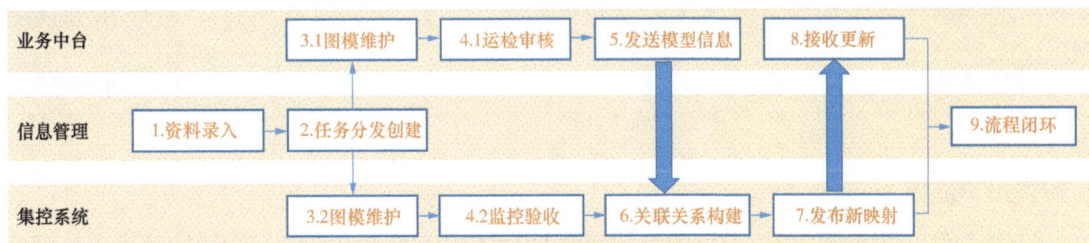

图3-7 增量数据治理工作流程图

3. 调试内容

（1）调阅调试：

1）集控系统侧能够实时调阅中台设备资源、资产类台账模型通过资产、资产中心服务；

2）中台侧能够通过云消息服务组件交互将地市集控系统相对应量测数据通过消息队列接入。

（2）数据共享调试：集控系统能够将监控作业数据如监控缺陷告警模块、工作票、操作票等作业应用与中台实现共享服务。

（二）调度自动化系统

1. 基本条件

通过调度数据网或专线与调度自动化系统连通。

调试内容。调度中心与集控系统信息交互范围和内容见表3-1。

表3-1　　　　　　　　　　　　　调度中心与集控系统信息交互范围和内容

序号	交互范围	信息分类	交互内容	审核及维护方向
1	设备模型信息	一次设备模型	存量站、新建站以及改扩建一次设备模型	调度审核。调度→集控
		二次设备模型	保护装置、测控装置等	需详细讨论
		保护及测点信息模型	保护信号、遥测测点信息	集控审核。集控→调度
		采集信息点表	三遥采集信息点表	集控审核。集控→调度
		告警方式及限值配置	五类告警配置。线路、母线、油温等限值配置	集控审核。集控→调度
2	图形信息	一次接线图	变电站一次主接线图、间隔分图等	调度→集控
		间隔分图		集控→调度
3	负荷批量控制		控制策略	需详细讨论
4	AVC		调节策略	需详细讨论
5	标识牌			需详细讨论
6	接地选线			需详细讨论

2. 图模维护流程

（1）总体流程。图模维护总体流程包括设备模型及监控信息点表审核、图模构建导入等部分，其中：在审核阶段，调度中心负责一次设备模型的审核，集控系统负责保护信号及测点模型、采集信息点表的审核；在图模构建导入阶段，调度负责一次设备模型和一次接线图构建，集控系统负责保护信号及测点模型和间隔分图构建。图模维护流程如图3-8所示。

在维护时间线上，信息审核和图模构建是关键的时间点，调度中心与集控系统之间有前序工作交织，双方需要协同合作，尽可能缩短审核与维护阶段时间。

（2）存量站图模维护流程。存量站图模维护流程如图3-9所示。

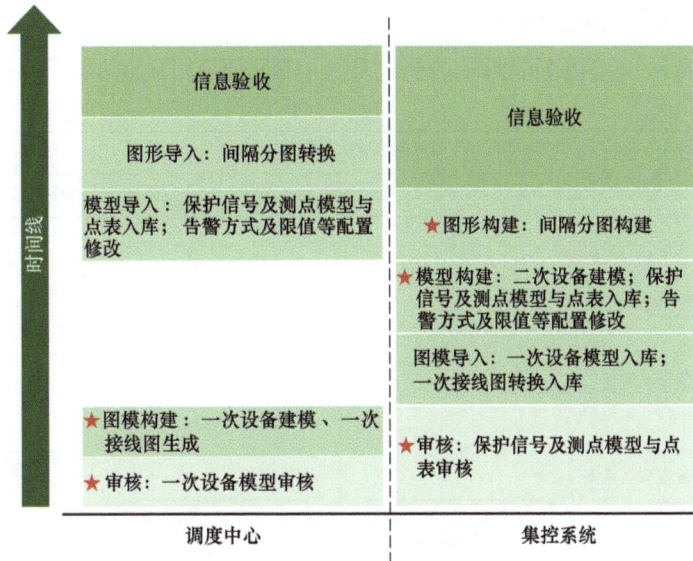

图 3-8　图模维护流程图

注：标"★"项为两侧需协调配合项目。

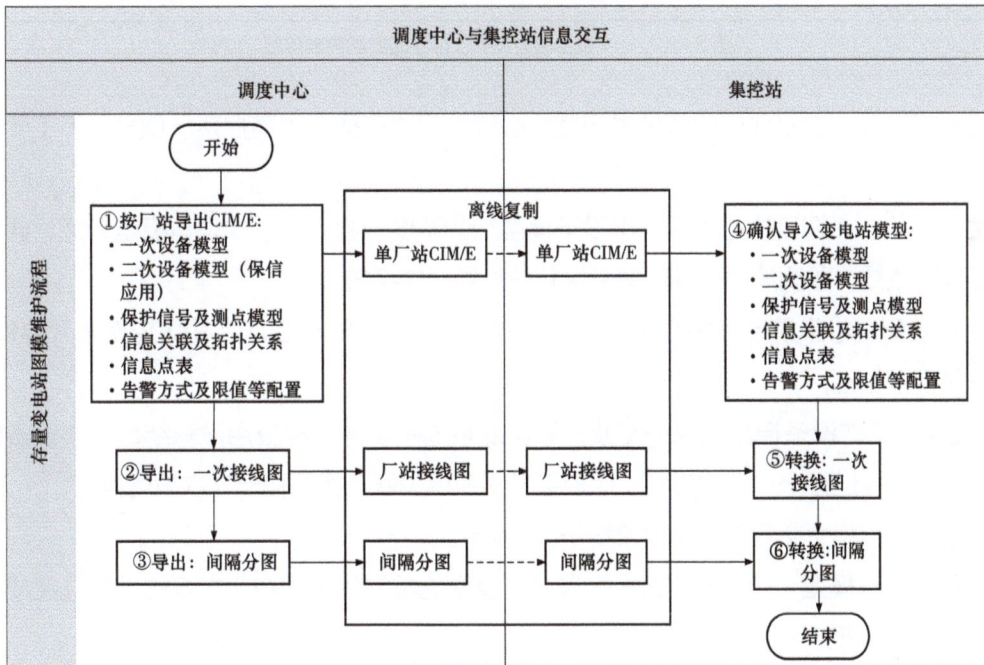

图 3-9　存量站图模维护流程图

　　存量站图模由调度中心导入集控系统工作步骤如下。

　　1）调度中心侧：①调度中心按厂站导出CIM/E格式模型信息，包括一次设备模型、二次设备模型、保护信号及测点模型、信息关联及拓扑关系、信息点表、信号的告警方式及测点限值配置等；②调度中心导出该厂站的一次接线图CIM/G；③调度中心导出该厂站内所有的间隔分图CIM/G。

　　2）集控系统侧：①集控系统解析CIM/G厂站模型，人工确认后入库；②集控系统转换一次接线图CIM/G；③集控系统转换该厂站的间隔分图。

（3）新建站或改扩建变电站图模维护流程。

1）一次设备模型及一次接线图的维护流程如图3-10所示。

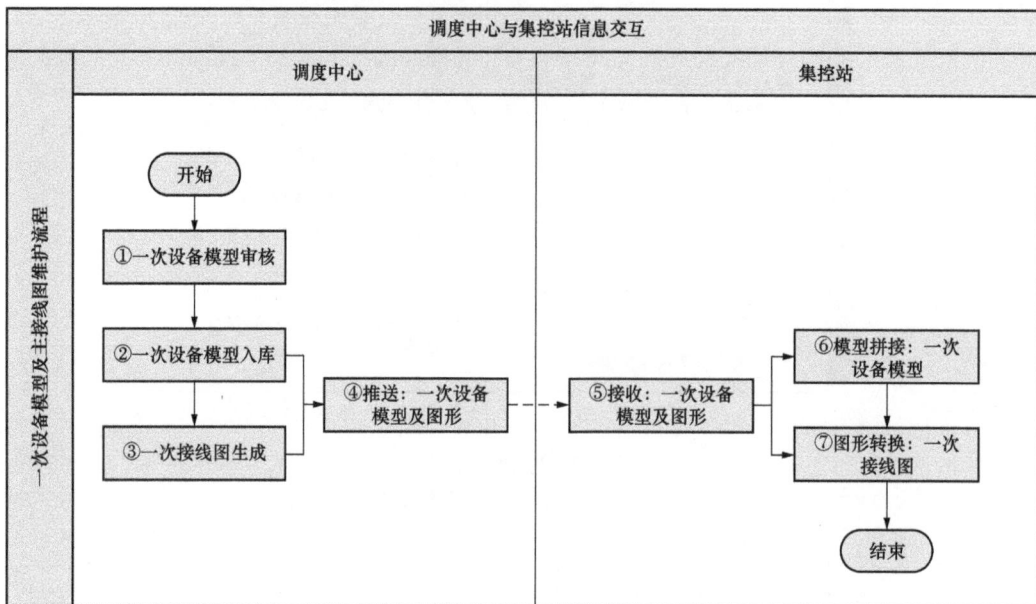

图 3-10 一次设备模型及一次接线图的维护流程图

一次设备模型及一次接线图的维护由调度中心侧发起并完成，由集控系统侧导入，主要工作步骤如下。

a.调度中心侧：①调度中心审核一次设备模型；②调度中心完成一次设备模型入库；③调度中心完成一次接线图生成；④调度中心推送图模更新信息给集控系统。

b.集控系统侧：①集控系统接收更新信息，准备开展图模构建工作；②集控系统开展模型拼接，完成一次设备模型构建；③集控系统开展一次接线图转换。

2）调度中心二次设备模型在保护专业，原调度系统中设备监控应用没有结合二次设备模型，但在集控系统中，需要进行一、二次设备及保护信号间信息关联，需要构建二次设备模型。

保护信号及测点模型交互工作流程如图3-11所示。

保护信号及测点模型、信号告警方式配置、测点限值配置的维护由集控系统发起并完成，由调度中心侧导入，主要步骤如下。

a.集控系统侧：①审核保护信号及测点模型、点表信息；②完成保护信号、测点模型和点表信息入库；③集控系统完成信号告警方式配置、测点限值配置；④集控系统确认具备验收条件，推动更新给调度中心。

b.调度中心侧：①调度中心接收到更新信息，准备开展入库工作；②调度中心进行模型信息比对，人工确认后入库，完成调度中心侧维护工作。

间隔分图维护流程如图3-12所示。

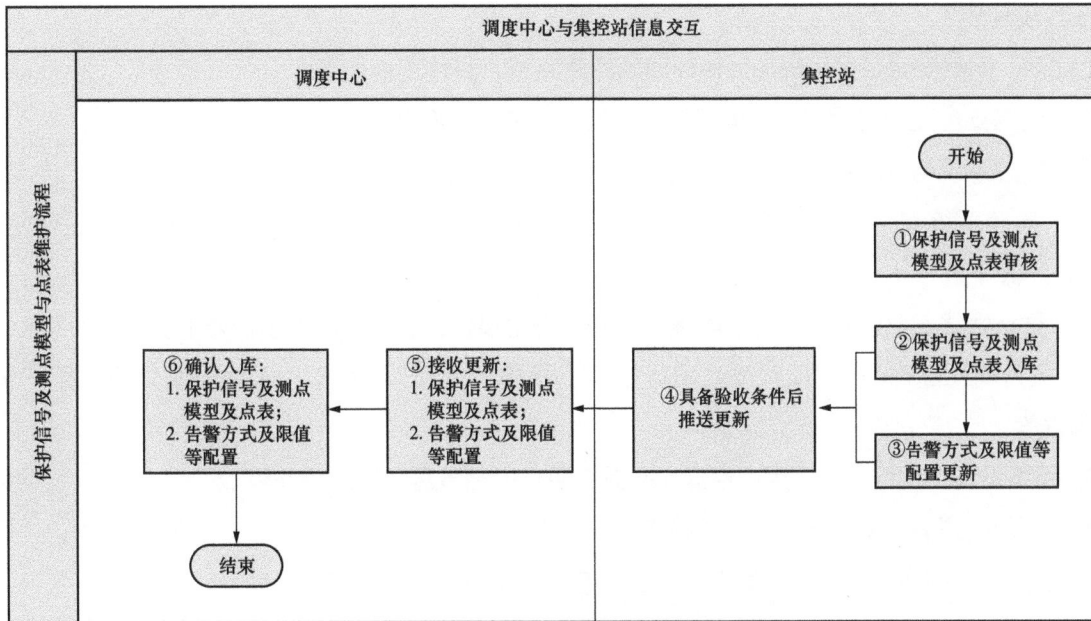

图 3-11　保护信号及测点模型交互工作流程图

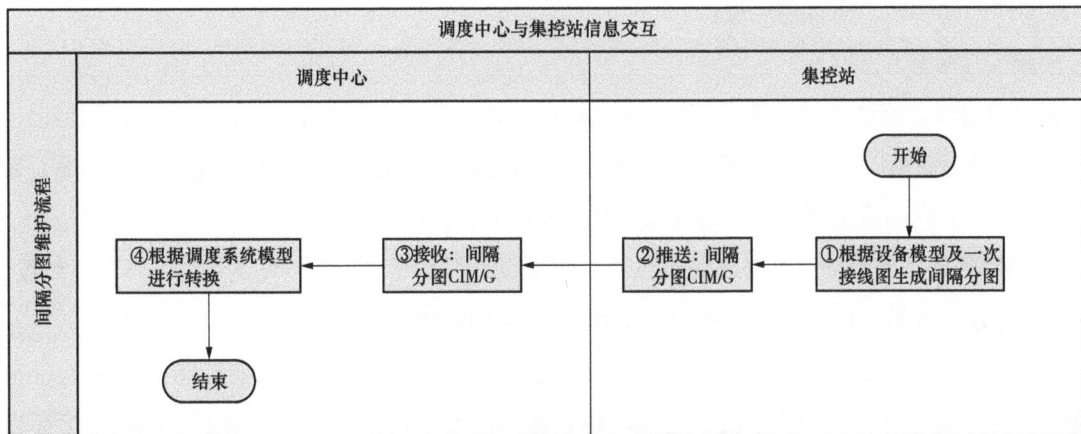

图 3-12　间隔分图维护流程图

间隔分图维护由集控系统发起并完成，由调度中心导入，主要工作步骤如下。

a.集控系统侧：①集控系统根据设备模型信息及一次接线图，开展间隔分图的绘制工作；②集控系统推送间隔分图更新信息。

b.调度中心侧：①调度中心接收到间隔分图更新，准备开展图形转换工作；②调度中心完成间隔分图转换，维护流程结束。

（三）网络安全监视平台

通过网络安全监测装置，集控系统将系统的安全事件、重要告警等上传网络安全监视平台。安装工作分为环境构建和网络安全装置配置，设备就位并配置完毕后，需要与专业部门协调，联合开展调试工作。

1. 环境构建

上线前，网络安全数据采集与上传环境须构建完成，具体工作如下。

（1）网络安全监测装置已接入集控系统安全Ⅱ区主网交换机。

（2）集控系统与调度系统网络安全监测平台网络已连通，且通信正常。

（3）集控系统安全Ⅰ、Ⅱ区设备均具备接入网络安全监测平台的能力，服务器及工作站安装agent探针软件。

（4）确认网络安全监测装置可以收集各设备的安全事件并上传，事件示例如下。

1）服务器/工作站：网口状态、串行接口（简称"串口"）状态、网络非法外联、用户管理、USB事件等。

2）网络设备：网口状态、用户管理、配置变更、网络流量、用户操作等。

3）正/反向隔离：网络连接、资源状态、安全事件。

4）防火墙：网络连接、硬件状态、资源状态、安全访问策略、安全事件。

5）装置自身：网口状态、非法外联、硬件状态、管理事件、USB事件、异常事件。

6）网络安全管理平台与本地管理界面均可以对参数进行增加、删除、修改、查询操作，针对参数变更等操作自动生效，无须重启设备。

2. 网络安全装置配置

（1）用户管理。启动本地管理程序NrNetworkHmi，可以只用默认账号登录系统，也可以使用默认管理员账号创建新用户；新用户第一次登录时，需要重置密码。用户分为管理员、操作员、审计员三种，各司其职。网络安全装置用户管理如图3-13所示。

（2）参数管理。使用管理员账号登录系统，可以配置系统参数（网卡、路由、NTP等参数）、通信参数、事件处理参数、证书参数。网络安全装置参数管理如图3-14所示。

（3）证书导入。网络安全监测模块与网络安全管理平台之间的通信需要数字证书来验证数字签名。通过本地界面可以导入各个平台的证书，导入证书时要进行证书的链式验证。网络安全装置证书导入如图3-15所示。

（4）资产管理。以操作员账号登录系统，可以增加、删除、修改主机（服务器/工作站）、正向隔离、反向隔离、防火墙、交换机等资产。网络安全装置资产管理如图3-16所示。

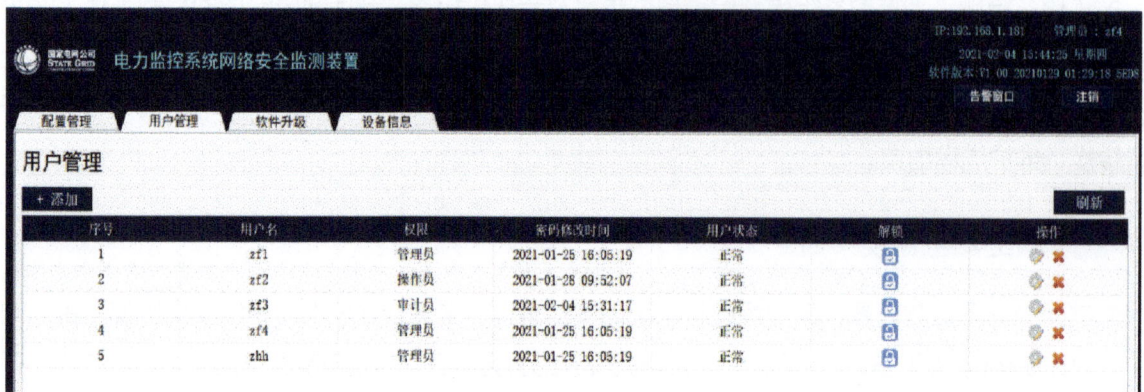

图3-13　网络安全装置用户管理

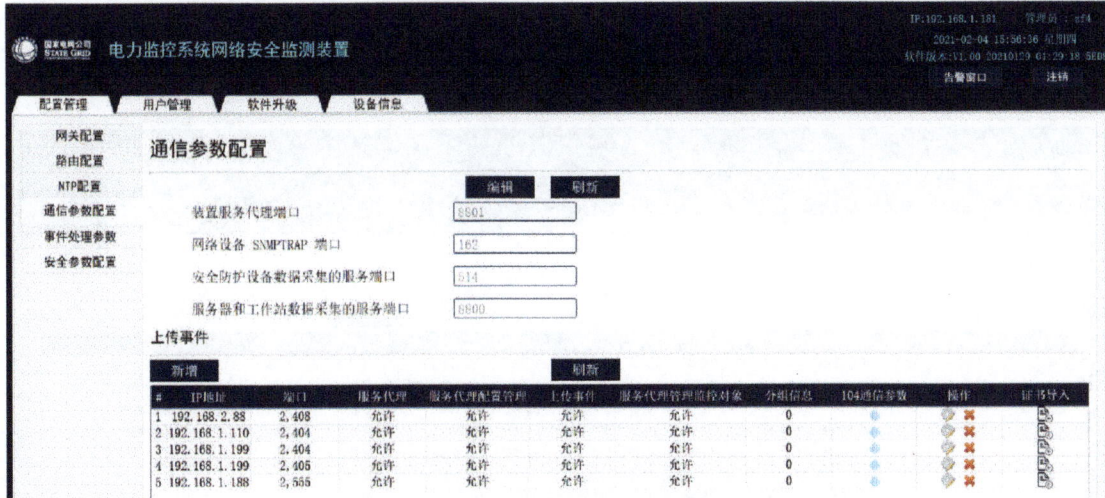

图 3-14　网络安全装置参数管理

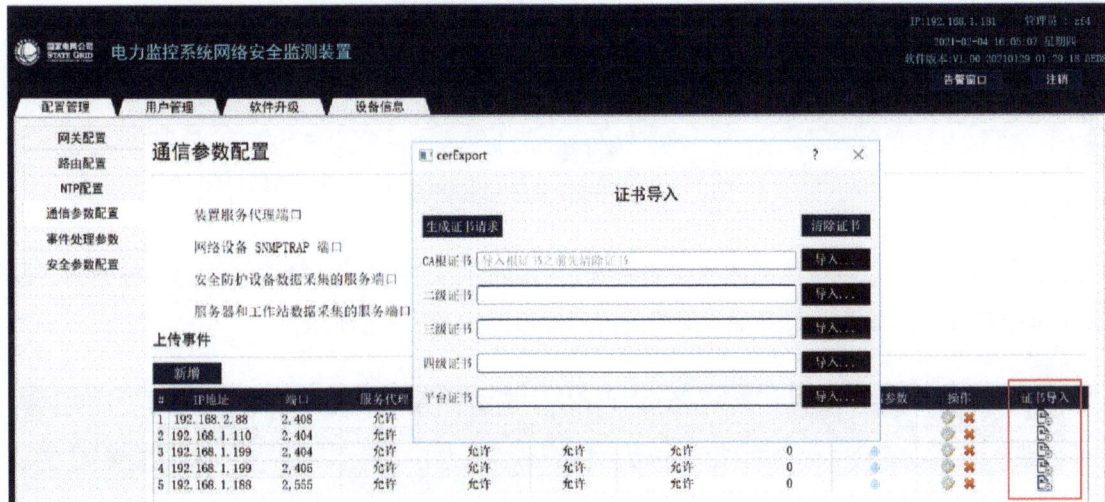

图 3-15　网络安全装置证书导入

图 3-16　网络安全装置资产管理

（5）采集信息查询。以操作员账号登录系统，可以根据开始时间、结束时间、事件等级、设备类型等多个维度查询采集信息。网络安全装置采集信息查询如图3-17所示。

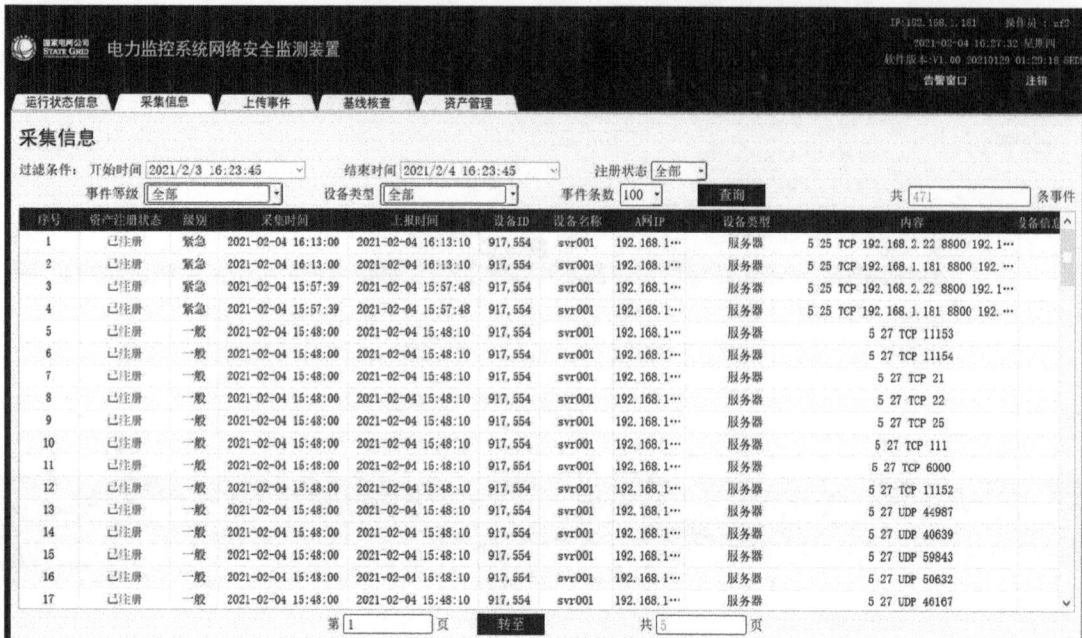

图3-17　网络安全装置采集信息查询

（6）上传事件查询。以操作员账号登录系统，可以根据开始时间、结束时间、事件等级、设备类型等多个维度查询上传事件。网络安全装置上传事件查询如图3-18所示。

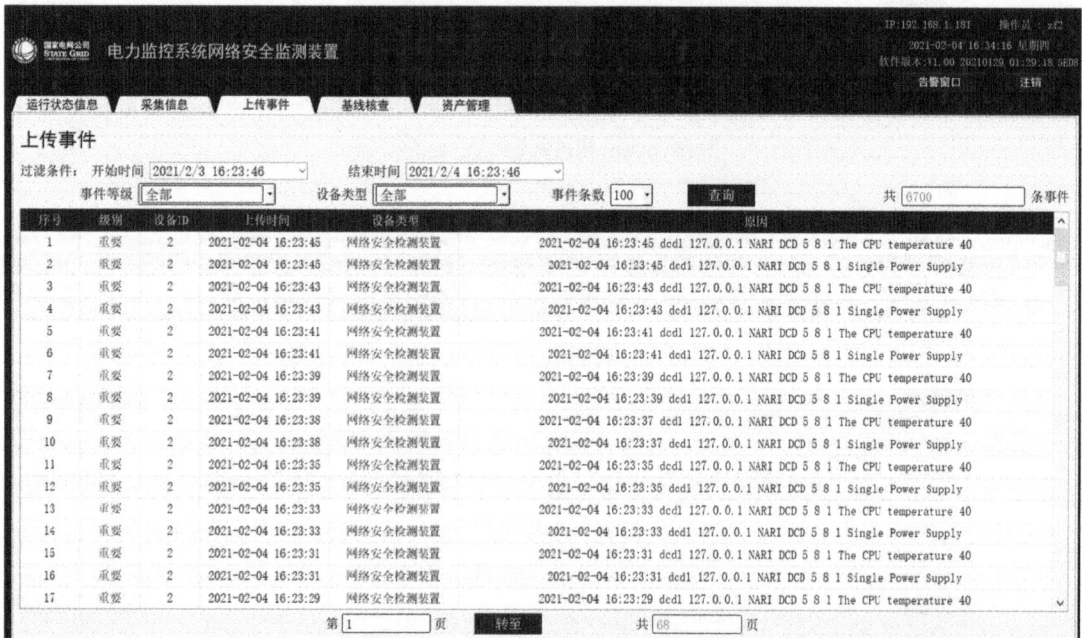

图3-18　网络安全装置上传事件查询

（7）审计日志。以审计员账号登录系统，可以查看审计日志，包括用户登录的信息、连接状态信息、网络安全管理平台修改配置的信息等。网络安全装置审计日志如图3-19所示。

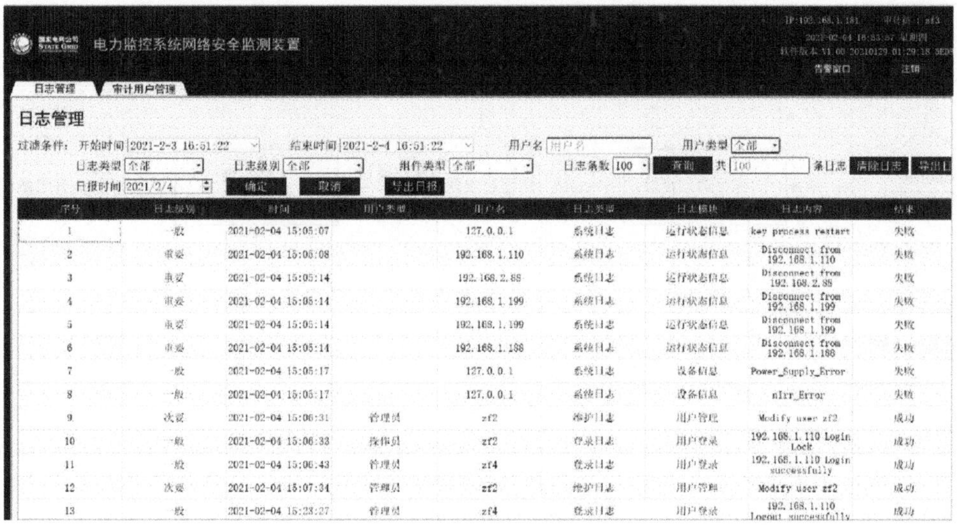

图 3-19　网络安全装置审计日志

3. 联合调试

网络安全装置安装配置完成后，与网络安全主管专业部门开展联合调试：首先，确定集控系统与网络安全监视平台保持连接；然后，在变电站站端和集控系统主站端模拟发生安全事件的情况；最后，检查网络安全装置管理界面是否收到安全事件告警，同时检查网络安全平台是否也收到同样的安全事件告警。

第五节　平台安全调试

一、工作要求

（一）工作目标

平台安全接口调试工作目标：通过对人机安全、通信安全、平台管理与服务安全、进程安全、数据安全、运行安全、结构安全等方面测试，实现平台自身及对外交互安全性能，确保平台安全可靠，支撑应用功能实现。

（二）工作流程

平台安全调试人员包括项目建设单位相关人员、平台厂家。平台厂家提供系统使用手册及调试手册，平台厂家人员指导建设单位调试人员参照系统使用手册及调试手册进行接口调试。对调试结果进行记录，整理不符合技术要求的项目内容，反馈给平台厂家；平台厂家进行问题初步判断，如不是平台软件问题，进行重新调试，如确定问题存在则进行问题整改并重新测试，直至调试通过。平台安全调试工作流程如图3-20所示。

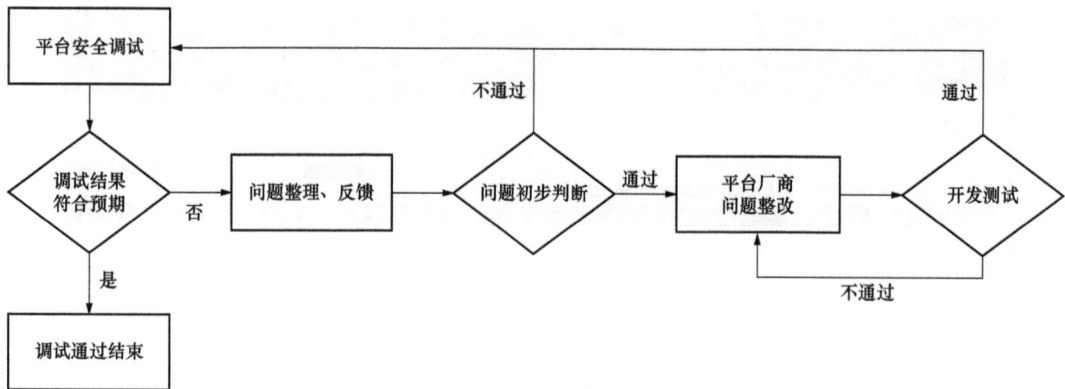

图 3-20　平台安全调试工作流程图

二、业务安全

（一）人机安全

1. 技术要求

（1）登录认证安全：

1）应符合《变电站二次系统通用技术规范　第6部分：二次设备安全防护》（调技〔2021〕20号）5.4.2的要求；

2）应对同一用户账号同一时间内多点登录的行为进行限制阻断、提示并产生告警日志；

3）用户登录、用户管理以及授权行为、多点登录行为等应记录安全审计日志，应符合《变电站二次系统通用技术规范　第6部分：二次设备安全防护》（调技〔2021〕20号）及《新一代集控站设备监控系统系列规范　第4部分：基础平台（试行）》（设备监控〔2022〕83号）附录B3的要求。

（2）会话管理安全：

1）应具备会话管理机制，除对于需要不间断地运行监视等模块外，其余类似操作控制类、运维管理类应用界面在一段时间内（2~10min）未做任何操作时，应退出当前界面或进行登录锁定，且再次登录时需重新输入登录认证信息；

2）系统应在注销或关闭客户端时自动结束会话。

（3）权限管理安全：

1）应符合《变电站二次系统通用技术规范　第6部分：二次设备安全防护》（调技〔2021〕20号）5.1.3的要求；

2）应符合《变电站二次系统通用技术规范　第6部分：二次设备安全防护》（调技〔2021〕20号）及《新一代集控站设备监控系统系列规范　第4部分：基础平台（试行）》（设备监控〔2022〕83号）附录B3中主机设备安全审计日志对用户管理的要求。

（4）操作安全：

1）应具备遥控操作的监视确认机制，操作员进行控制操作时需要监视员进行确认；

2）应能够识别控制异常的操作，禁止异常操作且给予异常提示；

3）应具备主备机同时对同一设备参数配置的安全处理机制，应具备互斥能力；

4）应符合《变电站二次系统通用技术规范　第6部分：二次设备安全防护》（调技〔2021〕20号）5.1.10的要求；

5）系统异常时，返回的提示信息应进行必要的封装，不应包含有关后台系统或其他敏感信息；

6）配置变更、所有控制操作等应记录安全审计日志，应符合《变电站二次系统通用技术规范　第6部分：二次设备安全防护》（调技〔2021〕20号）及《新一代集控站设备监控系统系列规范　第4部分：基础平台（试行）》（设备监控〔2022〕83号）附录B3的要求。

2. 测试方法

（1）登录认证安全检测方法。

1）双因子测试：分别登录当前已有管理员、审计员及操作员账号以及新建用户账号，检测是否采用用户密码认证与数字证书、生物特征识别等两种或两种以上组合认证技术对用户进行身份鉴别。

2）标识唯一性测试：查看用户记录，用户的ID标识应唯一，应不存在重复标识的用户；使用已有用户的身份标识进行注册，应拒绝用户注册。

3）密码复杂度测试：设置或修改用户密码，用户密码应具备复杂度检测策略，不满足复杂度要求的密码应拒绝设置。密码复杂度包括：密码长度不低于8位、含有大写字母、小写字母、数字、特殊字符中三种及三种以上的组合，且密码不能与用户名相同或包含用户名。

4）用户密码使用时间测试：确认密码使用时间限值配置，根据配置修改系统时间；当密码使用时间超出限值后，应在用户登录时强制要求修改口令。

5）登录失败锁定及解锁测试：确认登录失败锁定次数、锁定时间等配置参数。使用错误密码连续登录软件，验证登录失败次数超限后，应锁定用户登录；此时输入正确及错误密码，系统均应拒绝登录；达到锁定时长后，在输入正确密码的情况下，系统应允许登录。

6）登录超时测试：确认系统用户登录后的闲置超时时间；当用户在登录超时时间内未进行任何操作时，系用同一用户账号同一时间内在主备机上同时登录系统，检测是否对多点登录的行为进行限制阻断、提示并产生告警日志。

（2）会话管理安全检测方法：

1）用户成功登录后，启动非不间断的运行监视等模块，在界面内驻留一段时间（2~10min）未做任何操作，是否退出当前界面或进行登录锁定，同时再次登录需重新输入登录认证信息；

2）在用户退出或注销后，检测从控制台启动的应用是否自动关闭。

（3）权限管理安全检测方法：

1）登录业务系统，检测是否至少设置管理员、审计员和操作员三种角色，分别进行用户创建与授权、设备管理、控制操作、信息查看等，检测是否存在超级用户，每个角色是否遵循权限最小原则；

2）登录管理员账号，检测是否仅具有用户管理、角色管理、权限管理、系统配置等管理角色；

3）查看审计人员角色的权限分配，登录审计员账号，检测审计员是否至少具备查看审计记录、审计记录结果等内容，审计员无法删除审计记录；

4）登录操作员账号，包括操作员、监护员、值班员等，检测各用户是否能够实现权限范围内的系统调试、运行的配置、查看、操作等；

5）除画面查看等公共权限外，检测各角色之间权限是否互斥，检测是否能对同一个用户分配多个角色；

6）检查系统以及数据库的安全策略，检测访问控制的粒度是否达到主体为用户级，客体为业务级，检测主体（如用户）是否能按角色对客体进行访问；

7）查看并检测新增用户、删除用户、修改用户信息、密码重置及其授权行为是否记录审计日志。

（4）操作安全检测方法：

1）检测操作员在人机界面进行控制时，是否只有通过监护员确认后方可执行成功；

2）执行不符合逻辑规则、闭锁条件的操作，检测是否能够识别控制逻辑异常的操作，禁止异常操作且给予异常提示（例如，当断路器为运行状态，遥控操作合当前间隔内的接地开关，查看是否闭锁操作且提示"断路器在合位，禁止合接地开关"）；

3）使用不同用户配置同一设备参数，检测是否禁止多个用户同时对同一设备参数进行配置；

4）通过人机界面输入不同数据类型、恶意或畸形、不符合业务数据范围，检测系统是否能够保证输入值的合理性、语法的完整性、有效性和正确性，要求对应用输入和配置信息进行检查；

5）执行修改定值操作，检查能否拒绝输入一个长度非法的数值；

6）执行业务操作时，检测系统返回提示信息是否包含程序敏感信息；

7）检测配置变更、控制操作等是否记录审计日志，且审计日志信息是否与实际相符。

（二）通信安全

1. 技术要求

（1）应符合《变电站二次系统通用技术规范　第6部分：二次设备安全防护》（调技〔2021〕20号）5.1.3的要求。

（2）应符合《变电站二次系统通用技术规范　第6部分：二次设备安全防护》（调技〔2021〕20号）5.1.6的要求。

（3）应不存在敏感数据明文传输。

（4）重要业务数据传输宜采用数据校验等方式保证数据传输的完整性。

（5）应能够过滤非法业务数据，识别通信数据合法性。

（6）应保证通信交互行为的安全性，具备防重放、篡改等安全防护能力。

（7）异常连接访问、通信认证异常应记录安全审计日志。

2. 测试方法

（1）应依据互联网协议地址（IP地址）、介质访问控制地址（MAC地址）等属性建立网络白名单，对连接服务器的客户端工作站进行限制。

（2）符合《变电站二次系统通用技术规范　第6部分：二次设备安全防护》（调技〔2021〕20号）5.1.6通信安全检测方法：

1）变电站二次系统宜采用自主可控的通信协议，例如DL/T 860、DL/T 634.5104、DL/T 476；

2）通过使用测试工具，尝试连接安全认证服务，观察终端输出结果，应能正常连接安全认证服务并输出认证成功的打印；

3）使用服务类业务认证加密接口，启动服务总线，客户端模拟发送一个服务加密请求，检查服务端是否可以正常收到服务响应并进行解密；

4）使用攻击工具在通信网络施加网络风暴、泛洪攻击、拒绝服务等攻击，检测集控站监控系统是否出现误动、误发报文、死机、重启等现象，攻击结束后，系统应能正常工作。

（3）抓取敏感数据传输报文，检测是否存在明文传输敏感数据。

（4）传输操作控制类业务数据时，检测业务数据是否有校验机制，保证数据的完整性。

（5）截取集控站监控系统实时数据采集、控制等业务通信报文，对通信报文进行篡改，修改业务数据为非法数据，检测是否能够过滤非法业务数据。

（6）通过测试工具抓取数据包，在30s之内重新发送该条数据包，检查是否能够识别通信数据合法性，是否能够拒绝响应；防篡改：通过测试工具抓取数据包，更改数据包中的报文内容，重新发送该条数据包，检查是否能够识别通信数据合法性，是否能够拒绝响应。

（7）异常连接访问、通信认证异常时，打开告警窗，检查是否有相应告警展示。

（三）平台管理与服务安全

1. 平台管理安全

（1）技术要求。

1）系统管理安全要求：

a. 平台为系统所有用户提供统一用户管理，提供统一的用户注册、用户修改、用户删除等功能；

b. 平台为系统所有用户提供统一权限管理，提供权限定义、权限添加、权限修改、权限删除等功能；

c. 平台具备关键业务软件安全认证功能，可以防止未经注册的恶意应用在平台运行；

d. 平台提供安全API统一调用接口，禁止应用绕过平台API使用自定义不安全的方法实现功能；

e. 平台提供数据校验与容错保护能力，具备数据异常判断机制，不影响业务功能正常运行，包括节点管理、进程管理、数据库管理等功能；

f. 平台提供安全监管机制，实现对异常接口调用的监视与控制，禁止异常参数调用、异常调用顺序、异常初始化等；

g. 平台对数据库调用提供防护功能，禁止非法用户调用关键业务数据、注入非法命令等。

2）数据采集管理安全要求：

a. 数据采集应仅接收被授权对象传输的数据；

b. 应记录数据源，跟踪和记录数据采集、处理和分析过程，保证溯源数据过程重现；

c. 应能识别非法采集视频、图片、规约等数据，应能识别采集过程中的异常行为，并具备相应的安全策略；

d. 应具备处理批量数据输入、采集数据量超上限保护机制，防止数据丢失、覆盖以及拒绝数据采集业务等；

e.集控站网络安全数据采集管理模块业务安全见《电力监控系统网络安全监测装置检测规范》（Q/GDW 11894—2018）。

（2）测试方法。

1）系统管理安全检测方法：

a.用系统管理员账号登录平台，打开权限管理，进行新建用户、修改用户基本信息、删除用户等操作，检测操作是否生效；

b.对系统用户的权限进行管理，检测平台对权限的定义，包括但不限于权限添加、权限删除等功能；

c.检查部署可信验证模块的主机，配置应用程序启动进程白名单，并启动白名单内进程，检测是否启动成功；尝试启动白名单外的进程，检测非白名单内进程是否能够启动不成功；尝试修改或替换白名单内应用程序，检测是否阻止启动；

d.模拟应用使用非平台提供的安全API统一调用接口，检测是否不能实现预期功能；

e.模拟节点切换、进程关闭、数据库非法访问等功能，检测平台提供数据校验与容错保护能力，具备数据异常判断机制，不影响业务功能正常运行；

f.模拟接口调用异常参数、异常调用顺序、异常初始化等，检测平台提供安全监管功能，禁止异常接口调用，并提供监视功能；

g.模拟非法用户调用关键业务数据、注入非法命令等，检测数据库是否禁止非法用户访问。

2）数据采集管理检测方法：

a.检测被采集数据是否仅接收被授权对象传输的数据；

b.检测是否支持记录数据源，可包含但不限于采集、处理和分析过程数据，检测当前值和实际值是否一致；

c.检测是否能够识别非法采集数据、采集中断数据等，数据采样结果是否不受采样周期的限制；

d.发送批量采集数据，检测是否具备采集数据量超上限保护机制，防止数据丢失、覆盖以及拒绝数据采集业务等；

e.检测集控站网络安全数据采集管理模块业务安全，检测标准参考《电力监控系统网络安全监测装置检测规范》（Q/GDW 11894—2018）。

2.服务安全

（1）技术要求。

1）服务注册认证安全要求：

a.在服务注册时服务管理者应进行合法性验证；

b.应限制对服务注册信息进行非法删除或修改等操作。

2）服务业务交互安全要求：

a.应具备安全机制限制业务超范围调用服务资源；

b.应限制业务在同一时间段内对服务的调用数量；

c.服务交互内容应对关键业务数据或者敏感信息进行加密，保证服务交互信息的保密性；

d.应对服务通信服务提供者和服务消费者之间的通信进行防护，对执行非法数据注入、恶意代码注入、请求内容删除等操作进行限制；

e.广域服务调用应具备身份认证机制，服务提供者需要确认服务请求者身份的合法性，防止非法服务进行远程调用；

f.局域服务提供者应具备访问控制策略，基于访问策略对服务消费者进行权限限制。

3）服务安全管理要求：

a.应具备服务全生命周期管理功能，自动清除已失效的服务；

b.应具备服务行为审计机制，对服务的接入请求、接入后的操作轨迹、异常行为进行记录；

c.应限制使用未关闭的基础组件默认服务，包括删除默认界面、禁用默认管理用户、修改默认密码；

d.应关闭不安全的系统服务，包括Telnet、未加密的共享服务等服务。

（2）测试方法。

1）服务注册认证安全检测方法：

a.平台服务管理者提供授权服务注册证书，在服务启动时对证书进行认证校验，若服务管理者未给平台授权服务注册证书，平台服务不能向服务管理中心进行注册；

b.恶意删除或修改服务注册文件，检测服务管理中心对服务注册文件是否能够及时更新恢复。

2）服务业务交互安全检测方法：

a.对已授权服务尝试调用超出范围的服务资源，检测调用资源范围是否被限制；

b.模拟同一时间段内多个业务调用同一服务的数量，检测系统是否对服务调用数量进行限制；

c.查看服务接口请求内容，对关键业务数据或者敏感信息进行解密，检测服务交互信息的保密性；

d.抓取服务提供者和服务使用者之间的通信报文，执行非法数据注入、恶意代码注入、请求内容删除等操作，检测系统是否能禁止非法操作；

e.模拟非法服务远程调用操作，检测服务提供者是否检测服务请求身份；

f.模拟服务消费者发起调用请求，检测局域服务提供者是否具备访问控制策略，对服务消费者进行权限限制。

3）服务安全管理安全检测方法：

a.查看系统是否具备服务全生命周期管理功能，且自动清除已失效的服务；

b.查看系统服务行为审计，检查系统是否对服务接入请求、操作轨迹、异常攻击行为等内容进行记录；

c.检查基础组件的默认配置和界面，检测系统删除默认界面、禁用默认管理用户、修改默认密码等；

d.扫描系统端口，检测系统是否开放了Telnet、未加密的共享服务等不安全的系统服务。

（四）进程安全

1. 技术要求

（1）应支持进程创建、资源回收、进程守护等进程管理能力。

（2）应对核心业务进程异常、内存耗尽等情况进行监视。

（3）应对审计进程进行保护，禁止单独中断进程。

2. 测试方法

（1）建立多个业务连接并停止，检测资源占用是否随着进程的创建和停止而变化。

（2）尝试终止软件核心业务进程，检测进程是否可自行恢复。

（3）模拟进程大量占用软件资源（CPU、内存等）操作，检测软件是否具有监视告警功能。

（4）尝试删除审计进程，检测是否执行失败。

（五）数据安全

1. 技术要求

（1）应符合《变电站二次系统通用技术规范　第6部分：二次设备安全防护》（调技〔2021〕20号）5.1.4的要求：一般数据在存储过程中不需要加密和认证，口令等重要数据在存储时应采用国密算法进行加密。

（2）应符合《变电站二次系统通用技术规范　第6部分：二次设备安全防护》（调技〔2021〕20号）5.1.9的要求。

（3）应采用校验技术或密码技术等保证重要业务数据、敏感数据在存储时的完整性。

（4）审计日志应至少保存6个月，应设置审计日志存储余量控制策略，当存储空间接近极限时，应支持主动发告警提示。

（5）审计数据应不可被篡改、删除。

（6）软硬件异常情况下应对存储数据进行保护。

（7）数据备份、数据恢复等系统类事件应记录审计日志，应符合《变电站二次系统通用技术规范　第6部分：二次设备安全防护》（调技〔2021〕20号）及《新一代集控站设备监控系统系列规范　第4部分：基础平台（试行）》（设备监控〔2022〕83号）附录B3表的要求。

2. 测试方法

（1）检测身份凭证信息、口令等重要数据在存储时是否采用国密SM2算法进行加密。

（2）使用文件备份与恢复工具，对除辅控传感器外其他各类二次设备的配置文件、数据文件等关键数据进行备份。

（3）检测是否采用校验技术或密码技术等对重要业务数据、敏感数据在访问时进行完整性校验。

（4）通过生成6个月的审计日志文件或修改软件系统时间，检测是否至少保存6个月的审计日志。

（5）设置存储容量阈值，检测是否在存储容量即将达到上限时进行告警。

（6）尝试修改、删除审计数据，检测是否操作不成功。

（7）模拟软硬件异常情况，检测软硬件异常情况下存储的历史数据、配置数据等是否完整、正确。

（8）模拟重要业务数据备份与恢复，检测是否实现正确，并记录安全审计日志。

（六）运行安全

1. 技术要求

（1）应具备应用异常监视能力，发生异常时，能自动发出告警信号。

（2）对运行系统的恶意攻击，应记录相应审计日志、产生告警事件。

2. 测试方法

（1）在不进行安全认证的情况下，模拟发送一个遥控服务请求，检查告警窗是否有异常告警展示。

（2）对系统的恶意攻击，检测系统是否具备安全防护策略，并对异常攻击行为进行记录，产生相应的告警事件。

（七）源代码安全

1. 技术要求

应符合《变电站二次系统通用技术规范　第6部分：二次设备安全防护》（调技〔2021〕20号）5.1.8的要求。

2. 测试方法

结合人工审计方式，使用代码安全检测工具分析代码缺陷成因，验证代码安全漏洞，判断缺陷危害程度，评估缺陷风险。

（八）安全免疫

1. 技术要求

宜符合《变电站二次系统通用技术规范　第6部分：二次设备安全防护》（调技〔2021〕20号）5.1.11的要求，对应用程序进程、数据、代码段进行动态度量，不同进程之间不应存在未经许可的相互调用，禁止向内存代码段与数据段直接注入代码的执行。关键业务连接请求与接收端应可以向对端证明当前身份的可信性，不应在无法证明任意一端身份可信的情况下进行业务交互。在关键业务服务器、跨安全区传输的网关服务器等关键设备上宜采用基于可信计算的安全免疫防护技术加强自身安全防护。

2. 测试方法

宜检查部署可信验证模块的主机，配置应用程序启动进程白名单，并启动白名单内进程，检测是否启动成功；尝试启动白名单外的进程，检测非白名单内进程是否能够启动不成功；尝试修改或替换白名单内应用程序，检测是否阻止启动。

在安全认证的情况下，模拟发送一个遥控服务请求，检查接收端可以正常收到服务响应；在不进行安全认证的情况下，模拟发送一个遥控服务请求，检查接收端无法正常接收到服务响应。

宜通过可信管理中心检查关键业务服务器、跨安全区传输的网关服务器等关键设备上的可信验证模块是否在线。

（九）结构安全

1. 技术要求

（1）集控系统分为控制区（安全Ⅰ区）、非控制区（安全Ⅱ区）、管理信息区（安全Ⅳ区）建设。

（2）横向边界的安全防护应遵循：安全Ⅰ区与安全Ⅱ区之间采用防火墙，安全Ⅰ、Ⅱ区与安全Ⅳ区之间采用正/反向隔离装置。

（3）纵向通信的安全防护应遵循：安全Ⅰ、Ⅱ区以及主站与子站（或延伸终端）应经专用调度数据网进行通信，并采用纵向加密认证装置或模块；安全Ⅳ区、主站与子站（或延伸终端）通信，应采用防火墙。

（4）生产控制大区的网络边界防护必须采用经国家指定部门检测认证的横向隔离装置、纵向加密认证装置等电力专用安全防护设备。

（5）宜部署病毒防护、入侵检测等安全防护手段。

2. 测试方法

（1）检查集控系统是否按要求设立了控制区（安全Ⅰ区）、非控制区（安全Ⅱ区）和管理信息区（安全Ⅳ区）。

（2）检查安全Ⅰ区与安全Ⅱ区之间是否部署了防火墙，检查安全Ⅰ、Ⅱ区与安全Ⅳ区之间是否部署了正/反向隔离装置，并进行了最小化策略配置。

（3）检查安全Ⅰ、Ⅱ区以及主站与子站（或延伸终端）是否采用专用调度数据网进行通信，是否部署了纵向加密认证装置或模块，并进行了最小化策略配置。检查安全Ⅳ区、主站与子站（或延伸终端）通信是否部署了防火墙，并进行了最小化策略配置。

（4）检查使用的横向隔离装置、纵向加密认证装置，是否为经国家指定部门检测认证的产品。

（5）宜检查集控系统中是否部署了病毒防护、入侵检测等安全等安全防卫产品。

（十）安全管理

1. 技术要求

（1）集控系统应按照国家及行业相关标准规范要求，开展网络安全等级保护定级、备案和测评工作。在系统的建设改造、运行维护阶段应开展安全评估工作。

（2）集控系统软硬件执行准入机制，在进入电网系统安装部署前，应通过具有中国合格评定国家认可委员会（CNAS）资质的机构认可的测试机构或网络安全实验室开展安全认证或检测，并获取对应合格的检测报告、证书等资质。如系统软硬件发生重大变更时，应按要求重新检测。

（3）为避免重复投资，集控系统使用的数字证书来源宜复用调度数字证书系统。

（4）安全管理、业务管理、审计管理应三权分立。

2. 测试方法

检查集控系统以及各应用是否满足三权分立的原则。

三、通用安全检测

（一）身份鉴别

1. 技术要求

（1）应对登录用户进行身份标识和鉴别，确保用户身份标识的唯一性。

（2）应对同一用户采用静态口令、动态口令、数字证书、生物技术和设备指纹等两种或两种以上组合技术实现用户身份鉴别，且其中一种鉴别技术至少应使用密码技术来实现。

（3）应保证已登录用户执行重要操作时被重新鉴别。

（4）应提供对用户鉴别信息复杂度进行检查的功能，禁止用户或管理员设置弱口令。

（5）应限制用户口令的有效期，并限制用户在更改口令时使用重复口令。

（6）应具备连续登录失败处理机制，对连续登录失败次数达到设定值的用户账号进行锁定或由授权的管理员解锁。

（7）系统在操作联动相关操作前，应对当班监控员、操作员等信息进行确认。

（8）应依据IP地址、MAC地址等属性对连接系统的用户客户端或工作站进行限制。

（9）系统不应内置匿名账号，应按实名制原则创建账号，保证账号具有可追溯性。

2. 测试方法

（1）检查系统是否具备用户标识功能：

1）查看用户列表，检查确认用户身份标识是否具有唯一性，保证不存在重复标识的用户；

2）检查系统的鉴别过程是否在服务端完成。

（2）检查系统是否具备多重鉴别功能：

1）检查系统是否采用静态口令、动态口令、数字证书、生物技术和设备指纹等两种或两种以上组合的鉴别技术对用户身份进行鉴别；

2）检查系统的多重鉴别功能是否能关闭；

3）检查其中一种鉴别技术是否使用密码技术来实现。

（3）检查用户执行系统重要操作（如重置口令、遥控、分合闸等），验证是否再次对用户的身份进行鉴别。

（4）检查系统是否具备用户鉴别信息复杂度检查的功能：

1）尝试设置口令长度小于8位，验证是否可设置成功；

2）尝试设置口令复杂度少于3种，验证是否可设置成功；

3）尝试设置口令与用户名相同或包含用户名，验证是否可设置成功。

（5）检查系统是否具有用户口令有效时间的限制：

1）尝试使用口令过期（3个月未更换过口令）的用户账号登录系统，验证系统是否强制用户修改口令；

2）尝试设置新口令与上一次的口令相同，验证是否可设置成功。

（6）检查系统是否具备连续登录失败处理机制：

1）执行用户连续登录失败的操作，失败次数达到设定值（应在1~10次之内）后，验证用户是否被锁定；

2）当达到设置的锁定时间（至少锁定20min）后，验证用户是否能自动解锁或由授权的管理员解锁。

（7）检测系统在操作远程联动相关系统操作过程中，是否对当班监护员、操作员进行鉴别，且监护员与操作员不能为同一个人。

（8）检查系统是否可根据访问条件控制用户对系统的访问：

1）检查系统是否能根据IP地址、MAC地址等属性对连接系统的用户客户端或工作站进行限制；

2）尝试设置用户或工作站访问系统的客户端地址，用户或工作站不在允许访问的客户端地址内访问系统，验证用户或工作站是否可成功访问系统。

（9）检查系统是否按照实名制原则创建用户：

1）查看用户列表、数据库用户表，检查系统是否存在匿名账号；

2）使用管理员用户创建账号，检查是否强制新账号绑定身份证等实名信息。

（二）访问控制

1. 技术要求

（1）应支持基于审计管理员、系统管理员、业务监护员、业务操作员等角色的访问控制功能，其中系统管理员角色、审计管理员角色应为系统内置角色。

（2）应支持角色与权限的绑定，不同角色人员应按照工作范围、职责分工分配相应的访问控制权限。

（3）应保证不同角色间的权限互斥，且不应将不同的互斥角色授予同一用户，确保系统中不存在超级管理员。

（4）应依据安全策略控制用户对系统权限、文件或数据库表等客体的访问。

（5）应支持对重要信息资源设置安全标记功能，并提供基于安全标记的访问控制。

2. 测试方法

（1）检查系统的用户角色设置：

1）查看系统的角色列表，检查系统是否设置独立的系统管理员角色、审计管理员角色、业务监护员角色、业务操作员角色；

2）尝试修改、删除系统管理员角色、审计管理员角色，验证是否可以更改、删除。

（2）检查系统的角色与权限的绑定：

1）检查系统管理员角色是否仅具有用户管理、角色管理、权限管理、配置设置等系统管理权限；

2）检查审计管理员角色是否仅具有监控其他用户的操作轨迹及对审计日志进行管理、监视和运

行维护的权限;

3）检查业务监护员角色是否仅具有对系统关键操作的监护审核权限，执行关键的系统和业务操作（如遥控），检查是否经由该角色监护或审核通过才能生效;

4）检查业务操作员角色是否仅能进行业务操作，不具有任何管理权限。

（3）检查系统的角色权限互斥功能:

1）检查系统管理员、审计管理员、业务监护员、业务操作员等角色的权限策略或权限配置表，各角色拥有的权限是否形成互斥;

2）将互斥的角色授予同一用户，尝试创建超级管理员用户，验证是否能够创建成功。

（4）检查系统的访问控制策略是否有效:

1）检查访问控制策略的控制粒度主体是否为主体级或进程级;

2）检查访问控制策略的控制粒度客体是否为文件、数据库表、记录或字段级;

3）配置访问控制策略，验证主体对客体的访问规则是否生效。

（5）检查应用软件系统重要信息资源是否设置了安全标记，验证系统是否依据主体、客体安全标记控制主体对客体访问的强制访问控制策略。

（三）安全审计

1. 技术要求

（1）应具备覆盖每个用户的安全审计功能。

（2）审计功能中应对系统重要事件（包括用户和权限的新增、修改、删除、配置定制、审计记录维护、用户登录和退出、越权访问、密码重置、数据的备份和恢复等系统级事件，及业务数据新增、修改、删除、遥控等业务级事件）进行审计。

（3）审计记录应包括事件的日期时间、事件类型、用户身份、事件描述和事件结果，用户身份应包括用户名和IP地址，且应具有唯一性标识。

（4）应具备对审计数据进行搜索、查询、分类、排序等功能。

（5）应保证无法单独中断审计进程，无法删除、修改或覆盖6个月内的审计记录。

（6）应支持定义分级的系统异常事件类型，并且根据异常的严重程度分别采用日志记录、警告提示、声光报警等方式进行通知。

2. 测试方法

（1）检查系统是否具有安全审计功能，且能覆盖每个用户的操作。

（2）检查系统是否对重要事件进行审计:

1）执行用户管理、权限管理、配置定制、审计记录维护、用户登录和退出、越权访问、密码重置、数据的备份和恢复等系统级事件，验证审计记录是否明确记录了此类事件;

2）执行业务新增、修改、删除、遥控等业务操作，验证审计记录是否明确记录了此类事件。

（3）检查系统审计记录内容:

1）查看审计记录的内容，检查审计记录中的基本信息是否包括事件的日期时间、事件类型、用户身份、事件描述和事件结果；

（2）查看用户身份是否包括用户名和IP地址，是否具有用户唯一性标识。

（4）检查系统审计查阅功能：

1）查看审计记录，检查是否至少能够按照用户名、时间的属性对审计记录进行查询；

2）查看审计记录，检查是否至少能够按照用户名、时间的属性对审计记录进行排序；

3）查看系统的安全审计记录，检查系统是否对审计事件类型进行划分，类型包括但不限于系统级事件和业务级事件。

（5）检查系统审计事件存储功能：

1）尝试中断审计进程，验证审计进程是否受保护；

2）尝试对6个月内的审计记录进行修改、删除和覆盖操作，验证是否可操作成功。

（6）检查系统是否具有异常事件告警的功能：

1）检查系统是否根据严重程度对异常事件进行等级划分；

2）尝试人工触发异常事件（包括但不限于越权访问、登录失败、IP异常等），验证系统是否对异常事件进行告警；

3）检查告警方式是否为弹出窗告警、声光报警、短信通知、邮件通知等有效的方式。

（四）抗抵赖

1. 技术要求

应具备对遥控等关键操作的原发抗抵赖功能。

2. 测试方法

执行系统遥控类等关键操作，验证系统是否采用数字签名技术为数据原发者或接收者提供数据原发证明，确保信息的发起者不能否认曾经发送过的信息。

（五）软件容错

1. 技术要求

（1）应对人工输入数据的有效性进行检验。

（2）应具备自动保护功能。

（3）应具备系统恢复功能。

2. 测试方法

（1）检查系统的数据有效性校验功能：

1）尝试输入非法的数据（如年龄为负数），验证客户端是否对数据的有效性进行校验；

2）尝试输入不同类型的数据（数字、字母、特殊字符等），验证客户端是否对数据的有效性进行校验；

3）尝试输入超长数据，验证客户端是否对数据的有效性进行校验；

4）人机交互数据提交时，使用工具依次截获并修改数据为非法数据、不同类型的数据、超长数据，验证服务端是否对数据的有效性进行校验。

（2）检查系统的自动保护功能：

1）尝试制造服务器异常、数据库异常、网络异常等故障，检查系统是否能够自动保存故障前的状态和数据信息；

2）检查系统出现故障时是否返回与业务无关的信息。

（3）检查系统故障恢复后，是否能够自动重启进程，是否能够恢复被破坏的数据库数据。

（六）资源控制

1. 技术要求

（1）应对登录用户的会话超时时间进行限制（限制在大于0且不大于30min的范围内）。

（2）应对请求进程占用的系统资源分配最大限额、最小限额和资源水平降低到预先规定的最小值进行检测和报警。

（3）应具备服务优先级设置功能。

2. 测试方法

（1）检查系统的会话超时机制：

1）用户登录系统停止活动到设定时间，检查系统是否能够自动结束会话；

2）检查系统的会话超时机制是否限制在大于0且不大于30min的有效范围内。

（2）检查系统是否具有系统服务水平（CPU、内存等）的实时检测功能，尝试将系统服务水平降低到预先规定的阈值，测试验证是否进行报警。

（3）检查系统是否具有服务或用户优先级设定功能，尝试降低系统的服务水平，测试验证系统是否能够根据设定的优先级为用户或进程分配系统资源。

（七）信息探测

1. 技术要求

系统应关闭存在风险的无关服务和端口。

2. 测试方法

（1）使用工具扫描并查看系统所在测试环境的端口开放情况，检查系统是否开放了高危端口。

（2）检查系统是否开放了与业务无关的服务端口。

（八）剩余信息保护

1. 技术要求

应保证系统内的文件、目录和数据库记录等敏感信息所在的存储空间在被释放或再分配给其他用户前被完全清除。

2. 测试方法

（1）用户退出登录后，查看并验证此用户鉴别信息所在的存储空间被释放或重新分配前是否得到完全清除。

（2）尝试非正常退出用户，再次登录用户时，是否需要对用户进行重新鉴别。

（九）安全漏洞

1. 技术要求

应不存在已知的安全漏洞。

2. 测试方法

使用工具在测试环境下对系统执行渗透测试，检查系统是否存在已知安全漏洞，测试方法如下。

（1）B/S架构系统检查内容包括但不限于：明文传输、默认口令/弱口令、敏感信息泄露、越权访问漏洞、关键会话重放漏洞、任意文件包含/任意文件下载、任意文件上传漏洞、SQL注入漏洞、命令执行漏洞、XSS跨站脚本攻击、后台泄露漏洞、目录遍历、CSRF（跨站请求伪造）、设计缺陷/逻辑漏洞、XML实体注入、登录功能及验证码漏洞、不安全的Cookies、SSL漏洞、SSRF漏洞、不安全的Http请求方法等。

（2）C/S架构系统检查内容包括但不限于：明文传输、默认口令/弱口令、客户端功能异常漏洞、服务端功能异常漏洞、可执行文件劫持漏洞、敏感信息泄露、越权访问漏洞、关键会话重放漏洞、登录认证绕过漏洞、已知漏洞扫描、任意文件下载、逆向分析、SQL注入漏洞、命令执行漏洞等。

第四章　集控系统应用功能

第一节　应用功能简介

一、总体介绍

集控系统应用功能包括运行监视、操作与控制、监控助手以及业务管理等四大类应用，并可根据需要选配操作防误校核功能和兼容性功能，分布在安全Ⅰ、Ⅱ、Ⅳ区。其中，在安全Ⅰ区主要实现主设备监视与控制、辅助设备重要信息监视等应用功能，安全Ⅱ区主要实现辅助监视与控制等应用功能，Ⅳ区主要实现监控业务管理等应用功能。集控系统软件架构如图4-1所示。

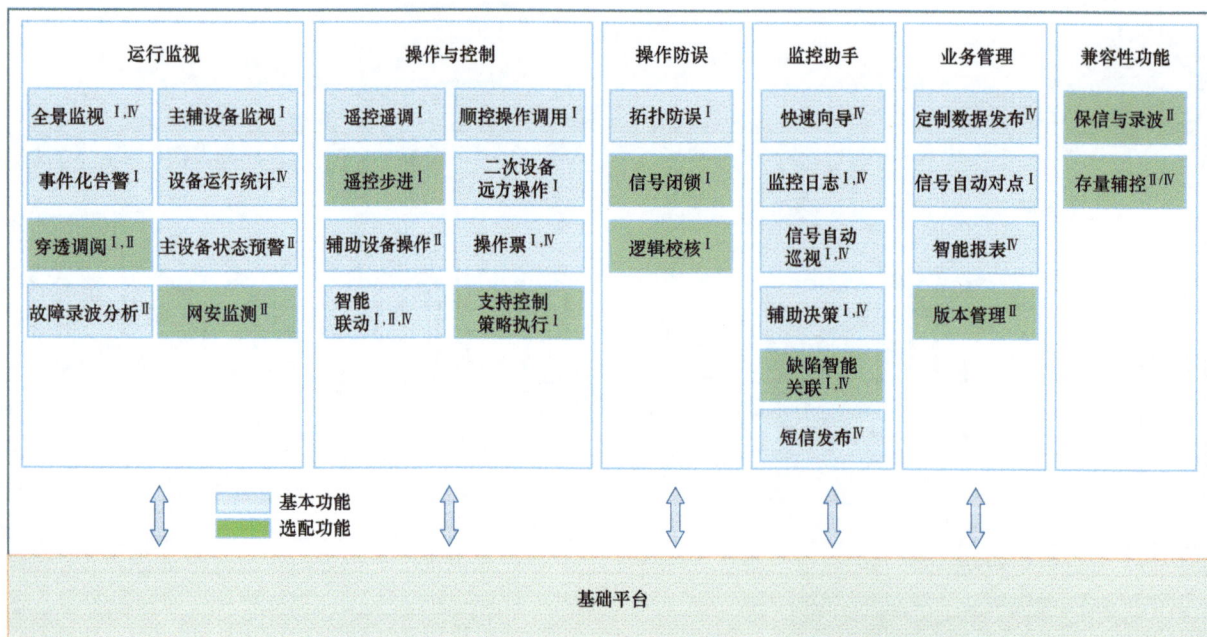

图4-1　集控系统软件架构图

为规范和指导集控系统建设的功能配置，规定系统的功能配置和部署的安全区，见表4-1。在系统建设过渡阶段，为兼容存量的非新一代变电站，增加了兼容性功能。

表4-1　　　　　　　　　　　　　　　　集控系统功能一览表

应用类	功能模块	所属安全分区	说明	可选项
运行监视类应用	全景监视	Ⅰ/Ⅳ区	Ⅰ区：设备状态监视。 Ⅳ区：运维业务监视	
	主辅设备监视	Ⅰ区		
	事件化告警	Ⅰ区		
	主设备状态预警	Ⅱ区		
	穿透调阅	Ⅰ/Ⅱ区	Ⅰ区：穿透调阅人机交互。 Ⅱ区：与站端数据交互	可选

续表

应用类	功能模块	所属安全分区	说明	可选项
运行监视类应用	网络安全监测	Ⅱ区		可选
	故障录波分析	Ⅱ区		
	设备运行统计	Ⅳ区		
操作控制类应用	遥控遥调	Ⅰ区		
	顺控操作调用	Ⅰ区		
	遥控步进	Ⅰ区		可选
	二次设备远方操作	Ⅰ区		
	辅助设备操作	Ⅱ区		
	操作票	Ⅰ/Ⅳ区	Ⅰ区：操作票成票及使用。 Ⅳ区：操作票管理	
	智能联动	Ⅰ/Ⅱ/Ⅳ区	Ⅱ区：主辅联动、辅辅联动。 Ⅳ区：视频联动	
	支持控制策略执行	Ⅰ区		可选
操作防误类应用	拓扑防误	Ⅰ区		
	信号闭锁	Ⅰ区		可选
	逻辑校核	Ⅰ区		可选
监控助手类应用	快速向导	Ⅳ区		
	监控日志	Ⅰ/Ⅳ区		
	缺陷智能关联	Ⅰ/Ⅳ区		可选
	信号自动巡视	Ⅰ/Ⅳ区		
	辅助决策	Ⅰ/Ⅳ区		
	短信发布	Ⅳ区		
业务管理类应用	定制数据发布	Ⅳ区		
	信号自动对点	Ⅰ区		
	智能报表	Ⅳ区		
	版本管理	Ⅱ区		可选
兼容性功能	继电保护信息管理及录波调阅	Ⅱ区		可选
	存量辅控系统	Ⅱ/Ⅳ区	根据地区存量站辅控系统确定	可选

二、运行监视

（一）全景监视

全景监视是通过可视化展现方式，以图表、文字标注等方式向运维人员展示集控站及各变电站设备的总体情况、统计数据等信息，对变电站公用设施、重要设备的集中监视，对影响监控的运维、检修、调试作业进行展示，以全面掌握集控站和各变电站的全景状态，满足一体监视、数据穿透的需要。全景监视应具备以下功能。

（1）具备全景总览信息功能（安全Ⅰ区），在人机界面上体现在集控站首页和变电站首页：

1）包含集控站设备总览和变电站设备总览；

2）集控站设备总览包括集控站地理接线、变电站规模统计、主设备规模统计、辅助设备规模统计等信息，重过载、重点监视设备等信息；

3）变电站设备总览包括变电站主要设备的运行统计信息、主接线图等；

4）间隔图内展示包括间隔设备电气接线、设备运行工况信息等。

（2）具备变电站公用设施状态监视功能（安全Ⅰ区）。

1）环境监测：通过实时曲线图等形式展示变电站、设备环境的温湿度等数据变化；

2）消防状态：通过告警点位列表等形式在界面上展示变电站各类消防、安全防卫监控状态；

3）站用电监视：展示站用交流电源投退状态、积分电量等信息。

（3）具备重要设备集中监视功能（安全Ⅰ区）。

1）变压器集中运行监视：以变电站电压等级分类，对每台变压器的重要工况数据进行集中监视，包括有功功率、无功功率、电流、温度、负荷率、油位等，并可按需排序。温度越限、重过载主变信息用高亮显示，并可进一步显示遥测量、限值、主变状态、越限起始时间、越限持续时间等详细信息。

2）母线集中运行监视：以母线电压等级分类，对各变电站母线电压进行集中监视，包括相电压、线电压、零序电压、限值、电压越限率、越限起始时间、越限持续时间等信息，并可按需排序。越限电压用高亮显示。

3）消防集中监视：对所有变电站的火灾报警主机、建筑或变压器自动灭火装置进行集中监视，有火灾报警或异常时高亮显示。

4）重要设备集中运行监视：用户可自定义重要设备，对重要设备进行集中监视，展示设备名称、所属间隔、负载、负载限值、负载裕度、越限起始时间、越限持续时间等信息。过载、重载设备分别以不同颜色高亮显示，集中展示间隔告警信息，并可快速跳转至所属间隔监视画面。

5）重要保电设备集中运行监视：以保电等级类别分类，对重要保电设备进行集中监视，包括供电路径上的设备状态、负载电流等信息。供电路径可手动定义，异常设备用高亮显示，集中展示相关间隔告警信息，并可快速跳转至所属间隔监视画面。

（4）具备主设备信息一体化展示功能。

1）将主设备的相关主要信息一体化展示，如：设备运行状态，包括运行、热备用、冷备用、检修，设备预警、告警、故障状态；设备负载状态，包括空载、正常、重载、过载；重要量测数据，包括电压、电流、功率、温度等；相关辅控数据，包括火灾报警、照明、门禁、SF_6气体浓度、风机、油色谱等；相关二次设备信息，包括保护测控装置通信状态、版本号、定值、缺陷信息等，可从主设备人工触发视频联动功能（安全Ⅰ区）。

2）可显示从业务中台获取的设备台账、设备参数等信息（安全Ⅳ区）。

（5）具备统计数据监视功能（安全 I 区），可进行置牌信息、告警抑制、封锁信息、替代信息、遥测越限、可疑数据、不刷新数据实时统计，显示统计总数；按变电站统计的数量，统计数量大于0时用高亮显示；可按变电站显示详细信息列表。

（6）具备缺陷状态监视功能（安全 IV 区），包括缺陷总数、缺陷分类、缺陷处理情况等信息，对变电站的各类缺陷数量变化趋势进行图形化展示。

（7）具备运维业务监视功能（安全 IV 区）。

1）运维工作监视：通过图表等形式对影响设备监视的变电站运维工作进行展示，包括禁止分闸/禁止合闸牌、禁止控制等。

2）检修工作监视：通过图表等形式对变电站挂检修牌、接地牌的设备进行展示。

3）联调工作监视：通过图表等形式对变电站挂调试牌的设备进行展示。

（二）主辅设备监视

1. 一次设备监视

一次设备监视应具备如下功能：

（1）能对一次设备运行状态进行监视，监视对象主要包括变压器、断路器、隔离开关、电流互感器、电压互感器、母线、GIS组合电器、站用变压器（接地变压器）[简称"站用变（接地变）"]、高压电抗器（简称"高抗"）、电容器、中性点设备。

（2）监视范围包括设备重（过）载，电压、频率越限，温度、压力、油位异常等。

（3）能提供一次设备监视信息列表，可按责任区、变电站、设备类型、电压等级等条件分类显示监视结果。

（4）运行状态发生变化时可根据重要程度提供提示、告警等手段。

（5）实现三相不平衡监视，实现母线三相不平衡监视，三相电压不平衡大于设定限值时告警。

（6）实时功率不平衡监视，包括母线、变压器、线路的输入与输出功率（含有功及无功）或电流不平衡，不平衡大于设定限值时告警。

2. 二次设备监视

二次设备监视应具备如下功能：

（1）能对二次设备运行状态进行监视，监视对象主要包括保护装置、测控装置、合并单元、智能终端、安全稳定控制装置、监控主机、综合应用主机、故障录波器、网络交换机、站用交直流设备等。

（2）监视范围包括事故总信息、保护动作出口总信号、故障信息、告警信息、设备自检信息、运行状态信息、回路状态、对时状态信息、装置定值、软压板信息、装置版本及参数信息等。

（3）应提供保护装置当前定值区号监视，定值在线查询与召唤功能。

（4）应提供变电站数据链路、网络状态监视功能。

3. 辅助设备监视

（1）基本要求。辅助设备运行监视基本要求：

1）应提供辅助设备实时告警界面，包括告警信息、越限信息、设备异常等内容，可实现分类过滤查看；

（2）应能对辅助设备故障、告警等信息按变电站、站内区域合并处理，可合并成安全防卫总报警、消防总报警等信号；

（3）可查看辅助设备网络结构图，对辅助设备通信状态等信息进行监视；

（4）可在一、二次设备监视画面中快速查看变电站辅助设备各子系统分图，宜包括辅助设备状态、运行信息、自检信息、光字牌等内容，可采用图表、曲线等展示方式；

（5）可查看辅助设备区域二维平面部署图。

（2）安全防卫。安全防卫监视应具备如下功能。

1）安全防卫监视对象，包括电子围栏、红外对射、红外双鉴、门禁、智能锁控通信控制器、电子钥匙等。

2）安全防卫监视范围包括：电子围栏、红外对射、红外双鉴的布防状态、防区告警、故障告警等信息；门禁控制器开/闭状态、故障告警、运行工况等信息；智能锁控控制器的通信、故障、任务等状态信息，主要包括设备名称、编码、分组，人员名称、编号、权限，电子钥匙开锁反馈信息（操作人、开锁时间、锁具名称等）。

（3）动力环境系统。动力环境系统应具备如下功能。

1）动力环境系统监视的主要对象包括室内外温湿度传感器、水浸、风机、空调、除湿机、排水泵、开关室SF_6传感器、照明控制器等。

2）动力环境系统监视范围包括：温度、湿度、雨量、风速、风向等微气象采样数据；室内温湿度采样数据、电缆沟浸水状态、集水井水位信息；空调工作状态（开启/关闭）信息及工作模式（自动、制冷、制热、除湿、送风）；风机控制设备的状态信息（远方/就地）、故障告警信息、运行工况等；排水泵控制设备的状态信息（远方/就地）、运行工况（启动/停止状态、电源回路故障、控制回路故障）等；排风机控制设备的状态信息（远方/就地）、故障告警信息、运行工况等；除湿机的启停信息；照明回路通断状态、照明控制器的运行状态、故障告警等信息；开关室SF_6、氧气等气体浓度信息。

（4）火灾消防。火灾消防监测应具备如下功能：

1）火灾消防监视，主要对象包括火灾报警控制器、固定式灭火系统、气体灭火系统、消防给水消火栓系统、干粉灭火系统、防烟排烟系统、供暖通风和空气调节系统、防火门及卷帘系统、消防应急照明和疏散指示系统、消防电源、消防信息传输控制单元、主变固定灭火系统等；

2）火灾消防监视范围应满足《无人值班变电站消防远程集中监控系统技术规范》（DL/T 2140—2020）、《城市消防远程监控系统技术规范》（GB 50440—2007）的要求。

4. 一次设备在线监测

一次设备在线监测的重要信息由站端主动上送，集控系统可通过定期调阅方式获得完整的监测数据和站端分析报告。

（1）在线监测的主要对象包括变压器、气体绝缘金属封闭开关设备（GIS）组合电器、断路器、无功功率补偿设备、避雷器等。

（2）在线监测监视范围包括：油色谱、铁心接地电流、局部放电、套管介质损耗、泄漏电流；SF_6 气体压力/密度、SF_6 气体微水含量、断路器弹簧压力、机械特性；容性设备高次谐波、全电流、电容量、介质损耗因数；避雷器全电流、阻性电流、动作次数等。

（3）一次设备在线监测终端的运行状态信息包括变压器监测终端设备、开关监测终端设备、铁心接地电流装置、局部放电装置、容性设备及避雷器监测终端的运行状态，以及油中溶解气体载气压力状态等信息。

（4）调阅周期可按需设置。

5. 二次设备在线监测

二次设备在线监测采用远程调阅方式实现监视，变电站站端发现监测数据异常时，应主动上送异常事件通知。

（1）二次设备在线监测主要对象包括主机、网关机、保护、测控、安控、智能故障录波装置、交换机、时间同步装置等设备。

（2）二次设备在线监测范围。

1）主机类在线监测数据：CPU 使用率、内存使用率、内存容量、磁盘使用率、磁盘存储空间、对时信号状态、对时服务状态、时间跳变侦测状态等。

2）网关机类在线监测数据：CPU 使用率、内存使用率、内存容量、磁盘使用率、磁盘存储空间、网口及串口通信状态、对时信号状态、对时服务状态、时间跳变侦测状态等。

3）保护类在线监测数据：工作电压、装置内部温度、装置运行时钟、保护版本、对时方式、接收和发光功率等。

4）安控在线监测数据：工作电压、装置内部温度、保护版本，对时方式、接收和发送光功率等。

5）测控类在线监测数据：对时信号状态、对时服务状态、时间跳变侦测状态、装置内部温度、内部电压、接收和发光功率等。

6）智能故障录波装置在线监测数据：CPU 使用率、内存使用率、内存容量、磁盘使用率、磁盘存储空间、对时信号状态、对时服务状态、时间跳变侦测状态等。

7）交换机在线监测数据：通信端口状态、端口流量、装置内部温度、主板工作电压、CPU 使用率、对时信号状态、对时服务状态、时间跳变侦测状态等。

8）时间同步装置在线监测数据：外部时间源信号状态、天线状态、接收模块状态、时间跳变侦测状态、时间源选择、晶振驯服状态、初始化状态、电源模块状态等。

6. 光字牌处理

应能以光字牌的形式显示变电站主辅设备发生的事故或异常信号，包括以下内容。

（1）光字牌应按逐层查询、各层联动的原则设置，至少应包括四层。

1）责任区总光字牌：该责任区所管辖的所有变电站总光字牌集合，只要该责任区内有一个光字牌未确认或未复归，责任区总光字牌都应能反映。

2）变电站总光字牌：责任区总光字牌的下一层，是该变电站下所有间隔总光字牌的集合，只要该变电站内有一个光字牌未确认或未复归，变电站总光字牌都应能反映。

3）间隔总光字牌：变电站总光字牌的下一层，是该间隔下所有光字牌的集合，只要该间隔内有一个光字牌未确认或未复归，间隔总光字牌都应能反映。

4）间隔内光字牌：最底层的光字牌，对应某个具体的信号，只要该信号未确认或未复归，该光字牌都应能反映。

（2）辅助设备光字牌可按辅助设备种类、部署区域设置，支持责任区总光字牌、变电站总光字牌的联动计算与查询。

（3）应支持以下光字牌处理功能：

1）光字牌运行状态应分为"确认"和"未确认"状态，上级光字牌状态是下级光字牌的综合结果；

2）光字牌确认后，相关告警应自动确认。

（4）间隔、变电站光字牌合成计算应支持滤除常亮光字牌，支持自定义光字牌合成计算功能。

（5）应支持对常亮光字牌、未复归光字牌的集中展示，并按变电站、间隔、设备类型分栏展示。

（6）应支持以下光字牌显示功能：

1）提供可定制的光字牌显示界面，包括形状、颜色、是否闪烁等；

2）提供光字牌的确认操作功能，下级光字牌全部确认或复归后，上级光字牌可自动转为确认或复归；

3）支持对光字牌显示顺序进行调整；

4）支持通过鼠标放置在光字牌上快速查看光字牌告警分类等光字牌基础信息。

（三）故障录波分析

应具备对故障录波器、保护装置的故障录波报告进行分析，具体要求如下。

（1）应具备波形分析功能：

1）能对录波数据进行故障分析，包括曲线图绘制、相量图绘制、阻抗轨迹绘制、序分量计算、功率计算和谐波分析等；

2）能从录波数据中提取故障起始时间、故障持续时间、故障相别、故障类型、故障前后相量等故障简况；

3）支持波形的放大和缩小、波形显示值的切换等，并可导出录波数据；

4）能从故障录波文件中智能提取事件顺序记录、故障前后指定周期波形等，并生成简化录波文件；

5）具有信号合并功能，可生成自产零序波形、一个半断路器接线和电流波形。

（2）应具备故障测距功能：

1）双端故障测距应能对两端的故障录波数据进行自动或手工对时，消除两端数据时间不同步的影响；

2）在无双端数据时，应能采用单端测距算法计算故障距离；

3）能计算故障点的接地阻抗；

4）线路设备模型具备故障测距计算所需的线路长度、电容、电抗等参数属性，支持人工维护线路参数和系统等效参数，满足测距需要。

（3）录波分析和测距结论应生成简报。

（四）事件化告警

基于专家知识库，分析离散信号之间的发生时间、空间以及拓扑等逻辑关系，将发生的孤立告警信号转化为综合性事件结果，提升设备运行监视的实时感知度。

1. 数据范围

参与事件化推理分析的数据范围包括但不限于以下类型：

（1）一次设备监视告警，包括断路器、隔离开关、变压器、站用变等设备产生的告警；

（2）二次设备监视告警，包括保护装置、测控装置、合并单元、智能终端等对象产生的告警；

（3）辅助设备监视告警，包括安全防卫、环境监测、在线监测、消防监测等应用产生的告警；

（4）系统运行告警，包括进程启停、应用故障、应用切换、节点投退等信息；

（5）网络安全告警，包括变电站上送的网络安全告警信息、集控系统的网络安全告警信息。

2. 告警事件

事件化推理分析识别的事件包括以下类型。

（1）单一信号事件。

1）信号动作异常事件：信号在预定义时间内发生动作且未复归。

2）信号瞬动事件：信号在预定义时间内发生动作且复归。

3）信号频发事件：信号在预定义时间内动作复归超过限定次数。

（2）综合事件。

1）设备故障事件，包括线路故障、主变故障、母线故障以及断路器故障等。

2）设备异常事件，包括一次设备故障异常、二次设备故障异常、辅助设备故障异常以及监控系统异常等。

3）设备运行异常事件，包括母线电压越限、线路重过载、主变重过载、主变超温以及母线接地等。

4）网络安全告警事件。

（3）组合事件：由两个及以上综合事件组合而成的事件，包括线路跳闸事件和备自投（备用电源自动投入）事件组合、线路两端跳闸事件组合、变压器三侧跳闸事件组合等。

（4）业务事件。

1）设备操作事件，包括远方操作等。

2）工作检修事件：依据集控系统挂牌信息进行事件分析，包括设备停电检修、设备带电检修等。

3. 推理规则库

提供工具对事件规则库进行维护，推理规则可灵活配置，支持用户自定义扩展和修改，主要包括：

（1）应支持模拟量、状态量定义。

（2）应支持逻辑与、或、非、比较运算及其组合运算。

（3）应支持冗余条件关系运算，在N个组成元素中至少满足n（$n \leqslant N$）个条件。

（4）应支持推理规则组成元素之间关联、拓扑以及时间关系定义。

（5）应支持基于历史真实发生、预想模拟的告警信号验证推理规则。

（6）应支持对规则的导入、导出功能。

4. 事件化推理

基于规则库进行分析推理，识别生成事件化结果，主要包括以下内容。

（1）对发生的一次设备、二次设备、辅助设备等告警信息进行推理分析，生成单一信号事件、综合事件、组合事件以及业务事件等。

（2）应支持对已发生事件进行推理分析，生成组合事件。

（3）应支持将参与事件推理以及事件相关的伴随信号合并到事件中。

（4）可对调试、缺陷告警信号进行过滤，不参与事件化推理判断，不纳入事件结果。调试告警信号：本设备、间隔、变电站挂调试牌。常亮告警信号：本光字牌挂常亮牌。缺陷告警信号：本光字牌、设备、间隔挂缺陷牌。

（5）事件结果应包括事件等级、告警方式、事件包含信号数量等信息。

（6）支持对事件详情结果与事件规则的比对，辅助排查事件中可能存在的信息差异、描述错误等情况。

5. 事件化简报

基于事件详细生成简报信息，事后可结合故障录波等信息生成故障报告，支持人工编辑。

6. 站端上送研判结果分析

应支持处理站端上送的事件分析研判结果并进行展示，支持调阅事件详情报告。

（五）主设备状态预警

设备状态预警主要用于变压器等主设备状态的预警、评估和展示。

（1）应具备设备在线监测数据趋势预测功能：对主设备温度、油色谱等状态监测信息进行分析，对同一设备不同时间的监测数据进行比较，从而对监测数据的变化趋势进行预测及预警。

（2）可结合主设备负荷、冷却器运行状态等特征信息，设备量测信息、辅控数据、在线监测数据等多源数据，进行主设备多维运行状态综合分析，辅助监控员对设备健康状态进行快速判断。

（3）当诊断发现异常时，可自动进行设备异常或故障分析，对异常或故障状况进行快速定位与告警。

（4）应具备采用曲线、图表等方式展现设备分析结果的功能。

（5）宜具备断路器、容性设备/避雷器等设备状态预警分析功能。

（六）穿透调阅

1. 数据调阅

数据调阅支持通过变电站服务网关机实现数据的服务化按需调阅与保存，应具备以下功能。

（1）具备历史数据调阅功能：

1）实现主辅一体化监控主机、综合应用主机的历史数据调阅；

2）调阅的历史数据应包括变电站一、二次设备和辅助设备的模拟量、状态量、事件顺序记录等数据，并可通过曲线、列表等方式显示；

3）支持调阅变电站的日志信息，包括用户登录信息、操作日志、异常告警等。

（2）具备设备运行状态调阅功能：

1）实现设备运行状态远程调阅；

2）支持变电站智能设备运行状态的调阅，包括监控测控设备、保护设备、辅控设备、智能录波器等智能设备的通信及自检状态。

（3）具备一、二次设备在线监测数据调阅功能。

（4）具备故障录波器、保护装置的故障录波报告调阅功能。

（5）具备故障分析报告调阅功能：

1）实现变电站故障分析报告的远程调阅；

2）可按照时间、间隔等过滤条件对变电站故障分析报告进行调阅。

（6）具备调阅数据的保存、查询、导出功能。

（7）宜具备画面数据调阅功能，参考《变电站二次系统站控系统技术规范　第4部分：数据通信网关机技术规范》（调技〔2021〕20号）附录G.2.1：

1）实现主接线图实时数据远程调阅；

2）实现间隔分图实时数据远程调阅。

2. 画面调阅

支持采用DL/T 476协议浏览变电站内完整的主辅设备画面和实时数据，应具备以下功能：

（1）对调阅到的变电站图形进行正确显示。

（2）根据变电站转发的数据信息实时刷新对应画面，并根据数据质量码着色显示。

（3）支持通过背景水印等标志区分本地画面与远程画面。

（4）支持从告警信息窗、光字牌图等快捷跳转远程调阅变电站主画面。

（5）支持变电站画面、图元、图片等资源在集控系统预先存储。

（6）能够远程浏览多个变电站图形。

（七）网络安全监测

1. 网络安全事件展示

提供变电站及集控系统网络安全事件展示功能：

（1）应支持展示变电站站端传输的紧急、重要告警级别的安全事件、安全监测总信号。

（2）应具备安全事件信息内容解析功能，识别紧急、重要告警事件，具备按站合成网络安全总事件并推送告警，合并周期可配置。触发合成网络安全总事件后，本合并周期内的其他紧急、重要告警事件不再触发合成。

2. 集控系统网络安全监测

集控系统网络安全监测功能模块应采集集控系统服务器/工作站、网络设备、安全防卫设备及自身相关的安全事件并上送网络安全平台，接受网络安全平台下发的控制操作指令实现基线核查、版本管控、参数设置、历史调阅等功能，参照《电力监控系统网络安全监测装置技术规范》(Q/GDW 11914—2018)的要求。网络安全监测功能模块采用软件模式部署，应通过沙箱、容器等方式保证安全隔离。

（1）应具备网络安全数据采集功能。

（2）应具备网络安全数据存储与访问功能。

1）应支持采集信息的本地存储，保存至少6个月。

2）应支持上传事件信息的本地存储，保存至少12个月。

3）应支持日志数据的本地存储，本地日志审计记录条数至少10000条。

4）应支持以下历史数据查询方式：按开始时间、结束时间进行查询；按设备类型进行查询；按事件等级、事件条数进行查询。

（3）应具备网络安全数据分析处理功能。

（4）应具备控制操作代理功能。

（5）应具备集控系统设备本地监控管理功能。

（6）应具备网络安全监测应用参数配置功能。

（7）应具备告警内容直观明了的特点，便于定位告警设备及告警原因，包括告警级别、设备名称、设备IP、设备类型、报警类型、告警次数、告警内容等的显示，并且告警内容为代码翻译后的内容。

3. 网络安全监测应用安全要求

（1）网络安全监测应用应通过独立的网口进行信息的采集和上传。

（2）监控平台及其他应用的故障应不影响网络安全监测应用的正常运行。

（3）应能识别网络安全平台下发非法控制操作指令到服务器/工作站。

（4）系统应划定独立的存储区域进行网络安全监测应用的部署和数据的存储。

（5）网络安全监测应用应具备独立的数据库，和平台相对独立。

（6）系统应分配专门的用户进行网络安全监测应用的部署和维护，其他用户无权访问。

（7）平台应能监视网络安全监测应用的运行状态，在网络安全监测应用异常时应能自动发出告警信号。

（8）网络安全监测应用应和宿主机共用时钟系统。

（八）设备运行统计

设备运行统计功能应包括：

（1）支持按区域、设备类型等进行分类统计及展示。

（2）设备运行数值统计，包括最大值、最小值、平均值等，统计时段包括年、月、日、小时等。

（3）次数统计，包括故障告警次数、异常告警次数、越限告警次数、开关变位次数、保护动作次数、遥控次数等。

（4）负荷率统计，支持按时段的设备负荷率统计。

（5）支持其他遥信、遥测值的统计。

三、操作与控制

操作与控制的主要功能包括遥控与遥调、顺控操作、遥控步进、二次设备远方操作、辅助设备操作、操作票、智能联动、支持控制策略执行等。

（一）通用要求

远方操作应满足以下要求：

（1）实行双人双机监护制度（允许单人操作的除外），显示操作对象相关信息，操作人和监护人须有相应的操作权限。

（2）除单一断路器或主变中性点接地开关的操作外，设备操作应通过操作票进行。

（3）应设置间隔设备核对、确认，防止误入间隔进行操作的功能，根据操作步骤自动核对设备状态、设备名称和编号，核对正确后方可进行操作。

（4）应具备电气操作防误闭锁机制，防误校核失败应自动闭锁相关设备操作并提示。

（5）集控系统应提供操作互斥、挂牌闭锁、拓扑防误等基础防误功能，还可按需配置逻辑防误、信号闭锁等防误功能。

（6）应具备全过程监视功能，可对控制操作中的交互环节进行监视。

（7）应具备联动远程智能巡视集中监控系统功能，辅助确认设备是否操作到位。

（8）应具备操作记录的保存、查询及日志同步功能，包括操作人员姓名、操作对象、操作内容、操作时间、操作节点、操作结果等，可供调阅和打印。

（9）操作的预演、执行过程中，因防误校验闭锁的实现方式不同，可有逻辑规则集控站校核、逻辑规则变电站校核以及免操作票遥控三种操作模式，参见《变电站二次系统通用技术规范　第7部分：电气操作防误技术规范》（调技〔2021〕20号）集控站相关部分。

（二）遥控与遥调

遥控与遥调操作应通过集控系统下发操作指令，经过变电站实时网关机、间隔层、过程层等设备实现操作指令的执行与信息反馈。

1. 遥控操作项目

（1）断路器分合。

（2）隔离开关分合。

（3）主变中性点接地开关分合。

（4）变压器有载调压开关升降挡位操作。

（5）无功功率补偿装置投切。

（6）一体化电源空气开关分合。

（7）断路器检同期、检无压软压板投退。

2. 遥调操作项目

无功补偿装置调节。

3. 功能要求

遥控与遥调操作应满足以下要求：

（1）应具备独立的操作权限，操作应在间隔分图上执行；

（2）操作应包括SBO（先选择再执行）与DO（直接执行）两种形式；

（3）操作对象选择应经过调度编号确认，确认后控制选择按钮才激活；

（4）操作分步执行时，应具备步骤序列闭锁机制，控制选择返校成功后，控制执行按钮才激活；

（5）对象选择后30～90s（可调）内无相应操作时，应自动退出操作界面。

（三）顺控操作

1. 操作项目

顺控操作调用的操作项目应包括：

（1）单一开关间隔运行、热备用、冷备用三种状态间的转换操作调用。

（2）主变及母线运行、热备用、冷备用三种状态间的转换操作调用。

（3）倒母线操作调用。

（4）具备电动手车的开关柜运行、热备用、冷备用三种状态间的转换操作调用。

（5）变电站顺控服务已具备的其他顺控操作。

2. 基本要求

（1）集控系统调用变电站顺控服务实现顺控操作。

（2）顺控的预演及操作应由变电站站端实现防误闭锁功能。

（3）顺控过程应对设备、间隔状态进行校验，对未满足顺控条件的设备、间隔状态做出提示。

（4）集控系统应具备信号巡检闭锁功能，顺控执行过程中，遇到闭锁或影响继续操作的信号、事件发生时，应具备自动判别功能，并暂停操作，发出提示信息，经监控员分析判断后选择终止或继续操作。

（5）顺控过程具备全程人工干预以及操作取消、操作暂停、操作继续、操作终止等功能，宜支持对操作失败的步骤进行再次操作并继续顺控操作的功能。

（6）所有操作过程均须有详细记录，并可按时间、变电站、操作任务、操作员、设备等条件检索查询。

（7）应有严格的过程管控，当前流程未结束或未通过时，应能自动闭锁下一操作流程。

（8）在顺控执行过程中，应实时展示站端执行情况，应能够正确解析变电站上送的错误原因功能码并主动提示。

（9）站端应具备顺控操作票目录文件调阅与展示功能，操作票目录文件内容应包含操作票生成时间、版本号、校验码等信息。

3. 顺控操作调用流程

集控系统获取操作任务后，下发操作票调阅指令给变电站，变电站接收并匹配对应的操作票，成功后上送操作票；如果匹配操作票不成功，上送失败原因至集控系统。集控系统启动预演，变电站进行防误校验，反馈每步的预演结果。预演成功后，集控系统启动执行，变电站根据操作票逐步自动执行，反馈每步的执行结果；执行过程的每一步应进行变电站站端的防误校验，失败需给出原因。顺控操作调用流程如图4-2所示。

4. 操作票调阅

（1）具备调阅变电站站端顺控操作票功能，顺控操作票能够临时存储，供后续操作处理。

（2）支持操作票内容查看，能够正确显示变电站站端上送的操作票，内容包括操作对象、操作步骤等。

（3）调阅变电站站端操作票不成功时，能够正确解析上送的错误原因，并主动提示。

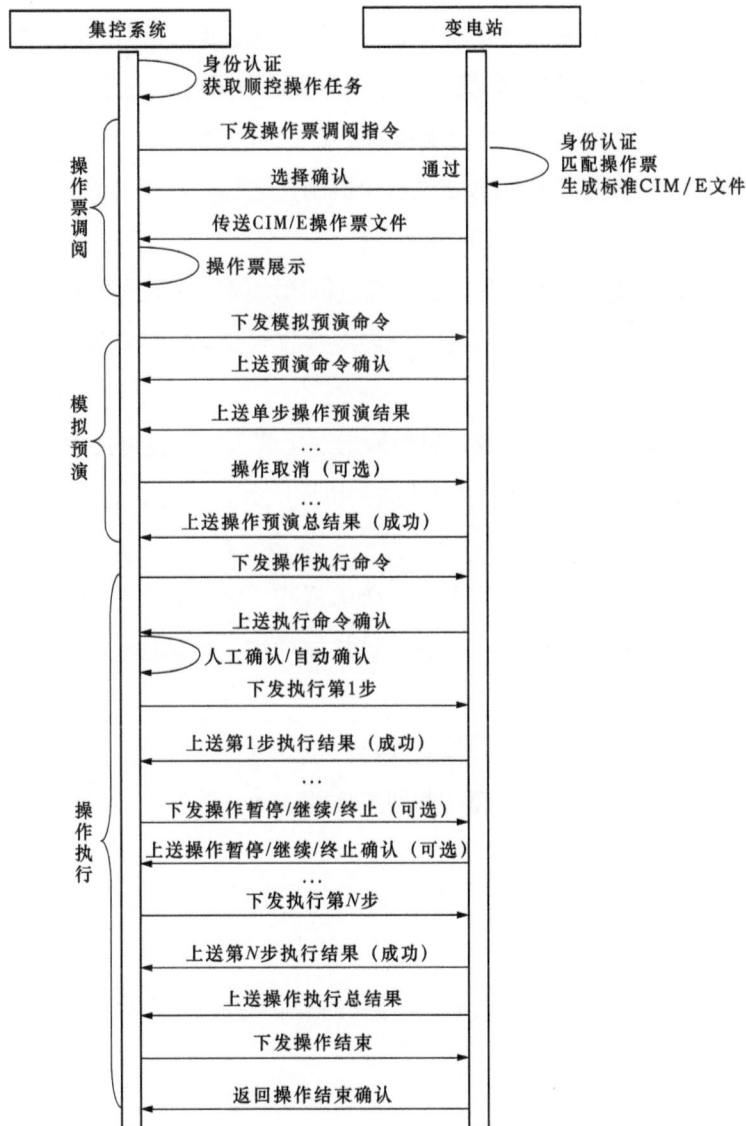

图4-2　顺控操作调用流程图

5. 模拟预演

（1）支持显示变电站站端上送的各步骤预演结果以及操作票预演总结果。

（2）模拟预演操作失败时，应自动闭锁执行操作流程。

（3）能够正确解析变电站站端预演失败的错误原因，并主动提示。

（4）支持人工终止预演过程，并向变电站站端发送预演取消指令。

（5）所有操作步骤预演成功且收到操作票预演总结果成功信息后，方可判断为操作票模拟预演成功。

6. 操作执行

（1）应具备严格的操作步骤管控功能，当前步骤未完成或未成功时，应闭锁下一步操作。

（2）应可单步或连续操作，可根据需要选择应用。

（3）操作执行过程中，应支持暂停功能，并可设置操作暂停时限；在暂停时限内，可继续执行，否则应自动终止操作流程，并下发指令通知变电站站端终止操作。

（4）操作执行过程中，应具备人工终止操作功能，并可自动通知变电站站端终止操作。

（5）当遇到变电站站端返回超时、通道短时间中断恢复等情况时，应具备操作指令的重发机制；重发次数阈值可设置，重发次数超出阈值且仍未收到变电站返回信息时，应终止操作流程并主动提示。

（6）操作执行过程中，应支持二次信号闭锁暂停机制，达到闭锁条件时，主动提示闭锁信息并下发暂停指令，待人工确认后，可选择继续或终止操作流程。

（7）操作执行过程中，宜支持对操作失败的步骤进行再次操作并继续顺控操作的功能。

（8）应具备执行过程超时闭锁机制，设定时间内没有收到变电站站端反馈信息，应自动终止操作并主动提示。

（9）执行结束成功后，应下发结束命令，其他异常终止情况应下发终止命令。

（10）应能够正确解析变电站站端操作执行失败的错误原因，并主动提示。

7. 数据传输

（1）支持《远动设备及系统　第5-104部分：传输规约　采用标准传输协议集的IEC 60870-5-101网络访问》（DL/T 634.5104—2009）通信协议扩展规约，利用规约中的扩展报文类型，对顺控流程明确约定及描述。

（2）宜采用CIM/E格式文件传输顺控操作票内容。

（3）宜采用CIM/E格式文件传输顺控操作票列表文件。

（四）遥控步进

1. 操作项目

遥控步进操作采用逻辑规则集控站校核模式，是在主站端进行一系列连续进行的遥控操作，操作形式为手动单步执行。

2. 基本要求

（1）遥控步进主要应用在单步遥控执行的序列化操作上，执行步骤数不限制，操作顺序可人工确认，但要满足防误的要求。

（2）操作票开票时，支持遥控步进类型的开票，并进行网络化审核。

（3）每个遥控步进操作任务对应一张操作票；在前置操作任务完毕前，自动闭锁后续操作任务；操作任务内容包括序号、变电站、发令单位、任务号、操作任务名称、类型及操作。

（4）每张操作票包含若干遥控步进的操作步骤，包括若干检查项和操作项：检查项包括断路器、隔离开关的位置信息、软压板状态、装置异常信号、遥测量值等；操作项主要是断路器、隔离开关分合及软压板投退。

（5）遥控步进应具备预演、手动单步执行功能：预演支持在执行前实现操作序列模拟操作与防误提示；手动单步执行可使用单一设备遥控界面按操作序列顺序并通过步进方式完成遥控，并支持集中显示执行过程与结果。

（6）遥控步进操作应经过防误校核，包括信号闭锁、拓扑防误、逻辑规则闭锁、操作互斥闭锁、挂牌闭锁以及操作票闭锁。

（7）遥控步进过程中，应支持视频联动，辅助人工完成结果确认。

（8）遥控步进操作结果须有详细记录，并可按时间、厂站、操作任务等条件查询。

3. 遥控步进流程

遥控步进操作流程如下。

（1）开始遥控步进操作任务：系统根据操作票开始遥控步进操作任务。

（2）操作预演：应具备针对当前操作序列进行预演功能。

（3）操作监护：遥控需具备双人双机监护（允许单人遥控的操作除外），显示操作对象相关信息，操作人和监护人须有相应权限。

（4）操作执行：遥控步进为手动单步执行，执行过程中，应集中显示当前操作任务的相关信息以及操作序列、执行时间、执行结果；单步执行过程中，可根据需要，人工结束整个流程。

（5）操作防误校验：遥控步进执行时，应进行操作防误校验，校验通过后方允许对操作步骤进行执行；防误校验不通过，无法进行当前远方操作；若当前步骤未执行成功，严格闭锁下一步操作执行。

（6）操作记录及追溯：应记录遥控步进执行的每一步操作痕迹，每一步操作都应该有相应的操作记录并可追溯；系统的操作记录应至少包括操作人员、监护人员、操作机器、操作时间、操作内容、操作结果等内容。

遥控步进操作业务流程如图4-3所示，遥控步进操作与变电站执行交互如图4-4所示。

（五）二次设备远方操作

1. 操作项目

（1）远方投退软压板。

（2）切换定值区。

（3）修改设备定值。

（4）保护装置信号复归。

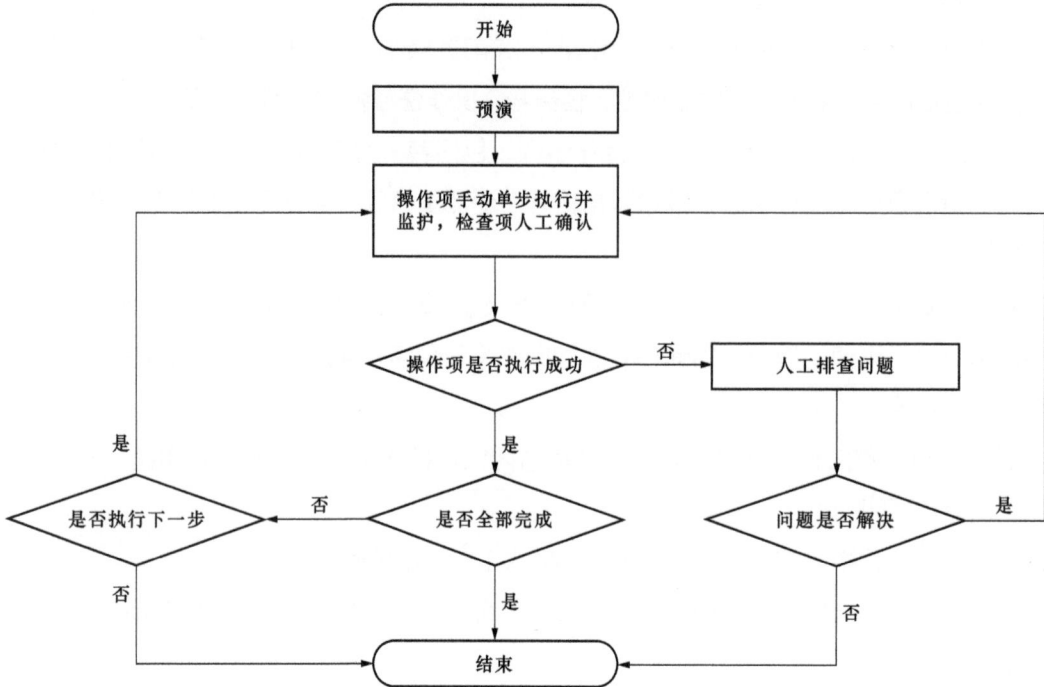

图 4-3　遥控步进操作业务流程图

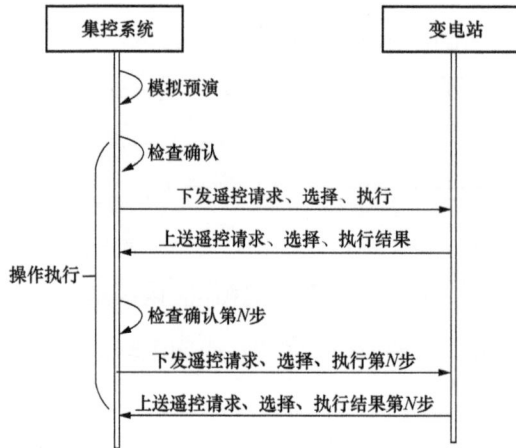

图 4-4　遥控步进操作与变电站执行交互流程图

2. 功能要求

（1）支持以遥控方式进行变电站继电保护及安全自动装置、测控装置功能软压板的投退。

（2）远方投退软压板操作按照限定的"选择-返校-执行"步骤或者"选择-返校-取消"步骤进行，并判断相应"双确认"信号状态指示，支持在遥控执行前人为终止遥控流程。

（3）遥控返校结果显示在遥控操作界面上，仅当返校正确时才允许执行操作；遥控选择在设定时间内未收到相应返校信息的，应自动撤销遥控选择操作；遥控执行在设定时间内未收到遥控执行确认信息的，应自动结束遥控流程。

（4）具备定时总召变电站站端继电保护及安全自动装置功能软压板状态和保护装置定值区号

功能。

（5）具备远方召唤并自动比对保护装置定值的功能：

1）支持召唤保护装置定值的组标题、名称、量纲、精度、量程；

2）支持召唤保护装置当前定值区和指定定值区的定值；

3）界面显示的定值项名称及排列顺序应与保护装置打印定值清单一致；

4）支持将召唤定值存储至基准定值库中，作为该保护装置相应定值区的基准定值；

5）支持将召唤定值与该保护装置相应定值区基准定值进行自动比对，给出比对结果，并在界面中将比对不一致的定值项进行明显区分。

（6）支持以遥调的方式进行变电站继电保护及安全自动装置的定值区切换操作。

（7）具备远方修改定值功能：

1）支持定值编辑并进行校验，对校验异常提示错误；

2）应具备判断相关保护装置是否异常功能，如异常，则提示是否继续操作，选择"否"则操作中止；

3）应能发送修改定值的"写确认"命令（预修改命令），变电站根据实际情况回复"写确认"的肯定应答（预修改成功）或者否定应答（预修改失败）；

4）应能发送修改定值的"写执行"命令，如果变电站上送的是"写确认"的否定应答，则表明装置（或子站）拒绝修改操作，定值修改操作中止；

5）远方修改定值后，支持重新召唤当前定值，与定值单核对查看修改是否成功。

（8）具备进行远方保护高频闭锁通道试验功能，并根据试验后的告警信号情况进行自动确认。

（9）具备对保护、测控等二次设备的远方复归操作功能。

（10）支持其他允许开展的二次设备远方操作。

（六）辅助设备操作

1. 基本要求

辅助设备控制原则上以站端自动模式下自动策略控制为主，若自动模式控制失效或在手动模式时应支持远程控制。排水泵、安全防卫系统电子围栏控制器重启、固定式灭火器手动启动、电缆沟水喷雾灭火手动启动宜支持选控模式，其余辅助设备采用直控模式，设备故障时应禁止控制。

2. 操作项目

辅助设备操作的主要项目包括：一次设备在线监测、安全防卫（电子围栏、红外对射、门禁、智能锁控）、动力环境系统（空调、风机、除湿机、水泵、照明、SF_6）及火灾消防应急控制。

（1）一次设备在线监测。一次设备在线监测应支持以下操作控制功能：

1）在线监测装置监测数据主动召唤；

2）远方修改在线监测装置参数；

3）在线监测装置的信号复归。

（2）安全防卫。安全防卫包括以下操作控制功能。

1）应支持电子围栏、红外对射、红外双鉴等防入侵设备布防/撤防远方操作，可按全站、防范区域分别设置布防/撤防控点。

2）宜支持门禁控制器设备配置修改、权限设置等远程操作。

3）应支持重点区域门禁远程应急开门/关门控制，包括变电站大门、主控室门远程控制。

4）智能锁控，应支持以下操作控制功能：

a.应支持用户、角色与锁具权限的配置与远程授权；

b.应支持电子钥匙任务下发，下发任务应包括变电站名称、任务名称、操作人员名称、工作起止时间和设备列表等信息。

（3）动力环境系统。动力环境系统应支持以下操作控制功能：

1）空调运行状态（开启/关闭）、工作模式（自动、制冷、制热、除湿、送风）远方控制，以及温度设定等远方调节；

2）风机、除湿机、排水泵的远程启动/停止控制；

3）照明控制；

4）断路器气室SF_6、氧气浓度阈值参数的远程设置。

（4）火灾消防应急控制。系统应支持远程应急操作固定灭火装置，并满足下列要求。

1）系统自动弹出消防信息报警界面及对应部位或设备的火灾应急处置预案内容。

2）可由视频等其他监控系统配合显示当前报警源相关图像。

3）系统应提示监控人员在火灾消防远程应急操作前对火灾报警信号、火灾区域设备断电信号、火灾区域视频信息等进行逐项人工确认，核实火情。

4）消防操作权限应单独设置，可通过人员的生物特征验证或密码认证，进行远程应急启动操作。

5）远程应急启动应具备防误逻辑闭锁功能，逻辑闭锁/解锁功能应至少包括：

a.针对变压器、高抗等设备，必须满足相应断路器分位后，同时有两路独立回路或两种类型火灾报警信号发生时，方可允许下发灭火设备远程控制命令；

b.针对电缆沟、电缆夹层等的防火分区，必须满足防火区域内产生两路独立回路或两种类型火灾报警信号，方可允许下发灭火设备远程控制命令；

c.当发现明火但现场灭火系统未动作时，可在火警信号不满足的情况下，人工解除火灾消防逻辑闭锁。

（七）操作票

操作票应支持网络化交互，交互流程如图4-5所示，具体要求如下。

1. 集控系统安全Ⅳ区

（1）支持接收业务中台发送的调度指令票，并支持转令操作。

（2）支持将调度指令分解为若干操作任务，每个操作任务对应一张操作票。

（3）顺控或遥控操作任务须发送集控系统安全Ⅰ区的操作票应用。

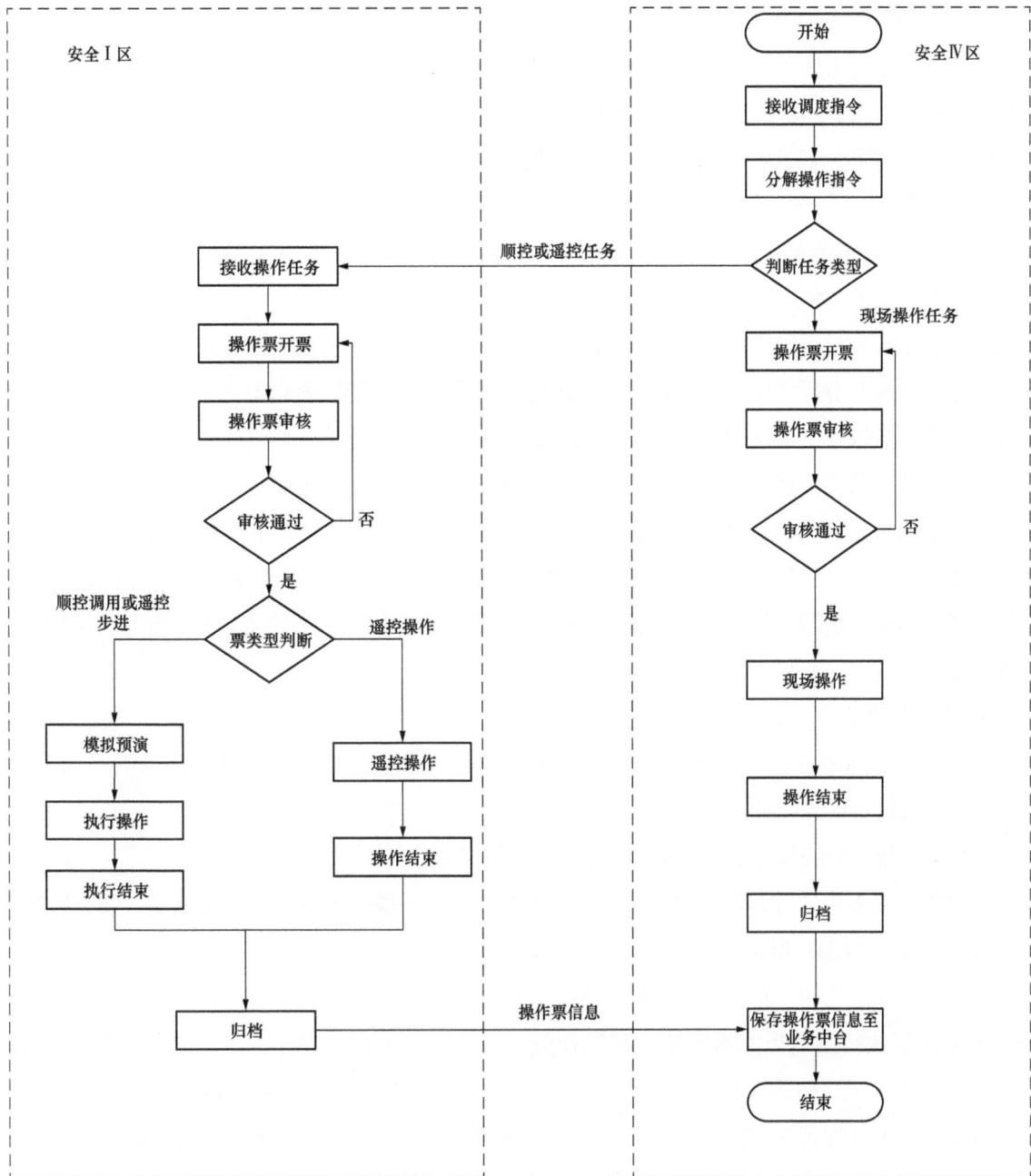

图 4-5　操作票交互流程图

（4）对于现场操作任务，须支持操作票的人工拟票、审核、现场执行、归档、打印以及归档后将操作票信息发送至中台等功能。

（5）应能以网页形式发布现场操作票，并能在网页上进行打印、回填操作票，实现变电站操作无纸化。

2. 集控系统安全Ⅰ区

（1）操作票由若干检查项和操作项组成，操作项可以是遥控操作、遥调操作、二次远方操作及其组合，或是遥控步进、顺控操作调用。

（2）应支持操作任务对象化解析功能，能够解析出操作任务的设备名称、初始态、目标态等信息。

（3）系统应支持由操作任务自动生成操作票，并支持人工填票、编辑。

（4）应具备以下开票方式：

1）应具备图形开票功能，将一、二次设备状态图形化，点击设备图形自动生成对象化的操作项；

2）应具备智能开票功能，根据操作任务自动分解生成操作项，智能开票规则应能够关联设备库，包含对象化信息；

3）应支持人工开票功能，对人工录入的操作票开展语义解析，并提示不能识别的操作项，应具备操作项、检查项等类型的对象化。

（5）开票前应能够正确识别遥控操作或顺控操作任务，并生成符合相应模式的操作票。

（6）对于遥控步进操作票，可由人工选择进行步进操作或普通遥控操作。

（7）对于顺控操作，可调阅变电站顺控操作票。

（8）顺控操作及遥控步进操作前应支持操作票模拟预演功能，顺控操作在变电站站端完成预演。

（9）系统应具备典型操作票库，开票完成后自动开展操作票与典型票的智能比对与研判，应同时对操作设备开展拓扑运算与分析，判别操作顺序是否正确、操作步骤是否完整、操作顺序是否符合要求、操作项目与操作目的是否一致。对于智能研判错误的操作票，系统应能及时对错误进行提示，并标注错误类型与具体的操作项目。

3. 其他通用要求

（1）操作票新建时应生成临时票号，临时票号应连续，每张临时操作票的票号应唯一；新建票被删除或生成正式操作票票号时，临时票号应同步删除。

（2）应具备操作票在集控工作站或运维工作站打印功能。

（3）操作票票面格式应满足电力安全工作规程要求，对于操作项目超过一页的操作票，具备自动生成承上页、接下页格式功能。

（4）应具备备注功能，支持操作项和操作票的备注。

（5）操作票执行应具备回填功能。在操作任务执行前应可填入操作人、监护人、值班负责人、发令人、接令人、发令时间；执行完毕后应可填入操作开始时间与操作结束时间（顺控操作票应在执行开始同时填入操作开始时间），所有可自动记录或关联获取的回填信息均应自动填入相应位置。

（6）应具备票面作废功能，支持对未执行的操作票签署作废意见并盖作废章。

（7）应具备回退功能，并能够保留回退和修改意见。

（8）应实现新建票、待审核、已审核、待执行、已执行、回填、归档流程节点中操作票所有信息的保存、查询与统计功能。

（9）操作执行结束，将操作票信息自动传输至安全Ⅳ区操作票应用中，由其统一送至业务中台归档，并自动完成操作票在安全Ⅰ区归档。

（八）智能联动

1. 视频联动

与远程智能巡视集中监控系统视频联动应满足如下要求：

（1）主设备遥控支持触发视频联动功能；

（2）支持主设备变位信号联动视频功能，包括断路器、隔离开关、接地开关等一次设备变位信号；

（3）支持监控告警触发视频联动功能；

（4）触发联动的主辅设备或信号支持可配置；

（5）发起视频联动请求的工作节点需要与响应请求的远程智能巡视集中监控系统客户端一一对应，非响应客户端不受影响。

2. 主辅设备联动

联动策略配置优先在变电站实现，也可在集控系统按站配置。主设备有操作、故障、缺陷及异常时，支持与辅助设备联动。主辅设备间的联动配置策略应满足如下要求：

（1）主设备遥控操作应按需联动照明开启；

（2）事故、异常类主设备告警信号应按需联动照明开启、风机启动以及门禁系统启动。

3. 辅助设备间联动

辅助设备间联动策略配置优先在变电站实现，也可在集控系统按站配置，应满足如下要求。

（1）安全防范系统入侵报警联动：

1）打开报警防区对应回路灯光照明；

2）联动防区视频预置位。

（2）消防系统火灾报警联动：

1）支持门禁紧急开门联动提示和确认、操作，方便火灾区域的人员逃生；

2）联动开启现场灯光照明，启动现场声光报警；

3）联动报警区域视频预置位，弹出现场视频监控预览窗口；

4）支持现场空调、风机的开启/关闭联动提示和确认、操作。

（3）环境监测越限告警联动：室外微气象（台风、暴雨等）数据越限告警，联动现场视频监控预览窗口。

（4）SF_6监测浓度越限联动：SF_6浓度越限告警，支持联动报警区域视频预置位。

（九）支持控制策略执行

调度控制策略的执行可通过集控系统来实现。集控系统应能接收调度提供的AVC执行策略（分合无功功率调节设备断路器、调节变压器挡位等）、批量拉负荷执行策略（拉开负荷侧断路器），结合设备运行状态进行校验与执行。

集控系统中的受控设备信息发生变化，应上送调度系统，以便调度系统制定策略；调度系统制定好AVC策略、批量拉负荷策略，将相应的策略下发给集控系统；集控系统进行校验执行，针对执行失败的指令进行汇总上送至调度系统。控制策略执行流程如图4-6所示。

1.AVC控制策略执行

（1）信息交互：

1）调度系统与集控系统的电网模型应能匹配，以便策略的正确执行；

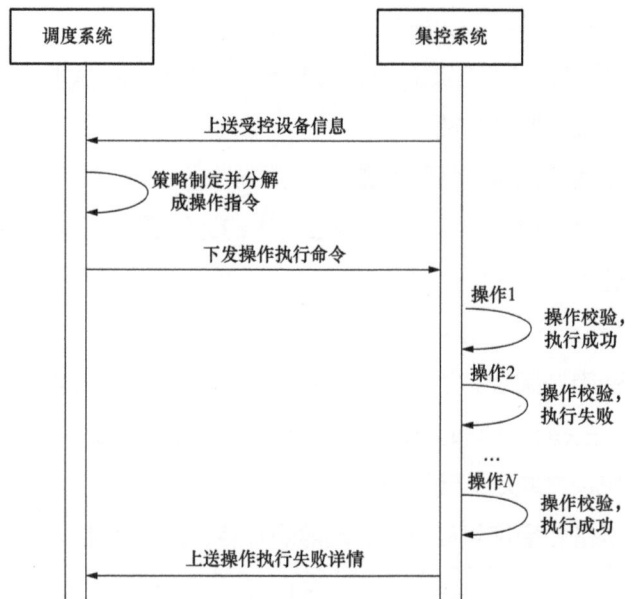

图4-6 控制策略执行流程图

2）调度系统应向集控系统发送AVC控制策略，策略可包含多条操作指令且同一厂站应只有一条操作指令；

3）AVC控制策略宜采取E文件格式进行组织，包含遥控序列号、时间、对象ID、设备国调统一编码、厂站名、设备名、调度编号、目标值等；

4）受控设备信息发生变化时，应向调度系统发送，包括设备在运状态、设备闭锁信号、设备挂牌信息等；

5）受控设备信息宜采取E文件格式进行组织，包含厂站名、设备名、设备国调统一编码、设备信息等；

6）AVC控制策略执行失败，失败信息宜采用E文件格式进行组织，应包括遥控序列号、时间、对象ID、设备国调统一编码、厂站名、设备名、调度编号、目标值、失败原因等。

（2）操作校验。针对调度控制策略中的每一个操作指令，集控系统都需进行操作校验，具体功能应满足如下要求：

1）应能校验设备投退、闭锁等信息，包括对设备可控、设备在控、设备闭锁信号等进行操作校验；

2）应能校验设备的操作挂牌信息，包括对设备检修、禁止遥控等进行操作校验。

（3）策略执行。控制命令应通过集控系统下发到厂站端执行，具体要求如下：

1）控制命令可通过集控系统遥控/遥调下发；

2）控制命令应支持不同厂站的并行下发，同一时刻可对不同厂站下发遥控/遥调命令；

3）单个控制命令的失败应不影响其他厂站下发的控制命令；

4）控制失败时应给出报警，并将失败信息发给调度系统。

（4）记录与统计。提供历史记录和统计，实现策略执行的查询和分析，具体要求如下。

1）控制命令的记录：包括控制命令下发时间、控制命令来源、是否成功等信息，便于查询；

2）设备动作次数统计：可分时段进行统计，包括设备的正确动作次数、拒动次数、成功率等，便于分析。

2. 负荷批量控制策略执行

负荷批量控制策略执行应满足以下要求。

（1）信息交互：

1）受控设备信息宜采取 E 文件格式进行组织，包含厂站名、设备名、设备国调统一编码、设备信息等；

2）负荷批量控制执行结果信息宜采用 E 文件格式进行组织，应包括遥控序列号、时间、对象 ID、设备国调统一编码、厂站名、设备名、调度编号、目标值、失败原因等；

3）应支持同步调度系统负荷批量控制序位表的功能，同步信息宜采用 E 文件格式进行组织；

4）应支持接收调度系统负荷批量控制序列，并与集控系统序位表进行比对校核，生成待控序列。

（2）控制执行：

1）具备独立的控制功能界面，显示控制序列，并进行后续控制操作；

2）支持双人双机监护功能，监护信息中应包括操作人员、序位表名称、切除负荷序列、所属厂站等信息；

3）支持控制执行二次确认功能，操作员批量控制操作监护请求通过后，应支持重新登录校验用户的批量控制权限；

4）支持并发控制执行功能，对不同厂站设备并发执行，对同一厂站设备顺序执行；

5）支持断路器直接遥控功能，针对每个断路器操作时由后台自动完成预置命令、预置返校确认、执行命令连续下发；

6）支持对操作失败的设备再次操作的功能，并支持每次控制操作中等待变电站预置指令返回时间间隔自定义功能。

（3）记录与统计：

1）支持控制过程中各轮次及总的控制结果数据实时统计功能；

2）支持控制结果数据日志储存功能；

3）支持历史控制结果数据展示查询功能。

四、操作防误

（一）防误模式

集控系统电气操作防误包括逻辑规则变电站校核、逻辑规则集控站校核两种模式，可根据不同操作模式需求选择不同的校核模式。

（1）逻辑规则变电站校核由变电站监控主机内置防误逻辑和独立智能防误主机实现，为隔离开关遥控、顺控操作调用提供防误双校核。

（2）集控系统应具备操作互斥、挂牌闭锁、拓扑防误、操作票闭锁等基础的防误功能，其中操作互斥、挂牌闭锁功能由基础平台提供。

（3）集控系统可选配逻辑规则校核和信号闭锁功能。

（4）集控系统选择逻辑规则变电站校核模式时，可进行隔离开关遥控、顺控操作调用。

（5）集控系统选择逻辑规则集控站校核模式，可进行隔离开关遥控、遥控步进操作。

（6）单一断路器、主变中性点接地开关、无功补偿装置投切、一体化电源空气开关分合、断路器检同期与检无压软压板投退等操作无须防误校核的，允许在间隔图形界面进行直接操作。

（二）信号闭锁与逻辑校核

集控系统主站防误校核功能应符合《变电站二次系统通用技术规范　第7部分：电气操作防误技术规范》（调技〔2021〕20号）集控站防误技术要求。

集控系统主站防误校核应按标准的防误校核接口，提供信号闭锁、逻辑规则防误校核服务。

（三）拓扑防误

集控系统拓扑防误功能要求如下：

（1）应支持拓扑范围的灵活配置，满足按本站、相邻站以及整个集控站进行拓扑防误校核。

（2）具备断路器操作的防误闭锁，包括变压器各侧断路器操作顺序提示、一个半断路器接线断路器操作顺序提示、禁止带接地开关合断路器等。

（3）具备隔离开关操作的防误闭锁，包括拉合旁路隔离开关提示、隔离开关操作顺序提示，禁止带接地开关合隔离开关提示、禁止带负荷拉合隔离开关等。

（4）具备接地开关操作的防误闭锁，包括禁止带电合接地开关、禁止带接地开关合断路器等。

五、监控助手

（一）信号自动巡视

通过人工触发或预设周期，按巡视项目、巡视范围自动执行巡视功能，并生成巡视报告。信号自动巡视可具备如下功能：

（1）支持人工预定义巡视任务，任务信息包括巡视范围（按责任区/按变电站）、巡视内容（全部/部分）等。

（2）支持人工定义巡视周期。

（3）支持人工触发执行巡视任务。

（4）自动巡视，内容包括光字牌点亮状态（常亮光字牌复归）、遥测越限、数据不刷新、挂牌信息、抑制信息、封锁信息、替代信息、遥信遥测不匹配等，并核对未复归、未确认监控信号。

（5）支持与上一轮巡视结果进行比对分析，包括不变项、差异项的结果展示等，能够生成巡视报告并支持查询、统计与导出功能。

（6）支持周期性自动巡视任务开始/结束的执行状态提示。

（二）快速向导

主要用于辅助监控员针对当班运行事件进行处置，可实现以下功能：

（1）支持操作信息的快速入口，列表式查看正在执行和即将执行的操作票信息，并提供查询和快速定位。

（2）支持监控信号自动巡视结果的集中展示。

（3）支持集中展示监控待办事件任务信息，能够查询事件详情。

（4）基于事件化的辅助决策结果，应能提供异常处置向导，支持调用平台接口跳转至相关间隔画面，查看光字牌等信息。

（5）基于事件化的辅助决策结果，应能提供故障处置向导，辅助监控员完成任务处置。

（6）支持查看事件任务处置进度以及历史处置过程。

（7）支持事件任务分类统计展示，包括已完成和未完成数量等。

（8）支持跳转至监控日志界面进行日志填写。

（三）辅助决策

可对系统发现的事件进行分析，结合处置预案及日常处置经验，形成标准化的处理流程，辅助监控员完成对故障及异常的处置。

（1）基于处置预案、日常处置经验、现场运行规程，能够构建故障及异常事件处置专家知识库。

（2）能根据故障及异常事件类型、设备等信息，关联处置知识库。

（3）能够根据知识库分析事件结果生成监控待办任务。

（4）支持事件化结果分析获取处置规则，并形成处置建议。

（5）支持从业务中台调取事件化告警对应设备的台账。

（6）支持汇总展示事件处置的短信记录、监控日志、处理进度等信息。

（7）支持调取设备状态预警结果及相关设备的实时健康状况，辅助监控员处置。

（四）监控日志

当监控人员进行事故异常处置、监盘操作、缺陷处置时，支持同步自动生成监控值班日志功能。

（1）值班日志类型主要包括事故处置、异常告警、越限告警、操作记录、缺陷处置、监视记录、工作记录等。

（2）支持记录的人工编辑并汇总生成监控日志。

（3）各记录应定期保存并推送至业务中台。

（4）各类型值班日志主要内容如下。

1）事故处置：时间、变电站、运维班、设备、故障描述、故障原因、处置内容。

2）异常告警：时间、变电站、运维班、设备、异常描述、异常原因、处置内容、恢复时间。

3）越限告警：时间、变电站、运维班、设备、测点、越限描述、越限原因、处置内容、恢复时间。

4）操作记录：挂摘牌/抑制/封锁置数操作时间、变电站、运维班、操作对象、操作人、操作原因。

5）缺陷处置：时间、变电站、运维班、设备、缺陷描述、原因、处置内容、恢复时间。

6）监视记录：时间、变电站、运维班、监视对象、监视内容、记录人。

7）工作记录：时间、变电站、运维班、工作内容、记录人。

8）日志查询：根据设定的时间、变电站、日志类型、关键字、记录人信息查询所有日志记录。

9）日志配置：支持定义日志的类型，并具备增加、删除、修改功能。

（五）缺陷智能关联

（1）支持在告警窗、设备间隔图人工提取缺陷，并且可以打包带入多个遥信、遥测等关联信号。关联信号支持图形选择、列表选择，至少提供一种选择方式（安全Ⅰ区）。

（2）缺陷信息支持自动与设备进行关联，关联依据可以是但不限于信号或者告警所属的设备（安全Ⅰ区）。

（3）提取的缺陷支持添加备注信息（安全Ⅳ区）。

（4）支持将确认后的缺陷（包括缺陷设备、缺陷描述）提交审核，审核后应保存并定期自动推送至业务中台（安全Ⅳ区）。

（5）支持缺陷手动闭环（安全Ⅳ区）。

（六）短信发布

（1）支持对告警、缺陷、事件等数据源定义短信。

（2）提供短信人员信息录入功能，人员信息包括姓名、电话号码、运维班等。

（3）提供短信类型分类功能，支持对订阅的消息加以分类，包括事故类、异常类、应用工况等。

（4）提供短信订阅人配置功能，支持不同类型短信订阅，同一类型短信支持推送不同人员。

（5）支持配置接收短信日期与时间段，支持通过短信平台、传统的短信网关机等方式发布短信。

（6）提供已发送短信查询模块，支持按照接收短信人员、短信类型、短信推送时间等条件进行查询。

（7）支持人工定义、修改短信信息以及发布短信功能。

六、业务管理

（一）智能报表

智能报表应具备以下功能：

（1）应具备报表模板管理功能，包括模板的创建、内容样式编辑、数据内容编辑、数据筛选条件编辑等；

（2）应支持报表数据展示功能；

（3）支持按模板配置的权限范围，展示当前登录用户可读的数据；

（4）支持按模板定义的样式进行数据读取和展示；

（5）支持按配置地查询筛选条件进行数据筛选展示；

（6）能够将报表内容直接导出为电子表格或文本文件，支持打印；

（7）应具备数据智能搜索功能，支持按变电站设备模型、设备量测等对象搜索；

（8）基本报表类型如每值信号汇总表、每日信号分析表、储能信号动作分析表、主变负荷—油温—油位对照表、气温—压力对照表等。

（二）版本管理

1. 二次设备版本信息采集

应支持调阅并处理站端服务网关机上送的站端二次设备版本信息，版本文件格式参照《变电站二次系统装置技术规范　第2部分：多功能测控装置技术规范》（调技〔2021〕20号）附录E。

2. 程序版本信息采集

集控系统程序版本信息采集应具备以下功能：

（1）针对集控站基础平台、功能应用具体模块的程序，生成对应的MD5码；

（2）支持以集控站基础平台、功能应用的粒度定义版本号；

（3）支持以集控站基础平台、功能应用的粒度导出版本文件，并生成该版本文件对应的MD5码。

3. 版本信息管理

版本信息管理应具备以下功能：

（1）具备站端二次设备以及集控系统程序版本信息保存功能；

（2）支持将站端二次设备以及集控系统程序版本信息发送至中台；

（3）能够按照时间基线列出最新的版本信息。

（三）定制数据发布

应支持在安全Ⅳ区以网页方式发布用户定制数据。

（四）信号自动对点

（1）新一代变电站的监控信息自动对点，应满足《变电站二次系统通用技术规范　第9部分：自动对点技术规范》（调技〔2021〕20号）中对集控系统自动对点的相关功能要求。

（2）应在集控系统部署自动对点模块，实现对存量站的监控信息自动验收：

1）提供遥信、遥测验收信息点表导入及校核功能；

2）提供可视化的遥信、遥测信息自动验收工具，具备遥信、遥测信息选择功能，支持选择部分或全部信息进行自动验收；

3）具备根据自动验证策略对遥信、遥测进行自动验证功能，并记录验证结果，校验结果不一致时给出提示；

4）具备将遥信、遥测自动验收过程记录并导出的功能。

七、兼容性功能

为实现存量站的接入，集控系统应具备过渡阶段的兼容性功能，通过与调度系统、现存的辅控系统的交互，实现常规变电站、智能变电站的接入。

（一）继电保护信息管理与录波调阅

集控系统与调度系统交互，实现存量变电站的继电保护信息管理与录波调阅功能。具备条件的情况下，对于已建设故障录波器联网系统的地区，也可通过直采方式采集故障录波器数据。

1. 数据处理

（1）模型数据处理应满足如下要求：

1）能获取各保护装置运行状态、定值信息、保护动作信息、运行告警、自检信息、硬压板及开入量信息、故障测距及故障量等信息；

2）能对模型信息进行校验、整理、存储，支持继电保护运行监视、故障分析。

（2）应满足以下实时数据处理要求：

1）应能解析并处理异常告警、自检、动作以及通信状态等信息；

2）应能正确识别继电保护设备运行状态；

3）应能对上送的信息进行时效校核及有效性检查。

（3）当集控系统需要使用中间节点信息或保护录波文件时，向变电站站端下发召唤命令，变电站站端根据下发命令中的相关参数，将对应的中间节点和保护录波文件一起上送集控系统。

（4）集控系统保存接收到的继电保护信息，方便对历史数据的调用和分析。

2. 继电保护运行监视

通过实时处理装置动作事件、异常告警信息、自检告警信息、运行定值、实时采样值、开关量状态、软压板状态、通信工况等信息，完成对继电保护设备的实时在线监视。监视数据类型主要包括状态量信息、模拟量信息、事件信息、定值信息、软压板信息、故障量信息、故障录波数据。

（1）能全景实时显示继电保护设备运行/退出、正常/告警等运行状态，当状态异常时应以事件形式提示，相应的工况图元变化。

（2）正常运行时应能显示装置自检、实时采样值、开入量状态、运行定值等信息，异常运行时应能自动提示异常类型、参数和时间等信息，并进行历史记录。

（3）能对继电保护设备模型信息进行自动及手动筛选、分级、分类，且可以为各类各级动作信息配置行为及功能定义。

（4）能记录动作报文、故障录波文件等信息，并形成故障报告，显示故障分析的结果。

3. 定值查询与核对

（1）定值在线查询与存储：

1）支持查询继电保护设备的实时运行定值和多组备用定值，并可将定值存入数据库，数据库中原有定值应以带时标的历史定值方式存储；

2）支持查询继电保护设备的运行定值区；

3）支持查询任意时间段内数据库中保存的历史定值。

（2）定值核对：

1）支持人工召唤装置运行定值，并和定值单进行核对；

2）支持人工召唤装置实际定值，并和主站数据库中保存的定值进行核对；

3）支持周期性自动召唤定值，并与主站数据库中保存的定值进行核对，若二者存在差异提供告警；

4）支持周期性自动召唤信息（可自定义压板、光强、温度等），并与主站数据库中保存/设置的对应信息进行核对，若二者存在差异提供告警。

4. 故障分析与统计

（1）应具备故障分析功能：

1）发生故障时，应能在人机界面上显示故障信息，并推出事故报警提示和故障简报；

2）支持在人机界面上显示故障站、故障设备和保护装置的动作情况，并标明故障点位置、故障类型、跳闸断路器等故障信息；

3）能显示保护动作信息、保护动作行为分析报告，以及故障时刻系统采样数据、故障录波数据等。

（2）应具备波形分析功能：

1）能对录波数据进行故障分析，包括曲线图绘制、相量图绘制、阻抗轨迹绘制、序分量计算、功率计算和谐波分析等；

2）能从录波数据中提取故障起始时间、故障持续时间、故障相别、故障类型、故障前后相量等故障简况；

3）支持波形的放大和缩小、波形显示值的切换等，并可导出录波数据；

4）能从故障录波文件中智能提取事件顺序记录、故障前后指定周期波形等，并生成简化录波文件；

5）具有信号合并功能，可生成自产零序波形、一个半断路器接线和电流波形。

（3）应具备故障测距功能：

1）双端故障测距应能对两端的故障录波数据进行自动或手工对时，消除两端数据时间不同步的影响；

2）在无双端数据时，应能采用单端测距算法计算故障距离；

3）能计算故障点的接地阻抗。

（4）应具备故障分析报告模板功能：可提供故障分析报告模板工具，能自动给出故障相关的一、二次设备名称、故障时间、保护动作信息、故障相、故障电流、故障电压、故障测距等信息，以及由故障录波文件形成的图片文件。

（5）应能对继电保护设备的运行信息和工况信息进行统计分析：

1）支持对继电保护设备的运行情况、异常情况、动作情况及其他数据进行统计；

2）支持对集控站与保护子站之间、保护子站与继电保护设备之间的通信状态进行统计；

3）可提供多种方式查询统计结果，包括时间、区域、设备和故障类型等。

5. 录波调阅

（1）故障录波数据接入宜满足如下要求：

1）与变电站网关机交互，调阅故障录波器、保护装置的故障录波文件；

2）与变电站故障录波器交互，调阅故障录波文件；

3）交互方式参照《继电保护故障信息处理系统技术规范》（Q/GDW 273—2009）的要求。

（2）应满足以下数据处理要求：

1）支持按时间段召唤故障录波文件列表，支持从列表中选定并调阅录波文件；

2）支持故障录波文件的保存和导出；

3）故障录波文件分析功能要求参见本节二、运行监视中（三）故障录波分析。

（二）存量辅助设备集中监控

与存量辅控系统交互实现如下功能。

（1）应与在安全Ⅱ区或安全Ⅳ区建设的存量辅控系统交互主辅设备联动信息，实现主辅监视联动，协议采用《新一代集控站设备监控系统系列规范　第7部分：远程智能巡视集中监控系统（2022版试行）》（设备监控〔2022〕90号）附录E。

（2）宜与在安全Ⅱ区建设的存量辅控系统交互实现如下功能：

1）获得辅助设备的量测、告警数据；

2）实现对辅助设备的控制；

3）交互协议应采用《远动设备及系统　第5-104部分：传输规约　采用标准传输协议集的IEC 60870-5-101网络访问》（DL/T 634.5104—2009）；

4）由辅控系统提供存量站辅助设备模型及采集信息点表；

5）视频联动交互协议应采用《新一代集控站设备监控系统系列规范　第7部分：远程智能巡视集中监控系统（2022版试行）》（设备监控〔2022〕90号）附录E。

八、安全防护要求

（一）应用安全

1. 操作与控制安全要求

（1）应符合《变电站二次系统通用技术规范　第6部分：二次设备安全防护技术规范》（调技

〔2021〕20号）5.1.1.3的要求。

（2）只有操作票上规定的人员方可进行操作，且仅能执行操作票上指定的运维对象。

（3）应支持控制操作正确性验证，依据逻辑规则、联动策略仅执行期望的动作，并不允许执行其他更多的动作。

（4）应具备控制操作双人双机监护机制，只有操作人与监护人同时通过校核方可进行控制操作。

（5）控制操作时应具备设备调度编号校核机制，只有通过校核方可进行控制操作。

（6）应具备控制时效性验证能力，防范过期的控制操作。

（7）应具备控制资源抢占的处理机制，禁止同一时刻对同一控制对象进行控制操作。

（8）所有控制操作行为应记录审计日志，应符合《变电站二次系统通用技术规范　第6部分：二次设备安全防护技术规范》（调技〔2021〕20号）附录B3表的要求。

2. 运维管理安全要求

（1）应只允许具备本地管理操作票权限的用户进行新建、编辑操作票，并与操作票审核人员不可是同一人。

（2）应只有具备权限的运维人员方可访问权限范围内的运维对象，应具备操作内容执行安全策略，保证仅支持操作票规定的内容。

（3）用户登录运维对象行为以及操作票的编辑、运作等操作应记录日志。

（二）通信安全

（1）应符合《变电站二次系统通用技术规范　第6部分：二次设备安全防护技术规范》（调技〔2021〕20号）5.1.3的要求。

（2）应符合《变电站二次系统通用技术规范　第6部分：二次设备安全防护技术规范》（调技〔2021〕20号）5.1.6的要求。

（3）应不存在敏感数据明文传输。

（4）重要业务数据传输宜采用数据校验方式保证数据传输的完整性。

（5）应能够过滤非法业务数据，识别通信数据合法性。

（6）应保证通信交互行为的安全性，具备防重放、篡改等安全防护能力。

（7）应保证通信协议的健壮性，正确处理各类畸形报文和攻击报文，确保业务的正常交互。

（三）运行安全

运行安全的技术要求如下：

（1）应具备自诊断能力，在发生软件异常时，能在一定时间内恢复正常功能；

（2）应能抵御针对业务逻辑处理、业务流程、业务数据等的恶意攻击，并记录相应审计日志，产生告警事件。

第二节 应用功能调试

一、工作要求

（一）工作目标

平台环境构建及测试完成后，即可开展应用功能调试工作，应用功能调试包括运行监视、操作与控制、操作防误、监控助手、业务管理、兼容性等。通过应用功能调试，可确保系统各项功能正确性，保障集控系统实用化效果。

（二）工作流程

应用功能调试人员包括项目建设单位相关人员、平台厂商、功能应用厂商。功能应用厂商提供系统使用手册，建设单位调试人员参照系统使用手册及调试内容进行功能调试，平台厂商配合相关调试。调试人员对调试结果进行记录，整理不符合预期结果的项目内容，反馈给功能应用厂家；功能应用厂家进行问题初步判断，如不是应用软件问题，进行重新调试；如确定问题存在则进行问题整改并重新测试，直至调试通过。应用功能调试工作流程如图4-7所示。

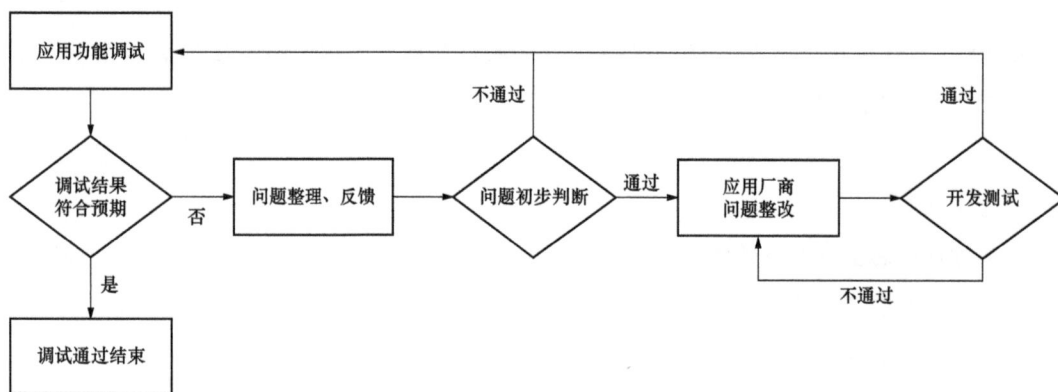

图 4-7 应用功能调试工作流程图

二、运行监视功能调试

（一）全景监视

全景监视是通过可视化展现方式，以图表、文字标注等方式向运维人员展示集控站及各变电站设备的总体情况、统计数据等信息，对变电站公用设施、重要设备的集中监视，对影响监控的运维、检修、调试作业进行展示，以全面掌握集控站和各变电站的全景状态，满足一体监视、数据穿透的需要。

1. 全景总览信息功能（安全 I 区）

（1）调试方法：

1）查看集控站地理接线、变电站规模、主设备规模、辅助设备规模等信息，以及重过载、重点监视设备等信息的正确性；

2）查看变电站主要设备的运行统计信息、主接线图等信息的正确性；

3）查看间隔图内展示信息（包括间隔设备电气接线、设备运行工况信息等）的正确性。

（2）预期结果：按照要求展示数据，且图形及数据显示正确，刷新正常，右键菜单对应的各项功能正常。

2. 变电站公用设施状态监视功能（安全 I 区）

（1）调试方法：

1）通过实时曲线图等形式展示变电站、设备环境的温湿度等数据变化；

2）通过告警点位列表等形式在界面上展示变电站各类消防、安全防卫监控状态；

3）展示站用交流电源投退状态、积分电量等信息。

（2）预期结果：按照要求展示数据，且图形及数据显示正确，刷新正常，右键菜单对应的各项功能正常。

3. 重要设备集中监视功能（安全 I 区）

（1）调试方法：

1）以变电站电压等级分类，对每台变压器的重要工况数据进行集中监视，包括有功功率、无功功率、电流、温度、负荷率、油位等，并可按需排序，温度越限、重过载主变信息用高亮显示，并可进一步显示遥测量、限值、主变状态、越限起始时间、越限持续时间等详细信息；

2）以母线电压等级分类，对各变电站母线电压进行集中监视，包括相电压、线电压、零序电压、限值、电压越限率、越限起始时间、越限持续时间等信息，并可按需排序，越限电压用高亮显示；

3）对所有变电站的火灾报警主机、建筑或变压器自动灭火装置进行集中监视，有火灾报警或异常时高亮显示；

4）可自定义重要设备，对重要设备进行集中监视，展示设备名称、所属间隔、负载、负载限值、负载裕度、越限起始时间、越限持续时间等信息，过载、重载设备分别以不同颜色高亮显示，集中展示间隔告警信息，并可快速跳转至所属间隔监视画面；

5）以保电等级类别分类，对重要保电设备进行集中监视，包括供电路径上的设备状态、负载电流等信息，供电路径可手动定义，异常设备用高亮显示集中展示相关间隔告警信息，并可快速跳转至所属间隔监视画面。

（2）预期结果：按照要求展示数据，且图形及数据显示正确，刷新正常，右键菜单对应的各项功能正常。

4. 主设备信息一体化展示功能（安全 I、IV 区）

（1）调试方法：

1）能在画面上将主设备的相关主要信息一体化展示，如设备运行状态，包括运行、热备用、冷备用、检修，设备预警、告警、故障状态；设备负载状态，包括空载、正常、重载、过载；重要量测数据，包括电压、电流、功率、温度等；相关辅控数据，包括火灾报警、照明、门禁、SF_6 气体浓度、风机、油色谱等；相关二次设备信息，包括保护测控装置通信状态、版本号、定值、缺陷信息等。

2）在支持视频功能的主设备上人工触发视频联动功能（安全 I 区）。

3）在支持台账、参数的设备上，浏览从业务中台获取的相应信息（安全 IV 区）。

（2）预期结果：按照要求展示数据，且图形及数据显示正确，刷新正常，右键菜单对应的各项功能正常，可以正确获取设备的视频、台账和参数信息。

5. 统计数据监视功能（安全 I 区）

（1）调试方法：

1）在画面上显示置牌信息、告警抑制、封锁信息、替代信息、遥测越限、可疑数据、不刷新数据实时统计并显示统计总数、按变电站统计的数量，统计数量大于 0 时用高亮显示，可按变电站显示详细信息列表；

2）对某个测试信号进行封锁，查看封锁列表中的内容和统计结果是否变化。

（2）预期结果：按照要求展示数据，且测试结果正确反映在画面上。

6. 缺陷状态监视功能（安全 IV 区）

（1）调试方法：

1）在画面上对变电站的各类缺陷数量变化趋势进行图形化展示，包括缺陷总数、缺陷分类、缺陷处理情况等信息；

2）模拟某个缺陷发生和处理的过程，查看画面上的缺陷数量和处理情况是否发生变化。

（2）预期结果：按照要求展示数据，且测试结果正确反映在画面上。

7. 运维业务监视功能（安全 IV 区）

（1）调试方法：

1）通过图表等形式对影响设备监视的变电站运维工作进行展示，包括禁止分闸/禁止合闸牌、禁止控制牌等，模拟挂牌操作，观察是否在列表中进行展示；

2）通过图表等形式对变电站挂检修牌、接地牌的设备进行展示，模拟挂牌操作，观察是否在列表中进行展示；

3）通过图表等形式对变电站挂调试牌的设备进行展示，模拟挂牌操作，观察是否在列表中进行展示。

（2）预期结果：按照要求展示数据，且测试结果正确反映在画面上。

（二）主辅设备监视

1. 一次设备监视

能对一次设备运行状态进行监视，能提供一次设备监视信息列表，可按责任区、变电站、设备类型、电压等级等条件分类显示监视结果；运行状态发生变化时可根据重要程度提供提示、告警等手段；能结合潮流变化情况，对一次设备停电状态进行记录并生成相应停电事件；一次设备在线监测的重要信息由站端主动上送，集控系统可通过定期调阅方式获得完整的监测数据和站端分析报告。

（1）母线越限。

1）调试方法：

a.选择一条母线，确认母线表的"越限检验标志"为"是"，"电压上限""电压下限"设定值为非零值；

b.对该母线的任一线电压分别模拟越限值、正常值，观察画面及告警显示是否正确；

c.查看设备越限信息表是否有设备越限记录，观察备注栏越限信息显示是否完整；

d.右键点击"设备越限"，查看是否有告警记录；

e.告警查询电力系统/一次设备监视能否检索到相应记录。

2）预期结果：

a.母线任一线电压＞电压上限，会进行"母线电压越上限"告警；

b.母线任一线电压＜电压下限，且其他线电压没有越上限，则会进行"母线电压越下限"告警；

c.当母线所有线电压从越限恢复到电压上限和下限（包括上、下限值）之间，会进行"母线电压正常"告警；

d.母线状态显示为"电压越上（下）限"或"正常"；

e.设备越限信息表有设备越限记录，备注栏应包含越限设备以及越限起始时间；

f.设备右键菜单可以调用该设备"设备越限"告警记录；

g.告警查询电力系统/一次设备监视能检索到相应记录。

（2）线路重载。

1）调试方法：

a.选择一条线路，确认交流线段表的"越限检验标志"为"是"，"功率限值""电流上限"设定值为非零值；

b.设置"使用功率及功率限值判断线路重载"标志为"1"，确保线路两端均未处于"有功越上限"状态，模拟线路任一端有功，使功率限值≥线端有功值的绝对值＞功率限值×90%，观察画面及告警显示是否正确；

c.设置"使用功率及功率限值判断线路重载"标志为"0"，确保线路两端均未处于"电流越上限"状态，线路任一端当电流额定值≥线端电流值的绝对值＞电流额定值×90%，观察画面及告警显示是否正确；

d.查看设备越限信息表是否有设备重载记录，观察备注栏越限信息显示是否完整；

e.右键点击"设备越限"，查看是否有告警记录；

f.告警查询电力系统/一次设备监视能否检索到相应记录。

2）预期结果：

a. 当"使用功率及功率限值判断线路重载"标志为"1"时，当线路两端均未处于"有功越上限"，线路任一端当功率限值≥线端有功值的绝对值＞功率限值×90%，会进行线路"有功重载"告警，设备状态会显示为"有功重载"；

b.当"使用功率及功率限值判断线路重载"标志为"0"或未定义时，当线路两端均未处于"电流越上限"，线路任一端当电流额定值≥线端电流值的绝对值＞电流额定值×90%，会进行线路"电流重载"告警，设备状态会显示为"电流重载"；

c.设备越限信息表有设备重载告警记录，备注栏应包含重载设备以及越限起始时间；

d.设备右键菜单可以调用该设备"设备越限"告警记录；

e.告警查询电力系统/一次设备监视能检索到相应记录。

（3）线路越限。

1）调试方法：

a.选择一条线路，确认交流线段表的"越限检验标志"为"是"，"功率限值""电流上限""事故电流限值"设定值为非零值；

b.模拟线端的有功功率，使其分别大于和不大于功率限值；

c.模拟线端的电流值，使其分别大于和不大于电流限值和事故电流限值；

d.观察画面及告警显示是否正确；

e.查看设备越限信息表是否有设备越限记录，观察备注栏越限信息显示是否完整；

f.右键点击"设备越限"，查看是否有告警记录；

g.告警查询电力系统/一次设备监视能否检索到相应记录。

2）预期结果。

a.线路任一端有功值的绝对值＞功率限值，会进行线路"有功越上限"告警，设备状态会显示为"有功越上限"。

b.线路任一端电流值的绝对值＞电流限值，会进行线路"电流越上限"告警，设备状态会显示为"电流越上限"。

c.线路任一端电流值的绝对值＞事故电流限值，会进行线路"电流越事故上限"告警，设备状态会显示为"电流越事故上限"。

d.恢复正常告警：

a）"使用功率及功率限值判断线路重载"标志为"1"时，线路两端有功值的绝对值均≤功率限值×90%，会进行线路"有功正常"告警；线路两端电流值的绝对值均≤电流上限，会进行线路"电流正常"告警。

b）"使用功率及功率限值判断线路重载"标志为"0"时，线路两端有功值的绝对值均≤功率限值，会进行线路"有功正常"告警；线路两端电流值的绝对值均≤电流上限×90%，会进行线路"电流正常"告警。

e.设备越限信息表有设备越限记录，备注栏应包含越限设备以及越限起始时间。

f.设备右键菜单可以调用该设备"设备越限"告警记录。

g.告警查询电力系统/一次设备监视能检索到相应记录。

（4）变压器越限/重载。

1）调试方法：

a.选择一台变压器，确认变压器表的"越限检验标志"为"是"，变压器绕组相应记录的"有功上限""无功上限""绕组正常额定功率"设定值为非零值；

b.模拟变压器的有功功率、无功功率值，使有功功率、无功功率分别为越限值、正常值，观察画面及告警窗显示是否正确；

c.查看设备越限信息表是否有设备越限记录，观察备注栏越限信息显示是否完整；

d.右键点击"设备越限"，查看是否有告警记录；

e.告警查询电力系统/一次设备监视能否检索到相应记录。

2）预期结果：

a.变压器各绕组的有功功率值＞有功上限，会进行变压器有功"越上限"告警；有功功率值≤有功上限，会进行变压器"有功正常"告警。

b.变压器各绕组的无功功率值＞无功上限，会进行变压器无功"越上限"告警；无功功率值≤无功上限，会进行变压器"无功正常"告警。

c.变压器各绕组的视在功率＞各绕组的绕组正常额定功率，会进行变压器功率"越上限"告警。

d.绕组正常额定功率≥视在功率＞各绕组的绕组正常额定功率×90%，会进行变压器"功率重载"告警。

e.变压器各绕组的视在功率≤各绕组的绕组正常额定功率×90%，变压器功率恢复正常。

f.变压器及变压器绕组表参数检索分别显示为"有功越上限""无功越上限""功率越上限"或"设备重载"。

g.设备越限信息表有设备越限记录，备注栏应包含越限设备以及越限起始时间。

h.设备右键菜单可以调用该设备"设备越限"告警记录；告警查询，电力系统/一次设备监视能检索到相应记录。

（5）母线故障跳闸。

1）调试方法：

a.选择一条正常运行的母线（厂站图中母线状态为"正常"）；

b.短时间内模拟该母线所连的断路器分闸变位（至少两个），使所有断路器均为断开状态，母线处于退出运行状态，且母线电压为0或小于设定值；

c.观察告警窗是否显示母线跳闸；

d.模拟不在规定时间内的所有断路器变位是否不判断为故障。

2）预期结果：

a.在定义的时间内，跟母线相连的断路器（至少两个）同时断开，母线退出运行，且母线电压跳为0，告警窗进行母线跳闸告警；

b.不在规定的时间内断开，不进行故障判断。

（6）线路故障跳闸。

1）调试方法：

a.选择一条正常运行的线路（厂站图中交流线段状态为"正常"）；

b.短时间内模拟该线路所连的所有断路器分闸变位，使线路状态变为退出运行，同时线路两侧有功功率小于设定值；

c.观察告警窗是否显示线路跳闸；

d.模拟不在规定时间内的所有断路器变位是否进行故障判断。

2）预期结果：

a.在定义的短时间内，将正常运行的线路相连的断路器全部断开，使线路处于退出运行状态，同时线路两侧有功功率小于设定值，则进行线路跳闸告警；

b.不在规定的时间内变位，不进行故障判断。

（7）变压器故障跳闸。

1）调试方法：

a.选择一台正常运行的变压器；

b.短时间内模拟该变压器所连的所有断路器分闸变位，使变压器处于退出运行状态，且变压器各侧有功功率为0或小于设定值，观察告警窗是否显示故障跳闸；

c.模拟不在规定时间内的所有断路器变位进行故障判断。

2）预期结果：

a.在定义的短时间内，跟变压器相连的断路器全部断开，变压器退出运行，同时变压器各侧有功功率为0或小于设定值，则进行变压器跳闸故障告警；

b.不在规定的时间内变位，不进行故障判断。

（8）母线运行工况。

1）调试方法：

a.选择一条正常运行的母线，把相连的断路器全部断开，观察画面及告警窗是否显示退出运行、列表显示是否正确；

b.再合上至少一个断路器，观察画面及告警窗是否显示投入运行；

c.检查一次设备监视结果表中设备状态是否正确；

d.告警查询电力系统/一次设备监视能否检索到相应记录。

2）预期结果：

a.母线相连所有断路器状态全部为断开时，告警窗提示"母线退出运行"告警，画面母线状态显示为"退出运行"；

b.当母线相连断路器有一个为闭合状态时，告警窗提示"母线投入运行"，画面母线状态显示为"正常"；

c.一次设备监视结果表中设备状态更新正确；

d.告警查询电力系统/一次设备监视能检索到相应记录。

（9）线路运行工况。

1）调试方法：

a.选择一条正常运行的线路，把其一侧的相连断路器断开，观察画面及告警窗是否显示充电；

b.断开两侧断路器，观察画面及告警窗是否显示退出运行；

c.断开的两侧断路器再恢复为闭合状态，观察画面及告警窗是否显示投入运行；

d.检查一次设备监视结果表中设备状态是否正确；

e.告警查询电力系统/一次设备监视能否检索到相应记录。

2）预期结果：

a.线路两侧所有断路器断开时，告警窗提示"线路退出运行"，画面线路状态显示为"退出运行"；

b.线路两侧所有断路器闭合时，告警窗提示"线路投入运行"，画面线路状态显示为"正常"；

c.一次设备监视结果表中设备状态更新正确；

d.告警查询电力系统/一次设备监视能检索到相应记录。

（10）变压器运行工况。

1）调试方法：

a.选择一台正常运行的变压器（厂站图中变压器状态为"正常"），保留其某一侧的绕组断路器为闭合，其他侧绕组断路器全部断开，观察画面及告警窗是否显示充电；

b.断开各绕组的全部断路器，观察画面及告警窗是否显示退出运行；

c.将断开的断路器再全部恢复为闭合状态，观察画面及告警窗是否显示投入运行；

d.检查一次设备监视结果表中设备状态是否正确；

e.告警查询电力系统/一次设备监视能否检索到相应记录。

2）预期结果：

a.当变压器绕组断路器中有一侧处于闭合状态时，告警窗提示"变压器充电"，画面状态显示为"充电"；

b.变压器各侧绕组断路器全部断开时，告警窗提示"变压器退出运行"，画面变压器状态显示为"退出运行"；

c.变压器各侧绕组断路器全部闭合时，告警窗提示"变压器投入运行"，画面变压器状态显示为"正常"；

d.一次设备监视结果表中设备状态更新正确；

e.告警查询电力系统/一次设备监视能检索到相应记录。

2. 二次设备监视

能对二次设备运行状态进行监视，提供保护装置定值、当前定值区号的在线查询与召唤功能；提供变电站数据链路、网络状态监视功能。

（1）二次设备运行状态监视。

1）调试方法：

a.通过二次设备网络图进入二次设备在线监视界面；

b. 依次查看保护装置、测控装置、合并单元、智能终端、安全稳定控制装置、监控主机、综合应用主机、故障录波器、网络交换机、站用交直流设备的运行状态；

c. 查看对应装置的故障信息、告警信息、设备自检信息、运行状态信息、回路状态、对时状态信息、装置定值、软压板信息、装置版本及参数信息等（不同类型装置包含的信息不同）；

d. 模拟遥信变位，查看监视界面是否正确变位。

2）预期结果：系统能正确按照类型显示监视信息，遥信变位时状态能准确更新。

（2）装置定值查询与召唤。

1）调试方法：

a. 点击"刷新定值"，在线查询集控站保存的定值信息，查看是否正确显示。

b. 点击"查询定值"，召唤装置的定值信息，查看是否正确显示。

2）预期结果：系统能正确显示在线查询和召唤的定值信息。

（3）变电站数据链路、网络状态监视。

1）调试方法：进入网关机在线监视界面，查看变电站数据链路和网络状态监视数据是否正确显示。

2）预期结果：系统能正确显示变电站数据链路和网络状态监视信息。

3. 辅助设备监视

可查看辅助设备网络结构图，对辅助设备通信状态等信息进行监视；在一、二次设备监视画面中快速查看变电站辅助设备各子系统分图，宜包括辅助设备状态、运行信息、自检信息、光字牌等内容，可采用图表、曲线、谱图等展示方式；可查看辅助设备区域二维平面部署图。

（1）辅助设备实时告警界面。

1）调试方法：检查辅助设备画面是否具有告警信息、越限信息、设备异常等内容，可实现分类过滤查看。

2）预期结果：

a. 辅助监控相应画面应具有相应类型的实时告警信息框，如入侵信息、火警信息、越限信息、异常设备；

b. 智能告警窗实现分类过滤查看。

（2）辅助信息合并处理。

1）调试方法：检查辅助设备画面是否具有辅助告警信号按厂站、区域合并处理并展示，是否具有安全防卫总报警、消防总报警信号。

2）预期结果：系统首页显示变电站辅助信号总信号，变电站光字牌图显示辅助信号区域总信号和消防设备、在线监测、安全防卫设备、动力环境设备总信号。

（3）辅助设备网络结构图。

1）调试方法：检查是否具备辅助设备网络结构图，是否具有监视辅助设备通信状态的图元。

2）预期结果：相应类型的辅助设备分画面应具有辅助设备网络结构图。

（4）辅助设备子系统分图。

1）调试方法：检查是否具备辅助设备子系统分图，分图是否包括辅助设备状态、运行信息、自检信息、光字牌等内容，是否具有图表、曲线、谱图等展示方式。

2）预期结果：相应类型的辅助设备分画面应具有展示辅助设备状态、运行信息、自检信息、光字牌等内容的信息，使用图表、曲线、谱图等多种展示方式。

（5）辅助设备区域二维平面部署图。

1）调试方法：检查是否具备辅助设备区域二维平面部署图。

2）预期结果：具有辅助设备区域二维平面部署图。

对安全防卫监视、动力环境系统监视、火灾消防监视功能进行调试，辅助设备运行监视基本功能包括：提供辅助设备实时告警界面，包括告警信息、越限信息、设备异常等内容，可实现分类过滤查看；能对辅助设备故障、告警等信息按变电站、区域合并处理，可合并成安全防卫总报警、消防总报警等信号。

（6）安全防卫。

1）电子围栏界面。

a.调试方法：检查电子围栏界面。

b.预期结果：电子围栏界面应具有电子围栏布防状态、防区告警、故障告警等信息。

2）红外监测界面。

a.调试方法：检查红外监测界面。

b.预期结果：红外监测界面应具有红外监测设备布防状态、防区告警、故障告警等信息。

3）门禁设备界面。

a.调试方法：检查门禁设备界面。

b.预期结果：门禁设备界面应具有门禁控制器开/闭状态、故障告警、运行工况等信息。

4）锁控设备界面。

a.调试方法：检查锁控设备界面信息。

b.预期结果：锁控设备界面应具有智能锁控控制器的通信、故障、任务等状态信息，主要包括设备名称、编码、分组，锁具类型、属性，人员名称、编号、权限，电子钥匙开锁反馈信息（操作人、开锁时间、锁具名称等）。

（7）动力环境系统。

1）站区气象监控界面。

a.调试方法：检查站区气象监控界面。

b.预期结果：站区气象监控界面应具有温度、湿度、雨量、风速、风向等微气象采样数据。

2）空调暖通界面。

a.调试方法：检查空调暖通界面。

b.预期结果：空调暖通界面应具有室内温湿度采样数据，空调工作状态信息（开启/关闭）及工作模式（自动、制冷、制热、除湿、送风），风机控制设备的状态信息（远方/就地）、故障告警信息、运行工况等，排水泵控制设备的状态信息（远方/就地）、运行工况（启动/停止状态、电源回路故障、控制回路故障）等，以及除湿机的启停信息。

3）室内 SF_6 监测界面。

a.调试方法：检查室内 SF_6 监测界面。

b.预期结果：室内 SF_6 监测界面应具有开关室 SF_6、氧气等气体浓度信息、排风机控制设备的状态信息（远方/就地）、故障告警信息、运行工况等。

4）照明控制界面。

a.调试方法：检查照明控制界面。

b.预期结果：照明控制界面应具有照明回路通断状态、照明控制器的运行状态、故障告警等信息。

（8）火灾消防。

1）火灾报警界面。

a.调试方法：检查火灾报警界面。

b.预期结果：火灾报警界面应具有火警类信息，包括各防火区域烟感、温感、感温电缆等设备当前火灾报警信号，消防设备（设施）当前火警、故障等信号。

2）变压器排油注氮灭火界面。

a.调试方法：检查变压器排油注氮灭火界面。

b.预期结果：变压器排油注氮灭火界面应具有火警类信息、状态类信息。

3）消火栓系统界面。

a.调试方法：检查消火栓系统界面。

b.预期结果：消火栓系统界面应具有状态类信息、动作反馈类信息、模拟量信息。

4）灭火器配置界面。

a.调试方法：检查灭火器配置信息。

b.预期结果：灭火器配置界面应具有状态类信息。

5）应急照明及疏散指示界面。

a.调试方法：检查应急照明及疏散指示界面。

b.预期结果：应急照明及疏散指示界面应具有监管类信息。

4. 一次设备在线监测

一次设备在线监测的设备如变压器、GIS 组合电器、断路器、无功功率补偿设备、避雷器等，监视范围包括：油色谱、铁心接地电流、局部放电、套管介质损耗、泄漏电流；SF_6 气体压力/密度、SF_6 气体的微水含量、断路器弹簧压力、机械特性；容性设备高次谐波、全电流、电容量、介质损耗因数；避雷器全电流、阻性电流、动作次数等。信息由站端主动上送，集控系统可通过定期调阅方式获得完整的监测数据和站端分析报告。

（1）调试方法：

1）在厂站图中点击"在线监测"页面进入本厂站一次设备在线监测数据监视界面；

2）查看油色谱、铁心接地电流、局部放电、套管介质损耗、泄漏电流；SF_6 气体压力/密度、SF_6 气体的微水含量、断路器弹簧压力、机械特性；容性设备高次谐波、全电流、电容量、介质损耗因数；避雷器全电流、阻性电流、动作次数等监测数据。

（2）预期结果：能以图表、曲线等形式查看一次设备在线监测数据。

5. 二次设备在线监测

二次设备在线监测的主要对象包括主机、网关机、保护、测控、安控、智能故障录波装置、交换机、时间同步装置等设备。二次设备在线监测数据采用远程调阅方式实现监视，变电站站端发现监测数据异常时，主动上送异常事件通知。

（1）主机类在线监测。

1）调试方法：

a.通过二次设备网络图进入主机类二次设备在线监视界面；

b.点击"数据查询"按钮，查看CPU使用率、内存使用率、内存容量、磁盘使用率、磁盘存储空间、对时信号状态、对时服务状态、时间跳变侦测状态等信息是否能正确上送；

c.变电站站端模拟监测数据异常，查看是否主动上送异常事件通知。

2）预期结果：

a.系统能正确调阅主机类在线监测信息，数据与站端一致；

b.系统能正确接收异常事件通知，事件正确变位，告警窗实时显示告警信息。

（2）网关机类在线监测。

1）调试方法：

a.通过二次设备网络图进入网关机类二次设备在线监视界面；

b.点击"数据查询"按钮，查看CPU使用率、内存使用率、内存容量、磁盘使用率、磁盘存储空间、网口及串口通信状态、主备机状态、对时信号状态、对时服务状态、时间跳变侦测状态等信息是否能正确上送；

c.变电站站端模拟监测数据异常，查看是否主动上送异常事件通知。

2）预期结果：

a.系统能正确调阅网关机类在线监测信息，数据与站端一致；

b.系统能正确接收异常事件通知，事件正确变位，告警窗实时显示告警信息。

（3）保护类在线监测。

1）调试方法：

a.通过二次设备网络图进入保护类二次设备在线监视界面；

b.点击"数据查询"按钮，查看工作电压、装置内部温度、装置运行时钟、保护版本、对时方式、接收和发送光功率等信息是否能正确上送；

c.变电站站端模拟监测数据异常，查看是否主动上送异常事件通知。

2）预期结果：

a.系统能正确调阅保护类在线监测信息，数据与站端一致；

b.系统能正确接收异常事件通知，事件正确变位，告警窗实时显示告警信息。

（4）测控类在线监测。

1）调试方法：

a.通过二次设备网络图进入测控类二次设备在线监视界面；

b.点击"数据查询"按钮，查看对时信号状态、对时服务状态、时间跳变侦测状态、装置内部温度、内部电压、接收和发送光功率等信息是否能正确上送；

c.变电站站端模拟监测数据异常，查看是否主动上送异常事件通知。

2）预期结果：

a.系统能正确调阅测控类在线监测信息，数据与站端一致；

b.系统能正确接收异常事件通知，事件正确变位，告警窗实时显示告警信息。

（5）安控类在线监测。

1）调试方法：

a.通过二次设备网络图进入安控类二次设备在线监视界面；

b.点击"数据查询"按钮，查看工作电压、装置内部温度、保护版本、对时方式、接收和发送光功率等信息是否能正确上送；

c.变电站站端模拟监测数据异常，查看是否主动上送异常事件通知。

2）预期结果：

a.系统能正确调阅安控类在线监测信息，数据与站端一致；

b.系统能正确接收异常事件通知，事件正确变位，告警窗实时显示告警信息。

（6）智能故障录波类在线监测。

1）调试方法：

a.通过二次设备网络图进入智能故障录波类二次设备在线监视界面；

b.点击"数据查询"按钮，查看CPU使用率、内存使用率、内存容量、磁盘使用率、磁盘存储空间、对时信号状态、对时服务状态、时间跳变侦测状态等信息是否能正确上送；

c.变电站站端模拟监测数据异常，查看是否主动上送异常事件通知。

2）预期结果：

a.系统能正确调阅智能故障录波类在线监测信息，数据与站端一致；

b.系统能正确接收异常事件通知，事件正确变位，告警窗实时显示告警信息。

（7）交换机类在线监测。

1）调试方法：

a.通过二次设备网络图进入交换机类二次设备在线监视界面；

b.点击"数据查询"按钮，查看通信端口状态、端口流量、装置内部温度、主板工作电压、CPU使用率、对时信号状态、对时服务状态、时间跳变侦测状态等信息是否能正确上送；

c.变电站站端模拟监测数据异常，查看是否主动上送异常事件通知。

2）预期结果：

a.系统能正确调阅交换机类在线监测信息，数据与站端一致；

b.系统能正确接收异常事件通知，事件正确变位，告警窗实时显示告警信息。

（8）时间同步类在线监测。

1）调试方法：

a. 通过二次设备网络图进入时间同步类二次设备在线监视界面；

b. 点击"数据查询"按钮，查看外部时间源信号状态、天线状态、接收模块状态、时间跳变侦测状态、时间源选择、晶振驯服状态、初始化状态、电源模块状态等信息是否能正确上送；

c. 变电站站端模拟监测数据异常，查看是否主动上送异常事件通知。

2）预期结果：

a.系统能正确调阅时间同步类在线监测信息，数据与站端一致；

b.系统能正确接收异常事件通知，事件正确变位，告警窗实时显示告警信息。

6. 故障录波分析

能对故障录波器、保护装置的故障录波报告进行分析，具备波形分析功能和故障测距功能。

（1）故障录波文件故障分析。

1）调试方法：

a.打开故障录波分析工具，选择录波文件并打开；

b.对录波数据进行故障分析，包括曲线图绘制、相量图绘制、阻抗轨迹绘制、序分量计算、功率计算和谐波分析。

2）预期结果：系统能正确打开录波文件，并对录波数据进行曲线图绘制、相量图绘制、阻抗轨迹绘制、序分量计算、功率计算和谐波分析。

（2）故障录波数据故障简况提取。

1）调试方法：

a.打开故障录波分析工具，选择录波文件并打开；

b.对录波数据进行故障数据提取，包括故障起始时间、故障持续时间、故障相别、故障类型、故障前后相量等。

2）预期结果：系统能正确提取故障起始时间、故障持续时间、故障相别、故障类型、故障前后相量等故障简况数据。

（3）故障录波波形操作。

1）调试方法：

a.打开故障录波分析工具，选择录波文件并打开；

b.对录波波形进行放大和缩小以及波形显示值的切换等操作；

c.对录波数据进行导入/导出操作。

2）预期结果：系统能正确对故障录波波形进行放大和缩小，并支持波形显示值的切换；系统支持对录波数据的导入/导出。

（4）故障录波智能提取。

1）调试方法：

a.打开故障录波分析工具，选择录波文件并打开；

b.提取故障录波文件中的事件顺序记录和故障前后指定周期波形信息；

c.根据故障信息生成简化录波文件。

2）预期结果：系统能正确对提取录波文件中的事件顺序记录和故障前后指定周期波形信息，并根据故障信息生成简化录波文件。

（5）故障录波信号合并。

1）调试方法：

a.打开故障录波分析工具，选择录波文件并打开；

b.自定义通道，选择三相通道数据合并计算生成自产零序波形；

c.自定义通道，选择一个半断路器接线相关通道，经过数据合并计算生成一个半断路器接线和电流波形。

2）预期结果：系统能正确自定义通道，并根据通道数据合并计算生成自产零序波形、一个半断路器接线和电流波形。

（6）双端测距。

1）调试方法：

a.打开故障录波分析工具，依次打开双端故障录波文件；

b.对故障录波数据进行手动或自动对时，消除两端数据时间不同步的影响；

c.输入线路参数，计算双端测距值。

2）预期结果：系统能正确进行双端故障录波数据对时，消除两端数据时间不同步的影响，正确计算双端测距值。

（7）单端测距。

1）调试方法：

a.打开故障录波分析工具，选择录波文件并打开；

b.输入线路参数，利用单端测距算法计算单端测距值。

2）预期结果：系统能正确进行单端测距计算。

（8）接地阻抗计算。

1）调试方法：

a.打开故障录波分析工具，选择录波文件并打开；

b.计算故障点的接地阻抗并正确显示。

2）预期结果：系统能正确进行故障点的接地阻抗并显示计算。

7. 光字牌处理

以光字牌的形式显示变电站一、二次设备（包括硬触点和软报文信息）及辅助设备发生的事故或故障信号。

（1）主设备光字牌处理。

1）调试方法：

a.设置保护信息表中保护信号是否关联光字牌、间隔ID、主设备告警等级、所属设备类型、是否常亮状态；

b.模拟某个保护信号光字牌动作，观察所属间隔光字牌、变电站"主设备光字牌值"、变电站表光字牌所属设备类型光字牌值、变电站所属运维班"主设备光字牌值"、变电站所属运维班组"主设备光字牌值"，关注光字牌值及确认状态是否联动计算；

c.将该光字牌确认后，观察所属间隔光字牌、变电站"主设备光字牌值"、变电站表光字牌所属设备类型光字牌值、变电站所属运维班"主设备光字牌值"、变电站所属运维班组"主设备光字牌值"，关注光字牌值及确认状态是否联动计算；

d.将光字牌封锁或抑制告警后，观察光字牌动作后所属上层光字牌是否联动计算；

e.将光字牌所属间隔挂牌，观察间隔内任一光字牌动作后，所属上层光字牌是否联动计算。

2）预期结果：

a.保护信号光字牌动作后，所属间隔光字牌、变电站"主设备光字牌值"、变电站表光字牌"所属设备类型光字牌"、变电站所属运维班"主设备光字牌"、变电站所属运维班组"主设备光字牌"，光字牌值及确认状态联动计算；

b.间隔光字牌值、变电站"主设备光字牌值"、变电站表各设备类型光字牌值、变电站所属运维站"主设备光字牌"、变电站所属运维班组"主设备光字牌"取本层级告警等级最高的保护信号的动作状态，即只要有一个告警等级为"故障"保护信号为动作状态，则层级光字牌值为"故障"；

c.该层级该类型任一保护信号若存在未确认的光字牌，则该层级该类型光字牌状态为"未确认"，否则为"确认"，该层级若存在任一未确认的光字牌，则该层次光字牌状态为"未确认"状态；

d.光字牌被抑制告警或封锁后，该光字牌不参与联动计算。

（2）辅助设备光字牌处理。

1）调试方法：

a.模拟某个辅助设备信号光字牌动作，观察所属的辅助设备类型总光字牌、所属区域总光字牌、变电站总光字牌、责任区总光字牌值以及确认状态；

b.将该光字牌确认后，观察所属的辅助设备类型总光字牌、所属区域总光字牌、责任区总光字牌的确认状态。

2）预期结果：

a.所属的辅助设备类型总光字牌、所属区域总光字牌、变电站总光字牌、责任区总光字牌值"1"，确认状态应为"未确认"，光字牌颜色、闪烁状态应和色彩配置中设置的颜色相同；

b.光字牌确认后，辅助设备类型总光字牌、所属区域总光字牌、变电站总光字牌、责任区总光字牌的状态为"确认"，光字牌颜色、闪烁状态应和色彩配置中设置的颜色相同。

（3）光字牌确认。

1）调试方法：

a.在画面上选择某个主设备/辅助设备动作的光字牌；

b.右键"点击"确认菜单；

c.观察画面该光字牌是否停止闪烁；

d.观察画面该间隔的光字牌是否停止闪烁；

e.观察画面该厂站的光字牌是否停止闪烁。

2）预期结果：

a.当某个动作的光字牌被确认后，该光字牌会停止闪烁；

b.该光字牌所属间隔内的所有光字牌都确认后，该间隔光字牌会停止闪烁；

c.该间隔所属厂站的所有间隔都被确认后，该厂站光字牌会停止闪烁。

（4）常亮光字牌处理。

1）调试方法：

a.选择主设备保护节点表/辅助设备遥信表/在线监测辅助遥信表中"是否常亮"为"是"的光字牌，模拟光字牌动作信号；

b.查看光字牌所属间隔光字牌是否联动；

c.查看光字牌所属厂站光字牌是否联动。

2）预期结果："是否常亮"为"是"光字牌动作后，所属间隔光字牌和厂站光字牌不联动，会保持原来状态。

（5）光字牌复归。

1）调试方法：

a.模拟光字牌动作变位；

b.画面右键点击光字牌"复归"操作菜单；

c.查看能否默认按照遥控操作的"DA遥控"方式进行"控分"控制；

d.查看光字牌状态是否刷新为"复归"状态。

2）预期结果：

a.对有遥控点的光字牌信号，光字牌动作后，可以用"复归"遥控操作进行信号复归，"复归"操作实际下发"控分"命令；

b.复归命令默认使用"DA遥控"进行遥控，或者遥控类型为"直接遥控"时采用"直接遥控"进行复归；

c.能够按照遥控流程顺利完成操作，无出错提示；

d.光字牌状态刷新为"复归"状态；

e.告警查询电力系统/遥控操作记录准确、完整。

（三）事件化告警

可以事件化推理识别事件，包括单一信号事件、综合事件、组合事件、业务事件等，识别生成事件化结果，生成故障简报，支持处理站端主动上送的事件分析研判结果并进行展示，支持调阅事件详情报告。事件化告警包含数据范围、告警事件、推理规则库定义、事件化推理、故障简报等五个方面的调试工作。

1. 数据范围

（1）一次设备监视告警。

1）调试方法：

a.分别定义断路器、隔离开关、变压器、站用变等一次设备基础对象，完成对象的名称、动作解析方法、复归解析方法、告警类型、告警状态等设定；

b.通过知识库关联一次设备对象；

c.通过事件化定义工具完成特征信息和事件信息定义；

d.分别模拟一次设备告警信息，观察一次设备事件告警是否正确合成。

2）预期结果：

a.一次设备遥信、遥测信息能够关联事件基础对象；

b.按事件定义规则模拟一次设备遥信、遥测变化告警，正确合成一次设备事件告警；

c.查看告警窗中事件详情与模拟的一次设备信号一致。

（2）二次设备监视告警。

1）调试方法：

a.分别定义保护装置、测控装置、合并单元、智能终端等二次设备基础对象，完成对象的名称、动作解析方法、复归解析方法、告警类型、告警状态等设定；

b.通过知识库关联到二次设备对象；

c.通过事件化定义工具完成特征信息和事件信息定义；

d.分别模拟二次设备告警信息，观察二次设备事件告警是否正确合成。

2）预期结果：

a.二次设备遥信、二次设备遥测信息能够关联事件基础对象；

b.按事件定义规则模拟二次设备模拟量、状态量变化告警，正确合成二次设备事件告警；

c.告警窗右键点击事件查看事件详情，与模拟的二次设备信号一致。

（3）辅助设备监视告警。

1）调试方法：

a.分别定义进程启停、应用故障、应用切换、节点投退等辅助系统运行信息基础对象，完成对象的名称、动作解析方法、复归解析方法、告警类型、告警状态等设定；

b.知识库关联域关联到辅助设备对象；

c.通过事件化定义工具完成特征信息和事件信息定义；

d.分别模拟辅助设备告警信息，观察辅助设备事件告警是否正确合成。

2）预期结果：

a.辅助设备遥信、遥测、辅助在线监测遥信、遥测信息能够关联事件基础对象；

b.按事件定义规则模拟辅助设备遥信、遥测变化告警，正确合成辅助设备事件告警；

c.告警窗右键点击事件查看事件详情，与模拟的辅助设备信号一致。

（4）系统运行监视告警。

1）调试方法：

a.定义系统运行信息基础对象，完成对象的名称、映射类型、动作解析方法、复归解析方法、告警类型、告警状态等设定；

b. 通过事件化定义工具完成特征信息和事件信息定义；

c. 模拟系统运行告警信息，观察系统运行事件告警是否正确合成。

2）预期结果：

a. 系统运行告警信息能够根据映射方法和动作、复归解析方法关联事件基础对象；

b. 按事件定义规则分别模拟系统运行告警，正确合成系统运行事件告警；

c. 告警窗右键点击事件查看事件详情，与模拟的系统运行信号一致。

（5）网络安全监视告警。

1）调试方法：

a. 定义网络安全告警基础对象，完成对象的名称、映射类型、动作解析方法、复归解析方法、告警类型、告警状态等设定；

b. 通过事件化定义工具完成特征信息和事件信息定义；

c. 模拟变电站上送的网络安全告警信息、集控系统的网络安全告警信息，观察系统运行事件告警是否正确合成。

2）预期结果：

a. 网络安全告警信息能够根据映射方法和动作、复归解析方法关联事件基础对象；

b. 按事件定义规则分别模拟网络安全告警，正确合成系统运行事件告警；

c. 告警窗右键点击事件查看事件详情，与模拟的网络安全告警一致。

2. 告警事件

（1）信号异常事件。

1）调试方法：

a. 分别完成基础事件的信号异常对象信息定义，完成特征信息定义及事件定义；

b. 在"动作异常信号特征"的"限时时间"内模拟同一信号的至少两次连续动作信号；

c. 观察告警窗是否形成基础事件–信号异常事件；

d. 当模拟信号复归后，观察事件窗信息是否自动更新。

2）预期结果：

a. 同一信号的连续动作信号发生后，事件监视窗会合成该信号的基础事件–信号异常事件；

b. 当信号发生复归后，自动生成信号动作异常复归信息。

（2）异常信息瞬动。

1）调试方法：

a. 分别完成基础事件的异常信息瞬动对象信息定义，完成特征信息定义及事件定义；

b. 在"异常信号瞬动特征"的"限时时间"内，依次模拟信号的一组动作、复归；

c. 观察事件监视窗是否合成该信号的异常瞬动事件。

2）预期结果：在"异常信号瞬动特征"的"限时时间"内，信号先动作、后复归，合成该信号的基础事件–异常瞬动，则事件状态为"复归"。

（3）异常轻度频动。

1）调试方法：

a.分别完成基础事件的异常轻度频动对象信息定义，完成特征信息定义及事件定义；

b.分别完成基础事件的对象信息定义，完成特征信息定义及事件定义；

c.查看特征信息表中"异常轻度频动"特征的"门槛"值和"限时时间"；

d.模拟发送该信号动作、复归信号，在限时时间内累计值超过门槛值；

e.观察告警窗是否合成该信号的异常轻度频动事件；

f.点击查询历史记录是否正确。

2）预期结果：

a.在"异常轻度频动"特征限时时间内，信号动作复归组数累计达"异常轻度频动"的门槛值，则合成该信号的异常轻度频动事件；

b.如果最后一条是复归信号，事件状态为"复归"；

c.如果最后一条是动作信号，事件状态为"未复归"。

（4）异常中度频动。

1）调试方法：

a.继续模拟信号的动作、复归，在"异常中度频动特征"的"限时时间"内累计值超过"异常中度频动特征"门槛值（累计次数在轻度频动基础上累计）；

b.观察告警窗是否合成该信号的异常中度频动事件。

2）预期结果：

a.在"异常中度频动特征"限时时间内，信号动作复归组数累计达"异常中度频动特征"的门槛值，则合成该信号的异常中度频动事件；

b.如果最后一条是复归信号，事件状态为"复归"；

c.如果最后一条是动作信号，事件状态为"未复归"。

（5）异常重度频动。

1）调试方法：

a.模拟信号的动作、复归，在"异常重度频动特征"的限时时间内累计值超过"异常中度频动特征"门槛值（累计次数在中度频动基础上累计）；

b.观察事件监视窗是否合成该信号的异常中度频动事件。

2）预期结果：

a.在"异常重度频动特征"限时时间内，信号动作复归组数累计达"异常重度频动特征"的门槛值，则合成该信号的异常重度频动事件；

b.如果最后一条是复归信号，事件状态为"复归"；

c.如果最后一条是动作信号，事件状态为"未复归"。

（6）设备故障事件。

1）调试方法：

a.通过事件化定义工具完成线路故障、主变故障、母线故障以及断路器故障特征信息和事件信息定义；

b. 分别模拟线路故障、主变故障、母线故障以及断路器故障告警，观察事件告警窗是否正确合成设备故障事件。

2）预期结果：

a. 模拟设备故障告警信息，合成设备故障告警事件；

b. 告警窗右键点击事件查看事件详情，与模拟的设备故障告警信息一致。

（7）设备异常事件。

1）调试方法：

a. 分别定义一次设备、二次设备、辅助设备以及监控系统等故障异常基础对象，完成对象的名称、动作解析方法、复归解析方法、告警类型、告警状态等设定；

b. 通过事件化定义工具完成特征信息和事件信息定义；

c. 分别模拟一次设备故障异常、二次设备故障异常、辅助设备故障异常以及监控系统异常等告警信息，观察事件告警是否正确合成。

2）预期结果：

a. 设备异常告警信息能够关联事件基础对象；

b. 按事件定义规则正确合成设备异常事件；

c. 告警窗右键点击事件查看事件详情，与模拟的设备异常信号一致。

（8）设备运行异常事件。

1）调试方法：

a. 分别定义母线电压越限、线路重过载、主变重过载、主变超温以及母线接地等运行异常基础对象，完成对象的名称、动作解析方法、复归解析方法、告警类型、告警状态等设定；

b. 通过事件化定义工具完成特征信息和事件信息定义；

c. 分别模拟母线电压越限、线路重过载、主变重过载、主变超温以及母线接地等告警信息，观察事件告警是否正确合成。

2）预期结果：

a. 设备运行异常告警信息能够关联事件基础对象；

b. 按事件定义规则正确合成设备运行异常事件；

c. 告警窗右键点击事件查看事件详情，与模拟的设备异常信号一致。

（9）网络安全告警事件。

1）调试方法：

a. 定义网络安全告警基础对象，完成对象的名称、映射类型、动作解析方法、复归解析方法、告警类型、告警状态等设定；

b. 通过事件化定义工具完成特征信息和事件信息定义；

c. 模拟网络安全告警信息，观察系统运行事件告警是否正确合成。

2）预期结果：

a. 网络安全告警信息能够关联事件基础对象；

b. 按事件定义规则正确合成网络安全告警事件；

c. 告警窗右键点击事件查看事件详情，与模拟的设备异常信号一致。

（10）组合事件。

1）调试方法：

a. 通过事件定义工具，选择事件信息中的组合事件；

b. 在事件有效时间 +5s 时间内，模拟组合事件的所有事件均合成；

c. 观察事件监视窗是否进行组合事件的告警。

2）预期结果：在事件有效时间 +5s 时间内，组合事件的所有事件均合成成功，事件监视窗进行组合事件的告警，告警信息符合组合事件的命名规则；否则，按照单个综合事件进行告警。

（11）设备操作事件。

1）调试方法：

a. 基础对象表中分别完成人工遥控成功、人工遥控失败基础对象定义，完成对象的名称、动作解析方法、告警类型、告警状态等信息定义；

b. 完成操作事件的特征信息及事件信息的定义；

c. 分别模拟遥控成功和遥控失败情况，观察事件监视窗是否有操作事件告警。

2）预期结果：

a. 遥控告警信息正确关联到基础对象；

b. 根据特征和事件的规则，正确合成操作事件告警；

c. 点击事件窗的选中事件右键，点击事件详情能正确显示告警信息。

（12）工作检修事件。

1）调试方法：

a. 在综合事件类型中选择特殊属性为"检修事件"的事件；

b. 模拟组成该事件特征的信号，观察事件监视窗事件是否正确合成；

c. 检修事件合成后，模拟特征定义中范围内的信号变位，观察是否能够合并到该检修事件中；

d. 模拟特征定义中范围之外的信号变位（该信号须已映射为检修事件的信号），观察是否能够合并到正确的检修事件中；

e. 观察事件监视窗中未归档的检修事件，是否会在综合事件有效期过后被清除。

2）预期结果：

a. 当检修事件特征满足后，会合成检修事件；

b. 检修事件合成后，模拟特征定义中范围内的信号变位，会继续合并到该事件中；

c. 模拟特征定义中范围之外的信号变位，如已有同厂站同间隔的检修事件存在，则合并至该事件，如没有同厂站同间隔的检修事件，则合成新的检修事件；

d. 未归档的检修事件会一直存在，不会在综合事件有效期过后被自动清除。

（13）调试验收事件。

1）调试方法：

a.基础对象表中完成调试验收对象定义，完成对象的名称、关键字解析方法（动作解析方法、复归解析方法）、告警类型（遥信变位）、告警状态等信息定义；

b.完成调试验收事件的特征信息及事件信息的定义；

c.分别模拟遥信变位告警信息，告警内容中须包含"验收"字样；

d.观察事件监视窗是否有调试验收事件告警。

2）预期结果：

a.调试验收告警信息正确关联到基础对象；

b.根据特征和事件的规则，正确调试验收事件告警；

c.点击事件窗的选中事件右键，点击事件详情能正确显示告警信息。

3. 推理规则库定义

（1）调试方法：

1）事件定义工具，新增事件信息，事件推理规则中包含模拟量、状态量定义，模拟信号观察是否可以合成事件；

2）事件定义工具，新增事件信息，事件表达式中包含逻辑与、或、非、比较运算及其组合运算定义，模拟信号观察是否可以合成事件；

3）事件定义工具，新增事件信息，事件表达式中含有冗余计算，例如，[2，（@1，@2，@3）]表示三个事件中满足两个事件，即判断事件满足；

4）事件定义工具，新增特征信息，特征范围可以按照同系统、同厂站、同间隔、同设备、同线路、同主变等拓扑关系，定义特征及事件的有效时间，模拟信号观察事件合成情况；

5）打开事件模拟工具，打开规则校验，选择预想的事件，选择推理所需的信号，发送信号，观察事件的推理规则；

6）打开事件定义工具，选择事件信息，点击右键进行单事件导出，选择菜单按钮中事件导出可以导出全部事件，选择导入事件可以导入指定文件格式的事件信息。

（2）预期结果：

1）事件推理规则库支持模拟量、状态量数据定义及推理；

2）事件推理规则库支持逻辑与、或、非、比较运算及其组合运算；

3）事件推理规则库支持冗余运算符计算；

4）事件推理规则库支持组成元素之间关联、拓扑以及时间关系定义及推理；

5）通过模拟工具，支持历史真实发生、预想模拟的告警信号验证推理规则；

6）事件定义工具支持单个事件及特征导入/导出，支持系统全事件及特征的导入/导出。

4. 事件化推理

（1）调试方法：

1）分别定义一次设备、二次设备、辅助设备事件信息；

2）分别模拟告警信号经过，可以生成单一信号事件、综合事件、组合事件以及业务事件；

3）定义组合事件，分别定义子事件的发生，观察组合事件是否推理成功；

4）定义事件，事件中包含伴随信号，模拟事件的发生及伴随信号的发生，观察事件伴随信号是否合并到事件中；

5）模拟事件发生，观察事件生成结果中是否包含事件等级、告警方式以及信号数量；

6）事件窗右键点击事件，查询事件详情，选择信息差异比对，观察是否生成差异信息。

（2）预期结果：

1）模拟一次设备、二次设备、辅助设备等告警信息，经过推理可以生成单一信号事件、综合事件、组合事件以及业务事件；

2）模拟组合事件发生，通过事件窗查看事件详情功能观察组合事件及子事件详情合成正确；

3）当模拟事件及伴随信号同时发生时，伴随信号合并至事件详情中，通过事件窗右键点击事件详情，伴随信号合并到事件中；

4）通过事件窗的事件详情差异比对功能，可展示出告警信号与模板信号的差异信息、描述错误等。

5. 故障简报

（1）调试方法：

1）模拟事件告警，观察安全Ⅱ区故障报告是否生成；

2）点击打开事件告警窗，选中事件右键调取故障报告；

3）对弹出的故障报告界面展示出的事件顺序记录、保护事件、相量测量数据及故障波形等信息进行数据挖掘和综合分析，支持查询和统计；

4）点击右上角的"报告编辑"，支持报告编辑。

（2）预期结果：

1）在故障情况下，安全Ⅰ区生成事件告警，推送事件信息到安全Ⅱ区保信模块，安全Ⅱ区根据当前时刻发生的变电站、设备、装置等故障信息，生成故障报告；

2）通过事件窗，选择事件调度故障报告进行数据展示及编辑；

3）报告的内容包含事件顺序记录、保护事件、相量测量数据、故障波形、故障录波、设备台账等信息，生成故障分析报告。

（四）主设备状态预警

主设备状态预警主要用于变压器设备状态的预警、评估和展示，具备设备在线监测数据趋势预测功能：对主设备温度、油色谱、历史负荷等状态监测信息及其增长率进行分析，对同一设备在相似运行工况下不同时间的监测数据进行比较，从而对监测数据变化趋势进行预测及预警；结合主设备负荷、本体局部放电、冷却装置运行等特征信息，设备量测信息、辅控数据、在线监测数据等多源数据，进行主设备多维运行状态综合分析，对设备健康状态进行快速诊断；当诊断发现异常时，可自动进行设备异常或故障分析，对异常或故障状况进行快速定位与告警；融合监测设备的横向数据进行负载、局部放电、设备冷却装置运行等状态的评估；具备采用曲线、图表等方式展现设备分析结果的功能；具备断路器、容性设备/避雷器等设备状态告警分析功能。

1. 主设备在线监测数据趋势预测

（1）调试方法：

1）选择一台变压器，导入在线监测数据历史值，等待后台预测程序完成预测；

2）通过告警窗观察告警是否正确；

3）观察画面的历史曲线与预测曲线是否正确。

（2）预期结果：

1）画面历史曲线与预测曲线刷新正确；

2）告警窗口有预测值越限告警。

2. 对特征量增长率过快报警

（1）调试方法：

1）修改变压器某一特征量（油温）实时值，使其增长率超过50%，并等待采样；

2）通过告警窗观察告警是否正确；

3）观察画面的历史曲线与预测曲线是否正确。

（2）预期结果：

1）画面历史曲线与预测曲线刷新正确；

2）告警窗口显示油温增长率过快（超过50%）告警。

3. 根据相似工况进行特征量预测

（1）调试方法：

1）修改变压器负载电流部分历史数据，使其满足相似工况预测要求；

2）通过告警窗观察告警是否正确；

3）观察画面的历史曲线与预测曲线是否正确。

（2）预期结果：

1）画面历史曲线与预测曲线刷新正确；

2）告警窗口新增油温、绕组温度将在30min内越限预警。

4. 主设备运行状态评分

（1）调试方法：

1）选择一组变压器，设置合理的特征量值，使其运行状态分别为正常、注意、异常、严重；

2）通过告警窗观察告警是否正确；

3）观察画面的设备运行健康评分、雷达图及特征量统计表是否正确；

4）选择其中一台变压器，修改部分特征量（如油温、绕组温度、油中溶解气体等）值，使其运行状态恶化；

5）通过告警窗观察告警是否正确；

6）观察画面的设备运行健康评分、雷达图及特征量统计表是否正确。

（2）预期结果：

1）画面健康评分、雷达图及数据表刷新正确，健康评分与健康等级合理；

2）告警窗出现对应变压器运行状态告警；

3）修改特征量后，画面刷新正确，评分合理；

4）告警窗口出现变压器运行状态恶化告警以及对应特征量越限告警。

5. 主设备运行故障诊断

（1）调试方法：

1）选择一台变压器，设置存在运行故障的特征量值（如绕组热点温度过高）；

2）通过告警窗观察告警是否正确；

3）观察画面的故障定位信息及雷达图是否正确。

（2）预期结果：

1）画面告警信息及雷达图刷新正确，故障定位显示绕组故障；

2）告警窗口有该变压器绕组故障告警。

6. 主设备横向数据评估

（1）调试方法：

1）选择多台变压器，设置合理的特征量值；

2）打开横向对比分析画面，选择对应变压器与特征量，点击"分析"按钮；

3）观察画面的特征量横向对比曲线及分析结论是否正确。

（2）预期结果：画面特征量横向对比曲线刷新正确，分析结论完整、合理。

（五）穿透调阅

支持变电站数据的服务化按需调阅与保存，具备历史数据调阅功能、设备运行状态调阅功能，具备一、二次设备在线监测数据调阅功能；具备故障录波器、保护装置的故障录波报告调阅功能；具备故障分析报告调阅功能，集控系统通过服务网关机实现变电站故障分析报告的远程调阅，可按照时间、间隔等过滤条件对变电站故障分析报告进行调阅；具备调阅数据的保存、查询、导出功能；具备画面数据调阅功能。

支持直接浏览变电站内完整的主辅设备画面和实时数据，对调阅到的变电站图形进行正确绘制和显示；根据变电站转发的数据信息实时刷新对应画面，并根据数据质量码着色显示；支持通过背景水印等标志区分本地画面与远程画面；支持从告警信息窗、光字牌图等快捷跳转远程调阅变电站主画面；支持变电站画面、图元、图片等资源在集控系统预先存储和增量更新；能够同时远程浏览多个变电站图形。

1. 二次设备采样值历史数据调阅命令生成

（1）调试方法：

1）启动穿透调阅界面，选择历史信息TAB页，选择数据对象类型为二次设备，并选择对应二次设备，点击"历史数据查询"，检查文件服务器相应目录下是否生成采样值历史数据调阅命令文件；

2）打开采样值历史数据调阅命令文件，查看内容是否与相关规范一致；

3）重复以上操作，查看文件序号是否会依次增加。

（2）预期结果：

1）系统接收到一次设备采样值历史查询操作指令，生成采样值历史数据调阅命令文件，并存放至文件服务器；

2）文件包含命令序号，文件格式参照《自主可控新一代变电站二次系统技术规范站控系统系列规范3综合应用主机》（调技〔2021〕20号）附录B历史数据调阅部分。

2. 测点采样值历史数据调阅命令生成

（1）调试方法：

1）启动穿透调阅界面，选择历史信息TAB页，选择数据对象类型为"测点"，包括模拟量和状态量，并选择对应ied，点击"历史数据查询"，检查文件服务器相应目录下是否生成采样值历史数据调阅命令文件；

2）打开采样值历史数据调阅命令文件，查看内容是否与相关规范一致；

3）重复以上操作，查看文件序号是否会依次增加。

（2）预期结果：

1）系统接收到一次设备采样值历史查询操作指令，生成采样值历史数据调阅命令文件，并存放至文件服务器；

2）文件包含命令序号，文件格式参照《自主可控新一代变电站二次系统技术规范站控系统系列规范3综合应用主机》（调技〔2021〕20号）附录B历史数据调阅部分。

3. 告警记录调阅命令生成

（1）调试方法：

1）选择调阅类型为告警历史数据调阅，并选择对应二次设备，点击"历史数据查询"，检查文件服务器相应目录下是否生成告警记录调阅命令文件；

2）打开告警记录调阅命令文件，查看内容是否与相关规范一致；

3）重复以上操作，查看文件序号是否会依次增加。

（2）预期结果：

1）系统接收到告警记录调阅操作指令，生成告警记录调阅命令文件，并存放至文件服务器；

2）文件包含命令序号，文件格式参照《自主可控新一代变电站二次系统技术规范站控系统系列规范3综合应用主机》（调技〔2021〕20号）附录B历史数据调阅部分。

4. 历史数据调阅命令文件下发

（1）调试方法：

1）生成历史数据调阅命令后，界面会发送消息至前置应用，前置应用接收到指令后，从文件服务器上获取历史数据调阅命令文件，下发至综合应用服务器主机的指定目录下；

2）查看文件是否正确下发，检查文件内容是否与文件服务器上文件内容一致。

（2）预期结果：文件正确发送至综合应用服务器主机的指定目录下，文件内容与主站文件服务器上的文件内容一致。

5. 历史数据文件准备就绪遥信监视

（1）调试方法：下发历史数据调阅命令文件后，系统等待15s，监测历史数据文件是否准备就绪、遥信是否变位。

（2）预期结果：若历史数据文件准备就绪、遥信变位，系统给出操作成功提示；若等待超时，系统给出超时、操作失败提示。

6. 召唤采样值历史数据调阅结果文件

（1）调试方法：

1）站端负责模拟对应设备的模拟量、状态量和事件顺序记录数据；

2）若历史数据文件准备就绪遥信正确变位，自动召唤调阅结果文件；

3）若操作失败，则通过召唤文件列表－召唤文件的步骤召唤结果文件；

4）文件召唤完毕后，系统解析结果文件并展示调阅结果。

（2）预期结果：

1）采样值历史数据调阅结果文件召唤成功并保存，序号与命令文件对应，召唤至主站的文件内容与站端一致；

2）若操作失败，通过召唤文件列表－召唤文件的步骤成功召唤结果文件；

3）结果文件内容正确解析并展示。

7. 召唤告警记录调阅结果文件

（1）调试方法：

1）站端负责模拟状态变位、遥测越限、设备操作、用户登录注销、系统维护等维护日志信息；

2）若历史数据文件准备就绪遥信正确变位，自动召唤调阅结果文件；

3）若操作失败，则通过召唤文件列表－召唤文件的步骤召唤结果文件；

4）文件召唤完毕后，系统解析结果文件并展示调阅结果。

（2）预期结果：

1）告警记录调阅结果文件召唤成功并保存，序号与命令文件对应，召唤至主站的文件内容与站端一致；

2）若操作失败，则通过召唤文件列表－召唤文件的步骤成功召唤结果文件；

3）结果文件内容正确解析并展示。

（六）设备运行统计

支持按区域、设备类型等进行分类统计及展示；设备运行数值统计包括最大值、最小值、极大值、极小值、平均值、总加值、三相不平衡率，统计时段包括年、月、日、时等；次数统计包括故障告警次数、异常告警次数、越限告警次数、开关变位次数、保护动作次数、遥控次数等；负荷率统计支持按时段的设备负荷率统计；支持其他遥信、遥测值的统计。

1. 告警次数统计

（1）调试方法：

1）通过访问安全Ⅳ区报表管理功能菜单里的告警统计菜单查看告警统计数据；

2）通过选择开始时间、结束时间查询告警数据；

3）通过选择运维班查询所选运维班下各个站的告警数据；

4）点击"查看明细"按钮或者双击表格某行数据查看某个站各类告警明细数据。

（2）预期结果：

1）堆积图展示所选择时间段内每日的告警统计次数的变化趋势；

2）表格展示不同站各个告警的总体数量；

3）弹出框展示各类告警明细数据。

2. 设备运行数据统计

（1）调试方法：

1）通过访问安全Ⅳ区报表管理功能菜单里的运行数据查询菜单查看运行统计数据；

2）选择区域、设备类型、变电站、量测，时间段查询最大值、最小值、平均值、总加值；

3）选择线路、绕组，查看负荷率数据；

4）选择母线，查看三相不平衡数据；

5）通过点击"查看曲线"按钮弹出新页面展示曲线以及明细数据。

（2）预期结果：

1）页面正常加载；

2）能正确查询设备运行数据；

3）弹出的新页面以曲线跟表格的形式展示运行详情数据。

（七）网络安全监测

能够采集变电站站端传输的紧急、重要告警级别的安全事件以及安全监测总信号并展示；能够采集服务器/工作站、网络设备、安全防卫设备及自身相关的安全事件并上送网络安全平台。

1. 接收变电站安全事件或者安全监测总信号并上送网络安全平台

（1）调试方法：站端模拟上送安全事件或者安全监测总信号。

（2）预期结果：

1）集控系统界面展示收到的信息；

2）调度的网络安全监视平台收到正确信息。

2. 采集集控系统设备的安全事件并上送网络安全平台

（1）调试方法：集控系统设备模拟上送安全事件。

（2）预期结果：

1）集控系统界面展示收到的信息；

2）调度的网络安全监视平台收到正确信息。

三、操作与控制功能调试

（一）遥控与遥调操作

遥控与遥调操作应通过集控系统下发操作指令，经过变电站实时网关机、间隔层、过程层等设备实现操作指令的执行与信息反馈。遥控与遥调操作对象包括：断路器、隔离开关分合；主变中性点接地开关分合；无功补偿装置投切；一体化电源空气开关分合；变压器有载调压开关升降挡位操作；无功补偿装置调节；单一开关间隔运行、热备用、冷备用三种状态间的转换操作调用；主变及母线运行、热备用、冷备用三种状态间的转换操作调用；倒母线操作调用；具备电动手车的开关柜运行、热备用、冷备用三种状态间的转换操作调用。

1. 遥控操作

（1）遥控权限校验。

1）调试方法：

a.使用不具备遥控操作权限的用户账号登录；

b.任选断路器对其进行遥控操作。

2）预期结果：系统提示当前用户不具备遥控操作权限。

（2）可控性判定。

1）调试方法：

a.厂站属性"是否允许遥控"为"否"，选择断路器操作，查看是否允许遥控；

b.选择一工况退出厂站，查看是否允许遥控；

c.对断路器进行遥控闭锁操作后，右键进行遥控操作，查看是否允许操作；

d.对设备设置带有"遥控禁止分"或"遥控禁止合"属性的标识牌，右键进行遥控操作，查看是否允许操作；

e.模拟双位开关双位错状态，查看是否允许遥控；

f.修改前置下行遥控信息表，将该设备所属厂站设置为与设备表中的厂站ID不同，右键进行遥控操作，观察操作界面；

g.在一台工作站上对设备进行遥控操作，遥控预置成功后，在另外一台工作站上再次选择该设备，右键执行遥控操作，查看能否进行遥控。

2）预期结果：

a.厂站属性中"是否允许遥控"为"否"时，该厂站设备不允许遥控；

b.厂站"工况退出"时，不允许遥控；

c.对遥控闭锁的设备，不允许遥控；

d.设置禁控属性标识牌的设备，不允许遥控；

e.双位开关双位错误时，不允许遥控（可选）；

f.所控设备在前置下行遥控信息表中的所属厂站与设备表中的厂站ID不同时，进行遥控操作，界面提示"设备所属厂站与前置下行表中厂站不一致，是否继续"，选择"否"则进入画面，所有操作按钮灰显示，选择"是"则进行正常操作；

g.处于"正在遥控中"状态的设备不能再次遥控。

（3）遥控调试。

1）调试方法：

a.右键选择断路器，遥控调试操作；

b.观察遥控调试流程能否顺利完成；

c.观察告警是否有相应的操作记录；

d.告警查询电力系统/控制操作是否有相应操作记录。

2）预期结果：

a.能够对断路器进行遥控调试；

b.按照遥控调试流程完成断路器遥控调试操作；

c.告警查询电力系统/控制操作记录准确、完整。

（4）普通遥控。

1）调试方法：

a.画面点击遥控操作方式为"单人遥控"、遥控类型为"普通遥控"的断路器执行控制操作流程；

b.观察告警是否有相应的操作记录；

c.在厂站图上查看断路器位置变化；

d.告警查询电力系统/控制操作是否有相应操作记录。

2）预期结果：

a.能够按照普通遥控流程（遥控预置－返校成功－遥控执行）顺利完成操作，无出错提示；

b.画面断路器位置更新正确；

c.当系统参数设置为"1"，在"超时时间"内收到变位遥信，告警窗报"遥控成功"，否则报"遥控失败"；

d.告警查询电力系统/控制操作记录准确、完整。

（5）视频联动确认。

1）调试方法：

a.在数字控制表中将"视频确认标识"设置为"是"，对当前断路器进行控制；

b.辅控系统未发送视频联动信号或者发送视频联动信号异常（未识别断路器位置、信号获取异常、断路器位置非目标状态）；

c.辅控系统发送视频联动信号；

d.观察控制执行结果。

2）预期结果：

a.辅控系统视频信号未发送则会等待直到超时；

b.辅控系统发送信号异常则控制结束，并弹窗提示相关错误内容；

c.辅控系统发送信号正常，则能够按照普通遥控流程（遥控预置－返校成功－遥控执行）顺利完成操作，并提示成功。

（6）遥控操作日志功能。

1）调试方法：查看操作日志中对上述遥控操作过程的记录。

2）预期结果：记录内容与上述操作过程一致。

2. 遥调操作

（1）调挡权限校验。

1）调试方法：

a.使用不具备调挡操作权限的用户账号登录；

b.任选变压器进行调挡操作。

2）预期结果：系统提示当前用户不具备调挡操作权限。

（2）调挡可控性判定。

1）调试方法：

a.前置通信厂站表，是否允许遥控置为"否"，选择变压器进行调挡操作，查看是否允许调挡；

b.选择一工况退出厂站，查看是否允许调挡；

c.正常可控厂站，选择一未定义任何绕组调挡的变压器，进行调挡操作，查看结果；

d.正常可控厂站，选择一设置了调挡的变压器，在调挡界面选择未定义调挡的绕组，查看是否允许调挡；

e.选择一可调挡变压器，进行调挡预置后，其他工作站再次对该变压器调挡，查看是否允许操作；

f.修改前置下行遥调定义表中该设备的厂站ID，使之与设备表中厂站ID不一致，进行调挡操作，在调挡界面上选择绕组后，观察界面。

2）预期结果：

a.通信厂站表中"是否允许遥控"为"否"时，调挡操作提示"不允许调挡"；

b.通信厂站"工况退出"时，不允许调挡；

c.对于下行遥调信息表中未定义任何一侧调挡的变压器，直接提示"控制参数未定义完整，不可控"；

d.对于未定义调挡的各侧，选择变压器绕组后，提示"控制参数未定义完整，不可控"；

e.对于所调绕组在前置下行遥调定义表中设备的厂站ID与设备表中厂站ID不一致时，界面提示"设备所属厂站与前置下行表中厂站不一致，是否继续"，选择"否"则进入画面，所有操作按钮灰显示，选择"是"则进行正常操作；

f.对于正在调挡的变压器，其他工作站再次调挡时，提示"正在调挡，不可调"。

（3）变压器调挡。

1）调试方法：

a.在可做调挡操作的厂站图中，鼠标右键点击变压器，选择"调挡操作"；

b.用户登录后，在弹出的"变压器调挡操作"对话框中，选择好绕组类型、预置操作类（升挡、降挡、急停）；

c.完成后续调挡交互对话框流程，直至执行成功；

d.观察升挡、降挡、急停是否按照设定的控制类型操作；

e.观察连续调挡间有没有时间间隔；

f.观察告警客户端的告警信息是否完整、正确；

g.通过告警查询工具查询操作类告警信息是否完整。

2）预期结果：

a.调挡操作按照设置的控制类型下发遥控；

b.连续调挡按照设定的时间间隔等待，等待期间升挡，降挡操作按钮灰显示；

c.调挡操作成功、过程流畅，无异常退出或提示；

d.告警客户端信息（调挡操作）显示及时、正确；

e.告警查询电力系统/控制操作调挡相关信息完整。

（4）调挡变压器与厂站图所属厂站一致性判断。

1）调试方法：在厂站图上选择一个和该图形关联的厂站不一致的变压器进行调挡操作，观察现象。

2）预期结果：若变压器所属厂站与所在厂站图所属厂站不一致时，提示"该设备所属厂站不是本图形所属厂站"。

（5）调挡操作判断绕组分接头合理值。

1）调试方法：

a.将系统相关参数置为"1"；

b.设置遥测表绕组的分接头位置的合理性上下限，进行调挡操作，当分接头位置不小于合理值上限值时，观察是否禁止升挡操作，当前挡位不大于合理值下限时，观察是否禁止降挡操作。

2）预期结果：

a.当前绕组的分接头位置大于合理值下限、小于合理值上限，则可进行升降调挡操作；

b.当前绕组的分接头位置不小于合理值上限时，禁止升挡操作；

c.当前绕组的分接头位置不大于合理值下限时，禁止降挡操作。

（6）根据电流值判断调挡闭锁功能。

1）调试方法：

a.选择一变压器，模拟中压侧或高压侧电流值小于其额定电流值 × 系数，进行调挡操作，查看是否允许调挡；

b.选择一变压器，模拟中压侧或高压侧电流值不小于其额定电流值 × 系数，进行调挡操作，查看是否允许调挡。

2）预期结果：在系统相关参数设置为"1"时，如果中压侧或高压侧电流值不小于其额定电流值 × 系数，调挡闭锁。

（7）调挡操作日志功能。

1）调试方法：查看操作日志中对上述调挡操作过程的记录。

2）预期结果：记录内容与上述操作过程一致

（二）顺控操作调用

集控系统调用变电站顺控服务实现顺控操作；顺控的预演及操作由变电站站端实现防误闭锁功能；顺控过程对设备、间隔状态校验，对未满足顺控条件的设备、间隔状态做出提示；顺控执行过程，遇到闭锁或影响继续操作的信号、事件发生时，具备自动判别功能，并暂停操作，发出提示信息，经监控员分析判断后选择终止或继续操作；顺控过程具备全程人工干预以及操作取消、操作暂停、操作继续、操作终止等功能，宜支持对操作失败的步骤进行再次操作并继续顺控操作的功能；所有操作过程均须有详细记录，并可按时间、变电站、操作任务、操作员、间隔、设备等条件检索查询；有严格的过程管控，当前流程未结束或未通过时，能自动闭锁下一操作流程；在顺控执行过程中，实时展示站端执行情况，应能够正确解析变电站上送的错误原因功能码，并主动提示；具备顺控操作票的查验功能，集控系统可按间隔调阅变电站站端操作票目录文件，并逐个查验操作票是否存在；操作票目录文件内容应包含操作票生成时间、版本号、校验码等信息。

1. 一键顺控界面的启动

（1）调试方法：

1）在间隔分图右上角点击"操作票目录""顺控操作"，或者操作控制界面选择一键顺控类型操作票点击"开始控制"，观察一键顺控界面是否正常打开；

2）在程序化控制界面"对象选择"列表中，选择某条待控设备记录，点击"初始状态"下拉列表选择间隔当前状态，点击"目的状态"下拉列表选择目标状态；

3）依次点击"校核"与"确认"，完成对控制内容的确认。

（2）预期结果：

1）一键顺控界面三个模式（操作票目录调阅、操作票调阅、下发倒闸操作票）界面可正常打开，包含间隔对应的标题栏、电气接线图、设备状态显示、操作任务编辑、顺控信息显示、顺控操作执行、操作票及执行过程等区域；

2）对控制内容的校核通过，能够正常确认，确认后可进行后续操作。

2. 操作票监护

（1）调试方法：

1）在"监护节点"的下拉框中，选择监护节点，点击"监护"按钮，查看监护节点是否正常弹出监护对话框；

2）监护节点监护员通过后，查看程序化控制界面是否有提示，下一步流程是否可以继续。

（2）预期结果：监护节点正常弹出对话框，通过后界面正常提示，下一步可继续进行。

3. 操作票目录调阅功能检测

（1）调试方法：

1）在间隔分图点击"操作票目录"按钮，在弹出的一键顺控界面中点击"召唤目录"按钮；

2）检查监控系统是否下发相应的操作票目录调阅命令；

3）检查监控系统接收到变电站上送的操作票目录后是否能存储、解析，检查是否能以可视化的图形界面展示操作票目录内容；

4）在变电站站端模拟上送失败信号，检查集控站是否能够正确解析失败原因，并主动提示。

（2）预期结果：

1）集控站系统可正常发送操作票目录调阅命令；

2）变电站站端正常返回操作票目录信息，集控站系统能够对操作票目录进行本地存储、以可视化的图形界面展示操作票目录内容；

3）变电站上送失败信号，集控站系统能够正确解析失败原因并进行弹窗提示。

4. 操作票调阅功能检测

（1）调试方法：

1）在间隔分图点击"操作票目录"按钮，在弹出的一键顺控界面中点击"召唤操作票"按钮；

2）检查监控系统是否下发相应的操作票调阅命令；

3）检查监控系统接收到变电站上送的操作票后是否能存储、解析，检查是否能以可视化的图形界面展示操作票内容；

4）在变电站站端模拟上送失败信号，检查集控站是否能够正确解析失败原因并主动提示。

（2）预期结果：

1）集控站系统可正常发送操作票调阅命令；

2）变电站站端正常返回操作票信息，集控站系统能够对操作票内容进行本地存储、以可视化的图形界面展示操作票内容；

3）变电站上送失败信号，集控站系统能够正确解析失败原因并进行弹窗提示。

5. 操作票下发功能检测

（1）调试方法：

1）在操作控制界面，选择某一一键顺控类型操作票，点击"开始执行"按钮，在弹出的一键顺控界面中点击"下发操作票"按钮；

2）检查监控系统是否下发相应的操作票下发命令；

3）检查监控系统是否能够生成临时操作票，并下发至变电站站端；

4）在变电站站端模拟上送失败信号，检查集控站是否能够正确解析失败原因并主动提示。

（2）预期结果：

1）集控站系统可正常发送相应的操作票下发命令；

2）集控站系统能够正确生成临时操作票，并将操作票内容下发至变电站站端。

6. 模拟预演功能检测

（1）调试方法：

1）检查监控系统收到变电站站端上送的操作票后或者发送完操作票后，是否下发模拟预演命令；

2）模拟预演启动后，检查监控系统是否能够显示变电站站端上送的各步骤预演结果以及操作票预演总结果；

3）模拟预演操作失败时，检查监控系统是否能够自动闭锁执行操作流程；

4）在变电站站端模拟上送预演失败信号，检查监控系统是否能够正确解析变电站站端预演失败的错误原因，并主动提示；

5）在预演执行过程中，检查监控系统是否具备人工终止预演过程功能，并向变电站站端发送预演取消指令；

6）所有操作步骤预演成功且收到操作票预演总结果成功信息后，检查监控系统是否判断为操作票模拟预演成功，预演不通过则检查集控站是否停止一键顺控操作且不能进入下一环节。

（2）预期结果：

1）集控站系统可正确下发模拟预演命令；

2）模型预演启动后，监控系统能正常显示各步骤预演结果以及总结果；

3）模拟预演失败时，监控系统能够自动闭锁执行操作流程；

4）在变电站站端模拟上送预演失败信号，监控系统能够正确解析变电站站端预演失败的错误原因并主动提示；

5）在预演执行过程中，人工点击"终止"按钮可终止预演过程，并向变电站站端发送预演取消指令；

6）所有操作步骤预演成功且收到操作票预演总结果成功信息后，监控系统判断操作票模拟预演成功，预演不通过检查集控站可停止一键顺控操作且不能进入下一环节。

7. 操作执行功能检测

（1）调试方法：

1）模拟预演，检查监控系统是否能够启动操作票执行流程；

2）检查执行过程中是否具备严格的操作步骤管控功能，当前步骤未完成或未成功时，是否能够闭锁下一步操作；

3）检查执行过程是否可根据需要选择单步或连续操作；

4）在操作执行过程中，检查是否支持暂停功能，是否可设置操作暂停时限，在暂停时限内是否可继续执行，超出暂停时限是否自动终止操作流程，检查并下发指令通知变电站站端终止操作；

5）在操作执行过程中，检查是否具备人工终止操作功能，是否可自动通知变电站站端终止操作；

6）在变电站站端模拟上送返回超时、通道短时间中断恢复等情况，检查集控站是否具备操作指令的重发机制，重发次数阈值可设置，重发次数超出阈值且仍未收到变电站返回信息时，应终止操作流程并主动提示；

7）验证操作执行过程中是否支持二次信号闭锁暂停机制，在变电站站端分别模拟执行前条件不满足、当前设备状态不一致、全站事故总信号、单步执行前条件不满足、单步监控系统内置防误闭锁校验不通过、单步智能防误主机防误校核不通过、单步确认条件不满足等情况，检查是否能够主动提示闭锁信息并下发暂停指令，待人工确认后，可选择继续或终止操作流程；

8）在操作执行过程中，检查是否支持对操作失败的步骤进行再次操作并继续顺控操作；

9）在集控端设置执行过程超时阈值，在变电站站端模拟超时上送，检查监控系统是否具备执行过程超时闭锁机制，设定时间内没有收到变电站站端反馈信息，是否自动终止操作并主动提示；

10）在变电站站端模拟上送操作失败信号，检查监控系统是否能够正确解析变电站站端操作执行失败的错误原因并主动提示。

（2）预期结果：

1）模拟预演成功，监控系统能够启动操作票执行流程；

2）执行过程中具备严格的操作步骤管控功能，当前步骤未完成或未成功时，闭锁下一步操作；

3）执行过程可根据需要选择单步或连续操作；

4）在操作执行过程中，支持暂停功能，可设置操作暂停时限，在暂停时限内不能继续执行，超出暂停时限自动终止操作流程，并下发指令通知变电站站端终止操作；

5）在操作执行过程中，可人工终止操作，并自动通知变电站站端终止操作；

6）在变电站站端模拟上送返回超时、通道短时间中断恢复等情况，集控站可进行操作指令重发，重发次数阈值可通过参数设置，重发次数超出阈值且仍未收到变电站返回信息时，终止操作流程并主动提示；

7）操作执行过程中支持二次信号闭锁暂停机制，在变电站站端分别模拟执行前条件不满足、当前设备状态不一致、全站事故总信号、单步执行前条件不满足、单步监控系统内置防误闭锁校验不通过、单步智能防误主机防误校核不通过、单步确认条件不满足等情况，集控系统能够主动提示闭锁信息并下发暂停指令，待人工确认后，可选择继续或终止操作流程；

8）在操作执行过程中，支持对操作失败的步骤进行再次操作并继续顺控操作；

9）在变电站站端模拟超时上送，监控系统具备执行过程超时闭锁机制，设定时间内没有收到变电站站端反馈信息，则自动终止操作并主动提示；

10）在变电站站端模拟上送操作失败信号，监控系统能够正确解析变电站站端操作执行失败的错误原因并主动提示。

8. 电气防误校验

（1）调试方法：在操作执行过程中模拟操作互斥、挂牌闭锁、操作票闭锁、信号闭锁、拓扑防误、逻辑规则防误等不同类型异常情况，检查校核时集控站系统是否能够停止操作并提示错误信息。

（2）预期结果：顺控执行过程中，遇到闭锁或影响继续操作的信号、事件发生时（操作互斥、挂牌闭锁、操作票闭锁、信号闭锁、拓扑防误、逻辑规则防误等校验失败），集控系统自动判别功能，发出提示信息，并由人工判断是否发送暂停指令，暂停后可选择继续或者终止操作。

9. 数据传输协议及格式调试

（1）调试方法：

1）检查集控系统与变电站站端交互是否支持《远动设备及系统 第5-104部分：传输规约 采用标准传输协议集的IEC 60870-5-101网络访问》（DL/T 634.5104—2009）通信协议扩展规约，利用规约中的扩展报文类型，对顺控流程明确约定及描述；

2）检查是否采用CIM/E格式文件传输顺控操作票/倒闸操作票内容；

3）检查是否采用CIM/E格式文件传输顺控操作票目录文件。

（2）预期结果：

1）集控系统与变电站站端交互支持《远动设备及系统　第5-104部分：传输规约　采用标准传输协议集的IEC 60870-5-101网络访问》（DL/T 634.5104—2009）通信协议扩展规约；

2）采用CIM/E格式文件传输顺控操作票/倒闸操作票内容；

3）采用CIM/E格式文件传输顺控操作票目录文件。

10. 一键顺控操作日志功能

（1）调试方法：查看所有操作过程是否均有详细记录，并可按时间、变电站、操作任务、操作员、设备等条件检索查询。

（2）预期结果：记录内容与上述操作过程一致。

（三）二次设备远方操作

支持以遥控方式进行变电站继电保护及安全自动装置、测控装置功能软压板的投退；远方投退软压板操作按照限定的"选择-返校-执行"步骤或者"选择-返校-取消"步骤进行，并判断相应"双确认"信号状态指示，支持在遥控执行前人为终止遥控流程；遥控返校结果显示在遥控操作界面上，仅当返校正确时才允许执行操作，遥控选择在设定时间内未收到相应返校信息的应自动撤销遥控选择操作，遥控执行在设定时间内未收到遥控执行确认信息的应自动结束遥控流程；具备定时总召变电站站端继电保护及安全自动装置功能软压板状态和保护装置定值区号功能；具备远方召唤并自动比对保护装置定值的功能；支持以遥调的方式进行变电站继电保护及安全自动装置的定值区切换操作；具备远方修改定值功能；具备进行远方保护高频闭锁通道试验功能；具备对保护、测控等二次设备的远方复归操作功能；支持其他允许开展的二次设备远方操作。

1. 软压板投退

（1）调试方法：

1）画面点击遥控操作方式为"监护遥控"的软压板；

2）操作员校验通过后，选择"监护节点"，监护员在监护节点弹出的监护界面上进行监护确认；

3）监护确认通过后，由操作员执行控制操作；

4）按照选择-执行-反校的流程执行控制操作流程；

5）观察告警是否有相应的操作记录；

6）在画面上查看软压板位置变化；

7）告警查询电力系统/遥控操作是否有相应操作记录；

8）模拟遥控选择在设定时间内未收到相应返校信息，查看是否撤销遥控选择操作；

9）模拟遥控执行在设定时间内未收到遥控执行确认信息，查看是否结束遥控流程。

（2）预期结果：

1）能够按照监护遥控流程顺利完成操作，无出错提示；

2）画面软压板位置更新正确；

3）收到变位遥信，告警窗报"遥控成功"，否则报"遥控失败"；

4）告警查询电力系统/遥控操作记录准确、完整；

5）遥控选择未收到反校信息的情况下，撤销遥控选择操作；

6）遥控执行未收到遥控执行确认信息，结束遥控流程。

2. 软压板状态和保护装置定值区号定时总召

（1）调试方法：

1）设置信息总召周期；

2）查看系统是否会周期下发总召报文；

3）查看站端是否正确响应总召报文，软压板状态和定值区号是否正确解析。

（2）预期结果：系统正确下发总召报文，软压板状态通过遥信总召上送，定值区号通过遥测总召上送，与站端核对数据是否正确。

（四）辅助设备操作

辅助设备操作主要包括一次设备在线监测、安全防卫（电子围栏、红外对射、门禁、智能锁控）、动力环境系统（空调、风机、除湿机、水泵、照明、SF_6）、火灾消防应急控制等装置。辅助设备控制原则上以站端自动模式下自动策略控制为主，若自动模式控制失效或在手动模式时应支持远程控制。排水泵、安全防卫系统电子围栏控制器重启、固定式灭火器手动启动、电缆沟水喷雾灭火手动启动宜支持选控模式，其余辅助设备采用直控模式，设备故障时应禁止控制。

1. 一次设备在线监测

（1）远方修改在线监测装置参数。

1）调试方法：

a. 使用保护信息工具召唤在线监测装置参数；

b. 使用工具修改参数并下装。

2）预期结果：模拟在线监测装置的工具定值被修改成功。

（2）在线监测装置的信号复归。

1）调试方法：

a. 正确配置在线监测装置的信号复归的点号或参引；

b. 使用图形编辑工具绘制复归图元，并关联信号复归控制点；

c. 使用图形界面对在线监测装置进行复归操作。

2）预期结果：模拟在线监测装置的工具收到复归操作。

2. 安全防卫

（1）布防/撤防操作。

1）调试方法：

a. 配置布防/撤防的点号或参引；

b.使用图形编辑工具绘制布防/撤防图元，并关联布防/撤防控制点；

c.使用图形界面对安全防卫主机装置进行布防/撤防操作。

2）预期结果：模拟安全防卫主机的工具收到控制命令。

（2）区域布防/撤防操作。

1）调试方法：

a.配置多个布防/撤防控制点参数后，使用群控程序配置厂站或区域控制策略；

b.使用图形编辑工具绘制图元调用群控程序；

c.使用图形界面调用群控程序，执行区域布防或撤防操作。

2）预期结果：模拟安全防卫主机的工具依次收到区域布防或撤防的控制命令。

（3）电子围栏检修挂牌。

1）调试方法：

a.使用图形编辑工具绘制电子围栏图元并关联对应的设备；

b.使用图形界面对电子围栏设备进行挂检修牌操作；

c.使用模拟工具触发电子围栏相关遥信。

2）预期结果：

a.图形界面上显示"检修牌"标志；

b.告警窗口遥信上调试窗口，并带检修标志。

（4）门禁控制器配置修改。

1）调试方法：

a.使用实时数据库管理工具添加门禁控制器设备；

b.使用图形编辑工具绘制门禁配置界面集成组件；

c.使用图形界面工具图形中的门禁配置组件对门禁控制器进行设置控制器IP地址、设置门禁控制器参数、设置接收服务器IP及端口、权限添加与修改、权限单条删除、权限清空以及对时操作。

2）预期结果：模拟门禁控制器的工具收到正确的文件名且文件内容正确。

（5）门禁控制器远程开关门。

1）调试方法：

a.使用实时数据库管理工具添加门禁控制器设备；

b.使用图形编辑工具绘制门禁配置界面集成组件；

c.使用图形界面工具图形中的门禁配置组件对门禁控制器进行远程开门或关门操作。

2）预期结果：模拟门禁控制器的工具收到正确的文件名且文件内容正确。

（6）锁控装置权限配置。

1）调试方法：

a.使用实时数据库管理工具添加锁控控制器设备；

b.使用图形编辑工具绘制锁控配置界面集成组件；

c.使用图形界面工具中的锁控配置组件进行用户、角色的配置并保存到数据库，最后下装文件。

2）预期结果：

a.使用实时数据库工具可以查看到锁控人员信息配置表、锁控人员操作权限表、锁控角色信息配置表、锁控角色操作权限表中的记录显示正确；

b.模拟锁控控制器的工具收到正确的文件，并且文件内容正确。

（7）锁控装置电子钥匙任务下发。

1）调试方法：

a.使用实时数据库管理工具添加锁控控制器设备；

b.使用图形编辑工具绘制锁控配置界面集成组件；

c.使用图形界面工具中的锁控配置组件进行电子钥匙开票，最后下装文件。

2）预期结果：模拟锁控控制器的工具收到正确的文件，并且文件内容正确。

3．动力环境系统

（1）动力环境设备遥控操作。

1）调试方法：

a.使用实时数据库管理设备配置空调工作状态、风机工作状态、除湿机工作状态、水泵工作状态、灯光设备工作状态等动力环境设备的信号及控制点；

b.使用图形编辑工具的互斥按钮集成组件绘制动力环境控制点图元；

c.使用图形界面对控制点图元进行控制操作。

2）预期结果：模拟动力环境设备工具收到正确的直接遥控命令。

（2）动力环境设备遥调操作。

1）调试方法：

a.使用实时数据库管理设备配置空调工作模式、空调运行温度的遥测配置及设点配置；

b.使用图形编辑工具绘制遥测图元；

c.使用图形界面对测点图元进行遥调操作。

2）预期结果：模拟动力环境设备工具收到正确的遥调命令。

（3）参数远程设置。

1）调试方法：

a.召唤动力环境装置参数；

b.使用工具修改参数并下装。

2）预期结果：模拟动力环境装置的工具定值被修改成功。

4．火灾消防

远程操作固定灭火装置的远程操作。

（1）调试方法：

1）使用实时数据库管理工具配置消防灭火装置信号点和控制点；

2）使用实时数据库管理工具配置消防灭火装置的控制逻辑闭锁规则；

3）使用图形编辑工具绘制图元，调用消防灭火装置控制进程；

4）使用图形界面工具启动消防灭火装置控制窗口。

（2）预期结果：

1）闭锁逻辑功能条件满足时，点击"视频确认"后可以点击"启动"按钮下发遥控指令；

2）闭锁逻辑功能条件不满足时，可以人工解除逻辑闭锁后下发遥控指令。

（五）操作票

操作票模块提供对调度系统指令票的接收及解析，提供图形开票、智能成票、人工写票等成票方式，对操作票的操作流程进行控制，并将执行结果回复调度，将操作票归档至省级等功能。操作票模块包括操作票网络化和操作票交互。

1. 操作票网络化

（1）调度指令对象化。

1）调试方法：

a.确保服务器上操作票功能已部署并正常运行；

b.确保正确配置调度指令票规则、顺控操作票规则、集控操作票规则；

c.从安全Ⅳ区经反向隔离或从相应路径复制一满足格式的操作票至相应路径。

2）预期结果：在集控系统可正常接收调度指令票信息。

（2）调度预令或正令输入。

1）调试方法：

a.确保操作票规则配置界面已经正确配置调度指令票规则，顺控操作票规则，集控操作票规则；

b.检查操作票基本功能已经实现部署并配置完善；

c.检查在调度指令票节点能否通过新建方式增加一张调度预令票或调度正令票，能否通过手动方式输入调度预令或正令信息。

2）预期结果：在操作票基本功能已经部署并配置完善的情况下，在调度指令票节点能通过新建方式增加一张调度预令或正令票，并可通过手动编辑方式在调度预令或正令票中增加信息。

（3）调度预令分解。

1）调试方法：

a.确保操作票规则已经正确配置调度指令票规则、顺控操作票规则、集控操作票规则；

b.打开任一调度预令，并对其中预发调度指令右键进行任务发布，检查是否发布成功，如果发布成功，在集控操作票列表中检查生成操作任务即集控操作票的数目。

2）预期结果：如果此时选择运行转冷备用，此时会生成一个操作任务；如果选择运行转检修，则会生成两个操作任务。

（4）操作任务对象化。

1）调试方法：

a.在集控操作票列表中，对已经发布处在拟票环节尚未生成操作步骤列表的集控操作票的操作任务进行对象化，检查系统能否正确提示操作任务对应的设备名称、初始态、目标态；

b.在集控操作票列表中新建一空白集控操作票，在操作任务单元格中输入一段文本信息并对其进行对象化，检查系统能否正确提示操作任务对应的设备名称、初始态目标态。

2）预期结果：

a.在集控操作票列表中，对已经发布处在拟票环节尚未生成操作步骤列表的集控操作票的操作任务进行对象化，系统能够正确提示操作任务对应的设备名称、初始态、目标态；

b.在集控操作票列表中新建一空白集控操作票，在操作任务单元格中输入一段文本信息并对其对象化，系统能够正确提示操作任务对应的设备名称、初始态、目标态。

（5）智能成票。

1）调试方法：

a.在集控操作票列表中，对已经发布处在拟票环节尚未生成操作步骤列表的集控操作票的操作任务进行智能成票，检查系统能否正确生成完整操作票；

b.在集控操作票列表中新建一空白集控操作票，在操作任务单元格中输入一段文本信息并对其进行对象化，对象化成功后，对该操作任务进行智能成票，检查系统能否正确生成完整操作票。

2）预期结果：

a.在集控操作票列表中，对已经发布处在拟票环节尚未生成操作步骤列表的集控操作票的操作任务进行智能成票，系统能正确生成完整操作票；

b.在集控操作票列表中新建一空白集控操作票，在操作任务单元格中输入一段文本信息并对其进行对象化，对象化成功后，对该操作任务进行智能成票，系统能正确生成完整操作票。

（6）人工写票。

1）调试方法：

a.在集控操作票列表中，对已经发布处在拟票环节尚未生成操作步骤列表的集控操作票进行手工编辑，检查系统能否通过手工编辑生成完整操作票；

b.新建一空白集控操作票，对该操作票进行编辑，检查系统能否通过手工编辑生成一张完整操作票。

2）预期结果：

a.在集控操作票列表中，对已经发布处在拟票环节尚未生成操作步骤列表的集控操作票进行手工编辑，系统能通过手工编辑生成完整操作票；

b.新建一空白集控操作票，对该操作票进行编辑，系统能通过手工编辑生成一张完整操作票。

（7）图形开票。

1）调试方法：

a.打开厂站一次接线图，将应用切换到模拟操作–研究模式，对设备点击右键，在弹出的右键菜单中选择相应的菜单，检查系统能否生成相应的操作步骤；

b.打开操作票界面，对已经发布的操作票右键点击操作任务，在弹出的右键菜单中选择开票，检查系统能否根据操作任务自动生成一张完整的操作票；

c.打开操作票界面，新建一张操作票，对操作票进行手工编辑并生成一张完整的操作票，检查系统能否对手动编辑的操作票进行语义解析，对不满足票面格式的操作项给出解析出错提示。

2）预期结果：

a.打开厂站一次接线图，将应用切换到模拟操作－研究模式，对设备点击右键，在弹出的右键菜单中选择相应的菜单，系统能生成相应的操作步骤；

b.打开操作票界面，对已经发布的操作票，右键点击操作任务，在弹出的右键菜单中选择开票，系统能根据操作任务自动生成一张完整的操作票；

c.打开操作票界面，新建一张操作票，对操作票进行手工编辑并生成一张完整的操作票，系统能对手动编辑的操作票进行语义解析，对不满足票面格式的操作项给出解析出错提示。

（8）开票方式选择。

1）调试方法：

a.打开厂站一次接线图，将应用切换到模拟操作－研究模式，在空白的地方点击右键，在弹出的右键菜单中选择"开票方式"菜单；

b.在弹出的开票方式选择对话框中选择相应的成票方式，再对设备点击右键并选择相应的开票菜单，检查系统生成的操作票步骤内容与选择的成票方式是否一致。

2）预期结果：在弹出的开票方式选择对话框中选择相应的成票方式，再对设备点击右键并选择相应的开票菜单，系统生成的操作票步骤内容与选择的成票方式应一致。

（9）模拟预演功能。

1）调试方法：

a.新建一张空白票，并通过图形开票或智能成票等方式生成一张完整的操作票；

b.将操作票从拟票环节提交到审核环节，并在操作票系统菜单配置中为不同权限在审核环节配置模拟预演功能；

c.打开处于审核环节的操作票并点击工具栏上的"预演"按钮，检查系统能否自动对全票进行模拟预演。

2）预期结果：打开处于审核环节的操作票并点击工具栏上的"预演"按钮，系统能自动对全票进行模拟预演。

（10）临时票号功能。

1）调试方法：

a.新建一张空白票，检查系统能否自动生成格式为"临－××××××"的临时票号；

b.再次新建一张空白票，检查系统生成的临时票号是否能够承接上一张操作票的临时票号，并保持连续且唯一；

c.将新建的操作票依次提交到待执行，在生成正式票号后，检查该票的临时票号是否能够自动删除。

2）预期结果：

a.新建一张空白票，系统能自动生成格式为"临－××××××"的临时票号；

b.再次新建一张空白票,系统生成的临时票号能够承接上一张操作票的临时票号,并保持连续且唯一;

c.将新建的操作票依次提交到待执行,在生成正式票号后,该票的临时票号能够自动删除。

(11)操作票输出打印功能。

1)调试方法:

a.在任一集控工作站或运维工作站打开操作票界面,检查能否打开任一操作票,并检查票面内容的完整性;

b.在工作站中打开操作票列表,打开任一操作票,点击"打印"按钮,检查系统是否正常打印。

2)预期结果:

a.在任一集控工作站或运维工作站打开操作票界面,可以打开任一操作票,并且票面内容完整;

b.在工作站中打开操作票列表,打开任一操作票,点击"打印"按钮,系统能够正常打印。

(12)网页发布功能。

1)调试方法:

a.在安全Ⅳ区运维管理平台打开操作票页面,检查操作票页面中的操作票数量是否与安全Ⅰ区操作票界面中的操作票数量一致;

b.在安全Ⅰ区新建一张操作票,等待若干时间后刷新安全Ⅳ区网页,检查安全Ⅰ区新建操作票能否自动同步至该网页;

c.在安全Ⅳ区运维管理平台处于执行环节的操作票,在操作票票面相应单元格中填入具体内容(如时间、人名等)并点击"提交",检查网页中填入的内容是否自动同步至安全Ⅰ区相同操作票页面。

2)预期结果:

a.在安全Ⅳ区运维管理平台打开操作票页面,全权限账号登录,其打开操作票页面中的操作票数量与安全Ⅰ区操作票界面中的操作票数量一致;

b.在安全区新建一张操作票,等待若干时间后刷新安全Ⅳ区网页,安全Ⅰ区新建操作票能够自动同步至安全Ⅳ区操作票网页;

c.在安全Ⅳ区运维管理平台处于执行环节的操作票,在操作票票面相应单元格中填入具体内容(如时间、人名等)并点击"提交",网页中填入的内容会自动同步至安全Ⅰ区相同操作票页面。

(13)票面格式满足电力安全工作规程要求。

1)调试方法:

a.新建一张空白票,检查操作票票面格式是否满足电力安全工作规程要求;

b.对未满足电力安全工作规程要求操作票票面格式,在form界面工具中对该票面进行修改,检查修改后能否满足电力安全工作规程要求。

2)预期结果:新建一张空白票,检查操作票面格式是否满足地区电力安全工作规程要求;对未满足电力安全工作规程要求操作票面格式,在form界面工具中对该票面进行修改,修改票面格式至满足电力安全工作规程要求。

（14）备注功能。

1）调试方法：

a.新建一张空白票，在操作票界面备注栏手动填入相关内容，检查能否正常输入；

b.对该新建票点击右键，在弹出的右键菜单中选择"备注"，在弹出的备注对话框中选择相应要添加到票面备注栏中的备注内容，检查能否添加至操作票备注栏中。

2）预期结果：

a.新建一张空白票，在操作票界面备注栏手动填入相关内容，能正常输入；

b.对该新建票点击右键，在弹出的右键菜单中选择"备注"，在弹出的备注对话框中选择相应要添加到票面备注栏中的备注内容，能成功添加至操作票备注栏中。

（15）操作票回填。

1）调试方法：打开一张操作票，通过图形成票、智能成票等方式生成一张完整操作票，将操作票从拟票环节提交到执行环节，对操作项进行票面执行，检查发令人可否根据调度正令信息自动填入，接令人是否能够根据当前执行人自动填入，发令时间能否根据调度正令信息，操作人、监护人、值班负责人可否根据登录人员自动填入，或双击自动填入，在执行完毕后在操作票界面中操作开始时间和结束时间能否自动填入。

2）预期结果：打开一张操作票，通过图形成票、智能成票等方式生成一张完整操作票，将操作票从拟票环节提交到执行环节，对操作项进行票面执行，如果操作票与调度预令、正令有关联关系，则发令人可根据调度正令信息自动填入，接令人能够根据当前执行人自动填入，发令时间可根据调度正令信息，操作人、监护人、值班负责人可根据登录人员自动填入，或双击自动填入，在执行完毕后在操作票界面中操作开始时间和结束时间能够自动填入。

（16）作废功能。

1）调试方法：

a.打开一张尚未执行的操作票，点击工具栏中的"作废"按钮，在弹出对话框中选择"作废"，检查操作票能否作废；

b.打开一张部分执行或已执行尚未归档的操作票，点击工具栏中的"作废"按钮，在弹出的对话框中选择"作废"，检查操作票能否作废。

2）预期结果：

a.打开一张尚未执行的操作票，点击工具栏中的"作废"按钮，在弹出对话框中选择"作废"，操作票可以作废，从当前操作票列表中隐藏；

b.打开一张部分执行或已执行尚未归档的操作票，点击工具栏中的"作废"按钮，在弹出的对话框中选择"作废"，此时不能作废。

（17）回退功能。

1）调试方法：

a.打开一张尚未执行操作票，点击工具栏中的"回退"按钮，在弹出对话框中选择"回退"并签署回退意见，保存回退意见，检查操作票能否回退成功；

b.打开一张部分执行或已执行尚未归档的操作票，点击工具栏中的"回退"按钮，检查操作票能否回退。

2）预期结果：

a.打开一张尚未执行操作票，点击工具栏中的"回退"按钮，在弹出对话框中选择"回退"并签署回退意见，操作票能回退成功并回退至上一流程；

b.打开一张部分执行或已执行尚未归档的操作票，点击工具栏中的"回退"按钮，已经开始执行操作票不能回退。

（18）流程记录功能。

1）调试方法：

a.新建或打开一张操作票，并将该操作票执行完整个流程；

b.在当前工作站检查日志文件中是否能够完整记录操作票整个流转过程。

2）预期结果：日志文件中能记录操作票整个流转过程。

（19）统计功能。

1）调试方法：

a.打开操作票界面，点击工具栏中的"操作统计"按钮；

b.在弹出的操作统计界面中选择相应统计条件，检查能否正确统计操作票信息。

2）预期结果：点击操作票界面的"统计"按钮，在弹出的统计界面中选择相应的统计条件，能够给出相应的统计结果。

（20）查询功能。

1）调试方法：打开操作票界面，在操作票界面右侧查询列表中输入相应的查询条件，点击"查询"按钮，检查能否筛选出满足条件的操作票列表。

2）预期结果：操作票界面右侧查询列表中输入相应的查询条件，点击"查询"按钮，系统将在下方展示满足查询条件的操作票列表信息。

（21）操作票自动回填调度指令。

1）调试方法：新建或打开一张操作票，将操作票执行完毕后归档，检查系统能否自动生成回传调度系统的操作票执行结果文件供调度系统回令。

2）预期结果：操作票执行完毕后归档，系统会自动生成回传调度系统的操作票执行结果文件供调度系统回令的E文件，该E文件记录操作票的全票数据信息。

（22）与PMS系统接口。

1）调试方法：新建或打开一张操作票，将操作票执行完毕后归档，检查系统能否自动生成推送至PMS或中台的包含操作票全数据的E文件。

2）预期结果：操作票执行完毕后归档，系统会自动生成推送至PMS或中台的包含操作票全数据的E文件。

2. 操作票交互

（1）调令分解。

1）调试方法：

a.检查服务器上操作票功能已部署并正常运行；

b.检查正确配置调度指令票规则、顺控操作票规则、集控操作票规则；

c.从安全Ⅳ区经反向隔离或从相应路径复制满足格式的操作票至相应路径；

d.打开操作票界面，找到调度预令票，并在调度预令票中对调度令点击右键，在弹出的右键菜单中选择"任务发布"，待发布成功，到集控操作票列表中查看已经发布生成的集控操作票是否正确。

2）预期结果：对调度预令票中的调度指令发布，在集控操作票列表中可以看到根据调度预令生成的集控操作票。

（2）调令解析。

1）调试方法：

a.检查服务器上的操作票功能已部署并正常运行；

b.检查正确配置调度指令票规则、顺控操作票规则、集控操作票规则；

c.从安全Ⅳ区经反向隔离或从相应路径复制满足格式的操作票至相应路径；

d.打开操作票界面，找到调度预令票，修改调度预令票中的调度指令为正确格式，并在调度预令票中对调度令点击右键，在弹出的右键菜单中选择"调度指令对象化"，检查对象化后的结果数据是否正确。

2）预期结果：打开操作票界面，找到新接收的调度预令票，修改调度预令票中的调度指令为正确格式，并在调度预令票中对调度令点击右键，在弹出的右键菜单中选择"调度指令对象化"，能够对调度指令正确对象化。

（3）操作票成票。

1）调试方法：打开操作票界面，找到根据调度指令发布生成的一张集控操作票，对该集控操作票通过智能成票、图形成票或手工编辑生成一张完整操作票，检查生成操作票的正确性和完整性。

2）预期结果：打开操作票界面，找到根据调度指令发布生成的一张集控操作票，对该集控操作票通过智能成票、图形开票或手工开票生成一张完整操作票，对生成操作票进行对象化，直至票面内容全部对象化成功。

（4）调度正令与预令匹配。

1）调试方法：

a.接收调度预令并正确解析；

b.接收调度正令并对调度正令中的内容进行编辑，使其与调度预令内容不一致，检查系统能否正确识别正令与预令的差异；

c.接收调度正令并对调度正令中的内容进行编辑，使其与调度预令内容保持一致，检查系统能正确识别正令与预令的差异。

2）预期结果：

a.接收调度正令并对调度正令中的内容进行编辑，使其与调度预令内容不一致，在对正令文件处理结束后，操作票客户端会收到正令与预令不一致提醒，并向告警窗中推送告警记录；

b.接收调度正令并对调度正令中的内容进行编辑，使其与调度预令内容保持一致，在对正令文件处理结束后，操作票客户端会收到正令与预令一致的提醒，并向告警窗汇总推送告警记录。

（5）操作票网络发布。

1）调试方法：

a.新建一张现场操作任务操作票或根据调度指令发布生成一张现场操作任务操作票，将操作票从拟票环节提交到待执行环节；

b.在Ⅳ区运维管理平台操作票列表中检查是否存在该操作票，并检查该票数据是否与安全Ⅰ区操作票一致。

2）预期结果：现场操作任务操作票在转为正式操作票后，可在安全Ⅳ区运维管理平台中对该操作票进行打印输出。

（6）自动回令。

1）调试方法：打开一张操作票，按顺序将操作票依次提交到审核、待执行、执行、归档，在执行结束归档时，检查系统能否生成包含该操作票全票数据的E文件，并推送至安全Ⅳ区，供调度系统自动回令。

2）预期结果：对执行完毕的操作票，系统会自动生成包含该票全票数据的E文件，并主动推送至安全Ⅳ区，供调度系统自动回令。

（7）遥控操作票推送PMS。

1）调试方法：打开一张操作票，按顺序将操作票依次提交到审核、待执行、执行、归档，在执行结束归档时，检查系统能否生成包含该操作票全票数据的E文件，并推送至安全Ⅳ区。

2）预期结果：对执行完毕的操作票，系统会自动生成包含该票全票数据的E文件，并主动推送至安全Ⅳ区，供PMS存档。

（六）智能联动

智能联动包括与远程智能巡视集中监控模块视频联动、主辅设备联动、辅助设备联动。

1. 视频联动

与远程智能巡视集中监控模块视频联动功能实现：主设备遥控支持触发视频联动功能，远程智能巡视集中监控模块宜具备自动判别设备是否操作到位功能；支持主设备变位信号联动视频功能，包括断路器、隔离开关、接地开关等一次设备变位信号；支持系统告警触发视频联动功能；触发联动的主辅设备或信号列表可以配置；发起视频联动请求的工作节点应与响应请求的远程智能巡视集中监控模块客户端一一对应，非响应客户端不受影响。

（1）主设备遥控支持触发视频联动。

1）调试方法：

a.在安全Ⅳ区服务器上配置正确的视频联动转发IP、端口和Token；

b.在隔离装置中配置同步安全Ⅳ区的目录中文件到安全Ⅱ区的主备服务器；

c.通过联动配置界面或dbi工具配置一个断路器或隔离开关遥控触发视频联动；

d.在巡检系统中配置该遥控的联动摄像头预置点和巡检点；

e.在工作站图形界面中对该断路器或隔离开关进行遥控操作。

2）预期结果：

a.摄像头调用正确的预置点、抓图或录像；

b.巡检系统弹出视频画面；

c.告警窗口会显示出返回的图像识别结果；

d.配置了图像识别的遥控点在遥控对话框中会显示出返回的图像识别结果。

（2）主设备变位信号联动视频。

1）调试方法：

a.在安全Ⅳ区服务器上配置正确的视频联动转发IP、端口和Token；

b.通过联动配置界面或dbi工具配置一个断路器或隔离开关变位信号触发视频联动；

c.在巡检系统中配置该变位信号的联动摄像头参数；

d.使用模拟工具模拟该变位信号。

2）预期结果：

a.摄像头调用正确的预置点、抓图或录像；

b.巡检系统弹出视频画面。

（3）系统告警触发视频联动功能。

1）调试方法：

a.在安全Ⅳ区服务器上配置正确的视频联动转发IP、端口和Token；

b.通过联动配置界面或实时数据库管理工具配置一个主设备告警信号或辅助设备告警信号触发视频联动；

c.在巡检系统中配置该告警信号的联动摄像头参数；

d.使用模拟工具模拟该告警信号。

2）预期结果：

a.摄像头调用正确的预置点、抓图或录像；

b.巡检系统弹出视频画面。

2. 主辅设备联动

主辅设备联动功能的联动策略配置优先在变电站实现，也可在集控系统按站配置。主设备有操作、故障、缺陷及异常时，支持与辅助设备联动。主辅设备间联动配置策略满足：主设备遥控操作应按需联动照明开启；事故、异常类主设备告警信号应按需联动照明开启、风机启动以及门禁系统启动。

（1）主设备遥控操作应按需联动照明开启。

1）调试方法：

a.通过实时数据库管理工具配置一个照明设备状态点号和控制点号；

b.通过联动配置界面或实时数据库管理工具配置一个断路器或隔离开关遥控触发开启照明设备；

c.在工作站图形界面中对该断路器或隔离开关进行遥控操作。

2）预期结果：

a.安全Ⅱ区辅控系统通过辅控前置系统下发对应的照明设备的直接遥控命令；

b.照明设备上送状态改变信号。

（2）主设备事故、异常告警信号应按需联动照明开启、风机启动以及门禁系统启动。

1）调试方法：

a.通过实时数据库管理工具配置一个照明设备状态点号和控制点号、一个风机启动信号点号和控制点号以及一个门禁设备；

b.通过联动配置界面或实时数据库管理工具配置一个主设备事故或异常告警触发开启照明设备、启动风机和打开门禁设备；

c.使用模拟工具模拟该主设备信号。

2）预期结果：

a.安全Ⅱ区辅控系统通过辅控前置系统依次下发照明设备、风机设备和门禁设备的控制命令；

b.照明设备、风机设备和门禁设备上送状态改变信号。

3. 辅助设备间联动

辅助设备间联动功能实现安全防卫系统入侵报警联动、消防系统火灾报警联动、环境监测越限告警联动、SF_6监测浓度越限联动。

（1）安全防卫系统入侵报警联动。

1）调试方法：

a.通过实时数据库管理工具配置一个照明设备状态点号和控制点号；

b.通过联动配置界面或实时数据库管理工具配置一个安全防卫入侵信号触发开启照明设备；

c.使用模拟工具模拟该安全防卫入侵信号变位。

2）预期结果：

a.安全Ⅱ区辅控系统通过辅控前置系统下发对应的照明设备的直接遥控命令；

b.照明设备上送状态改变信号。

（2）消防系统火灾报警联动。

1）调试方法：

a.通过实时数据库管理工具配置一个照明设备状态点号和控制点号、一个风机启动信号点号和控制点号、一个空调工作信号点号和控制点号以及一个门禁设备；

b.通过联动配置界面或实时数据库管理工具配置一个消防系统火灾报警信号触发开启照明设备、启动风机、关闭空调和打开门禁设备；

c.使用模拟工具模拟该消防系统火灾报警信号。

2）预期结果：

a.安全Ⅱ区辅控系统通过辅控前置系统依次下发照明设备、风机设备、空调设备和门禁设备的控制命令；

b.照明设备、风机设备、空调设备和门禁设备上送状态改变信号。

四、操作防误功能调试

根据防误原理的差异性，站内以变电站五防规则为核心，站间以集控系统拓扑防误为基础，结合信号闭锁防误联合集控站和变电站防误技术手段，包括拓扑防误、信号闭锁、逻辑规则防误，提升设备远方操作的安全性。

（一）拓扑防误

拓扑防误支持拓扑范围的灵活配置，满足按全站、相邻站以及整个集控站进行拓扑防误校核。具备断路器操作的防误闭锁，包括合环解列提示、负荷失电提示、负荷充电提示、变压器各侧断路器操作顺序提示、一个半断路器接线断路器操作顺序提示、禁止带接地开关合断路器等；具备隔离开关操作的防误闭锁，包括拉合旁路隔离开关提示、隔离开关操作顺序提示、禁止带接地开关合隔离开关提示、禁止带负荷拉合隔离开关、禁止非等电位和隔离开关等；具备接地开关操作的防误闭锁，包括禁止带电合接地开关、禁止带接地开关合断路器等。

1. 失电提示

（1）调试方法：

1）在厂站接线图上通过封锁、置数调整厂站图中的各设备运行状态，以使某母线及其以下的设备均通过母线上的单一断路器供电；

2）对该供电断路器右键选择遥控操作，断开该断路器，查看系统是否提示下游各母线失电。

（2）预期结果：对母线及其以下的设备供电的单一断路器进行遥控断开操作，系统应给出下游各母线失电提示。

2. 解环提示

（1）调试方法：

1）最常见的电气环路为两厂站之间双回线，断开双回线对应的任意断路器均为解环，母联断路器也是常见的解环点；或者在厂站接线图上通过封锁、置数调整厂站图中的各设备运行状态，人为设置一合环回路。

2）寻找一合环回路，通过对环内的断路器遥控分操作，查看系统是否提示解环。

（2）预期结果：对合环回路内的断路器进行遥控断开操作，系统应给出解环提示。

3. 变压器低压侧提示

（1）调试方法：

1）寻找一正常运行的变压器或通过封锁、置数调整厂站图中变压器各侧断路器运行状态，使其处于运行状态；

2）如果低压侧断路器在合闸位置，断开变压器高（中）压侧断路器，查看系统是否提示变压器低压侧断路器在合位。

（2）预期结果：对运行变压器，低压侧断路器在合闸位置，断开变压器高（中）压侧断路器，系统给出变压器低压侧断路器在合位提示。

4. 变压器中性点接地开关提示

（1）调试方法：

1）寻找一正常运行（热备用）状态的变压器或通过封锁、置数调整厂站图中变压器各侧断路器运行（热备用）状态，使其处于运行（热备用）状态；

2）检查高（中）压侧中性点接地开关是否在分位，或将其高压（中）侧中性点接地开关封锁为分位；

3）断开（合上）高（中）压侧断路器，查看系统是否给出中性点接地开关在分位提示。

（2）预期结果：高（中）压侧中性点接地开关在分位运行（热备用）状态变压器，断开（合上）变压器高（中）压侧断路器，系统给出中性点接地开关在分位提示。

5. 接地提示

（1）调试方法：

1）选取一分位断路器，将其一端所在电气岛中的一个接地开关置为合位；

2）合上该断路器，查看系统是否提示接地。

（2）预期结果：

1）闭合断路器时，如果断路器任一端为接地岛，则产生提示，禁止闭合；

2）合上断路器后，系统给出禁止带接地开关合断路器提示。

6. 充电提示

（1）调试方法：

1）选取一热备用运行断路器或通过封锁、置数调整厂站图中的各设备，使某母线及其以下的设备均通过母线上的单一断路器供电；

2）闭合该断路器，查看系统是否给出提示下游各母线充电。

（2）预期结果：

1）通过封锁、置数调整厂站图中的各设备，使某母线及其以下的设备均通过母线上的单一断路器供电；

2）合上断路器后，系统给出下游各母线充电提示。

7. 合环提示

（1）调试方法：

1）选择一热备用/运行断路器，通过封锁或置数调整厂站图中各设备状态，使该断路器两侧电气岛号保持一致，确保合上该断路器后能够形成电气环路；

2）合上该断路器，查看系统是否给出合环提示。

（2）预期结果：

1）选择一热备用/运行断路器或通过封锁、置数调整厂站图中的各设备，使断路器两侧电气岛号保持一致；

2）合上断路器后，系统给出合环提示。

8. 分 / 合操作

（1）调试方法：

1）选择一断路器两侧隔离开关均在分位冷备用状态或检修状态间隔，或通过封锁、置数将间隔状态设置为冷备用或检修状态，即断路器两侧隔离开关均在分位，不论是否有接地；

2）合 / 分该断路器，查看系统是否给出提示。

（2）预期结果：

1）选择一冷备用或检修状态间隔，即断路器两侧隔离开关均在分位，不论是否有接地；

2）合 / 分断路器，此时不需要提示。

9. 带接地合隔离开关

（1）调试方法：

1）确认系统参数设置为"具备五防功能"；

2）选择一隔离开关，任意一端与接地点相连，以便拓扑能搜索至该接地点；

3）合上隔离开关，查看系统是否提示禁止带接地合隔离开关。

（2）预期结果：

1）若隔离开关任意一端与接地点有通路，即可以通过拓扑搜索至该接地点；

2）合上隔离开关，此时系统提示禁止带接地合隔离开关。

10. 倒母线母联提示

（1）调试方法：

1）选择或通过封锁、置数将一母联间隔处于非运行状态，通过母线侧隔离开关进行倒母线操作；

2）倒母线操作时，查看系统是否提示。

（2）预期结果：对于非运行状态的母联间隔，通过母线侧隔离开关进行倒母线操作时，系统会给出提示并禁止当前倒母线操作。

11. 带电操作隔离开关

（1）调试方法：选择一带电岛内的非等电位间隔，对间隔内隔离开关进行分 / 合操作，查看系统是否提示禁止带电操作隔离开关。

（2）预期结果：选择一带电岛内的非等电位间隔，对间隔内隔离开关进行分 / 合操作，系统会给出提示禁止带电操作隔离开关。

12. 操作顺序判断

（1）调试方法：

1）选择一有负荷侧隔离开关和母线侧隔离开关的热备用间隔，对间隔停电操作，如果负荷侧隔离开关在合位，断开母线侧隔离开关，查看系统是否提示负荷侧隔离开关在合位；

2）选择一有负荷侧隔离开关和母线侧隔离开关的冷备用间隔，对间隔送电操作，如果母线侧隔离开关在分位，合上负荷侧隔离开关，查看系统是否提示母线侧隔离开关在分位。

（2）预期结果：

1）有负荷侧隔离开关和母线侧隔离开关的热备用间隔，间隔停电操作，如果负荷侧隔离开关在合位，断开母线侧隔离开关，系统给出提示负荷侧隔离开关在合位；

2）有负荷侧隔离开关和母线侧隔离开关的冷备用间隔，间隔送电操作，如果母线侧隔离开关在分位，合上负荷侧隔离开关，系统给出提示母线侧隔离开关在分位。

13. 带电合接地开关

（1）调试方法：选择带电岛上任意一个接地开关，闭合该接地开关，查看系统是否提示禁止带电合接地开关。

（2）预期结果：闭合带电岛上的任意一个接地开关，系统给出提示禁止带电合接地开关。

14. 带隔离开关合接地开关

（1）调试方法：选择一个直连隔离开关为闭合的接地开关，隔离开关可以为失电状态，进行闭合操作，查看系统是否提示禁止带隔离开关合接地开关。

（2）预期结果：一个直连隔离开关为闭合的接地开关，隔离开关可以为失电状态，进行闭合操作，系统应提示禁止带隔离开关合接地开关。

15. 母线带电压合接地开关

（1）调试方法：

1）设置参数"闭合母线接地开关时需要判断母线电压"；

2）对母线接地开关，如果母线有电压、有量测，且电压值大于0.65倍额定电压，合接地开关，查看系统是否给出提示不允许合接地开关；

3）选择一条停电母线，将其母线电压置为0.65倍额定电压以上，闭合这条母线的隔离开关，查看系统是否给出提示禁止操作。

（2）预期结果：

1）母线有电压、有量测，且电压值大于0.65倍额定电压，则不允许合接地开关；

2）选择一条停电母线，将其母线电压置为0.65倍额定电压以上，闭合这条母线的隔离开关，提示禁止操作。

（二）信号闭锁

信号闭锁具备的功能：具备操作一次设备时校验关联二次设备状态，并能给出状态异常二次设备信息；具备操作二次设备时校验关联二次设备状态，并能给出状态异常二次设备信息；具备操作二次设备时校验关联一次设备状态，并能给出异常一次设备信息；支持闭锁信号校核功能，操作过程中收到闭锁信号时主动提示闭锁信息，支持人工确认，可继续或终止操作；支持闭锁信号库在线查阅、修改、导入、导出。

1. 关联一次设备校验

（1）调试方法：

1）确认系统配置"闭锁检查"参数；

2）添加用于二次设备操作闭锁的闭锁信号类型；

3）添加用于二次设备操作闭锁的闭锁信号类型对应的基础对象信息；

4）对需要参与二次设备操作闭锁的遥信记录的知识库关联域维护成步骤3）中的基础对象信息；

5）对二次设备的校验逻辑添加新维护的闭锁信号类型；

6）将关联的一次设备遥信值置为"异常"；

7）对二次设备遥控操作，查看系统是否提示关联异常一次设备信息。

（2）预期结果：对二次设备遥控操作，系统会提示关联的异常一次设备信息。

2. 闭锁信号检查

（1）调试方法：

1）新建顺控操作票，并将操作类型置为"步进遥控"，并将顺控操作提交至待执行环节；

2）在主设备操作控制页面对步骤1）中新建顺控操作票进行步进遥控操作；

3）在步进遥控操作界面进行顺控操作，在顺控执行至每一巡检项，检查系统是否会针对不同类型的信号给出闭锁信号检查，并根据异常信号类型给出可继续或终止操作提示；

4）在顺控过程中改变关联闭锁信号状态，查看系统是否会给出闭锁信号检查。

（2）预期结果：

1）在步进遥控过程中，如果此时关联的动作信号是检查类，系统会给出警告提示，并允许继续操作；

2）如果此时关联的动作信号是异常或事故类，系统会给出闭锁提示，此时只能终止操作；

3）在顺控执行过程中，对关联闭锁信号进行封锁或置数，系统会动态给出闭锁信号提示。

3. 闭锁信号查阅

（1）调试方法：

1）打开实时数据库管理工具，打开相关闭锁校验逻辑，查看可否在遥信值表中找到对应闭锁信号；

2）对逻辑表记录进行修改，查看系统是否能在线编辑某一设备关联的闭锁信号逻辑。

（2）预期结果：

1）系统支持在实时数据库管理工具中对设备关联闭锁信号情况进行在线查阅；

2）系统支持对逻辑表中关联的闭锁信号进行修改，并可通过界面对设备遥控操作检查修改后的校验结果。

（三）逻辑规则防误

逻辑规则防误应支持逻辑规则的编辑、存储、导入、导出，逻辑规则文件格式参考《自主可控新一代变电站二次系统技术规范通用类系统规范7电气操作防误》（调技〔2021〕20号）。

1. 逻辑规则校验

（1）调试方法：

1）确认系统配置"闭锁检查"参数；

2）在表中检查是否存在要操作设备的逻辑规则，如果存在，在厂站接线图上对要进行遥控操作的设备逻辑规则中关联的设备状态进行封锁或置数，使其状态不满足逻辑规则要求；

3）在厂站接线图上对设备遥控操作，检查是否能够给出正确提示。

（2）预期结果：如果表中有要进行操作设备的逻辑规则，设备的逻辑规则中关联的设备状态不满足逻辑规则要求，对该设备遥控操作，系统将给出具体的校验结果信息。

2. 操作互斥功能检测

（1）调试方法：

1）选择任一具备设备远方操作条件的厂站；

2）选择该厂站某设备，设置其遥信状态为"控制中"；

3）选择非步骤2）中设备进行遥控操作，若此时系统参数为1，则禁止当前操作；如果参数非1，则允许当前操作。

（2）预期结果：操作互斥参数已设置，提示相关设备正在遥控，不可控；否则，允许遥控。

3. 操作票闭锁功能检测

实现操控操作按照票面顺序，避免无票操作。

（1）调试方法：

1）未开票，则相关表中没有有效数据；

2）选择某厂站某设备，系统参数设置为不检查开票信息时，对设备遥控操作，此时不会提示；如果设置为需要检查开票信息时，对设备遥控操作，此时会给出相应提示；

3）开票，将操作票审核结束后提交下一流程，查看相关表中是否新增记录；系统参数设置为不检查开票信息时，对设备遥控操作，此时不会提示；如果设置为需要检查开票信息时，对非票面设备遥控时，此时会给出提示；对票面设备按顺序遥控操作时，不会提示，反之提示。

（2）预期结果：

1）设置为不需要检查开票信息时，遥控操作不提示；

2）设置为需要检查开票信息时，当前遥控操作是否在操作票预案中给出提示，提示内容一般为"当前操作步骤不在操作预案中，禁止当前操作"。

4. 设备挂牌闭锁功能检测

设备挂牌闭锁功能实现闭锁挂禁止遥控标识牌的设备进行遥控操作。

（1）调试方法：

1）选择任一具备设备远方操作条件的厂站；

2）对某允许遥控操作设备挂带有禁止遥控属性的标识牌后，对其遥控操作，提示禁止操作，反之允许操作。

（2）预期结果：挂禁止遥控指示牌设备遥控禁止。

五、监控助手功能调试

（一）监控信号自动巡视

监控信号自动巡视通过人工触发或预设周期，按巡视项目、巡视范围自动执行监控画面的巡视功能，并生成巡视报告。自动巡视类型包括：全部监控画面巡视、指定画面巡视；支持人工预设巡视任务，任务信息包括巡视范围、巡视内容等；支持人工定义巡视周期；支持人工触发巡视任务；支持不同时间巡视结果的比对分析，能够生成巡视报告并支持查询、统计与导出功能。

1. 巡视类型

（1）调试方法：打开系统巡视工具，查看巡视类型下拉菜单是否包含全面巡视、自定义巡视，选择已有模板两种巡视类型。

（2）预期结果：巡视类型包含以上两种巡视类型。

2. 全面巡视

（1）调试方法：

1）巡视类型选择"全面巡视"；

2）查看巡视项是否已被全选，责任区是否显示"全系统"，厂站是否显示"全部厂站"；

3）点击"开始巡视"，查看巡视过程是否正常；

4）查看巡视报告总览内容是否正确；

5）点击巡视报告总览界面的"导出"按钮，在弹出的对话框中选择导出目录；

6）导出的文件生成在相应目录下。

（2）预期结果：

1）"全面巡视"巡视过程正常；

2）巡视报告总览内容正确；

3）巡视报告导出正确。

3. 自定义巡视

（1）调试方法：

1）巡视类型选择"自定义巡视"；

2）选择巡视项、责任区和厂站；

3）点击"开始巡视"，查看巡视过程是否正常；

4）查看巡视报告总览内容是否正确。

（2）预期结果：

1）"自定义巡视"巡视过程正常；

2）巡视报告总览内容正确。

（二）快速向导

快速向导主要用于辅助监控员针对当班运行事件进行处置。快速向导功能包括：支持展示公共气象服务、微型气象站等采集的变电站天气信息；支持操作信息的快速入口，列表式查看正在执行和即将执行的操作票信息，并提供查询和快速定位；支持监控信号自动巡视结果的集中展示；支持集中展示监控待办事件任务信息，能够查询事件详情；基于事件化的辅助决策结果，能提供处置向导，辅助监控员完成任务处置；支持与缺陷系统、日志系统等系统间交互，便捷完成缺陷填报、日志填写；

支持查看事件任务处置进度以及历史处置过程；支持事件任务分类统计展示，包括已完成和未完成数量等。

1. 页面信息查询

（1）调试方法：

1）打开安全Ⅳ区监控助手页面，观察页面上是否有气象信息展示；

2）点击变电站的天气浮动图标，观察是否可以查看各变电站天气信息。

（2）预期结果：监控助手页面有变电站天气信息展示，页面展示内容满足监控值班要求。

2. 操作票结果展示

（1）调试方法：打开安全Ⅳ区监控助手页面，点击"操作票查询"按钮，在弹出的页面中以列表方式展示正在执行和即将执行的操作票信息，可以查看历史操作票信息。

（2）预期结果：监控助手可以查看操作票信息，包含历史操作票、正在执行操作票等，可以查看操作票的状态。

3. 自动巡检结果展示

（1）调试方法：点击监控助手页面，点击"巡检报告查询"按钮可以选择巡检报告，点击"查询"按钮，可以展示巡检报告内容。

（2）预期结果：通过监控助手页面可以查询自动巡检结果，展示的报告内容与安全Ⅰ区巡检结果一致。

4. 事件任务查询

（1）调试方法：

1）安全Ⅰ区模拟事件告警，观察安全Ⅳ区监控助手页面待办事件窗口是否有新增记录；

2）点击事件可以查看事件详情。

（2）预期结果：安全Ⅰ区模拟事件告警，安全Ⅳ区待办事件窗口会新增待办事件，点击事件名称会进入事件待办页面，可以查询到事件的详情、事件的处置流程等信息。

5. 事件处置

（1）调试方法：

1）点击事件详情页面，观察事件是按照定义的辅助决策生成处置向导（包括处置流程和处置建议）；

2）根据事件的处置向导，点击相关处置流程，完成事件处置；

3）事件可以通过向导完成缺陷填报和日志填写（可在电气缺陷和跳闸记录中填写）。

（2）预期结果：

1）事件根据关联的辅助决策正确，生成处置向导；

2）事件的处置过程支持缺陷和日志的填报。

6. 历史处置事件查询

（1）调试方法：

1）点击"历史查询"按钮（待办事项下变电站左侧齿轮按钮），打开查询条件浮动框；

2）选择发生时间和更新时间并点击"确认"进行查询；

3）分别点击"待办类型"中的各个可选项，观察是否按照条件查询出相应事件；

4）分别点击"待办级别"中的各个可选项，观察是否按照条件查询出相应事件。

（2）预期结果：

1）点击"历史查询"按钮，可正常打开查询条件浮动框；

2）调整筛选条件并进行查询，可正确查询响应的结果；

3）点击"详情"可以查看历史事件处置的过程。

7. 事件的分类统计

（1）调试方法：

1）观察事件分类统计部分能否显示各事件类型代办事项总数和完成数量，观察百分号是否表示完成数占总数的百分比；

2）存在多个事件类型时，点击左右两侧箭头是否可横向滚动。

（2）预期结果：

1）事件分类统计部分能够显示各事件类型代办事项总数和完成数量，百分号能够表示完成数占总数的百分比；

2）存在多个事件类型时，点击左右两侧箭头可横向滚动。

（三）辅助决策

辅助决策可对系统发现的事件进行分析，结合处置预案及日常处置经验，形成标准化的处理流程，辅助监控员完成对故障及异常的处置。辅助决策的功能包括：基于处置预案、日常处置经验，能够构建故障及异常事件处置专家知识库；能根据故障及异常事件类型、设备等信息，关联处置知识库；能够根据知识库分析事件结果生成监控待办任务；支持事件化结果分析获取处置规则，并形成处置建议；支持调取设备状态告警结果及相关设备的实时健康状况，辅助监控员处置。

1. 辅助决策知识库构建

（1）调试方法：

1）通过实时数据库管理工具新增处置方法、添加处置节点；

2）通过处置流程规则表对处置方法和处置节点进行关联，构建处置专家知识库。

（2）预期结果：根据处置经验可以构建故障及异常事件处置专家知识库。

2. 事件关联处置

（1）调试方法：通过实时数据库管理工具将事件根据事件类型、设备关联辅助决策知识库。

（2）预期结果：事件可根据事件类型及设备等信息关联处置方法。

3. 待办事件合成

（1）调试方法：安全Ⅰ区模拟事件发生，观察安全Ⅳ区监控助手页面中事件关联处置方法是否正确。

（2）预期结果：模拟事件生成能根据处置知识库对事件结果进行分析，生成监控代办任务并在安全Ⅳ区监控助手页面进行展示。

4. 处置建议

（1）调试方法：点击安全Ⅳ区监控助手待办事件，查看是否根据处置方法正确关联处置建议。

（2）预期结果：模拟事件能够根据事件关联的处置方法生成处置建议。

5. 查看设备健康状况

（1）调试方法：点击监控助手页面，观察是否在右上角显示主变的监控状况及处置建议。

（2）预期结果：通过监控助手页面能够展示设备的监控状况及处置建议。

（四）缺陷智能关联

缺陷智能关联的功能包括：能根据遥信数据异常变化自动智能提取遥信缺陷信息，如"××通道异常""××SF$_6$气体压力降低"等关键信息；能根据遥测数据异常变化自动智能提取遥测缺陷信息，如"直流回路接地""直流母线电压低"等关键信息；能根据遥控操作发生返校失败、遥控超时等信息自动提取"遥控操作失败"等关键信息；能根据遥调操作发生遥调失败等现象自动提取"遥调操作失败"等关键信息；能根据站端遥视智能分析或测温（带测温功能）上送信息自动提取"××设备过热、温度××℃""××设备渗油""××设备裂纹"等关键字段信息；支持将提取后的缺陷自动推送至PMS系统缺陷录入环节。

1. 缺陷智能关联提取定义

（1）调试方法：

1）登录安全Ⅳ区运维管理系统，点击"运维业务"，打开缺陷智能关联页面，点击左下角"缺陷定性配置"；

2）在缺陷定性配置工具上可以添加、删除、修改缺陷规则；

3）在缺陷规则中可以定义规则名称、等级、关联告警类型以及正则内容过滤。

（2）预期结果：

1）缺陷智能关联功能页面打开正常；

2）缺陷定性配置工具上添加、删除、修改等功能按钮操作正常；

3）缺陷规则可以按照规则名称、等级、关联告警类型以及正则内容过滤等灵活配置所需的缺陷规则。

2. 缺陷生成及查询

（1）调试方法：

1）打开缺陷定性规则定义界面，完成遥信、遥测、遥控、遥调等缺陷规则定义；

2）安全Ⅰ区分别模拟遥信、遥测、遥控、遥调相关缺陷告警；

3）观察安全Ⅳ区缺陷智能关联页面中是否能够自动生成并显示缺陷信息。

（2）预期结果：

1）安全Ⅳ区缺陷智能关联页面按照规则定义中的关键信息，自动智能提取缺陷信息并展示；

2）当安全Ⅰ区模拟相关缺陷告警，安全Ⅳ区缺陷智能关联展示页面可以动态更新显示。

3. 缺陷自动推送PMS

（1）调试方法：

1）安全Ⅰ区模拟缺陷告警，观察安全Ⅳ区缺陷智能关联页面是否生成；

2）观察本地应用服务器文件生成目录中是否有缺陷文件，同时推送至PMS服务器指定目录。

（2）预期结果：

1）安全Ⅳ区缺陷智能关联页面生成缺陷记录；

2）本地生成缺陷文件并推送至PMS服务器。

（五）监控日志

监控日志根据事故、异常、越限类事件等信息自动生成监控值班日志，支持人工修改、生成的监控日志，经确认后推送至业务中台，以便监控人员快速完成监控日志管理。

1. 缺陷记录

（1）调试方法：

1）模拟设备异常，查看是否生成缺陷记录；

2）打开监控日志界面，对该条缺陷记录进行人工修改并保存；

3）查看该条缺陷记录是否在汇总生成的监控日志中。

（2）预期结果：缺陷可记录、可人工编辑，并可汇总生成监控日志。

2. 缺陷推送

（1）调试方法：

1）观察缺陷记录是否被正确保存；

2）观察记录是否按照设定的时间间隔推送到业务中台，与业务中台核对记录内容的一致性。

（2）预期结果：业务中台按时收到缺陷记录，且记录内容正确。

3. 日志查询

（1）调试方法：打开监控日志查询界面，输入时间、变电站等条件，点击"查询"按钮，查看是否返回正确的日志信息。

（2）预期结果：查询到的日志记录正确。

4. 日志配置

（1）调试方法：

1）打开监控日志配置界面，暂时增加一个日志类型，点击"保存"按钮；

2）模拟该类型异常告警，观察该缺陷是否被自动记录；

3）打开监控日志配置界面，删除步骤增加的日志类型，点击"保存"按钮；

4）模拟该类型异常告警，观察该缺陷是否被自动记录。

（2）预期结果：增加类型后，保存该类型的缺陷记录；删除该类型后，不保存该类型的缺陷记录。

（六）短信发布

短信发布提供短信录入功能，支持对不同短信信息分类录入、展示，提供灵活的配置方式，支持接收人订阅不同类型的短信；支持人工定义、修改短信信息和发布短信功能。

1. 定义短信类型

（1）调试方法：

1）打开短信应用界面，对数据源进行定义并保存；

2）告警发生后，查看是否按照数据源类型收到短信；

3）删除一个数据源，观察是否收到该类型短信。

（2）预期结果：只发送已定义数据源的短信。

2. 支持短信人员信息编辑

（1）调试方法：

1）打开短信应用界面，对接收人及相关信息进行重新定义并保存；

2）告警发生后，查看接收人是否按照配置收到对应的短信；

3）删除一个接收人或者接收人的短信类型，观察是否收到该类型短信。

（2）预期结果：只有指定人员收到定义的固定类型的短信。

3. 定义短信配置

（1）调试方法：

1）打开短信应用界面，对接收时间及发送方式进行定义并保存；

2）告警发生后，查看接收人是否按照配置收到对应的短信，观察短信的来源号码，是否按照不同的发送方式，分别为短信平台的号码或者是固定的短信SIM卡号码；

3）修改短信接收时间段，在非接收时间段外发送短信，观察接收人是否能收到短信。

（2）预期结果：只有指定时间段收到短信，不同方式发送的短信都可以收到。

4. 短信查询

（1）调试方法：

1）打开短信应用界面，在查询界面输入查询条件，如时间段、接收人、短信类型等，点击"查询"按钮；

2）观察是否按照条件查询到已发送的短信，且内容和数量准确。

（2）预期结果：查询到已发送的短信内容和数量与实际发送情况相符。

5. 短信信息人工修改及发布

（1）调试方法：

1）打开短信应用界面；

2）选择一条短信，人工修改短信内容；

3）修改完后，点击"发送"按钮，观察接收人是否收到该条短信，内容是否与修改的一致。

（2）预期结果：可以修改短信内容并重新发送。

六、业务管理功能调试

（一）智能报表

智能报表的功能包括：应具备报表模板管理功能，包括模板的创建、内容样式编辑、数据内容编辑、数据筛选条件编辑等；支持报表数据展示功能，按模板配置的权限范围展示当前登录用户可读的数据；支持按模板定义的样式进行数据读取和展示；支持按配置的查询筛选条件进行数据筛选展示；能够将报表内容直接导出为电子表格或文本文件，支持打印；具备数据智能搜索功能。

1. 运行数据查询

（1）调试方法：

1）在量测指标里输入相关查询信息，包括所属班组、设备类型、电压等级和量测分类，点击查询；

2）右侧选择查询时间、采样周期以及极值显示等，点击查询；

3）查看查询结果是否正确。

（2）预期结果：运行数据查询结果正确。

2. 极值潮流统计结果查询

（1）调试方法：

1）选择相应的厂站和设备，选择查询时间，点击查询；

2）查看极值统计结果和安全Ⅰ区是否一致。

（2）预期结果：极值统计结果和安全Ⅰ区一致。

3. 告警结果统计

（1）调试方法：

1）选择查询时间、所属运维班组和所属厂站，点击查询；

2）查看统计曲线和统计列表结果是否和安全Ⅰ区一致。

（2）预期结果：统计曲线和统计列表结果和安全Ⅰ区一致。

4. 报表模板管理

（1）调试方法：

1）通过访问安全Ⅳ区报表管理功能菜单里的报表模板管理菜单查看新建报表模板；

2）通过"样式"进行单元格合并，修改单元格样式，调整单元格大小，通过"页面"可控制表格个数及表格的行列数；

3）通过"添加全局条件"选择对应的指标作为查询条件过滤数据；

4）通过拖拽指标构建报表的数据。

（2）预期结果：

1）成功新建实时查询类报表模板；

2）成功新建定时生成类报表模板。

5. 报表数据展示

（1）调试方法：

1）通过访问安全Ⅳ区报表管理功能菜单里的报表模板管理菜单查看报表模板；

2）对选择的报表进行发布；

3）分配选择系统其他用户查看或编辑报表模板；

4）通过访问安全Ⅳ区报表管理功能菜单里的报表查询菜单查看报表数据。

（2）预期结果：

1）使用两个用户账号登录，不同的用户页面只展示当前登录用户可编辑的报表模板；

2）使用两个用户账号登录，不同的用户页面只展示当前登录用户可查看的报表数据；

3）对报表模板发布后，可在报表查询中查看报表数据；

4）可以通过电压等级过滤数据；

5）可以选择不同的日期生成报表，右键点击单元格"查看单元格详情"查看单元格内容的校正记录，并可以继续修改；

6）点击"打印预览"可成功预览；

7）点击"excle导出"可成功生成excel文件保存到浏览器设置的下载路径。

6. 智能搜索

（1）调试方法：

1）通过访问安全Ⅳ区报表管理功能菜单里的智能搜索菜单查看；

2）输入搜索内容，如线路、设备等；

3）检验热门搜索功能以及搜索统计功能。

（2）预期结果：

1）搜索历史展示当前登录用户的最近搜索记录；

2）热门搜索展示系统搜索靠前的记录；

3）图形化展示系统搜索趋势（近30天每日的搜索数量）。

（二）版本管理

版本管理功能可处理网关机上送的站端二次设备版本信息，版本文件格式参照《自主可控新一代变电站二次系统技术规范　装置类系列规范4　多功能测控装置》（调技〔2021〕20号）附录E，支持调阅站端所有设备版本信息并保存，支持发送至中台；能够按照时间基线列出最新的版本信息。

1. 版本文件召唤

（1）调试方法：

1）启动版本管理工具；

2）勾选需要召唤版本的装置（目前只支持单个设备版本信息召唤）；

3）点击"召唤设备版本信息"按钮，观察版本文件列表是否召唤成功；

4）在版本文件列表中选择需要召唤的版本文件，观察设备实时软件信息区域是否显示已召唤的版本信息内容。

（2）预期结果：

1）启动版本管理工具后，左侧树形结构能正确显示该厂站的保护装置信息；

2）点击"召唤设备版本信息"按钮，能正确召唤版本文件列表信息；

3）通过版本文件列表选择召唤的版本文件，能正确召唤、解析、显示版本信息内容。

2. 版本信息保存

（1）调试方法：

1）通过调试"版本文件召唤"功能，观察在设备实时软件信息区域能否正确显示已召唤的版本信息内容；

2）点击"历史版本查询"按钮，观察是否有之前的历史版本信息；

3）点击"设备版本入库"按钮，观察是否将此次召唤的版本信息保存到数据库中。

（2）预期结果：

1）点击"历史版本查询"按钮，如果系统中有历史版本信息，在界面的右侧历史版本显示区域会按时间基线显示该装置的所有历史版本信息；

2）点击"设备版本入库"按钮，如果召唤的版本信息在历史版本信息中不存在，会将新召唤的版本信息保存至二次设备版本信息表中，界面历史版本信息显示区域会显示新入库的版本信息。

3. 版本信息导出

（1）调试方法：

1）通过左侧树形结构勾选需要操作的装置，点击"历史版本查询"按钮；

2）点击"导出信息至PMS"按钮，选择导出路径，导出版本信息。

（2）预期结果：

1）通过点击"历史版本查询"按钮，可以正确显示历史版本信息；

2）通过点击"导出信息至PMS"按钮，可以正确导出指定装置的历史版本信息。

4. 年度适用版本管理

（1）调试方法：

1）勾选需要查看年度版本的装置设备，通过年度版本管理界面查询按钮，查看年度版本信息是否正确显示；

2）通过"导入年度版本信息"按钮，导入年度适用版本信息；

3）查看是否支持最新召唤版本信息与年度版本信息进行比对。

（2）预期结果：

1）通过"查询年度适用版本"按钮，能正确显示年度适用版本信息；

2）通过"导入年度版本信息"按钮，能正确导入最新的年度适应版本信息；

3）最新召唤的版本信息支持与年度版本信息进行比对。

（三）定制数据发布

定制数据发布包括以下功能：支持以网页形式发布集控系统的主辅设备监视画面、设备的实时和历史运行数据；支持以网页形式发布现场操作票；可对专业检修班组发布定制的监视画面；支持以短信形式发布故障信息。

1. 主辅设备画面及数据网页发布

（1）调试方法：

1）通过浏览器输入合法的用户名、正确的密码及验证码，分别打开主设备一次接线图及辅助设备监视画面，观察监视画面能否正常调阅，是否与安全Ⅰ区画面显示一致；

2）安全Ⅰ区分别模拟主辅设备运行数据变化，观察安全Ⅳ区画面是否正常刷新；

3）点击监视画面主辅遥测数据，点击右键调取历史数据曲线，观察是否与安全Ⅰ区一致；

4）打开安全Ⅳ区历史告警查询页面，分别查询主辅设备历史告警，观察查询结果是否与安全Ⅰ区一致。

（2）预期结果：

1）通过浏览器能正常登录集控系统安全Ⅳ区，能正常访问主辅设备监控画面，画面显示内容及运行数据与安全Ⅰ区系统显示一致；

2）当安全Ⅰ区发生主辅设备状态及量测变化时，安全Ⅳ区监视画面数据同步变化；

3）在安全Ⅳ区网页上点击主辅设备量测数据调取的历史数据曲线与安全Ⅰ区查询的历史数据曲线显示一致；

4）安全Ⅳ区告警查询页面查询的历史数据与安全Ⅰ区显示一致。

2. 操作票网页发布

（1）调试方法：点击安全Ⅳ区"网页运维业务"→"操作票"，打开操作票显示页面，查询历史操作票及正常执行的操作票是否与安全Ⅰ区显示一致。

（2）预期结果：通过集控系统安全Ⅳ区页面能够正常调取操作票显示页面，当前操作票和历史操作票显示内容与安全Ⅰ区监控系统操作票一致。

（四）信号自动对点

信号自动对点采用分段验证技术，实现监控信息的全回路验证；通过监控信息定值单校核，三遥监控信号自动验收，为运维人员提供实用有效的变电站信息快速接入技术支撑，降低人工核对中信息遗漏、核对出错的风险；大大提高信号验收效率，缩短变电站接入时间。信号自动对点功能调试详见第六章相关介绍。

七、兼容性功能调试

兼容性功能调试主要包括模型数据处理、继电保护运行监视、定值查询与核对、远程控制、故障分析与统计相关功能调试。

（一）模型数据处理

模型数据处理的功能包括：能获取各保护装置运行状态、定值信息、保护动作信息、运行告警、自检信息、硬压板及开入量信息、故障测距及故障量等信息，能对模型信息进行校验、整理、存储；支持继电保护运行监视、故障分析；能解析并处理异常告警、自检、动作以及通信状态等信息；能正确识别继电保护设备运行状态；当集控系统需要使用中间节点信息或保护录波文件时，向变电站站端下发召唤命令，变电站站端根据下发命令中的相关参数，将对应的中间节点和保护录波文件一起上送集控系统，集控系统保存接收到的继电保护信息，方便对历史数据的调用和分析。

1. 子站模型配置管理

（1）调试方法：

1）点击画面"功能"按钮，从左侧的树状菜单中依次双击选中"区域"→"厂站"；

2）点击"子站配置"按钮，系统自动召唤或导入装置配置组的属性结构和描述信息；

3）查看数据库保护设备表中数据是否更新。

（2）预期结果：子站配置的装置配置组信息成功建模，保护设备表中新增装置。

2. 装置模型配置管理

（1）调试方法：

1）点击画面"功能"按钮，从左侧的树状菜单中依次双击选中"区域"→"厂站"→"保护装置"；

2）点击"装置配置"按钮，系统自动召唤并显示状态量、模拟量、定值、定值区号、软压板、故障量等信息；

3）查看数据库中相关模型信息是否更新。

（2）预期结果：子站配置的装置配置组信息成功建模，保护设备表中新增装置。

3. 模型校验、整理、储存

（1）调试方法：

1）模型召唤完毕后，查看系统是否具备模型校验功能，并给出提示信息；

2）模型校验完毕后，系统自动更新数据库，查看模型信息是否更新。

（2）预期结果：模型校验信息显示正确并成功更新数据库。

4. 保护装置运行状态监视

（1）调试方法：

1）模拟装置通信中断/通信恢复信号，查看保护装置状态是否正确显示；

2）查看告警窗是否推送装置通信中断/通信恢复告警；

3）查询历史告警记录；

4）查看保护装置图元状态是否正确显示。

（2）预期结果：

1）保护装置状态正确显示;

2）告警窗推送保护装置通信中断/通信恢复告警;

3）历史告警记录查询正确;

4）保护装置图元显示通信中断状态。

5. 保护动作信息监视

（1）调试方法:

1）模拟保护装置动作/复归信号,查看告警窗是否推送装置动作/复归告警;

2）查询历史告警记录;

3）查看保护装置图元状态是否正确显示。

（2）预期结果:

1）告警窗推送保护动作/复归告警信息;

2）历史告警记录查询正确;

3）保护装置图元正确显示动作状态。

6. 告警自检信息监视

（1）调试方法:

1）模拟保护装置运行告警/自检信息信号,查看告警窗是否推送装置运行告警/自检信息告警;

2）查询历史告警记录;

3）查看保护装置图元状态是否正确显示。

（2）预期结果:

1）告警窗推送运行告警/自检信息告警;

2）历史告警记录查询正确;

3）保护装置图元正确显示告警状态。

7. 硬压板/开入量信息监视

（1）调试方法:

1）模拟保护装置硬压板/开入量的分合信号,查看告警窗是否推送装置硬压板/开入量告警;

2）查询历史告警记录;

3）查看保护装置图元状态是否正确显示。

（2）预期结果:

1）告警窗推送硬压板/开入量告警;

2）历史告警记录查询正确;

3）保护装置图元正确显示变位状态。

8. 中间节点和保护录波文件召唤

（1）调试方法:

1）进入录波查询界面;

2）召唤故障录波文件列表;

3）选择录波文件，召唤录波文件和中间节点文件（中间节点文件须保证装置有.mid和.des文件）；

4）查看录波文件和中间节点文件是否保存至文件服务器。

（2）预期结果：录波文件和中间节点文件成功召唤并保存至文件服务器默认路径下，文件个数和大小与站端一致。

（二）继电保护运行监视

继电保护运行监视通过实时处理装置动作事件、异常告警信息、自检告警信息、运行定值、实时采样值、开关量状态、软压板状态、通信工况等信息，完成对继电保护设备的实时在线监视。

1. 继电保护设备状态监视

（1）调试方法：

1）模拟继电保护设备运行/中断，查看正常/告警信号；

2）查看告警窗是否正确推送保护事件信息；

3）查看工况图元是否正确变化。

（2）预期结果：

1）告警窗正确推送保护事件信息；

2）保护设备工况图元随事件正确变化，不同事件以不同颜色表示。

2. 继电保护设备事件监视

（1）调试方法：

1）模拟装置自检、开入量变化信息，查看告警窗是否能正确推送相关信息；

2）查询装置实时采样、运行定值，与保信子站核对数据是否正确；

3）查询历史告警记录。

（2）预期结果：

1）告警窗正确推送装置自检、开入量变位信息；

2）实时采样、运行定值查询正确；

3）历史告警查询正确。

3. 继电保护模型配置

（1）调试方法：

1）打开实时数据库维护工具，查看保护状态量表中信号是否支持按照厂站－装置－类型筛选；

2）查看告警信息是否对保护信号进行分级分类；

3）查看保护状态量表中状态量是否支持行为配置和功能定义。

（2）预期结果：

1）保护状态量信息支持筛选；

2）告警信息对不同类型状态量进行分级分类；

3）保护状态量表中状态量支持行为配置和功能定义。

4. 保护动作事件记录

（1）调试方法：

1）模拟保护动作信息，保存前置报文，查看前置报文能否正确保存；

2）模拟录波简报，查询历史告警记录；

3）查看系统是否根据保护动作信息、故障录波文件等信息合成故障报告。

（2）预期结果：

1）保护动作报文正确保存；

2）录波简报历史查询结果正确；

3）故障报告成功合成，包含保护动作信息、录波文件及故障分析结果。

（三）定值查询与核对

定值查询与核对的功能包括：能够实现定值在线查询与存储；具备定值核对功能，支持人工召唤装置运行定值，并和定值单进行核对；支持人工召唤装置实际定值，并和主站数据库中保存的定值进行核对；支持周期性自动自定义类型召唤定值，并与主站数据库中保存的定值进行核对，若二者存在差异则提供告警。

1. 定值查询

（1）调试方法：

1）右键点击"保护图元"，点击"综合信息查询"，选择定值查询Tab页；

2）点击"运行区定值查询"，查看运行区定值是否查询成功；

3）输入定值区号，点击"定值查询"，查看多组备用区定值是否查询成功。

（2）预期结果：

1）运行区定值查询成功；

2）备用区定值查询成功。

2. 定值储存

（1）调试方法：

1）点击"运行区定值查询"按钮；

2）点击"保存定值"，查看是否提示保存成功；

3）查询历史定值，查看时标是否与保存操作时的时标一致；

4）点击"查询结果"，查看定值是否成功显示。

（2）预期结果：

1）定值以带时标的方式成功存储；

2）正确查询任意时间段内保存的历史定值，时标显示正确，定值数据显示正确。

3. 定值核对

（1）调试方法：

1）点击"定值核对"按钮，选择主站定值与定值单核对；

2）选择定值单，查看比对结果；

3）点击"定值核对"按钮，选择主站定值与运行定值核对；

4）系统召唤实时定值，并与主站实时数据库中运行定值核对；

5）查看比对结果。

（2）预期结果：

1）主站定值与定值单定值成功核对，若有不一致项则用红色标识；

2）主站定值与实际定值成功核对，若有不一致项则用红色标识。

4. 周期定值核对

（1）调试方法：

1）打开自定义巡检工具，将定值设置为巡检对象；

2）手动修改数据库中的定值实际值；

3）人工启动数据巡检，巡检完成后，查看告警窗是否会提示定值差异信息，包括定值名称、定值实际值。

（2）预期结果：告警窗成功推送定值巡检差异告警。

5. 周期模拟量核对

（1）调试方法：

1）打开自定义巡检工具，将模拟量设置为巡检对象；

2）手动修改数据库中的模拟量实际值；

3）人工启动数据巡检，巡检完成后，查看告警窗是否会提示模拟量差异信息，包括模拟量名称、模拟量实际值。

（2）预期结果：告警窗成功推送模拟量巡检差异告警。

（四）远程控制

远方控制功能是指通过保信子站对继电保护装置进行修改定值、切换运行定值区、投退软压板、保护复归等操作。同时，系统具备完善的远程控制的安措，包括操作安全性审核、数据合理性审核、远程控制流程遵循预修改、返校确认、修改执行和结果返回的控制流程、对远程控制过程有完整记录。

1. 修改运行区定值

（1）调试方法：

1）右键点击保护图元，点击"综合信息查询"，选择定值查询TAB页；

2）点击"运行区定值查询"，查看定值是否查询成功；

3）召唤成功后，在修改定值列中填写需要修改的值，系统对输入的值进行合理性校验，若校验异常则给出提示；

4）下发预置定值指令，若反校失败则退出修改流程，若反校成功则执行定值固化操作；

5）修改完成后，召唤定值查看是否修改成功。

（2）预期结果：运行区定值成功修改。

2. 修改备用区定值

（1）调试方法：

1）右键点击保护图元，点击"综合信息查询"，选择定值查询Tab页；

2）选择定值区号，点击"定值查询"，查看定值是否查询成功；

3）查询成功后，在修改定值列中填写需要修改的值，系统对输入的值进行合理性校验，若校验异常则给出提示；

4）下发预置定值指令，若反校失败则退出修改流程，若反校成功则执行定值固化操作；

5）修改完成后，查询定值查看是否修改成功。

（2）预期结果：备用区定值成功修改。

3. 切换运行定值区

（1）调试方法：

1）点击"定值区切换"按钮，输入目标定值区号；

2）下发预置定值区指令，若反校失败则退出修改流程，若反校成功则执行定值区切换操作；

3）切换完成后，查看是否切换成功。

（2）预期结果：运行定值区正确切换。

4. 修改软压板

（1）调试方法：

1）右键点击保护图元，点击"综合信息查询"，选择运行信息Tab页；

2）点击"软压板查询"，查看软压板实时运行状态；

3）选择需要修改的软压板和投退状态，点击"修改"按钮；

4）下发预置软压板指令，若反校失败则退出修改流程，若反校成功则执行软压板固化操作；

5）修改完成后，查看是否修改成功。

（2）预期结果：软压板成功投退。

5. 保护复归

（1）调试方法：

1）右键点击保护图元，点击"综合信息查询"，选择异常告警Tab页；

2）点击"保护复归"按钮，下发保护复归指令至子站；

3）查看保护装置信号是否复归。

（2）预期结果：保护复归正确动作，保护装置信号正确复归。

6. 操作安全性审核

（1）调试方法：

1）操作员删除远方操作权限，查看是否能进行修改定值、切换定值区、投退软压板和远方复归操作；

2）操作员添加远方操作权限，查看是否能进行修改定值、切换定值区、投退软压板和远方复归操作；

3）在配置允许操作节点、删除操作节点后，查看是否能进行修改定值、切换定值区、投退软压板和远方复归操作。

（2）预期结果：

1）操作员只有在具备操作权限时才可以执行远方操作；

2）操作节点需配置在配置文件中才可以执行远方操作。

7. 数据合理性校验

（1）调试方法：

1）右键点击保护图元，点击"综合信息查询"，选择定值查询TAB页；

2）选择定值区号，点击"定值查询"，查看定值是否查询成功；

3）查询成功后，在修改定值列中填写需要修改的值，系统对输入的值进行数据类型校验、数据合理性范围检查，若发现异常则给出提示。

（2）预期结果：当输入定值为异常字符或超出最大值最小值时，系统给出告警提示。

8. 操作日志查询

（1）调试方法：

1）在历史告警查询界面中，依次选择修改定值、切换定值区、投退软压板等操作类型；

2）点击查询，查看操作历史记录是否正确。

（2）预期结果：操作历史记录正确查询，记录包含操作人、操作时间、修改前后的值和操作结果。

（五）故障分析与统计

故障分析与统计能进行故障分析、波形分析，具备故障测距功能，支持故障分析报告模板，能对继电保护设备的运行信息和工况信息提供统计分析。

1. 故障分析

（1）调试方法：

1）利用模拟工具模拟故障；

2）查看系统是否推出事故报警提示和故障简报，故障简报中包含故障相关信息；

3）查看故障简报中是否包含故障厂站、故障设备、保护装置的动作信息，并显示故障点位置（测距信息）、故障类型和跳闸信息；

4）查看故障录波简报中是否包括保护动作信息、保护动作行为分析报告、故障时刻系统采样数据及故障录波数据。

（2）预期结果：

1）发生故障时，成功推出故障简报；

2）故障简报中应包含故障厂站、故障设备、保护装置的动作信息，并显示故障点位置（测距信息）、故障类型和跳闸信息；

3）故障简报中应包含保护动作信息、保护动作行为分析报告、故障时刻系统采样数据及故障录波数据。

2. 故障录波文件故障分析

（1）调试方法：

1）打开故障录波分析工具，选择录波文件并打开；

2）对录波数据进行故障分析，包括曲线图绘制、相量图绘制、阻抗轨迹绘制、序分量计算、功率计算和谐波分析。

（2）预期结果：系统能正确打开录波文件，并对录波数据进行曲线图绘制、相量图绘制、阻抗轨迹绘制、序分量计算、功率计算和谐波分析。

3. 故障录波数据故障简况提取

（1）调试方法：

1）打开故障录波分析工具，选择录波文件并打开；

2）对录波数据进行故障数据提取，包括故障起始时间、故障持续时间、故障相别、故障类型、故障前后相量等。

（2）预期结果：系统能正确提取故障起始时间、故障持续时间、故障相别、故障类型、故障前后相量等故障简况数据。

4. 故障录波波形操作

（1）调试方法：

1）打开故障录波分析工具，选择录波文件并打开；

2）对录波波形进行放大和缩小、波形显示值的切换等操作；

3）对录波数据进行导入、导出的操作。

（2）预期结果：系统能正确对故障录波波形进行放大和缩小，并支持波形显示值的切换，系统录波数据的导入、导出操作正确。

5. 故障录波智能提取

（1）调试方法：

1）打开故障录波分析工具，选择录波文件并打开；

2）提取故障录波文件中的事件顺序记录和故障前后指定周期波形信息；

3）根据故障信息生成简化录波文件。

（2）预期结果：系统能正确对提取录波文件中的事件顺序记录和故障前后指定周期波形信息，并根据故障信息生成简化录波文件。

6. 故障录波信号合并

（1）调试方法：

1）打开故障录波分析工具，选择录波文件并打开；

2）自定义通道，选择三相通道数据合并计算生成自产零序波形；

3）自定义通道，选择一个半断路器接线相关通道，经过数据合并计算生成一个半断路器接线和电流波形。

（2）预期结果：系统能正确自定义通道，并根据通道数据合并计算生成自产零序波形和一个半断路器接线和电流波形。

7. 双端测距

（1）调试方法：

1）打开故障录波分析工具，依次打开双端故障录波文件；

2）对故障录波数据进行手动或自动对时，消除两端数据时间不同步的影响；

3）输入线路参数，计算双端测距值。

（2）预期结果：系统能正确进行双端故障录波数据对时，消除两端数据时间不同步的影响，正确计算双端测距值。

8. 单端测距

（1）调试方法：

1）打开故障录波分析工具，选择录波文件并打开；

2）输入线路参数，利用单端测距算法计算单端测距值。

（2）预期结果：系统能正确进行单端测距计算。

9. 接地阻抗计算

（1）调试方法：

1）打开故障录波分析工具，选择录波文件并打开；

2）计算故障点的接地阻抗，查看能否正确显示。

（2）预期结果：系统能正确进行故障点的接地阻抗计算。

10. 故障分析报告模板功能

（1）调试方法：

1）打开故障报告模板生成工具，选择每个Tab页可增加、删除、修改；

2）点击"生成故障模板"按钮，可生成故障模板文件。

（2）预期结果：系统能正确生成故障模板文件，通过故障模板查看工具可查看详细信息。

11. 统计分析

（1）调试方法：

1）查看是否具备对继电保护运行情况、异常情况、动作情况的数据进行统计的功能；

2）查看是否具备对保护子站、继电保护设备通信状态进行统计的功能；

3）查看是否具备根据筛选条件（包括时间、区域、设备、故障类型等）对数据进行统计的功能。

（2）预期结果：

1）系统能正确对继电保护运行情况、异常情况、动作情况的历史数据进行统计查询；

2）系统能正确对保护子站、继电保护设备通信状态进行统计查询；

3）系统能正确根据筛选条件（包括时间、区域、设备和故障类型等）对历史数据进行统计查询。

第三节　应用性能调试

一、工作要求

（一）工作目标

应用功能调试后，可以进行应用性能调试，包括系统响应性能、控制响应性能、画面显示性能等；通过性能调试，可保障应用功能的数据处理及响应能力，保障集控系统的应用效果及系统使用安全。

（二）工作流程

应用性能调试人员包括项目建设单位相关人员和功能应用厂商。功能应用厂商提供应用使用手册，建设单位调试人员参照应用使用手册及调试内容进行功能调试，对调试结果进行记录，整理不符合预期结果的项目内容，反馈给功能应用厂家。功能应用厂家进行问题初步判断，如不是应用软件问题，则进行重新调试；如确定问题存在，则进行问题整改并重新测试，直至调试通过。应用性能调试工作流程如图4-8所示。

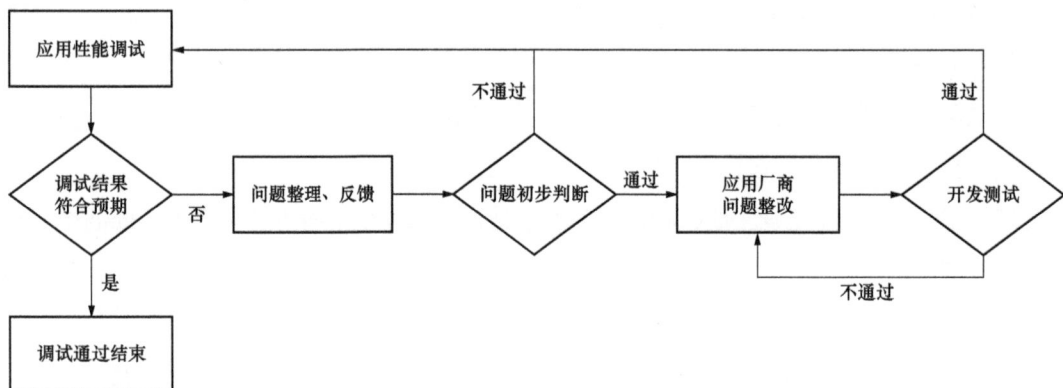

图 4-8　应用性能调试工作流程图

二、功能应用性能检测

（一）实时数据采集及响应性能

1.技术要求

（1）从安全Ⅰ、Ⅱ区数据变化到桌面应用统计结果显示时间不大于5s，从安全Ⅳ区数据变化到网页应用统计结果及报表数据显示时间不大于10s。

（2）在安全Ⅰ、Ⅱ区桌面应用数据查询界面，从启动查询到数据结果展示时间不大于5s；在安全Ⅳ区网页应用数据查询界面，从启动查询到数据结果展示时间不大于10s。对于数据量庞大的查询要求给出提示。

2. 测试方法

（1）通过仿真软件模拟站端数据变化，检查集控系统安全Ⅰ、Ⅱ区桌面应用统计结果时间与数据变化时间差是否不大于5s。

（2）通过仿真软件模拟站端数据变化，检查集控系统安全Ⅳ区网页统计结果时间与数据变化时间差是否不大于10s。

（3）检查集控系统安全Ⅰ、Ⅱ区桌面应用数据查询界面，从启动查询到数据结果展示时间是否不大于5s，对于数据量庞大的查询要求给出提示。

（4）检查集控系统安全Ⅳ区网页应用数据查询界面，从启动查询到数据结果展示时间是否不大于5s，对于数据量庞大的查询要求给出提示。

（二）控制响应性能

1. 技术要求

（1）故障录波文件分析时间不大于10s。

（2）故障波形缩放响应时间不大于1s。

（3）穿透调阅功能支持多节点同时对多厂站进行调用操作，保持功能正常。

（4）遥控步进可执行步骤数不小于200个步骤。

（5）操作票智能开票解析时间不大于5s。

（6）主辅设备联动响应时间不大于1s，辅助设备间联动响应时间不大于3s。

（7）操作防误服务同步响应时间不大于3s。

2. 测试方法

（1）调用故障录波分析模块，检查从打开本地录波文件到应用界面展示分析结果时间是否不大于10s。

（2）检查故障录波展示界面缩放响应时间是否不大于1s。

（3）检查集控系统穿透调阅能否进行多节点同时对多厂站进行调用操作，操作功能是否正常。

（4）检查集控系统遥控步进的可执行步骤数是否支持至少200个步骤。

（5）操作票已转令到安全Ⅰ区的情况下，检查集控系统操作票智能开票解析时间是否不大于5s。

（6）检查集控系统主辅设备联动响应时间是否不大于1s，辅助设备间联动响应时间是否不大于3s。

（7）检查操作防误服务同步请求的响应时间是否不大于3s。

（三）实时画面调出响应时间

1. 技术要求

（1）在告警窗点击右键菜单调用应用的响应时间，主设备相关画面不大于3s，辅助设备相关画面不大于5s。

（2）在画面浏览器点击右键菜单调用应用的响应时间，主设备相关画面不大于3s，辅助设备相关画面不大于5s。

（3）扩展集成图元画面的响应时间，主设备相关画面不大于3s，辅助设备相关画面不大于5s。

（4）事件触发后，安全Ⅰ、Ⅱ区相关应用的弹窗时间不大于3s。

2. 测试方法

（1）检查在告警窗点击右键菜单调用应用的响应时间，主设备相关画面是否不大于3s，辅助设备相关画面是否不大于5s。

（2）检查在画面浏览器点击右键菜单调用应用的响应时间，主设备相关画面是否不大于3s，辅助设备相关画面是否不大于5s。

（3）检查扩展集成图元画面的响应时间，主设备相关画面是否不大于3s，辅助设备相关画面是否不大于5s。

（4）事件触发后，检查安全Ⅰ、Ⅱ区相关应用的弹窗时间是否不大于3s。

第四节　应用接口调试

一、工作要求

（一）工作目标

本节将重点介绍纵向接口调试。通过接口调试，可保障应用功能数据交互及功能联调的正确性，保障集控系统的使用效果。

（二）工作流程

应用接口调试人员包括项目建设单位相关人员、功能应用厂商、相关接口厂商。功能应用厂商提供应用使用手册及接口调试手册，建设单位调试人员参照应用使用手册及调试内容进行接口调试，接口厂商配合调试，对调试结果进行记录，整理不符合预期结果的项目内容，反馈给功能应用与相关接口厂家。各厂家进行问题初步判断，如不是软件问题，则进行重新调试；如确定问题存在，则进行问题整改并重新测试，直至调试通过。应用接口调试工作流程如图4-9所示。

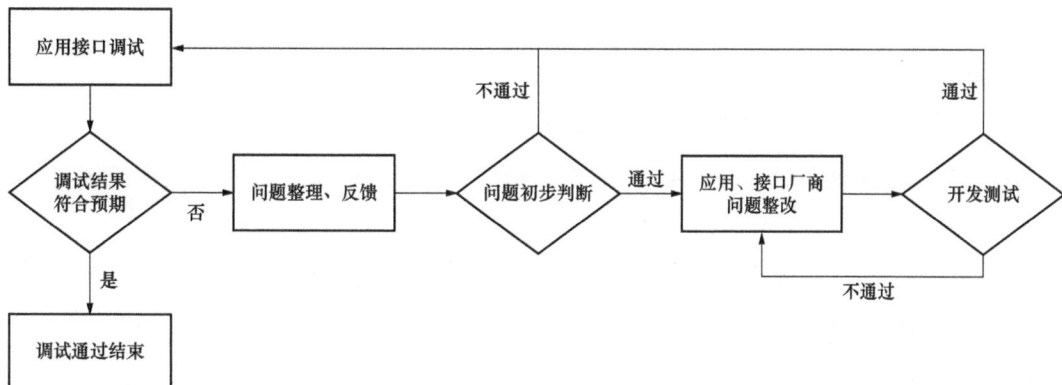

图 4-9　应用接口调试工作流程图

二、纵向接口调试

集控系统与智能巡视集中监控模块纵向接口能够实现视频联动，集控系统通过安全Ⅳ区向远程智能巡视集中监控模块发送主设备的遥控操作、变位以及主辅设备的告警等信息，后者完成摄像头的调用、上传图像或者视频信息到安全Ⅳ区管理信息工作站上。

执行遥控操作时，巡视系统根据联动配置策略启动对遥控操作对象设备的视频巡视，可将图像识别结果主动推送给集控系统，集控系统将识别结果保存为文件，隔离装置通过文件摆渡方式将文件同步到安全Ⅱ区集控系统，集控系统解析图像识别结果文件，将视频识别结果作为遥控操作的"双确认"结果。

（一）主设备遥控触发视频联动

1. 集控系统侧调试过程

（1）在集控系统安全Ⅳ区服务器上配置正确的视频联动转发IP、端口和Token。

（2）在隔离装置中配置同步安全Ⅳ区的~/data/video_analysis目录中文件到安全Ⅱ区的主备服务器的~/data/video_analysis目录。

（3）通过联动配置界面或实时数据库管理工具配置一个断路器或隔离开关遥控，触发视频联动。

（4）在工作站图形界面中对该断路器或隔离开关进行遥控操作。

2. 巡视系统侧调试工作

在巡视系统中配置该遥控的联动摄像头预置点和巡检点。

3. 调试结果

（1）巡检系统摄像头调用正确的预置点、抓图或录像。

（2）巡检系统安全Ⅳ区工作站弹出视频画面。

（3）集控系统告警窗口会显示出返回的图像识别结果。

（4）集控系统配置了图像识别的遥控点在遥控对话框中能显示出返回图像识别结果。

（二）主设备变位信号联动视频

1.集控系统侧调试过程

（1）在集控系统安全Ⅳ区服务器上配置正确的视频联动转发IP、端口和Token。

（2）通过联动配置界面或实时数据库管理工具配置一个断路器或隔离开关变位信号触发视频联动。

（3）使用模拟工具模拟该变位信号。

2.巡视系统侧调试工作

在巡检系统中配置该变位信号的联动摄像头参数。

3.调试结果

（1）巡检系统摄像头调用正确的预置点、抓图或录像。

（2）巡检系统安全Ⅳ区工作站弹出视频画面。

（三）系统告警触发视频联动功能

1.集控系统侧调试过程

（1）在集控系统安全Ⅳ区服务器上配置正确的视频联动转发IP、端口和Token。

（2）通过联动配置界面或实时数据库管理工具配置一个主设备告警信号或辅助设备告警信号触发视频联动。

（3）使用模拟工具模拟该告警信号。

2.巡视系统侧调试工作

在巡检系统中配置该告警信号的联动摄像头参数。

3.调试结果

（1）巡检系统摄像头调用正确的预置点、抓图或录像。

（2）巡检系统安全Ⅳ区工作站弹出视频画面。

第五节　应用安全调试

一、工作要求

（一）工作目标

应用安全调试包括应用安全、数据安全、运行安全等。通过安全调试，可保障应用功能使用和数据交互的安全性，保障集控系统的使用安全，提高电力系统的运行安全水平。

（二）工作流程

应用安全调试人员包括项目建设单位相关人员、功能应用厂商。功能应用厂商提供系统使用手册及安全调试手册，建设单位调试人员参照系统使用手册及调试内容进行安全调试，对调试结果进行记录，整理不符合预期结果的项目内容，反馈给功能应用厂家。功能应用厂家进行问题初步判断，如不是应用软件问题，则进行重新调试；如确定问题存在，则进行问题整改并重新测试，直至调试通过。应用安全调试工作流程如图4-10所示。

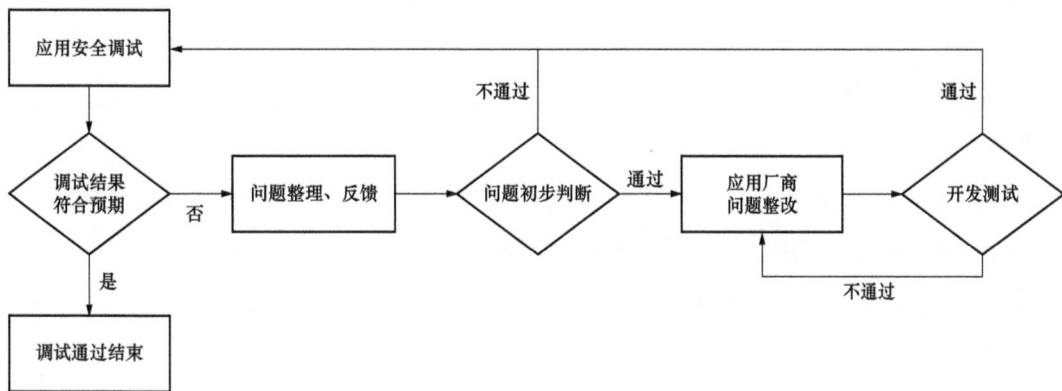

图4-10　应用安全调试工作流程图

二、业务安全调试

（一）应用安全

1. 技术要求

（1）操作与控制安全要求：

1）应符合《变电站二次系统通用技术规范　第6部分：二次设备安全防护》（调技〔2021〕20号）5.1.1.3的要求；

2）只有操作票上规定的人员方可进行操作，且仅能执行操作票上指定的运维对象；

3）应支持控制操作正确性验证，依据逻辑规则、联动策略仅执行必要动作，并不允许执行其他更多的动作；

4）应具备控制操作双校核机制，只有同时通过校核方可进行控制操作；

5）应具备设备调度编号校核机制，只有同时通过校核方可进行控制操作；

6）应具备控制时效性验证能力，防范过期的控制操作；

7）应具备控制资源抢占的处理机制，禁止同一时刻对同一控制对象进行多人同时控制操作；

8）所有控制操作行为应记录审计日志，应符合《变电站二次系统通用技术规范　第6部分：二次设备安全防护》（调技〔2021〕20号）及《新一代集控站设备监控系统系列规范　第4部分：基础平台（试行）》（设备监控〔2022〕83号）附录B3的要求。

（2）运行监视安全要求：

1）应支持对数据合理性和安全性进行检查和过滤，能正确识别数据跳变、超量程等异常数据并告警提示；

2）应具备多源数据处理功能（如成对关联数据），同一测点的多源数据应进行合理性校验，具备防止因多数据源切换造成数据跳变的功能；

3）应具备并发数据、海量数据协同分析与处理能力，应不丢失、不覆盖数据；

4）应支持对存储资源使用情况进行管理，能设置资源使用率告警阈值，超出阈值应给予告警；

5）数据分析与处理过程中的异常告警、安全事件、CPU、内存、磁盘使用越限应记录审计日志，应符合《变电站二次系统通用技术规范 第6部分：二次设备安全防护》（调技〔2021〕20号）及《新一代集控站设备监控系统系列规范 第4部分：基础平台（试行）》（设备监控〔2022〕83号）附录B3的要求；

6）应禁止修改运行监视数据的真实值，对于人工、检修等异常状态的数据应进行明确标识；

7）应仅允许具备权限的用户访问相应的业务模块；

8）用户对监视数据的修改应记录安全审计日志。

（3）运维管理安全要求：

1）应只允许具备本地管理操作票权限的用户进行新建、编辑操作票，且与操作票审核人员不可是同一人；

2）应只有具备权限的运维人员方可访问权限范围内的运维对象，应具备操作内容执行安全策略，保证仅支持操作票规定的内容；

3）用户登录运维对象行为以及操作票的编辑、运作等操作应记录日志。

（4）文件操作安全要求：文件操作行为应记录安全审计日志。

（5）网络安全监测应用安全要求：

1）网络安全监测应用应通过独立的网口进行信息的采集和上传；

2）平台及其他应用的故障应不影响网络安全监测应用的正常运行；

3）系统应划定独立的存储区域进行网络安全监测应用的部署和数据的存储；

4）网络安全监测应用应具备独立的数据库，和平台相对独立；

5）系统应分配专门的用户进行网络安全监测应用的部署和维护，其他用户无权访问；

6）平台应能监视网络安全监测应用的异常状态，在网络安全监测应用异常时应能自动发出告警信号；

7）网络安全监测应用应和宿主机共用时钟系统。

2. 测试方法

（1）操作与控制安全检测方法：

1）连接身份认证，对于传输重要操作控制命令的链路，当主子站链路建立时，须有身份认证机制保证双方身份的合法性；

2）检测是否只有操作票上规定的人员才能进行操作，且仅能执行操作票上指定的运维对象；

3）检测系统是否支持控制操作正确性验证，在进行控制业务时会依据逻辑规则、联动策略仅执行期望的动作，不允许执行其他更多的动作；

4）检测控制操作是否具备双校核机制，只有同时通过校核方可进行控制操作；

5）进行控制操作时，检测是否具备双重信息表校核机制，更换其中一个控制点信息表，检测是否控制失败，且给予提示告警；

6）检测是否具备控制操作的时效性验证能力，防范过期的控制操作；

7）应具备控制资源抢占的处理机制，禁止同一时刻对同一控制对象进行多人控制操作；

8）检测配置变更、所有控制操作等是否记录审计日志，且审计日志信息是否与实际相符。

（2）运行监视安全检测方法：

1）在跳变事故定义表增加监视点，配置跳变门槛和延迟时间等参数，模拟该数据点跳变，查看告警窗是否有该点的跳变告警；模拟量测点超量程数据，查看告警窗是否有告警；

2）在多源信息表中增加监视点，配置其他几个源的ID，并保证所有源数据正常，观察结果量测的值是否与来源1的量测相同，模拟来源1量测点数据异常，如采集异常或数据越限等情况，查看结果量测的值是否与来源2的量测值相同；

3）触发50%的背景数据流量及20%实际业务数据，持续10s，检测综合应用主机是否不误动、不误发报文，是否不丢失、不覆盖数据；

4）查看在大量数据处理情况下的资源占用情况，检测是否支持对数据计算和存储资源使用情况进行管理，是否能正确识别异常占用资源现象并给予告警；

5）触发数据分析与处理过程中的异常告警、安全事件、CPU、内存、磁盘使用越限等，查看系统审计日志，检测数据分析与处理过程中异常告警及安全事件是否记录审计日志；

6）查看并修改系统运行监视数据，检测监视数据真实值是否可被修改，对遥测、遥信等人工置数，检测修改过的数据品质是否具有置数标志；

7）使用不同权限的用户账号登录，检测是否仅允许查看权限内的业务模块，权限外的业务模块不允许访问；

8）进行用户监视数据修改操作，检查该修改操作是否记录审计日志。

（3）运维管理安全检测方法：

1）检测是否只有具备权限的用户方可在本地新建、编辑操作票的用户，并检测操作票审核人员和操作票开具人员是否不可是同一人；

2）检测是否只有具备权限的运维人员方可访问权限范围内的运维对象，且仅支持操作票规定的内容，对于在运维对象上执非权限范围内的运维对象，检测是否能够阻断；

3）检测用户登录运维对象行为以及操作票的编辑、节点流转等操作是否记录日志，通过日志文件是否能查看记录信息。

（4）文件操作安全检测方法：查看文件服务日志，应记录操作文件的名称、操作文件的行为、操作文件的结果等内容。

（5）网络安全监测应用安全检测方法：

1）检查网络安全监测应用和外部通信是否采用独立的网口进行通信；

2）停止平台或平台数据库，登录网络安全监测应用，检查各模块功能是否正常运行；

3）查看系统是否为网络安全监测应用分配独立的存储空间，且其他用户无权限访问；

4）查看网络安全监测应用是否具备独立的数据库，停止平台的数据库，网络安全监测应用应正常读取和存储数据；

5）使用专门系统用户启动和停止网络安全监测应用，检查是否可正常启动和停止网络安全监测应用；使用其他系统用户启动和停止网络安全监测应用，检查是否无权限启动和停止网络安全监测应用；

6）模拟网络安全监测应用运行故障，打开告警窗，检查是否有相应告警展示；

7）修改宿主机的时钟，查看网络安全监测应用的时钟是否同步修改。

（二）数据安全

1. 技术要求

（1）应符合《变电站二次系统通用技术规范　第6部分：二次设备安全防护》（调技〔2021〕20号）5.1.4的要求：一般数据在存储过程中不需要加密和认证，口令等重要数据在存储时应采用国密算法进行加密。

（2）应符合《变电站二次系统通用技术规范　第6部分：二次设备安全防护》（调技〔2021〕20号）5.1.9的要求。

（3）应采用校验技术或密码技术等保证重要业务数据、敏感数据在存储时的完整性。

（4）审计日志应至少保存6个月，应设置审计日志存储余量控制策略，当存储空间接近极限时，应支持主动发告警提示。

（5）审计数据应不可被篡改、删除。

（6）软硬件异常情况下应对存储数据进行保护。

（7）数据备份、数据恢复等系统类事件应记录审计日志，应符合《变电站二次系统通用技术规范　第6部分：二次设备安全防护》（调技〔2021〕20号）及《新一代集控站设备监控系统系列规范　第4部分：基础平台（试行）》（设备监控〔2022〕83号）附录B3的要求。

2. 测试方法

（1）检测身份凭证信息、口令等重要数据在存储时是否采用国密SM2算法进行加密。

（2）使用文件备份与恢复工具，对除辅控传感器外其他各类二次设备的配置文件、数据文件等关键数据进行备份。

（3）检测是否采用校验技术或密码技术等对重要业务数据、敏感数据在访问时进行完整性校验。

（4）通过生成6个月的审计日志文件或修改软件系统时间，检测是否至少保存6月的审计日志。

（5）设置存储容量阈值，检测是否在存储容量即将达到上限时应进行告警。

（6）尝试修改、删除审计数据，检测是否操作不成功。

（7）模拟软硬件异常情况，检测软硬件异常情况下存储的历史数据、配置数据等是否完整、正确。

（8）模拟重要业务数据备份与恢复，检测是否实现正确，并记录安全审计日志。

（三）运行安全

1. 技术要求

（1）应具备应用异常监视能力，发生异常时应能自动发出告警信号。

（2）对运行系统的恶意攻击应记录相应审计日志，产生告警事件。

2. 测试方法

（1）在不进行安全认证的情况下，模拟发送一个遥控服务请求，检查告警窗是否有异常告警展示。

（2）对系统的恶意攻击，检测系统是否具备安全防护策略，并对异常攻击行为进行记录，产生相应的告警事件。

（四）源代码安全

1. 技术要求

应符合《变电站二次系统通用技术规范　第6部分：二次设备安全防护》（调技〔2021〕20号）5.1.8的要求。

2. 测试方法

使用代码安全检测工具，结合人工审计方式分析代码缺陷成因，验证代码安全漏洞，判断缺陷危害程度，评估缺陷风险。

（五）安全免疫

1. 技术要求

宜符合《变电站二次系统通用技术规范　第6部分：二次设备安全防护》（调技〔2021〕20号）5.1.11的要求，对应用程序进程、数据、代码段进行动态度量，不同进程之间不应存在未经许可的相互调用，禁止向内存代码段与数据段直接注入代码的执行。关键业务连接请求与接收端应可以向对端证明当前身份的可信性，不应在无法证明任意一端身份可信的情况下进行业务交互。在关键业务服务器、跨安全区传输的网关服务器等关键设备上，宜采用基于可信计算的安全免疫防护技术加强自身安全防护。

2. 测试方法

宜检查部署可信验证模块的主机，配置应用程序启动进程白名单，并启动白名单内进程，检测是否启动成功；尝试启动白名单外的进程，检测非白名单内进程是否能够启动不成功；尝试修改或替换白名单内应用程序，检测是否阻止启动。

在安全认证的情况下，模拟发送一个遥控服务请求，检查接收端是否可以正常收到服务响应；在不进行安全认证的情况下，模拟发送一个遥控服务请求，检查接收端是否无法正常接收到服务响应。

宜通过可信管理中心检查关键业务服务器、跨安全区传输的网关服务器等关键设备上的可信验证模块是否在线。

（六）安全管理

1. 技术要求

（1）集控系统应按照国家及行业相关标准规范要求，开展网络安全等级保护定级、备案和测评工作。在系统的建设改造、运行维护阶段开展安全评估工作。

（2）集控系统软硬件执行准入机制，在进入电网系统安装部署前，应通过具有CNAS资质的机构认可的测试机构或网络安全实验室开展安全认证或检测，并获取对应合格的检测报告、证书等资质。如系统软硬件发生重大变更，应按要求重新检测。

（3）为避免重复投资，集控系统使用的数字证书来源宜复用调度数字证书系统。

（4）安全管理、业务管理、审计管理应三权分立。

2. 测试方法

检查集控系统以及各应用是否满足三权分立的原则。

三、通用安全检测

（一）访问控制

1. 技术要求

（1）应支持基于审计管理员、系统管理员、业务监护员、业务操作员等角色的访问控制功能，其中，系统管理员角色、审计管理员角色应为系统内置角色。

（2）应支持角色与权限的绑定，不同角色人员应按照工作范围、职责分工分配相应的访问控制权限。

（3）应保证不同角色间权限互斥，且不应将不同的互斥角色授予同一用户，确保系统中不存在超级管理员。

（4）应依据安全策略控制用户对系统权限、文件或数据库表等客体的访问。

（5）应支持对重要信息资源设置安全标记功能，并提供基于安全标记的访问控制。

2. 测试方法

（1）检查系统的用户角色设置：

1）查看系统的角色列表，检查系统是否设置独立的系统管理员角色、审计管理员角色、业务监护员角色、业务操作员角色；

2）尝试修改、删除系统管理员角色、审计管理员角色的权限，验证是否可被更改、删除。

（2）检查系统的角色与权限的绑定：

1）检查系统管理员角色是否仅具有用户管理、角色管理、权限管理、配置设置等系统管理权限；

2）检查审计管理员角色是否仅具有监控其他用户的操作轨迹及对审计日志进行管理、监视和运行维护的权限；

3）检查业务监护员角色是否仅具有对系统关键操作的监护审核权限，执行关键的系统和业务操作（如遥控），检查是否经由该角色监护或审核通过才能生效；

4）检查业务操作员角色是否仅能进行业务操作，不具有任何管理权限。

（3）检查系统的角色权限互斥功能：

1）检查系统管理员、审计管理员、业务监护员、业务操作员等角色的权限策略或权限配置表，各角色拥有的权限是否形成互斥；

2）将互斥的角色授予同一用户，尝试创建超级管理员用户，验证是否能够创建成功。

（4）检查系统的访问控制策略是否有效：

1）检查访问控制策略的控制粒度主体是否为主体级或进程级；

2）检查访问控制策略的控制粒度客体是否为文件、数据库表、记录或字段级；

3）配置访问控制策略，验证主体对客体的访问规则是否生效。

（5）检查应用软件系统重要信息资源是否设置了安全标记，验证系统是否依据主体、客体安全标记控制主体对客体访问的强制访问控制策略。

（二）安全审计

1. 技术要求

（1）应具备覆盖每个用户的安全审计功能。

（2）审计功能中应对系统重要事件（包括用户和权限的新增/修改/删除、配置定制、审计记录维护、用户登录和退出、越权访问、密码重置、数据的备份和恢复等系统级事件，及业务数据新增、修改、删除、遥控等业务级事件）进行审计。

（3）审计记录应包括事件的日期时间、事件类型、用户身份、事件描述和事件结果，用户身份应包括用户名和IP地址，且应具有唯一性标识。

（4）应具备对审计数据进行搜索、查询、分类、排序等功能。

（5）应保证无法单独中断审计进程，无法删除、修改或覆盖6个月内的审计记录。

（6）应支持定义分级的系统异常事件类型，并且根据异常的严重程度分别采用日志记录、警告提示、声光报警等方式进行通知。

2. 测试方法

（1）检查系统是否具有安全审计功能，且能覆盖每个用户的操作。

（2）检查系统是否对重要事件进行审计：

1）执行用户管理、权限管理、配置定制、审计记录维护、用户登录和退出、越权访问、密码重置、数据的备份和恢复等系统级事件，验证审计记录是否明确记录了此类事件；

2）执行业务新增、修改、删除、遥控等业务操作，验证审计记录是否明确记录了此类事件。

（3）检查系统审计记录内容：

1）查看审计记录的内容，检查审计记录中的基本信息是否包括事件的日期时间、事件类型、用户身份、事件描述和事件结果；

2）查看用户身份是否包括用户名和IP地址，是否具有用户唯一性标识。

（4）检查系统审计查阅功能：

1）查看审计记录，检查是否至少能够按照用户名、时间的属性对审计记录进行查询；

2）查看审计记录，检查是否至少能够按照用户名、时间的属性对审计记录进行排序；

3）查看系统的安全审计记录，检查系统是否对审计事件类型进行划分，类型包括但不限于系统级事件和业务级事件。

（5）检查系统审计事件存储功能：

1）尝试中断审计进程，验证审计进程是否受保护；

2）尝试对6个月内的审计记录进行修改、删除和覆盖操作，验证是否可操作成功。

（6）检查系统是否具有异常事件告警的功能：

1）检查系统是否根据严重程度对异常事件进行等级划分；

2）尝试人工触发异常事件（包括但不限于越权访问、登录失败、IP异常等），验证系统是否对异常事件进行告警；

3）检查告警方式是否为弹出窗告警、声光报警、短信通知、邮件通知等有效的方式。

（三）抗抵赖

1. 技术要求

应具备对遥控等关键操作的原发抗抵赖功能。

2. 测试方法

执行系统遥控类等关键操作，验证系统是否采用数字签名技术为数据原发者或接收者提供数据原发证明，确保信息的发起者不能否认曾经发送过的信息。

（四）软件容错

1. 技术要求

（1）应对人工输入数据的有效性进行检验。

（2）应具备自动保护功能。

（3）应具备系统恢复功能。

2. 测试方法

（1）检查系统的数据有效性校验功能：

1）尝试输入非法的数据（如年龄为负数），验证客户端是否对数据的有效性进行校验；

2）尝试输入不同类型的数据（数字、字母、特殊字符等），验证客户端是否对数据的有效性进行校验；

3）尝试输入超长数据，验证客户端是否对数据的有效性进行校验；

4）人机交互数据提交时，使用工具依次截获并修改数据为非法数据、不同类型的数据、超长数据，验证服务端是否对数据的有效性进行校验。

（2）检查系统的自动保护功能：

1）尝试制造服务器异常、数据库异常、网络异常等故障，检查系统是否能够自动保存故障前的状态和数据信息；

2）检查系统出现故障时是否返回与业务无关的信息。

（3）检查系统故障恢复后，是否能够自动重启进程，是否能够恢复被破坏的数据库数据。

（五）资源控制

1. 技术要求

（1）应对登录用户的会话超时时间进行限制（限制在大于0且不大于30min的范围内）。

（2）应对请求进程占用的系统资源分配最大限额、最小限额和资源水平降低到预先规定的最小值进行检测和报警。

（3）应具备服务优先级设置功能。

2. 测试方法

（1）检查系统的会话超时机制：

1）用户登录系统停止活动到设定时间，检查系统是否能够自动结束会话；

2）检查系统的会话超时机制是否限制在大于0且不大于30min的有效范围内。

（2）检查系统是否具有系统服务水平（CPU、内存等）的实时检测功能，尝试将系统服务水平降低到预先规定的阈值，测试验证是否进行报警。

（3）检查系统是否具有服务或用户优先级设定功能，尝试降低系统的服务水平，测试验证系统是否能够根据设定的优先级为用户或进程分配系统资源。

（六）信息探测

1. 技术要求

系统应关闭存在风险的无关服务和端口。

2. 测试方法

（1）使用工具扫描并查看系统所在测试环境的端口开放情况，检查系统是否开放了高危端口。

（2）检查系统是否开放了与业务无关的服务端口。

（七）剩余信息保护

1. 技术要求

应保证系统内的文件、目录和数据库记录等敏感信息所在的存储空间被释放或再分配给其他用户前被完全清除。

2. 测试方法

（1）用户退出登录后，查看并验证此用户鉴别信息所在的存储空间被释放或重新分配前是否得到完全清除。

（2）尝试非正常退出用户，再次登录用户时，检查是否需要对用户进行重新鉴别。

（八）安全漏洞

1. 技术要求

应不存在已知的安全漏洞。

2. 测试方法

使用工具在测试环境下对系统执行渗透测试，检查系统是否存在已知安全漏洞。

（1）B/S架构系统检查内容，包括但不限于：明文传输、默认口令/弱口令、敏感信息泄露、越权访问漏洞、关键会话重放漏洞、任意文件包含/任意文件下载、任意文件上传漏洞、SQL注入漏洞、命令执行漏洞、XSS跨站脚本攻击、后台泄露漏洞、目录遍历、CSRF（跨站请求伪造）、设计缺陷/逻辑漏洞、XML实体注入、登录功能及验证码漏洞、不安全的Cookies、SSL漏洞、SSRF漏洞、不安全的Http请求方法等。

（2）C/S架构系统检查内容，包括但不限于：明文传输、默认口令/弱口令、客户端功能异常漏洞、服务端功能异常漏洞、可执行文件劫持漏洞、敏感信息泄露、越权访问漏洞、关键会话重放漏洞、登录认证绕过漏洞、已知漏洞扫描、任意文件下载、逆向分析、SQL注入漏洞、命令执行漏洞等。

第五章　配套工程

集控系统配套工程建设主要包含集控系统的机房及辅助设施、通信数据网、调度数据网及二次安全防卫等建设内容。本章节主要对配套工程的建设要求和设备安装、验收、维护方面进行详细介绍和阐述。

第一节　机房及辅助设施

一、概述

按照集控系统典型设计要求，综合考虑集控系统运行实际需要，集控系统应设置独立主机房、独立蓄电池室和监控室。机房及辅助设施建设主要包含如下内容：①机房基础设施建设；②机房UPS电源系统；③机房环境系统；④综合布线；⑤机房监控及安全防护；⑥消防安全；⑦机房标识标签。

二、建设流程

机房及辅助设施建设按照建设时序分为三个方面：①机房基础设施建设；②综合布线、机房UPS电源系统建设、机房环境系统建设、机房监控及安全防护、消防安全等；③机房标识标签。

三、建设要求

（一）机房基础设施建设

1. 室内装饰

（1）建设要求。机房装修整体设计应注重区域整体感，应大方、简朴、整洁；装修风格应统一，符合国家机房建设技术规范要求；应选择高效节能设备，材料选择充分考虑环保要求，以自然材质为主；装修应选用气密性好、不起尘、易清洁的材料，地面采用高质量硫酸钙无边抗静电地板。

1）室内装修设计选用材料的阻燃性能应符合《建筑内部装修设计防火规范》（GB 50222—2017）的规定。

2）机房装饰选用气密性好、不起尘、易清洁、变形小，保温、隔热、防火、防潮的材料，避免在机房内产生各种干扰光线（反射光、眩光等）。

3）机房吊顶和墙面宜选用吸声、隔声材料，降低机房内噪声。

4）机房区域顶面做防潮、防静电处理，机房区域顶板采用材质轻、防火、平整度好、便于拆装的材料。

5）机房门应采用密封防火防盗门，主机房门窗、墙壁、地（楼）面的构造和施工缝隙均应采取密闭措施。

6）主机房不宜设置外窗，对于设有外窗的主机房，应采用双层固定窗，并保证具备良好的气密性；不间断电源系统的电池室不宜设置外窗，对于设有外窗的电池室，应避免阳光直射。

7）机房地面应铺设防静电活动地板，活动地板应符合《防静电活动地板通用规范》（SJ/T 10796—2001）等规范的要求。

（2）顶面工程。机房顶面可采用吊顶方案，也可采用喷涂防尘漆。

（3）墙面工程。机房墙面完成腻子找平施工后，进行刮瓷处理，采用高档乳胶漆。

（4）地面工程。机房地面砂浆找平，喷涂防尘漆处理；建议机房铺设600mm×600mm规格的硫酸钙无边防静电地板，完成面高300mm；防静电地板上方四周墙面应安装银色拉丝不锈钢踢脚线，美化视觉效果。防静电地板如图5-1所示。

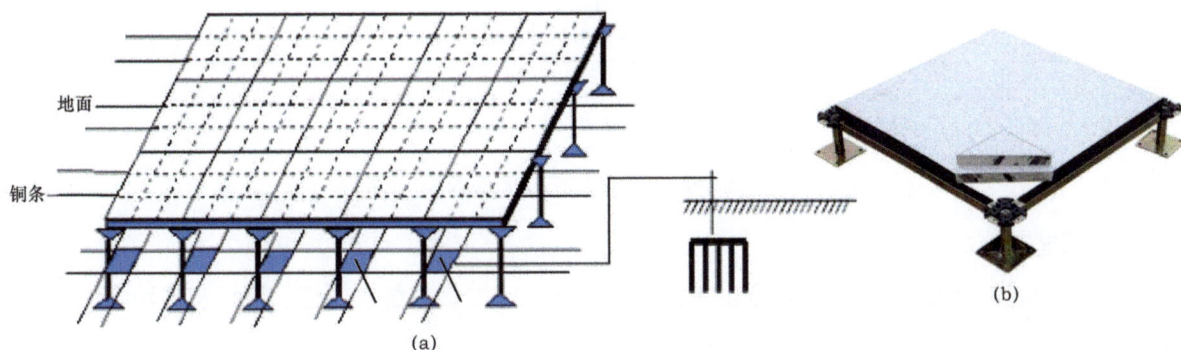

图5-1　防静电地板
（a）安装示意图；（b）实物图

活动地板的高度应根据电缆布线和空调送风要求确定，并应符合下列规定：

1）活动地板下空间只作为电缆布线使用时，地板高度不宜小于0.25m，活动地板下的地面应平整、耐磨；

2）活动地板下的空间既作为电缆布线，又作为空调静压箱时，地板高度不宜小于0.45m；

3）活动地板下的地面和四壁装饰应采用不起尘、不易积灰、易于清洁的材料，采用活动地板下送风方式时，地面应采取保温措施。

（5）机房室内装饰隐蔽工程的验收。机房室内装修部分隐蔽工程验收包括以下几个方面：

1）隐蔽工程验收包括地基验槽、钢筋工程、地下混凝土工程、埋件埋管螺栓、地下防水防腐工程、屋面工程、幕墙及门窗、资料等。

2）验收人员依据相关国家、行业及企业针对机房土建工程设计、施工、验收相关标准，对机房土建隐蔽工程开展验收及检验。

3）隐蔽工程验收应参照附录B6要求执行。

2. 出入通道

（1）建设要求。综合考虑人员、设备进出和机房建设防火标准要求，机房正门、蓄电池室正门应采用甲级钢制防火门。监控室正门应设置防火玻璃门。

（2）施工流程。机房门安装工艺流程如图5-2所示。

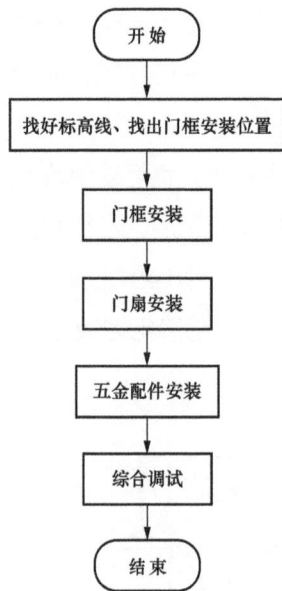

图 5-2　机房门安装工艺流程图

（3）门框安装。

1）到货验收：甲方收货时应根据供货合同，详细核对供货数量、规格、等级及各种配件是否符合要求。

2）保管及储存：防火门应储存在通风干燥处。门框到场后应集中堆放；应有防晒、防潮、防腐措施。产品平放时，底部必须垫平，门框堆码高度不得超过 1.5m；门扇堆码高度不得超过 1.2m；产品竖放时，其倾斜角度不得大于20°。

3）安装。

a.钢质防火门框安装前，必须进行检查，如因运输储存不当导致门框、门扇翘曲、变形，应完成修复后方可进行安装。

b.防火门的开启方向必须为疏散方向。若有靠墙开启位置时，门扇开启角度应大于90°。

c.钢质防火门立樘时，须将门框按规格、型号、数量分类运输至相应的安装位置，再核对该洞口标高线和开向是否相符；条件具备便将门框竖立于洞口，用水平尺校平或用挂线法校正其前后左右的垂直度，做到横平、竖直、高低一样；然后用专用木固定，使门框横平于适当的位置（标高水平适合），将门框铰链方向固定；测量对角线、平整度、垂直度、标高线，准确无误后将所有的6个点用膨胀螺栓固定牢固，高度2100mm以内每边不少于3个固定点。

d.门框必须与建筑物成一整体，采用专用铁件与墙体连接；专用铁件与墙体连接采用膨胀螺栓固定，膨胀螺栓规格为8×100mm，以保证整体牢固性。

e.安装时，门框埋入 ±0.00面以下20mm。

f.安装后，门框与墙体之间必须浇灌水泥砂浆，并养护24h以上方可正常使用。

g.如有部分属于二次结构，门垛砌体要预埋混凝土块。

h.门框安装前应先检查有无窜角、翘扭、弯曲、劈裂，如有以上情况须修复完成后再进入施工现场。

i.门框门扇进场后应分类码放平整，每层要垫平、垫高；地面应无积水；每层框与扇之间垫木条通风，露天堆放时，用苫布盖好，防日晒雨淋。

j.门框安装前应根据图纸尺寸核实，并按图纸开启方向安装；安装高度按建筑标高线进行控制。

k.门框安装尽量在墙面抹灰、精装修之前进行，门扇安装宜在墙面及地面完成后再进行；如抹灰及地面未完成时需要安装门扇，应注意成品保护，防止碰撞和污染。

（4）钢质门扇安装。根据现场实际情况供货，待产品送到现场后，妥善存放。安装时，按型号分类运输到位，将铰链上油，然后安装门扇。将门缝按技术要求调均匀，若反弹也应及时校正；若发现有尺寸、锁孔位不准时，切记：双开门应先将门缝调好后才能校正插销孔，若有变形，禁止敲打，应用相应的工具进行操作，防止出现门扇开启时关闭不严、松动等情况。

（5）钢质门配件安装。操作前要对配件进行检查门框、门扇应调试合格，确认配件数量后进行安装，需注意：

1）门锁的每个面板和螺钉都要确保平整，如有锈螺钉须及时更换；

2）对错位的锁孔、螺钉孔应及时调整，不能强行安装；

3）不能采用其他材料替代；

4）门锁的编号须按照使用要求进行编制；

5）检查门锁的开启以及螺钉、孔位是否有漏装情况；

6）操作时禁止使用铁锤敲打门框，以防门框出现变形、空鼓情况。

3. 室内照明

（1）建设要求。

1）机房照明系统包括正常照明、应急照明与疏散指示照明三种。市电断电时，保证应急照明与疏散指示照明可自动正常开启。

2）主机房一般照明的照度不应低于500lx，辅助区照度不应低于300lx。主要照明应采用无眩光节能设备，灯具应采用分区、分组的控制措施。

3）考虑照度均匀性和有效抑制眩光等因素，成排安装的灯具，光带应平直、整齐。工作区内一般照明的均匀度（最低照度与平均照度之比）不宜小于0.7。非工作区的照度不宜低于工作区平均照度的1/5。

4）灯具的位置和方向应根据机房设备布置、机柜的排列方向来确定。

5）机房应设置应急照明和安全出口标志灯，应急照明灯照度应大于50lx，紧急出口标志灯、疏散指示灯照度应大于5lx。

（2）机房照明试运行。

1）机房照明试运行。电气照明器具进行通电试运行，机房内的全部照明灯具均须开启。应每2h按回路记录运行参数，连续试运行时间内应无故障。

2）测试异常处置。对于系统参数设置等一般性问题，由厂商指导解决（电话或现场）；对于如设备运行异常、功能缺失等较为严重问题，由厂商负责在一周内予以解决。

4. 机房及机柜布置

（1）建设要求。依据机房空间，配置机柜规格及数量。采用2260mm×600mm×1000mm或

2000mm×600mm×1000mm标准机柜，柜内需配置两套智能PDU，每套配置输入：电流不少于25A；输出：16A标准插口不少于4个，10A标准插口不少于8个。PDU具备各回路负荷检测功能和柜内微环境检测功能，并可接入动力环境系统。柜内接地组件采用3mm×30mm垂直接地铜排。

（2）机房布局。依据项目设计进行机房布局建设。

（3）机柜安装（见附录B2）。

1）安装规范：

a.机柜安装是设备安装的基础，必须按照相关规范进行安装。

b.机柜安装前必须检查机柜排风设备是否完好、设备托板数量是否齐全以及滑轮、支撑柱是否完好。

c.机柜型号、规格及安装位置应符合设计要求。

d.机柜安装垂直偏差度应不大于3mm，水平误差不大于2mm；机柜并排，面板应在同一平面上并与基准线平行，前后偏差不大于3mm；机柜中间缝隙不大于3mm；对于相互有一定间隔且排成一列的设备，其面板前后偏差不大于5mm。

e.机柜的各种零件不得脱落或损坏，漆面如有脱落应予以补漆，各类标识应完整、清晰。

f.机柜安装应牢固，有抗震要求时，按施工图的抗震设计进行加固。

g.机柜不应直接安装在活动地板上，应按设备的底平面尺寸制作底座；底座直接与地面固定，机柜固定在底座上，然后铺设活动地板。

h.机柜底座槽钢厚度不小于50mm，且应接地良好；槽钢通过膨胀螺栓固定于机房内地板上，与接地铜排互联。

i.槽钢与机柜使用焊接方式进行稳定连接，机柜应美观得体，不存在黑色焊漆。

j.机柜固定完成，在前、后、左、右应无法推动，保证机柜的稳定性。

k.机柜周围地板如需切割，切割面应平滑，无毛刺，防止割伤线缆。

l.安装机柜面板，架前应预留有800mm空间，机柜背面离墙距离应不小于600mm，以便于安装和施工。

m.机柜内设备、部件的安装应在机柜固定后进行，安装在机柜内的设备应固定牢固。

n.机柜上的固定螺钉、垫片和弹簧垫圈均应按要求紧固，不得遗漏。

o.墙体上开孔应避免破坏墙体内管线，开孔深度不得小于70mm，固定机柜所用膨胀螺钉不得少于4个（悬挂式C型机柜为6个）；必要时需在机柜下放置支撑物，以保证机柜的安全稳固。

p.机柜应做好防雷接地保护。

q.柜体安装完毕应做好标识，标识应统一、清晰、美观；设备安装完毕后，柜体进出线缆孔洞应采用防火胶泥封堵，做好防鼠、防虫、防水和防潮处理等措施。

2）机柜内布线方案。

a.机柜电源布置。

a）机柜配置一整套可拆卸、可更换的PDU，用于机柜设备电源的引入、分配、保护、分合、接插（插座或端子）等。

b）配电单元采用一体化结构，将配电、保护、接插集成在一起，且其正面可拆装，便于安装、更换接插模块和接插（接线）；也可采用将电源的引入、分配、保护部分与接插部分分开的分体结构，其中电源的引入、分配、保护部分置于设备顶部或底部的配电单元。一体化配电单元或分体结构的接插单元的安装位置为机柜后部一侧（电源线扎线板或走线槽外侧）。

b.机柜弱电布线。

a）根据所装设备，机柜配置横、竖走线槽道。竖走线架固定孔的设计既要考虑垂直方向也要考虑水平方向。线槽应平整，无扭曲、变形，内壁应光滑、无毛刺。线槽的连接应连续、无间断，每节线槽的固定点不应少于两个，在转角、分支处和端部均应有固定点，并紧贴墙面固定。接口应平直、严密，槽盖应齐全、平整、无翘角。

b）在布线施工中，由于线槽的空间有限，极易发生过度弯曲，布线具体要求参见GB 50311/GB 50312与EIA/TIA 568B ISO/IEC等相关标准。

c）强弱电应分开。通信线缆不同于电力电缆，电力电缆产生的电磁波会影响通信线缆的通信性能，导致数据混乱等现象，从而不能正常通信。

d）规范整洁的线缆敷设增加整个机房及水平区美观。通常情况下通信线缆线芯较细，多股线缆一起敷设时，如果绕扎过紧，容易产生串扰。另外，长时间过紧扎线，极容易造成线缆外护套的破裂。

e）每个机柜上底设置进线孔，用于强弱线缆走线，要求用海绵和橡胶垫做防尘处理。

f）安装完线缆后，必须用防火泥进行防火封堵。

3）机柜安装工艺。

a.工艺流程。机柜安装工艺流程如图5-3所示。

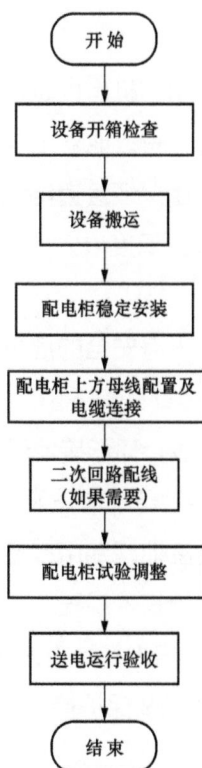

图5-3 机柜安装工艺流程图

b.设备开箱验收：

a）施工单位、供货单位、监理单位共同验收，并做好进场检验记录；

b）按设备清单、施工图纸及设备技术资料，核对设备及附件、备件的规格型号是否符合设计图纸要求；检查产品合格证、技术资料、设备说明书是否齐全；

c）检查柜体外观划痕、变形、油漆完整度等；

d）检查柜内电气装置及元件等规格、型号、品牌是否符合要求；

e）柜内的计量装置必须全部检测，并有法定部门的检测报告。

c.电源列头柜安装。

a）基础型钢安装：调直型钢，然后按图纸、配电柜（盘）技术资料提供的尺寸预制加工型钢架，并做防腐处理；最终基础型钢顶部应高于抹平地面10mm以上为宜；基础型钢应与地线连接。

b）配电柜稳定安装。

配电柜安装：按设计图纸布置将配电柜放于基础型钢上，单独柜只找柜面和侧面的垂直度，成排配电柜就位后，先找正两端的配电柜，以配电柜2/3高位置拉线，逐台找平找正，柜如不标准以柜面为准。找正时采用0.5mm铁片进行调整，每处垫片不能超过3片，然后按固定螺栓尺寸在基础型钢上用手电钻钻孔。一般无要求时，钻ϕ16.2孔，用M16镀锌螺钉固定。

柜体就位、找平、找正后，柜体与基础型钢固定，柜体与柜体、柜体与侧挡板均用镀锌螺钉连接。

配电柜体接地：每台配电柜单独与接地干线连接；柜体与槽钢基础刚性连接，并做好接地连接。

检查配电柜前后操作、维修距离，应符合要求。

5.防雷接地

（1）建设要求。

1）机房防静电地板下方铺设防雷接地网，机房内金属地板、支撑脚均做有效的电气连接并分别连接到大楼联合接地汇流排，形成法拉第笼，有效地防止电磁干扰。

2）机房施工中所有线缆均穿金属管，且保证管道电气接地通路良好。使用金属软管作为过渡连接时，尽量减少接头（不多于2个）并使接头深度嵌入，以保证所有接头部位形成低阻位，有效减少非连续接头部位产生的漏磁通。

3）为防止雷电对自动化设备、电源及人身安全的危害，机房设置用于安全保护接地和工作接地的环形接地母线，要求其接地电阻不大于0.5Ω。

4）集控系统机房需要建设环形接地母线，环形接地母线采用截面尺寸为40mm×4mm的铜排。机房内应设有四点式专用接地桩头，环形接地母线应按照《电力系统通信站过电压防护规程》（DL/T 548—2012）要求，机房环地母线与大楼接地网专用接地桩头四点相连；如机房无上述专用接地桩头，参照《火力发电厂、变电站二次接线设计技术规程》（DL/T 5136—2012）16.2.6条要求，机房环地母线与机房/楼层等电位箱一点相连。机房内各种电缆的金属外皮、设备的金属外壳和不带电的金属部分、各种金属管道，金属门框等建筑物以及保护接地、工作接地均应以最短距离与环形接地母线连接。

5）机房内所有正常非带电的金属器件均应可靠接地。

（2）施工流程。防雷接地施工工艺流程如图5-4所示。

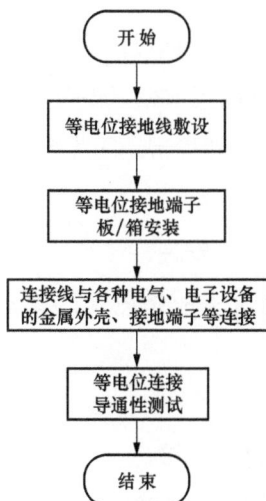

图5-4 防雷接地施工工艺流程图

具体工艺要求如下：

1）在直击雷非防护区（LPZ0A）或直击雷防护区（LPZ0B）与第一防护区（LPZ1）的界面处应设置等电位接地端子板，材料、规格应符合设计要求，并应与接地装置连接。

2）钢筋混凝土建筑物宜在电子信息系统机房第一防护区（LPZ1）与第二防护区（LPZ2）界面处装设预埋与房屋结构内主钢筋相连的等电位接地端子板，并应符合下列规定：

a.机房采用S型等电位连接网络时，宜使用截面积不小于50mm²的铜排作为单点连接的接地基准点（ERP）；

b.机房采用M型等电位连接网络时，宜使用截面积不小于50mm²的铜带在防静电活动地板下构成铜带接地网络；

c.砖混结构建筑物，宜在其四周埋设环形接地装置作为总等电位连接带，构成共用接地系统；

d.电子信息设备机房宜采用截面积不小于25mm²的铜带安装局部等电位连接带，并采用截面积不小于25mm²的绝缘铜芯导线穿钢管，与总等电位连接带相连；

e.等电位连接网络的连接宜采用焊接、熔接或压接，连接导体与等电位接地端子板之间应采用螺栓连接，连接处应进行热搪锡处理；

f.等电位连接线在地下暗敷时，其导体之间的连接禁止采用螺栓连接；

g.等电位连接用的螺钉、垫圈、螺母等应进行热镀锌处理；

h.等电位连接导线应使用具有黄绿相间色标的铜质绝缘导线；

i.对于暗敷的等电位连接导线及其连接处，应做隐蔽记录，并在竣工图上注明其实际部位、走向；

j.等电位连接带表面应无毛刺、明显伤痕、残余焊渣，安装应平整端正、连接牢固，绝缘导线的绝缘层应无老化龟裂现象；

k.电气和电子设备的金属外壳、机柜、机架、金属管（槽）、屏蔽线缆外层、信息设备防静电接地、安全保护接地、浪涌保护器（SPD）接地端等均应以最短的距离与等电位连接网络的接地端子连接。

（3）等电位接地端子板安装。

1）将端子板两端分别插入支座上的孔中，通过自攻螺钉压紧固定；

2）端子由端子主体、压线板、紧固螺栓组成，端子主体可套在端子板上左右滑动，端子主体上有内螺纹，与紧固螺栓啮合，通过旋转紧固螺栓带动压线板上下移动，将导体压在端子板上。

（4）等电位端子箱的安装。

1）等电位端子箱一般在地板下或在墙上安装；

2）在等电位端子箱内安装等电位端子板参见《国家建筑标准设计图集　等电位联结安装》（15D502）。

（5）接地线的连接。

1）铜质接地线不应在土壤中与钢接地体连接。

2）暗敷的接地线及其连接处必须做隐蔽工程验收，验收合格后方能隐蔽，对于隐蔽部分的接地线及其连接处应在竣工图上注明实际走向和部位。

3）接地线应从共用接地装置引至总等电位接地端子板，通过接地干线引至楼层等电位接地端子板，由此引至设备机房的局部等电位接地端子板。局部等电位接地端子板应与预留的楼层主钢筋接地端子连接。接地干线宜采用多股铜芯导线，其截面积不应小于$50mm^2$。接地干线应在电气竖井内明敷，并应与楼层主钢筋做等电位连接。

4）不同楼层的综合布线系统设备间或不同雷电防护区的配线交接间应设置局部等电位接地端子板。楼层配线柜的接地线应采用绝缘铜导线，截面积不小于$16mm^2$。

5）接地装置应在不同处采用两根连接导体与室内总等电位接地端子板相连接。

6）接地装置与室内总等电位连接带的连接导体，铜质接地线截面积不应小于$50mm^2$。

7）等电位接地端子板之间应采用螺栓连接，其连接导线截面积应采用不小于$16mm^2$的多股铜芯导线，穿钢管敷设。

8）铜质接地线的连接应采用焊接或压接，并应保证有可靠的电气接触。

9）接地线与接地体的连接应采用焊接。安全保护地线（PE）与接地端子板的连接应可靠，连接处应有防松动和防腐蚀措施。

10）接地线与金属管道等自然接地体的连接应采用焊接；如焊接有困难时，可采用卡箍连接，但应有良好的导电性和防腐措施。

（6）IT（信息技术）设备的接地和等电位连接。

1）成排的IT设备每台与等电位网格或接地母排连接。

2）IT设备的接地与等电位连接宜采用如下方法：

a.网格式接地—水平局部等电位连接。

b.等电位接地网格可采用宽60～80mm、厚0.6mm紫铜带在架空地板下铺设，无特殊要求时，网格尺寸不大于600mm×600mm，紫铜带可以压在架空底板支架下。IT设备的电源回路和PE线以及等电位连接网格与其他供电回路、PE线及装置外导电部分绝缘。

（7）隐蔽工程的验收。接地网系统隐蔽工程验收要求如下：

1）隐蔽工程验收包括防雷与接地系统引接《建筑电气工程施工质量验收规范》（GB 50303—2015）验收合格的共用接地装置、建筑物金属体作接地装置接地电阻、接地装置等装置的验收；

2）验收人员依据防雷与接地系统施工质量检查、随工检验和竣工验收等工作的技术要求和相关国家、行业及企业验收标准，进行防雷与接地系统隐蔽工程验收及检验；

3）接地网系统隐蔽工程验收应按照附录B8要求执行。

6. 施工防尘及静电防护

（1）防尘原因。由于服务器和网络设备在运行过程中会产生很多热量，为了保证设备的稳定运行，通常会采用主动散热的方式排出热量；而由于机房的空间狭小，这些设备通常采用风冷方式进行散热，散热孔与对流的空气配合，将灰尘带入机房设备内部。同时，部分设备工作时会产生高压与静电，都会吸引空气中的灰尘。灰尘会夹带水分和腐蚀物质一起进入设备内部，覆盖在电子元件上，造成电子元件散热能力下降，长期积聚大量热量则会导致设备工作不稳定。除此之外，由于灰尘中含有水分和腐蚀物质，使相邻印制线间的绝缘电阻下降甚至短路，影响电路的正常工作，甚至会造成电源、主板和其他设备部件的损坏。过多的干灰尘进入机房设备后会起到绝缘作用，直接导致接插件触点间接触不良；同时，会使设备动作的摩擦阻力增加，轻者加快设备的磨损，重则将直接导致设备卡死损坏。可见，灰尘对服务器的危害极大。

因此，机房的防尘显得尤为重要，必须加强机房内的防尘管理。

（2）机房内灰尘来源：

1）机房在维护过程中，进出的人员会将一部分灰尘带入机房；

2）机房建筑本身产生的灰尘或者机房本身的老化可能产生灰尘；

3）用于维持整个机房环境的温度和湿度的空调系统，也会将少量的灰尘带入机房；

4）机房内为负压，即外界气压大于机房内气压，使得灰尘从缝隙内挤入机房；

5）机房围护结构饰面装修、涂层材料选择不当，耐风化性能差，墙面、顶棚、地面等部位起尘、涂层脱落产生灰尘。

（3）机房施工防尘方案：

1）采用不起尘的装修材料；

2）吊顶内、地板下空气循环区域须进行防尘处理；

3）空调、新风系统应经初效、中效两级过滤；

4）保持一定的正压，使室外的尘埃不易进入室内；

5）机房门、窗、所有管线穿墙等的接缝及所有孔洞均应采取密封措施；

6）装修改造施工时采用覆布遮挡设备机柜。

（4）机房施工防尘措施。

1）定期检查机房密封性。定期检查机房的门窗、清洗空调过滤系统，封堵与外界接触的缝隙，杜绝灰尘的来源，维持机房空气清洁。

2）严格控制人员出入。设置门禁系统，不允许未获准进入机房的人员进入机房；进入机房人员的活动区域也要严格控制，尽量避免其进入主机区域。

3）维持机房环境湿度。严格控制机房空气湿度，既要保证减少扬尘，同时要避免空气湿度过大使设备产生锈蚀和短路。

4）机房分区控制。对于大型机房，条件允许的情况下应进行区域化管理，将易受灰尘干扰的设备尽量与进入机房的人员分开，减少其与灰尘接触的机会（例如，将机房分为服务器主机区、控制区、数据处理终端区三个区域），并设置专门的通道，通道与主机区用玻璃幕墙隔开。

5）做好预先防尘措施。机房应配备专用工作服和拖鞋，并经常清洗。进入机房的人员，无论是本机房人员还是其他经允许进入机房的人员，都必须更换专用拖鞋或使用鞋套。尽量减少进入机房人员穿着纤维类或其他容易产生静电附着灰尘的服装进入。

6）提高机房压力。建议有条件的机房采用正压防尘，即通过机房新风设备向机房内部持续输入新过滤好的空气，加大机房内部的气压。由于机房内外的压差，使机房内的空气通过密闭不严的窗户、门等的缝隙向外泄气，从而达到防尘的效果。

（5）机房除尘技巧。机房做好防尘还不够，必须定时除尘，以保证机房的无尘环境。根据机房的具体情况设定合理的除尘周期，并按照机房内部、机房外部、机房设备内部三部分进行分别清洁。日常的防尘、除尘才能保证机房的无尘环境，为了使机房设备更高效率地运行，日常的机房防尘必不可少。

（6）机房设备防尘安全保障措施。机房内有大量服务器、存储设备网络设备等精密高端设备在运行，设备的运行对机房环境的洁净度要求很高，灰尘对网络设备的运行安全造成极大隐患。网络设备、服务、存储设备等机电设备在工作的时候，都会产生一定的静电场和磁场，加上由于电源和风扇运转产生的吸力，会使室内悬浮在空气中的灰尘颗粒吸进机器内部，形成静电吸附，使金属接插件或金属触点接触不良、绝缘性能下降、霉变、散热不良导致温升过高等，容易造成设备故障，严重影响设备寿命。为了保证通信设备的正常运行，在施工过程中对防尘工作严格执行以下几点：

1）施工人员穿着干净整洁的工作服进入机房；

2）施工人员进入机房戴鞋套，防止将灰尘带入机房内；

3）必须用防尘毡布遮挡设备机柜、地面，防止灰尘进入设备；

4）施工人员在拆除施工时，应轻拿轻放，防止产生扬尘，同时注意不得碰触原有线缆；

5）机房内施工使用冲击电钻或其他工具打孔时，必须用吸尘机吸尘，防止扬尘产生；

6）施工完成后，用湿布将施工过程中产生的灰尘轻轻擦拭干净，严禁用扫把清理，避免扬尘；

7）施工用材料拆包时，必须在机房外进行，严禁堆放在机房内；

8）当天工作结束时，要打扫现场卫生至符合机房卫生要求为止。

（7）静电防护的基本原则。

1）抑制或减少机房内静电荷的产生，严格控制静电源。

2）安全、可靠、及时消除机房内产生的静电荷，避免静电荷积累。静电导电材料和静电耗散材料用泄漏法，使静电荷在一定的时间内通过一定的路径泄漏到地；绝缘材料用离子静电消除器为代表的中和法，使物体上积累的静电荷吸引空气中来的异性电荷被中和而消除。

3）定期对防静电设施进行维护和检验。

（8）静电防护的环境要求。

1）温、湿度要求：温度要求控制在15~28℃，相对温度控制在40%~55%。

2）空气含尘浓度：空气含尘要求，直径大于0.5 μm的含尘浓度不大于3500粒/L，直径大于5μm的含尘浓度不大于30粒/L。

3）静电电压：静电电压绝对值应小于200V。

（9）静电保护接地要求。

1）主机房和辅助区的地板或地面应有静电泄放措施和接地构造。工作台面材料应采用导静电或静电耗散材料，表面电阻或体积电阻应为$2.5 \times 10^4 \sim 1.0 \times 10^9 \Omega$，其导电性能应长期稳定，且应具有防火、环保、耐污耐磨性能。

2）机房内所有设备的可导电金属外壳、各类金属管道、金属线槽、建筑物金属结构等应进行等电位连接并接地。

3）静电接地的连接线应有足够的机械强度和化学稳定性，宜采用焊接或压接；当采用导电胶与接地导体黏接时，其接触面积不宜小于20cm²。

4）机房内绝缘体的静电电压绝对值不应大于1kV。

（10）施工静电防护方案。

1）操作者必须进行静电防护培训后才能操作。

2）进入机房前，应穿好防静电服和防静电鞋。不得在机房内直接更衣、梳理。

3）设备到现场后，须待机房防静电设施完善后方能开箱验收。

4）待机架安装在固定位置连接好静电地线后，机架（或印制电路板组件）上套的静电防护罩方可拆封。

5）使用的工具必须是防静电。

6）在机架上插拔印制电路板组件或连接电缆线时，应戴防静电无绳手环腕带，腕带的泄漏电阻值应该在$1 \times 10^5 \sim 1 \times 10^7 \Omega$范围内。

7）备用印制电路板组件和维修的元器件必须在机架上或防静电屏蔽袋内存放。

8）需要运回厂家或维护中心的待修印制电路板组件，必须先装入防静电屏蔽袋内，再加上外包装并有防静电标志，才能运送。

9）机房内的图纸、文件、资料、书籍必须存放在防静电屏蔽袋内；使用时，需远离静电敏感器件。

10）在未经允许和不采取进一步防静电措施（如戴防静电腕带）的情况下，外来人员不得触摸和插拔印制电路板组件，也不得触摸其他元器件、备板备件等。

11）机房内的空气过于干燥时，应使用加湿器以满足对湿度的要求。

（二）机房UPS电源系统

1. 供配电系统

集控站需具备双回路不同源三相市电供电，每路市电进线容量不小于250A。配置双电源自动切换开关（automatic transfer switching，ATS）配电柜一面，供UPS、空调及照明等用电。机房供配电系统如图5-5所示。

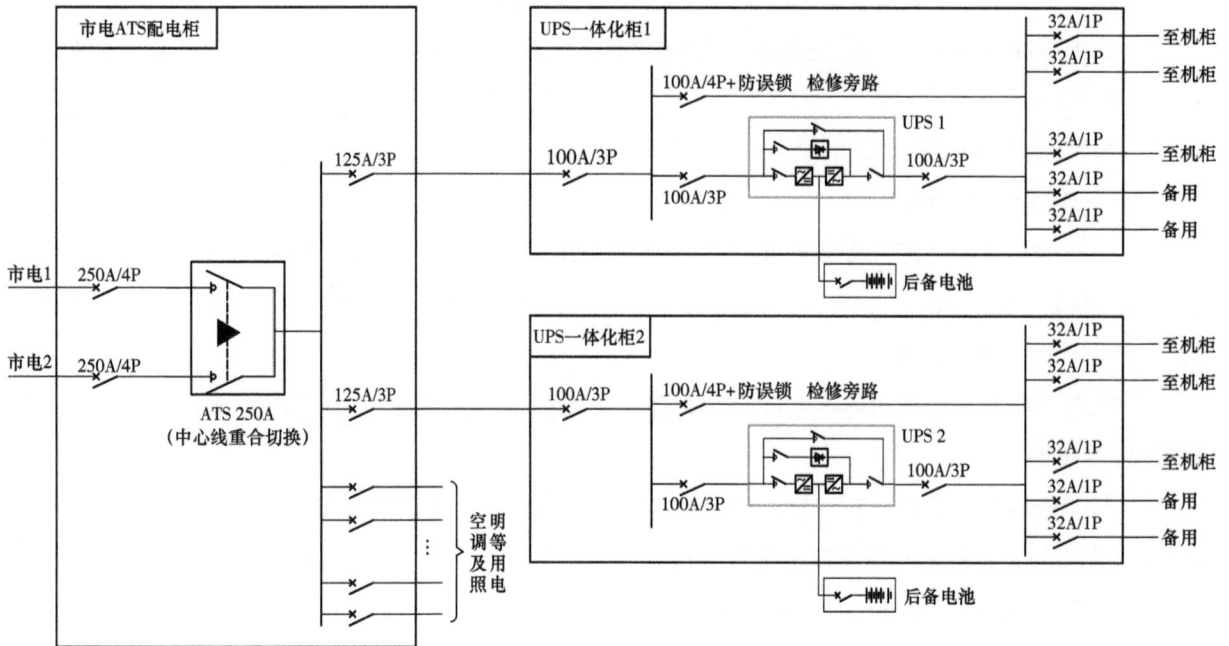

图5-5 机房供配电系统图

配电系统主要包括输入配电系统、输出配电系统，输入配电系统由2面UPS交流进线柜组成，输出配电系统由2面UPS输出配电柜、各机房UPS分配柜组成。UPS电源系统典型配置表见附录B3。

（1）输入配电系统。

1）输入配电系统包括交流进线断路器、交流出线断路器、ATS切换装置等，组成2面UPS交流进线柜。

2）输入配电系统配置一套ATS切换装置，两路进线电源均接入一套ATS切换装置，两套UPS的静态旁路输入、检修旁路均由该ATS装置输出供电。

（2）输出配电系统。

1）输出配电系统包括UPS输出配电柜及机房UPS分配柜。

2）UPS输出采取单母线分段接线，输出配电系统分列配置，相互冗余，各机房UPS分配柜两路三相五线制电源分别取自UPS输出配电柜两段母线。任何情况下均不允许由下级配电引起两段输出母线的并列。

3）各设备机柜上两路交流电源分别取自两面机房UPS分配柜。对于双电源供电设备，两路电源直接取自所在屏柜两套PDU；对于单电源供电设备，应在相应屏柜上配置静态转换开关（static transfer switch，STS）切换装置，电源取自STS切换后电源。

4）各机房UPS分配柜内至各回路间采用分组单相接线，柜内均需具备铜排母线，负荷宜平均分配至三相母线，减少三相不平衡度。

（3）配电柜技术要求。

1）UPS交流进线柜。含交流进线断路器、交流出线断路器、ATS切换装置等。柜体应具备输入隔离及防雷接地保护功能，柜内断路器和ATS切换装置在选型时候应满足断路器供电的可靠性，以确保整个系统供电的稳定、安全。断路器应具有辅助触点，以实现远方监控的功能。每面进线柜应设置可将ATS装置安全退出检修的隔离设备。

2）UPS输出配电柜。含至各机房UPS分配柜回路开关，均配置断路器，其中一面柜应含母联负荷开关。断路器在选型时应满足断路器动作的选择性和供电的可靠性，以确保整个系统供电的稳定、安全。断路器应具有辅助触点，以实现远方监控的功能。每路断路器的额定电流应满足下级各机房UPS分配柜所有负荷的要求。

3）机房UPS分配柜。含至机房各设备机柜回路开关，其进线回路设置负荷开关，出线均配置空气开关。每路空气开关的额定电流应满足下级机柜所有负荷的要求。

4）设备机柜内PDU配置要求。每面机房设备机柜内均配置两套PDU，PDU额定电流大小视机柜内负荷大小而定，同时能与上级机房UPS分配柜输出开关匹配。

（4）STS装置技术要求。

1）装置应安全可靠动作，具有可靠的切换逻辑，同时对下级负荷应有完整的保护功能。

2）装置应具备手动和自动两种工作模式，切换时间典型值不大于8ms。

3）装置动作、故障以及异常信号应能可靠上传至UPS监控系统，并发相应的声光报警信号。须配置输出触点接口，以将其工作状态上传机房监视系统。

4）可监视线上的两路电源，逐相核实电压、频率是否超限以及是否出现故障。

5）装置应具有模块化设计，高度不超过3U（1U=4.445cm），用于安装在设备机柜上。

2. UPS

（1）建设要求。

1）根据集控系统功率负载的需求计算，见附录B4，配置两台容量不小于40kVA的UPS。

2）为节省空间及统一设计规范，采用机架式UPS，与UPS配套开关及监控组件组成一体化UPS电源柜，其尺寸与服务器柜一致。一体化UPS电源柜与服务器柜并列安装在主机房内。一体化UPS电源柜需具备电源分配功能（即电源列头柜）及智能检测功能，同时可接入动力环境监控系统。

3）两台UPS各配套一组200Ah铅酸免维护蓄电池，以满足2组待机2h的后备需求。两组蓄电池安装于专用蓄电池室，蓄电池组之间设置防爆隔断墙。

4）为实现对蓄电池组的实时监控，在蓄电池室安装2套蓄电池在线监测仪，带放电模块和相应的通信监控接口，与机房环境集中监控系统连接，对蓄电池进行实时监测。

（2）UPS的安装。

1）施工工序：安装UPS系统、设备开机调试、供配电线路切换等。

a. 将UPS放置于水平地面上。

b. UPS的后面板及侧板应与墙壁或相邻设备间保持200mm以上的距离，同时请勿用物品遮盖前面板的进风口，以免阻碍UPS风机排气孔的排气，造成UPS内部温度升高，影响UPS的寿命。

c. 保持UPS安装环境的通风良好，避免安装在过热或湿度过高的环境中，远离水、可燃性气体或腐蚀剂、远离发热源，避免阳光直射，尽量保持进/出风口无灰尘。

d.避免在有粉尘、挥发性气体、盐分过高有腐蚀性物质的环境中使用。

e.即使在关机状态，UPS内也有可能有危险电压，非专业人员不可打开机壳，否则会有触电危险。

f.三相市电输入相线上须安装大于250A三极联动断路器，以便紧急情况时能迅速切断电源。使用三极联动断路器时，中性线与UPS的输入中性线端子直接连接，不可通过断路器。

g.为防止UPS在使用过程中发生移动，使用前务必将可调地脚旋下，使设备位置固定。

h. UPS可用于阻容性，如计算机阻性和微感性负载，不宜用于纯感性和纯容性负载，如电动机、空调和复印机等而且也不能接半波整流型负载。

i. UPS的输出应通过开关配电柜分配到负载，以减小某个负载对其他负载的供电影响。

2）施工进度计划编制。项目总体计划安排主要采用分工序施工作业法，根据施工情况分阶段进行。

a.施工准备阶段：①工程实地勘测；②深化设计方案；③技术方案论证；④施工技术交底；⑤材料和设备采购。

b.主体施工阶段：①UPS主机进场报验；②电池组进场报验；③相关材料配件进场报验；④UPS系统安装施工；⑤UPS系统检测、记录和验收。

c.电缆敷设：①线缆材料进场报验；②线缆敷设；③线缆检测、记录和验收。

d.完工阶段：①系统调试；②竣工资料整理及交付；③系统自检及整改；④竣工验收、交付使用。

3. 蓄电池

（1）建设要求。

1）蓄电池型式：系统宜采用贫液式（AGM）阀控密封铅酸蓄电池（VRLA）。

2）蓄电池电压选择：

a.单节蓄电池电压可采用2、6V或12V；

b.蓄电池组电压应满足UPS主机的直流工作电压要求。

3）蓄电池容量选择计算：

a.每台UPS蓄电池容量应按照后备时间不少于2h考虑；

b.蓄电池的容量应根据UPS主机容量来进行计算，蓄电池容量的计算采用阶梯计算法（电流换算法）。蓄电池放电功率、容量计算方法参见附录B5。

4）蓄电池组数选择：

a.每台/组UPS主机应根据蓄电池的容量计算结果以及主机额定直流工作电压来确定蓄电池的组数，每台/组UPS主机应至少配置1组蓄电池；

b.当采用12V/节蓄电池单组容量不满足要求时，可以采用多组相同参数的蓄电池并联，但并联组数不应超过4组；当采用2V/节蓄电池时，推荐采用单组蓄电池；

c.若干组蓄电池并联运行时，要求所有的蓄电池组应采用同一品牌及参数。

5）蓄电池性能指标：蓄电池性能指标参见附录B5。

6）蓄电池的结构要求：

a.蓄电池结构应保证在使用寿命期间不渗漏电解液；

b.外壳材料应采用阻燃、耐腐、耐压、耐高温、耐水蒸气泄漏、耐震合成材料；蓄电池槽、盖、安全阀、极柱封口剂等材料应具有阻燃性；

c.蓄电池的连接线应采用柔性直流阻燃电缆，耐压大于1000V。

7）蓄电池支架的要求：支架应能承受蓄电池重量和抗7度地震的能力，保证电池间连线不中断、单体不破裂；支架具有维护、检查、搬动蓄电池方便的特点，具有防锈、防腐、耐酸的能力，应能保证10年不生锈；支架应有可靠的接地点，支架之间应用软编织导线连接，接触可靠，接地电阻小。

8）蓄电池运行要求：

a. UPS运行时应考虑UPS共用蓄电池组的方式，即在一台UPS故障或检修时，可以将它的蓄电池切换至另一台UPS，延长放电时间，应当充分考虑由此而带来的环流，尽量避免由此对蓄电池寿命带来的损害；

b.安装蓄电池开关和蓄电池组切换开关的开关柜应当尽量靠近蓄电池，容量大于200Ah的蓄电池应布置在专用蓄电池室内；

c.蓄电池室环境温度应保持在15~28℃。

（2）蓄电池的安装。

1）主要工器具、量具及防护用品。

a.电池架（含基础）安装：电焊机、电锤、水平仪、米尺、手锤、活络扳手。

b.蓄电池安装：铲车、撬棍、小拖车、活络扳手、米尺、万用表、倒链（1t）。

c.蓄电池充放电：塑料大桶、塑料手提桶、漏斗、勺子、塑料大盆、比重计、温度计、万用表、放电电阻。

d.防护用品：耐酸工作服、耐酸胶靴、耐酸长筒手套、防护眼镜、工作帽、手巾、口罩、灭火器、小苏打。

2）施工步骤。

a.施工前的准备工作：

a）在施工前，施工人员应熟悉设计图纸及产品说明书，并进行安全和施工交底；

b）蓄电池室应达到电池架安装条件；

c）检查工器具是否齐全，工器具均应达到电力安全工作规程标准，禁止使用不合格的工器具；

d）蓄电池室门口和配电室应有足够的灭火器。

b.电池架安装：用水平仪测出每个固定点的具体标高，找出最高点，用膨胀螺栓固定好最高处的固定点，以最高处的固定点为基准完成其余的各个固定点的固定工作。

c.蓄电池安装前应具备的条件及必要的准备工作：蓄电池室应有充足的照明、通风等设施，且内部装饰已完工。

d.蓄电池运输：用铲车将蓄电池卸货至地面，再用铲车将蓄电池转运至电池室门口（车位处），用小推车人工运至蓄电池室内。

e.开箱：施工人员用撬棍打开包装箱，注意撬棍的着力点及用力方向，不可损伤蓄电池；打开包装箱后，检查蓄电池的备件、连板、耐酸连接螺栓、合格证是否齐全；检查蓄电池外壳、内部极板是否有裂纹、变形；检查蓄电池极性是否符合设计要求，检查液面是否合乎要求；及时清理包装箱，运至指定地点集中存放。

f.就位。

a）检查确认蓄电池合格后，方可进行就位安装。

b）开箱检查完毕后的蓄电池用小拖车运至蓄电池室内，将门形架推至蓄电池组台子和墙壁较宽敞的位置，用倒链及吊带起吊蓄电池到合适的高度，推动门形架到蓄电池安装位置，落下蓄电池，按设计要求依次摆放好所有的蓄电池。搬运蓄电池时，必须有专人在蓄电池两侧扶稳电池。

c）检查每只电池的电压、温度、比重是否符合要求。

g.蓄电池的找正、连接和编号。

a）根据设计要求调整每列及相邻两只蓄电池的间距，调整每组蓄电池的高度。蓄电池必须安放平稳、立面垂直、高度一致，外侧面在一个平面上。间距误差不大于2mm，侧面不直度每米不大于1mm，全长不大于3mm。

b）将蓄电池的连接板涂上复合脂，每组蓄电池极性按"+""-"依次相连，用连接螺栓拧紧。串联顺序、极性应正确无误。总电压和单体电压之和应相差不大于2V，否则应检查极性。

c）测量电池单体电压和总电压，做好记录。依次检查螺栓是否连接牢固可靠、松紧适度。将每组蓄电池依次编号。清理现场，施工完毕。

3）施工工艺要求。

a.电池架须安装牢固、无变形，符合设计尺寸，水平度误差不大于2mm，垂直度误差小于1.5mm。

b.蓄电池室地面的排水坡度符合要求且排水畅通，表面清洁、无杂物。

c.开箱时，附件及备件应齐全，合格证、资料应齐全，外观无裂纹、变形，电解液高度一致（不足应补充）。

d.就位时，应检查各单只蓄电池充电后电压值是否合乎要求。蓄电池的极性按设计要求安装，将温度计、比重计放在易于检查的一侧。搬运蓄电池时，严防蓄电池倾斜、摇晃。单体电池电压偏差小于0.1V。

e.安装时，蓄电池标号齐全、清晰、耐酸。蓄电池室内无杂物，地面清洁、无灰尘。

f.蓄电池充电完毕后，应逐个把蓄电池擦干净，保持室内清洁，不得有灰尘。门窗关紧，电池组盖塑料布，防酸隔爆帽拧紧齐全。

4. 机房UPS电源系统试运行

根据《数据中心基础设施施工及验收规范》（GB 50462—2015）要求，完成机房建设工作，经过初步验收后进入试运行阶段。试运行分为空载试运行和带载试运行：空载试运行指的是机房内没有主要运行设备，只有辅助设备，如配电柜、UPS设备柜、精密空调、机房环境监测设备，照明设备等；当机房装饰、配电线路、网络线路完成，辅助设备安装调试完成，经过初步验收后，所有的辅助设备通电并带电运行48～72h，这个过程中主要检测机房系统的各项功能及各类辅助设备运行状况。

试运行过程中详细记录各系统设备各项参数。若设备不报警，在备注栏内设备的其他参数状态均填"正常"，有报警可根据报警提示填写等，并在"人员"一栏填写各方参加试运行人员姓名。

（1）试运行内容：

1）测试UPS电源系统技术参数及功能；

2）设备功能测试，单机按80%额定容量进行；

3）无间断转换功能测试，负载端接3台计算机，转换过程中以计算机不间断运行为判断标准；

4）输出电源质量测试，假负载端接电能质量与能量分析仪；

5）蓄电池测试，验证蓄电池效率及后备时长。

UPS电源系统测试记录表见表5-1。

表5-1　　　　　　　　　　　　　　UPS电源系统测试记录表

序号	测试项目	测试标准			测试结果
1	正常运行状态	运行状态正常，运行参数显示正确			
2	蓄电池运行状态	蓄电池放电运行模式时，运行状态正常，运行参数显示正确			
3	蓄电池切换功能	无间断，计算机无闪断			
4	蓄电池充、放电功能	充电电流为0.1C			
5	逆变器/旁路切换功能	无间断，计算机无闪断			
6	旁路/逆变器切换功能	无间断，计算机无闪断			
7	UPS并机运行过程中，模拟单台故障	无间断，计算机无闪断			
8	运行参数	A相	B相	C相	
9	输出总电压（V）				
10	输出总电流（A）				
11	功率（kW）				

（2）问题处理方式：对于系统参数设置等一般性问题，由厂商指导解决（电话或现场）；对于如设备运行异常、功能缺失等较为严重问题，由厂商负责在一周内予以解决。

（三）机房环境系统

1. 机房环境的要求

（1）集控系统机房和电源室内的温度、相对湿度应满足设备的使用要求，温度控制在夏季

22±1℃、冬季23±1℃，相对湿度控制在40%～55%。

（2）设备停机时，在集控系统机房和辅助区测量的噪声值应小于60dB（A）。

2. 空调系统

（1）建设要求：机房总散热量＝建筑围护结构热负荷＋设备热负荷＝Q_2+Q_1。根据常规评估，集控系统机房总负荷约40kW，即集控站精密空调制冷量须大于40kW，故配置制冷量30kW精密空调2台。蓄电池室配置制冷量5kW防爆空调2台。

机房空调气流组织要求如下：

1）主机房空调系统的气流组织形式，应根据设备布置方式、布置密度、设备散热量以及室内风速、防尘、噪声等要求，结合建筑条件综合确定。

2）主机房机柜分布，宜采用"面对面、背对背"的布置，分离机房冷热通道。

3）主机房宜采用活动地板下送风、上回风方式。必要时，可采用封闭冷热通道的方式，采用活动地板下送风时，出口风速不应大于3m/s。对局部过热的区域，可采用局部送风方式或局部制冷方式。

4）采用上送风方式时，送风气流不宜直对机柜和工作人员。

（2）空调系统的安装。机房采用精密空调，为风冷式空调机。空调机分成室内机组和室外机组两部分。根据机房所在大楼的环境情况及空调机本身特性考虑，机房专用空调的室外机组部分放在机房外，采用钢支架固定，在支架上安装室外机组。

基本要求：①房间整体通风顺畅，送风、回风无障碍；②安装位置综合考虑，结合上下水、液管、气管连接。

1）空调安装示意图。如现场无特殊要求，当室外机组高于室内机时，建议室外机组最高处与地面之间垂直最大距离为20m；当室外机组低于室内机组时，建议室外机组最高处与地面之间垂直最大距离为5m；建议管道总长不超过60m。空调安装如图5-6所示。

2）室外机组的安装方式。室外机组的安装方式如图5-7所示。

3. 新风系统（可选）

（1）建设要求。新风系统的作用在于形成室内微正压系统，主动控制室内气候，塑造需要的空气环境并在气体消防启动后协助排烟系统向室内补风增压。

通过主动引进温湿度、洁净度受控的室外新风，形成机房区域的空气微正压，防止机房外未经处理的含尘量较高的空气由门窗的缝隙以及工作人员进入机房区域开启机房门时反向压入机房内，从而达到对机房空气环境的完全控制。促使室内空气循环，维持良好健康的室内空气品质，保证工作人员对健康空气的需要。

机房消防气体喷洒灭火工作完毕后，排烟风机启动运行；运行一段时间后，使用排烟风机将室内大量的废气排出到室外，室内所需的排气压力也随之大幅下降；及时向室内补充新风加压，保障机房排烟风机所需的工作压力，尽快地将室内灭火后产生的废气排出到室外，使机房尽快恢复使用。

1）机房应配置新风系统，维持机房内的正压。机房与其他房间、走廊间的压差不小于5Pa，与室外静压差不小于10Pa。

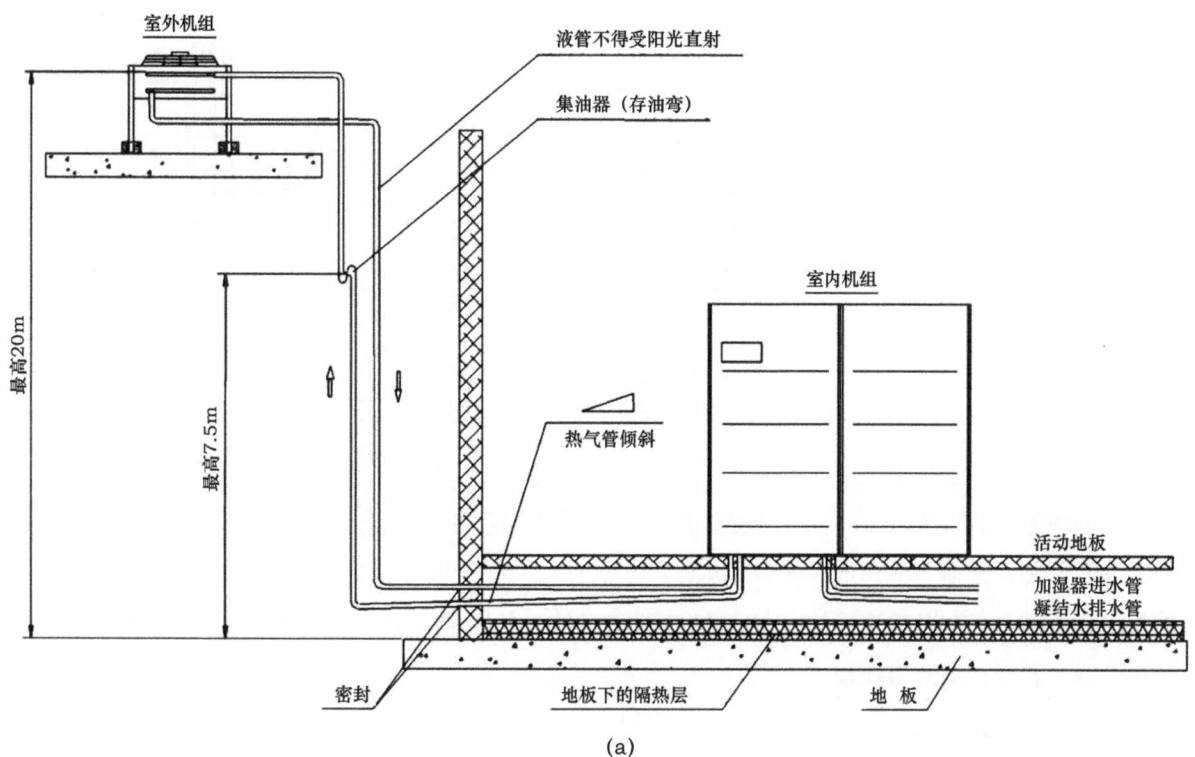

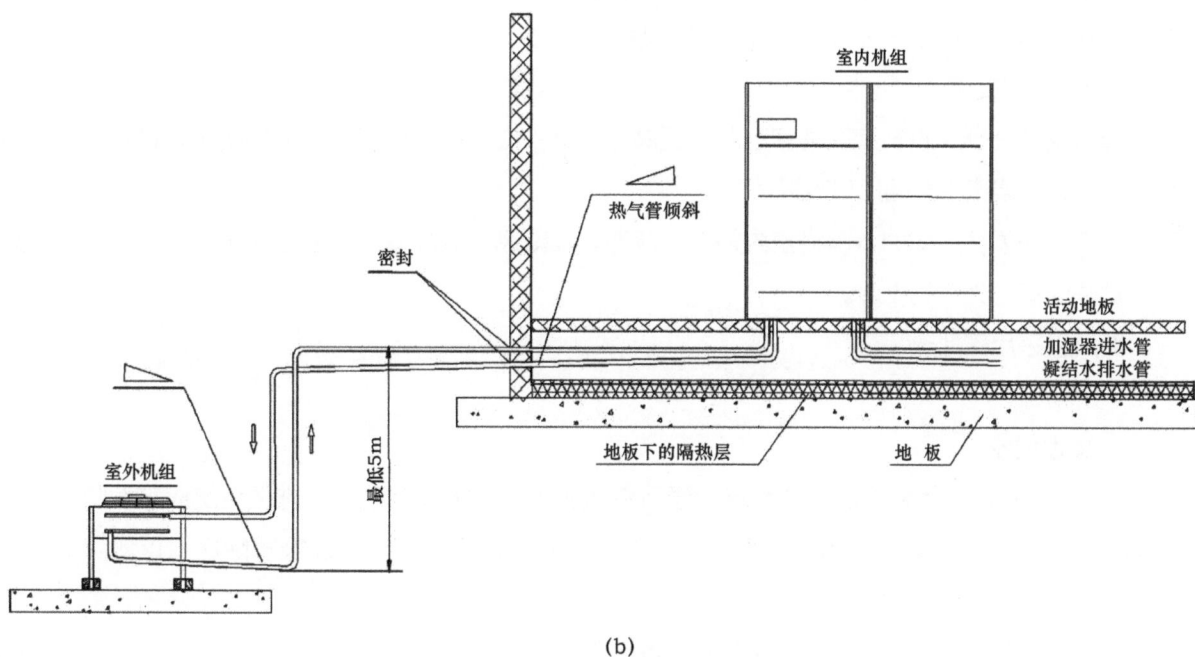

图 5-6　空调安装示意图
（a）冷凝器高于压缩机；（b）压缩机高于冷凝器

2）系统的新风量宜取下列三项中的最大值：

a. 室内总送风量的5%；

b. 按工作人员每人40m³/h；

c. 维持室内正压所需风量；

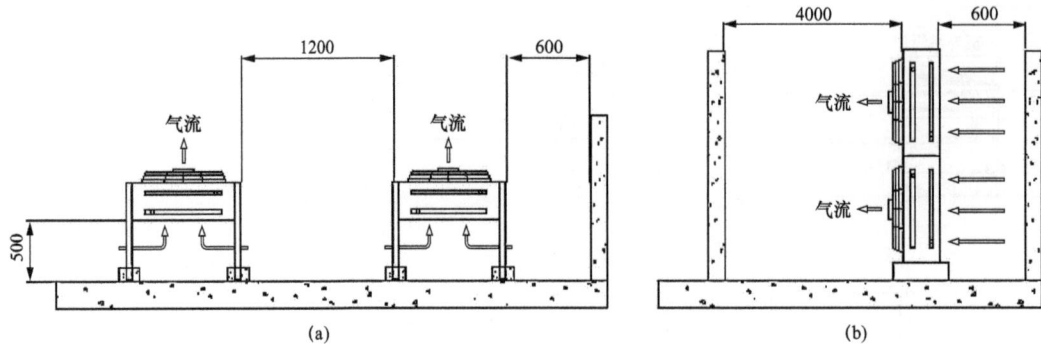

图 5-7　空调室外机组安装方式示意图
（a）直立式安装；（b）横放式安装

3）机房在冬季需送冷风时，可取室外新风作冷源。当室外空气质量不能满足机房空气质量要求时，应采取过滤、降温、加湿或除湿等措施。

4）新风系统应在进口设置防火阀，并与消防系统进行联动。新风管路在穿越不同防火分区时，加装防火阀，新风口应避开排风口。

（2）新风系统的安装。

1）新风系统的分区：为达到机房空气环境洁净、温湿度可控的要求，在新风系统的设计上，要求对每一独立的空调处理分区均应有独立的新风系统。

2）新风机的安装。

a.直接将正压新风机安装在精密空调附近靠外墙侧，由外墙直接从室外采集新风，将处理后的洁净新风送到机房精密空调回风口附近。

b.为在万一发生火灾时，隔绝室内外空气流通，在新风引进风道上安装密闭防火阀；一旦发生火情，自动隔断室内外空气流通。

c.新风机采用落地安装。

4. 排风系统

（1）建设要求：

1）蓄电池室应配置独立的排风系统，通风装置应采用防爆式电动机，排风系统应与消防系统进行联动，当消防系统气体喷放前将该保护区内的排风系统停机；待消防警报解除后，重新启动排风系统。

2）排风管应选用非燃烧材料，管道上设置电动防烟防火阀，平时密闭，以保证平时机房处于密闭微正压状态。

（2）排风系统的安装。

1）施工流程。排风系统施工流程如图5-8所示。

2）壁板孔洞的开凿要求：孔洞的开凿位置正确，洞口大小符合设计及规范要求，洞口应光滑完整无破损。套管设置规定如下：

a.通风管道穿楼面、屋面及墙体均需设置套管，套管管径比管道大100mm，长度根据所穿构筑

图 5-8 排风系统施工流程图

物的厚度及管径尺寸确定，并按设计及规范要求预制加工。

b.穿墙套管应保证两端与墙面平齐，穿楼板套管应使下部与楼板平齐，套管环缝应均匀，用油麻填塞，外部用腻子或密封胶封堵。当管道穿越防火分区时，套管的环缝应该用防火胶泥等防火材料进行有效封堵。套管不能直接和主筋焊接，应采取附加筋形式，附加筋和主筋焊接，使套管只能在轴向移动。

c.套管内外表面及两端口须做防腐处理，断口应平整。

3）风管支吊架的制作安装。

a.风管支吊架按照标准图集及验收规范用料规格和方法制作。

b.支吊架在制作前，首先要对型钢进行矫正，小型钢材采用冷矫正，较大的型钢须加热到900℃左右后进行矫正。矫正的顺序为先矫正扭曲、后矫正弯曲。钢材的切断及打孔不得使用氧乙炔焰。

c.吊架安装前，核对风管坐标位置和标高，找出风管走向和位置。按风管的中心线找出吊杆安装位置，单吊杆在风管的中心线上，双吊杆可按托架的螺孔间距或风管的中心线对称安装。

d.风管较长要安装成排支架时，先把两端安好，然后以两端的支架为基准，用拉线法找出中间各支架的标高进行安装。

4）风管法兰连接。

a.为保证法兰连接的紧密性，法兰之间应有垫料。法兰垫料应尽量减少接头，接头形式采用阶梯形或企口形，接头处应涂密封胶。

b.法兰连接时，首先按要求垫好垫料，然后把两个法兰先对正，把插条对好，用木槌及塑料锤轻打，要轻打插条，直到所有插条都穿上。风管连接好后，以两端法兰为准，拉线检查风管连接是否平直。

5）风管安装。

a.吊架安装完毕，经确认位置、标高无误后，将风管和部件按加工草图编号预排。

b.风管安装时，根据施工现场情况，可以在地面连成一定长度，采用吊装的方法就位，也可以把风管一节一节地放在支架上逐节连接。一般的安装顺序是先干管、后支管。

c.风管安装后，水平风管的不平度允许偏差，每米不大于3mm，总的偏差不大于10mm；立管的垂直度允许偏差每米不大于2mm，总偏差不大于10mm。

d.不允许将可拆卸的接口装设在墙或楼板内。

e.各种阀件安装在便于操作的位置。

f.连接好的风管，检查其是否平直；若不平应调整，找平找正，直至符合要求为止。

6）成品保护。

a.安装完的风管表面光滑清洁，室外风管应有防雨雪措施。

b.暂停施工的风管，应将风管敞口封闭，防止杂物进入。

c.严禁将安装完的风管作为支吊架或当作跳板，不允许将其他支吊架焊或挂在风管法兰和风管支吊架上。

7）风管严密性检验。风管连接好后，按规定应进行漏光法检测或漏风量测试，重点注意法兰及PVC插条接缝处、人孔、检查门等部件；一旦漏风，要重新安装或采取其他措施进行修补，直至不漏为止。低压系统按规范采用抽检，抽检率为5%，且抽检不得少于一个系统。在加工工艺及安装操作质量得到保证的前提下，采用漏光法检测。漏光检测不合格时，应按规定的抽检率做漏风测试。中压系统抽检率为20%，且抽检不得少于一个系统。

8）管道吹扫。

a.将管道系统中的压力调节阀、电动阀、气动阀及流量孔板、流量计等全部拆除，用临时短管代替。

b.管道吹扫用气从管网上的氮气总管接出。

c.吹扫时，吹扫压力不得超过容器和管道的设计压力，流速不宜小于20m/s。

d.吹扫确认。将木板条缠上白布，再抹上粘接剂，放在被吹扫管道的出口，目测5min内木板、白布上无铁锈、尘土、水分及其他杂物。

9）系统试运转及调试。

a.系统联动试运转应在通风设备单机试运转和风管系统漏风量测定合格后进行。系统联动试运转时，设备及主要部件的联动必须协调且动作正确，无异常现象。

b.系统风量测定应符合下列规定：风管的风量测量截面的位置选择在气流均匀处，按气流方向选在产生局部阻力之后不小于4倍，或局部阻力之前不小于1.5倍圆形风管直长或矩形风管长边尺寸的直管段上。当测量截面上的气流不均匀时，应增加测量截面上的测点数量。通风机测定截面位置应靠近风机，通风机的风压为风机进出口处的全压差；风机的风量为吸入端风量和压出端风量的平均值，且风机前后的风量之差不应大于5%。测风口风量用风速仪直接测量，求取风口断面的平均风速，再乘以风口净面积得到风口风量值；平均风速测定可采用匀速移动法或定点测量法等，匀速移动法不应少于3次，定点测量法的测点不应少于5个。当风口与较长的支管段相连时，可在风管内测量风口的风量。

系统风量调整采用"流量等比分配法"或"基准风口法"，从系统最不利环路的末端开始，最后进行总风量的调整。通风机转速的测量可采用转速表直接测量风机主轴转速，重复测量三次取其平均值的方法。

5. 机房环境系统设备试运行

根据《数据中心基础设施施工及验收规范》（GB 50462—2015）要求，完成机房建设工作，经过初步验收后进入试运行阶段。试运行分为空载试运行和带载试运行：空载试运行指的是机房内没有主要运行设备，只有辅助设备，如配电柜、UPS设备柜、精密空调、机房环境监测设备，照明设备等；当机房装饰、配电线路、网络线路完成，辅助设备安装调试完成，经过初步验收后，所有的辅助设备通电并带电运行48~72h，这个过程中主要检测机房系统的各个功能及各类辅助设备运行状况。

（1）试运行内容。机房环境试运行目的是在汛期、高温、低温及雷雨风暴等恶劣天气等条件下，检测系统工作的稳定性、可靠性和功能、指标的正确性；在各种工况条件下，检测对设备的安全保护性能和系统的工作性能，以及测试远程控制功能在实际操作中的安全性能。

试运行的内容主要包括机房环境设备（精密空调、新风交换机等）、机房照明及机房接地系统的试运行，过程中详细记录各系统设备各项参数。

试运行期间，记录各时段机房内各监测点温湿度，试运行期间对空调系统进行功能测试号及工况检查，并记录。试运行工况检查记录表见表5-2。

表5-2   试运行工况检查记录表

过滤网	
1.过滤网是否有破损、堵塞	□是 □否
2.过滤网清洁状况	□干净 □一般 □较脏
风机组件	
1.风机叶轮有无变形	□是 □否
2.是否有其他异常噪声	□是 □否
压缩机组件	
1.检查制冷剂有无泄漏	□是 □否
2.运行声音、运行振动情况是否正常	□是 □否

续表

风冷冷凝器（室外机组）	
1.冷凝器翅片的清洁程度	□干净 □一般 □较脏
2.室外机安装底座是否牢固	□是 □否
3.制冷剂管路支架是否牢固	□是 □否
4.防雷接地是否仍有效	□是 □否
加湿系统	
1.检查加湿系统是否运行正常	□是 □否
2.检查上水及下水管道是否堵塞	□是 □否

（2）测试异常处置：对于系统参数设置等一般性问题，由厂商指导解决（电话或现场）；对于如设备运行异常、功能缺失等较为严重问题，由厂商负责在一周内予以解决。

（四）综合布线

机房内综合布线范围为机房内交换设备的下口至服务器、网络终端之间的水平布线，包含了交换机下口的配线架的敷设、铜缆端接、光纤的熔接，采用万兆光纤和六类非屏蔽布线系统。

其他区域的信息点均采用六类线引至网络机房，端接到网络机房内的配线架，可根据需要采用光纤到桌面的布线。

1.强弱电桥架

（1）机房桥架布局。

1）铜缆桥架采用宽400mm金属网格桥架，光缆桥架铺设于铜缆桥架上方，桥架均安装于机柜顶部；

2）强电桥架采用宽300mm金属网格桥架，采用下走线模式，安装于机柜前侧。桥架需与市电引入电缆对接；

3）采用网络开放式镀锌桥架，材料直径不得小于5.00mm，符合IEC 61537标准，每米最大承重不小于500kg。

（2）桥架安装工艺要求。

1）工艺流程：弹线定位→支架与吊架安装→梯架安装→地线连接。

2）弹线定位：根据设计图确定出进户线、盒、箱、柜等电气器具的安装位置；从始端至终端（先干线后支线）找好水平或垂直线，用粉线袋沿墙壁、顶棚和地面等处在线路的中心线进行弹线；按照设计图要求及施工验收规范规定，分匀档距并用笔标出具体位置。

3）支架与吊架安装要求：

a.支架与吊架所用钢材应平直，无明显扭曲，下料后长短偏差应在0～5mm范围内，切口处应无卷边、毛刺；

b.钢支架与吊架应焊接牢固，无显著变形，焊缝均匀平整，焊缝长度应符合要求，不得出现裂纹、咬边、气孔、凹陷、漏焊、焊漏等缺陷；

c.支架与吊架应安装牢固，保证横平竖直，在有坡度的建筑物上安装支架与吊架应与建筑物有相同坡度；

d.支架与吊架的规格一般不应小于扁铁30mm×3mm、角钢25mm×25mm×3mm；

e.严禁用电气焊切割钢结构或轻钢龙骨任何部位，当确需与钢结构焊接固定时，应经过结构设计人同意方可进行切割，且焊接后应做防腐处理；

f.万能吊具应采用定型产品，对梯架进行吊装，并应有各自独立的吊装卡具或支撑系统；

g.在进出接线盒、箱、柜、转角、转弯和变形缝两端及丁字接头的三端500mm以内应设置固定支持点；

h.水平梯架安装过程中应有防晃措施；

i.电缆梯架水平铺设时应按负荷曲线选取最佳跨距进行支撑，跨距一般为1.5~3m，垂直铺设时其固定点间距不宜大于2m；

j.严禁用木砖固定支架与吊架；

k.膨胀螺栓固定时，选用螺栓应适配、连接应紧固、防松零件应齐全。

4）金属梯架保护地线安装。

a.保护地线应根据设计图要求敷设在梯架内一侧，接地处螺钉直径不应小于6mm，并且需要加平垫圈和弹簧垫圈，烤漆梯架还要加爪型垫圈后用螺母压接牢固。

b.金属电缆梯架及其支架首端和末端均应与接地（PE）干线相连接。电缆梯架的宽度在100mm以内（含100mm）时，两段梯架用连接板连接处（及连接板做地线时），每端螺钉固定点不少于4个；宽度在200mm以上（含200）时，两段梯架用连接板保护地线每段螺钉固定点不少于6个。

c.支、托架接地：采用φ10镀锌螺钉加平垫圈和弹簧垫圈，烤漆的梯架与支、托架还须加爪型垫圈后，用螺母将支、托架与梯架压接牢靠。

5）桥架安装质量控制。金属电缆梯架及其支、托架和引入或引出的金属电缆导管必须接地（PE）可靠，且必须符合下列规定：

a.金属电缆梯架及其全长应有不少于2处与接地（PE）干线相连接；

b.非镀锌电缆梯架间连接板的两端跨接铜芯接地线，接地线最小允许截面积为6mm²；

c.镀锌电缆梯架间连接板的两端不跨接接地线，但连接板两端不少于2个有防松螺母或防松垫圈的连接固定螺栓。

2.弱电综合布线

（1）总体方案。

1）综合布线系统功用包括以机房网络机柜为中心的数据结构化布线，系统能满足机房内部各机柜之间、机房与外部专业系统之间等的信息传输需求。

2）布线系统宜采用星形拓扑结构，提高系统容错性，具有配置灵活、维护管理方便、故障隔离和检测容易等优点。

3）设备选型：综合布线产品全部采用六类布线产品及OM3万兆光纤，保证其布线系统的先进性。

4）综合布线产品采用六类非屏蔽双绞线（UTP），光纤采用多模光纤。

5）设置一面综合配线柜，各屏根据需要柜敷设六类UTP线缆至该综合配线柜，敷设4芯OM3光缆至该综合配线柜。

6）根据机房的设备配置和管理需要，宜采用支持电子配线管理的综合布线产品用作机房综合布线。综合布线产品主要包括电子配线管理控制器、电子配线管理软件、24端口电子配线架、光纤电子配线架及控制电缆等。

（2）网络布线图：依据设计施工图实施。

（3）综合布线的施工。

1）非屏蔽六类网线的布放。

a.缆线布放前，应核对布放缆线的规格、程式、路由及位置与施工设计相符；

b.电缆布放应平直，不得产生扭绞、打圈等现象，不应受外力的挤压和损伤；

c.通常情况下，由配线机柜出发的线缆先进入吊顶中的桥架，再经金属线管进入房间位置后至信息出口处；

d.电源线、信号电缆、对绞电缆及建筑物内其他弱电系统的缆线应分离布放，以防止电磁干扰；

e.缆线布放时应有冗余，在交接间、设备间对绞电缆预留长度应为配线箱内周长，工作区处预留20cm；

f.缆线的弯曲半径应符合非屏蔽4对绞电缆的弯曲半径应至少为电缆外径的4倍；

g.布放水平电缆线以前，应对信息点进行配线估算；

h.穿引缆线时，拉线用力应适度，不得野蛮施工；

i.穿线过程中，特别是在与金属管、转线盒等断面接触时，应保护缆线护套层；

j.穿好缆线前，应及时做好电缆两端识别标记；缆线布放到位后，应对应两次，发现问题及时整改；绑扎电缆时，安装配线架前再次完成对应；

k.线缆标签需要粘贴在线缆弯曲处保持一定的高度，且朝向一致、整齐，线缆标签制作效果如图5-9所示。

图5-9　线缆标签制作效果图

2）缆线的端接。

a.缆线终端处必须卡接牢固、接触良好。

b.对绞电缆与接线模块卡接时，应按设计和厂家规定进行操作。

c.对绞电缆与插接件连接应认准线号、线位色标，不得颠倒和错接。

d.端接时，每对绞线应保持扭绞状态，剥除护套层长度为4～5cm。

e.剥除护套均不得刮伤绝缘层，应使用专用工具剥除。

f.对绞电缆与信息插座（RJ45）的卡接端子连接时，应按先近后远、先上后下的顺序进行卡接。

g.对绞线在与信息插座（RJ45）相连时，必须按色标和线对顺序进行卡接。插座类型、色标和编号应符合TIA/EIA 568-A或TIA/EIA 568-B标准。

h.配线架内缆线终接（安装在模块上）应预留2cm余量。

i.配线架模块应留有一定余量。

3）配线架安装要求。

a.配线架缆线端接按工程管理人员提供的配线架配置表进行端接；各楼层信息点模块分区卡接。

b.配线架及时安装带标签的标签托架，标签能准确反映配线架中模块与信息插座的对应关系及总配线架与分配线架线缆的连接关系。

c.为了体现跳线管理的规律性、灵活性、方便性，配线架安装跳线环，为跳线、软线和电缆提供交叉连接线道。

d.配线架和机柜的接地电阻应小于2Ω。

e.信息插座安装完毕后，端接配线架前，利用测试仪对每个信息点进行一次性能测试，发现问题及时整改。

f.配线箱安装位置应据建设方弱电竖井桥架安装情况而定。

g.配线箱开孔数量、尺寸应根据水平电缆数量、水平支桥架口径而定；开圆孔应带锁扣，开方孔应加橡胶防护圈。

h.配线箱应安装平直，垂直偏差不应大于3mm。

i.安装落地式机架，架前应留有1.5m空间，机架背面离墙距离应大于0.8m，以便于安装和施工。

j.配线架箱要根据安装设备的数量、尺寸，同时考虑散热等要求。

4）设备安装。因此施工中必须严格遵循有关国家标准、并严格按设计标准施工。设备安装要求如下：

a.系统布线按系统要求进行，设备接线按设备接线图进行，接线应准确、有序；

b.网线敷设需要穿过机柜的上线孔，优先选择桥架内一侧使用；

c.所有线缆、出入电缆、接线模块进行编号；

d.技术指标按相关技术标准执行，要求编码准确无误，系统信号好，无干扰信号，系统正常、稳定运行；

e.其余施工必须符合产品自身的技术要求；

f.设备安装要求横平竖直、外观整洁，固定螺钉须拧紧，不得缺漏、松动，安装高度应符合图纸设计要求；

g.机柜内须扎线处理，进出线贴标签，标明各信息线用途，机柜内进出须加锁扣，内部应清洁，无其他杂物。

5）系统的测试。线缆敷设及配线架等器件安装完成后，对系统进行导通、接续、长度测试，并提交测试证明报告。测试内容包括：

a.工作区到设备间的链路连通状况；

b.主干链路连通状况；

c.距离、接线图、近端串扰和衰减等指标。

6）光缆的敷设。在光纤布线中，信号衰减同样不可避免。其产生的原因有内在和外在两方面，内在衰减与光纤材料有关，而外在衰减就与施工安装有关了，因此应该注意的是：

a.首先应该做到的是应该由受过严格培训的技术人员进行光纤的端接和维护，按照光纤施工规范操作。

b.必须要有很完备的设计和施工图纸，以便施工和今后检查。施工中要注意不得使光缆受到重压或被坚硬的物体轧伤；另外，牵引力不应超过最大敷设张力。

c.光纤要转弯时，其转弯半径应大于光纤自身直径的20倍。光纤穿墙或穿楼层时，要加带护口的保护用塑料管，并且要用阻燃的填充物将管子填满。在建筑物内也可以预先铺设一定量的塑料管道。

d.光纤下线时需要通过机柜下线孔进行布放，布放的线缆需要在机柜内预留合适的长度。

7）完工测试。

基于上述理由，测试工作以及测试报告是绝对不能忽视的一环。而EIA/TIA 568-A TSB 67也是针对测试而制定的标准。光缆传输性能的测试标准可参照GB/T 8401执行。光缆中的每芯光纤的光衰减不应超过表5-3的规定值。

表5-3	光纤光衰减规定值			（dB）
内容	单模（1310nm）光衰减	单模（1550nm）光衰减	多模（850nm）光衰减	多模（1300nm）光衰减
水平布线（100m）	3.32	3.32	3.35	3.32

全程光衰减由若干子系统组合成的光缆布线链路，在工作波长点，每芯光纤的全程光衰减不应超过11dB。光缆布线链路如图5-10所示。

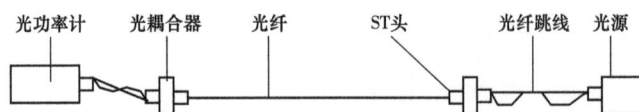

图5-10 光缆布线链路示意图

在测试过程中，如有任何信息端口不能通过测试，需进行检查、维修或更换，直至全部通过测试为止。

3. 强电综合布线

（1）机房配电方案。集控系统机房的配电系统是一个综合性系统，是主机房计算机通信系统、网络通信设备、机房空调动力设备、照明及应急照明设备的动力来源。

（2）机房强电的施工。

1）电缆敷设。电缆敷设工艺流程如图5-11所示。

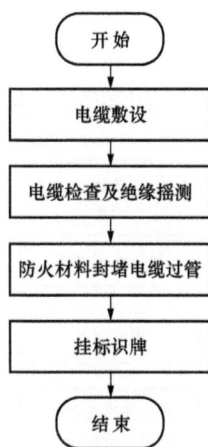

图5-11　电缆敷设工艺流程图

a. 电缆桥架内电缆敷设：

a）电缆敷设前进行绝缘摇测或耐压试验。1kV以下电缆，用1000V绝缘电阻表摇测线间及对地的绝缘电阻，应不低于10MΩ。电缆敷设后、未接线以前，应用橡皮包布密封后用黑胶布包好。

b）室内电缆托盘、梯架布线不应采用具有黄麻或其他易燃材料外保护层的电缆。

c）水平敷设。该敷设方法可用人力或机械牵引。电缆应单层敷设、排列整齐，不得有交叉，拐弯处应以最大截面电缆允许弯曲半径为准。不同电压等级的电缆应分层敷设，高电压电缆应敷设在上层。同电压等级的电缆沿支架敷设时，水平净距不小于35mm。电缆首尾两端、转弯两侧及每隔5~10m处设固定点。

d）垂直敷设。垂直敷设时，有条件的最好自上而下敷设。土建未拆吊车前，将电缆吊至楼层顶部。敷设时，同截面电缆应先敷设低层、后敷设高层，要特别注意，在电缆轴附近和部分楼层应采取防滑措施。自下而上敷设时，低层、小截面电缆可用滑轮大绳人力牵引敷设；高层、大截面电缆宜用机械牵引敷设。电缆敷设时，每层最少加装两道卡固支架。敷设时，应放一根立即卡固一根。电缆沿桥架敷设穿过楼板时，预留通洞，敷设完后应将洞口用防火材料堵死。电缆超过45°倾斜敷设或垂直敷设时，应在每个支架上进行固定（间隔2m）。交流单芯电缆或分相后的每相电缆固定用的夹具和支架，不形成闭合铁磁回路。

b. 电缆检查及绝缘测量：

a）电缆敷设全部完成后进行自检及互检。

b）电缆绝缘测量要选用量程适当的绝缘电阻表。

c）电缆绝缘测量要逐根电缆进行。

d）线路摇测要两人进行，一人摇测、另一人读数及记录。绝缘电阻表转速应保持在120r/min上下，摇测值采用1min后的数值。

c.防火材料封堵电缆过管。电缆随桥架穿过楼板或者不同消防分区时，敷设完毕后应将洞口用防火材料封堵。

d.挂电缆标识牌。标识牌规格应一致，并有防腐性能，挂装应牢固。标识牌上应注明电缆编号、起止点、规格、型号及电压等级，字迹应清晰、不易褪色。在桥架两端、拐弯处、交叉处应挂电缆标识牌，直线段应适当增设标识牌。

2）电缆的端接。电缆终端头制作工艺流程如图5-12所示。

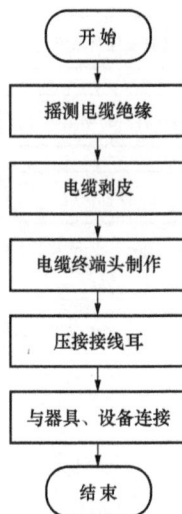

```
┌─────────┐
│  开 始  │
└────┬────┘
     │
┌────┴──────┐
│ 摇测电缆绝缘 │
└────┬──────┘
     │
┌────┴────┐
│ 电缆剥皮 │
└────┬────┘
     │
┌────┴──────┐
│ 电缆终端头制作 │
└────┬──────┘
     │
┌────┴──────┐
│ 压接接线耳 │
└────┬──────┘
     │
┌────┴────────┐
│ 与器具、设备连接 │
└────┬────────┘
     │
┌────┴────┐
│  结 束  │
└─────────┘
```

图5-12　电缆终端头制作工艺流程图

a.测量电缆绝缘：对于1kV及以下低压电缆，选用1000V绝缘电阻表进行测量，绝缘电阻值应在10MΩ以上；电缆测量完毕后，应将各线芯分别对地放电。

b.剥电缆皮：根据电缆与设备连接的具体尺寸，测量电缆并做好标记；锯掉多余的电缆，剥除电缆皮。

c.包缠电缆，套电缆终端头套：剥去电缆外包绝缘层，将电缆头套（25mm^{2}及以上电缆使用五指套）套入电缆，做好终端套并包扎好。

d.接线。

a）芯线与电气设备的连接应符合下列规定：电线、电缆接线必须准确，并联运行电线或电缆型号、规格、长度、相位应一致；截面积在10mm^{2}及以下的单股铜芯线直接与设备、器具的端子连接；截面积在2.5mm^{2}及以下的多股铜芯线，拧紧、搪锡或接续端子后与设备、器具的端子连接；截面积大于2.5mm^{2}的多股铜芯线，除设备自带插接式端子外，接续端子后与设备或器具的端子连接；多股铜芯线直接与插接式端子连接前，多股铜线端部拧紧、搪锡；电线、电缆的芯线连接金具（连接管和端子）规格应与芯线的规格相适配，接线端子必须使用闭口端子，严禁使用开口端子，且芯线不得断线；芯线与设备压接后，外露线芯的长度不宜超过1~2mm。

b）芯线接线鼻子压接：线端头量出长度为接线耳的深度另加5mm，剥去电缆芯线绝缘，并在芯线上涂上电力复合脂。

e.将芯线插入接线鼻子内,用压线钳压紧接线耳,压接应在两道以上。根据不同的相位,使用黄、绿、红、淡蓝四色塑料带分别包缠电缆各芯线至接线耳的压接部位（25mm² 及以上电缆使用五指套）。根据接线耳的型号选用螺栓,将电缆接线耳压接在设备上,注意应使螺栓由上向下或从内向外穿,平垫圈和弹簧垫圈应安装齐全。

4. 隐蔽工程的验收

综合布线系统隐蔽工程验收有如下要求:

（1）隐蔽工程验收包括施工前准备工作、设备安装、楼内铜光缆布放、楼外铜光缆布放等。

（2）验收人员依据综合布线系统工程施工质量检查、随工检验和竣工验收等工作的技术要求和验收相关国家、行业及企业标准,进行综合布线系统隐蔽工程验收及检验。

（3）隐蔽工程验收应按照附录B7要求执行。

（五）机房监控及安全防护

1. 门禁系统

（1）机房安全防范应满足GB 50348、GB/T 50314要求,机房所有出入口应配置门禁,门禁电源应使用UPS输出电源。

（2）门禁具有联动功能,当发生突发性紧急事件时,能自动解除全部门禁。

（3）门禁系统的实时信息应纳入机房环境监控系统统一管理,具备记录、存储、报警和查询功能,每个出入口记录期限不应小于6个月。

2. 视频监控系统

（1）机房所有出入口及机房内的主要通道应安装视频监控设备。

（2）视频监控设备的安装应考虑环境光照因素对监视图像的影响,主机房应24h实时录像,其他区域的视频监控设备可与门禁系统联动,进行非实时录像。

（3）视频监控设备采集的实时信息应纳入机房环境监控系统统一管理,具备记录、存储、报警和查询功能,录像存储60天以上。

3. 动力环境监控系统

（1）建设要求。集控系统机房环境监控范围包含机房区域的供配电情况、环境情况、主要设备情况。环境集中监控系统包括动力环境监控、烟感、温湿度检测、消防检测系统、门禁系统、图像监控系统等。保证监控系统的正常运作,同时降低的管理难度。建立一套分布式架构的机房动力环境监控系统,实现统一集中监控,以达到"集中监控、精确定位故障、高效管理"的建设目标;同时还需对整套系统的扩展性进行充分考虑,设计时预留相应接口,以方便将来的扩容。

机房动力环境监控系统如图5-13所示。

动力环境监控系统应将数据采集类设备数据传送到动力环境监控系统,实时监视系统和设备的运行状态,记录和处理相关数据,及时侦测故障,并做必要的遥控操作,实现对动力环境系统的在线监测。

（2）动力环境系统监控系统的安装。安装方法参照综合布线部分内容。

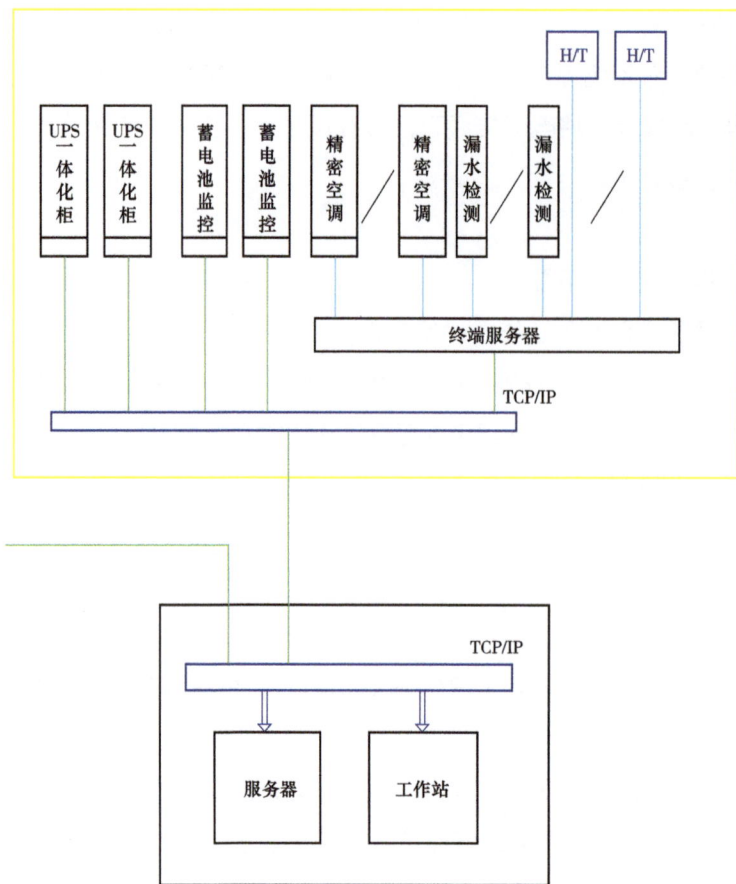

图 5-13　机房动力环境监控系统示意图

4. 防小动物措施

（1）主机房、电源室应设有防小动物措施，用于承载弱电线缆、强电线缆的桥架端口与外部连接处用防火泥等密封保护，机房的孔、洞应用防火材料封堵。

（2）机房直接通往室外的通道门应安装防小动物挡板，挡板高度不低于50cm。防小动物挡板应易拆卸，方便机房设备搬运。机房出入口应设置防鼠板，机房内部放置粘鼠板。

（3）机房内部可加装红外探测装置，安装在机房地板下方、线槽出入口、机房墙角边缘地带，联动视频监控系统并告警。

5. 机房监控及安全防护设施设备试运行

试运行的目的是通过既定时间段的试运行，全面考察项目建设成果，发现项目存在的问题，从而进一步完善项目建设内容。通过实际运行中各系统功能与性能的全面考核，可检验动力环境系统在长期运行中的整体稳定性和可靠性。

为了试运行工作的顺利开展，以试运行与操作培训相结合的原则，在试运行期间进行全面、系统的培训工作。

（1）试运行内容。试运行具体内容包括中心（分中心）监控软件的试运行记录等。

1）系统功能与性能的考核。试运行期间应完成实际运行中动力环境系统的功能与性能考核。系统功能与性能的考核应以招标说明书等相关文件为依据，凡相关文件中有定量性能指标的应按指标考核，无定量性能指标的按实际操作和使用中的实际需要来考核。

a.系统软件功能：系统开机、关机功能及响应时间；操作界面切换功能及响应时间；系统监控操作界面的完好性；系统各种操作与响应的准确性和响应速度。

b.数据监测功能：系统工作状态显示界面的正确性及系统状态变化时显示界面的反应速度；系统各部分工作状态的可观察性；监测数据的准确性、监测周期及实时性；监测数据间隔周期的一致性；监测数据间隔周期的可调整性；图像质量（含实时性），画面切换及控制响应速度。

c.异常处理能力：系统非法操作警告信息的正确性；系统警报条件参数的可设定性及警报的正确性和反应速度；系统警报数据记录的正确性和完整性；系统事件警告的正确性与反应速度。

d.数据记录功能：监测数据记录的准确性、完整性；系统事件记录的正确性和完整性；系统各类报表的正确性；系统报表时间、间隔的可设定性；系统历史数据的可查询性能；系统数据库数据容量的递增情况。

e.通信功能：子系统通信链路的完整性；系统对外通信及功能。

f.网络安全：系统安全级别管理的正确性；系统操作员的密码管理与操作员的增加、删除；系统操作员安全级别的可修改性。

g.时间统一性：监测数据时间标准的一致性；系统时钟的一致性。

h.系统的可维护性。

i.系统防雷设备工作情况及效果。

2）系统长期稳定性。

a.系统长期通电运行考核：系统试运行后，应保持连续通电运行72h以上，其间系统应工作正常，无故障和异常出现。

b.系统支撑软件平台的稳定性：主要指系统的开启、退出是否正常，数据库记录是否正常，备用服务器能否自动投入工作，系统的各项操作响应有无明显地延长，系统的主服务器及各工作站有无死机现象等异常情况。

c.系统应用软件的稳定性：系统应用软件的长期稳定性能包括许多方面，应在试运行期间密切注意有无各种异常现象的发生，以便分析、查找软件编制过程中的疏忽和错误。

d.系统安全：包括系统权限管理、病毒防范、数据备份、数据安全等方面。应当在系统运行条件允许时经常变更系统操作权限，考核权限管理在各种状态下的正确性。应当定期检查系统有无病毒入侵，并应定期升级病毒库。在试运行期间，应做好本地、分中心数据库的定期硬备份，以检查数据库中的数据在长期运行中有无丢失现象。

e.设备的长期稳定性：除了系统的长期通电考核外，系统设备的长期稳定性能应在试运行期间进行考核。考核除了日常运行、操作的功能考核外，还应对设备本身运行状况进行定期检查。定期检查应包括设备、导线、端子排等各种装置、附件的外观、温度、磨损、松动和清洁等。

（2）问题处理方式。一般问题（系统参数设置等）由厂商立即指导解决（电话或现场）；大问题（如数据无法接收等）由厂商负责，并于一周内予以解决。

（六）消防安全

1. 消防设施

（1）消防监控系统施工工艺及规范：

1）集系统配置固定式灭火装置，包括操作及功能试验，灭火器的管道、喷头安装检查，气罐、阀门压力检查；

2）火灾自动报警系统的联动控制、火灾信号上传等；

3）电缆洞封堵应符合施工工艺要求，电缆防火涂料应符合防火要求，电缆有分段防火阻燃措施。

（2）固定式灭火装置：

1）应具备自动、手动、远程遥控和应急机械操作方式；

2）消防控制接地铜网连接，接地可靠；

3）屏内端子排接线合格、牢固，电缆名称牌齐全，标识牌走向清晰、明确；

4）空气开关、熔断器符合设计规定，标志符号清晰、正确，标签齐全；

5）场地无安装遗留物件，有关调试接线拆除；

（3）灭火剂充装量和充装压力：

1）灭火剂储存器的充装量符合设计充装量需求；

2）灭火剂储存容器的实际压力应不低于相应温度下的贮存压力，且应不超过该储存压力的5%。

（4）火灾自动报警及联动控制系统。

1）火灾探测器：

a.表面无腐蚀、涂覆层脱落、起泡现象，无明显划痕、毛刺等机械损伤，文字符号和标识清晰；

b.探测器水平安装，安装位置合理，方便检修、测试，底座安装应牢固，无明显松动，周围0.5m内无遮挡物；

c.探测器离灯大于0.2m，离通风口1.5m，至墙壁、梁边水平距离不小于0.5m，感温探测器的安装间距不应超过10m，感烟探测器的安装间距不应超过15m；

d.探测器处于正常工作状态下，其确认灯能正常工作，监视和报警状态下确认灯的状态有明显区别；

e.烟感测试，应报出火警信号，当探测器连丝短路或底座脱离时，应报出故障信号，逐一试验正常。

2）手动报警按钮：

a.组件应完整，有明显标志；

b.安装应牢固，无明显松动，不倾斜；

c.手动报警按钮安装高度适宜；

d.操作启动部位，手动报警按钮输出火灾报警信号，同时报警按钮有可见光指示；

e.启动部位复原，手动报警按钮恢复至监视状态。

（5）火灾报警控制器及消防联动控制：

1）集中报警、区域报警控制器型号、标志文字符号和标志明显、清晰；

2）安装牢固、平稳，无倾斜；

3）配线清晰、整齐、美观，避免交叉并牢固固定，专用导线或电缆应采用阻燃型屏蔽电缆，传输线路应采用穿金属管、经阻燃处理的硬质熟料管或封闭式线槽保护方式布线；

4）模拟火灾响应试验，接收火灾报警信号后，控制器应在10s内发出声、光报警信号，可手动消除，如再次有火灾信号输入时能重新启动；

5）故障报警的联动试验，控制器与火灾探测器、控制器与传输火灾报警信号作用的部件发生故障时，应能在100s内发出与火灾报警信号有明显区别的声、光故障信号，且能正确指出故障部位或类型；

6）控制器执行自检功能应能切断受其控制的外接设备，自检时非自检回路有火灾报警信号输入，控制器发出火灾报警声、光信号；

7）火灾报警动作信号应能上传至集控系统，显示输入信号的优先级为火灾报警信号、预报警信号、故障信号；

8）控制器的主电源应有明显的永久性标志，并应直接与消防电源连接，严禁使用电源插头，控制器与其外接备用电源应直接连接；

9）主电源切断时，备用电源自动投入运行；主电源恢复时能从备用电源自动转入主电源状态，主、备电源指示灯功能应正常；

10）可存储或打印火灾报警时间和部位；

11）控制器有保护接地，电源应有明显接地标志。

2. 隐蔽工程的验收

集控系统建设中，管道布置包括给排水管道、消防气体管、空调冷媒管、工艺管线等的平面布置及竖向布置。机电管线布置在设计图纸中都是分专业、分系统进行管线绘制，施工单位具有现场第一手资料。根据现场情况，结合自身解决施工技术方面经验，投入足够专业技术的技术人员，通过施工前绘制机电管线综合布置图及相关的控制工作，才能有效地控制好设备、管道等在空间的排列走向。各专业管线应保证施工的可行性、美观性及生产使用中的实用性。

隐蔽工程验收应按照以下要求执行：

（1）密封填料应均匀附着在螺纹部分，不应将填料挤入管道内；

（2）排水管材料宜采用镀锌钢管；

（3）空调冷媒管必须采用铜管，管径与系统配套选择；

（4）焊接表面应无裂缝、气孔、咬边、凹陷、接送坡口错位等，焊接部位应做好防腐处理；

（5）出水口水池设置合理，应有防冲垮措施；

（6）管路铺设符合要求，管道顺畅；站内地面排水畅通、无积水；排水明沟沟底坡向尺寸符合设计要求；

（7）给排水管道支吊架安装平整、牢固，无松动、锈蚀，管路通畅、无破损、防冻措施完好。

3. 其他消防措施

（1）机房存放记录介质应采用金属柜或其他能防火的容器。

（2）面积大于100m²的主机房，安全出口不应少于两个。面积不大于100m²的主机房，且机房内任一点至安全出口的直线距离不大于15m，可设置一个出口。

（3）机房与建筑内其他功能用房之间应采用耐火极限不低于2h的防火隔墙和耐火极限不低于1.5h的楼板隔开，隔墙上开门应采用甲级防火门。

（4）集控系统主机房和电源室应配置专用的空气呼吸器或氧气呼吸器，定点放置并有明显标识。

4. 消防设施系统试运行

（1）火灾自动报警系统试运行前，应具备下列条件。

1）由施工单位和生产厂家派技术人员对使用单位派出的值班人员进行示范操作和培训，使其能独立操作。

2）火灾自动报警系统正式启用时，应具有下列文件资料：①系统竣工图及设备的技术资料；②操作规程；③值班员职责；④值班记录和使用图表。

3）应建立火灾自动报警系统的技术档案。

4）火灾自动报警系统应保持连续正常运行，不得随意中断。

（2）消防系统试运行内容：

1）火灾报警系统装置（包括各火灾探测器、手动报警按钮等）的运行测试；

2）灭火系统控制装置的运行测试；

3）通风空调、防排烟及电动防火阀等消防控制装置的运行测试：

4）消防通信、消防电源、消防控制室的控制装置的运行测试；

5）火灾事故照明及疏散指示控制装置的运行测试。

（七）机房标识标签

机房内的机柜、设备、线缆及其他设施均应采用统一规范的标识标签。同一类型的标识标签应采用同一模板；同种类型设备标识标签应统一布置，要求平整、美观，不应遮盖设备出厂标识。标识标签应采用易清洁、耐用的材质，室内使用年限不低于10年。

1. 机柜类标识标签要求（见附录F1）

（1）机柜号标识标签应标注机柜编码信息，粘贴于机柜左上角并保持在同一水平线上，并且前后粘贴。

（2）设备卡标识标签应标注序号、位置、设备名称、重要级别等信息，放置于机柜门，保持在同一水平线上。

（3）配线架标识标签应标注本端、对端信息，粘贴于配线架端口正上方。

2. 设备类标识标签要求（见附录F2）

（1）同一机柜内设备标识标签宜处于同一垂直线上。

（2）粘贴式设备标识标签应标注设备名称、设备型号、所属系统、安全等级、IP地址、上线日期等信息，粘贴于设备空白处，宜保持在同一水平线上。

（3）悬挂式设备标识标签应标注设备名称、设备型号、所属系统、安全等级、IP地址、上线日期等信息，宜悬挂于设备左上角的机柜架孔。

3. 线缆类标识标签要求（见附录F3）

（1）弱电线缆标识标签应标注起始端、终止端等信息，粘贴于距线缆头部5cm处。

（2）强电电缆标识标签应标注编号、起始端、终止端、规格信息，悬挂于电缆近端子10cm处。跳线类线缆（双绞线、光纤）标识标签应双面标注起始端、终止端、跳转路径信息，粘贴于距线缆头部5cm处。

（3）设备电源线标识标签应双面标注设备名、PDU信息，粘贴于距设备电源线头部5cm处。

4. 其他设施标识标签要求（见附录F4）

（1）集控系统机房应有醒目的各类空间环境标识，应带有国网公司徽标标识，粘贴于对应位置。其中，机房安全出口、灭火器警示必须标示。

（2）强电走线架标识标签粘贴于强电走线架，弱电走线架标识标签粘贴于弱电走线架。在强电走线架、弱电走线架标上要有明显的标识标签进行区分，并且每间隔2~3m重复标示。

（3）辅助标识标签（地标）应粘贴于警示物周围15cm处。

四、竣工验收

（一）验收内容

集控系统机房辅助设施建设，主要内容为：根据集控系统机房的建设需要，需设置独立主机房、蓄电池室、监控室，以上述空间进行布局。建设涉及多个强、弱电子系统的高密度、高集成性的子项工程，主要包含如下内容：

（1）机房基础设施；

（2）机房UPS电源系统；

（3）机房环境系统；

（4）机房综合布线；

（5）机房监控及安全防护；

（6）机房消防安全；

（7）机房标识标签。

（二）验收资料

工程竣工后，施工单位应提交下列资料：开工报告，竣工图，设计变更通知单，各系统详细的测试报告，设备和主要材料的出厂合格证、说明书和安装调试报告等。

（1）项目前期文档：包括项目立项文件、可行性报告、项目任务书等。

（2）项目准备阶段文档：包括项目启动资料（如成立项目组的发文等）、项目工作方案、项目实施方案等。

（3）招投标阶段文档：包括招标文件、投标文件、评标报告及审批文件、中标通知书等。

（4）合同类文件：包括合同审批表、合同及附件。

（5）项目启动阶段文件：包括开工报审及开工报告、施工组织方案及报审表、深化设计评审、设计变更文件、施工图纸等。

（6）项目施工阶段文档：包括施工日志、周报、月报、设备到货、材料报审、隐蔽报验、阶段性验收、工作联系单、监理通知单、工程变更单、竣工图纸、工程停复工报告等。

（7）测试、培训文档：包括测试记录（如接地电阻、网络、光纤、配电设备等）、培训方案（含培训计划、大纲、资料）、培训记录（含培训通知、签到表、考核记录）、现场交接文件（如使用手册、安装与配置手册、维护手册）等。

（三）验收要求

（1）为保证机房工程施工质量、满足专业技术要求，业主方应安排相关人员参与工程设计和施工监督。

（2）工程施工的安全技术、劳动保护、防火、防毒等要求，应按国家有关部门颁布的现行规定执行。

（3）施工单位必须做好施工设计和组织，必须严格按照设计进行施工，严禁未经设计单位确认和有关部门批准擅自修改设计文件，设计变更应有设计单位的变更通知或签字确认。

（4）工程所用材料应检验其规格、型号、数量，并有出厂合格证；所用设备、装备均应开箱检查，其规格、型号、数量应符合设计要求，附件、备件和技术文件应齐全。

（5）工程所用材料、设备、装置的储存环境和方法及装卸搬运方式必须符合产品说明书的规定，安装位置和安装方式必须符合设计规定或产品说明书的要求。

（6）工程中的所有隐蔽施工，工程监理、信息部门施工监督人员应现场监督。隐蔽施工必须有现场施工记录或相应详细资料，并由建设单位代表签字。

（7）工程验收前，施工方应分步骤按照各类标准要求对机房装饰装修、综合布线、电源系统、空调系统、消防安全系统、电磁屏蔽、环境监控等部分组织专业人员进行综合测试。

（8）机房竣工后，建设主管部门和施工单位应组织相关人员进行验收，按《数据中心基础设施施工及验收规范》（GB 50462—2015）执行。

五、机房维护

（一）机房日常巡视

通过现场巡视、远程巡视，保障集控站基础设施和信息通信设备稳定运行。

1. 现场巡视

现场巡视周期：针对集控站温湿度、电源设备、空调设备、信息通信设备有无告警信息，每日两次；所有内容巡视，每月一次。

定期检查机房环境、照明系统、UPS电源设备、消防设施、空调设备、门禁系统、通信设备、线缆运行情况，做好巡视记录，发现异常情况及时报告。

（1）机房环境：可目测和使用温湿度仪测量，要求机房地面整洁，无杂物堆放情况，地板无损坏，机房封堵未出现破损情况，温湿度符合《信息机房设计及建设规范》（Q/GDW 10343—2018）。

（2）照明系统：可手动开关日常照明系统，要求日常照明设备正常；进行应急照明系统与日常照明系统的切换试验，要求在日常照明系统关闭的情况下，应急照明系统能正常运行，保证机房运维必要的照明；进行带蓄电池应急照明设备的充放电抽检，放电过程中应急照明设备照度应满足运行要求，持续照明时间应不小于90min。

（3）UPS电源设备：可目测，要求UPS主机无报警信息，检查主机和蓄电池的外观，无漏液、变形、裂纹、污迹、腐蚀及螺母松动等现象，记录UPS负荷率。

（4）消防设施：可目测，要求消防设备和器材外观完好，性能指标在正常范围内；

（5）空调设备：可目测，检查机房空调液晶板及状态指示灯无异常告警，制冷效果正常，温湿度显示与现场一致，机身无异响。

（6）门禁系统：检查磁卡靠近读卡器进出正常；出门按钮有效；审计门禁日志，应与实际相符。

（7）通信设备：根据机房巡视作业指导书开展通信设备巡视，要求机房通信设备无异常告警；设备表面无积灰、无异物；设备标识标签无脱落，字迹清晰，标签内容与现场一致。

（8）线缆：可目测，检查光纤、双绞线、KVM线、电源线等无松动现象；线缆标签应清晰，标签内容与现场一致。

2. 远程巡视

（1）远程巡视每日一次。

（2）通过监控平台对机房环境、动力环境等运行状况进行巡视，并做好温湿度、动力、漏水等的巡视记录，发现异常情况及时报告。

（二）专业检测

1. 电源检测

电源检测包括机房UPS主机、通信电源屏（柜）和蓄电池检测，所有测量标准值均参考具体的UPS规格型号参数。

（1）UPS主机检测。UPS主机检测包括主机的静态参数检测、输出波形测试、旁路—逆变转换测试和市电—电池转换测试，并可目测。检查主机的外观，要求无变形、裂纹、污迹、腐蚀及螺母松动等现象。

1）UPS主机的静态参数检测：

a. 可采用手持式数字温度计测量熔断器、电池连接条、电容、功率元器件的温升，应无异常变化。

b. 可采用目测和手触摸方法检查UPS风扇，应通风顺畅，输出处无明显的高温。

c.可采用目测法检查过滤网或通风栅格及进出风口，应无堵塞、无杂音。

d.可采用数字万用表、数字电能分析仪测量UPS的输入线电压、输入相电压、输入频率、输入电流、谐波成分、输出相电压、输出频率、输出波形、蓄电池的充电电流值，要求测量值在主机额定的范围内。

e.可采用目测法检查UPS主机面板的显示值，显示值与测量值误差应不超过5%。

2）输出波形测试：可采用双踪示波器，检测设备由UPS供电时的输出电压波形，如无劣化、跳变判断为合格。

3）旁路—逆变转换：可采用双踪示波器，检测旁路—逆变转换时的输出电压波形，如无明显变化判断为合格。

4）市电—电池转换：可采用双踪示波器，检测市电—电池转换时的输出电压波形，如无明显变化判断为合格。

（2）通信电源屏（柜）检测。通信电源检测包括：电源各项显示是否正确，各项参数是否正常；输入、输出电压/电流检查；整流、逆变、变压器、采样等单元元器件检查；交/直流电容状态、性能、容量、电压检查，风扇及各滤网清洁。

1）直流屏（柜）检测：

a.可目测，检查设备周围的环境情况，清洁设备外围卫生情况；

b.保持布线整齐、各种开关、熔断器、插接件端子等部分接触良好，无电蚀；

c.备用电路板正常。

2）UPS主机的静态参数检测：

a.通信电源的整流模块应具有自动输出电流均分功能，各整流模块应能自动均流，在50%～100%负载范围内，其并联均分负载不平衡度应不大于±5%；

b.设备的输出电流不应超出其额定值，各整流模块应具有自动电流限制功能，并可在50%～110%额定值范围内连续整定；

c.高频开关电源的防雷保护单元应定期检查、更换，若遭雷击时必须及时更换，更换时要采用厂家原型号防雷单元；

d.通信电源的交流配电屏（盘）应设有停电、输入电压过高、输入电压过低、缺相以及输入熔断器熔断（断路器跳闸）声光告警装置，并保证有效；

e.通信电源的直流配电屏应设有输出电压过高、输出电压过低，输出、输入熔断器熔断（断路器跳闸），蓄电池低电压保护声光告警装置，并保证有效；

f.通信电源的直流配电屏（盘）必须满足并组均充、浮充、放电的要求，操作时必须保证不中断供电；

g.直流配电屏（盘）应具有蓄电池低电压保护功能，当蓄电池放电电压达到43.2V时，应自动切断蓄电池组供电回路。

（3）蓄电池检测。蓄电池检测包括蓄电池外观检查、静态特性检测和充放电特性检测。

1）蓄电池外观检测：

a.电压及温度是否正常;

b.电池壳体有无机械性损伤（如壳、盖有无裂纹或变形）;

c.极栓/安全阀周围有无渗酸及严重漏液;

d.有无膨胀变形及酸雾逸出。

2）蓄电池静态特性检测:

a.蓄电池在使用中仍需进行端电压、充电电流、电池温度的测量，防止各个电池端电压偏差过大（超过±50mV/只）而产生的过充电和充电不足。

b.脏污或不紧固的连接可引起电池连接处打火或连接压降超标，所以应保持连接处的清洁，并拧紧连接螺栓，且不应对端子产生扭曲应力。

c.可采用电导仪或内阻仪测量蓄电池的电导或内阻值，实际测试值应与制造厂提供的阻值一致，允许偏差范围为±5%，否则判断蓄电池老化;如发现电导值总体平衡性较差，或某只电池单体的电导值至少低于同组电池平均值30%，可初步判为该组中的落后电池。

d.可采用电压表测量电池在放电时的端电压，如果端电压在连续三次放电循环中测试均为最低，则判断该电池为该组中的落后电池;有落后电池的电池组应视情况进行更换。

3）蓄电池充放电特性检测。

a.当有两组蓄电池时，应一组运行，另一组退出运行，进行核对性充放电;如果仅有一组蓄电池时，可用临时蓄电池将运行的蓄电池倒换退出运行后，进行核对性充放电;如果仅有一组蓄电池且不能退出时，则不允许进行全容量核对性放电，只允许放出额定容量的50%，只要其中一节单体蓄电池放到了规定的终止电压，应停止放电。

b.核对容量（阀控蓄电池）:放电过程中，蓄电池的单体端电压不得低于1.8V（12V和6V系列蓄电池的电压分别不得低于10.8V和5.4V）;充电末期，蓄电池的单体电压应达到2.30～2.35V（12V和6V系列蓄电池的电压应分别达到13.8～14.1V和6.9～7.05V），并且充入的容量应不小于放出容量的120%;若经三次充放电循环蓄电池的容量还达不到额定容量的80%，且落后电池数量累计达到整组蓄电池的10%及以上，或蓄电池组中5%数量的蓄电池容量小于额定容量的80%，应更换整组蓄电池。

c.维护单位应配置专用蓄电池充放电装置。对于电源维护工作，对蓄电池组进行核对性放电试验操作时，蓄电池组应与通信电源系统母排分离;应使用专用充电装置对蓄电池组充电，充电完毕电流稳定（小于15A）后方可将蓄电池组接入通信电源系统母排，禁止使用通信电源系统的开关电源设备（整流器）对蓄电池组充电。

（4）检测周期:

1）每年开展一次UPS和电源专业检测;

2）新安装的蓄电池应进行转换功能测试，以后每隔两年进行一次转换功能测试，运行六年以上的蓄电池应每年做一次转换功能测试。

2. 防雷接地检测

防雷接地检测包括防雷器件（SPD）的运维，等电位连接测试和接地电阻测量等。

（1）SPD的运维。

1）SPD检查：

a.检查并记录各级SPD的安装位置、安装数量、型号、主要性能参数（如U_c、I_n、I_{max}、I_{imp}、U_p等）和安装工艺（如连接导体的材质和导线截面、连接导线的色标、连接牢固程度）；

b.对SPD进行外观检查，其表面应平整、光洁，无划伤，无裂痕和烧灼痕或变形，SPD的标志应完整、清晰；

c.检查SPD是否具有状态指示器，如有，则需确认状态指示与生产厂说明相一致。

d.检查SPD安装工艺和接地线与等电位连接带之间的过渡电阻。

2）电源SPD测试。

a.泄漏电流的测试。

a）除电压开关型外，SPD在并联接入电网后都会有微安级的电流通过，如果此值偏大，说明SPD性能劣化，应及时更换。可使用防雷元件测试仪或泄漏电流测试表对限压型SPD的泄漏电流值进行静态试验，规定在$0.75U_{1mA}$下测试。

b）合格判定：泄漏电流不应大于20μA。

b.直流参考电压（U_{1mA}）的测试。

a）主要测量在金属氧化物压敏电阻（MOV）通过lmA直流电流时，其两端的电压值U_{1mA}（该测试仅适用于以MOV为限压元件且无其他并联元件的SPD）。

b）合格判定：当U_{1mA}值不低于交流电路中U_0值的1.86倍（在直流电路中为直流电压的1.33～1.6倍，在脉冲电路中为脉冲初始峰值电压1.4～2.0倍）时，可判定为合格。

（2）等电位连接测试：检查设备、管道、构架、均压环、钢窗、静电地板等大尺寸金属物与接地装置的连接情况；如已连接，应进一步检查连接质量，连接导体的材料和尺寸应符合建设标准要求；等电位连接的过渡电阻的测试采用空载电压4～24V、最小电流为0.2A的测试仪器进行检测，过渡电阻值不应超过0.03Ω。

（3）接地电阻测量：接地电阻测试应采用三极法测量方法测量。接地电阻值要求：C1类机房接地电阻值不应大于1Ω，C2、C3类机房接地电阻值不应大于4Ω。

（4）检测周期：每年雷雨季节前开展一次对机房过电压保护（防雷）设施的全面检测。

3.空调设备维护

（1）精密空调维护。精密空调维护包括空调液晶屏显示检查、空调供电排水测试和空调压缩机检测等，所有检测标准值参考具体精密空调的铭牌参数。

1）可目测查看空调液晶屏显示或精密空调监控系统，检查报警记录，温湿度与现场符合度，并根据实际情况（季节）调节空调温湿度控制。

2）可采用万用表测量空调工作电压，电压波动不能超过5%。

3）可目测检查电源进线和部件电源线紧固情况。

4）应通过目测或专业技术手段，检查精密空调给排水系统是否正常、有无渗漏。

5）可手工调节空调遥控器各个按钮，控制信息应正常。

6）检查、清洗室内机过滤网，更换过滤棉。

7）检查室内外风机、压缩机，应无异常震动和异常声音，运行电路正确。对室外冷凝器及散热片进行清洗，保持良好通风。

8）制冷情况下，检查室外机回气管和铜阀连接处，有结露属于正常，无结露表示制冷剂过少；有结霜表示制冷剂过多，或过滤网、过滤棉脏堵或送风机异常。

9）可采用钳形电流表、万用表检查压缩机电流、风机电流，应符合空调额定电流。

10）可采用三色表（压力表）检测压缩机高压压力和低压压力，应符合空调压缩机额定压力，判断压缩机正常运行情况（该项检查宜每年开展一次）。

（2）商用及普通空调维护。商用及普通空调维护包括过滤网洁净、来电自启动功能（如有）测试等，所有检测标准值参考具体商用或普通空调的铭牌参数。

1）可目测查看面板温度记录是否与现场一致，检查控制面板上有无故障告警，若有报警及时处理。

2）可手工调节空调遥控器各个按钮，控制信息应正常。

3）检查、清洗室内机过滤网，保持过滤网洁净。

4）检测空调来电自启动功能，保障来电自启动功能正常。

5）检查室内外风机、压缩机，应无异常震动和异常声音，运行电路正确。对室外冷凝器及散热片进行清洗，保持良好通风。

6）制冷情况下，检查室外机回气管和铜阀连接处，有结露属于正常，无结露表示制冷剂过少；有结霜表示制冷剂过多或过滤网、过滤棉脏堵或送风机异常。制热情况下，检查室外机回气管和铜阀连接处，干燥发热属于正常。

（3）维护周期：

1）精密空调每季开展一次专业维护；

2）商用及普通空调每半年开展一次专业维护。

4. 动力环境监控系统检测

机房环境监控系统检测包括UPS监测系统、温湿度监测系统、漏水监测系统、图像监控系统、监控主机和软件的检测。

（1）UPS监测系统检测：通过比对实测值和系统采集值，偏差在0.5%内判定为合格。

（2）温湿度监测系统检测：通过比对实测值和系统采集值，偏差在0.5%内判定为合格。

（3）漏水监测系统检测：通过在漏水侦测绳上敷湿毛巾，测试漏水控制器的报警反应；通过模拟报警，检查报警电话和报警短信是否能正常接收。

（4）图像监控系统检测：在监控主机端，通过目测检查实时图像是否清晰；通过Web界面调用实时图像画面，通过与后台实时画面比对观察图像是否有延时滞后。

（5）监控主机和软件检测。

1）检查监控主机CPU占用情况，正常情况下占用率不超过10%，带视频的情况下不超过40%；检查内存占用情况，正常情况下占用率不超过200M，带视频的情况下不超过500M。

2）查询监控软件操作记录，查看是否存在不利于软件稳定运行的系统参数设置；检查非正常关闭系统的情况；查看历史事件并核对报警记录及发送记录，并与用户核对信息收发情况；检查软件权限管理记录，并与用户核对用户信息；检查软件远程浏览功能是否正常，有无数据刷新速度过慢的情况。

（6）检测周期：每年开展一次专业检测。

5. 消防系统维护和检测

（1）气体灭火系统检查：

1）检查机房火灾报警探测器；

2）检查气体灭火系统联动装置；

3）检查气体灭火剂储存装置，灭火剂损失10%时及时补充；

4）检查气体灭火系统组件，确保组件无碰撞变形及其他机械性损伤，表面无锈蚀，保护涂层完好，铭牌和保护对象标识牌清晰，手动操作装置防护罩、铅封和安全标志完整；

5）检查灭火剂和驱动气体储存容器内的压力，不得小于设计储存压力的90%；

6）检查气体灭火系统启动延时功能；

7）检查储存装置间的设备、灭火剂输送管道和支、吊架连接管，应固定、无松动，管道无变形、裂纹及老化现象；

8）检查各喷嘴孔口，应无堵塞。

（2）灭火器检查：

1）检查机房灭火器，要求设备箱子外表未变形，灭火器压力表指针在绿色有效区域范围，灭火器保险销和喷嘴无缺失，灭火器的皮管无老化和裂纹等现象；

2）要求消防设备和器材外观完好，性能指标在正常范围。

（3）检查周期：

1）机房气体灭火系统每季开展一次检查；

2）机房灭火器每月开展一次检测。

6. 门禁系统检测

（1）控制器检测：要求控制器与各机房门口门禁设备之间通信正常。

（2）读卡器检测：要求磁卡靠近读卡器时，读卡器响应正常。

（3）电插锁检测：要求电插锁能进行正常的开/闭锁动作。

（4）出门按钮检测：要求出门按钮有效。

（5）系统管理软件检测：要求系统软件与各机房门口门禁设备之间通信正常，门禁日志符合实际。

（6）安全检测：各机房门口门禁设备在失电情况下，处于开锁状态。

（7）检测周期：每季开展一次专业检测。

第二节 通信数据网

一、技术体制及网络结构

（一）技术体制

电力通信数据网络应采用IP技术组网，以电力通信传输网络为基础，通信链路宜采用SDH（多业务传送平台）、MSTP、OTN（光传送网络）、DWDM（密集波分复用）等传输技术。

（二）网络结构

对于电力通信数据网络，上下级网络之间应直接互联，同级网络之间不宜互联，并应符合下列规定：

（1）上下级电力通信数据网络之间的互联节点应设置在各自网络的核心层节点，选择2个及以上的互联节点，并具备2条及以上的独立通信链路。

（2）根据业务需求，在上下级电力通信数据网络互联节点两端都应进行有效的路由双向控制。

（三）路由协议

对于全局路由，电力通信数据网络的内部网关协议（IGP）应采用ISIS协议，符合IETF RFC 1583的相关规定；外部网关协议（EGP）应采用策略化的边界网关路由协议（BGP-4），符合IETF RFC 4271的相关规定。在路由非常简单的情况下，电力通信数据网络也可采用静态路由方式进行路由选择。

（四）网络资源分配

电力通信数据网络应采用IPv4地址，且支持IPv6地址。IP地址设置应满足唯一性、可管理性、连续性和可扩展性的要求。电力调度数据网络应采用可变长子网掩码（VLSM）和无类型域间选路（CIDR）技术分配IP地址。

二、网络功能及性能

（一）网络功能

除了实现路由自愈等网络基本功能之外，电力通信数据网络还应具备网络服务质量和网络流量管理功能，以及完善的网络流量管理功能。

（二）网络性能

（1）电力通信数据网络自治域内实时业务的网络传输延时（从接入层节点至所属调度机构节点），应不大于100ms。

（2）电力通信数据网络自治域内的网络收敛时间，正常状况下应不大于60s，故障状况下应不大于95s。

（3）电力通信数据网络的主设备可用率应大于99.999%，端到端可用率应大于99.99%，整体可用率应大于99.9%。

（三）网络安全

电力通信数据网络应在专用通信通道上使用独立的网络设备组网，在物理层面上实现与外部公共信息网的安全隔离。

电力通信数据网络应实现不同VPN承载的业务系统不应直接互访，若确有互访需求时，则必须采用具有访问控制功能的安全设备。同一VPN内业务系统可以进行互访，但必须根据业务需求采取路由控制措施以保证安全性。

三、项目施工前期

（一）方案制定原则

按照集控系统典型设计要求，集控系统应至少具备1套电力通信数据网。每套数据网按照1台路由器、1台千兆交换机的模式进行配备，所有变电站通过电力通信数据网进行汇集。

（二）方案基本内容

集控系统现场新增1套通信数据网设备，与地市级或县级供电公司调度（简称"地调"）或省级电力公司调度（简称"省调"）核心路由器进行互联。带宽建议百兆及以上。集控系统与各厂站之间无须再另建直连物理链路，各厂站数据网带宽需扩容。根据集控系统业务需要的带宽，可由各厂站原通信数据网带宽扩容＋集控系统所需业务带宽进行扩容。

（三）施工前准备

提前向地市级信息通信公司（简称"信通公司"）或省级信通公司申请递交通信数据网接入反馈单及通信方式单。数据网设备到货，机柜、通信及电源均具备调试条件。

四、项目现场施工

（一）主站通信数据网建设

待数据网设备到货，机柜、通信及电源均具备调试条件后，即可与电力信息通信公司进行联调：

①通知所属信息通信公司工作开始；②将数据网设备根据设计施工图纸进行设备上架，并接通电源；③将数据网设备版本升级至通过检测的版本；④对数据网设备进行配置及安全加固，敷设并连接好线缆；⑤与信通公司先后对路由器、交换机进行联调；⑥观察设备运行状态、路由状态，确认设备运行状态正常，备份软件配置，做好线缆整理、标签打印等。

电力通信数据网设备配置包含基本配置、BGP协议、MPLS技术、BGP/MPLS VPN体系结构、安全加固配置等内容。

上述路由器、交换机等数据网设备均与信通公司调通后，集控系统主站电力通信数据网即调通。后续集控系统的设备可接入通信数据网。

（二）站端通信数据网扩容

厂站端通信数据网设备带宽须联系信通公司进行扩容。

五、竣工验收

（一）验收分类

集控系统电力通信数据网设备验收包括设备厂验收和竣工（预）验收两个关键环节。

（二）设备厂验收

1. 参加人员

电力通信数据网设备厂验收由设备供应商组织，实施单位、项目所属管辖单位及业主选派相关专业技术人员参与。

2. 验收要求

电力通信数据网设备包括路由器、交换机。通过设备厂验收，要完成以上设备的随机软硬件验收，进行网络系统模拟环境的搭建，统一设备运行版本，完成实际网络数据的配置，为后续工程实施、系统联调、业务割接做好基础准备工作。验收人员应做好评审记录。

（二）竣工（预）验收

1. 参加人员

通信数据网竣工（预）验收由实施单位组织，项目所属管辖单位及信通公司选派相关专业技术人员参与。

2. 验收要求

（1）路由器。路由器的验收包括外观验收、物理测试验收、连通性验收、网络功能测试验收，具体要求如下：

1）路由器连线正确，设备及所有线缆的标签齐全正确；

2）路由器运行版本符合要求；

3）路由器与本地、外部网络连通，且网络延迟、丢包率等满足要求；

4）设备路由功能正常，路由条目完整；

5）竣工（预）验收及资料文件验收按照相关要求执行。

（2）交换机。交换机的验收包括外观验收、物理测试验收、连通性验收、协议功能测试验收，具体要求如下：

1）交换机连线正确，设备及所有线缆的标签齐全正确；

2）交换机运行版本符合要求；

3）交换机与路由器网络连通，且网络延迟、丢包率等满足要求；

4）竣工（预）验收及资料文件验收按照相关要求执行。

六、设备维护

（一）人员管理设备巡视

明确各级人员的安全职责，经常进行安全防护培训，定期检查各级人员安全职责的实施情况。

（二）权限管理

针对不同的用户实体、不同的使用人员赋予相应的访问权限和操作权限。

（三）访问控制管理

操作人员登录进入关键的业务系统以及对关键的控制操作应该进行身份认证及操作权限控制，不允许存在超级用户。

（四）设备及子系统的维护管理

（1）对设备及子系统的安全漏洞及时进行防护或加固。

（2）充分准备各个设备及子系统的维护资料及维护工具。

（3）充分准备设备及子系统故障处理的预案以及故障恢复所需的各种备份，并经常进行预演。

（4）及时了解相关软件漏洞发布信息，及时获得补救措施或软件补丁对软件进行加固。

（5）一旦出现安全故障，应该及时报告、保护现场、恢复系统。

（五）用户口令的管理

（1）人员的ID及口令设立必须按照规定流程进行相应审批。

（2）ID及口令应该具有足够的长度和复杂度，及时更新。

（3）系统的超级管理员ID及口令必须由专人保管和修改，严格限定使用范围。

（4）用户丢失或遗忘ID及口令，必须通过规定的流程向管理员申请新的ID及口令。

（5）用户调离后，管理员必须立即注销其ID并取消相应权限。

第三节　调度数据网

一、网络技术体制及网络结构

（1）网络技术体制：电力调度数据网接入网以电力通信传输网络为基础，基于光同步数字传输网（IP over SDH）的技术体制，全网部署MPLS/VPN，各相关业务按安全分区原则接入相应VPN，保证调度数据网技术体制的一致性。

（2）网络结构：电力调度数据网由下到上分为接入层、汇聚层、核心层三层结构。电力调度数据网总体路由设计基于开放性、可扩展性的原则，AS内部IGP采用BGP/MP-BGP路由协议支持VPN路由的传递。

调度数据网QoS（服务质量）采用DiffServ机制，在PE路由器（服务商边缘路由器）完成信息分类、流量控制和MPLS EXP标记，在主干网络实现队列调度和拥塞控制。网络业务分类按VPN划分，确保安全Ⅰ区（控制区）中的业务优先传输，优先级标识避免采用默认方式，应明显设置。具体而言，在PE路由器设DSCP（差分服务代码点）标记如下：实时业务既保证带宽，又保证时延，设为AF4，保证60%接口带宽；非实时业务设为AF3，保证30%接口带宽；应急业务设为AF2，当其他流量中断时，可使用网络所有带宽。

二、网络功能及性能

针对电力监控系统安全状况，根据《电力监控系统安全防护规定》（国家发展改革委2014年第14号令）和《电力监控系统安全防护总体方案》（国能安全〔2015〕36号）及系列配套安全防护方案，制定以"安全分区、网络专用、横向隔离、纵向认证"十六字方针为核心的总体防护策略。注重外部网络边界隔离阻断，配备横向隔离、纵向加密、防火墙、网络安全监测装置、入侵检测装置、漏洞扫描系统、日志审计、数据库审核、防恶意代码（含管理中心和客户端）等必要的安全防护装置，部署必要的安全防护预警系统，采用技术手段加快感知网络异常，建设电力监控系统栅格状纵深安全防护体系，保障电力监控系统的安全。

三、项目施工前期

（一）方案制定原则

按照集控系统典型设计要求，集控系统应至少具备两套数据网。如省调接入网和地调接入网等。集控系统汇聚路由器至核心路由器之间，直连链路也需两条以上，具备冗余性和安全可靠性。每套数据网按照1台汇聚路由器、2台千兆纵向加密、2台千兆交换机的模式进行配备。

各集控系统应遵循双平面网络架构的原则，可根据业务需求，自行设计网络方案，集控系统网络方案如图5-14所示。

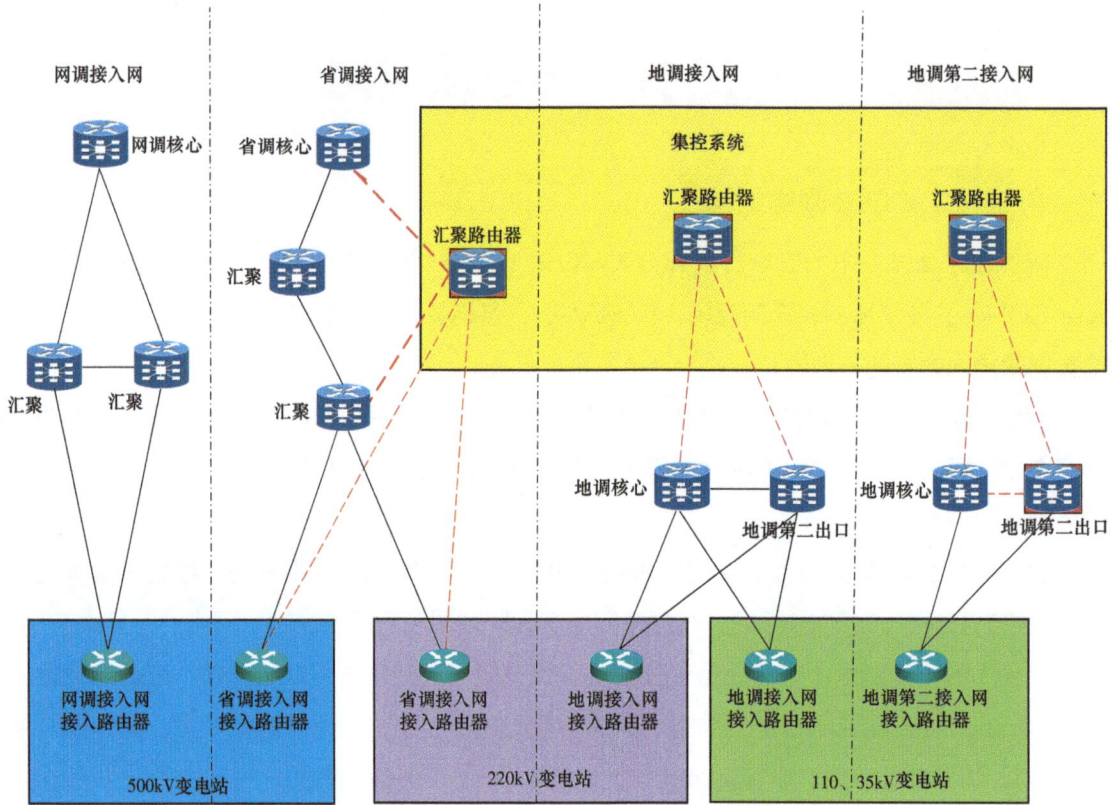

图5-14 集控系统网络方案示意图

注 集控系统汇聚路由器及其与其他设备连接线缆（虚线）为新增，其他（实线）为原有线缆。

集控系统需采集220kV变电站等数据，其中220kV变电站数据通过省调接入网、地调第一接入网进行汇集，110kV及以下变电站数据通过地调第一接入网、地调第二接入网汇集。

地调第一接入网网络拓扑、地调第二接入网/省调接入网网络拓扑分别如图5-15和图5-16所示。

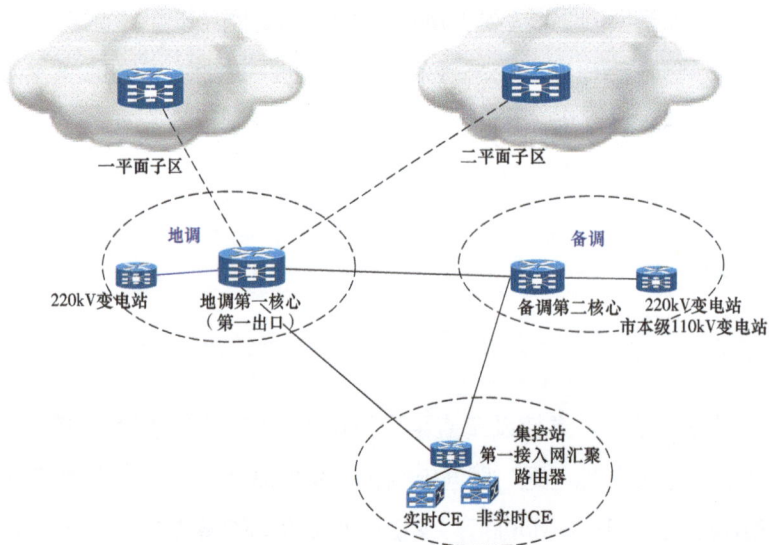

图5-15 地调第一接入网网络拓扑示意图

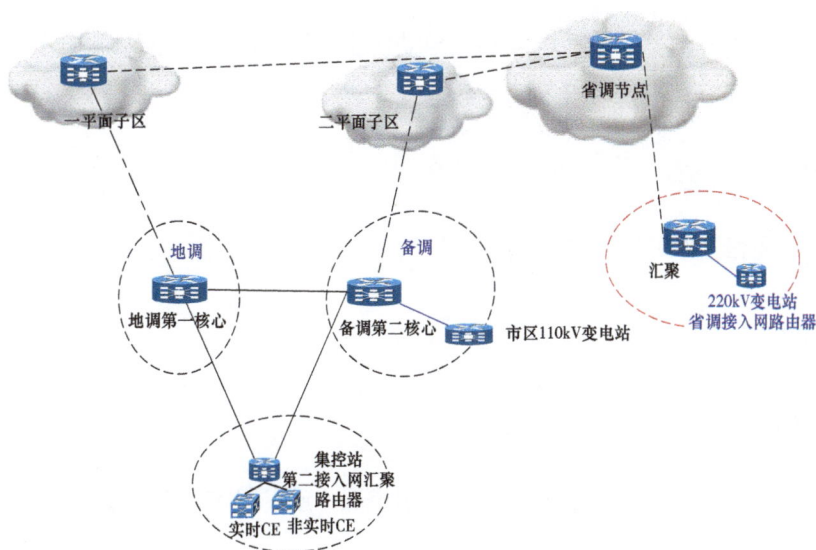

图 5-16　地调第二接入网 / 省调接入网网络拓扑示意图

（二）方案基本内容

集控系统现场新增两套数据网设备，与地调或省调核心路由器进行互联，带宽建议百兆及以上。集控系统与各厂站之间无须再另建直连物理链路，各厂站数据网带宽需扩容。根据集控系统业务需要的带宽，可由各厂站原调度数据网带宽扩容＋集控系统所需业务带宽进行扩容（如原调度数据网带宽为4M，集控系统所需业务带宽为6M，则厂站带宽须扩容至4+6=10M）。各厂站至集控系统业务数据传输可分别在集控系统侧和厂站侧纵向加密装置中建立相应隧道和策略即可。

（三）施工前准备

提前向调度自动化主站及信通公司申请递交数据网接入反馈单及通信方式单。数据网设备到货，机柜、通信及电源均具备调试条件。

四、项目现场施工

（一）主站数据网建设

待数据网设备到货，机柜、通信及电源均具备调试条件后，即可与调度自动化主站进行联调：①通知地调主站工作开始；②将数据网设备根据设计施工图纸进行设备上架，并接通电源；③将数据网设备版本升级至经过检测的版本；④对数据网设备进行配置及安全加固，敷设并连接好线缆；⑤与调度自动化主站先后对路由器、交换机进行联调；⑥观察设备运行状态、路由状态，确认设备运行状态正常，备份软件配置，做好线缆整理标签打印等；⑦汇报主站工作结束。

调度数据网设备配置包含基本配置、BGP协议、MPLS技术、BGP/MPLS VPN体系结构、安全加固配置等内容。

上述路由器、交换机等数据网设备均与调度自动化主站调通后，集控系统主站调度数据网即调通。后续集控系统的业务前置机等设备可接入调度数据网。

（二）站端数据网扩容

厂站端数据网设备带宽须联系信通公司进行扩容。

五、竣工验收

（一）验收分类

集控系统调度数据网设备验收包括设备厂验收和竣工（预）验收两个关键环节。

（二）设备厂验收

1. 参加人员

调度数据网设备厂验收由设备供应商组织，实施单位、项目所属管辖单位及业主选派相关专业技术人员参与。

2. 验收要求

调度数据网设备包括路由器、交换机。通过设备厂验收，要完成调度数据网设备的随机软硬件验收，进行网络系统模拟环境的搭建，统一设备运行版本，完成实际网络数据的配置，为后续工程实施、系统联调、业务割接做好基础准备工作。验收人员应做好评审记录（见附录C1）。

（三）竣工（预）验收

1. 参加人员

调度数据网竣工（预）验收由实施单位组织，项目所属管辖单位及调度自动化主站选派相关专业技术人员参与。

2. 验收要求

（1）路由器。路由器的验收包括外观验收、物理测试验收、连通性验收、网络功能测试验收，具体要求如下：

1）路由器连线正确，设备及所有线缆的标签齐全正确；

2）路由器运行版本符合要求；

3）路由器与本地、外部网络连通，且网络延迟、丢包率等满足要求；

4）设备路由功能正常，BGP等协议邻居建立正常，路由条目完整；

5）竣工（预）验收及资料文件验收按照附录C2要求执行。

（2）交换机。交换机的验收包括外观验收、物理测试验收、连通性验收、协议功能测试验收，具体要求如下：

1）交换机连线正确，设备及所有线缆的标签齐全正确；

2）交换机运行版本符合要求；

3）交换机与路由器网络连通，且网络延迟、丢包率等满足要求；

4）交换机VLAN、生成树、静态路由等协议配置完成；

5）竣工（预）验收及资料文件验收按照附录C3要求执行。

六、设备维护

（一）人员管理设备巡视

明确各级人员的安全职责，经常进行安全防护培训，定期检查各级人员安全职责的实施情况。

（二）权限管理

针对不同的用户实体、不同的使用人员赋予相应的访问权限和操作权限。

（三）访问控制管理

操作人员登录进入关键的业务系统以及对关键的控制操作应该进行身份认证及操作权限控制，不允许存在超级用户。

（四）设备及子系统的维护管理

（1）对设备及子系统的安全漏洞及时进行防护或加固。

（2）充分准备各个设备及子系统的维护资料及维护工具。

（3）充分准备设备及子系统故障处理的预案以及故障恢复所需的各种备份，并经常进行预演。

（4）及时了解相关软件漏洞发布信息，及时获得补救措施或软件补丁对软件进行加固。

（5）一旦出现安全故障，应该及时报告、保护现场、恢复系统。

（五）用户口令的管理

（1）人员的ID及口令设立必须按照规定流程进行相应审批。

（2）ID及口令应该具有足够的长度和复杂度，及时更新。

（3）系统的超级管理员ID及口令必须由专人保管和修改，严格限定使用范围。

（4）用户丢失或遗忘ID及口令，必须通过规定的流程向管理员申请新的ID及口令。

（5）用户调离后，管理员必须立即注销其ID并取消相应权限。

第四节　二次安全防卫

一、防护原则

（一）总体目标

集控系统二次安全防卫的总体目标是在二次系统的网络边界防护基础上，提升内生安全防护水平，加固变电站二次系统整体防护，防控主要网络安全威胁，达到等级保护三级要求。集控二次系统面临的主要网络安全威胁见表5-4。

表5-4　　　　　　　　　　　集控二次系统面临的主要网络安全威胁

序号	安全威胁	描述
1	黑客入侵	有组织的黑客团体对集控二次系统进行恶意攻击、窃取数据，破坏集控二次系统的正常运行
2	旁路控制	非授权者发送非法控制命令，导致集控二次系统事故，甚至系统瓦解
3	完整性破坏	非授权修改集控二次系统配置、程序、控制命令
4	越权操作	超越已授权限进行非法操作
5	无意或故意行为	无意或有意地泄露口令等敏感信息，或不谨慎地配置访问控制规则等
6	拦截篡改	拦截或篡改控制命令、参数设置等敏感信息
7	非法用户	非授权用户使用计算机或网络资源
8	信息泄露	口令、证书等敏感信息泄密
9	网络欺骗	Web服务欺骗攻击；IP欺骗攻击
10	身份伪装	入侵者伪装合法身份，进入变电站二次系统
11	拒绝服务攻击	向集控二次系统发送大量雪崩数据，造成系统瘫痪
12	窃听	黑客在信道上搭线窃听明文传输的敏感信息，为后续攻击做准备

（二）总体要求

（1）应满足国家法律法规和国家技术标准的相关要求，如国家网络安全法、数据安全法、《电力监控系统安全防护规定》（国家发展改革委2014年第14号令）、《电力监控系统安全防护总体方案》（国能安全〔2015〕36号）、《网络安全等级保护基本要求》（GB/T 22239—2019）、《电力监控系统网络安全防护导则》（GB/T 36572—2018）等。

（2）应构建安全可靠的网络，并充分识别二次系统在生产控制、信息管理、运维调试、辅控接入等运行中的结构性边界，严格遵循"安全分区、网络专用、横向隔离、纵向认证"的基本要求，提高系统的边界防护能力。

（3）应全面加强设备的访问控制、数据保密、记录审计等安全配置，排除设备自身的安全漏洞风险，提高设备的本体安全防护能力。

（4）宜加强设备自身系统启动、应用加载、工具连接、设备间交互等环节的身份识别和可信验证，提高系统的主动安全免疫能力。

（5）应加强对二次系统网络空间的管理事件、安全事件和系统日志的采集，从系统的不同层级、不同设备种类、不同应用类型等多个维度建立网络安全监测及风险评估能力。

（三）安全防护框架

安全防护框架如图5-17所示。

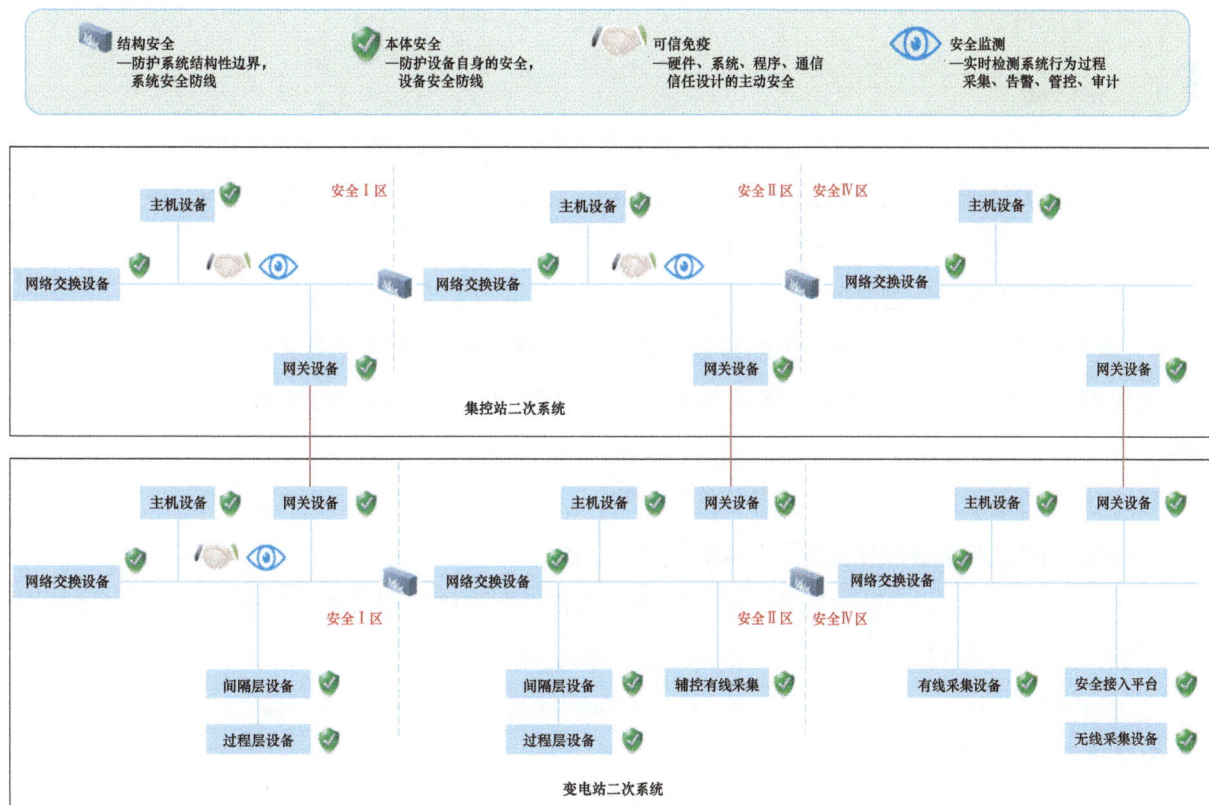

图5-17 安全防护框架图

（1）根据系统的组成和总体要求，构建系统"结构安全、本体安全、可信免疫、安全监测"的安全防护架构，形成多层次、多维度的综合安全防护体系。

（2）建立系统的结构性边界防护能力。建立相对独立的系统网络，并按照网络结构和业务种类，划分生产控制区、管理信息区等不同等级的安全区域，在安全区域的纵向和横向边界上部署相应的网络安全防卫设备。对生产控制区通过无线通信网、电力企业其他数据网（非电力调度数据网）或者外部公用数据网的虚拟专用网络方式（VPN）等通信方式和终端进行采集接入时，应在接入边界上设置安全接入区，对现场的调试运维等临时性工作边界也应建立符合安全区要求的边界防护措施。

（3）建立设备的本体安全能力。设备硬件及基础组件应实现国产自主可控，包括硬件、操作系统、数据库、密码算法等，并且具备访问控制、数据保密、关闭端口和不必要的服务、修复系统漏洞、记录审计等安全防护措施。

（4）宜采用可信计算技术建立设备及系统的可信免疫能力。从设备的安全启动、操作系统引导到应用程序加载的各个环节植入可信度量，同时对工具软件的连接、对设备间的通信交互建立可信验证，从而建立起从设备自身到系统内交互的全方位的信任免疫机制。

（5）建立全面的网络安全监测和分析能力。从网络交换设备到网络安全防卫设备，实现网络安全信息采集和全面的安全监测评估，并通过网络安全监测装置汇总后上送网络安全管理平台。

二、技术要求

（一）通用要求

1. 身份认证

（1）登录身份认证。集控系统二次设备应具备就地登录身份认证功能，技术要求如下：

1）登录身份认证通常可采用数字证书、生物特征识别和口令认证，根据设备安全防护需求不同，可选用不同的认证方式或多种认证方式的组合；

2）身份凭证信息应为密文存储；

3）具有登录失败处理功能，应配置并启用结束会话、限制非法登录次数和当登录连接超时自动退出等相关措施，多次登录失败后锁定账户一段时间，并且有相应的提示，防止暴力破解口令；

4）当用户在登录超时时间内未进行任何操作时，系统应能自动结束该用户会话并退出登录；

5）登录用户执行重要操作具备再次身份认证的机制。

（2）配置软件认证。应能对配套使用的配置工具软件在连接使用时进行基于国密算法的身份认证，未经认证授权的配置工具软件禁止访问设备的任何功能。

（3）连接身份认证。对于传输重要操作控制命令的链路，当与子站间链路建立时，宜有身份认证机制保证双方身份的合法性。

2. 安全审计

集控系统二次设备应具备安全审计的功能，技术要求如下：

（1）审计记录留存时间应不小于6个月；

（2）审计日志内容应至少包括事件的日期和时间、发生事件的组件、用户/主体的ID/IP地址、操作内容、该事件的结果；

（3）应支持对审计数据进行查询，主机设备还应提供排序、分类、分析统计的功能；

（4）保护审计信息和审计功能不被非授权访问、修改和删除，审计员应可访问审计日志，无法执行修改、删除审计日志的操作；

（5）审计记录产生时添加基于系统时间的时间戳；

（6）审计记录应支持本地离线方式导出；

（7）各类设备的安全审计事件记录应包括安全性事件和重要业务事件，各类设备的安全审计事件表见表5-5～表5-8。

表5-5　　　　　　　　　　　　　　　　主机设备安全审计事件表

序号	大类	类型	审计事件
1	功能类	用户登录类	登录成功、登录失败、用户名/密码错误、连接超时、用户注销、越权访问
2		用户管理	新增用户、删除用户、修改用户信息、密码重置
3		配置更改	新增配置、修改配置、删除配置
4		系统类	进程异常、数据备份、数据恢复
5		控制类	遥控（断路器、隔离开关、锁控、照明、消防、环境、门禁、联动）、遥调
6	安全类	系统资源使用异常	CPU、内存、磁盘使用越限

表5-6　　　　　　　　　　　　　　　　网络交换设备安全审计事件表

序号	大类	类型	审计事件
1	功能类	用户登录类	登录成功、登录失败、连接超时、用户注销、越权访问
2		用户管理	新增用户、删除用户、修改用户信息、密码重置
3		配置更改	新增配置、修改配置、删除配置
4		系统类	数据备份、数据恢复
5	安全类	运行状态类	网口UP（打开）、网口DOWN（关闭）、网口流量超过阈值、网口流量恢复正常、进程异常

表5-7　　　　　　　　　　　　　　　　网关设备安全审计事件表

序号	大类	类型	审计事件
1	功能类	用户管理类	用户创建、修改密码、用户删除、权限新增、权限修改、权限删除
2		用户登录类	登录成功、登录失败、输入错误用户口令、连接会话超时注销
3		系统类	进程异常、时间异常、数据备份、数据恢复
4		配置变更	新增配置、修改配置、删除配置
5		控制操作	遥控、遥调等控制命令
6	安全类	系统资源使用异常	CPU、内存、磁盘使用越限，电源异常

表5-8 网络安全防卫设备安全审计事件表

序号	大类	类型	审计事件
1	功能类	用户登录类	登录成功、登录失败、用户名/密码错误、连接超时、用户注销、越权访问
2		用户管理	新增用户、删除用户、修改用户信息、密码重置
3		设备配置与安全策略更改	新增配置、修改配置、删除配置
4	安全类	系统资源使用异常	CPU、内存、磁盘使用越限，电源异常
5		接入控制类	不符合安全策略的访问、攻击告警

3. 访问控制

（1）集控系统业务系统应设置操作员、管理员和审计员三种角色，不允许存在超级用户，权限的设置应基于最小权限原则。

1）操作员：对用户信息、厂家设置信息等进行配置管理，对设备配置/数据等进行配置操作（如遥测参数、遥信参数、遥控参数等配置）。

2）管理员：具有创建除审计员外的用户账户，并管理除自身外其他用户权限的能力。

3）审计员：查看并操作终端审计日志，审计用户可由审计管理员创建或为内置的唯一用户，可采用远程查看方式。

（2）除画面查看等公共权限外，应保证不同角色间权限互斥，且不能将不同的角色授予同一用户。

（3）访问控制的粒度应达到主体为用户级，客体为文件级、数据库表级、记录或字段级。

（4）应建立网络白名单机制，白名单之外的连接不允许访问相应的业务。

4. 数据安全

应对数据划分不同安全级别，并采用不同的访问控制权限：一般数据在存储过程中不需要加密和认证；口令等重要数据在存储时应采用国密算法进行加密，访问时需要进行身份认证。

5. 安全监测

（1）位于生产控制大区的网络交换设备、网络安全防卫设备及主机设备应支持网络安全监测信息采集，并满足网络安全管理平台的接入要求。

（2）各类设备采集信息表见表5-9~表5-12。

表5-9 主机设备采集信息表

序号	采集信息	信息产生方式	备注及说明
1	登录成功	触发	
2	退出登录	触发	
3	登录失败	触发	

续表

序号	采集信息	信息产生方式	备注及说明
4	操作命令	触发	
5	操作回显	触发	仅本地展示，不上传和调阅
6	USB设备插入	触发	
7	USB设备拔出	触发	
8	串口占用	触发	
9	串口释放	触发	
10	并行接口占用	触发	
11	并行接口释放	触发	
12	光驱挂载	触发	
13	光驱卸载	触发	
14	异常网络访问事件	触发	访问网络连接白名单外的设备触发该事件
15	存在光驱设备	周期	默认60min，可配置
16	开放网络服务/端口	触发	如开放FTP、Telnet、Rlogin等不安全的端口/网络服务
17	网口UP	触发	
18	网口DOWN	触发	
19	关键文件变更	触发	
20	用户权限变更	触发	

表5-10　　　　　　　　　　　　　　　网络交换设备采集信息表

序号	采集信息	信息产生方式	备注及说明
1	配置变更	触发	SNMP TRAP，当交换机配置有变更时产生
2	网口状态	周期	SNMP轮询（默认5s，可配置），交换机应能够提供所有网口的UP/DOWN状态
3	网口UP	触发	SNMP TRAP，当交换机网口有设备接入时产生
4	网口DOWN	触发	SNMP TRAP，当交换机网口有设备拔出时产生
5	网口流量超过阈值	触发	SNMP TRAP，各网口流量阈值为80%，流量超限应通过TRAP主动上报； 交换机应支持RMON协议告警组和事件组
6	登录成功	触发	SNMP TRAP，当有用户成功登录交换机时产生
7	退出登录	触发	SNMP TRAP，当有用户退出登录交换机时产生
8	登录失败	触发	SNMP TRAP，当有用户登录交换机失败时产生
9	修改用户密码	触发	SNMP TRAP，当有用户成功修改交换机登录密码时产生

续表

序号	采集信息	信息产生方式	备注及说明
10	用户操作信息	触发	SNMP TRAP，当有登录的用户对交换机进行任何操作时，需要产生命令行形式的操作信息； 对于Web登录的用户操作，交换机需要自行转换成命令行形式的操作信息
11	MAC地址绑定关系	周期	SNMP轮询（默认60min，可配置），交换机应能够提供所有网口的MAC地址绑定关系； 交换机应绑定MAC地址，并关闭自动学习功能

表5-11　　　　　　　　　网络安全防卫设备：防火墙采集信息表

序号	采集信息	信息产生方式	备注及说明
1	登录成功	触发	
2	退出登录	触发	
3	登录失败	触发	
4	修改策略	触发	
5	CPU使用率	周期	默认1min
6	内存使用率	周期	默认1min
7	电源故障	触发	
8	风扇故障	触发	
9	温度异常	触发	
10	网口DOWN	触发	
11	网口UP	触发	
12	不符合安全策略的访问	触发	
13	攻击告警	触发	

表5-12　　　　　　　　　网络安全防卫设备：横向隔离装置采集信息表

序号	采集信息	信息产生方式	备注及说明
1	用户登录	触发	
2	修改配置	触发	
3	CPU使用率	周期	默认1min
4	内存使用率	周期	默认1min
5	不符合安全策略的访问	触发	

6. 通信安全

（1）集控系统宜采用自主可控的通信协议。

（2）通信协议宜支持身份认证功能。

（3）采用无线传输的通信协议应支持身份认证和数据加密功能。

（4）面对网络风暴、泛洪攻击、拒绝服务攻击，装置不应出现误动、误发报文、死机、重启等现象。

7. 安全加固

（1）应修复设备的高危及中危安全漏洞，漏洞分级参照《信息安全技术　网络安全漏洞分类分级指南》（GB/T 30279—2020）。

（2）应禁止使用易遭受恶意攻击的高危端口和高危服务，禁止开启与业务无关的端口和服务。不允许使用Telnet、FTP等高风险服务，部署于生产控制大区的设备不允许使用E-Mail、Web、Rlogin、TFTP、SMB等服务。

（3）应具备文件上传、下载的权限控制和校验功能。

8. 源代码安全

源代码中应不包含已知的安全漏洞，如缓冲区溢出、整数溢出、内存泄漏、未释放资源、系统信息泄露、命令注入、SQL注入等。

9. 备份与恢复

集控系统应具备配置文件、数据文件等关键数据的备份功能，并可通过备份文件进行设备的运行恢复。

10. 业务逻辑安全

（1）应对应用输入和配置信息进行检查，保证输入值的合理性、语法的完整性、有效性和正确性。

（2）能够明确拒绝不正确长度的输入。

（3）执行业务操作时，不能返回与业务操作无关的信息。

11. 可信免疫

对于主机设备、网关设备及网络安全防卫设备，宜采用可信计算技术建立设备及系统的可信免疫能力。

12. 其他

变电站管理信息大区中，各类二次设备的网络安全防护方案应遵循相关安全规定。

（二）主机设备

1. 安全代理

安全Ⅰ、Ⅱ区主机设备应支持采用安全代理agent的方式向安全Ⅱ区网络安全监测装置发送自身网络安全事件的功能，并接受网络安全管理平台下发的控制指令，参照《电力监控系统网络安全监测装置技术规范》（Q/GDW 11914—2018）附录F3.2中对事件和控制操作的要求。

2. 登录身份认证

（1）应采用数字证书、生物特征识别和口令等两种或两种以上组合的认证技术对用户进行身份鉴别。

（2）身份标识具有唯一性，身份鉴别信息具有复杂度要求，应保证用户口令长度下限不能低于8位，上限不能高于20位，应为大写字母、小写字母、数字、特殊字符中三种或三种以上的组合。

（3）系统应强制要求用户定期（至少3个月一次）修改口令，且不能与用户名相同或包含用户名。

（4）系统应可设置登录失败锁定与解锁策略。

3. 会话管理

（1）应具备会话管理机制，当用户处于控制界面并在一段时间内（大于0且不大于30min）未做任何操作时，应退出控制界面。

（2）系统应在注销或关闭客户端时自动结束会话。

（三）网络交换设备

1. 登录身份认证

（1）采用用户名和口令方式，实现人员在登录时的身份认证。

（2）用户名具有唯一性，登录口令不得小于8位，且为字母、数字或特殊符号的组合，用户名和口令不允许相同；首次登录必须修改口令。

2. 报文风暴防护

网络交换设备在遇到报文风暴攻击时，不应出现死机、重启、误发等异常状况。

3. 通信安全

（1）端口隔离性。网络交换设备各个网口应具备VLAN等隔离功能，网口不能接收到被隔离网口的数据。

（2）设备接入控制。在装置中建立白名单，装置应能够拒绝响应非法IP地址、MAC地址的客户端连接。

4. 自恢复

当系统在发生异常关机、死机等严重故障时，网络交换设备能够在一定的时间间隔内自动恢复正常。

（四）网关设备

1. 登录身份认证

（1）网关设备应采用口令鉴别的身份认证手段，实现人员在登录应用系统时的身份认证。

（2）身份标识具有唯一性，身份鉴别信息具有复杂度要求，登录口令不得小于8位，且为字母、数字或特殊符号的组合，用户名和口令不允许相同。

（3）应用应强制要求用户定期修改口令，且不能与用户名相同或包含用户名。

（4）应用可设置登录失败锁定与解锁策略。

2. 连接身份认证

（1）应采用基于国密算法的数字证书进行身份认证，网关设备的装置证书应具备唯一性，应保证密钥存储的安全性。

（2）对于传输重要操作控制命令的链路，当网关设备与主站间链路建立时，宜有身份认证机制保证双方身份的合法性。

3. 业务逻辑安全

（1）不应存在默认路由。

（2）通信对端不满足协议一致性时，网关设备应具备处理异常的能力。

（3）网关设备作为服务端时，应支持客户端IP地址白名单配置功能。

（五）网络安全防卫设备

1. 登录身份认证

网络安全防卫设备应采用数字证书、生物特征识别和口令等两种或两种以上组合的鉴别技术对用户进行身份鉴别。

2. 设备接入控制

应提供必要的标识和鉴别机制，包括：

（1）应对接入设备身份进行合法性认证，拒绝非法终端接入；

（2）应与接入设备实现双向身份认证，并保证传输通道的安全；

（3）应对接入设备的数据进行业务和端口的验证，禁止未注册的业务数据通过，对通过的数据通过加密隧道构建安全传输环境。

第六章

集控系统信息接入

第一节 前期准备

一、制定方案

（一）方案制定原则

信息接入方案编制要依据工程实际情况，贴合设备监控与运维需求，满足安全性、可靠性、实时性、开放性、综合性、统一性要求，符合集控系统数据规范、模型规范、功能规范、界面规范和测试规范等各项规范的要求。

（二）方案内容

（1）变电站接入改造方案包含辖区内变电站通信网关机、保信子站、故障录波、智能防误主机等设备摸排情况，明确主辅设备接入范围与接入计划。

（2）方案包含不同类型变电站接入技术方案，针对存量站、新建站制定相应接入流程。

（3）方案包含接入计划编制、前期准备、现场实施、工作终结等内容，指导各环节工作开展。

二、现场勘察

根据变电站接入业务需求，勘察现场业务使用网络情况、设备扩展能力、设备安装位置、屏柜信息等，施工过程中是否存在敷设线缆，是否涉及调度和信通配合工作，是否涉及省调、网调或国调业务等内容。

三、制定施工计划

根据接入业务需求，合理安排业务厂家、自动验收厂家、调度部门、通信部门的配合时间，建议根据接入业务数量安排接入调试时间（例如，110kV及以下变电站业务接入调试时间为2d，220kV变电站业务接入调试时间为3d等）。

第二节 现场施工

一、施工注意事项

（1）项目单位应制定总体接入计划，明确时间安排并指定专人负责信息接入全过程管理。总体接入计划由项目单位设备运检部门负责编制，编制时应综合考虑检修、运维、监控班组及施工单位承载力。

（2）编制具体实施计划时，应统筹考虑待接入变电站涉及的改（扩）建工作，双套通信网关机配置的变电站，信息接入调试过程中应避免全站监控缺失；单套通信网关机配置的变电站，信息接入调试过程中变电站需要临时恢复现场值班。

（3）运检单位应编制详细的安全技术措施，确保在信息接入调试过程中不间断对运行设备的实时监视与控制，严防遥控信息校核时误控运行设备。

（4）应提前开展变电站通信网关机相关信息的收集，填写附录E2变电站远动、测控装置统计表。对于无法通过扩展链路接入集控系统的变电站，宜更换适用的通信网关机设备。

二、接入及验收流程

存量站接入流程主要包含计划编制、前期准备、现场实施、工作终结等四个阶段。计划编制阶段主要完成整体及周计划编制，前期准备阶段主要完成集控系统信息点表及图库完善、三措一案（施工组织措施、技术措施、安全措施和施工作业方案）审核、厂商人员联络、工作申请提报；现场实施阶段主要完成工作许可、安措布置、信息接入、信息验收、安措恢复等工作；工作终结阶段主要完成现场验收、工作终结、验收报告编制等工作。存量站主设备信息接入集控系统流程如图6-1所示。

图6-1 存量站主设备信息接入集控系统流程图

（一）计划编制

（1）总体计划：应根据项目建设要求，结合月度检修计划，明确接入时间节点，合理安排每月接入工作计划。

（2）周计划：根据人员安排、自动化工作申请批复等情况，制定下一周接入与验收计划。

（二）前期准备

（1）集控系统信息点表及图库完善：通过导入功能，将调度控制系统对应的信息点表与图形文件录入集控系统，并对导入结果完成校核；对不具备导入功能的系统，应由自动化维护人员人工完成制图入库等工作。

（2）三措一案审核：施工单位提前做好现场勘察，填写附录E2、E3表格（如需增加电动隔离开关遥控点位等），完成施工三措一案编制与审批流程。

（3）联系厂商人员：施工单位根据需要联系相关厂家服务人员，包括综合自动化系统、自动校核、保信子站、故障录波厂家等。

（4）提报工作申请：施工单位应提前向设备运检单位申报工作计划，设备运检单位提前申报检修计划，提交自动化变更申请，安排相关班组人员配合。

（三）现场实施

（1）工作许可：施工单位提前填写工作票，工作当日由运维人员许可。

（2）安措布置：由调试人员提出安措要求，运维人员按照安措票布置安措。安措记录见附录E4。

（3）信息接入：包含监控信息转发表维护和站端接入调试。由施工单位完成通信网关机停复役、链路新增、监控信息转发表维护等工作。站端接入调试范围包括主设备、辅助设备、保信子站、故障录波等，详见下述设备接入部分。

（4）信息验收：检修、运维、监控、自动化人员按制定的验收方案完成三遥信息验收。在运设备遥控验收填写附录E5表格，如需拆接线缆的，填写附录E6表格。

（5）安措恢复：由调试人员确认后，运维人员按照附录E4规定恢复安措。

（四）工作终结

（1）现场验收：施工人员恢复现场，填写设备修试记录及明确可以投运的结论，运维人员验收现场。

（2）工作终结：办理工作终结手续。

（3）编制验收报告：施工单位编制验收报告，提交监控存档。

三、业务信息接入

（一）主设备业务信息接入

在集控系统信息接入过程中，变电站按照建设阶段可分为存量站和新建变电站两类。存量站一般包括常规站、智能站两种类型，接入方案相同，新建变电站类型一般为智能站或新一代自主可控变电站，接入方案相同。

针对存量站及新建变电站接入方案分别叙述如下：

1. 存量站接入

为满足集控站系统建设要求，需要对存量站通信网关机进行改造。根据站端通信网关机软硬件配置，可分为通信网关机扩链路和更换安全Ⅰ区实时通信网关机两种方案。

（1）通信网关机扩链路。

1）接入方式：存量站安全Ⅰ区实时通信网关机硬件配置及性能满足扩展集控数据链路通信的需求，此情况下通过通信网关机扩展集控链路的方式，向集控系统上送主设备信息，支撑集控系统功能需求。存量站通信网关机扩链路如图6-2所示。

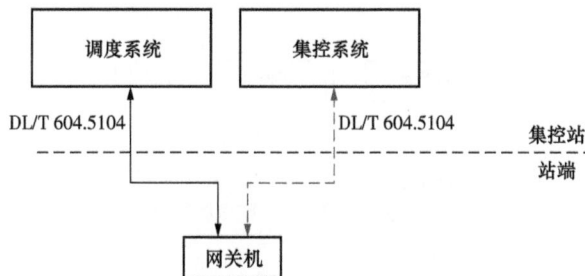

图6-2 存量站通信网关机扩链路示意图
—原有通道；--- 新增通道

2）实施步骤：

a.根据前期统计通信网关机设备信息，联系相关厂家，获取并做好通信网关机配置备份，确保备份正确。

b.向调度申请将变电站网络安全监测装置置牌，根据需要开放配置交换机策略，开通站端到集控系统纵向加密策略。

c.以先调试二平面网络为例，对于双套通信网关机变电站接入，首先申请停运二平面通信网关机，使用客户端工具连接该通信网关机在线获取配置，并且做好备份。

d.根据在线获取的当前配置增加集控主站IP和端口号。如果需要向集控系统扩充转发数据，以当前最新的信息表为基础，适当预留出该站改扩建设备所需增量点号，再从后面按需扩充集控监控业务需要的遥信、遥测、遥控点号。

e.将配置文件下装到二平面通信网关机，并重启设备。启动完成后，检查通信网关机各个通道链路是否正常。

f.停运一平面通信网关机，把二平面通信网关机切换为值班状态，联系主站人员核对该站端信息上送是否正常。

g.参照步骤c ~f，完成一平面通信网关机扩展链路配置。

h.针对变电站单套通信网关机配置情况，在变电站现场临时恢复值班条件下，参照步骤c ~f执行，完成变电站接入集控系统配置。

i.恢复网络安全监测装置等管理流程，结束工作。

（2）更换安全Ⅰ区实时通信网关机。

1）接入方式：更换安全Ⅰ区实时通信网关机适用于变电站原通信网关机硬件无法采用扩展链路的方式满足集控系统接入需求，或无法对其进行软件升级改造的情况。通过更换安全Ⅰ区实时通信网关机方式，向集控系统上送主设备信息，支撑集控系统监控业务需求。存量站更换安全Ⅰ区实时通信网关机如图6-3所示。

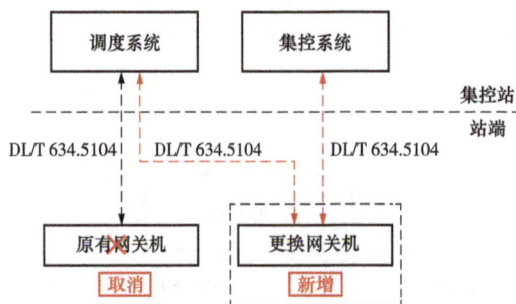

图6-3　存量站更换安全Ⅰ区实时通信网关机示意图
--- 原有通道；--- 改造后通道

2）实施步骤：

a.根据前期统计的通信网关机设备信息，联系相关厂家，获取并做好通信网关机配置备份，确保备份正确。

b.向调度申请将变电站网络安全监测装置置牌，根据需要开放配置交换机策略，开通站端到集控系统纵向加密策略。

c.对于配置双平面通信网关机的变电站改造，以先调试二平面通信网关机为例，首先申请停运退出二平面通信网关机，使用客户端工具连接原通信网关机在线获取当前配置，并且做好备份。

d.根据在线获取的配置，进行老新通信网关机数据转换，并新增接入集控主站网络链路。如果需要向集控系统扩充转发数据，以最新的信息点表为基础，适当预留出该站改扩建设备所需增量点号，再从后面按需扩充集控监控业务需要的遥信、遥测、遥控点号。

e.拆除原二平面通信网关机，安装新二平面通信网关机，接入相对应的线缆。上电启动后，设置新通信网关机IP地址等网络配置。将步骤d制作完成后的配置文件下装到新通信网关机，并重启设备。启动完成后，检查通信网关机各个通道链路是否正常。

f.停用原一平面通信网关机，把新二平面通信网关机切换为值班状态，联系主站人员核对站端信息上送是否正常。其中，调度系统与集控系统需要分别进行信息核对、验收。

g.参照步骤c～f，完成新一平面通信网关机更换。

h.针对变电站单套通信网关机配置情况，在变电站现场恢复值班条件下，参照步骤c～f执行，完成变电站接入集控系统配置。

i.恢复网络安全监测装置等管理流程，结束工作。

2. 新建站接入

（1）接入方式：针对新建站的接入工作，变电站通信网关机硬件应满足集控系统及调度系统接入需求，无须升级改造，通过安全Ⅰ区实时通信网关机向集控系统及调度系统上送主设备信息，支撑各系统业务需求。新建变电站接入集控系统如图6-4所示。

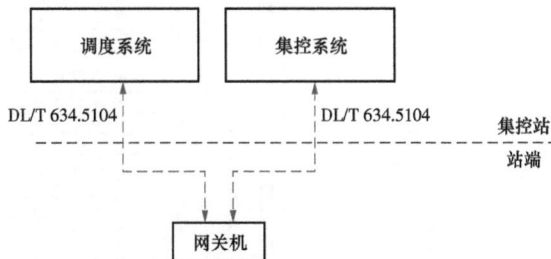

图6-4　新建变电站接入集控系统示意图
--- 新增通道

（2）实施步骤：

1）变电站站端二次设备完成相关的线缆敷设、安装调试、信号核对等基础工作。

2）完成变电站至集控端和调度端的交换机、路由器、加密装置等通信设备的配置工作，开通相应通信链路。

3）变电站站端二次设备厂家提供相关配置文件，或变电站站端网关机按照《主厂站信息点表交换技术规范》（Q/GDW 12210—2022）上送相关配置文件。

4）集控端和调度端根据相关配置文件完成模型入库、图形绘制等配置工作。

5）以一平面网关机为例，根据集控系统和调度系统IP和端口号分别配置转发通道及数据点表。如果需要向集控系统扩展转发数据，以调度信息表为基础，中间预留改扩建调度所需点号，后面按需扩展集控监控业务需要的遥信、遥测、遥控点号。

6）变电站分别与集控端和调度端完成信息核对、功能验收。

7）参照步骤e、f完成二平面网关机调试。

8）结束工作。

（二）辅助设备接入

1. 接入方式

存量站站端辅助设备接入集控系统方案架构如图6-5所示。

（1）交直流电源信息、防误信息经由安全Ⅰ区采用《远动设备及系统　第5-104部分：传输规约　采用标准传输协议集的IEC 60870-5-101网络访问》（DL/T 634.5104—2009）协议接入集控系统。

（2）消防监控信息经由安全Ⅱ区部署的消防信息传输控制单元接入集控系统。

（3）安全防卫、状态监测、动力环境以及锁控监控信息经由规约转换服务汇集到安全Ⅱ区辅控主

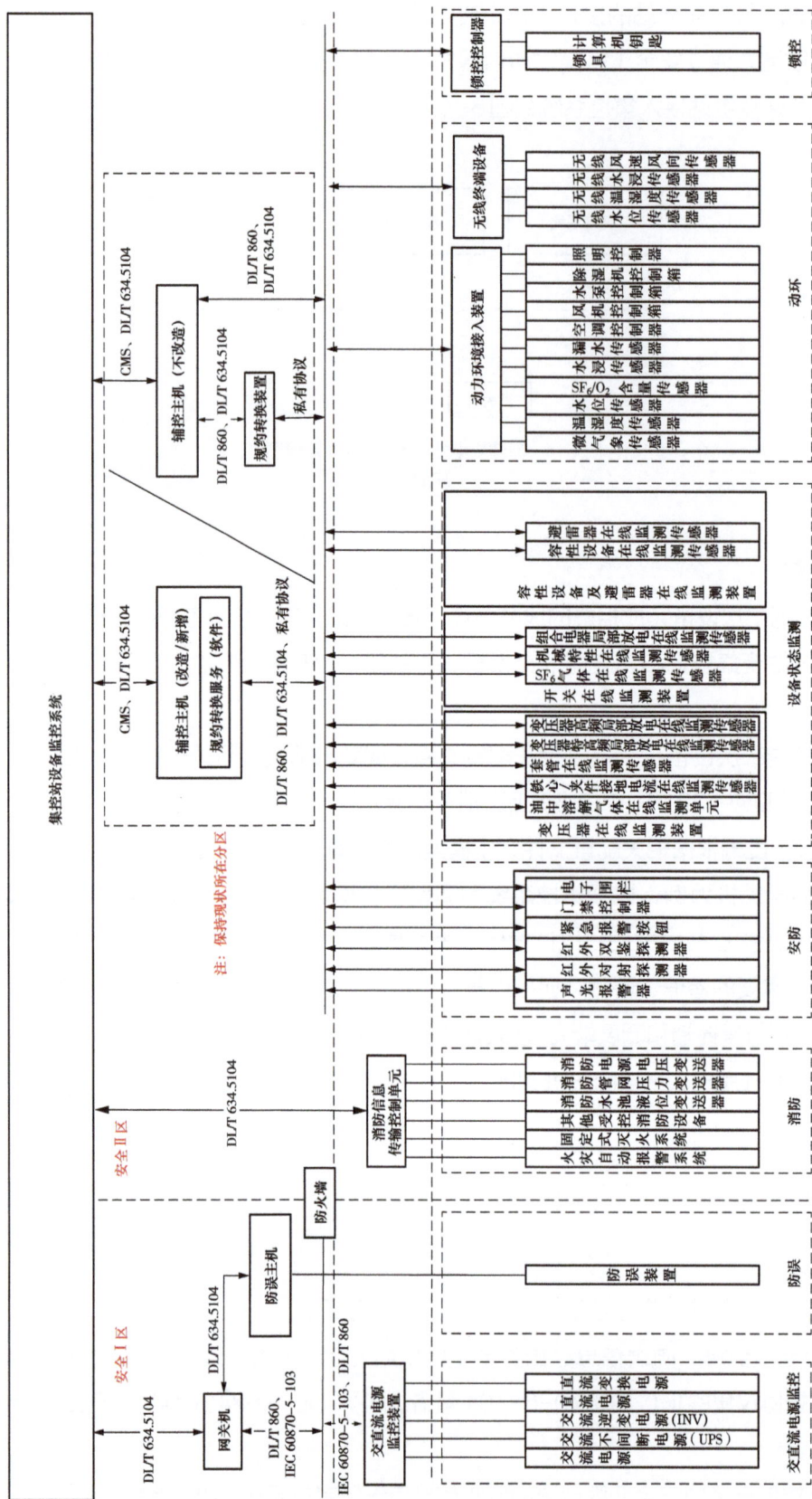

图 6-5 存量站站端辅助设备接入集控系统方案架构

机再接入集控系统，规约转换服务集成在辅控主机中或采用单独规约转换装置。辅控主机优先采用变电站二次设备通信报文规范（CMS），不满足要求的采用《远动设备及系统　第5-104部分：传输规约　采用标准传输协议集的IEC 60870-5-101网络访问》（DL/T 634.5104—2009）协议统一接入集控系统。

2. 实施步骤

（1）站用交直流电源监控信息接入。站用交直流电源监控信息接入集控系统主要由交直流电源监控装置、综合测控装置、网关机、规约转换装置等组成。站用交直流电源接入集控系统架构如图6-6所示。

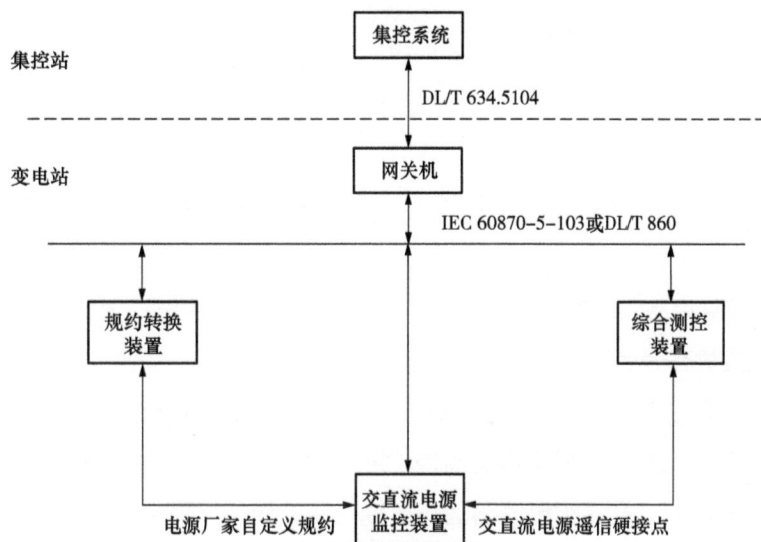

图 6-6　站用交直流电源接入集控系统架构图

1）交直流电源监控装置硬触点信号通过综合测控装置接入安全Ⅰ区实时通信网关机，通过转发表上送集控系统。

2）交直流系统信息通过《远动设备及系统　第5部分：传输规约　第103篇：继电保护设备信息接口配套标准》（DL/T 667—1999）或DL/T 860（所有部分）《电力自动化通信网络和系统》协议接入安全Ⅰ区实时通信网关机，通过转发表上送集控系统。

3）对于站用交直流电源监控装置对上接口协议为厂家自定义规约的情况，新增规约转换装置转换为《远动设备及系统　第5部分：传输规约　第103篇：继电保护设备信息接口配套标准》（DL/T 667—1999）协议或DL/T 860（所有部分）《电力自动化通信网络和系统》协议，接入安全Ⅰ区实时通信网关机，通过转发表上送集控系统。

（2）防误系统接入。变电站站端防误系统主要有微机防误系统、监控防误系统、智能防误系统和综合智能防误系统四种类型，在分区架构上与变电站监控系统保持一致，均部署于变电站安全Ⅰ区。变电站防误系统通过防误主机接入站端安全Ⅰ区通信网关机，经安全Ⅰ区通信网关机上传防误系统监控信息至集控系统。防误系统接入集控系统架构如图6-7所示。

1）变电站防误系统通过《远动设备及系统　第5-104部分：传输规约　采用标准传输协议集的

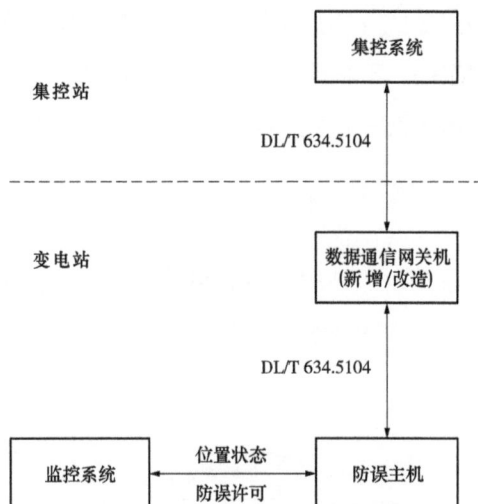

图 6-7　防误系统接入集控系统架构图

IEC 60870-5-101网络访问》（DL/T 634.5104—2009）协议，经安全Ⅰ区实时通信网关机接入集控系统。

2）在集控主站通道转发表增加隔离开关"双确认"辅助点位判据、接地桩状态、网（柜）门状态、硬压板状态和锁具状态等点号。

3）逻辑规则文件通过扩展协议与集控系统交互，扩展协议遵循《变电站站端设备监控信息接入集控系统技术规范　第1部分：总则》（设备监控〔2022〕71号）中附录B的要求。

（3）消防设备设施接入。站端配置消防信息传输控制单元，采集站内消防设备设施信息，并上传集控系统，必要时接收集控系统下发的启动指令。消防接入集控系统架构如图6-8所示。

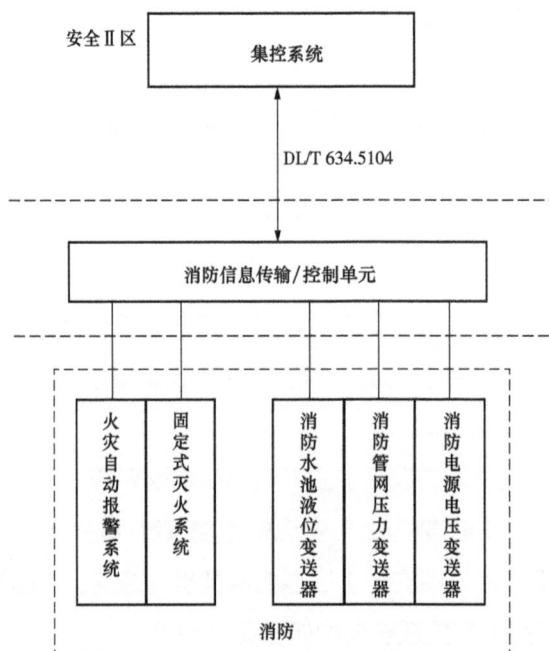

图 6-8　消防接入集控系统架构图

1）在变电站站端，改造火灾报警控制器或火灾自动报警系统，与消防信息传输/控制单元通道对接，实现将变电站消防设备设施状态、报警等信息上送集控系统功能。

2）改造固定式灭火系统二次回路控制和反馈接口，直接与消防信息传输/控制单元通道对接，实现集控系统远程应急启动固定式灭火系统功能。

3）改造（或更换）固定式灭火系统，使其具备通信接口，与消防信息传输/控制单元通道对接。针对固定式灭火系统装置失电等无法通过通信方式上送的极少数固定式灭火系统，状态信息通过遥信硬触点方式与消防信息传输/控制单元对接，实现将变电站固定式灭火系统状态、报警等信息上送集控系统功能。

4）在消防给水、电源等系统上增加压力变送器、水位变送器、电源电压等模拟量变送器，并将模拟量信号作为消防辅助信息，接入消防信息传输/控制单元并上送集控系统进行监视。

5）安全Ⅱ区出站设备非实时交换机、纵向加密装置、网络路由器等网络设备由存量站站端改造整体考虑利旧或新增。

（4）安全防卫系统接入。安全防卫系统接入集控系统架构如图6-9所示。

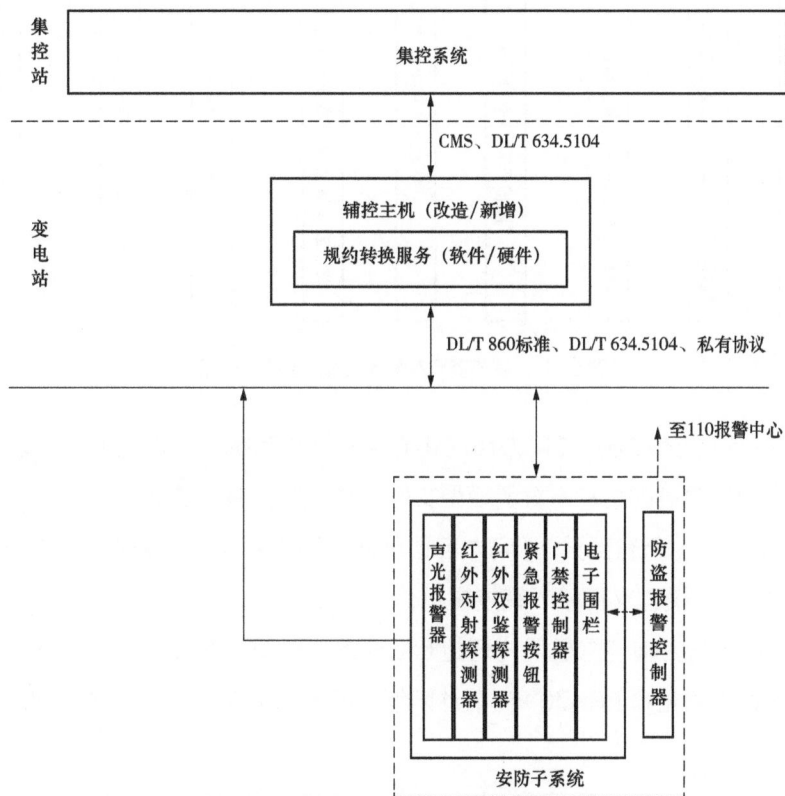

图6-9 安全防卫系统接入集控系统架构图

1）对于具备通信功能的门禁控制器、防盗报警控制器、电子围栏等，直接接入辅控主机。

2）对于不具备通信功能的声光报警器、红外对射、红外双鉴、紧急报警按钮等硬触点信号，经过协议转换后接入辅控主机。

3）安全防卫信息经辅控主机采用《远动设备及系统 第5-104部分：传输规约 采用标准传输

协议集的IEC 60870-5-101网络访问》（DL/T 634.5104—2009）协议接入集控系统，辅控主机配置相应转发点表。

（5）状态监测系统接入。站端设备状态监测信息由监测装置或终端主机通过辅控主机（及规约转换装置）接入集控系统。站端设备状态监测信息经辅控主机接入集控系统应统一遵循CMS或《远动设备及系统　第5-104部分：传输规约　采用标准传输协议集的IEC 60870-5-101网络访问》（DL/T 634.5104—2009）协议要求接入集控系统。状态监测系统接入集控架构如图6-10所示。

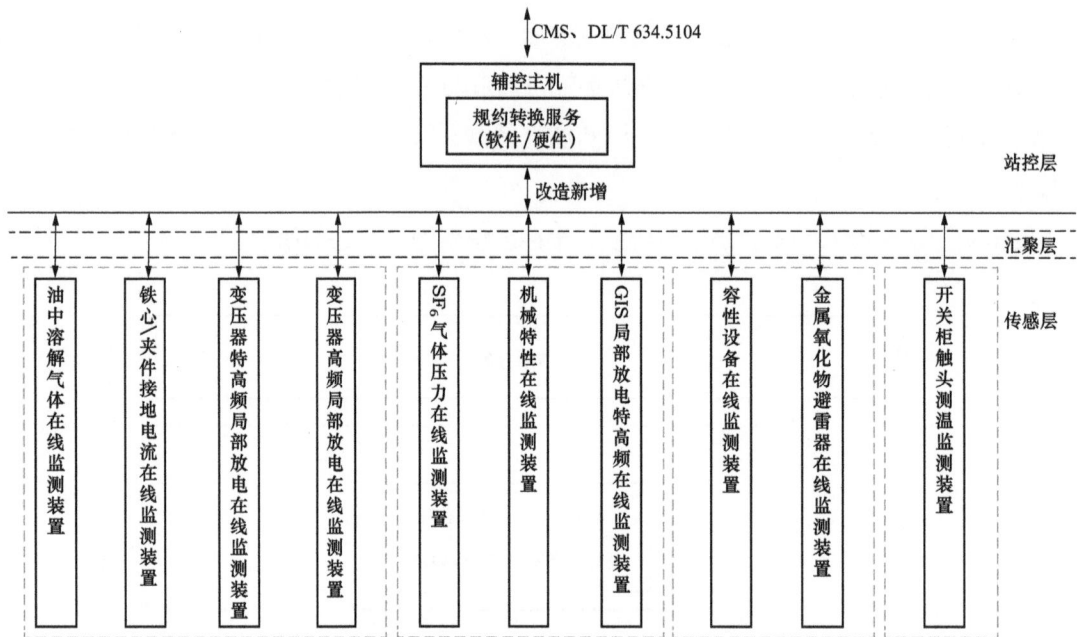

图6-10　状态监测系统接入集控系统架构图

1）具备DL/T 860（所有部分）《电力自动化通信网络和系统》通信功能的设备，提供DL/T 860（所有部分）《电力自动化通信网络和系统》模型文件，直接接入辅控主机。

2）不具备DL/T 860（所有部分）《电力自动化通信网络和系统》通信功能的设备，经协议转换器转换后，提供DL/T 860模型文件接入辅控主机。

3）站端状态监测数据由辅控主机优先通过CMS或《远动设备及系统　第5-104部分：传输规约　采用标准传输协议集的IEC 60870-5-101网络访问》（DL/T 634.5104—2009）协议统一传输至集控系统。

（6）动力环境系统接入。动力环境系统接入集控系统架构如图6-11所示。

1）对于微气象传感器、温湿度传感器、排水水位传感器、SF$_6$传感器等具备通信功能的控制器，直接接入辅控主机。

2）对于不具备通信功能的控制器，通过规约转换装置采用DL/T 860（所有部分）《电力自动化通信网络和系统》协议接入站端辅控主机。

3）动力环境信息经辅控主机采用CMS协议或《远动设备及系统　第5-104部分：传输规约　采

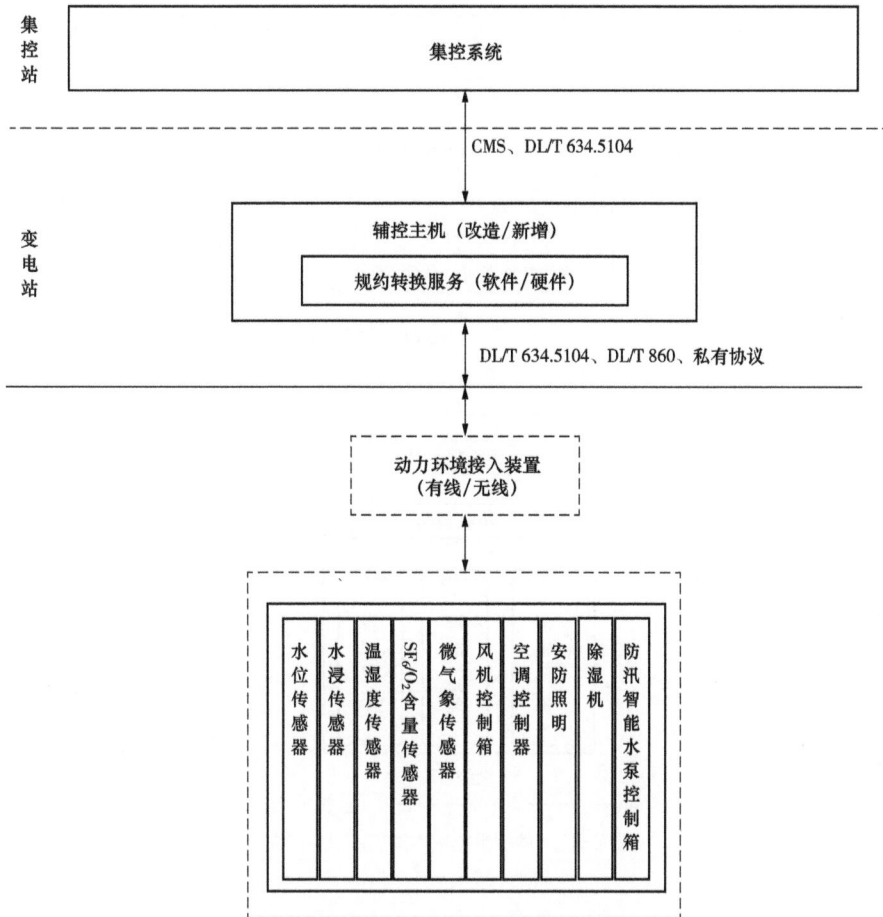

图6-11　动力环境系统接入集控系统架构图

用标准传输协议集的IEC 60870-5-101网络访问》（DL/T 634.5104—2009）规约接入集控系统，辅控主机配置相应转发点表。

（7）锁控系统接入。变电站锁控系统在分区架构上与变电站站端辅控系统保持一致，通过锁控控制器接入辅控主机，按需增加规约转换装置，由辅控主机通过CMS或《远动设备及系统　第5-104部分：传输规约　采用标准传输协议集的IEC 60870-5-101网络访问》（DL/T 634.5104—2009）协议及扩展协议上传锁控系统监控信息至集控系统。锁控系统接入集控系统架构如图6-12所示。

1）锁控系统支持DL/T 860（所有部分）《电力自动化通信网络和系统》通信协议，则提供模型文件，直接接入辅控主机。

2）锁控系统不支持DL/T 860（所有部分）《电力自动化通信网络和系统》通信协议的设备，经规约转换器接入辅控主机。

3）锁控信息经辅控主机采用CMS协议或《远动设备及系统　第5-104部分：传输规约　采用标准传输协议集的IEC 60870-5-101网络访问》（DL/T 634.5104—2009）规约接入集控系统，辅控主机配置相应转发点表。

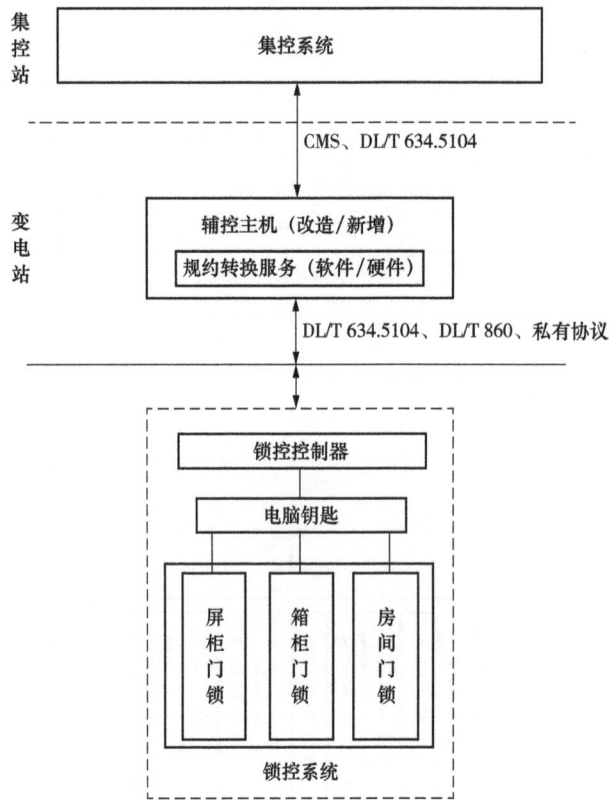

图 6-12　锁控系统接入集控系统架构图

（三）保信子站和故障录波接入

保信子站和故障录波通过厂站设备扩充逻辑链路的方式分别接入集控系统安全Ⅰ、Ⅱ区。基于不改变变电站现场基本网络构架和不影响调度自动化系统采集业务的原则，通过增加设备的上送逻辑链路，实现集控系统的接入。

1. 接入方式

（1）保信子站使用《远动设备及系统　第5部分：传输规约　第103篇：继电保护设备信息接口配套标准》（DL/T 667—1999）规约，通过安全Ⅰ区与调度系统、集控系统互联，实现保信子站信息的上送和保护装置定值的设定。

（2）故障录波使用《远动设备及系统　第5部分：传输规约　第103篇：继电保护设备信息接口配套标准》（DL/T 667—1999）规约和DL/T 860（所有部分）《电力自动化通信网络和系统》协议，通过调度数据网安全Ⅱ区与调度系统、集控系统互联，实现故障录波信息的调取。

（3）集控系统主站的保信功能模块和故障录波功能模块可以和各自安全区中的其他前置业务共用物理服务器，但不可以跨区共用物理服务器。

保信子站和故障录波接入集控系统架构如图6-13所示。

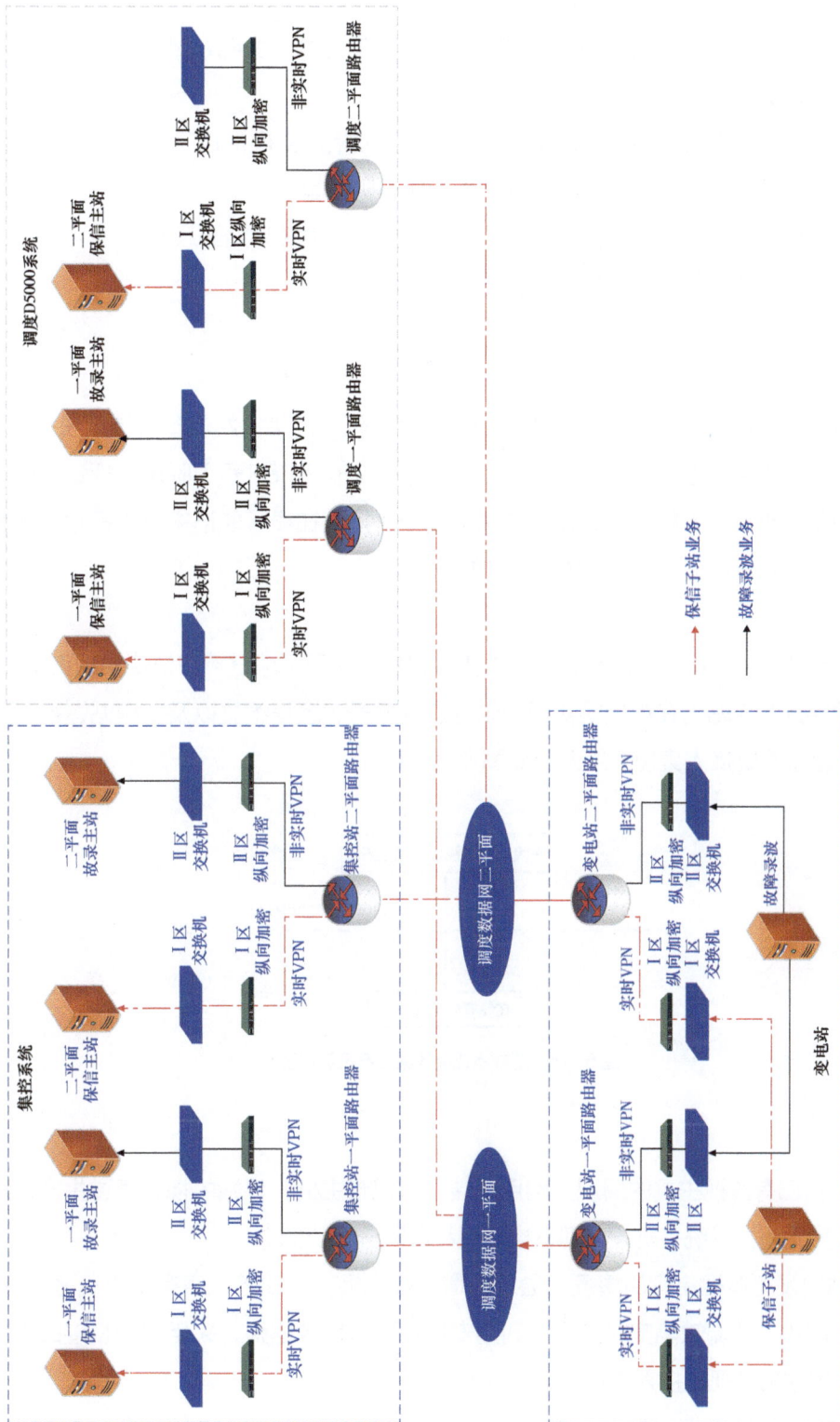

图6-13　保信子站和故障录波接入集控系统架构图

2. 实施步骤

（1）收集保信子站和故障录波器品牌、型号，确定设备具备增加接入集控站的链路能力，联系厂家，制定工作计划。

（2）根据集控系统主站侧保信、故障录波部署位置和安全区，变电站侧保信子站、故障录波装置部署相对应的网络线缆。

（3）向调度申请将变电站网络安全监测装置置牌，开放相应交换机端口，开通纵向加密策略。

（4）配置保信子站、故障录波装置的转发地址、路由明细等。

（5）集控主站配置相应站点的保信子站、故障录波装置参数并与站端联调。

（6）恢复网络安全监测装置等管理流程，结束工作。

（四）站端巡视系统接入

远程智能巡视集中监控系统与集控系统接口须符合《新一代集控站设备监控系统系列规范　第8部分：远程智能巡视集中监控系统（试行）》（设备监控〔2022〕83号）附录E规定，包含站端机器人巡视系统、视频系统、无人机、声纹监测装置等设备，接入在线智能巡主机的视频、告警、巡检报告等数据，下发站内视频系统、巡检机器人的控制指令。

1. 接入方式

站端远程智能巡视主机接入站内视频、机器人等设备，采用视频B接口协议实现将站内巡检数据、结果报告及视频接入集控站，在集控站实现对站端巡视任务、远程配置以及变电站巡视远程控制、视频查询等功能。巡视系统接入集控系统架构如图6-14所示。

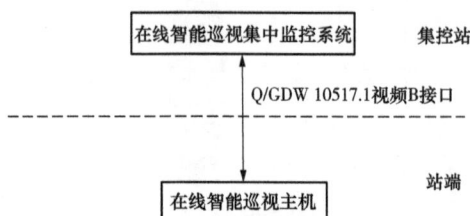

图6-14　巡视系统接入集控系统架构图

2. 实施步骤

（1）针对站内已有巡视主机的情况，利用站端原有视频主机，将站内视频通过生产管理安全Ⅳ区网络直接送至集控站巡视系统主机，实现巡检管理和缺陷分析功能。

（2）针对站内没有巡视主机的情况，通过新增巡视主机，实现接入原有站内机器人及视频NVR设备，完成站内配置、站端缺陷实时分析。利用安全Ⅳ区综合数据网，采用视频B接口协议实现将站内巡检数据、结果报告及视频接入集控站。

（3）在集控站远程智能巡视主机获取巡视信息、告警信息、巡视点位等信息，并下发巡视任务及配置策略，完成站端巡视配置。

（五）一键顺控接入

一键顺控方案按照集控系统调用变电站站端一键顺控功能的方式实施。本方案适用于35～1000kV电压等级变电站一键顺控改造，包括隔离开关、监控主机、智能防误主机、高清视频等设备改造。其中，隔离开关采用微动开关或视频图像识别进行位置"双确认"。

1. 接入方式

（1）顺控功能完善。一键顺控系统具备核验登录、数据交互、操作票预制、任务生成、模拟预演、指令执行、防误校核、操作过程记录、执行结果上送、手动/自动暂停等功能。通过操作项目软件预制、操作内容模块式搭建实现设备状态自动判别、防误联锁智能校核、操作任务一键启动、操作过程自动顺序执行，将传统人工填写操作票为主的烦琐、重复、易误操作的倒闸操作模式转变为一键顺控操作模式。主站对一次设备操作可采用遥控操作或顺控操作模式。顺控操作模式遵循"源端维护、数据共享"原则，操作票部署在变电站监控主机，主厂站之间创建顺控104通道，通过远程调用的方式实现一键顺控功能。

1）新建站：后台监控主机应具备一键顺控功能，并与主设备同步验收、同步投运。

2）存量站：针对只需通过软件升级即可实现顺控功能的后台监控系统，开展软件升级，实现顺控功能；对无法通过软件升级实现顺控功能的后台监控系统，充分结合综合自动化改造，完善顺控功能，或通过增加一键顺控主机实现一键顺控功能。

（2）防误"双校核"。智能防误主机根据一键顺控导则规定编制图形人机交互界面与防误闭锁逻辑库，编制设备遥信、遥控（含顺控）通信点表。智能防误主机与监控主机采用《远动设备及系统 第5-104部分：传输规约 采用标准传输协议集的IEC 60870-5-101网络访问》（DL/T 634.5104—2009）规约通信，获取全站设备实时遥信状态，实现一键顺控防误双校核。智能防误主机与监控主机通信，获取一次设备实时状态信息，接收监控主机模拟预演和遥控、顺控操作指令，进行防误校验，并将防误校验结果反馈至监控主机，和监控主机的防误校验结果形成"与"门判据，满足变电站站端和远方遥控、顺控操作防误"双校核"的高可靠性要求。遥控（含顺控）防误校验网络结构如图6-15所示。

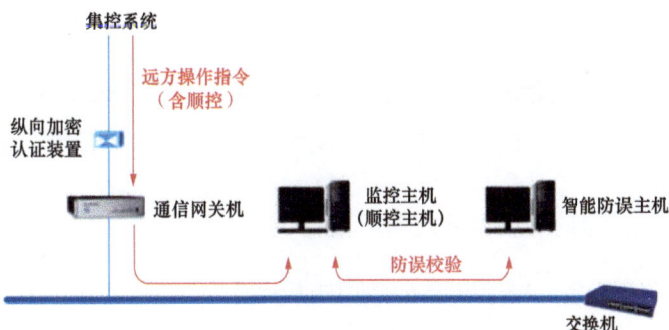

图6-15 遥控（含顺控）防误校验网络结构图

1）新建站：应配置独立智能防误主机，与一键顺控主机内置防误逻辑实现防误"双校核"。

2）存量站：针对采用测控防误的变电站，通过新增独立智能防误主机，实现防误"双校核"；针对已配置独立防误主机的变电站，通过软硬件升级等方式升级为智能防误主机，实现防误"双校核"。

2. 实施步骤

（1）集控系统调取变电站一键顺控操作票。根据一键顺控典型操作票，分析确认顺控系统中操作票导入时所需的操作任务、操作条件检查、顺控闭锁信号、单步执行前条件、下发单步操作指令、单步确认条件等信息。

使用顺控主机采集的断路器、隔离开关位置信号建立设备"运行、热备用、冷备用"等设备状态信息。

使用顺控主机采集的站内遥信、遥测信号建立"操作条件检查""顺控闭锁信号""单步执行前条件""单步确认条件"等信息，使用顺控主机的单点遥控指令建立"下发单步操作指令"，编制完成未经校核的顺控操作票。

未校核操作票需经停电/不停电校验；已校核操作票存入站端操作票库，远端顺控操作通过调用站端已校核的顺控操作票进行。

因间隔更名等原因修改操作票后，需重新进行校验后方能使用。

（2）一键顺控实施。站端模式下，一键顺控操作优先在变电站站端进行，集控端操作通过调用变电站顺控功能，开展远方顺控操作。

集控端开展顺控操作，需至少具有口令、指纹等两种技术对用户身份进行鉴别，变电站站端操作具有口令鉴别技术即可，敏感操作（重要变电站的倒闸操作）须进行双重身份鉴别。

（3）"双确认"方式。改（扩）建间隔新采购设备预留微动开关：在运GIS（含HGIS）变电站优先采用微动开关（磁感应）；220kV及以上敞开式变电站优先采用视频；110kV敞开式变电站优先采用微动开关（磁感应）。

（4）一键顺控操作票归档。利用集控系统进行远端顺控时，集控系统应具备顺控操作票执行记录存储功能，包括操作任务、操作人、操作开始时间、操作结束时间、操作录音等信息，并标注完成情况和异常结果，同步将操作结果回传至PMS3.0进行归档。

站端进行一键顺控时，通过移动终端将操作结果回传至PMS3.0进行归档。

四、接入验收

变电站设备监控信息接入（变更）验收是指变电站新（改、扩）建工程设备监控信息上送集控系统或调度主站的接入（变更）和验收工作，以下统称为"监控信息接入验收"。

（一）需进行监控信息接入验收的工作

针对以下情况，应履行设备监控信息接入验收申请手续：

（1）新建、改建、扩建工程投产；

（2）主站系统改造或维护引起监控信息接入发生变化；

（3）在变电站自动化系统上工作，引起远动数据库变动；

（4）在辅助设备监控系统上工作，引起远传数据库变动；

（5）变电站进行设备检修、设备更换、调整间隔等工作，导致设备监控信息发生变化；

（6）变电设备检修如果涉及信号、测量或控制回路，即使设备监控信息未发生变化，也应对相关信息进行核对；

（7）其他需要进行监控信息接入验收的情况。

（二）验收需具备的条件

当下列条件满足时，各单位运检部组织监控信息接入验收，验收合格后，设备方可投运：

（1）变电站自动化系统已完成站内调试验收工作，监控数据完整、正确；

（2）集控系统、辅控系统已完成数据接入和维护工作；

（3）相关远动设备、通信通道正常、可靠；

（4）已按规定提交验收申请。

（三）主设备接入验收

应参照以下方案，结合各省、市实际情况，因地制宜选择合适的验收技术方案（具体验收技术方案见附录E8）。

1. 验收方案

（1）遥测、遥信。

1）具备集控系统和调度系统间图模导入功能的，遥信、遥测可采取比对方式，即抽取同一时间断面的调度系统和集控系统数据，通过程序校核接入信息的正确性。

2）不具备集控系统和调度系统图模导入功能的，遥信、遥测应采取常规验收方式。对于常规变电站，可通过人工或自动化技术进行集控系统与调度系统或集控系统与站端后台的实际值遥测数据的正确性比对，通过站端设备、装置实际触发验证遥信信号。对于智能变电站，可通过自动验收装置模拟设备信号，上传集控系统实现遥测、遥信数据的正确性校核。

采用自动验收装置或断面比对方式仅核对至数据库层面，而数据库和图形界面的数据链接及对应关系仍需人工核对，以确保图模关联正确。

针对遥测、遥信信息验收，具体方案见附录E8.1遥测、遥信验收技术方案。

（2）遥控。

1）遥控信息验收方式有"自动验收＋预置抽测＋实传抽测""传动至测控＋实传抽测""传动至压板＋实传抽测""遥控实传"等技术方案。遥控信息验收方式选择原则如下：

2）新（改、扩）建变电站应在投运前完成"遥控实传"；存量站接入时新增的遥控量应"遥控实传"，存量站电容器、电抗器、主变挡位调整应"遥控实传"。

3）存量站接入，宜采用"传动至测控＋实传抽测"方式，若测控不能读取报文，应根据现场实际选用"传动至压板＋实传抽测"或"遥控实传"方式。

通过扩链路的方式接入的存量智能变电站，可采用"自动验收＋预置抽测＋实传抽测"方式，并应落实相关安措，应注意由监控员逐一核实图模一致性。

针对常规站站控层已改为IEC 61850规约、主流监控系统厂商的变电站，在与自动验收装置实现相应规约解析及匹配功能完成的情况下，可采用"自动验收＋预置抽测＋实传抽测"方式。

对于采用非实传模式验收，仅验证至数据库层面的，需人工核对数据库和图形界面的点位对应关系，确保关联正确。

针对遥控信息的不同验收方式，具体方案见附录E8.2遥控验收技术方案。

2. 现场自动验收步骤

（1）遥测、遥信验收。以二平面遥测、遥信验收为例，其验收步骤为：

1）验收工作许可开工后，厂站调试人员联系主站监控人员进行验收，主站人员将集控系统一平面封锁；

2）厂站调试人员在二平面完成文件配置后，主站验收人员打开集控系统自动验收程序、选择厂站名，加载遥测、遥信信息表后，点击"开始"验收；

3）厂站调试人员通过自动验收装置触发遥测、遥信信号，通过二平面上传到主站集控系统，主站验收人员在自动验收程序中查看遥测、遥信的验收结果；

4）如有验收不通过点号，则勾选验收不合格点号，由厂站人员通过自动验收装置再次触发该点号进行验证，如仍不合格，则联系调试人员解决；如全部合格，主站人员解封一平面，检查一次接线图及间隔图图形绘制是否规范，是否遗漏光字牌，是否遗漏遥测数据，如有问题联系自动化运维人员解决，如无问题则核实验收报告并做好相关验收记录。

一平面验收流程与二平面技术原理基本一致，区别在于主站人员提前将二平面封锁，施工厂家在一平面完成文件配置，验收结束后将二平面恢复。遥测、遥信信息验收具体步骤见附录E8.1遥测、遥信验收技术方案。

（2）遥控验收。在遥控验收开始前，主站验收人员需全面检查图模数据链接及对应关系是否正确，包括核对数据库点号、遥控点表点号、一次图设备遥控关联点位三者关联关系一致，发现疑问应及时联系自动化运维人员或现场调试人员处理，核对一致方可开始验收。以二平面遥控验收为例，其验收步骤为：

1）验收工作许可开工后，厂站调试人员联系主站监控员进行验收，主站人员负责将集控系统一平面封锁；

2）厂站调试人员负责确认模拟设备确已接入通信网关机，监控人员在主站集控系统批量遥控预置程序中选择厂站名，批量选择遥控点号，通过二平面点击下发批量遥控预置命令，批量遥控预置命令下发后解除已封锁的二平面；

3）厂站调试人员通过自动验收装置进行自动校核并生成验收报告，如有验收不合格点则联系施工或调试人员解决，如全部合格，主站验收人员核实验收报告并做好相关验收记录。

一平面遥控验收流程与二平面技术原理基本一致，区别在于主站人员提前将二平面封锁，在一平面下发遥控批量预置命令，验收结束后将二平面恢复。遥控信息各类验收方式具体步骤及安措见附录E8.2遥控验收技术方案。

（四）辅助设备接入验收

1. 验收方案

对于IEC 104、IEC 61850规约上送的信号，可按主设备验收方式人工验收；也可采用分段验证方式，把主站和厂站端工作进行解耦，主站部署自动验收模块，厂站端部署自动验收装置。厂站端自动验收装置负责验证辅控通信网关机IEC 104通道的遥测、遥信转发表正确性；厂站端自动验收装置按照辅控信息点表批量触发信号进行传动，由主站端自动验收模块验证集控主站前置机配置正确性。

对于辅助设备遥控验收，在现场调试人员在场的前提下，对灯光、门禁、风机、水泵等不影响变电站正常生产运行的设备，可采用遥控实传方式进行验证；对于消防等对安全生产存在隐患的辅助设备遥控验证，待有检修计划时开展。

2. 验收步骤

（1）遥信、遥测验收。

1）首先进行站内辅控通信网关机新增104通道正确性验证。自动验收装置导入辅助信号点表，模拟集控系统前置和辅控通信网关机进行通信，接收辅控通信网关机转发的数据，和现场实际信号进行一致性比对。

2）集控主站通过自动验收模块自动批量触发遥信、遥测变化数据上送集控主站，用于快速验证集控主站前置信息配置的完整性和正确性。

3）通过命令或图形界面打开自动验收程序。

4）用户登录，点击"信息校核"按钮，启动信号比对程序，从站端获取运行数据点表与集控站系统进行比对。依次点击"召唤文件"从站端召唤运行数据点表到集控站系统，点击"加载文件"解析站端召唤上来的运行数据点表，点击"点表校核"校核站端运行数据点表和集控站系统中的是否一致，点击"保存点表"把验收测点存入自动验收信息表。

5）信号自动验收程序启动后读取自动验收信息表中的信息并显示，按照设置顺序展示当前需要验收的信息点表，同时支持测点筛选及查询测点的功能。

6）通过点击"选择厂站"弹出列表选择需要验收的厂站名称。通过点击"通道选择"弹出列表选择验收厂站对应的验收通道，根据待验收的通道进行选择，只有选中的通道数据才会进行验收。通过点击"验收类型"弹出验收类型选择对话框，验收类型包含遥信、遥测等，根据实际情况选择需要验收的类型；选择完验收类型后，再点击"加载验收表"，在弹出的确认对话框中点击"Yes"后开始加载验收表。

7）验收表加载完成以后，可以对测点进行筛选过滤，根据需要选择一部分测点进行验收。验收测点默认全部选择，可通过鼠标勾选或点击右键菜单的方式重新选择需要验收的测点；同时，双击每列表头可弹出过滤对话框，辅助选择验收测点。当再次点击"加载验收表"时，可重新显示全部内容。

8）选择完测点以后点击"确定验收表"，验收信息区将只显示需要参与验收的测点，点击"开始验收"自动验收程序发送启动命令，开始接收变电站上送变位信号，并与目标值进行比对，比对结果打上"验收通过"或"验收不通过"标签。

9）验收结束后，可根据需要选择"保存结果"，将当前验收信息存入自动验收信息表中，以便下次查看；也可选择"导出结果"，将当前验收信息存入结果文件中进行存档或分析。

对于非标规约上送的信号，则需要通过站端和主站侧两边配合验证的方式，对单个厂站的每个遥测数据和遥信信号进行逐一人工验收。

（2）遥控验收。对于遥控的验收，首先需要人工逐一验证图形和模型关联的正确性，然后采用逐一点击画面选定设备进行遥控验收的方式，与站端相互配合进行辅助信号的遥控验收操作。

（五）保信子站和故障录波接入验收

（1）集控系统通过召唤保信子站信息，采集厂站电压、电流、保护定值区等信息。监控员通过获取到的信息与现场逐一核对，验证信息的正确性。集控系统总召定值，与定值单比对验证定值数量及信息正确性。

（2）集控系统通过召唤故障录波信息，采集厂站波形及相关数据。监控员通过获取到的信息与现场逐一核对，验证信息正确性。

（六）站端巡视系统接入验收

站端巡视系统验收主要针对巡视任务下发、联动功能配置进行验证。

（1）巡视任务测试：在集控系统制定并启动巡视任务，验证视频及机器人上送结果是否正确，并满足相关规范要求。

（2）联动功能测试：在集控系统配置联动策略，并模拟发送事故变位，查看巡视系统是否正确联动站内视频、机器人实现如视频实时预览、声光报警等联动功能，并满足相关规范要求。

（七）变电站一键顺控功能接入验收

按照《变电站一键顺控技术导则》（设备变电〔2021〕28号）对变电站一键顺控涉及内容进行验收，主要包括一键顺控功能验收、防误主机验收、微动开关验收、二次设备验收、集控系统顺控功能调用验收等。

1. 一键顺控功能验收

针对前期已投运设备，只需实际开展传动试验验证微动开关"双确认"判据的准确性。针对新扩建间隔，需完善后台一键顺控功能，实际开展传动试验，验证间隔顺控功能、顺控操作票、开关位置"双确认"的准确性。

2. 防误主机验收

按现场一次设备接线方式，核对智能防误主机一次设备接线图、设备名称编号是否正确；就地操作某一间隔隔离开关，在防误主机上核对微动开关的位置及信号；逐条验证模拟预演、指令执行等功能是否经智能防误主机防误校核。

3. 微动开关验收

对微动开关安装的工艺、分合闸位置识别及信号输出、辅助开关输出信号与微动开关输出信号的时间差进行验收。

4. 二次设备验收

结合停电对二次软压板、电动空气开关进行实际传动，验证遥控正确性。

5. 集控系统顺控功能调用验收

集控站主站设备监控系统具备调用顺控主机顺控功能，验证操作票召唤、选择、顺控预演、执行和操作指令下发功能正确无误。

第三节　接入管理

对于接入集控系统的监控信息，应定期开展校核工作，确保监控信息能正确反映设备运行态势。校核时，应以验收后生成的最新监控信息版本作为依据，优先采用自动验收技术手段，校核集控系统数据库中监控信息的正确性。对校核发现的问题，应追溯信息不一致的原因，根据具体问题制定对应的处置措施，严格执行闭环管理的要求，必要时纳入缺陷管理流程。

一、监控信息验收要求

（1）验收工作应采用全遥信、全遥测、全遥控（遥调）方式，严禁漏验。

（2）遥信验收应验收信息的动作、复归。

（3）遥测验收应验收站端和主站端数据的一致性。

（4）断路器、隔离开关遥控验收应验收分、合闸两种情况；涉及电网同期操作的开关设备，应验收同期合、无压合及强合三种情况。软压板的遥控验收应验收投入、退出两种情况，并同步验收软压板"双确认"。遥调验收应对变压器（电抗器）所有挡位调整进行测试。

（5）遥控（遥调）传动应加强监护并采取安措防止误控，监控系统主画面和分画面接线图中的断路器隔离开关变位应正确，变位时应有变位告警信息及告警语音。

（6）监控信息验收可采用监控信息自动验收等技术手段，自动验收须遵循《变电站监控信息自动验收技术规范》（DL/T 2413—2021）要求。

（7）具备两个及以上通道（网关机）时，应校核各通道（网关机）遥信、遥测、遥控（遥调）的准确性。

二、其他验收要求

变电站监控信息接入时应做好隔离屏蔽、挂检修牌、单独划区等安措，防止影响或干扰运行设备的正常监控业务，验收完成后恢复所做措施。

监控信息验收过程中同步检查监控系统画面和功能：检查监控系统接线图画面是否与现场实际接线方式一致，检查变电站各单元监控限值设置是否正确，检查语音告警及事故推图设置是否准确，检查一次主接线及设备命名与调度下达的主接线方式、设备命名是否一致。

三、工作流程

（一）监控信息表编制

工程建设开始前，设计单位应根据有关技术规范和规程、技术标准、设备技术资料，按照标准格式编制监控信息表，形成监控信息表设计稿，监控信息表设计稿应随施工设计图纸一并提交建设管理部门。

监控信息表的编制应依据变电站设备监控信息技术规范要求，统一命名规则、统一信息建模、统一信息分类、统一信息描述、统一告警分级、统一版本管理。

监控信息表应包括遥信、遥测、遥控（遥调）等内容：遥信表包括点号、信息描述、告警分级等内容；遥测表包括点号、信息描述、系数等内容；遥控（遥调）表包括点号、信息描述等内容。

（二）监控信息审核

建设管理部门组织变电站新（改、扩）建工程施工设计审查时，应将变电站设备监控信息纳入审查范围，运检部、运维检修中心对监控信息的正确性、完整性和规范性进行全面审核。设计单位根据审核意见进行修改完善。

运维检修中心与安装调试单位负责对接入变电站监控系统的监控信息进行现场调试验收，全面验证监控信息的正确性、完整性和规范性，形成监控信息表调试稿。

（三）提交接入验收申请

监控信息接入验收申请应在监控信息联调前，新建工程应提前20个工作日（改、扩建工程验收前10个工作日）提交。

完成监控信息现场调试验收后，运维检修中心向运检部提交接入验收申请，申请中应包括接入规模和计划、监控信息表调试稿、一次接线图、设备调度命名文件、监控信息现场验收确认单等相关资料；改、扩建工程同时提交变更后的保护配置表、设备运行限值等资料。

运检部应在接收到申请后，新建工程7个工作日（改、扩建工程4个工作日）内组织相关专业对监控信息完成审核批复，将监控信息调试稿批准发布至运维检修中心和调控中心进行维护。

（四）集控站监控系统维护

运维检修中心、调控机构依据正式发布的监控信息表调试稿和限值，新建工程7个工作日（改、扩建工程4个工作日）内完成主站端数据维护、画面制作、通道调试、信息接入等工作。

（五）验收前工作准备

运维检修中心、建设管理部门依据正式发布的监控信息表调试稿，验收前完成站端自动化系统设备调试、数据维护、后台画面制作、通道调试等工作。

（六）监控信息验收

建设管理部门组织监控信息联调验收，各验收参与单位遵循《变电站集中监控验收技术导则》（Q/GDW 11288—2014）要求，按照审定的调试稿或验收卡对变电站监控信息逐一核对，并进行遥测、遥信传动和遥控实传，检查限值维护情况。

监控信息调试报告包括监控信息表、调试（验收）情况、调试（验收）人、时间等信息。

监控信息验收过程中发现的问题，纳入监控许可流程管控。问题由相关责任单位消除后，应进行信息复验，必要时重新履行监控信息接入验收流程。

（七）监控信息校核

完成监控信息联调验收工作后，运维检修中心对站端监控信息转发表、主站系统监控信息表、监控信息流程验收后信息表进行三表校核，确保监控信息正确一致，达到设备启动送电条件。

四、资料归档

验收完成后，运检部将校核后的监控信息表作为正式稿进行发布和归档，为下一次变电站设备监控信息接入工作做好资料准备。对于以人工方式完成的监控信息验收，应保存纸质或者电子版验收记录；对于以自动验收技术方式完成的监控信息验收，应保存自动验收技术生成的报告或记录。验收记录应包含验收时间、主站与站端验收人员、验收结论等信息。对于验收发现的问题，应闭环管理。

五、验收问题处置

变电站监控信息验收过程中发现的主站监控系统、辅控系统问题，由主站系统运维单位消缺；站端问题由施工单位或运维检修中心消缺；通道问题由双方及信息通信机构共同消缺；必要时履行设计变更手续。

六、变电站设备监控信息联调验收时间要求

变电站新（改、扩）建工程建设开始前，由建设管理部门提供监控信息表等相关资料，预留足够的监控信息审核、联调验收时间。新（改、扩）建变电站设备监控信息联调验收时间要求见表6-1。

表6-1　　　　　　　　　　新（改、扩）建变电站设备监控信息联调验收时间要求

新（改、扩）建工程 监控信息数量（个）	新（改、扩）建工程设备 监控信息联调验收时间	备注
4000以上	9个工作日	330kV以上智能变电站
2000～4000	7个工作日	220kV智能变电站或330kV以上常规变电站
1000～2000	5个工作日	220kV常规变电站或110kV智能变电站
1000及以下	4个工作日	110kV及以下变电站

附录 A　集控系统主站建设标准作业卡及相关表单示例

A1　集控系统现场勘察作业卡

集控系统现场勘察作业卡

基础信息	工程名称		设计单位		
	勘察单位		勘察日期		
序号	勘察项目	勘察内容	勘察方式	勘察结论（是否完成）	勘察问题说明
一、主站现场勘察				勘察人签字：	
1	站址选择	基础设施、通信环境、地理位置	现场勘察	□是 □否	
2	机房环境	系统机房，内容包括机房面积、地面承重、机房结构及布置、与数据网通道所在位置的物理连通情况	现场勘察	□是 □否	
		系统UPS及蓄电池室，内容包括房间面积、地面承重、房间结构及布置、与系统机房强弱电的物理连通情况	现场勘察	□是 □否	
		监控室，内容包括房间面积、监控台布置、与系统机房的强弱电通道的物理连通情况	现场勘察	□是 □否	
		数据网，包括调度数据网和综合数据网的情况、传输设备和通信设备现状等	现场勘察	□是 □否	
3	运行环境	UPS系统的现状，包括UPS、蓄电池、配电系统的布置、容量、输出等	现场勘察	□是 □否	
		空调系统的现状，包括安装位置、制冷量、排水、进出风位置等	现场勘察	□是 □否	
		动力环境系统的现状，包括门禁、各类传感器的需求及布置、状态输出等	现场勘察	□是 □否	
		消防系统的现状，包括灭火装置、排风等需求和布置、状态输出等	现场勘察	□是 □否	

序号	勘察项目	勘察内容	勘察方式	勘察结论（是否完成）	勘察问题说明
3	运行环境	综合布线系统，包括列头柜的布置、桥架的布置方式、数据通道的接入、内部网的布置等	现场勘察	□是　□否	

二、厂站现场勘察　　　　　　　　　　　　　　　　　　　　　　　　　　　勘察人签字：

序号	勘察项目	勘察内容	勘察方式	勘察结论（是否完成）	勘察问题说明
1	网关机	综合自动化厂家最近一次改造的时间	现场勘察	□是　□否	
		网关机数量、型号、配置及版本	现场勘察	□是　□否	
		网关机改造方式：扩充链路或者更换新的网关机	现场勘察	□是　□否	
2	测控装置	是否具备查看预置对象功能	现场勘察	□是　□否	
3	网络及安全设备	路由器和交换机的现状及配置	现场勘察	□是　□否	
		路由器和交换机改造方式：直接使用、增加板卡或更换新的设备	现场勘察	□是　□否	
		纵向加密装置的现状及改造方式	现场勘察	□是　□否	
		网络安全监测装置的现状及改造方式	现场勘察	□是　□否	

三、数据交互调研　　　　　　　　　　　　　　　　　　　　　　　　　　　调研人签字：

序号	勘察项目	勘察内容	勘察方式	勘察结论（是否完成）	勘察问题说明
1	保信系统		现场调研	□是　□否	
2	故障录波系统		现场调研	□是　□否	
3	调度自动化系统	图模交互	现场调研	□是　□否	
		操作票交互		□是　□否	
		AVC策略交互		□是　□否	
		批量切负荷策略交互		□是　□否	
4	辅控主站系统		现场调研	□是　□否	
5	电网资源业务中台		现场调研	□是　□否	
6	远程智能巡视集中监控模块		现场调研	□是　□否	
7	其他系统		现场调研	□是　□否	

A2　可研及初设模板

A2.1　集控系统建设可研模板

国网××公司××地市
××监控系统建设项目
可行性研究报告

项目名称：

项目单位：

编制单位：（盖章）

咨询证书号：

年　月　日

项目名称：

批准：

审核：

校核：

编制：

（一）概述

1.立项依据

列出符合生产技术改造和设备大修原则、专业反事故措施和专项治理文件等的具体条款及内容。

2.设计依据

列出项目可研编制依据，主要包括以下内容：

（1）与委托方签订的设计咨询合同或委托函等相关委托文件；

（2）管理制度文件名称、文号或版本号，包含生产技术改造和设备大修原则、专业反事故措施和专项治理文件等；

（3）设计规范和概（预）算编制规定；

（4）《自主可控新一代变电站二次系统技术规范　设计类系列规范3　监控系统》（调技〔2021〕20号）；

（5）与本项目有关的其他重要文件。

3.设计范围和规模

（1）设计范围：

1）简述项目可研包括的内容和范围、设计水平年（集控站投产年）；

2）描述与原有地区变电站全面监控建设工程（变电站一键顺控改造项目、变电运维班主设备监控延伸终端改造工程、变电运维班辅助设备监控系统改造工程、变电站综合信息处理模块建设工程、变电站智能巡检机器人及高清视频联合巡检项目等工程）的衔接和配合，对于存在同期实施的其他相关项目应说明界限，说明项目实施后形成的项目规模；

3）描述原有地区变电站全面监控建设工程对集控站建设的支撑作用以及建设界面。

（2）设计规模：

1）描述集控站主站端建设，包含投产年建设××座集控站，管辖××座变电站（分电压等级描述）、××座运维班等；

2）描述投产年变电站站端改造规模，包含××座变电站（分电压等级），改造××内容（分安全分区描述，与附件1对应）等。

4. 项目预期目标

简述项目将采用何种设备或技术进行生产技术改造，预期达到的目标，投产年实现××座变电站的主辅设备集中监控。

5.主要技术经济指标

生产技术改造项目：简述项目的整体投资情况，单位为万元，包括总费用、建筑工程费、安装工程费、拆除工程费、设备购置费、其他费用，以及各项费用占比情况。总费用分别列出含税、不含税价，分项费用只列出含税价。

应按照集控系统主站端改造、变电站改造、调度延伸终端建设分别列出。

（二）工程现状

1.电力系统概况

应根据工程依托的地市公司的管辖变电站范围，简述相关电力系统当前的一次网架分电压等级现状。应分别对应投产年、5、10、15年及以上规划远景年，分电压等级概述相关电力系统的规模和对监控系统的要求等。

2.电力调度数据网概况

（1）应描述现有电力调度数据网的覆盖范围、技术体制、带宽容量、网络架构、设备型号、数据网及安全防护设备数量、建设年代、带宽使用情况、运行情况及现有厂站的调度数据网覆盖率等；应说明现有调度数据网存在的问题。

（2）应描述相关调度数据网现状及5年及以上规划建设情况等。

3.电力数据通信概况

（1）应描述现有电力数据通信网络的覆盖范围、技术体制、带宽容量、网络架构、设备型号、路由协议、数据网设备数量、建设年代、主要承载业务、带宽使用情况、运行情况及现有厂站的数据通信网覆盖率等；应说明现有数据通信网存在的问题。

（2）应描述相关的光缆及电力通信传输网络的现状及5年及以上规划建设情况等。

4.地区变电站概况

（1）应概述不同电压等级存量站现状及设计水平年规模，5年及以上规划情况。

（2）应分电压等级描述变电站二次系统现状、调度数据网接入设备现状、辅控系统现状（存在多种情况应分类型描述）。描述站控层采用IEC 61850的变电站规模（与附件1对应）。

5.调控管理概况

（1）应概述目前调控管理体制，说明上下级调控机构的设置及其职责范围和调控范围的划分。描述地市公司管辖变电站所属调控机构现状。

（2）应说明设计水平年调控管理体制和调控机构的设置，调控职责和调控范围的划分。

（3）应说明检修公司、电科院、地市公司、县级公司、运维班等相关支撑单位的设置及职责划分。

（4）应说明运维班调度延伸终端建设现状。

6.其他系统概况

（1）应说明地区辅助控制主站建设现状、规划及设计水平年接入变电站数量。

（2）应说明地区变电站综合信息处理系统建设现状及设计水平年接入变电站数量。

（3）应说明地区企业中台的建设现状、规划及设计水平年情况。

（三）建设必要性与可行性分析

1.监控系统建设的必要性

分析现有存在的问题，应从安全性、效能与成本、政策适应性等方面论述监控系统建设的必要性。

2.变电站改造的必要性

分析现有变电站适应集控站接入存在的问题，应从安全性、效能与成本、政策适应性等方面论述变电站改造的必要性。

3.其他系统接口改造的必要性

分析现有辅控主站、变电综合信息处理系统、企业中台运行存在的问题，应从安全性、效能与成本、政策适应性等方面论述其他系统接口改造的必要性。

4.集控站调度延伸终端建设的必要性

在集控系统尚未建成的过渡期，应从安全性、效能与成本、政策适应性等方面论述集控站调度延伸终端建设的必要性。

（四）工程技术方案

1.设计原则

（1）应从技术先进性、可靠性、经济性等方面说明工程所遵循的主要设计原则。

（2）技术方案至少应满足《自主可控新一代变电站二次系统技术规范　设计类系列规范3　监控系统》（调技〔2021〕20号）要求。

2.集控站规划布点及选址

（1）应说明地区所选集控站布点规划，描述布点依据（每座集控站管辖变电站规模、运维班规模及折算为35kV变电站的规模）。

（2）应说明集控站站址现状、站址通信网络现状、调度数据网现状。

（3）应说明现有集控站站址的房间布置及辅助设施现状，包括房间面积、数量，以及电源、空调、动力环境、消防等辅助设施现状。

3.监控系统的技术方案

（1）整体架构：应根据电网规划发展水平、调控运行管理方式等，提出监控系统的整体架构方案。

（2）系统功能：应以相关的功能规范和实际需求为基础，提出监控系统的功能配置方案，对规范中明确可选的功能，应根据运行要求、功能成熟度等实际情况论证后提出合理的配置方案。

（3）软硬件配置：分安全Ⅰ、Ⅱ、Ⅳ区说明集控站软硬件配置方案，说明选择标配、高配中哪一类方案，选择高配、标配需说明原因。

（4）备用系统：应提出集控站备用系统技术方案，推荐采用调度延伸终端备用，若选择互备或独立备用需要说明原因。

（5）调度数据网及安全防护方案：应结合集控站所在调度数据网节点现状，提出集控系统配套的调度数据网及二次安全防护配置方案，提出网络安全监测配置方案；应计列网络安全等级保护测评费用。

（6）集控站配套系统通信方案：应说明集控站配套系统通信建设方案；应充分利用站址内现有光通信设施，不满足要求的应进行改造；应提出调度电话及行政电话要求。

4.集控站辅助设施的技术方案

应根据需求分析和确定的技术原则，结合站址情况，提出集控站电源、空调、对时、动力环境、综合布线、消防等辅助设施的技术方案。

本工程不应包含装修及监控大屏的相关工程量。

5.变电站改造的技术方案

应根据需求分析和确定的技术原则，结合变电站建设情况，提出分电压等级变电站二次系统、辅控系统等改造技术方案、调度数据网设备改造方案等。

（1）安全Ⅰ区改造方案：应按需求说明安全Ⅰ区网关机、监控主机改造方案。

（2）安全Ⅱ区改造方案：应按需求说明安全Ⅱ区网关机、综合应用服务器改造方案；说明辅控系统、消防改造方案；说明保信子站、故障录波扩链路的改造方案。

（3）安全Ⅳ区改造方案：应按需求说明视频接口改造方案。

（4）调度数据网及安全防护设备改造方案：

1）应提出变电站调度数据网设备改造方案，若更换推荐采用E1接口路由器，尽量减少光通信设备改造，应充分结合站内通信设备的现有条件，不应涉及通信架构性改造；

2）应按需提出正/反向隔离、防火墙完善方案。

6.运维班接入方案

应说明存量/新建站运维班延伸终端建设情况、调度数据网设备情况（按需）。

7.其他系统接口设计方案

应根据需求分析和确定的技术原则，结合辅助控制主站、变电综合信息处理系统等情况，提出与其他系统交互的技术方案。

（1）与现有辅控主站接口设计方案：应描述与现有辅控主站的集成应用方案，选择浅度集成、深度集成还是一体化集成。

（2）与现有变电综合信息处理系统接口设计方案（按需）：应描述与现有辅控主站的集成应用方案。

（3）与现有调度主站接口设计方案：包含模型、调度数据网设备接口等内容。

（4）与现有企业中台接口设计方案。

（5）与现有统一视频平台接口设计方案。

8.集控站主设备监控调度终端延伸过渡方案

描述过渡期集控站主设备延伸终端技术方案，按需包含调度主站改造方案以及集控站侧终端、调度数据网、配套通信改造方案。

9.地区电力调度数据网适应性分析

应根据集控站、变电站、运维班接入调度数据网的带宽需求分析，结合调度数据网络建设情况，提出集控系统调度数据网架构适应性影响分析；若不满足需求，后续在调度数据网二次专项工程中另行立项。

10.地区电力数据通信适应性分析

应根据集控站、变电站、运维班安全Ⅰ（Ⅱ）、Ⅳ区接入通信网的需求分析，结合通信网络建设情况，提出集控系统电力数据通信网络架构适应性影响分析；若不满足需求，后续在通信网二次专项工程中另行立项。

（五）项目拟拆除设备及主要材料处置

列出本项目拟拆除的固定资产设备及主要材料清单、拟拆除设备评估鉴定表，并由设备运维管理单位说明初步处置意见。拟拆除的固定资产设备及主要材料清单包括：项目名称、设备材料名称、资产分类、专业管理系统设备编码、ERP 资产编号、所属站线、电压等级、资产属性、生产厂家、型号/规格、应拆数量、计量单位、容量、出厂日期、投运日期、资产原值、处置方式和拟拆除时间。根据需要涉及变电站站端、存量辅控主站、存量变电综合信息处理系统等。

（六）项目经济性与财务合规性

论述项目在投入产出方面的经济可行性与成本开支的合理性，是否符合国家法律、法规、政策以及国网公司内部管理制度等各项财务管理规定要求。

（七）项目实施安排

1.外部环境落实条件

说明项目实施所涉及的外部环境条件落实，包括电网规划、市政规划、交叉跨越、交通设施、周边场地条件，以及涉及线路路径更改的规划路径商定情况等。

2.施工过渡措施

按照项目实施和系统运行相关要求，提出有针对性的施工过渡措施，重点对停电方案、负荷切转方案、停电时间、用户重要等级以及相关保障供电可靠性的措施进行描述。不涉及施工过渡措施的项目，应明确本项目无过渡措施。

描述变电站站端改造的施工过渡方案，描述集控系统主辅设备监控的过渡方案。

3.项目实施计划安排

说明项目实施的时间进度安排，针对关键节点提出保障措施。

4.环境影响预测及应对措施

（1）环境影响预测。环境影响预测主要包括以下内容：

1）说明项目在实施期间可能产生的污染源、主要污染物，主要包括实施过程中的施工工器具、机械设备使用、工艺材料使用对周边环境可能产生的空气污染、生产废水、可听噪声等影响；

2）说明改造后设备运行期间可能产生的污染源、主要污染物，主要包括投运设备对周边环境可能产生的生活污水、可听噪声、无线电干扰、电磁辐射等影响。

（2）应对措施：说明项目针对上述环境影响采取的减少和消除环境影响的措施，得出环境影响分析结论。

（八）特别事项说明

描述项目必要性、技术方案、经济性与财务合规性、实施安排中的特殊事项：

（1）新技术试行、推广以及地方政府政策性要求等；

（2）新技术采用或实施环境复杂等因素引起的项目投资较同类项目偏差较大的情况；

（3）其他需特别说明的事项。

（九）附件

说明：以上可研报告模板中的编制要求为《生产技术改造和设备大修项目可行性研究内容深度规定》（Q/GDW 11719.1—2017）中的一般要求，项目单位需根据项目实际情况，结合标准中的一般规定及其相关类型的差异化规定开展项目可研编制工作。项目设备材料清册参照《国家电网有限公司监控系统项目建设说明》。

附件1 变电站现状及改造情况一览表

变电站现状及改造情况一览表

序号	变电站名	现状	改造内容		数量
1	××地市××kV××变电站	站控层设备投运年限，站控层是否符合IEC 61850，安全Ⅰ区网关机××台、安全Ⅱ区网关机××台，调度数据网是否为双平面，带宽××M，是否有预留E1接口，硬盘录像机或视频主机规约是否为B接口或主流厂家SDK等	安全Ⅰ区	通信网关机 新增/更换/扩链路（选择其一）	
			安全Ⅱ区	通信网关机 新增/更换/扩链路（选择其一）	
				综合应用主机 更换/软件升级（选择其一）	
				辅控规约转换器	
				消防接入改造	
			安全Ⅳ区	变电站视频系统接口改造	
			安全防护	正/反向隔离装置	
			调度数据网	调度数据网路由器 改造/更换	
			其他		
2	××地市××kV××变电站				

注　站控层设备硬件性能结合运行年限，需要集成商统一评估。非IEC 61850站控层设备结合综合自动化统一改造和辅助设备前端设备新增、改造不在本工程计列。

附件2

××项目主要设备及材料清册
模板
（附到说明书后）

项目名称：

项目单位：

编制单位：

咨询证书号：

年　月　日

一、编制说明

1.说明主要设备材料清册的组成、内容、范围以及需提请注意和明确的问题。

2.按分工或出资不属于本项目范围的设备材料应予以说明，并标明应参见的设计或资料。

3.说明主要设备或材料选用与国网公司物资标准目录的差异及未选用标准目录物资的原因。

二、主要设备及材料清册表

1.主要设备及材料表应包括名称、型号及规范、单位、数量等栏目，以及是否计入设备材料损耗等。

2.各专业设备材料分项填写，个别项目的规格和数量允许"估列"，但应在备注栏内说明。

变电主要一次设备及材料表

序号	设备名称	型号及规范	单位	数量	备注
	电气一次部分	屋外电气设备的污秽等级为 d 级；高压设备爬电比距 ≥ 3.1cm/kV（按系统最高运行电压为基准）			
一	主变部分				
1	电力变压器		台		
	含附属设备：				
…					
二	配电装置				
1	断路器		台		三相机械联动
2	隔离开关		组		
…					
三	站用电部分				
1	站用变		台		带柜壳
…					
四	导线、电缆等材料				
1	接地材料				
…	热镀锌扁钢		m		
五	站区照明				
1	庭院灯		套		
…					

二次设备及材料表

序号	设备名称	型号及规范	单位	数量	备注
一	控制及直流系统				
（一）	计算机监控或监测系统				
1	一体化监控系统		套		组柜2面
2	二次系统安全防护柜		面		
3	公用测控柜		面		
4	主变测控柜		面		

序号	设备名称	型号及规范	单位	数量	备注
…	220kV 线路测控柜		面		
（二）	继电保护				
1	主变保护柜		面		
2	220kV 线路保护柜		面		
…					
（三）	交直流一体化系统				
1	蓄电池		套		
2	充电柜		面		
3	馈线柜		面		
…					
（四）	智能辅助控制系统				
（五）	状态监控系统				
（六）	电缆及接地				

通信设备材料表

序号	设备名称	型号及规范	单位	数量	备注
一	传输网				
1	OTN/波分设备				
2	SDH 设备				
…					
二	业务网				
1	电路交换设备				
2	IMS 设备				
3	核心路由器				
…					
三	支撑网				
1	基准时钟源（PRC）				
2	区域基准时钟源（LPR）				
3	通信网管系统				

续表

序号	设备名称	型号及规范	单位	数量	备注
…					
四	终端通信接入网				
1	光线路终端（OLT）设备				
2	光网络单元（ONU）设备				
3	工业以太网交换机				
…					
五	其他				
1	通信电源				
2	通信机房动力环境监控（站端设备）				
…					

架空输电工程材料表

一、导、地线材料									
序号	名称	规格型号	单位	数量（km）	损耗（%）	总量	单重（kg/km）	总重（kg）	备注
1	高导导线		km						
2	铝包钢地线		km						
3	光缆		km						

二、杆塔材料									
序号	塔型	杆塔型号	呼高（m）	数量（基）	水平档距（m）	垂直档距（m）	单重（kg）	总重（kg）	备注
1 …	转角塔								
	合计								
1 …	直线塔								
	合计								

续表

二、杆塔材料

序号	塔型	杆塔型号	呼高（m）	数量（基）	水平档距（m）	垂直档距（m）	单重（kg）	总重（kg）	备注
	总计								

三、基础材料

序号	名称	单位	数量	备注					
1	地脚螺栓	kg							
2	基础钢筋	kg							
3	C15保护帽	m^3							
4	C20混凝土	m^3							

四、接地材料

序号	名称	规格型号	单位	单基数量	合计数量	损耗（%）	总重	备注	
1	接地圆钢		kg						
2	螺栓等零件		kg						
3	接地引下线		kg						
4	接地扁钢		kg						

五、标准金具汇总

序号	名称	规格型号	单位	数量	损耗（%）	总量	单重（kg）	总重（kg）
1								
2								
3								

六、其他材料

序号	名称	规格型号	单位	数量	损耗（%）	总量	单重（kg）	总重（kg）
（一）	杆塔三牌							
1								
2								
3								

续表

六、其他材料								
序号	名称	规格型号	单位	数量	损耗（%）	总量	单重（kg）	总重（kg）
（二）	档内金具							
1								
2								

输电电缆线路材料表

序号	材料名称	规格型号	单位	数量
一	电气部分			
1	交联聚乙烯电缆		m	
2	户外电缆终端头		只	
3	直接接地箱		套	
4	保护接地箱		套	
5	避雷器		只	
6	同轴电缆		m	
7	电缆上杆保护管		套	
8	电缆夹具		套	
9	电缆夹具		套	
10	防火堵料		t	
11	防火涂料		t	
12	防火隔板		m²	
二	土建部分			
1	混凝土管（顶管）		m	
2	镀锌角钢		kg	
3	预埋件		kg	
4	护栏		m²	
5	电缆沟		m	

配电架空线路材料表

一、导线材料

序号	名称	规格型号	单位	数量（km）	损耗（%）	总量	单重（kg/km）	总重（kg）	备注
1	裸导线		km						
2	绝缘导线		km						

二、杆塔材料

序号	杆（塔）形	杆塔型号	呼高（m）	数量（基）	水平档距（m）	垂直档距（m）	单重（kg）	总重（kg）	备注
1	转角杆（塔）[含耐张杆（塔）]								
...									
	合计								
1	直线杆（塔）								
...									
	合计								
	总计								

三、基础材料

序号	名称	规格型号	单位	数量	备注
1	地脚螺栓		kg		
2	底盘		块		

四、接地材料

序号	名称	规格型号	单位	单基数量	合计数量	损耗（%）	单重（kg）	总重（kg）	备注
1	接地圆钢		kg						
...									

五、拉线材料

序号	名称	规格型号	单位	数量	损耗（%）	总量	单重（kg）	总重（kg）	备注
1	钢绞线		km						
2	拉盘		块						

续表

六、金具、绝缘子									
序号	名称	规格型号	单位	数量	损耗（%）	总量	单重（kg）	总重（kg）	备注
1	绝缘子		支						
2	耐张线夹		只						
3	直线横担		根						

七、其他材料									
序号	名称	规格型号	单位	数量	损耗（%）	总量	单重（kg）	总重（kg）	备注
1									
…									

配电设备材料表

序号	设备名称	型号及规范	单位	数量	备注
一	柱上设备				
1	变压器		台		
2	断路器		台		
3	隔离开关		组		
4	无功补偿装置		组		
5	综合配电箱		面		
二	站房类设备				
1	箱式变压器		面		
2	环网柜		面		
3	电缆分支箱		面		
4	开关柜		面		

配电电缆线路材料表

一、电缆材料

序号	名称	规格型号	单位	数量	损耗(%)	总量	备注
1	电缆		km				
2	电缆终端头		套				
3	电缆中间头		套				

二、土建部分

序号	名称	规格型号		单位	数量	备注
1	混凝土管（顶管）			m		
2	镀锌角钢			kg		
3	电缆沟			m		

三、接地材料

序号	名称	规格型号	单位	单基数量	合计数量	损耗(%)	单重	总重	备注
1	接地圆钢		kg						
2	接地引下线		km						

四、其他材料

序号	名称	规格型号	单位	数量	损耗(%)	总量	单重	总重	备注
...									

水电设备及附属设施设备材料清册

序号	设备名称	型号及规范	单位	数量	备注
一	发电（电动）机及其附属设备				
（一）	发电（电动）机定转子设备				
1	磁极线圈		个		
2	定子线棒		根		
...					
（二）	发电机机械制动设备				
1	风闸电磁阀阀体		个		
2	风闸		个		
...					

序号	设备名称	型号及规范	单位	数量	备注
（三）	发电机中性点设备				
1	中性点电流互感器		个		
2	中性点隔离开关		个		
...					
（四）	推力及导轴承				
1	推力瓦		个		
2	导瓦		个		
...					
（五）	发电机高压油顶起装置				
1	高压顶起交流泵及电机		台		
2	高压顶起直流泵及电机		台		
...					
二	水（泵）轮机及附属设备				
（一）	水轮机导水机构				
1	剪断销		个		
2	导叶轴套		个		
...					
（二）	水导轴承系统				
1	水导轴瓦		个		
2	水导轴承冷却器		个		
...					
三	机组母线设备				
四	励磁系统				
五	调速器及其附属设备				
六	进水阀及其附属设备				
七	油水气系统				
八	闸门及启闭设备				
九	静止变频器（SFC）及启动母线系统				
十	GIS系统				

附件3　项目拟拆除设备材料清单

项目名称：　　　　　　　　　**项目拟拆除设备材料清单**

序号	设备材料名称	资产分类	专业管理系统设备编号	ERP资产编号	所属站线	电压等级	资产属性	生产厂家	型号/规格	应拆数量	计量单位	容量	出厂日期	投运日期	资产原值（万元）	处置方式	拟拆除时间
1																	
2																	
3																	
4																	

填写说明：

1.设备材料名称：按照实际填写，必填。

2.资产分类：参照固定资产目录中的固定资产分类名称，资产级设备必填，非资产级设备可不填。

3.专业管理系统设备编号：如PMS2.0系统中的设备编号，无设备编码可不填。

4.ERP资产编号：ERP系统中的资产编号，资产级设备必填，非资产级设备可不填。

5.所属站线：设备所属变电站或线路名称（须含电压等级），必填；如无所属站线，填写设备材料坐落地点。

6.电压等级：填写设备的电压等级（kV），必填；如无电压等级，填写"其他"。

7.资产属性：总部、分部、省级公司（直辖市、自治区）、控股县（含全资子公司），必填。

8.生产厂家：按照实际规范填写，如为设备，必填；如为材料，可不填。

9.型号/规格：据实填写，必填。

10.应拆数量：按照实际填写阿拉伯数字，必填。

11.计量单位：按照实际规范填写，线路按km填写，必填。

12.容量：具有容量参数的设备填写该数据项（MVA、Mvar）；如无，可不填。

13.出厂日期、投运日期、拟拆除时间：按照年-月-日格式填写，如1980-3-20，必填。

14.资产原值：按照ERP资产信息填写，如为资产级设备，必填；其他设备材料，可不填。

15.处置方式：报废、再利用。

附件4　项目拟拆除设备评估鉴定表

项目拟拆除设备评估鉴定表

序号	项目名称	设备名称	资产分类	专业管理系统设备编号	ERP资产编号	所属站线	电压等级	资产属性	生产厂家	型号/规格	数量	计量单位	容量	出厂日期	投运日期	资产原值（万元）	运行情况	状态评价结果	评价内容	鉴定结论
1																				
…																				

鉴定专家签字

实物资产管理部门（盖章）　　　　　　年　月　日

　　　　　　　　　　　　　　　　　　年　月　日

填写说明：

1. 项目名称：由工程项目引起的退役，填写工程项目名称。
2. 设备名称：按照实际填写，必填。
3. 资产分类：参照固定资产目录中的固定资产分类名称，必填。
4. 专业管理系统设备编号：如PMS2.0系统中的设备编号，必填。
5. ERP资产编号：ERP系统中的资产编号，必填。
6. 所属站线：设备所属变电站或线路名称（须合电压等级），必填；如无所属站线，填写坐落地点。
7. 电压等级：填写设备的电压等级（kV），必填；如无电压等级，填写"其他"。
8. 资产属性：总部、分部、省公司（直辖市）、子公司，必填。
9. 生产厂家：按照实际规范填写，必填。
10. 型号/规格：据实填写，必填。
11. 应拆数量：按照实际情况填写阿拉伯数字，必填。
12. 计量单位：按照实际规范填写，线路按km填写，必填。

13. 容量：具有容量参数的设备填写该数据项（MVA、Mvar）；如无，可不填。

14. 出厂日期：投运日期：按照年-月-日格式填写，如1980-3-20，必填。

15. 资产原值：按照ERP资产信息填写，必填。

16. 运行情况：设备运行总体情况，包含缺陷记录，最近一次试验记录等反映设备运行状况的信息，必填。

17. 状态评价结果：填写正常、注意、异常、严重，必填。

18. 评价内容：依据相关技术标准，反事故措施等，从安全、效能等方面评价，必填。

19. 鉴定结论：报废或再利用，必填。

20. 本表参照《国家电网公司电网实物资产退役管理规定》[国网（运检/3）917-2018]要求执行。

附件5 估算书模板

估算书模板

检索号

生产技术改造项目估算书

项目名称：

编制单位：

编制日期：　　　　年　　　　月　　　　日

签 字 页

项目名称：

批准：

审定：

校核：

编制：

目　录

编制说明

1.工程概况

2.编制原则及依据	
2.1	
2.2	
2.3	
2.4	
2.5	
2.6	
2.7	

3.资金情况				
本工程含税总投资		万元	不含税总投资	万元

4.其他需要说明的重大问题

A2.2　集控系统建设初设模板

卷册检索号
×××××××

××供电公司
生产技术改造项目初步设计

项目名称：

项目单位：

编制单位：

甲级咨信证书号：

甲级设计证书号：

年　　月　　日

××新一代变电站集中监控系统建设
初步设计

卷册总目录

第一卷　初步设计说明书
第二卷　工程投资概算书

××新一代变电站集中监控系统建设

初步设计说明书

（×××）

批　准：

审　核：

校　核：

编　制：

（一）概述

1. 工程概况

本工程在××集控站建设自主可控新一代变电站集中监控系统，接入该集控站所辖无人值班变电站的主辅设备监控信息，实现对所辖变电站的远程监控功能。

2. 设计依据

（1）××供电公司运维检修部《关于"××新一代变电站集中监控系统建设"的设计委托书》。

（2）《××公司关于××生产技改储备项目可研的批复》。

（3）本单位编制的《××新一代变电站集中监控系统建设可行性研究收口报告》。

（4）《国家电网有限公司关于印发公司2020年重点工作任务的通知》（国家电网办〔2020〕74号）。

（5）《国家设备部关于印发2020年设备管理重点工作任务的通知》（设备综合〔2020〕14号）。

（6）《国家电网公司生产技术改造和设备大修项目可研编制与审批管理规定》[国网（运检/3）316-2018]。

（7）《国网设备部关于印发公司电网生产技术改造和设备大修原则的通知》（设备计划〔2020〕72号）。

（8）《国家电网公司关于做好2017年预算执行和2018年项目储备可研经济性与财务合规性审核工作的通知》（国家电网财〔2017〕340号）。

（10）《国家电网有限公司关于加快推进变电运维模式优化和集控站建设工作的通知》（国家电网设备〔2021〕104号）。

（11）《变电站监控系统顶层设计工作方案》。

（12）《变电站监控系统总体设计规范》。

（13）《自主可控的新一代变电站二次系统总体方案》。

（14）《国网设备部关于印发新一代集控站设备监控系统系列规范（试行）》（设备变电〔2021〕29号）。

（15）《自主可控新一代变电站二次系统技术规范　设计类系列规范4　集控站》（调技〔2021〕20号）。

（16）《自主可控新一代变电站二次系统技术规范　集控站系列规范2　集控站设备监控系统》（调技〔2021〕20号）。

（17）××公司运维检修部提供的相关资料。

（18）本工程相关设备的技术性能及价格收资。

（19）设计采用下列规程和标准：

1)《电网运行准则》（GB/T 31464—2015）；

2)《电力系统安全稳定导则》（GB 38755—2019）；

3)《信息安全技术网络安全等级保护基本要求》（GB/T 22239—2019）；

4)《信息安全技术网络安全等级保护安全设计技术要求》（GB 25070—2019）；

5)《电网运行控制数据规范》（GB/T 35682—2017）；

6)《数据中心设计规范》（GB 50174—2017）；

7)《电力调度自动化系统运行管理规程》（DL/T 516—2017）；

8)《电力自动化通信网络和系统　第1部分：概论》（DL/Z 860.1—2018）；

9)《电网运行模型数据交换规范》（DL/T 1380—2014）；

10)《电力系统调度自动化设计规程》（DL/T 5003—2017）；

11)《地区电网调度自动化设计技术规程》（DL/T 5002—2018）；

12)《地区电网调度自动化功能规范》（DL/T 550—2014）；

13)《能量管理系统应用程序接口》（DL/T 890）；

14)《变电站通信网络和系统》（DL/T 860）；

15)《电力系统调度自动化工程可行性研究报告内容深度规定》（DL/T 5446—2012）；

16)《调度自动化规划设计技术导则》（Q/GDW 11360—2014）；

17)《国家电网调度数据网应用接入规范》（Q/GDW 11047—2013）；

18)《生产技术改造和生产设备大修项目可行性研究内容深度规定　第1部分：生产技术改造项目》（Q/GDW 11719.1—2017）；

19)《国家电网安全稳定计算技术规范》（Q/GDW 1404—2015）；

20)《国家电力调度数据网骨干网运行管理规定》（Q/GDW 114—2004）；

21)《智能电网调度控制系统　第1部分：体系架构及总体要求》（Q/GDW 1680.1—2014）；

22)《智能电网调度控制系统　第2部分：名词和术语》（Q/GDW 1680.2—2014）；

23)《智能电网调度控制系统实用化要求》（Q/GDW 11022—2013）；

24)《电力系统实时动态监测系统技术规范》（Q/GDW 10131—2017）；

25）《电网安全稳定自动装置技术规范》（Q/GDW 421—2010）；

26）《电网安全自动装置标准化设计规范》（Q/GDW 11356—2015）；

27）《电力系统数据标记语言——E语言规范》（Q/GDW 215—2008）；

28）《国家电网公司管理信息系统安全防护技术要求》（Q/GDW 1594—2014）；

29）《调度自动化机房设计与建设规范》（Q/GDW 11897—2018）；

30）《国家电网调度数据网应用接入规范》（Q/GDW 11047—2013）；

31）《电力系统通用实时通信服务协议》（Q/GDW 11068—2013）；

32）《变电站调控数据交互规范》（Q/GDW 11021—2013）。

3.设计范围

（1）××集控系统建设方案及设备配置。××集控系统覆盖××个运维班，共接入××座变电站，分别为××座220kV变电站、××座110kV变电站和××座35kV变电站。其中，××运维班负责××座变电站。××集控站监控系统机房位于××。本项目建设包含以下内容：

1）集控站监控系统建设；

2）二次安全防卫硬件部署。

（2）工程概算（略）。

4.设计原则

（1）工程的系统配置应力求技术先进、经济合理、安全可靠、灵活实用。

（2）系统具有针对性、实用性，保证电网的安全、经济运行。

（3）系统采用开放式结构、提供冗余的、支持分布式处理环境的网络系统，具备强大的网络通信功能。具有完善的跨平台和混合平台的能力。系统结构必须满足可扩展性、可靠性、可维护性、开放性、安全性、实用性。

（4）以现有网络资源为基础，充分利用现有的基础设施，降低工程投资，防止重复建设。

（二）项目现状

1.项目背景

2013年以来，国网公司统筹电网调度和设备运行资源，将变电设备运行信息纳入调控平台统一管理，实现了电网负荷、潮流与设备运行一体化监控，提高了资源管理能力和电网运行效率。近年来，随着国家经济快速发展，公司变电设备规模不断扩大，当前运维管理模式与设备快速增长的矛盾日益凸显，存在设备监控强度不足、运维管理细度不足、支撑保障能力不足等问题。

截止项目前，国网公司共有35kV及以上变电站约4万余座，共有变电运维班3364个，省检及地市公司变电站运维人员共计约6万余人。2012年以来，公司变电站数量增加了30.5%，人均运维工作量由0.37站/人增加至0.64站/人，增加了73%。随着公司电网快速发展，当前变电运维管理模式逐渐难以适应变电站精益化管理要求。

2020年，国网公司重点工作任务要求，落实设备主人制，因地制宜优化变电站属地运维模式，实施变电集中监控。国网设备管理部积极落实公司工作要求，开展变电运维监控模式优化，积极稳妥推进变电设备监控职责移交至运维单位，加快变电集控站建设，完善主辅设备监控等技术支撑手段。

2.调度系统现状

描述调度系统建设时间、规模、软件功能以及硬件配置、应用情况等。

3.集控站现状

描述运维班设置情况、各电压等级变电站接入数据信息，各运维班负责变电站数量情况，通信传输网络配置情况，机房位置信息，机房设备设施配置情况（包括UPS电源系统，精密空调系统，动力环境系统，气体消防系统等），机房蓄电池室安全防卫配置情况等。

（1）站端辅控现状：描述所辖变电站数量情况，各站辅控系统建设情况，包括辅控系统位置信息（安全Ⅱ、Ⅳ区）、辅控数据接入情况。

（2）站内消防系统现状：描述所辖变电站消防系统建设现状，信息采集上送调度系统情况，综合分析是否满足当前集控系统建设要求。

（3）站内其他设备现状：描述变电站网络安全检测装置信息上送调度网络安全平台情况，交、直流系统信息上送调度控制系统情况。

（4）安全防卫现状：描述配置安全防护设备情况，分析本期考虑新增安全防卫设备情况，包括防火墙、正向隔离装置、反向隔离装置、Ⅱ型网络安全监测装置、安全审计、入侵检测装置（IDS）、恶意代码防护等；描述各安全防卫设备数量及部署位置信息。

（5）其他：涉及调度数据网、基础设施及辅助系统、配套系统通信、变电站接入改造等内容建设实施规划情况，需满足集控系统建设要求。

4.电网资源业务中台现状

描述本地区业务中建设使用情况、功能部署及配置情况、系统使用情况等。

（三）本工程改造方案

本工程在××公司建设自主可控新一代变电站集中监控系统，建设内容包括集控系统建设、二次安全防卫硬件部署等两个方面。

1.集控系统架构

集控系统架构如图A1所示，该集控系统基于一体化基础平台，在安全Ⅰ、Ⅱ、Ⅳ区部署集控相关应用功能：安全Ⅰ区通过变电站实时网关机接入主设备实时数据以及辅助设备重要量测和关键告警数据，下发设备控制指令；安全Ⅱ区通过变电站服务网关机按需获取保信、安控、录波、辅助设备及运维诊断等信息，下发辅助设备操作指令等信息；安全Ⅳ区主要实现统计分析、运维管理等功能，通过在线智能巡视系统接入变电站在线智能巡主机的视频、告警、巡检报告等数据，下发视频、巡检机器人的控制指令，实现设备的在线智能巡视。根据安全防护要求，安全Ⅰ、Ⅱ区间配置防火墙，安全Ⅰ、Ⅱ区与安全Ⅳ区间配置正/反向物理隔离。集控系统基于平台提供的服务总线、消息总线等公共服务实现应用功能与信息交互，基于平台人机界面实现安全Ⅰ、Ⅱ区主辅设备信息一体化展示。

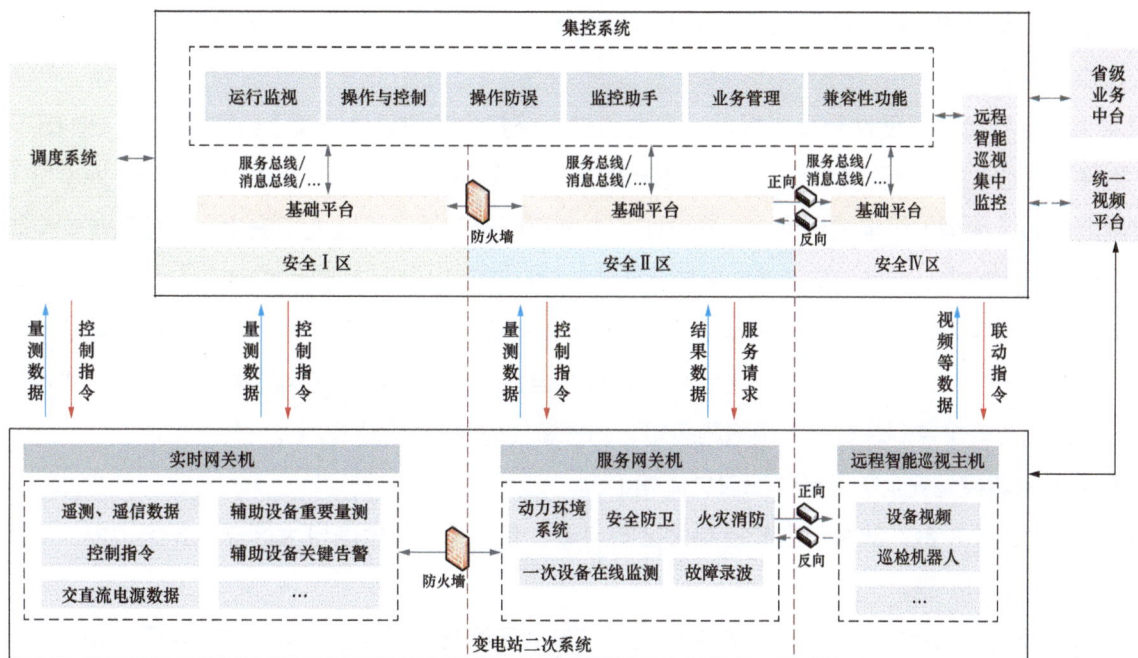

图 A1　集控系统架构图

在与外部其他系统交互方面，集控系统与调度主站间交互调度指令、操作信息、控制策略等数据；集控系统与辅控系统间交互辅控数据信息，控制策略等。

2.系统硬件架构

集控系统硬件架构由生产控制大区和管理信息大区相关的磁盘阵列、服务器、工作站、网络安全防卫等设备构成。根据业务的部署特点，结合纵深防护理念，将系统整体网络分为前端汇聚网、业务处理网和后端存储网三个重要组成部分。其中，生产控制大区将配置冗余的核心交换机作为业务处理网的核心汇聚节点，各业务汇聚交换机通过与核心交换机的网络连接，实现生产控制大区各业务之间以及实时数据平台的互联互通。管理信息大区根据相同网络结构进行硬件设备部署。同时，根据安全防护需要，前端汇聚网络边界将通过纵向加密装置和防火墙进行安全防护，生产控制大区与管理信息大区之间通过一套正/反向隔离装置进行安全隔离。

（1）系统硬件部署。集控系统硬件设备配置详见表××，设备部署于××监控系统机房。

在安全Ⅰ区配置磁盘阵列××台、Ⅰ区数据库服务器××台、Ⅰ区应用服务器××台、Ⅰ区数据采集及代理服务器××台、Ⅰ区主网交换机××台、Ⅰ区采集交换机××台、Ⅰ区维护工作站××台、天文钟××台、自动信号验收装置××台。

在安全Ⅱ区配置Ⅱ区数据采集及应用服务器××台、Ⅱ区主网交换机××台、Ⅱ区采集交换机××台。

在安全Ⅳ区配置镜像数据库服务器××台、发布及应用服务器××台、Ⅳ区主网交换机××台。其中，发布及应用服务器主要实现信息发布、与中台的数据交互、运维管理等业务应用。

同时，配置操作系统××套、agent软件××套、关系数据库（阵列版）××套、关系数据库（单机版）××套、集群软件（HA）××套、多路径软件××套、监控系统软件××套等。

安全Ⅰ、Ⅱ区的关系数据库主要用于主辅设备统一数据存储，安全Ⅳ区镜像数据库作为安全Ⅰ、Ⅱ区数据的镜像。

（2）二次安全防卫硬件部署。根据《电力监控系统安全防护总体方案》（国能安全〔2015〕36号）附件3《地（县）级调度中心监控系统安全防护方案》第1.4节规定："本方案适用于地（县）级电力调度中心，大型地级电力调度中心安全防护方案可以参照《省级以上调度中心监控系统安全防护方案》执行。集控中心或集控站的集中监控系统的安全防护可以参照本方案执行。"

按照《智能电网调度技术支持系统应用功能系列规范安全防护》及《电力监控系统安全防护总体方案》（国能安全〔2015〕36号），结合××集控站自主可控集控系统的实际情况，在××集控站配置防火墙、网络安全监测装置、入侵检测装置、防恶意代码等安全防护设备。

本期××集控站安全防卫硬件配置具体如下：

1）防火墙××台，部署于生产控制大区安全Ⅰ、Ⅱ区间、管理信息大区安全Ⅳ区边界，用于逻辑隔离、策略访问控制。

2）正/反向隔离装置各××台，部署于生产控制大区间与管理信息大区之间，用于实现数安全数据传输。

3）Ⅱ型网络安全监测装置××台，部署于生产控制大区，主要用于主机、网络设备、安全设备等信息采集。

4）安全审计××台，实现安全审计、访问控制管理等功能。

5）入侵检测装置（IDS）××台，生产控制大区安全Ⅰ、Ⅱ区和管理信息大区安全Ⅳ区各部署××台；主要对攻击事件及违规操作进行实时分析，记录网络中发生的所有连接和应用，提供完整的网络审计日志，对发现的网络威胁行为及时告警。

6）恶意代码防护（厂站端）××套，覆盖整个系统，对电力监控系统主机上的各种恶意代码进行实时监测、告警和有效清除，监控恶意代码威胁疫情。

3.系统功能建设方案

集控系统功能部署应符合《自主可控新一代变电站二次系统技术规范 集控站系列规范2 集控站设备监控系统》（调技〔2021〕20号）要求，具备对无人值班变电站日常运行监视、操作控制、运维管理和系统维护、网络安全监测等功能，以及横向数据接口（业务中台）功能。

集控系统软件架构包括基础平台、基础平台支撑应用和应用功能组成，基础平台为各类功能应用的开发、运行和管理提供通用的技术支撑，提供统一的系统管理、模型管理、数据服务、公共服务、告警服务、人机服务，满足系统各项实时、准实时和生产管理业务的需求。同时，提供统一的系统安全体系及系统备份与恢复，保证系统整体安全可靠。基础平台支撑应用提供基于CIM/G标准的编辑、展示框架和开放的图形画面结构标准，开放集成框架下的人机界面开发，支持第三方应用界面集成，实现主辅关键信息一体化展示、控制和管理。人机工具具体分为图元仓库、画面编辑器、画面浏览器、监控告警窗、告警查询工具、数据采集与交换、数据处理等，满足应用各类业务需求。应用功能基于基础平台，实现运行监视、操作与控制、监控助手以及业务管理等四大类应用，并可根据需要选配操作防误和兼容性功能两类应用，根据业务流程及需求可进行场景化集成。功能应用分布于安全Ⅰ、Ⅱ、

Ⅳ区：安全Ⅰ区主要实现主设备监视与控制、辅助设备重要信息监视、系统维护等应用功能；安全Ⅱ区主要实现辅助设备监视与控制等应用功能；安全Ⅳ区主要实现运维管理、在线智能巡视等应用功能。集控系统软件功能架构如图A2所示。

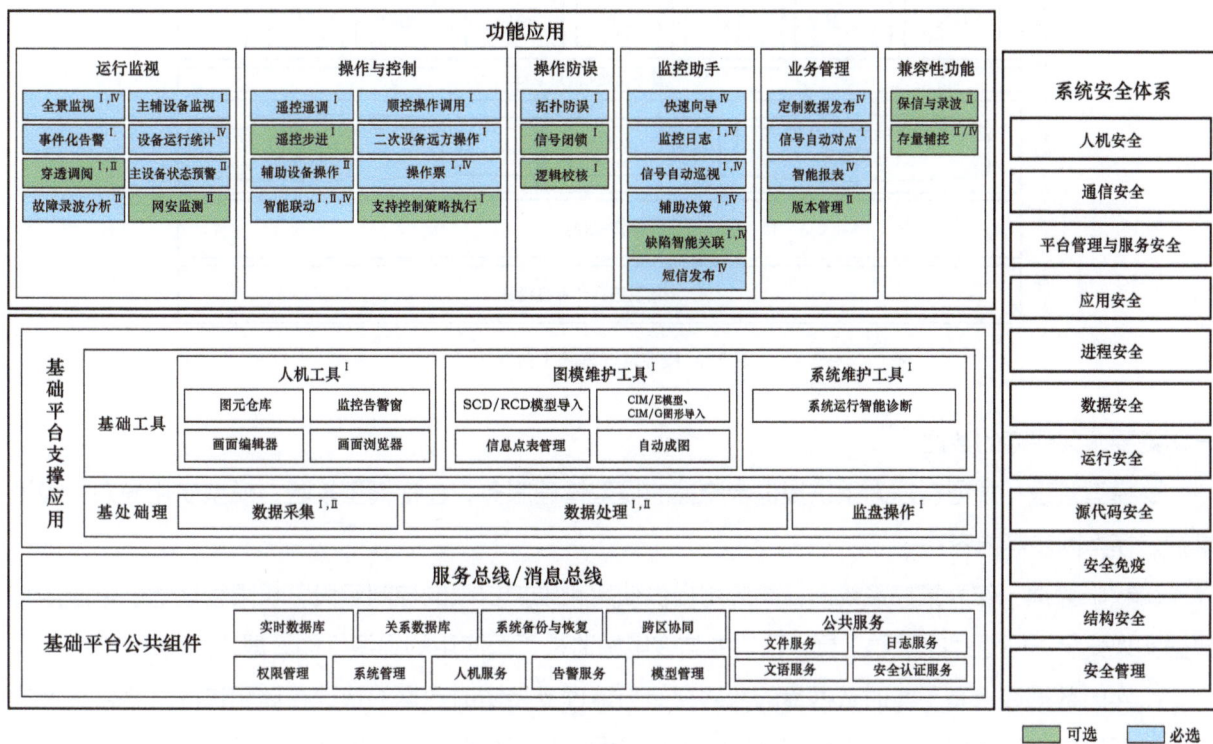

图 A2　集控系统软件功能架构图

（1）基础平台。系统基础平台应为各类应用的开发、运行和管理提供通用的技术支撑，提供统一的数据服务、模型管理、数据管理、图形管理，满足系统各项实时、准实时和生产管理业务的需求；具有良好的开放性、扩展性，提供标准的API接口和服务化接口，支持第三方应用的集成；可以为应用提供公共模型与运行数据，负责模型和数据的跨安全区、跨层级传输与同步；可以为应用提供多样化的数据存储，包括实时数据库、历史数据库、日志数据存储；可以为应用提供全面的数据通信手段，包括服务总线、消息总线和业务流程，可通过平台实现横向、纵向的应用数据传输与共享；可以为应用提供统一的人机交互界面，具备嵌入应用定制界面的功能。集控系统基础平台架构如图A3所示。

具体功能如下。

1）公共组件。

a.系统管理：系统管理负责系统资源的监视、调度和优化，实现对整个系统中设备、应用功能的分布式管理；主要包括节点管理、应用管理、进程管理、网络管理、资源监视、时钟管理、备份/恢复管理等功能。

b.关系数据管理：关系数据库是指第三方的商用数据库，系统支持多种关系数据库产品；关系数据库主要用来保存变电站设备、参数、静态拓扑连接、系统配置、告警和事件记录、历史统计信息等

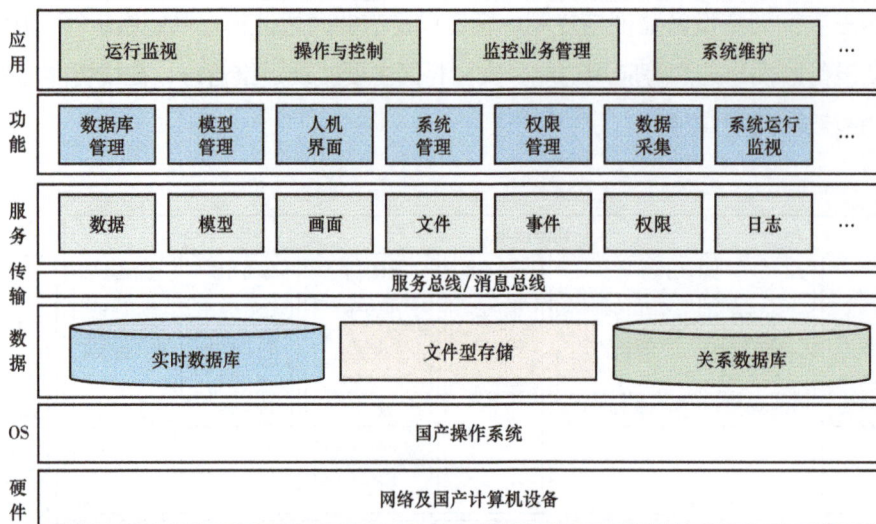

图A3 集控系统基础平台架构

一切需要永久保存的数据。

c. 模型管理：模型管理为系统提供全流程的模型管理服务，包括模型校验、模型变化通知、模型维护、模型同步等内容。

d. 权限管理：作为集控系统向各类应用提供使用和维护权限的控制手段，权限管理功能是应用和数据实现安全访问管理的重要工具，该功能与变电站监控管理应用的组织机构管理功能实现关联。

e. 实时数据库：基于实时数据库的数据存储与管理支持实时数据的快速存储和访问；提供高速的本地访问接口、远方服务访问接口和友好的人机界面，具有数据定义、存储、验证、浏览、访问和复制等功能，支持设备关系描述和检索。

f. 消息总线：基于事件驱动的消息总线提供进程间（计算机间和内部）的信息传输，具有消息的注册、撤销、发送、接收、订阅、发布等功能，以接口函数的形式提供给各类应用；具有组播和点到点传输形式。

g. 服务总线：服务总线采用SOA开放的体系架构，能够屏蔽实现数据交换所需的底层通信技术和应用处理的具体方法，从传输上支持应用请求信息和响应结果信息的传输；服务总线支持请求/响应和发布/订阅两种服务模式，能以接口函数的形式为应用提供服务的注册、发布、订阅、请求、响应、确认等信息交互机制；提供服务的描述方法、服务代理和服务管理的功能，满足应用功能对服务的查询、监控、定位和在广域范围的服务访问和共享。

h. 公共服务：公共服务是基础平台为应用开发和集成提供的一组通用的服务，至少包括文件服务、日志服务、安全认证服务、文语服务等；这些服务具有位置透明性，客户端不需要关心服务的位置就能够使用这些服务。

i. 告警服务：告警服务是一个实时服务，能统一处理集控系统的主设备或辅助设备报警事件，并根据配置的告警方式发出告警；告警服务提供主辅设备事件和报警的定义、处理以及具体告警信息的管理功能。

j. 安全管理：安全管理为集控系统各类应用提供安全保障和手段，包括用户管理、角色管理、权限管理和审计管理等功能。

k.人机服务：人机服务是人机界面数据刷新服务，采用订阅/发布服务模式按画面刷新周期返回变化数据；支持并发处理，可同时响应多个用户调用画面的请求；可同时响应多个工作站上同一画面动态刷新请求，可有效避免数据库的重复访问。

l.跨区协同：跨区协同功能为系统内部安全Ⅰ区与安全Ⅳ区的运行监控与业务应用提供跨区协同的通用处理，包括模型数据同步、实时数据同步、实时告警同步、文件双向同步、商用数据库数据同步等功能。

m.系统备份与恢复：系统备份与恢复功能为系统内部工作站和服务器上的文件及数据提供快速便捷的备份/恢复处理手段，包括文件备份/恢复、数据备份/恢复等功能。

2）支撑应用。

a.人机工具：人机工具提供显示框架和开放的图形画面结构标准，提供开放集成框架下的人机界面开发支持，提供对第三方应用的界面集成支持，实现主辅关键信息一体化展示、控制和管理，包括图元仓库、画面编辑器、画面浏览器、告警定义、监控告警窗、告警查询等工具。

a）图元仓库：图元仓库提供基于CIM/G标准的统一图元库，包括基本图元、电力系统设备图元、插件图元、综合类图元等，同时支持应用自定义扩展图元。

b）画面编辑器工具：平台提供基本的画面编辑工具，实现基本的绘图框架，可绘制基础接线图、间隔图等图形，画面类型可自定义扩充。画面编辑工具支持业务插件扩展，业务第三方应用可通过业务插件方式实现业务功能扩展；画面编辑工具支持集成第三方应用程序，第三方应用程序可通过外部命令调用等方式，融入到系统中，编辑器保存的图形满足CIM/G规范。

c）画面浏览器工具：平台提供通用的画面浏览工具提供基本的图形展示、数据刷新功能，实现基本的人机展示框架。

d）告警定义工具：平台提供告警定义工具可以进行告警类型定义，可新增告警类型，并指定告警登录表；支持告警方式定义，可对指定告警类型、告警状态定义指定的告警行为；支持告警行为定义，可对告警行为定义要执行的告警动作，支持的告警动作包括但不限于推画面、上告警窗、存历史数据库等。

e）监控告警框：平台提供监控告警窗实时展示主辅设备告警信息并支持对告警进行相关操作。

f）告警查询工具：平台提供告警查询工具具备多种历史记录过滤方式，包括但不限于责任区、运维班、变电站、电压等级、时间段、告警级别、确认状态、告警内容模糊查询等条件组合过滤；具备将告警筛选条件组合保存成自定义告警模板的功能；具备对告警记录进行多表综合查询和单表查询的功能；查询结果支持以CSV文件格式导出。

b.图、模维护工具。集控系统的图模遵循"源端维护，全网共享"的原则，利用变电站的SCD模型与CIM/G图形，完成一、二次设备、辅助模型以及图形的导入，同时利用站端提供的RCD文件，完成转发点表在集控系统的导入，实现图、模、转发点表关联。

a）SCD/RCD模型导入：具备解析SCD模型功能，并能够提取一次设备、二次设备、辅助设备模型以及测点信息；具备一、二次设备以及拓扑关系导入功能，测点信息能与一、二次设备、辅助设备正确关联，并且能与RCD文件建立映射关系；具备SCD/RCD增量比对导入功能，能够显示出新增、修改、删除记录，并增量入库；具备对导入的站端原始SCD/RCD文件的版本管理功能，版本为集控内部文件管理版本；具备对导入的站端原始SCD/RCD文件查询、删除功能；能提供其他应用获取模型文件的接口。

b）CIM/E模型、CIM/G图形导入：提供模型导入工具，能够导入调度系统提供的存量站设备模型，支持一次设备模型、前置模型导入；支持电网拓扑关系模型导入；设备命名满足《电网设备通用模型数据命名规范》（GB/T 33601—2017），模型文件应满足《电网通用模型描述规范》（GB/T 30149—2019），并在CIM/E模型描述基础上扩充三遥信息；支持增量导入；支持CIM/G图形文件导入功能，并能将图元关联到模型，图形文件应满足《电力系统图形描述规范》（DL/T 1230—2016）的相关要求。

c）信息点表管理：可根据变电站的RCD文件挑选生成集控系统信息点表；支持信息点的告警等级、告警方式、信号延时、取反等信号属性配置功能，并支持将信息点表及信息属性按需将全表或指定列的导入、导出功能；生成信息点表后形成的RCD文件可下发给通信网关机，经由网关机现场确认后激活生效；提供集控系统与变电站信息点表的校核功能，通过与变电站RCD文件进行比对，实现信息点表的相互校核，并展示比对结果；与变电站交互点表应通过独立的管理通道实现。

d）自动成图：自动识别设备、间隔与母线的连接关系，实现变电站一次接线图、间隔图、辅助监视图的自动生成；可根据变电站一次设备模型及主接线模板自动生成主接线图，也可根据主接线图生成间隔分图。

c. 数据采集：数据采集管理功能实现集控系统与变电站各类数据的采集；具备通信链路管理、规约处理和数据转发等功能；采用多机冗余和负载均衡技术，满足高吞吐量和高可靠性的要求。

d. 数据处理：处理《新一代集控站设备监控系统系列规范　第2部分：数据规范（试行）》（设备监控〔2022〕83号）中规定的所有采集数据；数据处理实现功能包括模拟量处理、状态量处理、非实测数据处理、多源数据处理、数据质量码、旁路代替、对端代替、事件顺序记录、动态拓扑分析和着色、计算、责任区与信息分流功能。

e. 监盘操作：根据设备监控业务需求，通过人工操作实现对设备、信号对象进行置数、闭锁和解锁、标识牌等操作，包括人工封锁、禁止控制和允许控制、告警抑制和接触、标识牌操作等功能。

f. 系统维护工具：系统运行智能诊断具备自动系统资源诊断、数据库状态诊断、进程状态诊断、数据一致性诊断功能，并能对诊断结果形成诊断报告；支持通道数据一致性诊断，能对通道数据偏差百分比进行设置，并按照设置条件进行数据一致性对比。

（2）应用功能。集控系统功能应用分为运行监视、操作与控制、操作防误、监控助手、业务管理五类应用，实现变电站主辅设备的全面监控，为提升运维监控强度、设备管理细度、生产信息化程度和队伍建设力度提供技术支撑。

1）运行监视：实现变电站一、二次设备和辅助设备的实时监视与告警，主要功能包括全景运行监视、一次设备监视、二次设备监视、辅助设备监视、在线监测、消防监视、故障录波分析、智能事件化告警、穿透调阅等；实现设备运行状态和趋势的分析、面向设备的告警分析，主要功能包括全景运维监视、设备状态告警、设备运行数据统计分析。

2）操作与控制：实现对变电站主辅设备的常规操作、应急操作、顺序操作以及安全防误、设备故障异常等状态的应急策略智能推送，主要功能包括一、二次设备遥控与遥调操作、顺控操作、步进遥控、辅助设备操作、智能联动、支持控制策略执行等。

3）操作防误：由拓扑防误、逻辑规范防误、信号闭锁防误功能组成。逻辑规范防误包括逻辑规则变电站校核、逻辑规则集控站校核两种模式，逻辑规则变电站校核由变电站监控主机内置防误逻辑和独立智能防误主机实现，为隔离开关遥控、顺控操作调用提供防误双校核；逻辑规则集控站校核功能为隔离开关遥控、遥控步进操作提供集控主站侧防误校核；拓扑防误为隔离开关、断路器、接地开关等设备操作时提供拓扑逻辑防误校核；信号闭锁防误为电气设备操作时提供与其相关联的一、二次设备信号的校核功能。

4）监控助手：从设备运维、设备缺陷、在线巡视、日常监控等角度为运维人员提供丰富的管理手段，主要包括监控信号自动巡视、快速向导、辅助决策、监控日志、缺陷智能关联、短信发布等功能。

5）业务管理：业务管理为系统建设和运行维护提供方便、快捷、安全的智能化管理手段，主要功能包括智能报表、版本管理、定制数据发布、信号自动对点等功能。

4.系统接口

本期考虑集控系统与其他主站的接口，包含与集控系统相关的调度主站、调度故障录波主站、现有辅控主站等。

5.兼容性方案

为实现现存非新一代自主可控变电站的接入，集控系统应具备过渡阶段的兼容性功能，通过与调度系统、现存的辅控系统的交互，实现常规变电站、智能变电站的接入。

在××集控站配置录波系统延伸工作站××台、现有辅控主站延伸工作站××台、延长设备（单屏）××台、操作系统××套、agent软件××套，并部署图模信息导入功能和继电保护信息管理与录波调阅功能。存量辅控主站集成方式采用浅集成方式，录波调阅方式采用延伸工作站方式。

（四）主要设备配置

应以列表形式列示系统软件、硬件的建设数量及参数配置情况。

（五）防雷接地要求及措施

（1）各机房的防雷接地系统，应遵照国家电力调度中心颁布的《电力系统通信站过电压防护规程》的规定，采用接地、均压、屏蔽、限幅和隔离等技术措施进行设计施工，并按照该规定的要求进行土建和工程验收。

（2）电力设备机房应设有符合上述规程规定的环地母线，以上变电站和集控站机房应设有符合上述规程规定的环地母线或接地排，楼层设备间应设有接地排；环地母线、接地排或专用接地线的设置不在本工程范围内。

（3）220V交流负荷（设备）接地：采用220V交流供电的设备，其电源线应为三芯线（自带接地线），通过PDU或多位转接器接地，或者通过端子排接地。

（4）电气设备/箱体应装设接地线并最终可靠连接至机房环地母线或接地排，接地线应短而直；室内接地线不宜采用裸线；接地线上不得有绕接、绞接类的接头；接地线护套颜色宜为黄绿色。

（5）系统接地电阻要求小于0.5Ω，若达不到此要求应采取降阻措施。

（六）其他方面说明

1.外部环境落实条件

本项目无须停电，做好施工前期的其他细节准备，保证施工过程的正常运行。

2.施工过渡措施

（1）总体要求。在自主可控新一代变电站二次系统未完成建设的情况下，结合存量站实际情况，针对常规站和智能站，制定过渡方案，按照"合理规划、统筹资源、因地制宜、远近结合"原则，开展新一代变电站集中监控系统建设，充分保护已有投资，优化建设模式，降低系统初期建设难度，加快建设进度，为集控站建设提供技术支撑。

（2）过渡建设模式。集控站建设初期可根据各单位情况，因地制宜按省检或地市为单位建设集控系统，各集控站（监控班）以延伸终端方式接入该集控系统；后期根据集控站建设情况适时增加集控系统建设数量。集控站（监控班）延伸终端应根据监控席位设置工作站，每个监控席位宜配置1台安全Ⅰ区工作站和1台安全Ⅳ区工作站。集控系统与延伸终端集控站（监控班）之间安全Ⅰ区调度数据网一、二平面应配置30M带宽通道，安全Ⅳ区综合数据网应配置1路不低于30M带宽通道。在过渡建设期，集控系统以地市行政区域为单位建设；远期可因地制宜过渡到以集控站为单位建设。

（3）存量站接入。

1）图形模型信息。集控系统在建设过程中，充分利用调度系统主设备监控建设成果，存量站的模型、图形及采集点表从调度系统共享至集控系统，生成集控系统设备模型和图形，再结合集控站需求进行完善调整。存量站改扩建时，对于设备模型、采集信息表、遥控点表等与调度系统重叠的信息，保持与调度系统一致，模型可从调度系统同步，图形按各自要求进行独立维护。在过渡建设期，集控系统的图模、采集信息点表通过调度系统导入，减少建设周期；远期集控系统的图模直接从变电站采集，实现源端维护、自动成图等高级应用功能。

2）数据接入。

a.主辅设备信息。存量站初期接入集控系统，应满足安全Ⅰ区主设备基本信息监控，以及火灾消防及交直流电源重要信息监视要求，建设初期尽量在少改、不改变电站的情况下，实现设备信息的快速接入。

在过渡建设期，通过增加网关机链路或改造网关机接入，大幅减少站端改造工作量，实现站端信息快速接入。远期按照新一代变电站二次系统建设标准，结合变电站综合自动化系统改造，按《自主可控新一代变电站二次系统技术规范　集控站系列规范3　集控站设备监控系统数据》（调技〔2021〕20号）要求，完成新建和存量站信息接入，实现集控站主辅设备全面监控。

b.火灾消防信息。存量站火灾自动报警系统及固定灭火设施上送集控系统的信号应满足《城市消防远程监控系统技术规范》（GB 50440—2007）、《无人值班变电站消防远程集中监控系统技术规范》（DL/T 2140—2020）等规范要求，满足《自主可控新一代变电站二次系统技术规范　集控站系列规范3　集控站设备监控系统数据》（调技〔2021〕20号）要求，以软报文或硬触点方式接入变电站监控系统；若信号不满足要求，应结合后续技术改造逐步完善。

c.交直流信息。存量站交直流电源系统上送集控系统的信号应满足《自主可控新一代变电站二次系统技术规范　集控站系列规范3　集控站设备监控系统数据》（调技〔2021〕20号）要求，以软报文或硬标志为"0"方式接入变电站监控系统，向集控系统上送站内现有交直流电源信息；若信号不满足要求，应结合后续技术改造逐步完善。

d.保信及故障录波。充分利用调度系统继电保护设备在线监视与分析应用建设成果，集控系统与调度系统进行交互，实现存量站的继电保护信息管理、录波调阅功能。

a）已建设故障录波联网系统的地区，集控系统可根据业务需求，通过数据转发的方式从录波联网系统接入故障录波器数据。

b）存量站按自主可控新一代变电站建设要求综合自动化改造后，不再从调度系统获取，改为从站端直采。

3）数据通道。

a.在过渡建设期，存量站内安全Ⅰ区通信网关机应扩展至集控系统的通信链路，并向集控系统上送主设备信息及重要辅助设备信息。若安全Ⅰ区通信网关机硬件性能不满足扩展集控链路需求，应进行改造。

b.远期，存量站按自主可控新一代变电站建设要求完成综合自动化改造后，安全Ⅰ区通过变电站实时网关机接入主设备实时数据以及辅助设备重要量测和关键告警数据，下发设备控制指令；安全Ⅱ区通过变电站服务网关机按需获取辅助设备及运维诊断等信息，下发辅助设备操作指令等信息。

4）通信改造。存量站初期接入集控系统时，现有设备满足初期带宽需求，存量站调度数据网设备可暂不进行改造，暂考虑站端至集控系统（仅安全Ⅰ区）与现有调度系统调度数据网通道合用。后续存量站进行改造接入集控系统安全Ⅱ区前，应待自主可控新一代变电站试点工程建设完成后，获得现场调度数据网实测带宽数据（含安全Ⅰ、Ⅱ区），根据带宽需求灵活安排改造或更换计划。

5）过渡期新建（改造）变电站接入。自主可控新一代变电站技术成熟之前的新建变电站或改造变电站，与集控系统之间的数据交互与接口可参考自主可控新一代变电站，变电站安全Ⅰ、Ⅱ、Ⅳ区主设备、辅助设备、视频/巡视信息均接入集控系统。

（4）集控系统与现有辅控主站过渡。对于与集控系统模型无法贯通的现有安全Ⅳ区辅控主站，宜与集控系统各自独立运行，将原有辅控系统的终端延伸至集控站（监控班）和运维班，宜采用浅度集成方案，已接入的变电站在辅控系统保留辅控相关业务功能。在集控系统中构建辅控系统辅助设备的关键模型，并建立主辅设备关联关系。集控系统和辅控系统部署独立工作站，进行系统级功能联动。

变电站在改扩建时仍接入辅控系统，待变电站整体按自主可控新一代变电站完成综合自动化改造后接入集控系统。辅助设备集控系统浅度集成方案如图A4所示。

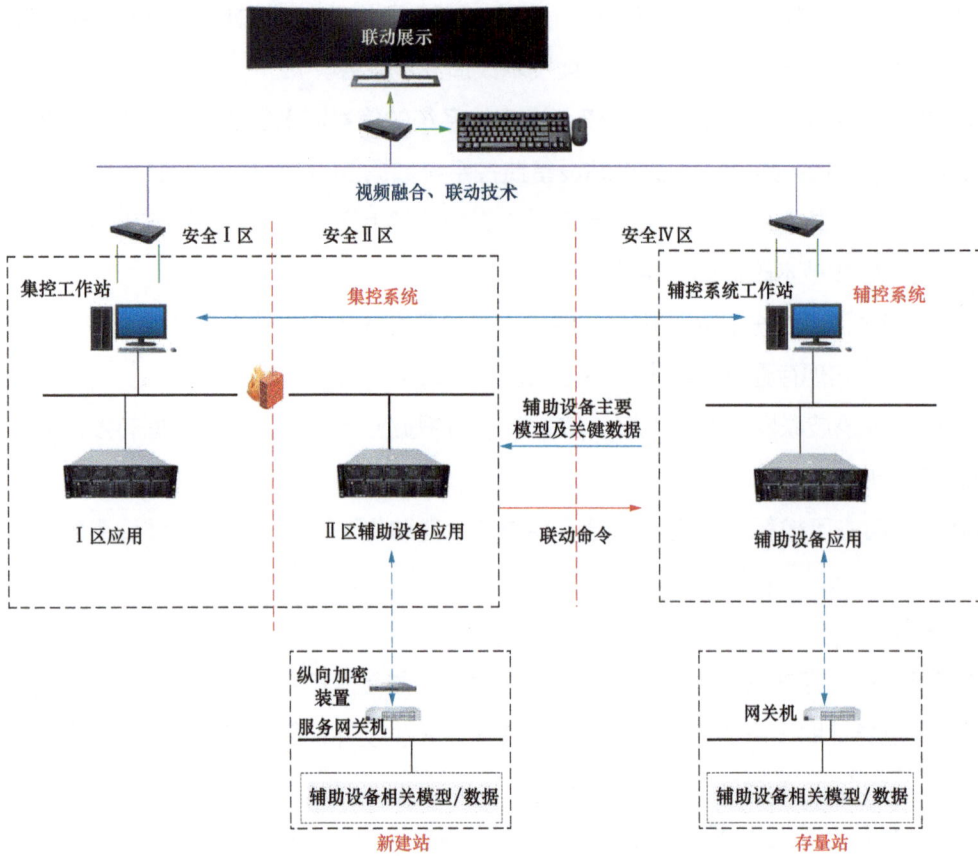

图 A4　辅助设备集控系统浅度集成方案

3.图纸说明

应对集控系统硬件架构示意图、机房平面布置图等图纸进行说明。

4.设备选型

本工程涉及设备选型应考虑大型厂商成熟品牌。

（七）工程概算

工程概算根据设计方案进行编制，工程总投资为××万元。工程概算详见××卷册：《××新一代集控站监控系统建设初步设计概算书》。

A3　可研初设审查作业卡

可研初设审查作业卡

<table>
<tr><td rowspan="2">基础信息</td><td>工程名称</td><td></td><td>设计单位</td><td></td><td></td></tr>
<tr><td>验收单位</td><td></td><td>验收日期</td><td></td><td></td></tr>
<tr><td>序号</td><td>验收项目</td><td>验收标准</td><td>检查方式</td><td>验收结论
（是否合格）</td><td>验收问题
说明</td></tr>
<tr><td colspan="4">可研初设审查</td><td colspan="2">验收人签字：</td></tr>
<tr><td>1</td><td>站址选择及建设模式</td><td>建设模式、规划布点、站址选择及通信资源满足集控系统顶层设计及典型规范要求</td><td>资料检查</td><td>□是 □否</td><td></td></tr>
<tr><td rowspan="5">2</td><td rowspan="5">系统功能</td><td>集控系统平台软件部分各项功能完整</td><td>资料检查</td><td>□是 □否</td><td></td></tr>
<tr><td>集控系统运行监视部分各项功能完整</td><td>资料检查</td><td>□是 □否</td><td></td></tr>
<tr><td>操作与控制部分各项功能完整</td><td>资料检查</td><td>□是 □否</td><td></td></tr>
<tr><td>监控业务管理部分各项功能完整</td><td>资料检查</td><td>□是 □否</td><td></td></tr>
<tr><td>系统维护部分各项功能完整</td><td>资料检查</td><td>□是 □否</td><td></td></tr>
<tr><td rowspan="2">3</td><td rowspan="2">系统硬件配置</td><td>主站安全Ⅰ、Ⅱ、Ⅳ区磁盘阵列、服务器、工作站、交换机、对时装置等硬件配置完整、数量正确，满足集控站所辖变电站信息接入的参数要求</td><td>资料检查</td><td>□是 □否</td><td></td></tr>
<tr><td>集控系统延伸终端工作站、交换机、配套商用软件等配置完整、数量正确，满足集控系统延伸要求</td><td>资料检查</td><td>□是 □否</td><td></td></tr>
<tr><td>4</td><td>安全防护</td><td>集控系统配置边界安全防护设备及综合安全防护设备，满足GB/T 22239等级保护要求</td><td>资料检查</td><td>□是 □否</td><td></td></tr>
<tr><td rowspan="3">5</td><td rowspan="3">系统接口</td><td>具备集控系统与调度系统之间的接口设计</td><td>资料检查</td><td>□是 □否</td><td></td></tr>
<tr><td>具备集控系统与调度录波主站的接口设计</td><td>资料检查</td><td>□是 □否</td><td></td></tr>
<tr><td>具备集控系统与现有辅控主站的接口</td><td>资料检查</td><td>□是 □否</td><td></td></tr>
</table>

续表

序号	验收项目	验收标准	检查方式	验收结论 （是否合格）	验收问题 说明
6	系统性能和指标	系统性能和指标满足《新一代集控站设备监控系统系列规范 第1部分：总体设计（试行）》的相关要求	资料检查	□是 □否	
7	远程智能巡视系统	硬件部分服务器及支撑软件部分配置完整、数量正确，满足远程智能巡视系统的参数要求	资料检查	□是 □否	
		软件部分完整，满足远程智能巡视系统的参数要求	资料检查	□是 □否	
		接口部分按照实际需求设计，满足远程智能巡视系统的参数要求	资料检查	□是 □否	
8	调度数据网改造设计方案	集控系统主站应具备两套调度数据网设备，接入相应调度接入网，集控系统宜设为网络核心或汇聚节点，核心/汇聚路由器、纵向加密、交换机等应按需配置，且参数及数量满足调度数据网改造的要求	资料检查	□是 □否	
		延伸终端模式集控站应具备两套调度数据网设备，接入相应调度接入网，接入路由器、纵向加密、交换机等应按需配置，且参数及数量满足调度数据网改造的要求	资料检查	□是 □否	
		通信链路带宽承载力满足监控业务图像、语音、告警信息传输要求	资料检查	□是 □否	
9	基础设施及辅助系统	UPS电源系统：集控系统宜独立配置冗余UPS电源系统	资料检查	□是 □否	
		空气调节系统：空气调节系统设计应符合GB 50736、GB 50174的有关规定	资料检查	□是 □否	
		消防系统：消防系统设计应符合GB 50016、GB 50116以及GB 50174的有关规定，宜设置气体灭火系统	资料检查	□是 □否	
		综合布线系统：根据机房及机柜位置、设备组屏等的实际情况，对弱电、接地、配电、槽盒等进行描述和设置；强弱电布线应满足相关规范及要求	资料检查	□是 □否	
		动力环境系统：根据机房情况设置动力环境系统，包括但不限于视频、安全警卫、机房防水、防潮、防火、防静电、防盗窃、防破坏措施并入动力环境系统实时监测告警等功能	资料检查	□是 □否	

序号	验收项目	验收标准	检查方式	验收结论（是否合格）	验收问题说明
10	配套系统通信设计及改造方案	集控站应配套建设必要的通信设施，审查是否按需设置包括调度交换网接入设备、行政交换网接入设备、光传输设备、对端扩容板卡、数据通信网设备、通信电源监控子站、专用通信电源等	资料检查	□是 □否	
		运维班应配套建设必要的通信设施，审查是否按需设置包括调度交换网接入设备、行政交换网接入设备、光传输设备、对端扩容板卡、数据通信网设备、通信电源监控子站、专用通信电源等	资料检查	□是 □否	

A4 项目工厂阶段标准作业卡

集控系统项目工厂阶段标准作业卡

工作内容	1.项目工厂生成资料准备； 2.系统培训； 3.系统工厂环境构建及生成； 4.实施方案明确	

序号	工作内容	实施人员	完成情况
1	项目工厂生成资料准备		
1.1	项目软硬件清单，项目基本信息		
1.2	主网模型资料		
1.3	主网图形资料		
1.4	变电站地理位置分布情况		
1.5	运维班相关信息		
1.6	辅控模型资料		
1.7	辅控相关示意图、位置图		
1.8	厂站的完整交直流图模信息		
1.9	机柜布置、网络连接等资料确认		
1.10	其他资料		
2	系统培训		
2.1	支撑软件培训		
2.2	系统应用培训		
2.3	上机实操		
2.4	培训考核		

续表

序号	工作内容	实施人员	完成情况
2.5	培训结果评估		
3	系统工厂环境构建及生成		
3.1	根据项目清单核对硬件型号、数量及配置		
3.2	硬件及操作系统、agent、数据库等安装调试		
3.3	网络、二次安全防卫设备连接		
3.4	集控系统平台及应用软件安装调试、模拟环境构建		
3.5	模型、图形等导入并完善		
3.6	根据项目软件清单，验证系统各项典型功能		
4	实施方案明确		
4.1	站端接入		
4.1.1	站端改造方案		
4.1.2	信息校核		
4.2	数据交互方案		
4.2.1	调度自动化系统交互方案		
4.2.2	保信及录波接入方案		
4.2.3	辅控系统交互方案		
4.2.4	远程智能巡视集中监控模块交互方案		
4.2.5	业务中台交互方案		
4.2.6	与其他系统交互方案		

A5 厂内验收作业卡

厂内验收作业卡

基础信息	工程名称		设计单位				
	验收单位		验收日期				

序号	验收项目	验收标准	标准小类	检查方式	验收结论（是否合格）	验收问题说明
一、厂内验收					验收人签字：	
1	硬件设备验收	安全Ⅰ区硬件部分	磁盘阵列	按照技术规范书核查参数、配置及数量	□是 □否	
			数据库服务器		□是 □否	
			Ⅰ区应用服务器（仅高配）		□是 □否	

序号	验收项目	验收标准	标准小类	检查方式	验收结论（是否合格）	验收问题说明
1	硬件设备验收	安全 I 区硬件部分	数据采集及代理（应用）服务器	按照技术规范书核查参数、配置及数量	□是 □否	
			监控工作站		□是 □否	
			维护工作站		□是 □否	
			I 区主网交换机		□是 □否	
			I 区采集交换机		□是 □否	
			天文时钟		□是 □否	
		安全 II 区硬件部分	II 区应用服务器（仅高配）	按照技术规范书核查参数、配置及数量	□是 □否	
			II 区采集（应用）服务器		□是 □否	
			II 区主网交换机		□是 □否	
			II 区采集交换机		□是 □否	
		安全 IV 区硬件部分	镜像磁盘阵列（仅高配）	按照技术规范书核查参数、配置及数量	□是 □否	
			镜像数据库服务器		□是 □否	
			发布及应用服务器		□是 □否	
			变电设备智能管理工作站		□是 □否	
			IV 区主网交换机		□是 □否	
		二次安全防卫部分	防火墙	按照技术规范书核查参数、配置及数量	□是 □否	
			正向隔离		□是 □否	
			反向隔离		□是 □否	
			网络安全监测装置（II型）		□是 □否	
			安全审计（厂站版）		□是 □否	
			入侵检测装置IDS		□是 □否	
			恶意代码防护		□是 □否	
		支撑软件	操作系统	按照技术规范书并结合软件安装情况核查参数、配置及数量	□是 □否	
			agent软件		□是 □否	
			关系数据库（阵列版）		□是 □否	
			关系数据库（单机版）（仅标配）		□是 □否	
			集群软件（HA）		□是 □否	
			多路径		□是 □否	

续表

序号	验收项目	验收标准	标准小类	检查方式	验收结论（是否合格）	验收问题说明
1	硬件设备验收	其他配件	机柜	按照技术规范书核查参数、配置及数量	□是 □否	
			延长设备（双屏）		□是 □否	
			延长设备（单屏）		□是 □否	
			网络配件		□是 □否	
			A3/A4黑白打印机		□是 □否	
		备品备件	信号自动验收装置	按照技术规范书核查参数、配置及数量	□是 □否	
2	系统软件验	核查基础支撑平台功能	系统管理	具备技术规范书要求的功能	□是 □否	
			关系数据库管理		□是 □否	
			实时数据库		□是 □否	
			消息总线		□是 □否	
			服务总线		□是 □否	
			公共服务		□是 □否	
			告警服务		□是 □否	
			权限管理		□是 □否	
			人机界面		□是 □否	
		核查数据采集与交换功能	一次设备采集	具备技术规范书要求的功能	□是 □否	
			二次设备采集		□是 □否	
			辅助设备采集		□是 □否	
		核查运行监视功能	数据处理	具备技术规范书要求的功能	□是 □否	
			一次设备状态监视		□是 □否	
			二次设备状态监视		□是 □否	
			故障录波分析		□是 □否	
			辅助设备监视		□是 □否	
			事件化告警		□是 □否	
			设备状态告警		□是 □否	
			设备运行统计		□是 □否	

序号	验收项目	验收标准	标准小类	检查方式	验收结论（是否合格）	验收问题说明
2	系统软件验	核查操作与控制功能	一次设备操作	具备技术规范书要求的功能	□是　□否	
			顺控操作调用		□是　□否	
			二次设备远方操作		□是　□否	
			辅助设备操作		□是　□否	
			电气操作防误		□是　□否	
			智能联动		□是　□否	
			监盘操作		□是　□否	
			无功电压控制系统（AVC）		□是　□否	
		核查监控业务管理功能	智能监控助手	具备技术规范书要求的功能	□是　□否	
			操作票辅助		□是　□否	
			智能报表		□是　□否	
			数据发布		□是　□否	
		核查系统维护功能	图模源端维护－自动成图	具备技术规范书要求的功能	□是　□否	
			信号自动验收		□是　□否	
			系统运行智能诊断		□是　□否	
3	集控系统延伸终端验收	硬件部分验收	安全Ⅰ区工作站	按照技术规范书核查参数、配置及数量	□是　□否	
			安全Ⅳ区工作站		□是　□否	
			延长设备（双屏）		□是　□否	
			延长设备（单屏）		□是　□否	
			延伸交换机		□是　□否	
			机柜		□是　□否	
			网络配件		□是　□否	
		支撑软件部分验收	操作系统	按照技术规范书并结合软件安装情况核查参数、配置及数量	□是　□否	
			agent软件		□是　□否	
		系统软件部分验收	客户端软件	具备技术规范书要求的功能	□是　□否	

续表

序号	验收项目	验收标准	标准小类	检查方式	验收结论（是否合格）	验收问题说明
4	远程智能巡视系统验收	硬件及支撑软件部分验收	远程智能巡视集中监控主备服务器	按照技术规范书核查参数、配置及数量	□是 □否	
			远程智能巡视集中监控切换服务器		□是 □否	
			操作系统		□是 □否	
			关系数据库（单机版）		□是 □否	
			机柜		□是 □否	
			网络配件		□是 □否	
		系统软件部分验收	信息总览	具备技术规范书要求的功能	□是 □否	
			查询统计		□是 □否	
			智能巡视		□是 □否	
			智能联动		□是 □否	
			立体巡视		□是 □否	
			设备运维		□是 □否	
			配置管理		□是 □否	
5	稳定性试验	软硬件系统稳定性	在该性能试验的72h内，不得对外部设备进行硬件和软件调整，除非经过买方许可	厂内检查	□是 □否	
6	系统性能试验	总体要求	正常状态下：在任意5min内，服务器CPU的平均负荷率≤15%，人机工作站CPU的平均负荷率≤20%，主站局域网的平均负荷率≤20%	厂内检查	□是 □否	
			事故状态下：在任意30s内，服务器CPU的平均负荷率≤30%，人机工作站CPU的平均负荷率≤40%，主站局域网的平均负荷率≤30%		□是 □否	
			服务总线并发数≥1000个		□是 □否	
			历史数据存储时间跨度≥3年		□是 □否	
			关键数据存储年限≥10年		□是 □否	
			系统从全停开始启动至所有功能可正常使用≤10min		□是 □否	
		主要性能指标	实时数据到达集控系统数据采集设备后至实时数据库时间≤1s	厂内检查	□是 □否	
			遥信变化信息到达集控系统数据采集设备后至告警信息推出时间≤1s		□是 □否	

序号	验收项目	验收标准	标准小类	检查方式	验收结论（是否合格）	验收问题说明
6	系统性能试验	主要性能指标	遥调、遥控量从选中到命令送出系统时间≤1s	厂内检查	□是　□否	
			事故判定后自动推画面时间≤3s		□是　□否	
			主设备相关画面调用响应时间≤3s		□是　□否	
			辅助设备相关画面调用响应时间≤5s		□是　□否	
			冗余热备用节点之间实现无扰动切换		□是　□否	
			热备用节点接替值班节点的切换时间≤1s		□是　□否	
		系统备用性能指标	人机工作站切换时间≤5s	厂内检查	□是　□否	
			备用全年可用率≥99.5%		□是　□否	
		可靠性要求	系统全年可用率≥99.9%	厂内检查	□是　□否	
			应用故障切换时间≤5s		□是　□否	
			系统时间与标准时间的误差＜10ms		□是　□否	
			关键设备MTBF＞25000h		□是　□否	
			由于偶发性故障而发生自动热启动的平均次数＜1次/2400h		□是　□否	

A6　到货验收作业卡

到货验收作业卡

基础信息	工程名称		设计单位	
	验收单位		验收日期	

序号	验收项目	验收标准	检查方式	验收结论（是否合格）	验收问题说明
一、硬件设备到货验收			验收人签字：		
1	装箱清单	提供完整的发货装箱清单，内容与厂内验收结果一致	现场检查	□是　□否	
2	包装数量及外观检查	包装数量与装箱清单一致，包装外观良好	现场检查	□是　□否	
3	设备外观检查	设备外观完整、附件齐全，无锈蚀、进水及机械损伤	现场检查	□是　□否	
		设备表面无损伤、裂纹，部件无缺失	现场检查	□是　□否	

续表

序号	验收项目	验收标准	检查方式	验收结论 （是否合格）	验收问题 说明
4	硬件数量检查	集控系统硬件的数量检查，无缺失，与厂内验收结果一致	现场检查	□是 □否	
5	硬件完整性检查	集控系统硬件拆箱安装就位后加电正常启动并运行	现场检查	□是 □否	
二、技术资料到货验收					
1	硬件相关资料	原厂商随设备提供的各种资料、介质、使用手册等	资料检查	□是 □否	
2	系统软件相关技术资料	制造厂应随设备给买方提供至少五套纸质资料及电子版资料，资料应包括出厂试验报告、使用说明书、产品合格证、安装图纸	资料检查	□是 □否	

A7 现场阶段标准作业卡

现场阶段标准作业卡

集控系统项目现场阶段标准作业卡		
工作内容	1. 发货及到货； 2. 系统现场安装及功能调试； 3. 与外部系统的接口调试； 4. 系统加固和上线评测； 5. 系统试运行	

序号	工作内容	实施人员	完成情况
1	发货及到货		
1.1	根据发货清单核对到货设备情况，包括外观、数量等		
2	系统现场安装及功能调试		
2.1	根据网络拓扑规划检查网络配置情况，确保调度数据网环境可用，变电站、外部系统通信正常，端口开放		
2.2	检查机房环境、UPS、网络布线等系统可用		
2.2	根据机柜布置图、网络图等资料进行设备就位和连接等		
2.3	设备加电，检查服务器、磁盘阵列、网络设备、二次安全防卫设备等是否正常运转		
2.4	启动集控系统环境，确保工厂生成阶段模型图形等正确性		
2.5	验证监控班和运维班功能的可用性		
2.6	根据站端接入和信号验收计划，开展厂站接入工作		
2.7	项目规范书规定的监控功能的验证及反馈闭环		
2.8	项目规范书规定的其他功能的验证及反馈闭环		

续表

序号	工作内容	实施人员	完成情况
3	与外部系统的接口联调		
3.1	调度自动化系统接口		
3.2	保信及录波接入		
3.3	辅控系统交互接口		
3.4	远程智能巡视集中监控模块接口		
3.5	业务中台接口		
3.6	其他外部系统接口		
4	系统加固和上线测评		
4.1	漏洞扫描及整改加固		
4.2	系统上线前评测		
4.3	网络安全等级保护测评		
5	系统试运行		

A8　竣工（预）验收及整改记录标准卡

竣工（预）验收及整改记录标准卡

基础信息	工程名称		设计单位				
	验收单位		验收日期				

序号	验收项目	验收标准	功能描述	检查方式	验收结论（是否合格）	验收问题说明
一、竣工验收					验收人签字：	
1	硬件部分验收	外观和结构检查	检查产品外观、标志标识、装配连接、状态指示、接地要求、结构设计是否满足要求	按照相关通知、规范中规定的评价方法检查系统相关功能是否正常	□是 □否	
		功能和性能验收	检查产品运行可靠性、硬件性能指标、网口、电源适应能力及能耗、噪声、电磁兼容性、环境条件是否满足要求	按照相关通知、规范规定的评价方法检查系统相关功能是否正常	□是 □否	
2	系统软件部分验收	基础支撑平台功能验收	系统管理功能包括系统节点及应用管理、进程管理、系统资源管理、时钟管理	按照相关通知、规范中规定的评价方法检查系统相关功能是否满足要求	□是 □否	

续表

序号	验收项目	验收标准	功能描述	检查方式	验收结论（是否合格）	验收问题说明
2	系统软件部分验收	基础支撑平台功能验收	关系数据库管理应提供图形化的工具，具备条件查询、数据导入、数据导出、统计分析等数据管理功能；能够存储秒级和分钟级采样周期的数据，根据基本采样数据可生成统计数据并支持查询	按照相关通知、规范中规定的评价方法检查系统相关功能是否满足要求	□是 □否	
			实时数据库管理应提供图形化维护工具，能够对主辅设备模型进行维护编辑，支持多应用的本地和网络访问接口，能够保证实时数据库与关系数据库、主备机之间的数据一致性		□是 □否	
			消息总线提供进程间（计算机间和内部）的信息传输支持，用于支持遥测、遥信等各类实时数据和事件的快速传递，应支撑消息监视与管理		□是 □否	
			服务总线提供服务的接入、访问、查询等功能，实现服务的灵活部署和即插即用		□是 □否	
			公共服务至少包括文件服务、日志服务等，这些服务具有位置透明性，客户无须关心服务的位置就能够使用这些服务		□是 □否	
			告警服务提供多种告警方式，例如根据告警分类、颜色区分、告警联动等功能，监控告警窗：实时展示主辅设备告警信息并支持对告警进行相关操作；告警查询支持条件查询、多表查询、自定义查询等功能		□是 □否	
			权限管理具备用户、用户组、角色、授权对象的配置，并抽取验证角色的继承等权限管理功能		□是 □否	
			人机界面提供统一的显示框架和开放的图形画面结构标准，提供开放集成框架下的人机界面开发支持，提供对第三方应用的界面集成支持，实现主辅关键信息一体化展示、控制和管理		□是 □否	

序号	验收项目	验收标准	功能描述	检查方式	验收结论（是否合格）	验收问题说明
2	系统软件部分验收	数据采集与交换功能验收	对变电站一次设备、二次设备以及辅助设备等数据的采集和处理；数据交互具备横向、纵向及跨区交互能力，支持DL/T 860、DL/T 634.5104及扩展等多种通信报文协议，具备数据采集通道及链路的维护、监视与管理功能	按照相关通知、规范中规定的评价方法检查系统相关功能是否满足要求	□是 □否	
			数据处理功能支持模拟量、状态量、非实测量、数据质量码、旁路替代、对端替代、事件顺序记录、动态拓扑分析和着色、计算、光字牌、责任区与信息分流等数据的处理		□是 □否	
		运行监视功能验收	一次设备状态监视能对变压器、断路器、组合电器、隔离开关、电流互感器、电压互感器、母线、站用变（接地变）、开关柜、消弧线圈、高抗、电容器、中性点设备、一次设备在线监测的重要信息进行监视，运行状态发生变化时可根据重要程度提供提示、告警等手段	按照相关通知、规范中规定的评价方法检查系统相关功能是否满足要求	□是 □否	
			二次设备状态监视能对保护装置、测控装置、合并单元、智能终端、安全稳定控制装置、监控主机、综合应用主机、故障录波器、网络交换机、站用交直流设备等设备进行监视		□是 □否	
			故障录波分析具备对故障录波器、保护装置的故障录波报告进行分析的功能		□是 □否	
			辅助设备监视包含安全防卫、火灾消防、在线监测、动力环境系统监视功能，对辅助设备异常进行实时告警		□是 □否	

续表

序号	验收项目	验收标准	功能描述	检查方式	验收结论（是否合格）	验收问题说明
2	系统软件部分验收	运行监视功能验收	事件化告警检查参与事件化推理分析的数据范围是否包括一次设备监视告警、二次设备监视告警、辅助设备监视告警、系统运行告警以及网络安全告警等；推理事件类型包括单一信号事件、综合事件、组合事件、业务事件等；提供工具对事件规则库进行维护，推理规则灵活可配置，支持用户自定义扩展和修改；生成故障报告，报告内容包括事件顺序记录、保护事件、相量测量数据及故障波形等信息	按照相关通知、规范中规定的评价方法检查系统相关功能是否满足要求	□是 □否	
			设备状态告警对主设备温度、油色谱、历史负荷等状态监测信息及其增长率进行分析，对同一设备在相似运行工况下不同时间的监测数据进行比对，监测数据变化趋势并进行预测及预警		□是 □否	
			设备运行统计实现对正常设备统计、故障设备统计、异常设备统计、设备运行状态总览等信息展示功能，同时提供对设备运行统计历史信息的查询功能		□是 □否	
		操作与控制功能验收	一次设备操作实现遥控、遥调操作，通过集控系统下发操作指令，经过变电站实时网关机、间隔层、过程层等设备实现操作指令的执行与信息反馈，且具备遥控调试功能	按照相关通知、规范中规定的评价方法检查系统相关功能是否满足要求	□是 □否	
			顺控操作调用能调用站端或主站发起顺控操作服务，完成远方顺控操作；调阅变电站端顺控操作票并正确显示；触发操作票模拟预演指令给变电站，并正确显示预演过程信息；执行过程有严格的操作步骤管控功能，按执行流程完成操作执行及结果确认		□是 □否	
			具备二次设备远方操作的能力，包括压板的投退、定值区修改、定值修改等		□是 □否	

续表

序号	验收项目	验收标准	功能描述	检查方式	验收结论（是否合格）	验收问题说明
2	系统软件部分验收	操作与控制功能验收	辅助设备操作范围包括一次设备在线监测、安全防卫（电子围栏、红外对射、门禁、智能锁控）、动力环境系统（空调、风机、除湿机、水泵、照明、SF₆）、火灾消防应急控制	按照相关通知、规范中规定的评价方法检查系统相关功能是否满足要求	□是 □否	
			电气操作防误具备操作互斥、挂牌闭锁、操作票闭锁、信号闭锁、拓扑防误、逻辑规则防误等功能，应相互独立、互不影响		□是 □否	
			智能联动能够与远程智能巡视集中监控模块视频联动；主设备有操作、故障、缺陷及异常时，支持与辅助设备联动；辅助设备间联动配置策略支持联动功能		□是 □否	
			监盘操作具备人工封锁功能、闭锁和解锁操作、标识牌操作		□是 □否	
		监控业务管理功能验收	智能监控助手包含：监控信号自动巡视实现通过人工触发或预设周期，按巡视项目、巡视范围自动执行监控画面的巡视功能，并生成巡视报告；值班快速向导可以辅助监控员，应能对当班运行事件进行处置；监控辅助决策结合处置预案及日常处置经验，形成标准化的处理流程，辅助监控员完成对故障及异常的处置	按照相关通知、规范中规定的评价方法检查系统相关功能是否满足要求	□是 □否	
			操作票辅助提供对调度系统指令票的接收及解析，提供图形开票、智能开票、人工写票等成票方式；对操作票的操作流程进行控制，并将执行结果回复调度，将操作票归档至省级中台等功能		□是 □否	
			智能报表具备报表模板管理功能，根据目标生成相应报表，可导出为电子表格或文本文件，支持打印		□是 □否	
			数据发布通过网页形式发布集控系统的主辅设备监视画面、设备的实时和历史运行数据		□是 □否	

续表

序号	验收项目	验收标准	功能描述	检查方式	验收结论（是否合格）	验收问题说明
2	系统软件部分验收	系统维护功能验收	自动成图能根据变电站一次设备模型及主接线模板自动生成主接线图，根据主接线图生成间隔分图	按照相关通知、规范中规定的评价方法检查系统相关功能是否满足要求	□是 □否	
			信号自动验收为运维人员提供实用有效的变电站信息快速接入技术支撑手段，降低人工核对中信息遗漏、核对出错的风险；大大提高信号验收效率，缩短变电站接入时间		□是 □否	
			系统运行智能诊断能排查系统运行过程中存在的安全隐患，排除可能存在的不规范问题、易被遗漏的隐藏问题		□是 □否	
		接口功能验收	集控系统主站与外部系统的接口包括但不限于调度主站D5000、调度录波主站、现有辅控主站、业务中台、远程智能巡视系统及其他需要与集控系统发生数据联系的外部系统	按照相关通知、规范中规定的评价方法检查系统相关功能是否满足要求；未列入细则的可根据技术规范书功能要求进行验收	□是 □否	
		与外部系统接口功能检查	远程智能巡视系统与外部系统的接口包括但不限于集控系统主站、统一视频平台、三维数据平台及其他需要与巡视系统发生数据联系的外部系统	按照相关通知、规范中规定的评价方法检查系统相关功能是否满足要求；未列入细则的可根据技术规范书功能要求进行验收	□是 □否	
3	系统性能指标验收	系统应达到的性能	系统应满足正常运行状态下、事故运行状态下的性能指标，变化遥信、遥测满足传送时间要求	满足《新一代变电站集中监控系统系列规范 第1部分：总体设计 10 系统性能和指标》要求	□是 □否	
		可靠性指标	系统应满足全年可用率、应用故障切换时间、时间误差等指标要求		□是 □否	
		主设备监控性能指标	遥控、遥调选中送出时间、事故推图时间以及画面响应时间应满足指标要求		□是 □否	
		辅助设备监控性能指标	报警切换时间、视频传输速率以及界面显示与实际发生时间差应满足指标要求		□是 □否	

续表

序号	验收项目	验收标准	功能描述	检查方式	验收结论（是否合格）	验收问题说明
4	基础设施及辅助系统验收	基础设施	包括机房、监控室、蓄电池室面积及布局；辅助配套设施、照明、防小动物等功能	按照相关通知、规范中规定的评价方法并结合技术规范书功能要求进行验收	□是 □否	
		UPS电源系统	包括电源配置、供电电源、运行方式、负荷率及电池带载时间、电源监测功能、蓄电池安装、配电布置等		□是 □否	
		空调系统	包括空调系统的冗余配置、自启动功能、温湿度范围、接入环境监测系统、水浸告警、消防联动等功能		□是 □否	
		消防系统	包括灭火系统、灭火器设置、火灾探测器、警笛灭火显示灯、灭火系统控制箱、配备专用的空气呼吸器等		□是 □否	
		综合布线系统	包括设备组屏合理性、布线的标准化和规范性、等电位接地网、机柜接地、防雷措施等		□是 □否	
		动力环境系统	包括但不限于UPS工况监测功能，温湿度监测、门禁、机房视频等本地和远程报警功能，空调监测控制功能等		□是 □否	
5	配套系统通信验收	路由	集控系统、运维延伸工作站已经两路不同路由的通道接入当地通信网络，配置的路由器、交换机、纵向加密、光传输设备、扩容板卡等数据网硬件满足接入要求	按照相关通知、规范中规定的评价方法并结合技术规范书功能要求进行验收	□是 □否	
		通道带宽	集控系统安全Ⅰ、Ⅱ、Ⅳ区与调度系统、变电站、中台、远程智能巡视系统、统一视频平台等系统的通信传输容量已满足设计要求		□是 □否	
		调度电话配置	集控站已设置远端调度台或调度交换机，并具备录音功能，运维班已根据运行要求配置电话		□是 □否	
		行政电话配置	集控站、运维班已根据运行要求配置电话		□是 □否	
		通信电源配置	集控站、运维班通信设备由2套−48V直流电源系统支持，蓄电池的后备时间不小于4h		□是 □否	

序号	验收项目	验收标准	功能描述	检查方式	验收结论（是否合格）	验收问题说明
6	安全防护验收	综合防护	集控系统满足地（县）级调度中心监控系统安全防护方案	按照相关通知、规范中规定的评价方法并结合安全归口管理部门要求进行验收	□是 □否	
			已按方案配置了综合安全防护设备		□是 □否	
		安全加固操作系统	安全Ⅰ区与安全Ⅱ区设备操作系统采用安全加固操作系统，且已安装agent探针软件		□是 □否	
		集控系统内部安全区间横向隔离配置	集控系统安全Ⅰ区与安全Ⅱ区间设防火墙		□是 □否	
			核查集控系统安全Ⅱ区与安全Ⅳ区间设正/反向安全隔离装置		□是 □否	
		纵向加密配置	集控系统与变电站、运维班、调度系统间的安全Ⅰ、Ⅱ区均应设置纵向加密认证装置		□是 □否	
		集控系统安全Ⅳ区的隔离	集控系统安全Ⅳ区与变电站安全Ⅳ区、省级业务中台、统一视频平台、调度系统安全区Ⅲ之间应设防火墙		□是 □否	
		网络安全监测装置及信息采集与传送	网络安全监测装置采集集控系统主机、网络、安全防护设备的重要运行信息和安全告警信息	按照相关通知、规范中规定的评价方法并结合安全归口管理部门要求进行验收	□是 □否	
			网络安全监测信息传送至调度系统电力监控系统网络安全管理平台核查		□是 □否	
			入侵检测装置、漏洞扫描装置		□是 □否	

A9 实用化验收评价表

实用化验收评价表

序号	检查项目	检查要求	检查方法	责任专业	检查情况
一、主站部分					
（一）实时数据采集					
1	遥信采集	（1）断路器遥信采集率≥99%； （2）隔离开关遥信采集率≥90%； （3）接地开关遥信采集率≥90%； （4）监控范围内的有载调压变压器分接头挡位采集率≥95%； （5）补充其他遥信信号，开关基本包含的信号量	根据集控站管辖范围内所有厂站的系统采集遥信总量及电网运行实时监控遥信统计数据进行计算。 计算方法：集控系统采集数量与PMS台账中相应一次设备数量的比值。例如： $断路器遥信采集率 = \dfrac{集控系统断路器遥信采集总数}{PMS系统台账断路器总数} \times 100\%$	自动化	

序号	检查项目	检查要求	检查方法	责任专业	检查情况
2	遥测采集	（1）监控范围内的厂站线路、主变有功功率和无功功率采集率≥99%； （2）监控范围内的厂站母线电压采集率达到100%	根据集控站管辖范围内所有厂站的系统采集遥测总量及电网运行实时监控遥测统计数据进行计算	自动化	
3	直控厂站遥控	（1）10kV及以上断路器遥控覆盖率≥99%； （2）监控范围内的厂站有载调压变压器分接头挡位遥控覆盖率≥95%； （3）采集到的软压板、隔离开关≥95%	抽查2~3个变电站遥控操作验收记录	自动化	
4	互备系统通道（可选）	（1）通道月可用率≥99.5%； （2）双平面遥信数据一致率达到100%； （3）双平面遥测数据一致率≥95%	遥测数据不一致阈值为10%	自动化	
5	直收厂站数据通道	（1）直收厂站通道月可用率≥99%； （2）双平面遥信数据一致率达到100%； （3）双平面遥测数据一致率≥95%	根据地区系统统计数据考核，遥测数据不一致阈值为10%	自动化	
6	实时数据准确性	（1）直收厂站双平面遥信一致率达到100%； （2）直收厂站双平面遥测数据一致率≥80%； （3）实时数据不存在异常跳变	抽查2~3个厂站双通道数据，遥测数据不一致门槛为10%；抽查实用化考核期间内3~5条实时数据曲线，检查数据是否有异常跳变	自动化	
（二）电网模型					
1	完整性	集控站管辖范围内的一次设备建模率（SCADA）达到100%	根据集控站管辖范围抽查2~3个变电站设备建模情况进行计算	自动化	
2	一致性	（1）网络拓扑与实际一次接线图完全一致； （2）在线模型参数和离线设备参数一致率≥98%	根据一次接线图、OMS参数库和模型中心数据抽查2~3个变电站进行计算	自动化	
3	规范性	（1）模型命名、设备ID使用符合电网模型中心建模命名规范； （2）模型维护工作流程符合规定； （3）图元、图形规范性	抽查2~3个变电站设备模型的命名和ID使用情况，通过OMS历史记录检查工作票执行情况	自动化	
（三）电网运行实时监控					
1	指标检查	（1）计算机系统可用率达到100%； （2）85%以上实时监视画面对命令的响应时间≤2s； （3）双机切换时间≤20s； （4）事故遥信月/年动作正确率≥99%； （5）母线功率、线路有功量测平衡率≥99.5%	检查系统相关记录，调阅常用画面检查响应速度	自动化	

序号	检查项目	检查要求	检查方法	责任专业	检查情况
2	监视功能	（1）通道/厂站工况退出应告警； （2）重要量测越限告警推出相应的事故画面	检查相关画面，模拟相应的通道退出与量测越限，检查告警信号是否正确推送	自动化	

（四）变电站集中监控

序号	检查项目	检查要求	检查方法	责任专业	检查情况
1	指标检查	（1）不得发生开关远方操作误动； （2）35kV及以上变电站远方监控覆盖率达到100%； （3）误遥信告警条数≤200条/天； （4）开关远方操作成功率≥98%； （5）有载调压开关操作成功率≥85%	根据地区变电站台账与系统通道接入情况检查监控覆盖率；抽查2～3天系统记录的通信变位情况，相同信号每天变位大于20次为误遥信；根据遥控或遥调报文/记录检查远方操作的相关指标	监控、自动化	
2	验收检查	（1）遥信/遥测/遥控定义表与信息表管理系统一致率达到100%； （2）每个厂站每次建设改造、信息变动都有对应的接入验收流程、归档记录	抽查2～3个变电站，查看监控信号验收记录是否翔实，信息表管理系统与遥信/遥测/遥控定义表的一致性。查看接入验收流程、归档材料	监控、自动化	
3	缺陷处理	（1）Ⅰ类缺陷响应时间≤4h； （2）Ⅱ类缺陷响应时间≤72h； （3）Ⅲ类缺陷处理完成时间≤30天	根据系统缺陷流转记录检查相关缺陷流转情况	监控、自动化	

（五）集控系统平台运行监视

序号	检查项目	检查要求	检查方法	责任专业	检查情况
1	指标检查	（1）应用功能可用率≥98%； （2）综合智能告警准确率≥90%	根据地区监控日报事故记录，抽查考核期内综合智能告警记录	监控、自动化	
2	辅控设备模拟量处理	（1）动力环境设备在线率； （2）安全防卫设备在线率； （3）消防设备在线率； （4）在线监测设备在线率	（1）统计变电站动力环境设备接入数量； （2）统计变电站安全防卫设备接入数量； （3）统计变电站消防设备接入数量； （4）统计变电站在线检测设备接入数量	监控、自动化	
3	辅助设备状态量处理	（1）动力环境设备运行状态； （2）安全防卫设备运行状态； （3）在线监测设备运行状态	（1）统计变电站动力环境设备运行状态及数量； （2）统计变电站安全防卫设备运行状态及数量； （3）统计变电站在线监测设备运行状态及数量	监控、自动化	
4	辅助设备监视（基础功能）	辅助设备在线率	统计辅助设备接入数量	监控、自动化	
5	辅助设备监视（安全防卫）	（1）电子围栏设备在线率； （2）红外监测设备在线率； （3）门禁设备在线率； （4）锁控设备在线率	（1）统计电子围栏设备在线率； （2）统计红外监测设备在线率； （3）统计门禁设备在线率； （4）统计锁控设备在线率	监控、自动化	

序号	检查项目	检查要求	检查方法	责任专业	检查情况
6	辅助设备监视（动力环境系统）	（1）站区气象监控设备在线率； （2）空调在线率； （3）室内SF$_6$监测设备在线率； （4）照明控制设备在线率	（1）检查站区气象监控设备接入数量； （2）统计空调设备接入数量； （3）统计室内SF$_6$监测装置接入数量； （4）检查照明控制装置接入数量	监控、自动化	
7	辅助设备监视（火灾消防）	（1）火灾报警装置在线率； （2）变压器排油注氮灭火装置在线率； （3）消火栓装置在线率； （4）灭火器数量； （5）应急照明及疏散设备在线率	（1）统计火灾报警装置接入数量； （2）统计变压器排油注氮灭火装置在线率； （3）统计消火栓装置在线率； （4）统计灭火器配置数量； （5）统计应急照明及疏散设备接入数量	监控、自动化	
8	辅助设备操作（安全防卫）	（1）红外对射装置在线率； （2）红外双鉴装置在线率； （3）电子围栏在线率	（1）检查红外对射装置在线率； （2）检查红外双鉴装置在线率； （3）检查电子围栏在线率	监控、自动化	
9	辅助设备操作（动力环境系统）	动力环境设备在线率	检查动力环境系统设备的接入数量	监控、自动化	
10	辅助设备操作（火灾消防）	远程操作固定灭火装置在线率	检查固定灭火装置的接入数量	监控、自动化	
11	智能联动（视频联动）	（1）主设备遥控支持触发视频联动； （2）主设备变位信号联动视频	（1）检查主设备遥控触发视频联动； （2）检查主设备变位信号触发视频联动	监控、自动化	
12	智能联动（主辅设备联动）	（1）主设备遥控操作应按需联动照明； （2）主设备事故、异常告警信号联动照明、风机以及门禁系统	（1）主设备遥控操作开启照明设备； （2）主设备事故、异常告警信号联动照明、风机以及门禁系统	监控、自动化	
（六）系统监视与管理					
1	指标检查	月可用率≥99%； 误告警数量≤20条/天	根据地区系统统计数据考核	自动化	
2	监视范围	（1）机房环境进行实时监测和告警； （2）服务器/工作站工况（CPU、内存、硬盘）监视； （3）网络设备状况（端口状态和流量）的监视； （4）实现通信通道工况、主要进程运行情况等方面监视； （5）对总加数据、计划值等重要数据越限、跳变等进行监视告警	现场模拟相关跳变或功能异常，检查告警正确性	自动化	
3	管理维护	系统维护升级应有翔实修改描述记录	根据记录情况检查	自动化	

序号	检查项目	检查要求	检查方法	责任专业	检查情况
4	用户权限	（1）集控系统权限合理分配； （2）双因子验证的使用符合规定	根据系统用户权限检查：管理员不应具备遥控功能；监控员、自动化维护人员权限分配合理；人员职务变动时权限维护及时；双因子的领取、使用和回收符合规定	自动化	
（七）故障录波器联网模块运行					
1	故障录波器接入率	变电站故障录波器接入率达到100%	根据故障录波联网模块接入情况与设备台账情况进行统计计算	变电运维	
2	故障录波器联通率	故障录波器联通率达到99%	根据故障录波联网模块统计的月度联通数据进行统计计算	变电运维	
（八）继电保护故障信息模块运行					
1	保信子站接入率	保信子站接入率达到70%	根据保信模块接入情况与设备台账情况进行统计计算	变电运维	
2	保信子站联通率	保信子站联通率达到80%	根据保信模块统计的联通数据进行统计计算	变电运维	
（九）机房管理					
1	资料检查	（1）机房竣工图、设备台账资料齐全； （2）相关资料随改造进行动态更新； （3）巡视检修记录齐全； （4）机房出入记录齐全； （5）机房管理规定完备	根据资料检查	自动化	
2	布置检查	（1）冗余设备应分屏布置； （2）屏柜安装、接地线布置、电缆接线、网络接线应整齐美观； （3）电缆接线、网络接线应具备标识牌； （4）孔洞应防火封堵	根据机房实际情况检查	自动化	
3	消防系统	机房应部署统一消防系统，应具备火灾自动报警和自动灭火设施	根据机房实际情况检查	自动化	
4	机房环境	空调系统告警信号应接入值班告警平台机房温度控制在（21±3）℃，湿度控制在40%~70%范围内	根据机房实际情况检查	自动化	
（十）UPS电源					

序号	检查项目	检查要求	检查方法	责任专业	检查情况
1	资料检查	（1）应具备完整的直流蓄电池充放电记录； （2）应具备交直流系统各级空气开关台账资料、整定配合资料； （3）冗余配置的设备应分别采用不同的UPS供电	根据资料和机房实际情况检查	自动化	
2	运行检查	（1）应冗余配置； （2）交流供电电源应采用两路来自不同电源点供电； （3）UPS负载率≤35%	根据机房现场实际情况检查	自动化	
3	应急演练	（1）应定期开展UPS应急演练，应急演练有相应记录； （2）应编制进线电源失去时的拉电序位表	根据演练记录和拉电序位归档资料进行检查	自动化	
二、厂站部分（实时数据调试）					
1	实时性调试	（1）遥信变位至集控系统画面≤3s； （2）变化遥测至集控系统画面≤4s； （3）事故时集控系统推画面时间≤10s	抽查2~3个变电站，现场模拟遥信变位、遥测突变和跳闸事故，检查主站接收时延	运维、自动化	
2	精度调试	遥测数据至集控系统综合误差≤10%	抽查2~3个变电站，现场模拟遥测加量，核对与主站接收数据误差	运维、自动化	
3	信息完整性调试	厂站监控后台信息与主站监控信息一致性达到100%	现场模拟跳闸故障，对照厂站监控系统组态信息表进行主、子站检查，是否不误发、不漏发	运维、自动化	
三、数据网及监控系统安全防护部分					
（一）监控系统安全防护					
1	监控系统安全防护	制定了防护方案，并且动态修订	提供监控系统安全防护方案及修订版本记录	自动化	
2	等级保护测评	每年完成等级保护测评	提供年度等级保护调试报告	自动化	
3	防火墙、加密装置	（1）防火墙应配置访问控制策略； （2）加密装置无明通策略	现场抽查主站2~3台装置进行配置检查	自动化	
（二）网络安全管理平台					

续表

序号	检查项目	检查要求	检查方法	责任专业	检查情况
1	安全防卫设备接入率	安全防卫设备接入率达到100%	根据内网监控平台接入情况与设备台账情况进行统计计算	自动化	
2	安全防卫设备运行率	安全防卫设备运行率≥95%	根据内网监控平台接入情况与设备台账情况进行统计计算	自动化	
3	重要误告警数量	重要误告警数量≤7条/天	根据实用化考核期内调度网络安全管理平台告警记录统计计算	自动化	
4	告警处理	网络安全管理平台的告警每日应进行确认	根据内网监视平台告警记录情况统计	自动化	

（三）双平面业务接入

序号	检查项目	检查要求	检查方法	责任专业	检查情况
1	220kV及以上厂站	双平面接入率达到100%	根据系统通道资料进行统计计算	自动化	
2	110kV及以下厂站	双平面接入率≥95%	根据系统通道资料进行统计计算	自动化	

四、运维人员技能考核

（一）自动化运维人员

序号	检查项目	检查要求	检查方法	责任专业	检查情况
1	自动化运维工作	自动化运维人员数量	自动化运维人员构成，系统支撑班组结构	自动化	
2	厂站接入	画图、入库的时间≤60min；通道调通≤10min	新建一个变电站，提供变电站通道参数、一次接线图、信息点表，计算完成时间和正确性（制作变电站的主接线图和一个间隔的间隔图等，录入该间隔的遥信、遥测、遥控点表。2条进线、2条高压侧母线、2台双绕组主变、2条低压侧母线、1条低压侧出线）	自动化	
3	故障排查	排除故障时间≤10min	专家组在系统中设置简单故障（不影响系统正常运行），请自动化运维人员排除。请支撑厂家制作典型知识库	自动化	

（二）监控运维人员

序号	检查项目	检查要求	检查方法	责任专业	检查情况
1	运行监视	应熟练掌握告警窗、监控画面相关功能应用	抽查1~2名监控员对集控系统运行监视功能的使用情况，主要包括总控台登录、告警窗确认、曲线调阅、厂站快速定位、告警查询、图形浏览、遥测置数、遥信/遥测封锁/解封锁、告警抑制/恢复、光字确认等系统常规功能	监控	

续表

序号	检查项目	检查要求	检查方法	责任专业	检查情况
2	操作控制	应熟练掌握一、二次设备操作，顺控操作调用，辅助设备操作，解闭锁操作，标识牌操作等功能应用	抽查1~2名监控员对集控系统操作控制功能的使用情况，主要包括断路器、隔离开关、软压板等一、二次设备操作，顺控操作，辅助设备灯光、门禁等设备控制，遥控解闭锁操作，置牌操作等	监控	
3	高级应用	应熟练掌握自动验收、监控事件化、监控助手等功能应用	抽查1~2名监控员对集控系统高级应用功能的使用情况，主要包括监控信息自动验收、监控事件化平台、信息映射、规则库编制、监控助手应用等	监控	
4	远程智能巡视平台	应熟练掌握远程智能巡视平台相关功能应用	抽查1~2名监控员对集控系统远程智能巡视平台功能的使用情况，主要包括查询统计、智能巡视、智能联动、立体巡视等功能	监控	

A10 例行巡视标准卡

例行巡视标准卡

基础信息	系统名称：××供电公司新一代变电站集中监控系统
	巡视日期：
	巡视人签字：

巡视分类	巡视标准	巡视结果
机房	照明、温度、湿度是否正常	□正常 □异常
	机柜是否可靠接地、柜门上锁	□正常 □异常
	电源模块状态指示是否正常	□正常 □异常
	接口线缆是否松动、标签有无脱落	□正常 □异常
	设备有无异味、异响	□正常 □异常
	设备面板、板卡等部件的运行状态指示是否正常	□正常 □异常
	时钟同步装置对时信号是否正常	□正常 □异常
	精密空调运行是否正常	□正常 □异常
UPS室	通风、散热、温度、湿度是否正常	□正常 □异常
	UPS主机、蓄电池组运行是否正常	□正常 □异常
	三相输入输出电压、电流、负荷率是否正常	□正常 □异常
	电缆、开关有无损坏	□正常 □异常
系统软硬件	服务器硬件运行是否正常	□正常 □异常

续表

巡视分类	巡视标准	巡视结果
系统软硬件	磁盘阵列运行是否正常	□正常 □异常
	工作站硬件运行是否正常	□正常 □异常
	交换机硬件运行是否正常	□正常 □异常
	二次安全防卫设备硬件运行是否正常	□正常 □异常
	其他辅助设备硬件运行是否正常	□正常 □异常
	系统各主辅设备网络通信是否正常	□正常 □异常
	系统各节点时间是否一致	□正常 □异常
	系统使用高峰期，节点CPU负荷不高于50%	□正常 □异常
	系统使用高峰期，节点内存负荷不高于50%	□正常 □异常
	系统各节点硬盘分区使用率不高于75%	□正常 □异常
	系统各节点硬盘inode使用率不高于75%	□正常 □异常
	系统数据库运行是否正常	□正常 □异常
	系统数据库连接数不超过最大连接数的50%	□正常 □异常
	跨区数据同步功能是否正常	□正常 □异常
	系统数据库备份是否正常，最近备份文件为当天	□正常 □异常
	系统各节点应用是否正常	□正常 □异常
	系统各节点进程是否正常	□正常 □异常
	系统前置服务器工况有无异常	□正常 □异常
	与外部系统之间数据交互是否正常	□正常 □异常
	系统厂站、通道有无退出	□正常 □异常
	基础数据质量是否正常，无数据不刷新、功率不平衡等问题	□正常 □异常
网络安全	是否存在网络攻击、侵入、干扰和破坏	□正常 □异常
	有无违规外联、未许可接入	□正常 □异常
	专用移动介质是否感染病毒	□正常 □异常

A11 特殊巡视卡

特殊巡视卡

基础信息	系统名称：××供电公司新一代变电站集中监控系统	
	巡视日期：	
	巡视人签字：	
巡视分类	巡视标准	巡视结果
机房	照明、温度、湿度是否正常	□正常 □异常

巡视分类	巡视标准	巡视结果
机房	机柜是否可靠接地、柜门上锁	□正常　□异常
	电源模块状态指示是否正常	□正常　□异常
	接口线缆是否松动、标签有无脱落	□正常　□异常
	设备有无异味、异响	□正常　□异常
	设备面板、板卡等部件的运行状态指示是否正常	□正常　□异常
	时钟同步装置对时信号是否正常	□正常　□异常
	精密空调运行是否正常	□正常　□异常
UPS室	通风、散热、温度、湿度是否正常	□正常　□异常
	UPS主机、蓄电池组运行是否正常	□正常　□异常
	三相输入/输出电压、电流、负荷率是否正常	□正常　□异常
	电缆、开关有无损坏	□正常　□异常
系统软硬件	服务器硬件运行是否正常	□正常　□异常
	磁盘阵列运行是否正常	□正常　□异常
	工作站硬件运行是否正常	□正常　□异常
	交换机硬件运行是否正常	□正常　□异常
	二次安全防卫设备硬件运行是否正常	□正常　□异常
	其他辅助设备硬件运行是否正常	□正常　□异常
	系统各主辅设备网络通信是否正常	□正常　□异常
	系统各节点时间是否一致	□正常　□异常
	系统使用高峰期，节点CPU负荷不高于50%	□正常　□异常
	系统使用高峰期，节点内存负荷不高于50%	□正常　□异常
	系统各节点硬盘分区使用率不高于75%	□正常　□异常
	系统各节点硬盘inode使用率不高于75%	□正常　□异常
	系统数据库运行是否正常	□正常　□异常
	系统数据库连接数不超过最大连接数的50%	□正常　□异常
	跨区数据同步功能是否正常	□正常　□异常
	系统数据库备份是否正常，最近备份文件为当天	□正常　□异常
	系统各节点应用是否正常	□正常　□异常
	系统各节点进程是否正常	□正常　□异常

续表

巡视分类	巡视标准	巡视结果
系统软硬件	系统前置服务器工况有无异常	□正常 □异常
	与外部系统之间数据交互是否正常	□正常 □异常
	系统厂站、通道有无退出	□正常 □异常
	基础数据质量是否正常，无数据不刷新、功率不平衡等问题	□正常 □异常
	是否存在未清理的过期账号	□正常 □异常
	系统数据库模型是否存在冗余、错误记录等	□正常 □异常
网络安全	是否存在网络攻击、侵入、干扰和破坏	□正常 □异常
	有无违规外联、未许可接入	□正常 □异常
	专用移动介质是否感染病毒	□正常 □异常
	系统是否开启了FTP、Telnet等高危服务	□正常 □异常
	设备空闲物理端口是否被禁用、封堵	□正常 □异常
	系统安全防卫策略是否最小化	□正常 □异常
	主机加固及漏洞补丁是否正常	□正常 □异常
	系统相关交换网络、外围网络、外围设备是否正常	□正常 □异常

附录 B　机房辅助设施标准作业及相关表单示例

B1　UPS电源系统典型接线图

UPS电源系统典型接线图如图B1所示。图B1仅作为UPS电源及配电系统设计参考，具体工程应根据实际情况对图中的设备和参数进行细化。

UPS电源系统中，UPS输出配电柜作为自动化主站系统的总配电柜，每面柜设12路出线，采用三相四极80A输出至各机房内设置的机房UPS分配柜；要求每面机房UPS分配柜进线采用三相四极负荷开关，出线回路采用单相两极开关，机柜内所有设备应可靠接地。

B2　机柜工艺要求

（1）所有柜体均由厚度不小于1.5mm的冷轧钢板冲压焊接而成，前、后、左、右均可灵活拆卸；柜体应是户内式立柜，前后门带锁。机柜的底部有密封性好的电缆孔，以防尘和防小动物。柜内的电气布线应便于运行和维护。

（2）柜体包括所有安装在上面的成套设备或单个组件，应满足国家有关技术规范要求，皆应保证有足够的结构强度以及在指定环境条件下满足本规范对电气性能的要求。

（3）柜体应前后开门（前单开门或双开门，后双开门），前门上应有玻璃窗，可监视装置各种运行信号；柜上设备应采用嵌入式或半嵌入式安装和背后接线。

（4）整面柜应有足够强度，运输过程应加固，并应提供配电柜说明书，保证在起吊、运输、存放和安装时的安全，柜底部应有安装孔；屏柜应为整体，不允许拼接。

（5）配电柜正面应装有电压表、电流表以及配电回路指示灯等电气元件；进线应设置负荷开关，出线开关应采用满足配电系统分断能力的小型断路器。

（6）柜体正面布置和背面接线应美观、整齐，满足运行、检修、维护的方便、安全；为避免柜体内设备发热，柜体要求有良好的通风。

（7）柜内应配有保护接地母线，接地母线应与UPS主机室的接地铜排可靠连接；同时，为保证运行维护人员的安全，柜体应可靠接地。

（8）柜内导线应无损伤，导线的端头应采用压紧型连接件；柜内应采用走线槽，以便固定电缆及端子排的接线；接到端子排上的导线应该有标志条和标志套管标明。

（9）柜上端子排应保证足够的绝缘水平，端子排应该分段，端子排应至少有10%备用端子，且可在必要时再增加。每个端子上一般只能接一根导线；供电流互感器用的端子应为标准的试验端子，便于短接其输入与输出回路，以便当校验或维修仪表时能防止电流互感器开路。

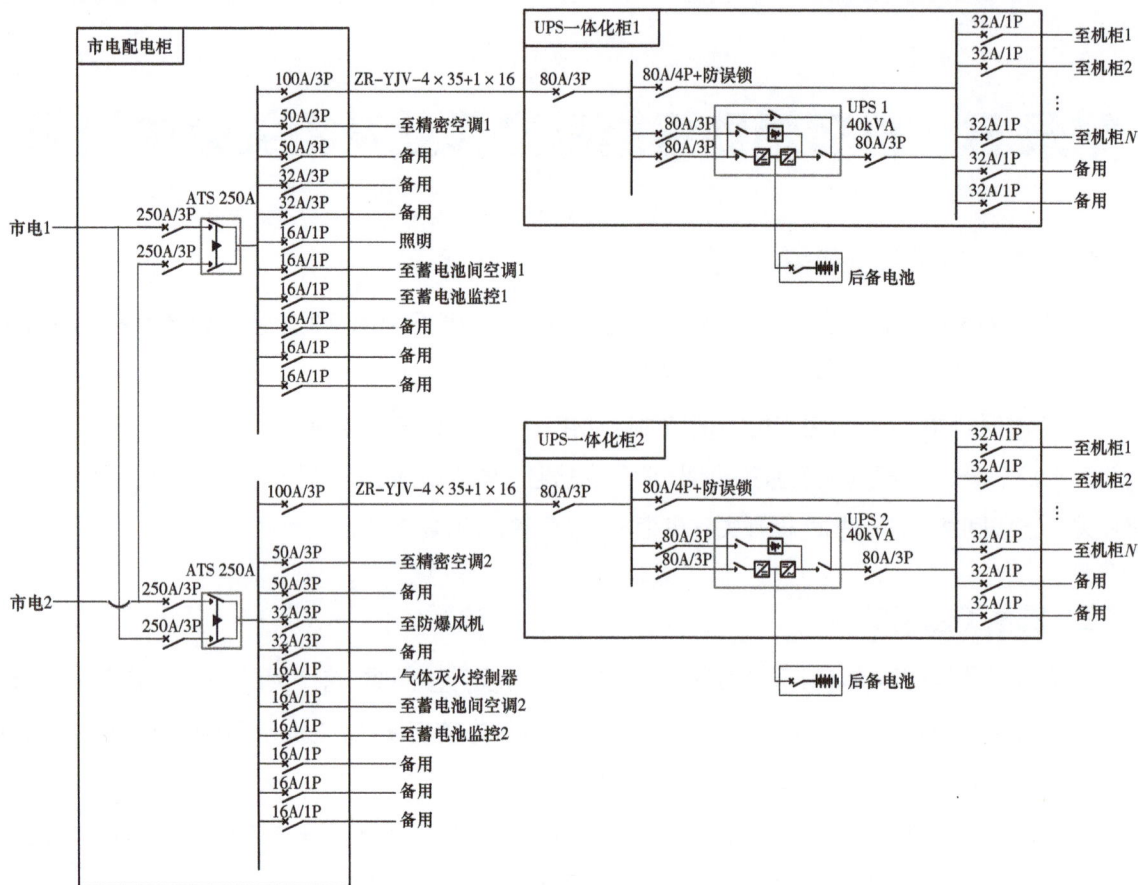

图 B1 UPS 电源系统典型接线图

（10）端子排前应保留足够空间，便于电缆连接；端子排应保证足够的绝缘水平，防腐、防锈。

（11）柜的内部和外部必须清洁，应清除内部所有杂物及内外一切污迹。

（12）柜及其上的装置都应有标签框，以便于清楚地识别；外壳可移动的设备，在设备本体上应有同样的识别标记。

（13）机柜内部应该分成不同部分，将机电装置（断路器或者隔离开关）与电子组件和电路板分离开。组件的设计应该便于对部件的检修和更换。

（14）柜和柜内设备要求性能可靠、稳定性高。

B3　UPS 电源系统典型配置表

UPS 电源系统典型配置表

序号	设备名称	技术要求	单位	数量	备注
1	UPS 交流进线柜	进线开关数量及容量，ATS 容量，出线开关数量及容量	面	2	
2	UPS 主机	柜主机容量	面	2	
3	UPS 输出配电柜	进线开关容量，出线数量	面	2	

序号	设备名称	技术要求	单位	数量	备注
4	蓄电池开关柜	开关容量	面	1	
5	蓄电池组	蓄电池容量	—	根据实际情况确定	
6	机房UPS分配柜	进线开关容量，出线开关数量及容量	面	根据实际情况确定	
7	附件		套	1	

注　以上典型配置表供设计参考，具体工程应根据实际情况细化确定。

B4　UPS相关计算及技术参数

B4.1　UPS容量计算

UPS计算容量为：

$$S = \frac{P}{\cos\varphi \times \mu} \tag{B-1}$$

式中：S为单套UPS计算容量，kVA；P为供电范围内所有设备额定负荷大小，kW；$\cos\varphi$为负荷综合功率因数，取0.8；μ为UPS在实际工作情况下的负荷率，一般按70%的负荷率选择UPS的容量。

B4.2　UPS主机运行环境

（1）环境温度：0~40℃（室内）。

（2）储藏温度：−20~+70℃。

（3）通风：强迫式（从底部进入、顶部排出）。

（4）相对湿度：95%，无凝结。

（5）海拔超过1000m时，主机容量应根据《不间断电源设备（UPS） 第3部分：确定性能的方法和试验要求》（GB/T 7260.3—2003）相关要求进行功率折算。

B4.3　UPS系统的技术指标

B4.3.1　输入

（1）市电电压：380V/220V（±15%）（三相五线制）。

（2）频率：50×（1±6%）Hz。

（3）启动时间：3~60s（可调）满负荷输出。

B4.3.2　输出

（1）稳态电压：380V/220V±1%正弦交流电（三相五线制）。

（2）动态电压：≤±5%（当负荷从0~100%波动）。

（3）恢复到±1%：≤20ms。

（4）频率：50Hz±0.5Hz（与市电同步条件下，可整定）。

（5）过载能力：110%负载条件下，60min；125%负载条件下，10min；150%负载条件下，1min。

（6）UPS输出能力：100%额定有功功率（0.8功率因数）长期稳定运行，且有100%的不平衡负荷能力，即缺相运行。

（7）直流母线纹波：纹波电压小于±1%额定电压。

（8）旁路同步范围：380/220×（1±15%）VAC。

（9）频率追踪：0.1~1Hz/s（可调）。

（10）电压总谐波失真度：线性负荷≤2%，非线性负荷≤3%。

B4.3.3 其他

（1）双机并机输出环流：＜5%满负荷。

（2）旁路切换时间：≤5ms。

（3）电磁抑制：符合《不间断电源设备（UPS） 第2部分：电磁兼容性（EMC）要求》（GB/T 7260.2—2009）。

（4）抗静电能力：符合IEC 801-2，抗静电25000V。

（5）效率：100%负荷时＞92%，50%负荷时＞89%。

（6）充电时间：10~12倍充、放电至80%额定值，时间20min。

（7）远传接口：标准RS232/RS485数字接口，RJ45网口。

（8）核心部件平均无故障工作时间：10万h。

（9）主机噪声水平（按照ISO 3746标准）：＜55dBA（按照额定电流）。

（10）保护等级：IP20。

B5 蓄电池相关

B5.1 蓄电池的放电功率计算

蓄电池的放电功率计算式为：

$$P = \frac{S\cos\varphi}{\eta} \tag{B-2}$$

式中：P为蓄电池放电功率，kW；S为UPS标称输出功率，kVA；$\cos\varphi$为UPS输出功率因数，取0.8；η为逆变器转换效率，取0.95。

B5.2 蓄电池的容量计算

利用阶梯计算法计算蓄电池的容量计算式为：

$$C = \frac{P \times 10^3}{K_C} \tag{B-3}$$

式中：C为蓄电池10h放电率的计算容量，Ah×V；P为蓄电池放电功率，kW；K_C为蓄电池放电1h

的容量换算系数，1/h，当采用单节2V蓄电池时取0.598，当采用单节6V或12V蓄电池时取0.68，按单节2V蓄电池放电终止电压1.80V考虑。

　　注：考虑UPS电源系统的特殊性，当UPS主机没有确定时，直流工作电压不能确定，因此，在已知UPS容量的条件下，此处蓄电池的计算容量为（Ah×V），待主机及直流工作电压确定后，再计算出蓄电池的容量（Ah）。

B5.3　蓄电池性能指标

（1）浮充使用寿命：≥10年（25℃）。

（2）高循环能力：在放电深度为80%时，循环充放电次数不少于1200次。

（3）安全阀：具有自动减压调节阀，保证运行安全可靠。

（4）额定10h放电率容量，第一次放电可达100%，终止电压为1.8V/单体。

（5）最大充电电流：$0.25C_{10}$（C_{10}为电池放电10h释放的容量，单位Ah）。

（6）均充电压：2.30～2.35V/单体。

（7）浮充电压：2.25±0.02V/单体（25℃）。

（8）电解液比重：1.25～1.3g/cm³。

（9）每月自放电率：<3%；每周自放电率：<0.5%～1%；（25℃）。

（10）气体复合率：≥99%。

（11）密封反应效率：<90%。

B6　装修隐蔽工程验收要求

装修隐蔽工程验收要求

序号	验收项目	验收标准	检查方式	验收结论（是否合格）	验收问题说明
一、隐蔽工程验收					验收人签字：
1	地基验槽	（1）基坑的位置、平面尺寸、坑底标高正确； （2）基槽底设计标高、地质十层、轴线尺寸、附图等符合设计要求	现场检查/影像或资料检查	□是　□否	
2	钢筋工程	（1）钢筋的品种、级别、规格、配筋数量均符合设计要求；钢筋均无锈蚀，污染已清理干净； （2）钢筋均做复试检验，均合格； （3）绑扎丝为双铅丝，每个相交点八字扣绑扎，丝头朝向混凝土内部； （4）钢筋的绑扎安装牢固，无漏扣现象，间距符合设计要求； （5）钢筋保护层厚度符合要求，采用混凝土垫块绑扎牢固； （6）焊工均有焊工合格证，钢筋焊接经检验均合格	现场检查/影像或资料检查	□是　□否	

续表

序号	验收项目	验收标准	检查方式	验收结论（是否合格）	验收问题说明
3	地下混凝土工程	回填时检查混凝土强度等级及试验记录，施工缝留设符合规范要求；混凝土表面无质量缺陷	现场检查/影像或资料检查	□是 □否	
4	埋件、埋管、螺栓	规格、数量、位置等符合设计和电气设备安装要求，且安装规范	现场检查/影像或资料检查	□是 □否	
5	地下防水、防腐工程	满足防腐要求，基层、面层、细部等无质量缺陷，施工方式符合施工工艺要求	现场检查/影像或资料检查	□是 □否	
6	屋面工程	隔汽层、找平层、保温层及防水层的施工方法符合施工工艺规范；保温材料厚度、特殊部位处理符合设计要求	现场检查/影像或资料检查	□是 □否	
7	幕墙及门窗	（1）门、窗框材质规格、结构形式、连接情况、防腐处理等均符合设计要求；（2）发泡材料填缝，水泥砂浆嵌填平整、密实；（3）装拼材料与墙体连接牢固；（4）特殊门窗焊接连接焊缝质量符合工艺规范	现场检查/影像或资料检查	□是 □否	
二、隐蔽工程资料验收			验收人签字：		
1	主要原材料合格证明及检测报告	钢筋、预拌（商品）混凝土、水泥、砂、石、砖、混凝土外加剂、防水、保温隔热材料等合格证明及检测报告齐全、规范	资料检查	□是 □否	
2	试件（块）相关试验报告	混凝土、砂浆配合比、试件（块）抗压、抗渗、抗冻试验报告齐全、规范。钢筋连接（焊接、机械连接）试验报告（含试焊）齐全	资料检查	□是 □否	
3	土方回填试验报告	土方回填击实试验报告齐全，土方回填基底处理、分层回填厚度、压实系数符合验收规范、设计要求，分层试验报告齐全	资料检查	□是 □否	
4	地基处理、桩基检测报告	地基处理符合设计要求，桩基无Ⅲ、Ⅳ类桩，Ⅱ类桩不得超过20%，试验报告齐全	资料检查	□是 □否	
5	结构实体检验用同条件养护试件强度检验	重要结构混凝土同条件养护试块留置应有方案，温度记录规范、齐全，强度代表值应符合相关规范的规定	资料检查	□是 □否	
6	结构实体钢筋保护层厚度检验	结构实体钢筋保护层厚度检验应有方案，检验合格点率在90%以上，检验记录齐全	资料检查	□是 □否	

B7 综合布线隐蔽工程验收要求

综合布线隐蔽工程验收要求

序号	阶段	验收项目	验收内容	验收方式	验收结论（是否合格）	验收问题说明
1	施工前准备工作	环境要求	土建施工情况：地面、墙面、电源、接地	施工前检查	□是 □否	
			预留孔洞，管槽，线缆竖井是否齐全		□是 □否	
			土建工艺：机房面积，天花板，活动地板		□是 □否	
		设备器材检验	外观	施工前检查	□是 □否	
			型号、规格、数量		□是 □否	
			线缆电气性能测试		□是 □否	
			光纤特性测试		□是 □否	
		安全、防火要求	消防器材施工前检查	施工前检查	□是 □否	
			危险物及设备器材妥善存放		□是 □否	
2	设备安装	设备机柜	外观整洁随工检验	施工前检查	□是 □否	
			安装正确，垂直、水平符合标准		□是 □否	
			油漆无脱落，标志完整、齐全		□是 □否	
			螺钉紧固，无松动现象附件安装齐全		□是 □否	
			有效的防震加固措施		□是 □否	
			接地措施良好		□是 □否	
		配线部件及8位模块式通用插座	规格、位置、质量随工检验	施工前检查	□是 □否	
			螺钉紧固		□是 □否	
			标志齐全，标签清晰，使用彩色编码		□是 □否	
			安装及端接工艺		□是 □否	
			屏蔽层可靠连接（屏蔽系统）		□是 □否	
3	楼内铜光缆布放	线缆桥架及线槽布线	安装位置正确，附件齐全配套	随工检验	□是 □否	
			安装牢固可靠，符合工艺要求		□是 □否	
			接地		□是 □否	
		线缆暗敷	线缆规格、长度、标识符合设计要求	隐蔽工程签证	□是 □否	
			线缆路由、位置正确，敷设安装符合工艺要求		□是 □否	
			接地（屏蔽系统）		□是 □否	

续表

序号	阶段	验收项目	验收内容	验收方式	验收结论（是否合格）	验收问题说明
4	楼外铜、光缆布放	架空线缆	线缆，光缆和吊线规格及质量	随工检验	□是 □否	
			吊线装设位置、垂度及工艺		□是 □否	
			线缆挂设工艺，吊挂卡钩间隔均匀		□是 □否	
			线缆引入安装方式		□是 □否	
		管道线缆	占用管道管孔位置合理，线缆规格、质量及标识符合设计规定	随工检验	□是 □否	
			线缆走向和布置有序，不影响其他管道		□是 □否	
			线缆防护措施		□是 □否	
		埋式线缆	线缆规格、质量及标识符合设计规定	隐蔽工程签证	□是 □否	
			敷设位置、深度和路由符合设计规定		□是 □否	
			线缆防护措施		□是 □否	
			回土夯实，无塌陷		□是 □否	

B8 接地网隐蔽工程验收要求

接地网隐蔽工程验收要求

序号	检测项目		验收方式	验收结论（是否合格）	验收问题说明	备注
1	防雷与接地系统引接按 GB 50303 验收合格的共用接地装置		随工检验	□是 □否		符合设计要求者为合格
2	建筑物金属体作接地装置时的接地电阻不应大于 1Ω		随工检验	□是 □否		
3	采用单独接地装置	接地装置测试点的设置	随工检验	□是 □否		符合设计要求者为合格
		接地电阻值测试	随工检验	□是 □否		
		接地模块的埋设深度、间距和基坑尺寸		□是 □否		
		接地模块设置应垂直或水平就位		□是 □否		
4	其他接地装置	防过流、过压元件接地装置		□是 □否		符合设计要求者为合格
		防电磁干扰屏蔽接地装置		□是 □否		
		防静电接地装置		□是 □否		
5	等电位连接	建筑物等电位连接干线的连接及局部等电位箱间的连接		□是 □否		
		等电位连接的线路最小允许截面积		□是 □否		

附录 C 调度数据网改造示例

C1 调度数据网设备厂验收标准卡

调度数据网设备厂验收标准卡

调度数据网及安全防护设备基础信息	工程名称		设计单位	
	验收单位		验收日期	

序号	验收项目	验收标准	检查方式	验收结论（是否合格）	验收问题说明
一、路由器			验收人签字：		
1	部件测试	（1）部件型号以及数量与设备清单相符； （2）板卡、模块能正常插入整机，设备上电后，无任何错误告警、各工作指示灯、风扇等均正常； （3）符合合同要求或实际运行要求，日志信息中无相应告警内容	资料检查	□是 □否	
2	电源模块测试	电源模块应供电正常，无告警信息，设备、板卡均应不受此影响	资料检查	□是 □否	
3	接口测试	（1）接口类型以及数量与实际设备清单中相符； （2）所有接口都能正常 UP，接口下视图打"？"，能正常显示各项配置命令	资料检查	□是 □否	
4	登录功能	（1）能从 PC 正常登录，CRT 软件以及超级终端都能正常登录； （2）能从其他远程设备正常进行远程登录	资料检查	□是 □否	
5	协议功能测试	（1）能正常实现 PPP 封装的配置； （2）能正常为设备配置静态路由； （3）能正常配置各类动态路由协议并包含所有相关命令，设备正常；支持 OSPF、BGP v4、BGP4 Extension、RIP v2、VRRP 协议； （4）能正常为所有业务接口配置 MPLS/VPN 协议并包含所有相关命令	资料检查	□是 □否	
6	数据包处理能力测试	（1）显示：The Maximum Transmit Unit is 1500； （2）各类型接口速率与实际相符； （3）丢包率≤0.1%； （4）Time=1ms	资料检查	□是 □否	
二、交换机			验收人签字：		
1	通电测试	（1）设备能正常运行，无 down 机状况发生； （2）设备能在 3min 内启动完毕，无故障告警灯亮	资料检查	□是 □否	

续表

2	协议功能测试	（1）VLAN ID能达到4K； （2）支持STP、MSTP、RSTP； （3）能启用三层交换功能，能配置多个interface VLAN三层交换接口； （4）能正常为设备配置静态路由； （5）能正常配置各类动态路由协议并包含所有相关命令，设备正常；支持OSPF、BGP v4、BGP4 Extension、RIP v2、VRRP协议	资料检查	□是 □否	
三、纵向加密认证装置				验收人签字：	
1	通电测试	（1）设备能正常运行，无down机状况发生； （2）设备能在3min内启动完毕，无故障告警灯亮	资料检查	□是 □否	
2	协议功能测试	（1）安装终端登录软件的PC能正常登录加密装置； （2）能正常导出当前配置规则包以及正常为加密装置导入规则包； （3）能为ETH口配置IP地址，并能启用IEEE 802.1Q协议，为接口绑定VLAN； （4）能进行静态路由的配置； （5）能进行隧道配置，能部署多个相互隔离的隧道，隧道模式加密或明文可选； （6）能根据IP地址、端口协议号配置不同策略； （7）能进行ARP MAC地址安全绑定	资料检查	□是 □否	

C2　路由器竣工（预）验收标准卡

路由器竣工（预）验收标准卡

路由器基础信息	工程名称		制造厂家	
	变电站名称		安装单位	
	验收单位		验收日期	

序号	验收项目	验收标准	检查方式	验收结论（是否合格）	验收问题说明
一、外观验收				验收人签字：	
1	外观检查	位置安装正确、牢固可靠	现场检查	□是 □否	
2	接线	设备线缆符合工艺要求，接线整齐、美观	现场检查	□是 □否	
3	标签	设备标签及所有线缆标签清晰、无误	现场检查	□是 □否	
4	接地	设备接地可靠且符合相应系统短路接地运行要求	现场检查	□是 □否	

序号	验收项目	验收标准	检查方式	验收结论 （是否合格）	验收问题 说明
二、物理测试验收				验收人签字：	
1	物理测试 验收	（1）设备加电后系统正常启动，使用PC机通过console线连接路由器上，通过超级终端查看路由器启动过程，输入用户及密码可以进入路由器； （2）设备的硬件配置与实施方案相符； （3）测试各模块状态，设备所有模块均可正常启动运行； （4）查看设备闪存（flash memory）使用情况，内存符合实际要求； （5）查看各端口状况，各端口均能正常启动运行	现场检查	□是　□否	
三、连通性测试验收				验收人签字：	
1	连通性测试	按照以下内容进行测试（ping值取100次平均值）： （1）测试本地的连通性，查看延时； （2）测试本地路由情况，查看路径； （3）测试全网连通性，查看延时； （4）测试全网路由情况，查看路径； （5）测试与骨干网的连通性，查看延时； （6）测试与骨干网通信的路由情况，查看路径； （7）测试本地路由延迟； （8）测试本地路由转发性能； （9）测试外部路由延迟； （10）测试外部路由转发性能。 以上测试内容结果均满足网络要求	现场检查	□是　□否	
四、网络功能性测试验收				验收人签字：	
1	OSPF	按照以下内容进行测试： （1）测试路由表是否正确生成； （2）查看路由的收敛性； （3）显示配置OSPF的端口； （4）显示OSPF状态； （5）查看OSPF的链路状态数据库； （6）查看OSPF路由邻居相关信息； （7）查看OSPF路由； （8）设置完毕，待网络完全启动后，观察连接状态库和路由表； （9）断开某一链路，观察连接状态库和路由表的发生的变化。 以上测试内容结果均满足网络要求	现场检查	□是　□否	
2	BGP	查看公网、私网邻居建立情况，所有邻居均正常建立； 查看私网路由学习情况，私网路由正常学习，路由条目数量完整	现场检查	□是　□否	

续表

序号	验收项目	验收标准	检查方式	验收结论（是否合格）	验收问题说明
3	MPLS VPN	VPN功能测试、VPN路由跟踪测试均正常，不同VPN互相隔离	现场检查	□是 □否	
五、资料及文件验收				验收人签字：	
1	安装使用说明书	整洁、齐全，与现场实际一致	现场检查	□是 □否	
2	竣工图纸资料	整洁、齐全，与现场实际一致	现场检查	□是 □否	
3	维护手册	整洁、齐全，与现场实际一致	现场检查	□是 □否	
4	设备安装及调整记录、检验记录	整洁、齐全，与现场实际一致	现场检查	□是 □否	
5	产品合格证明	整洁、齐全，与现场实际一致	现场检查	□是 □否	

C3　交换机竣工（预）验收标准卡

交换机竣工（预）验收标准卡

交换机基础信息	工程名称		制造厂家		
	变电站名称		安装单位		
	验收单位		验收日期		

序号	验收项目	验收标准	检查方式	验收结论（是否合格）	验收问题说明
一、外观验收				验收人签字：	
1	外观检查	位置安装正确、牢固可靠	现场检查	□是 □否	
2	接线	设备线缆符合工艺要求，接线整齐、美观	现场检查	□是 □否	
3	标签	设备标签及所有线缆标签清晰、无误	现场检查	□是 □否	
4	接地	设备接地可靠且符合相应系统短路接地运行要求	现场检查	□是 □否	
二、物理测试验收				验收人签字：	
1	物理测试验收	（1）设备加电后系统正常启动，使用PC机通过console线连接交换机上，通过超级终端查看交换机启动过程，输入用户及密码可以进入交换机； （2）设备的硬件配置与实施方案相符； （3）测试各模块状态，设备所有模块均可正常启动运行； （4）查看设备flash memory使用情况，内存符合实际要求； （5）查看各端口状况，各端口均能正常启动运行	现场检查	□是 □否	

续表

序号	验收项目	验收标准	检查方式	验收结论（是否合格）	验收问题说明
三、连通性测试验收				验收人签字：	
1	连通性测试	按照以下内容进行测试（ping值取100次平均值）： （1）测试本地的连通性，查看延时； （2）测试本地路由情况，查看路径。 以上测试内容结果均满足网络要求	现场检查	□是 □否	
四、协议功能测试验收				验收人签字：	
1	VLAN	VLAN正确配置，且在相应接口应用	现场检查	□是 □否	
2	静态路由	静态路由配置完成，下一跳地址正确	现场检查	□是 □否	
3	生成树协议	根据要求配置生成树协议，验证功能正确	现场检查	□是 □否	
五、资料及文件验收				验收人签字：	
1	安装使用说明书	整洁、齐全，与现场实际一致	现场检查	□是 □否	
2	竣工图纸资料	整洁、齐全，与现场实际一致	现场检查	□是 □否	
3	维护手册	整洁、齐全，与现场实际一致	现场检查	□是 □否	
4	设备安装及调整记录、检验记录	整洁、齐全，与现场实际一致	现场检查	□是 □否	
5	产品合格证明	整洁、齐全，与现场实际一致	现场检查	□是 □否	

C4 纵向加密认证装置竣工（预）验收标准卡

纵向加密认证装置竣工（预）验收标准卡

纵向加密认证装置基础信息	工程名称		制造厂家		
	变电站名称		安装单位		
	验收单位		验收日期		
序号	验收项目	验收标准	检查方式	验收结论（是否合格）	验收问题说明
一、外观验收				验收人签字：	
1	外观检查	位置安装正确、牢固可靠	现场检查	□是 □否	
2	接线	设备线缆符合工艺要求，接线整齐、美观	现场检查	□是 □否	

序号	验收项目	验收标准	检查方式	验收结论（是否合格）	验收问题说明
3	标签	设备标签及所有线缆标签清晰、无误	现场检查	□是 □否	
4	接地	设备接地可靠且符合相应系统短路接地运行要求	现场检查	□是 □否	
二、物理测试验收				验收人签字：	
1	物理测试验收	（1）设备加电后系统正常启动，使用PC机通过console线连接纵向加密认证装置上，通过超级终端查看纵向加密认证装置启动过程，输入用户及密码可以进入纵向加密认证装置； （2）设备的硬件配置与实施方案相符； （3）测试各模块状态，设备所有模块均可正常启动运行； （4）查看设备flash memory使用情况，内存符合实际要求； （5）查看各端口状况，各端口均能正常启动运行	现场检查	□是 □否	
三、连通性测试验收				验收人签字：	
1	连通性测试验收	按照以下内容进行测试（ping值取100次平均值）： （1）测试本地的连通性，查看延时； （2）测试本地路由情况，查看路径。 以上测试内容结果均满足网络要求	现场检查	□是 □否	
四、协议功能测试验收				验收人签字：	
1	证书	相关主站、厂站、管理证书都正确导入，本装置的RSA、SM2证书均已签发并导入装置	现场检查	□是 □否	
2	协议功能测试	相关规则包、网络功能、路由功能、隧道功能、策略功能配置完成，业务流量正常加密并通过	现场检查	□是 □否	
3	密通率测试	密通率达到规定要求			
五、资料及文件验收				验收人签字：	
1	安装使用说明书	整洁、齐全，与现场实际一致	现场检查	□是 □否	
2	竣工图纸资料	整洁、齐全，与现场实际一致	现场检查	□是 □否	
3	维护手册	整洁、齐全，与现场实际一致	现场检查	□是 □否	
4	设备安装及调整记录、检验记录	整洁、齐全，与现场实际一致	现场检查	□是 □否	
5	产品合格证明	整洁、齐全，与现场实际一致	现场检查	□是 □否	

附录 D　通信数据网改造标准作业卡及相关表单示例

D1　设备环境检查

设备环境检查

序号	检查项	评估标准和说明	检查结果
1	设备位置摆放是否合理、牢固	设备应放在通风、干燥的环境中，且放置位置牢固、平整。设备周围不得有杂物堆积	□合格 □不合格 □不涉及
2	机房温度状况	机房温度：0~40℃	□合格 □不合格 □不涉及
3	机房湿度状况	机房湿度：5%RH~90%RH	□合格 □不合格 □不涉及
4	机房内空调运行是否正常	空调可持续稳定运行，使机房的温度和湿度保持在设备规定范围内	□合格 □不合格 □不涉及
5	清洁状况	注意防尘网的清洁状况，及时清洗或更换，以免影响机柜门及风扇框的通风、散热。 设备本身应无明显灰尘附着	□合格 □不合格 □不涉及
6	接地方式及接地电阻是否符合要求	（1）一般要求机房的工作接地、保护接地、建筑防雷接地分开设置，因机房条件限制，可采用联合接地； （2）设备的接地线连接至接地排的接线柱上时，接地电阻应小于5Ω； （3）设备的接地线连接至接地体上时，接地电阻应小于10Ω； （4）当环境不具备接地条件时，可将设备的接地线相连，保持几台设备的带电压差一致	□合格 □不合格 □不涉及
7	电源连接是否正常可靠	电源线应正确地连接到设备的指定位置上，且连接牢固。设备的电源指示灯应常亮绿色	□合格 □不合格 □不涉及
8	供电系统是否正常	要求供电系统运行稳定。直流额定电压范围为-48~-60V，交流额定电压范围为100~240V	□合格 □不合格 □不涉及

D2 设备基本信息检查

设备基本信息检查

序号	检查项	检查方法	评估标准	检查结果
1	设备运行的版本	执行 display version 命令	单板PCB版本号、软件版本号与要求相符	□合格 □不合格 □不涉及
2	检查软件包	执行 display startup 命令	检查下述系统文件名是否正确：当前启动大包名；下次启动大包名；备份大包名；配置、许可文件、补丁、语音的当前启动文件名和下次启动文件名	□合格 □不合格 □不涉及
3	许可证信息	执行 display license 命令；执行 display license state 命令	（1）查看GTL License文件名、版本及配置项是否符合要求，确认是否需要升级。 （2）"Master board license state"项为"Normal"。"Master board license state"项为"Demo"或"Trial"时，确认许可证在有效期内	□合格 □不合格 □不涉及
4	检查补丁信息	执行 display patch-information 命令	（1）补丁文件必须与实际要求一致，建议加载华为公司发布的该产品版本对应的最新的补丁文件。 （2）补丁必须已经生效，即补丁的总数量和正在运行的补丁数量一致	□合格 □不合格 □不涉及
5	检查系统时间	执行 display clock 命令	（1）时间应与当地实际时间一致（时间差≤5min），便于故障时通过时间精确定位。 （2）如果不合格，请在用户视图下执行clock datetime命令修改系统时间	□合格 □不合格 □不涉及
6	检查 Flash 空间	在用户视图下执行 dir flash 命令	Flash里的文件都必须是有用的，否则请在用户视图下执行delete /unreserved命令删除	□合格 □不合格 □不涉及
7	检查 SD卡 空间	在用户视图下执行 dir sd0 命令或 dir sd1 命令	SD卡里的文件都必须是有用的，否则请在用户视图下执行delete /unreserved命令删除	□合格 □不合格 □不涉及
8	信息中心	执行 display info-center 命令	"Information Center"项为"enabled"	□合格 □不合格 □不涉及
9	检查配置正确性	执行 display current-configuration 命令	通过查看当前生效的配置参数，验证设备配置是否正确	□合格 □不合格 □不涉及
10	检查 debug 开关	执行 display debugging 命令	设备正常运行时debug开关应该全部关闭	□合格 □不合格 □不涉及
11	检查配置是否保存	在用户视图下执行 compare configuration 命令	当前的配置和下次启动的配置文件内容一致	□合格 □不合格 □不涉及

D3 运行检查

运行检查

序号	检查项	检查方法	评估标准	检查结果
1	单板运行状态	执行 display device 命令	（1）重点关注单板在位信息及状态信息是否正常。 （2）单板"Online"为"Present"。 （3）单板"Power"为"PowerOn"。 （4）单板"Register"为"Registered"。 （5）单板"Alarm"为"Normal"	□合格 □不合格 □不涉及
2	设备复位情况	诊断视图下执行 display reset-reason 命令	通过查看复位信息（包括复位时间、复位原因），确认无非正常复位	□合格 □不合格 □不涉及
3	设备温度	执行 display temperature all 命令	各模块当前的温度应该在上下限之间，即"Temperature"的值在"Upper"和"Lower"之间	□合格 □不合格 □不涉及
4	风扇状态	执行 display fan 命令	"Present"项为"Yes"表示正常	□合格 □不合格 □不涉及
5	电源状态	执行 display power 命令	"State"项为"Supply"表示正常	□合格 □不合格 □不涉及
6	FTP 网络服务端口	执行 display ftp-server 命令	不使用的FTP网络服务端口要关闭	□合格 □不合格 □不涉及
7	告警信息	执行 display alarm act iv e 命令	（1）无告警信息。 （2）如果有告警，需要记录，对于严重以上告警需并立即分析并处理	□合格 □不合格 □不涉及
8	CPU 状态	执行 display cpu-usage 命令	各模块的CPU使用率正常。如果CPU使用率超过80%，建议重点关注	□合格 □不合格 □不涉及
9	内存占用率	执行 display memory-usage 命令	内存占用情况正常，如果"Memory Using Percentage Is"超过60%时需要关注	□合格 □不合格 □不涉及
10	日志信息	执行 display logbuffer 命令或执行 display trapbuffer 命令	不存在异常信息	□合格 □不合格 □不涉及

D4 接口内容检查

接口内容检查

序号	检查项	检查方法	评估标准	检查结果
1	接口错包	执行display interface命令	业务运行时，要检查接口有无错包，包括CRC错包等	□合格 □不合格 □不涉及
2	接口配置	执行display interface命令	接口的配置项合理，如接口双工模式、协商模式、速率、环回配置等	□合格 □不合格 □不涉及
3	接口状态	执行display interface brief命令	接口的UP/DOWN状态满足规划要求	□合格 □不合格 □不涉及
4	PoE供电 说明：仅××型号支持	执行display poe power-state interface interface-type interface-number命令	PoE供电状态正常，"Port power ON/OFF"为"ON"的接口，其"Port power status"为"Del iv ering-power"	□合格 □不合格 □不涉及

D5 业务检查

业务检查

检查项目		检查方法	评估标准	检查结果
组播	成员接口和路由器接口信息	执行display igmp-snooping port-info命令	静态成员接口、动态成员接口、静态路由器接口和动态路由器接口的信息正确	□合格 □不合格 □不涉及
	报文统计信息	执行display igmp-snooping statistics vlan命令	VLAN发送的IGMP报文个数，接收的IGMP报文和PIM Hello报文个数，以及所有VLAN内发生的二层事件次数统计合理	□合格 □不合格 □不涉及
	转发表信息	执行display l2-multicast forwarding-table vlan vlan-id命令查看二层组播转发表项； 执行display multicast forwarding-table命令查看三层组播转发表项	组播转发表项正确	□合格 □不合格 □不涉及
	组播路由协议	执行display multicast routing-table命令	（1）域内组播路由协议采用PIM-SM； （2）与组播相连的接口都必须要使能IGMP	□合格 □不合格 □不涉及
IP业务	IP流量统计信息	执行display ip statistics命令，分两次间隔5s钟后收集数据并比较	（1）单次采集的错包和TTL超时报文数小于100； （2）正常情况下，两次采集的错包数和TTL超时报文数没有增长	□合格 □不合格 □不涉及

检查项目		检查方法	评估标准	检查结果
IP业务	ICMP流量统计信息	执行display icmp statistics命令	"destination unreachable"和"redirects"项不超过100	□合格 □不合格 □不涉及
	IP地址池信息	执行display ip pool命令	"Conflict"项为0	□合格 □不合格 □不涉及
	NAT ALG的使能情况	执行display nat alg命令	确认"dns""ftp""rtsp""sip"项的使能状态"status"是否符合自身业务需求	□合格 □不合格 □不涉及
	NAT Server配置信息	执行display nat server命令	公网地址和服务端口号Global IP/Port、私有地址和服务端口号Inside IP/Port配置正确，符合自身业务需求	□合格 □不合格 □不涉及
	NAT流表信息	执行display nat session all verbose命令	确认NAT转换后的"New SrcAddr""New SrcPort""New DestAddr"和"New DestPort"项符合自身业务需求	□合格 □不合格 □不涉及
广域网	PPP协议状态	执行display interface serial命令	"current state"项为"UP"时，"Line protocol current state"项为"UP"	□合格 □不合格 □不涉及
	FR协议状态	执行display interface mfr命令	"current state"项为"UP"时，"Line protocol current state"项为"UP"	□合格 □不合格 □不涉及
可靠性	备份接口状态	执行display interface brief命令	备份接口的物理状态为"down"	□合格 □不合格 □不涉及
	VRRP状态	执行display vrrp命令；执行display vrrp statistics命令	（1）"State"不为"Initialize"状态；（2）备份组中的设备的VRRP状态"State"不能同时为"Master"；（3）"Checksum errors""Version errors"和"Vrid errors"为0	□合格 □不合格 □不涉及
	BFD Session状态	执行display bfd session all verbose命令；执行display bfd statistics命令	所有"BFD Session"的状态为"UP"	□合格 □不合格 □不涉及
MSTP	MSTP状态	执行display stp brief命令	（1）指定端口和根端口的"STP State"为"FORWARDING"；（2）备份根端口的"STP State"为"DISCARDING"	□合格 □不合格 □不涉及
	MST域配置信息	执行display stp region-configuration命令	域名、域的修订级别、VLAN与生成树实例的映射关系以及配置的摘要符合要求	□合格 □不合格 □不涉及

续表

检查项目		检查方法	评估标准	检查结果
MSTP	MSTP 拓扑 变化	执行 display stp topology-change 命令	（1）查看MSTP拓扑变化相关的统计信息； （2）如果设备拓扑变化次数递增，则可以确定网络存在振荡	□合格 □不合格 □不涉及
	TC/TCN报文收发计数	执行 display stp tc-bpdu statistics 命令，分两次隔5min后采集收发报文数据并比较	正常情况下，两次数据应该无增长或增长很少，表示实例端口状态稳定	□合格 □不合格 □不涉及
路由信息	路由表信息	执行 display ip routing-table 命令	（1）具有默认路由或者其他精确路由，便于故障时候可以远程定位； （2）对于处于一个网络中同一层次的设备，如果运行相同的路由协议，各设备上的路由条目应该相差不大（因为静态路由的配置差异，路由条目上可能存在一定差异）	□合格 □不合格 □不涉及
	OSPF 错包情况	执行 display ospf error 命令，分两次隔5min后收集数据，然后比较	正常情况下，两次的数据没有增长	□合格 □不合格 □不涉及
	OSPF 邻居状态 IS-IS 邻居状态 BGP 邻居状态	执行 display ospf peer 命令； 执行 display ospf peer last-nbr-down 命令； 执行 display isis peer 命令； 执行 display bgp peer 命令	（1）OSPF邻居状态：邻居状态"State"为"Full"； （2）正常情况下，没有邻居down掉； （3）IS-IS邻居状态：邻居状态"State"为"UP"； （4）BGP邻居状态：邻居状态"State"为"Established"	□合格 □不合格 □不涉及
	OSPF Router ID	执行 display current-configuration configuration ospf 命令	（1）指定Router ID为Loopback口地址； （2）如未分配Loopback口地址，则要指定为上行口地址或其他Down掉概率最小接口的地址	□合格 □不合格 □不涉及
	OSPF 路由引入配置	执行 display current-configuration configuration ospf 命令	尽量使用Network方式发布路由，也可以通过import方式引入路由	□合格 □不合格 □不涉及
	OSPF 虚连接	执行 display ospf vlink 命令	邻居状态"State"为"Full"	□合格 □不合格 □不涉及
	OSPF STUB 区域	执行 display current-configuration configuration ospf 命令	STUB区域，不能使用Import方式引入路由	□合格 □不合格 □不涉及

检查项目		检查方法	评估标准	检查结果
路由信息	BGP路由发布	执行display current-configuration configuration bgp命令	（1）不建议采用import-route protocol命令发布IP路由； （2）应使用network {ipv4-address | ipv6-address prefix-length命令和 ip route-static ip-address {mask | mask-length} null0命令手工聚合路由后再静态发布	□合格 □不合格 □不涉及
	IBGP邻居	执行display current-configuration configuration bgp命令	基于协议稳定性的考虑，建议使用Loopback这类状态总为"UP"的接口建立邻居关系	□合格 □不合格 □不涉及
WLAN	AP信息	执行display ap命令	"State"项为"Normal"	□合格 □不合格 □不涉及

附录 E   变电站接入改造作业卡及相关表单示例

E1   变电站接入集控系统标准作业卡

变电站接入集控系统标准作业卡

工作内容	1.更改调度数据网路由器、交换机、纵向加密配置； 2.双平面纵向加密增加集控主站隧道和相关业务策略； 3.通信网关机增加集控主站转发通道； 4.将保信子站业务调整至安全Ⅰ区，并增加双平面通道； 5.电量业务增加二平面通道； 6.更改通信网关机、保信子站、宽频测量、网络安全监测装置等二平面业务地址； 7.现场需要的其他工作	不同变电站，根据现场情况，选择相关工作内容	
序号	**工作内容（以二平面调整为例）**	**实施人员**	**完成情况**
1	调度数据网二平面调整及准备工作		
1.1	联系调度自动化网络安全运行人员，将该站网络安全、纵向加密等设备置牌		
1.2	根据通信方式单和路由器方式单更改二平面路由器上的连接口及配置，更改纵向加密、业务交换机配置		
1.3	增加该站至集控主站隧道、修改策略		
2	二平面通信网关机接入集控主站		
2.1	修改二平面通信网关机地址，增加集控主站一、二平面前置地址		
2.2	后台监控厂家增加一、二平面集控站转发表		
2.3	联系调度自动化人员，核对该站调度系统中一、二平面数据是否正常		
	调度自动化人员在确认调度系统两个通道均正常的情况下，将一平面通道封锁投入，将二平面通道封锁退出		
	确认D5000系统中该站通道封锁情况		
2.4	联系集控主站人员，核对该站集控系统中一、二平面通道运行状态		
	集控主站人员在确认集控系统中该站两个通道均正常的情况下，将一平面通道封锁退出，将二平面通道封锁投入		
	确认集控系统中该站通道封锁情况		
验证遥控信息正确性（智能站）			

序号	工作内容（以二平面调整为例）	实施人员	完成情况
2.5	现场记录二平面通信网关机各网口的接线方式（拍照或人工记录）		
	拆除二平面通信网关机至站控层网络		
	拆除二平面通信网关机至后台网络，确认通信网关机已断开所有网络		
	厂站调试人员将模拟设备接入二平面通信网关机		
2.6	厂站调试人员通过模拟设备验证二平面通信遥控转发表的正确性，并生成测试报告（详细步骤见施工方案）		
2.7	厂站调试人员将二平面通信网关机至模拟设备的上传网络拆除		
2.8	恢复二平面通信网关机至集控主站的上联网络		
验证遥控信息正确性（常规站）			
2.5	按作业卡布置安措		
2.6	逐点核对遥控信息（详细步骤见施工方案）		
2.7	记录遥控试验情况		
2.8	按作业卡恢复安措		
验证遥信遥测正确性			
2.9	使用程序比对方式验证遥信遥测信号正确性		
2.10	生成测试报告		
恢复二平面通信网关机			
2.11	二平面通信网关机测试验证工作结束，重启二平面通信网关机		
	恢复二平面通信网关机网络设备连接		
	联系监控，核对调度系统和集控系统一、二平面数据		
	联系调度自动化人员解除一平面封锁值班和二平面封锁退出		
	联系集控主站人员解除一平面封锁退出和二平面封锁值班		
3	一平面通信网关机接入集控主站		
3.1	封锁投入和封锁退出通道与二平面相反		
3.2	三遥验证方式相同		
4	恢复全部业务		
4.1	检查各业务系统运行状态		

续表

序号	工作内容（以二平面调整为例）	实施人员	完成情况
4.2	联系调度自动化网络安全运行人员，取消网络安全、纵向加密设备置牌，询问网络安全管理平台是否存在告警信息		
4.3	将设备机柜上锁，并检查现场卫生情况		
4.4	工作结束（消票、Ⅰ国网）		

E2 变电站远动、测控装置统计

变电站远动、测控装置统计

序号	间隔	装置类型	装置型号	生产厂家	当前具备功能
		××kV××变电站远动、测控装置统计			
1	220kV所有间隔	测控装置	××	××	具备看预置位功能
2		一平面通信网关机	××	××	不具备新扩链路功能
...					

E3 变电站远动隔离开关统计

变电站远动隔离开关统计

序号	电压等级（kV）	间隔名称	双重编号
		220kV××变电站远动隔离开关统计	
1	220		1号主变26011隔离开关
2	220	220kV 1号主变2601	1号主变26012隔离开关
3	220		1号主变26013隔离开关
4	220		2号主变26021隔离开关
5	220		2号主变26022隔离开关
6	220		2号主变26023隔离开关
7	220	220kV 2号主变2602	2号主变260226接地开关
8	220		2号主变260236接地开关
9	220		2号主变260237接地开关
...	...	...	...

E4　验收安措执行表

220kV××变电站验收安措执行表

间隔名		建安措票		拆安措票	
		状态	是否已执行	状态	是否已执行
××2W58间隔	测控屏"远方/就地"	就地		远方	
	隔离开关操作箱"远方/就地"	就地		远方	
	隔离开关操作电源	退出		投入	
	隔离开关电机电源	退出		投入	
	遥控压板、备用压板	退出		投入	
××					

E5　设备遥控验收方式表

设备遥控验收方式表

序号	设备名称	遥控验收方式	备注
1	××	□实做 □预置 □测量电位	
2	××	□实做 □预置 □测量电位	
3	××	□实做 □预置 □测量电位	

E6　遥控出口二次线拆接表

××kV××变电站遥控出口二次线拆接表

序号	间隔名称	接线端子号	回路号	用途	执行人	恢复人
1	35kV×× 313线	1DZ05	1DZ05/1n4P26	遥控公共端		
2		1n4P28		YKT（分闸）		
3		1n4P29		YKH（合闸）		
4	35kV×× 314线	1DZ05	1DZ05/1n4P26	遥控公共端		
5		1n4P28		YKT（分闸）		
6		1n4P29		YKH（合闸）		

续表

序号	间隔名称	接线端子号	回路号	用途	执行人	恢复人
	××					
	××					

E7 二平面调试设备表

二平面调试设备表

序号	设备名称	厂家	型号	是否完成配置 （现场填写）	功能测试是否正常 （现场填写）

E8 验收技术方案

E8.1 遥测、遥信验收技术方案

集控系统和调度系统具备系统间图模导入功能的，遥信、遥测可采取比对方式，抽取同一时间断面的调度系统和集控系统数据，通过程序校核接入信息的正确性。集控系统和调度系统模型及数据断面比对方案如图E1所示。

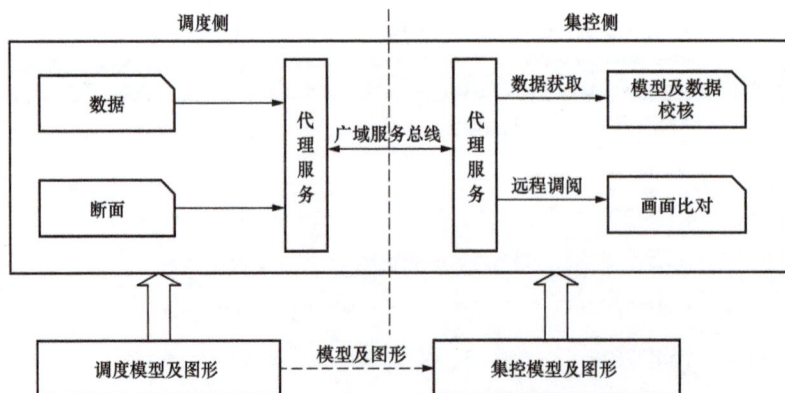

图E1 集控系统和调度系统模型及数据断面比对方案

E8.1.1　基本原理

（1）建立模型映射关系。在模型维护阶段，从调度系统获取模型导入集控系统，在导入设备及测点信息的同时，将调度系统的设备ID和测点ID存储在集控系统中，基于调度系统的设备ID建立集控设备模型与调度设备模型间的映射关系，根据调度系统的测点ID建立集控测点与调度测点间的映射关系。调度系统与集控系统间构建映射关系如图E2所示。

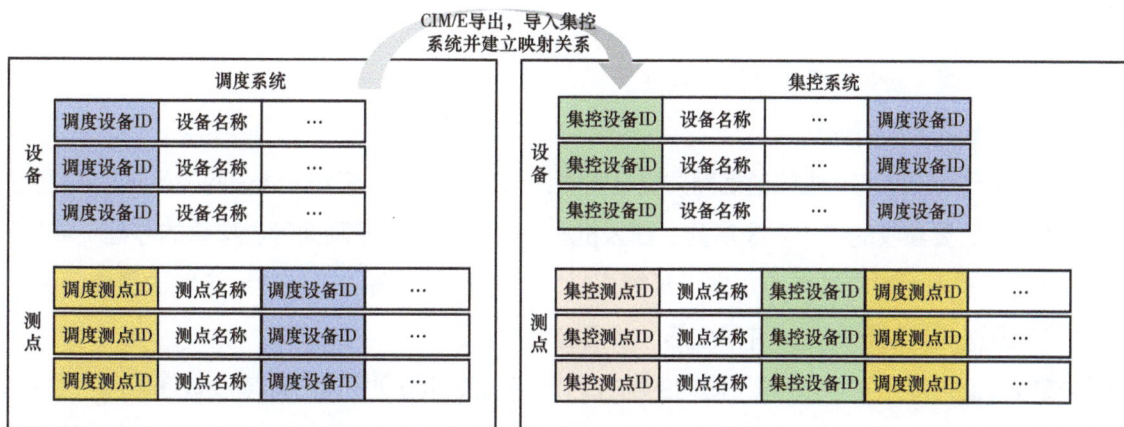

图 E2　调度与集控系统间构建映射关系

（2）集控系统与调度系统进行通信，实现在线从集控系统远程调阅调度系统图形，远程获取调度系统模型及数据断面。

E8.1.2　实施方法

（1）在调度系统与集控系统配置远程代理服务，在集控系统侧，部署远程代理服务，增加与调度系统代理通信配置。

（2）通过专用的模型及数据比对工具，选择需要比对的厂站、设备模型或测点类型；集控系统按需获取调度系统相关的模型及测点信息；根据模型与测点的映射关系进行转换，比对模型及测点静态信息差异性；远程获取需要比对且映射正确的测点数据断面，比对测点数据断面差异性。

（3）在集控系统人机界面上，远程调阅调度系统厂站一次接线图、间隔图，显示实时数据，包括断路器、隔离开关等位置信号状态，以及有功功率、无功功率、电压等量测值，辅助集控系统与调度系统进行画面数据差异性比对。

E8.2　遥控验收技术方案

E8.2.1　自动验收

1.适用范围

适用于配置双套通信网关机、双套监控机的智能变电站以及配置了南瑞科技、南瑞继保、国电南自、北京四方、长园深瑞、许继电气等主流厂家监控系统的常规变电站。

2.技术路线

通过自动验收装置模拟保护测控设备，与变电站通信网关机、监控后台系统、集控系统组成一个与实际运行没有任何电气连接相对隔离的验收测试环境，仿真集控系统－通信网关机－测控装置通信过程，并以监控后台－测控装置的通信报文为正确依据，比较验证同一遥控对象集控系统发给通信网关机、通信网关机发送给测控装置报文的正确性，并形成验收报告。集控系统模型及点表可与调度系统进行比对校核，图模关联的一致性可通过人工逐一单独查看核对，也可在人机界面逐一发送遥控预置过程中同步核查。

3.验收流程

以变电站双套通信网关机为例，验收过程如下。

第1步：人工逐一核对图模关联的一致性。

第2步：变电站落实相关安措。

第3步：确定验收序列，生成通信网关机B验收记录。仿真集控系统－通信网关机B－测控装置环节，集控站确定需要验收的遥控对象序列，在人机界面上逐一（也是画面验收核查的过程）或通过遥控验收工具批量（画面需单独核查）发送预置报文，自动验收装置监听集控系统发送通信网关机B、通信网关机B发送测控装置的报文并形成第一阶段验收报告。

遥控校核验证方案如图E3所示（圈内的监控后台和网关机与现场运行环境没有任何电气联系）。

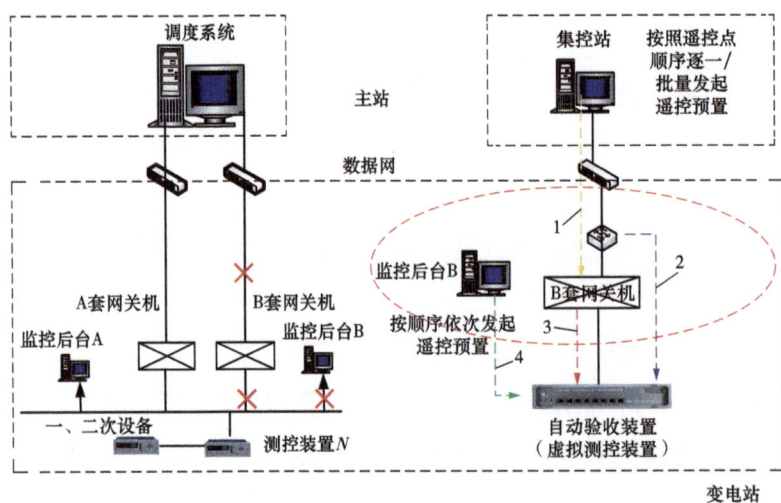

图E3 遥控校核验证方案
1—集控遥控信息流；2—集控遥控信息流镜像；3—网关机遥控信息流；4—监控后台遥控信息流

第4步：生成验收依据，分析通信网关机B验收结果。验收仿真监控后台－测控装置，根据遥控验收对象序列，在变电站监控后台人工逐一选定发送遥控预置报文，自动验收装置监听并记录形成验收的正确报文判断依据，综合比对分析第一阶段报告，生成单套通信网关机B遥控验收报告。

第5步：验收通信网关机A，生成最终验收报告。恢复站内监控系统，仿真集控系统－通信网关机A－测控装置环节，集控系统依据遥控验收对象序列批量发送预置报文，自动验收装置监听集控系统发送通信网关机A、通信网关机A发送测控装置的报文，并与第2步报告进行综合比对，形成最终验收报告。

遥控校核验证A套网关机方案如图E4所示（圈内的监控后台和网关机与现场运行环境没有任何

电气联系）。

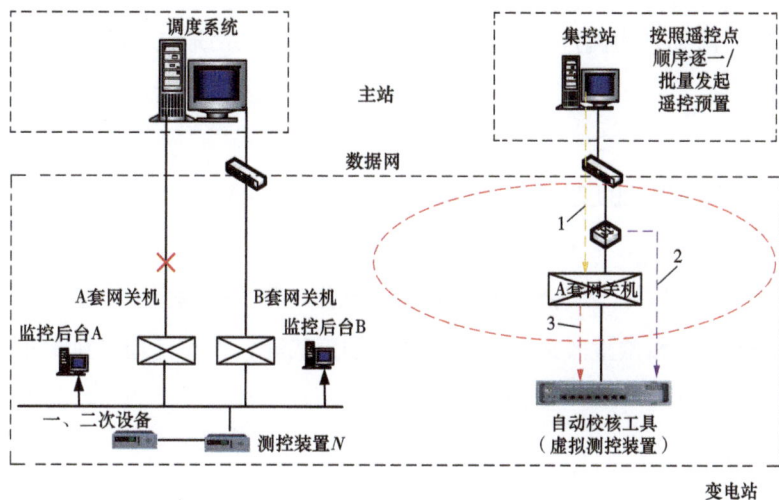

图 E4　遥控校核验证 A 套网关机方案
1—集控遥控信息流；2—集控遥控信息流镜像；3—网关机遥控信息流

第6步：恢复环境与实传遥控抽测。自动验收完毕恢复变电站运行环境，采用电容器、电抗器等无功功率补偿设备进行抽测实控，进一步验证全流程回路正确性。

4.主要风险

（1）自动验收无法有效验证集控系统图形与模型关联的正确性。

（2）集控系统信息表配置与调度存在不一致风险，需验证。

（3）通信网关机更换后（约占总量的35%），新通信网关机转发点表无法保证正确性。站端通信网关机不具备扩链路的情况下，需要新增/更换通信网关机，对于调度系统来说，更换通信网关机涉及原转发点表的导出/导入，各变电站设备厂商均提供了工具，但安全性无法保证。

（4）自动验收期间通信网关机单套运行，存在监控全失风险。

（5）自动装置失效风险。

（6）"传动至虚拟测控""预置抽测"期间，调试人员误操作测控装置或远动装置、遥控预置报文核对错误导致误判。

5.安措

（1）双人监护逐一核对图模关联的一致性，做好记录。

（2）通过在线或离线的方式，实现与调度系统间遥信和遥测实际数据的比对，验证通信网关机扩链路方式与调度链路的一致性。

（3）针对更换通信网关机的情况，宜采用"传动至测控＋实传抽测"方式。

（4）加强调度终端备用系统监视，或变电站临时恢复有人值班。

（5）进行一定比例的开关预置抽测和实传抽测，校验传动正确性，需按照开关传动要求落实安措。

（6）"传动至虚拟测控""预置抽测"期间，调试人员监护核对报文。

（7）"实传抽测"期间，运维监控人员严格执行监护复诵制度。

E8.2.2　传动至测控

从集控系统遥控预置到站内测控装置，可完整验证从集控系统到测控装置回路及遥控功能的正确性。

1.适用范围

适用于测控装置可查看报文的变电站（间隔）。

2.技术路线

利用主站"遥控预置""同状态执行"测试功能，根据站端测控装置是否能够查看对应的报文选择测试功能：测控装置支持查看预置报文的，利用遥控预置功能；不支持查看预置报文的，可利用主站"同状态执行"功能。

3.验收流程

第1步：变电站落实相关安措。

第2步：主站下发"遥控预置"或"同状态执行"测试功能。

第3步：作业人员核对测控装置"遥控预置"或"同状态执行"报文情况，做好记录。

4.主要风险

（1）作业人员（自动化、运维监控人员）误控开关。

（2）调试人员误操作测控装置或远动装置、遥控预置报文核对错误等导致误判。

5.安措

（1）将全站非传动开关的测控装置（智能终端）"远方/就地"手柄切至"就地"，退出全站或传动开关的遥控出口压板（视各单位要求确定）。

（2）合理利用集控系统选择测试功能或匹配系统责任区，确保闭锁系统传动区及相关作业人员操作执行功能（防止误出口）。

（3）调试人员操作测控装置或远动装置、核对遥控预置报文时监护作业。

E8.2.3　传动至压板

从集控系统遥控实传到站内测控装置出口压板，该方式会触发遥控命令，且老旧测控装置无出口压板，需保护、自动化人员配合拆线验证，存在误动风险。

1.适用范围

适用于测控装置无法查看报文的变电站（间隔）。

2.主要风险

（1）调试人员在测量电位过程中误投、误短接遥控出口压板等情况，造成开关误动。

（2）作业人员（自动化、运维监控人员）误控开关。

3.安措

（1）将全站非传动开关的测控装置"远方/就地"手柄切至"就地"，退出全站遥控出口压板。

（2）调试人员监护核对电位测量，防止误（漏）投、误短接（漏拆除）压板。

（3）调试人员测量电位应使用脉冲表，严禁使用万用表测量。

E8.2.4　遥控实传

1.适用范围

适用于新改扩建变电站或有条件安排实传的变电站（设备），电容器、电抗器、主变挡位调节优先采用该方式。

2.主要风险

误传运行开关。

3.安措

（1）将全站非传动开关的测控装置（智能终端）"远方／就地"手柄切至"就地"，退出全站非传动开关的遥控出口压板（视各单位要求确定）。

（2）由监控人员先预置试验，全部试验正确后再汇报监控人员开展遥控实传。（备注：在调度接入新站或开关时，先由主站自动化人员预置，预置正确后，监控人员才实际传动。）

（3）监控人员严格执行监护复诵制度。

附录 F　机房标识标签示例

F1　机柜类标识标签

F1.1　机柜号标识标签

机柜号标识标签如图F1所示，应满足如下条件。

（1）标签形式：粘贴式；带国网公司LOGO和电力公司信息等，标注信息粘贴于机柜左上角。

（2）规格尺寸：70mm×50mm，长方形，小圆角。

（3）颜色：C100 M5 Y50 K40 PANTONE 3292C，透明度60%。

注：机柜号前可自定义机房编号。

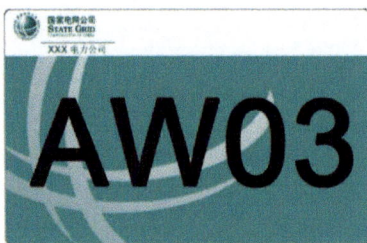

图 F1　机柜号标识标签

F1.2　设备信息卡标识标签

设备信息卡标识标签如图F2所示，应满足如下条件。

（1）标签形式：粘贴式；带国网公司LOGO和电力公司信息等，标注序号、位置、设备名称、重要级别等信息；粘贴于机柜门左上角。

（2）规格尺寸：100mm×150mm，长方形。

（3）颜色：白色。

F1.3　配线架标识标签

配线架标识标签如图F3所示，应满足如下条件。

（1）标签形式：连续端口粘贴式；标注本端、对端信息；粘贴于配线架端口正上方。

（2）规格尺寸：15mm×10mm、17mm×10mm连续端口，中间以虚刀相连接。

（3）颜色：蓝色、白色。

序号	位置	设备名称	重要级别
1	4-7U		

图 F2　设备信息卡标识标签

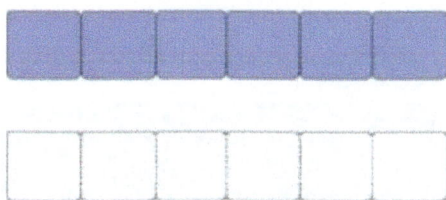

图 F3　配线架标识标签

F2　设备类标识标签

F2.1　粘贴式设备标识标签

粘贴式设备标识标签如图 F4 所示，应满足如下条件。

（1）标签形式：粘贴式；带国网公司 LOGO 和电力公司信息，标注设备名称、设备型号、物理位置、上线时间、所属系统、安全等级、IP 地址、条形码或二维码等信息；粘贴于设备空白处。

（2）规格尺寸：70mm×50mm，长方形，小圆角。

（3）颜色：C100 M5 Y50 K40 PANTONE 3292C，透明度60%。

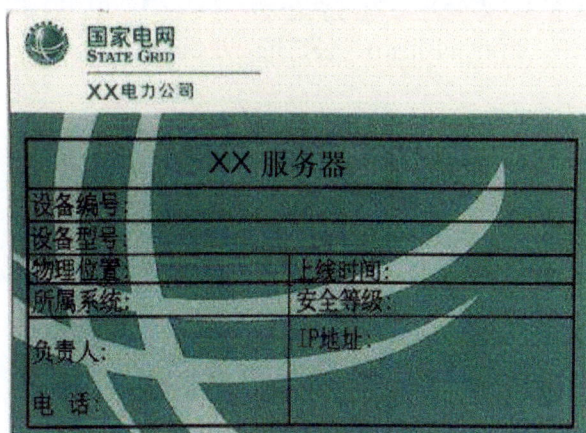

图 F4　粘贴式设备标识标签

F2.2　悬挂式设备标识标签

悬挂式设备标识标签如图 F5 所示，应满足如下条件。

（1）标签形式：悬挂式；带国网公司 LOGO 和电力公司信息，标注设备名称、设备型号、物理位置、上线时间、所属系统、安全等级、IP 地址、条形码或二维码等信息；悬挂于设备左上角的机柜架孔。

（2）规格尺寸：70mm×50mm，长方形，小圆角，左侧带椭圆形吊孔。

（3）颜色：C100 M5 Y50 K40 PANTONE 3292C，透明度60%。

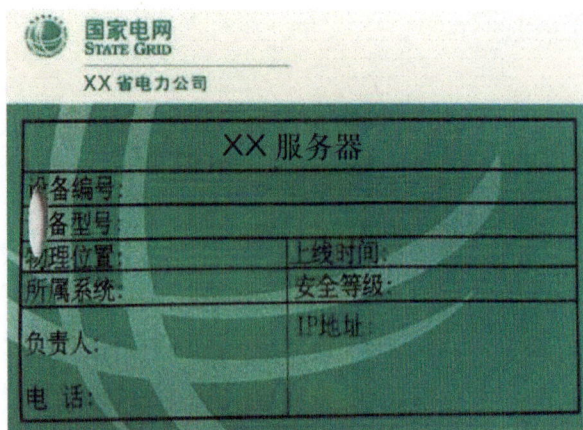

图 F5　悬挂式设备标识标签

F3　线缆类标识标签

F3.1　布线类弱电线缆标识标签

布线类弱电线缆标识标签如图 F6 所示，用于综合布线过程中各线缆的标识，应满足如下条件。

（1）标签形式：粘贴式缠绕保护膜签；标注起始端、终止端；粘贴于距线缆头部 5cm 左右处。

（2）规格尺寸：35mm×43mm-14mm，长方形，小圆角。

（3）颜色：白色。

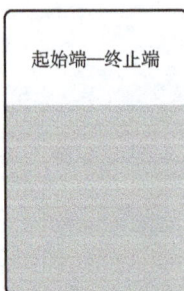

图 F6　布线类弱电线缆标识标签

F3.2　布线类强电电缆标识标签

布线类强电线缆标识标签如图 F7 所示，用于强电电缆标识，应满足如下条件。

（1）标签形式：悬挂式；带国网公司 LOGO 和电力公司信息，标注编号、起点、终点、规格；悬挂于电缆近端子 10cm 处。

（2）规格尺寸：70mm×50mm，长方形，小圆角，左上角带有圆形吊孔。

（3）颜色：红色。

图 F7 布线类强电线缆标识标签

F3.3 跳线类线缆（双绞线）标识标签

跳线类线缆（双绞线）标识标签如图 F8 所示，应满足如下条件。

（1）标签形式：粘贴式旗型签；双面标注起始端、终止端、跳转路径信息；粘贴于线缆头部 5cm 左右处。

（2）规格尺寸：40mm × 32mm+40mm。

（3）颜色：白色。

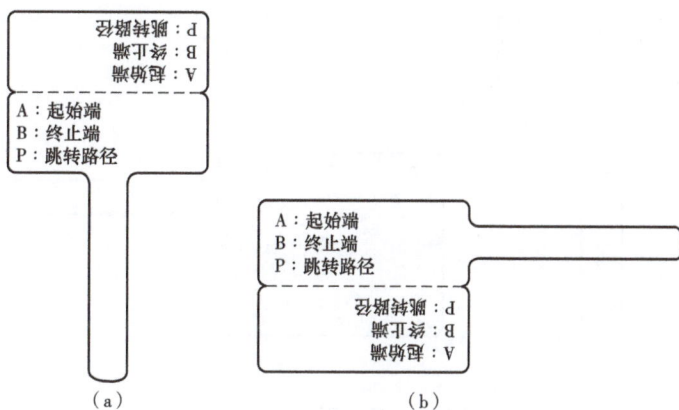

图 F8 双绞线标识标签
（a）T 型标签；（b）P 型标签

F3.4 跳线类线缆（光纤）标识标签

跳线类线缆（光纤）标识标签如图 F9 所示，应满足如下条件。

（1）标签形式：粘贴式旗型签；双面标注起始端、终止端、跳转路径信息；粘贴于光缆头部 5cm 左右处。

（2）规格尺寸：35mm × 24mm + 20mm。

（3）颜色：白色。

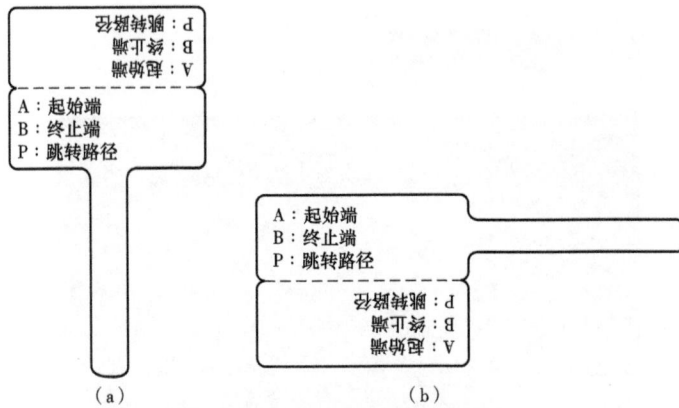

图 F9 跳线类线缆（光纤）标识标签
（a）T 型标签；（b）P 型标签

F3.5 设备电源线标识标签

设备电线源标识标签如图 F10 所示，用于设备电源线标识，应满足如下条件。

（1）标签形式：粘贴式旗型签；双面标注设备名、PDU 信息；粘贴于距电源线头部 5cm 处。

（2）规格尺寸：40mm×32mm + 40mm。

（3）颜色：红色。

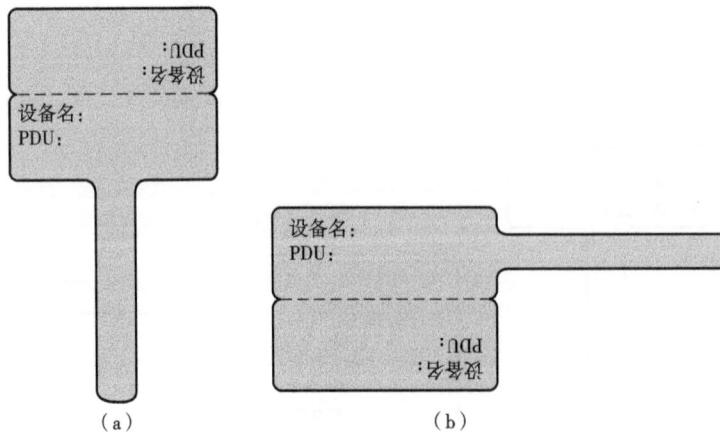

图 F10 设备电源线缆标识标签
（a）T 型标签；（b）P 型标签

F4 其他设施标识标签

F4.1 空间环境标识

空间环境标识如图 F11 所示，应满足如下条件。

（1）标签形式：粘贴式；粘贴于各对应位置。

（2）内容：带国网公司 LOGO，分别有各种警示图标。

（a）

（b）

（c）

图 F11 空间环境标识

（a）禁止标识；（b）警告标识；（c）提示标识

F4.2 弱电走线架标识标签

弱电走线架标识标签如图F12所示，应满足如下要求。

（1）标签形式：粘贴式；带国网公司LOGO；粘贴于弱电走线架。

（2）规格尺寸：200mm×40mm，长方形，小圆角。

（3）颜色：蓝色。

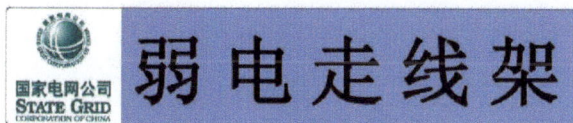

图 F12 弱电走线架标识标签

F4.3 强电走线架标识标签

强电走线架标识标签如图F13所示，应满足如下要求。

（1）标签形式：粘贴式；带国网公司LOGO；粘贴于强电走线架。

（2）规格尺寸：200mm×40mm，长方形，小圆角。

（3）颜色：黄色。

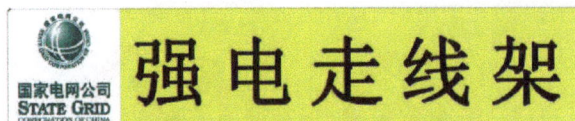

图 F13　强电走线架标识标签

F4.4　辅助类标识标签（地标）

辅助类标识标签（地标）如图 F14 所示，应满足如下要求。

（1）标签形式：粘贴式；粘贴于警示物周围 15cm 处。

（2）规格尺寸：47mm×23m，长方形。

（3）颜色：黄黑相间。

图 F14　辅助类标识标签（地标）